THERMODYNAMIC AND OPTICAL PROPERTIES OF PLASMA, METALS, AND DIELECTRICS

THERMODYNAMIC AND OPTICAL PROPERTIES OF PLASMA, METALS, AND DIELECTRICS

Editor

Yu. S. Protasov

Yu. V. Boyko
Yu. M. Grishin
A. S. Kamrukov
L. V. Kovalenko
S. N. Chuvashev

In coordination with the National Service for Standard Reference Data of the USSR

⬤**HEMISPHERE PUBLISHING CORPORATION**
A member of the Taylor & Francis Group
New York   Washington   Philadelphia   London

Originally published as Termodinamicheskie i opticheskie svoistva plazm' metallov i dielektrikov, by Metallurgiya, Moscow, 1988. Translated by Dov Lederman.

THERMODYNAMIC AND OPTICAL PROPERTIES OF PLASMA, METALS, AND DIELECTRICS

Copyright © 1991 by Hemisphere Publishing Corporation. All rights reserved. Printed in the United States of America. Except as permitted under the United States Copyright Act of 1976, no part of this publication may be reproduced or distributed in any form or by any means, or stored in a database or retrieval system, without the prior written permission of the publisher.

1 2 3 4 5 6 7 8 9 0   E B E B   9 8 7 6 5 4 3 2 1

Cover design by Sharon M. DePass.
A CIP catalog record for this book is available from the British Library.

Library of Congress Cataloging-in-Publication Data

Termodinamicheskie i opticheskie svoĭstva plazmy metallov i
  dielektrikov. English.
    Thermodynamic and optical properties of plasma,
  metals, and dielectrics / editor, Yu. S. Protasov; Yu. V. Boyko . . .
  [et al.].
      p. cm.
    Translation of: Termodinamicheskie i opticheskie svoĭstva plazmy
  metallov i dielektrikov.
    Includes bibliographical references and index.

    1. Low temperature plasmas—Thermal properties—Handbooks,
  manuals, etc. 2. Low temperature plasmas—Optical properties—
  Handbooks, manuals, etc. 3. Metals—Thermal properties—Handbooks,
  manuals, etc. 4. Metals—Optical properties—Handbooks, manuals,
  etc. 5. Dielectrics—thermal properties—Handbooks, manuals, etc.
  6. Dielectrics—Optical properties—Handbooks, manuals, etc.
  I. Protasov, Yu. S. II. Boyko, Yu. V. III. Title.
  QC718.5.L6T4713   1990
  530.4'42—dc20
                                                                                    90-43635
  ISBN 1-56032-110-5   CIP

CONTENTS

Foreword ix
Nomenclature xi

1 Procedure for Calculating the Partial Composition,
Thermodynamic and Optical Properties of Plasma   1

2 Partial Composition of Plasma   15

    2.1 Silicon   16
    2.2 Chromium   18
    2.3 Nickel   21
    2.4 Copper   24
    2.5 Zirconium   27
    2.6 Niobium   31
    2.7 Molybdenum   33
    2.8 Tantalum   37
    2.9 Tungsten   41

2.10	Stainless Steel	44
2.11	Silicon Dioxide	54
2.12	Zirconium Dioxide	58
2.13	Teflon	63
2.14	Polyformaldehyde	68
2.15	Caprolactum	74
2.16	Plexiglas	81
2.17	Textolite	87

3 Degree of Ionization of the Plasma 93

3.1	Silicon	93
3.2	Chromium	94
3.3	Nickel	96
3.4	Copper	97
3.5	Zirconium	99
3.6	Niobium	100
3.7	Molybdenum	102
3.8	Tantalum	103
3.9	Tungsten	105
3.10	Stainless Steel	106
3.11	Silicon Dioxide	107
3.12	Zirconium Dioxide	109
3.13	Teflon	110
3.14	Polyformaldehyde	112
3.15	Caprolactum	113
3.16	Plexiglas	114
3.17	Textolite	116

4 Pressure of Plasma 119

4.1	Silicon	119
4.2	Chromium	121
4.3	Nickel	122
4.4	Copper	124
4.5	Zirconium	125
4.6	Niobium	126
4.7	Molybdenum	128
4.8	Tantalum	129
4.9	Tungsten	131
4.10	Stainless Steel	132
4.11	Silicon Dioxide	133
4.12	Zirconium Dioxide	135
4.13	Teflon	136

4.14	Polyformaldehyde	138
4.15	Caprolactum	139
4.16	Plexiglas	140
4.17	Textolite	141

5 Internal Energy of Plasma — 143

5.1	Silicon	143
5.2	Chromium	145
5.3	Nickel	146
5.4	Copper	147
5.5	Zirconium	149
5.6	Niobium	150
5.7	Molybdenum	152
5.8	Tantalum	153
5.9	Tungsten	155
5.10	Stainless Steel	156
5.11	Silicon Dioxide	157
5.12	Zirconium Dioxide	159
5.13	Teflon	160
5.14	Polyformaldehyde	162
5.15	Caprolactum	163
5.16	Plexiglas	164
5.17	Textolite	165

6 Effective Adiabatic Exponent — 167

6.1	Silicon	168
6.2	Chromium	170
6.3	Nickel	171
6.4	Copper	172
6.5	Zirconium	174
6.6	Niobium	175
6.7	Molybdenum	176
6.8	Tantalum	178
6.9	Tungsten	179
6.10	Stainless Steel	181
6.11	Silicon Dioxide	182
6.12	Zirconium Dioxide	184
6.13	Teflon	185
6.14	Polyformaldehyde	186
6.15	Caprolactum	188
6.16	Plexiglas	189
6.17	Textolite	190

7 Absorption Coefficients 193

7.1 Teflon 194
7.2 Polyformaldehyde 214
7.3 Caprolactum 234
7.4 Plexiglas 255
7.5 Textolite 276

8 Group Absorption Coefficients 297

8.1 Teflon 298
8.2 Polyformaldehyde 316
8.3 Caprolactum 335
8.4 Plexiglas 353
8.5 Textolite 372

9 Planck-averaged Absorption Coefficients 391

9.1 Teflon 391
9.2 Polyformaldehyde 393
9.3 Caprolactum 394
9.4 Plexiglas 395
9.5 Textolite 396

10 Rosseland-averaged Mean Free Quantum Paths 399

10.1 Teflon 400
10.2 Polyformaldehyde 401
10.3 Caprolactum 402
10.4 Plexiglas 402
10.5 Textolite 403

References 405

FOREWORD

Success in implementing certain scientific and engineering programs is controlled to large degree by advances in creating radically new technologies, among which plasma and photon technologies occupy a place of importance. Thermophysical and plasma-chemical processes employing low-temperature plasma [1–4] such as welding, cutting, spray-deposition of metal dielectrics, plasma remelting, growing of monocrystal of refractory metals, synthesis of submicron powders, etc., have come into extensive use in a variety of industrial and engineering cycles. New kinds of plasma systems need to be developed that are not limited to presently-known methods of plasma system utilization. The use of plasma is involved in a number of projects currently under development, which were initiated in order to significantly modify the energetics, metallurgical, machine manufacture, and other industries. Development of new plasma systems and high-efficiency industrial processes necessitates a continuous widening of both the range of the principal parameters of the plasma, and the nomenclature of plasma-generating substances.

In connection with this it is very important and timely to develop banks of data on the thermodynamic, optical, transport, and other properties of plasmas of substances such as metals, dielectrics and gases. This requires a large body of information on the principal properties of plasma, which, unfortunately, is very scarce. Sufficiently detailed information on the thermodynamic and optical properties of plasma was obtained only for air plasma [5–7]. Over a limited range of parameters, these data are also available for certain gases [8, 9], dielectrics [10–12], and metals [13–15].

This handbook presents analytically-obtained data on the principal thermodynamic properties (partial composition, degree of ionization, pressure, internal energy, effective adiabatic exponent) of the plasma of metals such as copper, stainless steel (Kh18N10T), tungsten, molybdenum, tantalum, zirconium, chromium, niobium, nickel, and silicon, and of dielectrics—zirconium dioxide (ZrO_2), silicon dioxide (SiO_2), polytetrafluorethylene (Teflon), organic glass (Plexiglas), textolite, polyformaldehyde and caprolactum at temperatures T between 10^4 and 10^6 K and plasma densities $\rho = 10^{-4}$ to 1 kg/m^3. Since plasma systems employing the products of erosion of dielectrics [16–18] can be efficiently employed as sources of wide-band radiation and used as such in solving a number of scientific and applied problems, we list here the analytically obtained values of the principal optical properties (continuous-absorption coefficient, group absorption coefficient, Planck-averaged absorption coefficient and Rosseland-averaged radiation mean free path) of the plasmas of Teflon, Plexiglas, textolite, polyformaldehyde and caprolactum over the previously mentioned ranges of T and ρ.

The numerical data listed in this handbook are classified as being of informational grade under the USSR State Standard GOST 8.310-78.

NOMENCLATURE

T temperature
p pressure
ρ density
ϵ internal energy
γ effective adiabatic exponent
z residual charge of ion
$z-1$ ion charge number
$\bar{z}$ average multiplicity of ionization of plasma
A atomic number of element
C_A relative concentration of atoms of element A in the plasma
$\alpha_{z-1,A}$ relative concentration of ions of element A with charge number $z-1$
n_e volumetric electron concentration
n volumetric concentration of nuclei
$n_{z-1,A}$ volumetric concentration of ions of element A at the $(z-1)$th degree of ionization
$E^i_{z-1,A}$ energy of the ith energy level of an ion of element A with charge number $z-1$

$E_{z-1,A}$ energy (potential) of ionization of element A with charge number $z - 1$
$E^*_{z-1,A}$ effective energy (potential) of ionization of an ion of element A with charge number $z - 1$
ΔE_{z-1} reduction in the energy of ionization of the $(z - 1)$th ion in plasma
$g^i_{z-1,A}$ statistical weight of the ith energy level of the $(z - 1)$th ion of element A
$U_{z-1,A}$ statistical sum of the $(z - 1)$th ion of element A
ν frequency of light
σ_ν effective absorption cross section of light with frequency ν
$(\sigma_\nu)^b_{zA}$ effective cross section of bremsstrahlung absorption of quantum $h\nu$ by the $(z - 1)$th ion of element A
$\sigma^{(i)}_{\nu z,A}$ effective cross section of photoabsorption of quantum $h\nu$ by the $(z - 1)$th ion of element A in the jth energy state
$\sigma^\Phi_{\nu zA}$ total effective of cross section of photoabsorption of quantum $h\nu$ by the $(z - 1)$th ion of element A
$\varkappa_\nu$ coefficient of absorption of radiation of frequency ν
$\varkappa'_\nu$ coefficient of absorption of radiation corrected for induced emission
$\varkappa'_q$ group coefficient of absorption in the continuous spectrum
$\varkappa'_1$ Planck-averaged absorption coefficient
l Rosseland-averaged mean free path of light quanta
G Gaunt factor
$\xi_{z,A}$ Biberman-Norman factor

Constants

h Planck constant
e charge of electron
m_e electron mass
m_0 atomic mass unit
k Boltzmann constant
c speed of light

CHAPTER

ONE

PROCEDURE EMPLOYED FOR CALCULATING THE PARTIAL COMPOSITION, THERMODYNAMIC AND OPTICAL PROPERTIES OF PLASMA

The properties of plasma at temperature T between 10^4 and 10^6 K and density ρ from 10^{-4} to 1 kg/m^3 were calculated using the model of a slightly nonideal (Debye) plasma in the state of local thermodynamic equilibrium.

For the general case of a mixture of several elements we introduced the notation

$$C_A = \sum_z n_{z-1,A}/n, \; \alpha_{z,A} = n_{z,A}/n, \; \bar{z} = n_e/n$$

where $n_{z-1,A}$ is the concentration of atoms (ions) of an element with atomic number A and charge $z - 1$ (z is the residual charge, $z = 0$ is a negative ion, $z = 1$ is an atom, $z = 2$ is a single-charge ion, etc.); n_e is the concentration of plasma elements; $n = \Sigma_{z,A} \, n_{z,A}$ is the total concentration of atoms and ions; C_A is the relative concentration of particles of element A; $\alpha_{z,A}$ is the partial (ionic) composition of the plasma, i.e., the relative concentration of the atoms (ions) of an element with atomic number A and residual charge z and $\bar{z}$ is the degree of ionization of the plasma. By definition we have

$$\sum_A C_A = 1, \; \sum_z \alpha_{z-1,A} = C_A \qquad (1.1)$$

The partial composition $\alpha_{z-1,A}$ is determined by solving Saha equations and equations of quasineutrality of plasma, supplemented by Eqs. (1.1):

$$n_e \alpha_{z,A} = \alpha_{z-1,A} K_{z-1,A}(T, n_e \rho)$$
$$n_e \sum_A A C_A = (\rho/m_0)\left\{\sum_A \sum_z (z-1)\alpha_{z-1,A}\right\} \quad (1.2)$$

where $m_0 = 1.66 \cdot 10^{-27}$ kg is the atomic mass unit. The ionization equilibrium constant $K_{z-1,A}(T, n_e, \rho)$ is calculated from the formula:

$$K_{z-1,A} = 2 \frac{U_{z,A}(T)}{U_{z-1,A}(T)} \left(\frac{2\pi m_e kT}{h^2}\right)^{3/2} \exp\left(-\frac{E^*_{z-1,A}}{kT}\right)$$

where $U_{z,A}$ is the statistical sum of the atom (ion) of element A with charge $z - 1$, m_e is the mass of an electron, k and h are respectively the Boltzmann and Planck constants and $E^*_{z-1,A}$ is the effective ionization energy of an ion of element A with charge $z - 1$. The ionization equilibrium constant was calculated with allowance for the reduction in the ionization potential $E_{z-1,A}$ in the plasma by the amount $\Delta E_{z-1,A}$ [19]:

$$\Delta E_{z-1,A} = \frac{ze^3}{4\pi\varepsilon_0^{3/2} m_0 \sqrt{kT \sum_A A C_A}} \left\{\bar{z} + \sum_A \sum_z (z-1)^2 \alpha_{z-1,A}\right\}^{1/2}$$

where ε_0 is the electric constant.

The effective ionization energy was then defined as

$$E^*_{z-1,A} = E_{z-1,A} - \Delta E_{z-1,A}$$

and the summation in evaluating the statistical sum

$$U_{z-1,A}(T) = \sum_{i=1}^{i_{max}} g^{(i)}_{z-1,A} \exp\left(-E^{(i)}_{z-1,A}/kT\right)$$

was performed over all the energy levels of the ion $E^{(i)}_{z-1,A}$ ($g^{(i)}_{z-1,A}$ is the statistical weight of the ith level of the ion of element A with charge $z - 1$) up to the highest i_{max}, whose energy is smaller than the effective ionization potential $E^*_{z-1,A}$.

Equations (1.1) and (1.2) were solved for the unknown $\alpha_{z-1,A}$ numerically by computer for the specified values of T, ρ and C_A. The atomic constants employed in these computations were taken from [20–24, 33, 34]. Then the main thermodynamic parameters of plasma were determined.

The pressure p and specific internal energy ϵ were calculated with the Coulomb corrections and electron-excitation energies neglected, since these play a relatively minor role in the range of variation in T and ρ under study:

$$p = \rho kT (1 + \bar{z})/m_0 \sum_A AC_A$$

$$\varepsilon = \frac{1}{m_0 \sum_A AC_A} \left\{ \frac{3}{2} kT (1 + \bar{z}) \right.$$
$$\left. + \sum_A \sum_{z=1}^A \alpha_{z-1,A} (E_{z-1,A} - \Delta E_{z-1}) \right\}$$

The effective adiabatic exponent is expressed as

$$\gamma = 1 + p/\rho\varepsilon$$

The above procedure was employed for calculating the ionic composition $\alpha_{z-1,A}$, average charge, pressure, internal energy and effective adiabatic exponent for each pair of values of T and ρ from the ranges of $T \approx 10^4$–10^6 and ρ between 10^{-4} and 1 kg/m^3. Detailed tables (see chapters 2 to 7) of the composition and thermodynamic functions of the plasma of tungsten, molybdenum, niobium, zirconium, copper, nickel, silicon, tantalum, brand Kh18N10T stainless steel, chromium, of zirconium and silicon dioxides, Teflon, caprolactam, Plexiglas, textolite (industrial-quality) and polyformaldehyde were obtained as a result.

Figures 1.1 to 1.3 are a plot of the ionic composition of Teflon plasma for $\rho = 1$ and 10^{-4} kg/m^3 and plasma of stainless steel for $\rho = 10^{-4}$ kg/m^3. The numerals at the curves give the values of the residual charge of the ion. At a given temperature T the plasma is seen to contain significant concentrations of one-two ions of a given element. When ρ is increased, the probability of the presence of three ions of a given element in commensurable amounts increases somewhat. The regions of existence of helium-like carbon ions CV ($z = 5$) and fluorine FVII ($z = 7$) are perceptibly wider than those of ions with other charge numbers z, since their ionization potentials are much higher than the ionization potentials of the preceding ions. This causes a reduction in the rate of growth of the degree of ionization, which is particularly perceptible in plasma of ions of

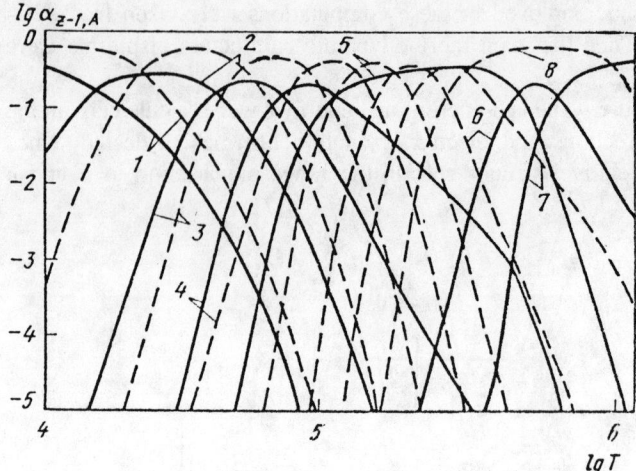

Figure 1.1 Partial composition of Teflon plasma at $\rho = 1$ kg/m^3. – – – - carbon; – – – – - fluorine.

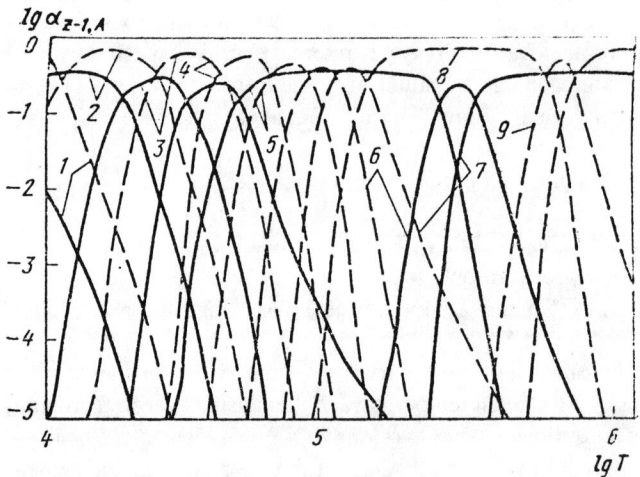

Figure 1.2 Partial composition of Teflon plasma at $\rho = 10^{-4}$ kg/m^3; for legend see Fig. 1.1.

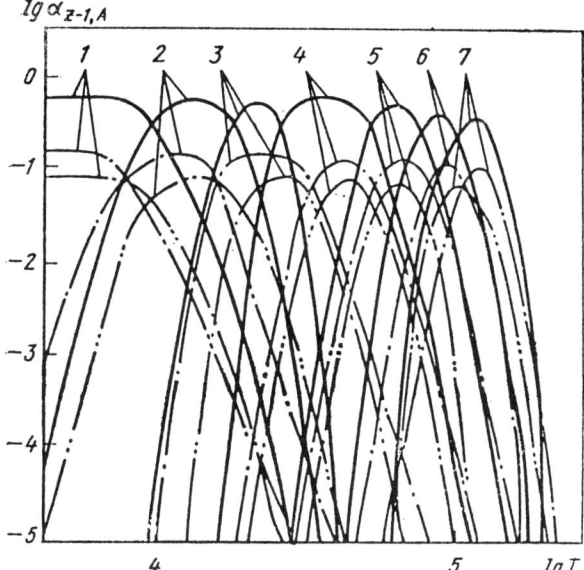

Figure 1.3 Partial composition of stainless-steel plasma at $\rho = 10^{-2}$ kg/m^3. $---$ iron; $-\cdot--$ chromium; $-\cdot\cdot--$ nickel.

a single element. On the other hand, this effect manifests itself less in plasma containing ions of two or more elements, which happens because the rate of ionization of the different elements does not start slowing down at the same time.

Figures 1.4 and 1.5 represent the dependence of dimensionless pressure $p(\rho, T)/nkT$ and internal energy of Teflon plasma $\epsilon(\rho, T)/(3/2)kT$ on the plasma temperature T at different densities ρ. It is evident that multiple ionization increases by severalfold the plasma pressure as compared with the pressure of a nonionized gas (nkT), and the internal energy by an order of magnitude.

The dependences of the effective adiabatic index $\gamma(\rho, T)$ for Teflon plasma and stainless steel are shown in Figs. 1.6 and 1.7. Figure 1.7 gives plots of average multiplicity of ionization $\bar{z}$ of stainless steel plasma versus temperature T at different values of plasma density. A strong change in γ with T occurs in the region $\sim 10^4$–$2 \cdot 10^4$ K, where appreciable energy losses due to the ionization of the gas do take place.

The ionic composition $\alpha_{z-1,A}$ and n_e as a function of temperature T, density ρ and composition C_A of the plasma form the basic data for the

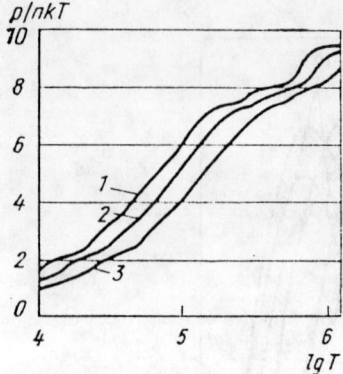

Figure 1.4 Effect of multiple ionization on the pressure of Teflon plasma. *1)* $\rho = 10^{-4}$ kg/m^3; *2)* 10^{-2}; *3)* 1 kg/m^3.

calculation of optical characteristics of nonionized products of erosion of dielectric materials. We shall now consider the method of calculating the absorption coefficients for continuous spectra of these materials.

Processes which do not make a significant contribution over the range of plasma temperature under study such as bremsstrahlung radiation upon scattering by neutral particles were neglected, because their intensity is low as compared to scattering by ions and hence is perceptible only at degrees of ionization $\bar{z} \ll 1$ [25] and the radiation of molecules and molecular ions, the population of which is relatively low, was also left out of consideration.

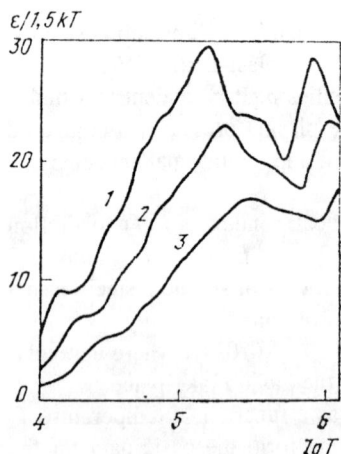

Figure 1.5 Effect of multiple ionization on the internal energy of Teflon plasma; for legend see Fig. 1.4.

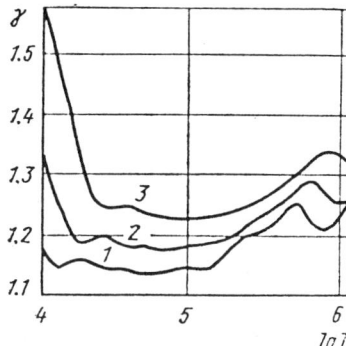

Figure 1.6 Effective adiabatic index of Teflon plasma; for legend see Fig. 1.4.

At the same time the negative ions make a perceptible contribution to the absorption coefficients in the close UV spectral range at $T \approx 10^4$ K [5]. The photodetachment of the electron from the F^-, O^-, C^- and N^- ions was calculated using cross sections obtained by Moskvin [26].

The effective cross section of bremsstrahlung absorption when an electron is scattered by a z, A ion is obtained from the Kramers' formula [27]:

$$(\sigma_v)^b_{z,A} = 3{,}69 \cdot 10^{-2} \frac{(z-1)^2}{\sqrt{T}\,v^3} n_e G(v, T), \text{ m}^2$$

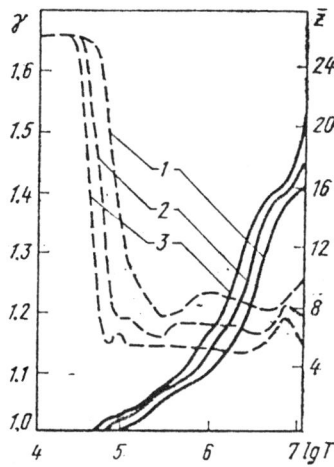

Figure 1.7 Effective adiabatic index γ and average multiplicity of ionization $\bar{z}$ of stainless-steel plasma. $----\gamma$; $---\bar{z}$; for remaining legend see Fig. 1.4.

where G is Gaunt's factor, defined by the expression

$$G = \sum_{ij} a_{ij} (\lg T)^i (\lg (c/\nu))^j$$

which approximates the results of quantum-mechanical calculations (the values of coefficients a_{ij} are given by Stallcop and Bilman [28]).

The photoionization of excited states with principal quantum number exceeding that of the ground state of the external electron, was calculated using the quantum-defect method [29], which is sufficiently reliable and validated for these states. This method was used for calculating the cross sections of virtually all the states for which data on excitation energies are available in the published tables [20, 21], including low-lying self-ionization levels (a total of ~ 100 per ion). The total contribution of the above states per one ion,

$$\sigma_{z,A}^{(1)} = \sum_j \sigma_1^{gd} \frac{g_{z,A}^{(i)} \exp\left(-E_{z,A}^{(i)}/T\right)}{U_{z,A}}$$

is written as [30] ($E_{zA}^{(i)}$, T and ν are in eV)

$$\sigma_{z,A}^{(1)} = \sigma_{z,A}^{H} \xi_{z,A} \Gamma_{z,A}$$

$$\sigma_{z,A}^{H} = 0{,}74 \cdot 10^3 \frac{z^2 T}{\nu^3} \exp\left(-E_{z,A}/T\right) \left(\exp\left(\frac{\nu^*}{T}\right) - 1\right)$$

$$\nu^* = \nu$$

Here $\sigma_{z,A}^{H}$ is the corresponding summary spectrum of hydrogen-like states, $\Gamma_{z,A} = 2U_{z+1,A} U_{z,A}^{-1}$ is a factor accounting for the different numbers of excited states of the z, A ion and of hydrogen, whereas function $\xi_{z,A} = \xi_{z,A}(\nu, T)$ reflects the difference between the summary cross sections of excited states and the hydrogen-like states. The reliability of ξ functions, characterizing the individual features of photoionization spectra of ions, obtained in this manner, was checked by comparing with calculations for CI [30], performed using a semiempirical method.

The remaining highly-excited states were incorporated using the expressions [30]:

$$\sigma_{z,A}^{(2)} = \sigma_{z,A}^{H}(\nu^*) \Gamma_{z,A} \xi_{z,A}$$
$$\nu^* = \nu \quad \text{at} \quad \nu < E_g \qquad (1.3)$$
$$\nu^* = E_g \quad \text{at} \quad \nu \geqslant E_g$$

Here E_g is the threshold energy, corresponding to the ionization energy of the last level incorporated on the basis of the quantum-defect method.

Hydrogen-like states predominate among highly-excited states, which manifests itself in the fact that $\epsilon \to 1$ as $h\nu \to 0$ [31], when the highly-excited states make the main contribution. For this reason we set in Eq. (1.3) $\xi_{z,A} = 1$. When using sufficiently small E_g the attendant error is not too large.

The contribution of the first excited states with relative low excitation energy depends highly on the temperature and is poorly described in terms of ξ functions. For this reason the cross section of ionization $\sigma^{(3)}_{z-1,A}$ from levels which have the same principal quantum number as the ground states, as well as the photoionization cross section $\sigma^{(4)}_{z-1,A}$ of the ground states of valence and internal electrons, were calculated using the method of Kamrukov et al. [32].

The total cross section of bound-free transitions is determined as the sum of its individual components:

$$\sigma^{ph}_{\nu,z,A} = \sum_{j=1}^{4} \sigma^{(j)}_{\nu,z,A}$$

The continuous absorption coefficient was calculated from the formula

$$\varkappa'_\nu(\rho, T) = n \left[\sum_A \sum_{z=0}^{A} \alpha_{z,A} \sigma^{ph}_{\nu,z,A} + \sigma^{b}_{\nu,z,A} \right] \times \left(1 - \exp\left(-\frac{h\nu}{kT}\right)\right)$$

where

$$n = \rho/m_0 \sum_A AC_A$$

is the total population of heavy particles in the plasma. The parenthetical expression

$$1 - \exp\left(-\frac{h\nu}{kT}\right)$$

incorporates the effect of induced emission.

The reliability of the above technique for calculating the continuous spectra of plasma was checked by comparing test computations for carbon plasma with data of Kas'kova et al. [30]; the comparison showed that the results are in satisfactory agreement (Fig. 1.8), the relatively minor dis-

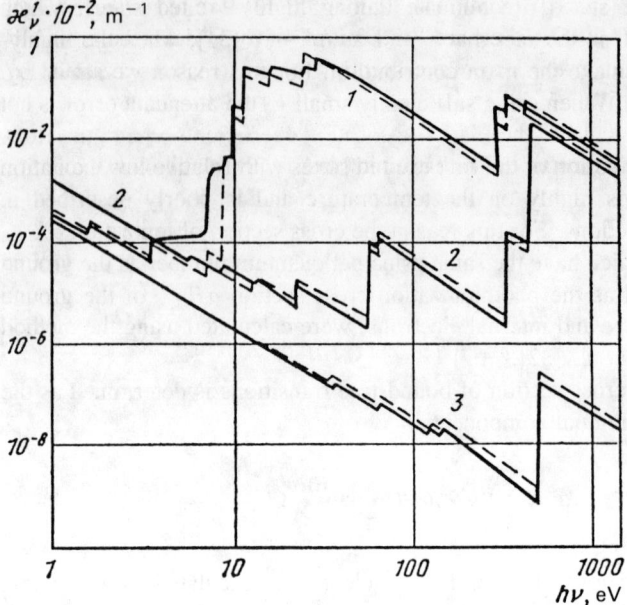

Figure 1.8 Spectra of the coefficient of continuous absorption of carbon plasma with $\rho = 10^{-3}$ kg/m³. – – – – data of Kas'kova et al. [30]; ――― - calculated by the present technique; *1*) $T = 1.16 \cdot 10^4$ K; *2*) $1.16 \cdot 10^5$; *3*) $1.16 \cdot 10^6$.

crepancies are due to differences in methods of determining the transition cross sections (the methods used by us being the more detailed).

We calculated absorption coefficients $\varkappa'_q$, averaged over 16 spectral intervals, needed for calculations in the multigroup approximation:

$$\varkappa'_q(\rho, T) = J^{-1}_{q,q+1} \int_{\nu_q}^{\nu_{q+1}} G_1(y) \varkappa'_\nu dy, \quad q = 1, 2, \ldots, 16$$

$$I_{q,q+1} = \int_{\nu_q}^{\nu_{q+1}} G_1(y) dy, \quad y = h\nu/kT, \quad G_1(y) = \frac{y^3}{\exp(y) - 1}$$

The boundaries of quantum groups ν_q were taken in locations of the strongest jumps in the spectra of absorption coefficients and corresponded to: 1) $h\nu = 0.23$ eV*; 2) 1.22; 3) 1.6; 4) 2.08; 5) 4.07; 6) 7.05; 7) 8.66;

*1 eV - $1.602 \cdot 10^{-19}$ J.

8) 10.89; 9) 12.38; 10) 18.59; 11) 30; 12) 55; 13) 94; 14) 170; 15) 300; 16) 700 and 17) 2000. To ensure "matching" of these data, these boundaries correspond in the long-wave spectral region to values assumed by Avilova et al. [5].

We also calculated the Planck absorption coefficients $\varkappa_1$ and the Rossenland mean free paths l of radiation in plasma, averaged over the entire spectrum:

$$\varkappa_1 = \int_0^\infty \varkappa'_\nu G_1(y) \, dy$$

$$l = \int_0^\infty (\varkappa'_\nu)^{-1} G(y) \, dy$$

where

$$y = h\nu/kT, \quad G_1(y) = \frac{15}{\pi^4} \frac{y^3}{\exp(y)-1}$$

$$G(y) = \frac{15}{4\pi^4} \frac{y^4 \exp(-y)}{(1-\exp(-y))^2}$$

All the above optical properties were obtained (Secs. 8 to 11) for plasma of Teflon, caprolactam, Plexiglas, polyformaldehyde and textolite at temperatures between 10^4 and 10^6 K, densities from 10^{-4} to 1 kg/m^3 and quantum energies $h\nu$ of 1 to 10^3 eV.

Figures 1.9 and 1.10 show curves of continuous absorption coefficients $\varkappa'_\nu(\rho, T)$ for Teflon plasma.

The main contribution to absorption in the long-wave region is made by bremsstrahlung absorption, and the behavior of $\varkappa'_\nu = \varkappa'_\nu(\nu)$ can be represented as the power-law function $\varkappa'_\nu \sim \nu^{-2}$. As the quantum energies

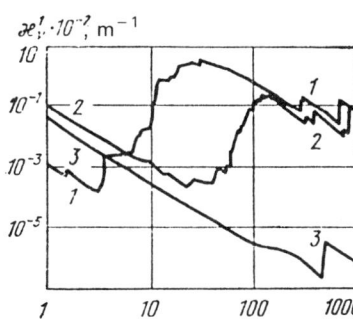

Figure 1.9 Continuous absorption coefficients of Teflon plasma at $\rho = 10^{-2}$ kg/m^3. 1) $T = 1.16 \cdot 10^4$ K; 2) $1.16 \cdot 10^5$; 3) $1.16 \cdot 10^6$.

11

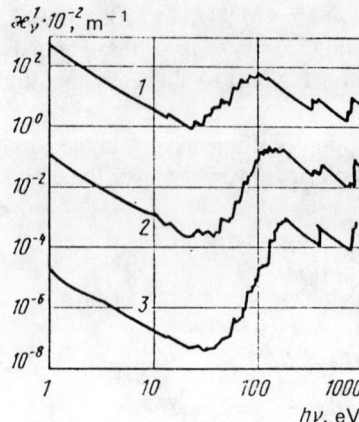

Figure 1.10 Continuous absorption coefficients of Teflon plasma at $T = 1.16 \cdot 10^5$ K. *1)* $\rho = 1$ kg/m^3; *2)* 10^{-2}; *3)* 10^{-4}.

are raised, the main contribution to the absorption coefficient is being made in sequence by: photoionization of highly-excited states, and also of the ground states of ions with relatively low ionization number; photoionization of internal shells; photoionization of 1s electrons of carbon and 1s shells of fluorine.

As ionization becomes complete with rising temperatures, the values of all the spectral components associated with photoionization drops, and the plasma radiates predominantly by bremsstrahlung.

An important contribution to the continuous absorption coefficient of fluorocarbon plasma at $T \approx 10^4$ K in the close UV spectral interval (quantum energies of $3.5 < h\nu < 7$ eV) is made by negative fluorine

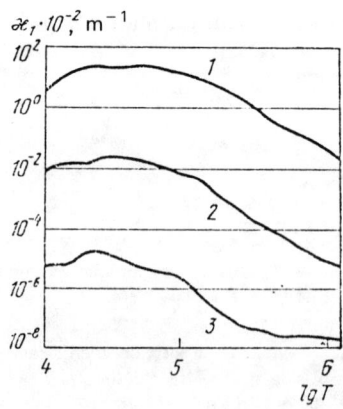

Figure 1.11 Planck-averaged absorption coefficients for Teflon plasma. *1)* $\rho = 1$ kg/m^3; *2)* 10^{-2}; *3)* 10^{-4}.

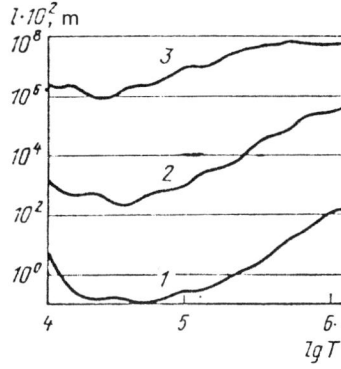

Figure 1.12 Rosseland-averaged mean free paths for Teflon plasma; for legend see Fig. 1.11.

atoms, which are contained in rather large percentages in low-temperature plasma and have a large photodetachment cross section.

The change in the ionic composition of plasma with rising temperature causes the region with significant increase in the absorption coefficient to be shifted in the direction of high quantum energies, due to photoionization of the ground and first excited ions.

As the plasma increases in density, the absorption coefficients in the long-wave part of the spectrum increase rapidly, virtually in proportion to ρ^2. The density dependence of $\varkappa'_\nu$ in the short-wave region, corresponding to photoionization of the ground states of valency electrons and states of internal electrons of the more representative ions, is weaker, being close to linear.

Figures 1.11 and 1.12 show typical temperature curves of the Planck-averaged absorption coefficient and Rosseland-averaged mean free path for radiation. The highest values of optical densities are attained at T of 2 to $4 \cdot 10^4$ K. The mean free paths decrease approximately as ρ^{-2} with increasing ρ.

CHAPTER
TWO

PARTIAL COMPOSITION OF PLASMA

Data on the partial (ionic) composition of plasma of metals and dielectrics are presented. The quantity $\alpha_{z-1,A} = n_{z-1,A/n}$, which is the relative concentration of ions of particles of the substance with atomic number A and charge $z - 1$ was determined from numerical solution of Eqs. (1.1) and (1.2).

Tables 1 and 2 were constructed as follows. For each substance listed in the table heading the value of $\alpha_{z-1,A}$ is given for five values of density as a function of the plasma temperature T and the value of residual charge z (left column). When the substance consists of one or more elements, its symbol is given in the left column. The temperature for metal plasmas and oxides ranges from 4620 to 1,160,000 K, and for plasmas of dielectrics—starting with 11,600 K. The temperatures T, densities ρ and relative ion concentrations $\alpha_{z-1,A}$ in tables 5 are listed by giving the mantissa of the number and its order. Thus, the tabulated value of density 100–02, temperature 183 05 and $\alpha_{z-1,A} = 734\ 00$ should be read respectively as $\rho = 0.1 \cdot 10^{-2}$ kg/m^3, $T = 0.183 \cdot 10^5$ K and $\alpha_{z-1,A} = 0.734 \cdot 10^0 = 0.734$.

Table 2.1. Silicon

z	Density, kg/m³				
	100—03	100—02	100—01	100 00	100 01
			$T=462\ 04\ K$		
1	982 00	994 00	998 00	999 00	999 00
2	174—01	557—02	177—02	566—03	181—03
			$T=732\ 04\ K$		
1	327 00	687 00	885 00	961 00	986 00
2	672 00	312 00	114 00	390—01	133—01
3	205—05	215—06	233—07	270—08	354—09
			$T=166\ 05\ K$		
1	294—02	237—01	180 00	521 00	783 00
2	952 00	967 00	819 00	478 00	216 00
3	451—01	515—02	604—03	837—04	156—04
			$T \doteq 183\ 05\ K$		
1	703—05	371—03	643—02	548—01	245 00
2	481—01	297 00	734 00	894 00	743 00
3	948 00	701 00	258 00	510—01	112—01
4	334—02	302—03	174—04	635—06	527—07
5	213—08	240—10	227—12	173—14	774—16
			$T=219\ 05\ K$		
1	139 08	452—06	468—04	214—02	297—01
2	851—04	327—02	424—01	252 00	593 00
3	109 00	505 00	847 00	729 00	374 00
4	866 00	489 00	110 00	151—01	220—02
5	247—01	173—02	541—04	132—05	708—07
			$T=462\ 05\ K$		
1	466—14	252—10	358—07	127—04	957—03
2	153—08	892—06	151—03	687—02	765—01
3	390—04	245—02	513—01	318 00	638 00
4	383—01	264 00	697 00	638 00	279 00
5	961 00	733 00	250 00	363—01	421—02

Table 2.1. Silicon (*Cont.*)

z	Density, kg/m³				
	100—03	100—02	100—01	100 00	100 01

$T = 732\ 05\ K$

z					
1	319—19	299—15	234—11	869—08	581—05
2	515—13	486—10	390—07	161—04	142—02
3	153—07	146—05	122—03	595—02	791—01
4	483—03	471—02	419—01	250—00	578 00
5	999 00	995 00	957 00	743 00	341 00
6	215—03	220—04	233—05	246—06	258—07

$T = 116\ 06\ K$

z					
1	189—23	525—19	547—15	399—11	130—07
2	919—17	285—13	324—10	248—07	913—05
3	148—10	512—08	643—06	531—04	239—02
4	541—05	210—03	293—02	268—01	161 00
5	135 00	590 00	924 00	964 00	835 00
6	826 00	407 00	720—01	879—02	119—02
7	377—01	210—02	424—04	622—06	144—07
8	491—05	310—07	721—10	130—12	561—15

$T = 183\ 06\ K$

z					
2	491—24	682—19	321—14	333—10	672—07
3	249—17	388—13	200—09	240—06	600—04
4	538—11	944—08	537—05	756—03	245—01
5	550—06	108—03	685—02	115 00	507 00
6	227—02	506—01	355 00	726 00	453 00
7	314 00	792 00	623 00	157 00	146—01
8	533 00	152 00	135—01	427—03	618—05
9	150 00	486—02	489—04	197—06	465—09
10	601—03	222—05	255—08	133—11	535—15
11	288—07	121—10	160—14	109—18	789—23

$T = 291\ 06\ K$

z					
3	349—29	249—22	324—16	413—11	311—07
4	280—22	222—16	319—11	484—07	463—04
5	886—17	778—12	124—07	226—04	283—02
6	213—11	208—07	369—04	818—02	138 00
7	520—07	565—04	112—01	305 00	715 00
8	421—04	510—02	113 00	383 00	128 00
9	203—01	274 00	688 00	292 00	144—01
10	432 00	653 00	185 00	999—02	748—04
11	377 00	637—01	205—02	142—04	166—07
12	168 00	318—02	116—04	105—07	198—11
13	130—02	276—05	116—08	137—12	427—17

Table 2.1. Silicon (*Cont.*)

z	Density, kg/m³				
	100—03	100—02	100—01	100 00	100 01
			$T=462\ 06\ K$		
5	246—32	139—24	187—17	193—11	614—07
6	733—26	427—19	614—13	741—08	298—04
7	525—20	314—14	486—09	693—05	360—02
8	275—15	170—10	284—06	480—03	330—01
9	190—10	120—06	218—03	442—01	410—00
10	122—06	803—04	157—01	385 00	491 00
11	713—04	482—02	103 00	306 00	549—01
12	432—01	302 00	704 00	256 00	660—02
13	956 00	692 00	176 00	791—02	299—04
			$T=732\ 06\ K$		
7	607—31	589—25	525—19	318—13	475—08
8	628—25	611—20	552—15	350—10	605—06
9	141—18	138—14	126—10	845—07	171—03
10	503—13	494—10	459—07	324—04	781—02
11	262—08	258—06	244—04	183—02	532—01
12	209—03	207—02	200—01	159 00	568 00
13	999 00	997 00	980 00	838 00	370 00
14	237—07	238—08	239—09	220—10	122—11
			$T=116\ 07\ K$		
9	368—24	373—20	362—16	325—12	222—08
10	215—17	219—14	214—11	196—08	144—05
11	247—11	252—09	248—07	234—05	186—03
12	561—05	577—04	573—03	554—02	482—01
13	963 00	996 00	999 00	994 00	951 00
14	363—01	378—02	383—03	394—04	417—05
15	296—04	310—06	317—08	338—10	400—12

Table 2.2. Chromium

z	Density, kg/m³				
	100—03	100—02	100—01	100 00	100 01
			$T=462\ 04\ K$		
1	830 00	942 00	981 00	993 00	998 00
2	169 00	574—01	187—01	609—02	200—02
			$T=732\ 04\ K$		
1	355—01	223 00	587 00	835 00	938 00
2	964 00	776 00	412 00	165 00	618—01
3	554—04	592—05	678—06	861—07	134—07

Table 2.2. Chromium (*Cont.*)

z	Density, kg/m^3				
	100—03	100—02	100—01	100 00	100 01
			$T=116$ 05 K		
1	336—03	475—02	425—01	232 00	550 00
2	425 00	835 00	933 00	764 00	448 00
3	574 00	160 00	237—01	344—02	721—03
4	782—07	315—08	659—10	200—11	216—12
			$T=183$ 05 K		
1	421—07	395—05	300—03	106—01	101 00
2	790—03	762—02	628—01	298 00	547 00
3	980 00	990 00	936 00	690 00	351 00
4	182—01	196—02	225—03	298—04	609—05
5	141—08	164—10	240—12	666—14	784—15
			$T=291$ 05 K		
1	272—11	170—08	342—06	286—04	120—02
2	282—06	190—04	473—03	487—02	279—01
3	289—01	213 00	674 00	929 00	955 00
4	962 00	785 00	325 00	653—01	157—01
5	896—02	819—03	457—04	146—05	109—06
6	296—08	307—10	238—12	131—14	399—16
			$T=462$ 05 K		
1	137—16	673—13	937—10	557—07	997—05
2	516—11	275—08	450—06	310—04	736—03
3	109—04	641—03	125—01	106 00	395 00
4	508—01	329 00	787 00	863 00	599 00
5	926 00	668 00	199 00	301—01	460—02
6	222—01	180—02	683—04	151—05	601—07
7	309—05	283—07	139—09	477—12	586—14
			$T=732$ 05 K		
1	367—23	272—18	483—14	250—10	284—07
2	349—17	291—13	596—10	355—07	508—05
3	572—10	539—07	128—04	916—03	183—01
4	677—05	723—03	203—01	180 00	560 00
5	165—01	201 00	679 00	773 00	416 00
6	519 00	723 00	296 00	450—01	465—02
7	463 00	741—01	372—02	787—04	173—05
8	407—03	753—05	471—07	143—09	750—12
9	305—08	655—11	516—14	235—17	324—20
			$T=116$ 06 K		
2	957—26	490—20	439—15	578—11	940—08
3	671—18	379—13	389—09	614—06	132—03
4	718—12	450—08	530—05	103—02	313—01

Table 2.2. Chromium (*Cont.*)

z	Density, kg/m^3				
	100—03	100—02	100—01	100 00	100 01
5	453—07	315—04	432—02	105 00	485 00
6	153—03	119—01	191 00	605 00	447 00
7	405—01	351 00	667 00	279 00	356—01
8	615 00	599 00	135 00	769—02	181—03
9	335 00	366—01	998—03	787—05	364—07
10	836—02	103—03	341—06	382—09	374—12
11	329—05	460—08	186—11	304—15	669—19

$T = 183\ 06\ K$

z	100—03	100—02	100—01	100 00	100 01
3	135—30	312—23	999—17	309—11	605—07
4	646—24	165—17	589—12	214—07	556—04
5	351—18	100—12	399—08	174—04	626—02
6	253—13	804—09	362—05	193—02	100 00
7	268—09	954—06	489—03	323—01	257 00
8	213—05	848—03	497—01	415 00	529 00
9	150—02	670—01	451 00	484 00	103 00
10	119 00	601 00	469 00	658—01	248—02
11	550 00	311 00	282—01	527—03	368—05
12	292 00	187—01	199—03	502—06	681—09
13	360—01	260—03	327—06	113—09	313—13
14	198—03	162—06	242—10	117—14	695—19
15	654—07	610—11	108—15	753—21	997—26

$T = 291\ 06\ K$

z	100—03	100—02	100—01	100 00	100 01
5	814—36	982—27	117—18	415—12	279—07
6	481—30	618—22	812—15	351—09	316—05
7	627—25	859—18	125—11	667—07	831—04
8	308—19	451—13	732—08	486—04	866—02
9	237—14	372—09	675—05	565—02	149 00
10	368—10	617—06	126—02	134 00	541 00
11	741—07	133—03	307—01	423 00	268 00
12	319—04	619—02	161 00	290 00	300—01
13	953—02	198 00	589 00	139 00	243—02
14	277 00	622 00	210 00	668—02	202—04
15	713 00	173 00	672—02	288—04	157—07

$T = 462\ 06\ K$

z	100—03	100—02	100—01	100 00	100 01
8	157—33	145—26	105—19	265—13	557—08
9	355—27	332—21	247—15	681—10	182—05
10	231—21	218—16	167—11	510—07	178—03
11	329—16	313—12	247—08	841—05	393—02
12	147—11	141—08	115—05	443—03	282—01
13	936—07	910—05	770—03	334—01	298 00
14	104—02	102—01	902—01	447 00	571 00
15	993 00	989 00	909 00	518 00	971—01
16	542—02	547—03	526—04	348—05	977—07
17	140—05	143—07	144—09	112—11	482—14

Table 2.2. Chromium (*Cont.*)

z	Density, kg/m³				
	100—03	100—02	100—01	100 00	100 01
			$T=732\ 06\ K$		
11	587—26	570—20	512—15	758—11	369—07
12	540—20	563—15	546—11	880—08	501—05
13	112—13	125—09	133—06	232—04	156—02
14	627—08	753—05	859—03	165—01	134 00
15	253—03	326—01	404 00	859 00	849 00
16	375—01	386 00	521 00	122 00	148—01
17	328 00	488 00	717—01	186—02	284—04
18	564 00	903—01	144—02	419—05	807—08
19	785—01	135—02	236—05	768—09	189—12
20	106—02	196—05	376—09	137—13	438—18
21	662—05	132—08	277—13	114—18	479—24
22	499—08	107—12	247—18	115—24	644—31
			$T=116\ 07\ K$		
13	160—32	140—23	407—16	160—10	281—06
14	122—25	112—17	361—11	160—06	333—03
15	565—20	546—13	195—07	975—04	242—01
16	371—15	376—09	149—04	845—02	252 00
17	438—11	466—06	206—02	132 00	477 00
18	129—07	144—03	712—01	518 00	228 00
19	582—05	681—02	375 00	311 00	168—01
20	379—03	466—01	286 00	271—01	181—03
21	250—01	323 00	222 00	240—02	200—05
22	399 00	541 00	416—01	517—04	540—08
23	575 00	819—01	704—03	100—06	133—11

Table 2.3. Nickel

z	Density, kg/m³				
	100—3	100—2	100—1	100 0	100 1
			$T=462\ 04\ K$		
1	961 00	987 00	996 00	998 00	999 00
2	383—01	123—01	393—02	125—02	403—03
			$T=732\ 04\ K$		
1	183 00	548 00	821 00	937 00	978 00
2	817 00	452 00	178 00	621—01	213—01
3	106—05	110—06	119—07	135—08	171—09
			$T=116\ 05\ K$		
1	157—02	151—01	115 00	427 00	731 00
2	924 00	976 00	883 00	572 00	268 00
3	741—01	877—02	994—03	128—03	209—04

Table 2.3. Nickel (*Cont.*)

z	Density, kg/m³				
	100—3	100—2	100—1	100 0	100 1

$T = 183\ 05\ K$

1	133—05	102—03	332—02	373—01	202 00
2	140—01	115 00	489 00	822 00	768 00
3	982 00	883 00	506 00	139 00	288—01
4	324—02	322—03	361—04	129—05	759—07

$T = 291\ 05\ K$

1	105—09	503—07	726—05	517—03	147—01
2	884—05	473—03	850—02	732—01	304—00
3	571—01	346 00	795 00	895 00	675 00
4	940 00	652 00	196 00	312—01	533—02
5	235—02	189—03	766—05	186—06	894—08

$T = 462\ 05\ K$

1	330—15	131—11	156—08	922—06	163—03
2	126—09	561—07	777—05	520—03	122—01
3	175—04	867—03	142—01	114—00	416 00
4	765—01	426 00	846 00	865 00	568 00
5	909 00	571 00	139 00	191—01	266—02
6	133—01	954—03	291—04	568—06	195—07
7	265—05	217—07	846—10	248—12	246—14

$T = 732\ 05\ K$

1	130—22	248—17	417—13	219—09	274—06
2	135—16	293—12	606—09	364—06	568—04
3	134—10	332—07	856—05	610—03	131—01
4	206—05	586—03	190—01	166 00	545 00
5	528—02	172 00	714 00	796 00	438 00
6	118 00	447 00	239 00	351—01	359—02
7	867 00	379 00	265—01	532—03	111—04
8	899—02	459—03	424—05	120—07	575—10
9	621—06	371—08	459—11	191—14	229—17

$T = 116\ 06\ K$

2	676—27	612—21	122—15	676—11	421—07
3	301—20	299—15	667—11	413—07	344—04
4	566—14	620—10	155—06	111—03	132—01
5	556—09	673—06	191—03	161—01	295 00
6	165—05	221—03	719—02	737—01	223 00
7	120—01	178 00	672 00	858 00	462 00
8	433 00	719 00	315 00	515—01	529—02
9	541 00	100 00	517—02	111—03	234—05
10	136—01	282—03	172—05	499—08	232—10
11	595—05	139—07	102—10	410—14	452—17

Table 2.3. Nickel (*Cont.*)

z	Density, kg/m³				
	100−3	100−2	100−1	100 0	100 1
T = 183 06 K					
4	173—26	280—19	686—14	217—09	659—06
5	194—19	349—14	955—10	355—06	144—03
6	144—14	286—10	881—07	393—04	224—02
7	939—09	207—05	724—03	393—01	330 00
8	664—05	164—02	650—01	437 00	564 00
9	459—02	126 00	574 00	485 00	101 00
10	216 00	667 00	348 00	377—01	132—02
11	568 00	196 00	118—01	167—03	104—05
12	206 00	801—02	563—04	104—06	121—09
13	437—02	191—04	157—07	394—11	888—15
14	759—05	375—08	363—12	124—16	569—21
T = 291 05 K					
5	614—36	458—27	294—19	711—13	243—08
6	390—30	312—22	223—15	649—10	301—06
7	492—23	424—16	338—10	119—05	777—03
8	110—17	102—11	912—07	397—03	371—01
9	460—13	461—08	463—04	251—01	347 00
10	285—09	309—05	351—02	239 00	504 00
11	204—06	240—03	309—01	267 00	884—01
12	190—03	242—01	355 00	394 00	210—01
13	214—01	295 00	495 00	713—01	632—03
14	393 00	589 00	113 00	214—02	325—05
15	553 00	902—01	200—02	502—05	133—08
16	210—01	373—03	957—06	322—09	155—13
17	103—01	200—04	596—08	271—12	244—17
18	206—04	436—08	151—12	946—18	163—23
19	219—06	508—11	206—16	178—22	608—29
T = 462 06 K					
8	855—40	562—29	164—19	296—12	760—07
9	564—34	378—24	124—15	275—09	919—05
10	904—29	619—20	229—12	629—07	278—03
11	264—24	185—16	777—10	265—05	158—02
12	413—19	295—12	141—06	604—03	500—01
13	123—14	902—09	490—04	265—01	310 00
14	927—11	696—06	432—02	297 00	503 00
15	109—07	839—04	596—01	526 00	131 00
16	564—06	446—03	364—01	414—01	156—02
17	938—03	763—01	717 00	106 00	615—03
18	831—02	695—01	754—01	146—02	133—05
19	990 00	853 00	107 00	273—03	401—07
20	127—08	113—09	165—11	561—15	135—19
T = 732 06 K					
12	170—34	162—27	137—20	796—14	100—07
13	263—28	252—22	217—16	134—10	208—05

Table 2.3. Nickel (*Cont.*)

z	Density, kg/m³				
	100—3	100—2	100—1	100 0	100 1
14	136—22	131—17	115—12	759—08	147—03
15	171—17	166—13	149—09	105—05	259—02
16	129—13	126—10	116—07	887—05	280—02
17	620—08	661—06	578—04	477—02	197 00
18	151—04	151—03	146—02	131—01	722—01
19	995 00	999 00	998 00	982 00	725 00
20	406—02	412—03	424—04	458—05	463—06
21	766—05	784—07	833—09	996—11	139—12
22	167—08	173—11	190—14	252—17	499—20

$T = 116\ 07\ K$

15	144—28	895—22	211—16	299—12	187—08
16	271—23	179—17	468—13	713—10	503—07
17	523—16	368—11	106—07	174—05	139—03
18	455—11	342—07	108—04	192—03	177—02
19	172—04	137—01	483—00	929 00	989 00
20	953—03	813—01	316—00	659—01	818—02
21	455—01	414 00	178 00	404—02	589—04
22	472 00	459 00	218—01	542—04	934—07
23	287 00	297—01	157—03	426—07	877—11
24	161 00	178—02	104—05	311—10	769—15
25	318—01	376—04	244—08	801—14	239—19
26	587—03	741—07	535—12	193—18	706—25
27	765—06	103—10	829—17	330—24	148—31

Table 2.4. Copper

z	Density, kg/m³				
	100—3	100—2	100—1	100 0	100 1

$T = 462\ 04\ K$

| 1 | 811 00 | 935 00 | 978 00 | 993 00 | 997 00 |
| 2 | 188 00 | 645—01 | 211—01 | 685—02 | 225—02 |

$T = 732\ 04\ K$

1	226—01	161 00	511 00	795 00	921 00
2	977 00	838 00	488 00	205 00	783—01
3	467—07	498—08	571—09	731—10	115—10

$T = 116\ 05\ K$

1	243—03	237—02	216—01	141 00	426 00
2	977 00	995 00	978 00	858 00	573 00
3	219—01	236—02	266—03	369—04	809—05

Table 2.4. Copper (*Cont.*)

z	Density, kg/m³				
	100—3	100—2	100—1	100 0	100 1
			$T = 183\ 05\ K$		
1	348—06	259—04	774—03	878—02	609—01
2	167—01	134 00	532 00	870 00	913 00
3	983 00	865 00	467 00	120 00	251—01
4	878—06	859—07	658—08	293—09	159—10
			$T = 291\ 05\ K$		
1	136—09	134—07	123—05	898—04	309—02
2	577—04	602—03	572—02	460—01	218 00
3	885 00	985 00	992 00	953 00	778 00
4	114 00	137—01	150—02	186—03	328—04
5	160—06	208—08	254—10	439—12	209—13
			$T = 462\ 05\ K$		
1	570—14	515—11	276—08	448—06	322—04
2	872—08	829—06	492—04	100—02	902—02
3	411—02	413—01	276 00	736 00	937 00
4	885 00	946 00	722 00	262 00	534—01
5	110 00	126—01	112—02	580—04	214—05
6	858—05	105—06	110—08	844—11	636—13
			$T = 732\ 05\ K$		
1	491—20	605—16	314—12	444—09	217—06
2	188—13	260—10	150—07	253—05	149—03
3	857—07	134—04	870—03	179—01	138 00
4	220—02	391—01	288 00	747 00	821 00
5	410 00	826 00	697 00	234 00	399—01
6	581 00	133 00	130—01	586—03	168—04
7	591—02	156—03	178—05	109—07	575—10
8	342—06	103—08	140—11	121—14	127—17
			$T = 116\ 06\ K$		
2	761—22	583—17	101—12	378—09	263—06
3	158—14	144—10	286—07	126—04	112—02
4	915—09	994—06	226—03	119—01	144 00
5	186—04	241—02	638—01	413 00	711 00
6	141—01	220 00	677 00	548 00	142 00
7	378 00	705 00	255 00	263—01	108—02
8	281 00	630—01	270—02	361—04	251—06
9	317 00	858—02	437—04	777—07	959—10
10	869—02	284—04	173—07	417—11	965—15
11	677—05	268—08	198—12	655—17	300—21

Table 2.4. Copper (*Cont.*)

z	Density, kg/m³				
	100—3	100—2	100—1	100 0	100 1
			$T=183\ 06\ K$		
3	491—29	153—21	608—15	121—09	370—06
4	228—22	780—16	345—10	864—06	374—03
5	102—16	382—11	190—06	604—03	384—01
6	463—12	190—07	107—03	438—01	424 00
7	202—08	912—05	582—02	312 00	476 00
8	664—06	330—03	241—01	171 00	426—01
9	920—03	504—01	423 00	405 00	170—01
10	849—01	514 00	499 00	652—01	479—03
11	614 00	412 00	465—01	843—03	112—05
12	296 00	220—01	291—03	741—06	184—09
13	307—02	254—04	395—07	143—10	693—15
14	123—05	114—08	209—12	109—16	106—21
			$T=291\ 06\ K$		
5	107—33	432—25	161—17	308—11	272—06
6	810—28	352—20	146—13	327—08	372—04
7	110—22	520—16	239—10	639—06	966—03
8	212—18	109—12	561—08	179—04	371—02
9	327—13	183—08	105—04	410—02	119 00
10	636—09	388—05	252—02	120 00	508 00
11	184—05	122—02	898—01	531 00	336 00
12	670—03	489—01	406 00	300 00	294—01
13	603—01	482 00	455 00	427—01	664—03
14	486 00	426 00	459—01	551—03	140—05
15	416 00	400—01	493—03	766—06	330—09
16	316—01	338—03	479—06	972—10	730—14
17	419—02	488—05	799—09	214—13	288—18
18	322—04	413—08	784—13	279—18	698—24
19	357—07	506—12	111—17	537—24	256—30
			$T=462\ 06\ K$		
8	109—40	871—30	214—20	272—13	523—08
9	367—34	308—24	852—16	133—09	332—05
10	230—28	205—19	640—12	124—06	409—03
11	323—23	306—15	107—08	261—04	115—01
12	856—19	860—12	342—06	104—02	637—01
13	260—14	278—08	125—03	487—01	415 00
14	120—10	137—05	702—02	348 00	425 00
15	100—07	121—03	710—01	452 00	806—01
16	126—05	164—02	109 00	904—01	240—02
17	485—03	669—01	513 00	551—01	222—03
18	185—01	273 00	241 00	339—02	212—05
19	349 00	551 00	560—01	104—03	103—07
20	631 00	106 00	125—02	309—06	495—11
21	329—08	596—10	810—13	268—17	708—23

Table 2.4. Copper (Cont.)

z	Density, kg/m³				
	100—3	100—2	100—1	100 0	100 1
			$T=732\ 06\ K$		
12	220—37	207—29	159—21	539—14	129—07
13	409—31	387—24	305—17	111—10	334—05
14	161—25	154—19	124—13	489—08	187—03
15	159—20	153—15	127—10	544—06	269—02
16	335—16	325—12	276—08	129—04	841—02
17	305—11	299—08	260—05	134—02	116 00
18	389—07	385—05	345—03	196—01	229 00
19	529—03	529—02	490—01	309 00	494 00
20	983 00	993 00	950 00	669 00	148 00
21	161—01	164—02	163—03	128—04	402—06
22	124—04	128—06	131—08	117—10	524—13
			$T=116\ 07\ K$		
16	124—27	253—21	479—16	116—11	770—08
17	402—21	869—16	175—11	458—08	348—05
18	225—15	517—11	110—07	314—05	276—03
19	220—09	535—06	122—03	375—02	385—01
20	366—04	945—02	229 00	769 00	929 00
21	849—02	232 00	604 00	220 00	315—01
22	199 00	580 00	160 00	641—02	109—03
23	555 00	171—00	508—02	222—04	458—07
24	156 00	515—02	163—04	782—08	196—11
25	773—01	270—03	915—07	484—11	148—15
26	252—02	937—06	340—10	198—15	751—21
27	518—04	204—08	796—14	514—20	242—26
28	825—07	346—12	144—18	103—25	612—33

Table 2.5. Zirconium

z	Density, kg/m³				
	100—3	100—2	100—1	100 0	100 1
			$T=462\ 04\ K$		
1	269 00	638 00	863 00	952 00	983 00
2	730 00	361 00	136 00	473—01	165—01
3	108—06	115—07	127—08	152—09	213—10
			$T=732\ 04\ K$		
1	112—02	107—01	842—01	344—00	640 00
2	973 00	986 00	915 00	655 00	359 00
3	255—01	283—02	341—03	536—04	140—04

Table 2.5. Zirconium (*Cont.*)

z	Density, kg/m^3				
	100—3	100—2	100—1	100 0	100 1

$T = 116\ 05\ K$

z					
1	808—06	552—04	140—02	141—01	794—01
2	219—01	165 00	576 00	873 00	888 00
3	976 00	834 00	422 00	111 00	325—01
4	116—02	115—03	899—05	482—00	630—07

$T = 183\ 05\ K$

z					
1	781—10	194—07	192—05	117—03	259—02
2	254—04	763—03	905—02	664—01	235 00
3	168 00	618 00	917 00	922 00	758 00
4	831 00	380 00	733—01	114—01	317—02
5	576—03	332—04	869—06	239—07	323—08

$T = 291\ 05\ K$

z					
1	599—15	108—11	868—09	300—06	243—04
2	114—08	240—06	215—04	896—03	105—01
3	216—03	533—02	554—01	300 00	646 00
4	250 00	732 00	904 00	694 00	342 00
5	749 00	261 00	395—01	467—02	664—03
6	861—06	363—07	692—09	136—10	703—12

$T = 462\ 05\ K$

z					
1	116—20	109—16	765—13	192—09	939—07
2	936—14	921—11	672—08	195—05	125—03
3	204—07	211—05	164—03	583—02	570—01
4	102—02	112—01	945—01	432 00	745 00
5	830 00	967 00	903 00	561 00	197 00
6	168 00	209—01	220—02	196—03	163—04
7	910—04	122—05	147—07	198—09	454—11

$T = 732\ 05\ K$

z					
2	217—20	659—16	532—12	111—08	490—06
3	212—13	717—10	652—07	162—04	950—03
4	110—07	416—05	431—03	132—01	112 00
5	296—03	125—01	149 00	583 00	791 00
6	118 00	562 00	781 00	398 00	947—01
7	780 00	419 00	686—01	474—02	215—03
8	101 00	615—02	120—03	115—05	110—07
9	216—03	150—05	353—08	491—11	108—13
10	942—07	747—10	213—13	442—17	246—20

$T = 116\ 06\ K$

z					
3	821—24	113—17	825—13	867—09	115—05
4	200—17	318—12	275—08	346—05	618—03
5	524—12	964—08	996—05	153—02	390—01

Table 2.5. Zirconium (Cont.)

z	Density, kg/m³				
	100—3	100—2	100—1	100 0	100 1
6	268—07	570—04	711—02	136 00	528 00
7	719—04	177—01	268 00	656 00	410 00
8	119—01	343 00	636 00	202 00	216—01
9	104 00	349 00	797—01	337—02	657—04
10	715 00	280 00	795—02	457—04	172—06
11	166 00	766—02	271—04	216—07	167—10
12	170—02	923—05	411—08	465—12	786—16
13	470—06	300—09	170—13	278—18	109—22

$T = 183\ 06\ K$

4	229—33	419—25	905—18	106—11	312—07
5	325—27	630—20	151—13	213—08	876—05
6	456—21	943—15	253—09	432—05	260—02
7	693—16	153—10	463—06	972—03	892—01
8	135—11	320—07	109—03	287—01	418 00
9	286—08	725—05	282—02	941—01	226 00
10	112—04	305—02	135 00	584 00	242 00
11	311—02	911—01	466 00	263 00	196—01
12	200 00	634 00	375 00	282—01	392—03
13	793 00	271 00	186—01	189—03	514—06
14	227—02	840—04	677—06	945—09	519—12
15	611—07	245—09	232—12	453—16	526—20

$T = 291\ 06\ K$

7	280—30	434—23	128—16	650—11	297—06
8	144—24	238—18	760—13	433—08	261—04
9	128—19	224—14	774—10	502—06	412—03
10	359—14	670—10	251—06	188—05	216—01
11	113—09	226—06	927—04	805—02	133 00
12	239—05	509—03	228—01	232—00	574 00
13	519—02	118 00	580 00	702 00	266 00
14	294 00	714 00	387 00	562—01	337—02
15	634 00	165 00	988—02	173—03	170—05
16	664—01	185—02	123—04	265—07	436—10
17	357—03	107—05	792—09	211—12	602—16
18	939—07	303—10	250—14	832—19	424—23

$T = 462\ 06\ K$

10	669—30	244—22	677—16	143—10	198—06
11	457—24	187—17	564—12	136—07	241—04
12	403—18	184—12	609—08	168—04	388—02
13	508—13	260—08	940—05	299—02	918—01
14	160—08	921—05	365—02	134 00	559 00
15	468—05	300—02	131—00	564 00	322 00

Table 2.5. Zirconium (*Cont.*)

z	Density, kg/m³				
	100—3	100—2	100—1	100 0	100 1
16	160—02	115 00	554 00	280 00	224—01
17	682—01	550 00	292 00	174—01	199—03
18	342 00	310 00	182—01	129—03	215—06
19	158 00	161—01	105—03	892—07	219—10
20	361 00	413—02	299—05	305—09	113—13
21	672—01	866—04	698—08	864—13	491—18
22	121—02	176—06	158—11	239—17	212—23
23	179—05	293—10	295—16	545—23	771—30

$T = 732\ 06\ K$

z	100—3	100—2	100—1	100 0	100 1
12	560—44	263—32	214—22	525—14	202—08
13	126—37	536—27	480—18	133—10	686—06
14	210—31	114—21	112—13	355—07	247—03
15	672—26	391—17	424—10	153—04	145—01
16	440—21	275—13	329—07	136—02	178 00
17	626—17	421—10	556—05	266—01	483 00
18	183—13	132—07	193—03	107 00	274 00
19	862—11	672—06	108—02	699—01	253—01
20	359—07	301—03	539—01	405 00	211—01
21	214—04	193—01	384 00	339 00	256—02
22	217—02	212 00	467 00	485—01	538—04
23	316—01	333 00	818—01	100—02	165—06
24	327 00	372 00	101—01	148—04	365—09
25	499 00	612—01	187—03	324—07	120—12
26	132 00	176—02	601—06	124—10	710—17
27	529—02	757—05	289—09	720—15	634—22
28	431—03	667—07	285—12	857—19	117—26
29	334—05	559—10	268—16	976—24	211—32
30	109—07	197—13	106—20	471—29	163—38

$T = 116\ 07\ K$

z	100—3	100—2	100—1	100 0	100 1
17	144—48	480—35	662—23	117—13	828—07
18	286—43	976—31	145—19	302—11	263—05
19	129—38	453—27	732—17	179—09	194—04
20	753—33	269—22	471—13	135—06	185—02
21	892—28	327—18	622—10	211—04	364—01
22	256—23	966—15	199—07	802—03	175 00
23	150—19	583—12	130—05	625—02	175 00
24	198—15	789—09	192—03	109 00	397 00
25	545—12	222—06	588—02	401 00	189 00
26	368—09	154—04	445—01	363 00	225—01
27	522—07	224—03	707—01	693—01	567—03
28	251—04	111—01	381 00	449—01	490—04
29	163—02	744—01	279 00	397—02	582—06
30	103 00	483 00	198 00	341—03	675—08
31	895 00	430 00	193—01	403—05	108—10
32	432—06	214—07	105—09	267—14	991—21

Table 2.6. Niobium

z	Density, kg/m^3				
	100—3	100—2	100—1	100 0	100 1
			$T = 462\ 04\ K$		
1	368 00	718 00	898 00	965 00	988 00
2	631 00	281 00	101 00	346—01	118—01
3	759—08	798—09	868—10	100—10	133—11
			$T = 732\ 04\ K$		
1	273—02	253—01	169 00	503 00	768 00
2	991 00	974 00	830 00	496 00	232 00
3	555—02	595—03	704—04	101—04	208—05
			$T = 116\ 05\ K$		
1	530—05	274—03	465—02	400—01	189 00
2	503—01	305 00	742 00	909 00	797 00
3	949 00	694 00	253 00	509—01	124—01
4	173—04	155—05	900—07	342—08	353—09
			$T = 183\ 05\ K$		
1	104—08	111—06	967—05	556—03	110—01
2	124—03	155—02	145—01	992—01	320 00
3	636 00	935 00	977 00	899 00	668 00
4	362 00	634—01	775—02	108—02	263—03
5	275—04	580—06	863—08	209—09	234—10
			$T = 291\ 05\ K$		
1	127—13	146—10	931—08	194—05	118—03
2	746—08	980—06	693—04	182—02	157—01
3	128—02	195—01	157 00	563 00	845 00
4	493 00	875 00	830 00	433 00	139 00
5	504 00	105 00	120—01	992—03	836—04
6	115—02	286—04	406—06	566—08	154—09
			$T = 732\ 05\ K$		
2	223—21	102—16	123—12	482—09	324—06
3	242—14	121—10	164—07	743—05	679—03
4	127—08	705—06	108—03	587—02	802—01
5	390—04	237—02	422—01	282 00	634 00
6	582—01	393 00	813 00	695 00	283 00
7	789 00	591 00	144 00	163—01	132—02
8	152 00	127—01	370—03	575—05	102—06
9	491—03	461—05	161—07	356—10	152—12
10	224—07	237—10	101—13	327—17	370—20

Table 2.6. Niobium (*Cont.*)

z	Density, kg/m³				
	100—3	100—2	100—1	100 0	100 1
			$T=116\ 06\ K$		
3	191—24	122—18	131—13	213—09	433—06
4	673—18	487—13	592—09	114—05	311—03
5	291—12	239—08	332—05	779—03	302—01
6	130—07	122—04	194—02	566—01	334 00
7	839—04	894—02	165 00	609 00	582 00
8	256—01	313 00	674 00	322 00	530—01
9	441 00	617 00	156 00	990—02	299—03
10	359 00	577—01	173—02	148—04	877—07
11	170 00	316—02	113—04	134—07	165—10
12	251—02	537—05	231—08	389—12	105—15
13	144—05	358—09	187—13	454—18	291—22
			$T=183\ 06\ K$		
4	651—34	229—25	566—18	546—12	100—07
5	171—27	654—20	182—13	216—08	546—05
6	750—22	310—15	986—10	146—05	528—03
7	268—16	120—10	438—06	822—03	444—01
8	978—12	479—07	200—03	483—01	406 00
9	430—08	229—04	111—01	350 00	475 00
10	192—05	112—02	631—01	263 00	603—01
11	131—02	842—01	554 00	311 00	124—01
12	604—01	424 00	328 00	251—01	184—03
13	597 00	461 00	422—01	448—03	623—06
14	340 00	289—01	315—03	470—06	129—09
15	428—04	401—06	523—09	111—12	629—17
			$T=291\ 06\ K$		
7	317—32	124—24	114—17	213—11	205—06
8	330—26	137—19	133—13	281—08	364—04
9	669—21	293—15	306—10	735—06	132—02
10	223—16	103—11	116—07	321—04	827—02
11	210—11	103—07	124—04	401—02	152 00
12	215—07	112—04	146—02	555—01	322 00
13	140—03	776—02	109 00	494 00	450 00
14	899 01	530 00	813 00	441 00	652—01
15	713 00	448 00	750—01	495—02	122—03
16	193—00	129—01	238—03	192—05	820—08
17	230—02	164—04	332—07	334—10	252—13
18	126—05	967—09	215—12	271—16	376—20
			$T=732\ 06\ K$		
13	280—40	540—29	890—20	157—12	800—08
14	282—34	582—24	106—15	224—09	145—05

Table 2.6. Niobium (*Cont.*)

z	Density, kg/m^3				
	100—3	100—2	100—1	100 0	100 1
15	231—27	511—18	103—10	262—05	219—02
16	372—22	882—14	297—07	603—03	659—01
17	113—17	287—10	715—05	263—01	380 00
18	685—14	187—07	518—03	231 00	446 00
19	785—11	230—05	710—02	386 00	100 00
20	132—08	420—04	144—01	958—01	339—02
21	191—05	650—02	249 00	203 00	993—03
22	348—03	125 00	537 00	538—01	367—04
23	956—02	376 00	180 00	223—02	215—06
24	353—01	150 00	808—02	124—04	170—09
25	724 00	330 00	200—02	382—06	756—12
26	219 00	108—01	734—05	175—09	505—16
27	108—01	577—04	442—08	132—13	562—21
28	745—04	427—07	269—12	139—18	880—27
29	150—05	932—10	909—16	433—23	412—32
30	163—08	109—13	120—20	729—29	105—38

$T = 116\ 07\ K$

z	100—3	100—2	100—1	100 0	100 1
17	468—50	234—35	264—23	334—14	602—07
18	177—44	945—31	120—19	173—11	383—05
19	186—39	105—26	151—16	250—09	686—04
20	425—35	256—23	415—14	788—08	268—03
21	120—29	775—19	141—10	310—05	132—01
22	641—25	438—15	906—08	228—03	124 00
23	781—21	568—12	133—05	388—02	268 00
24	185—17	143—09	380—04	129—01	114 00
25	359—13	297—06	892—02	351 00	405 00
26	340—10	299—04	102 00	469 00	706—01
27	762—08	716—03	277 00	149 00	294—02
28	341—06	342—02	150 00	948—02	248—04
29	651—04	696—01	348 00	258—02	904—06
30	117—02	134 00	765—01	668—04	315—08
31	449—01	547 00	355—01	366—05	234—10
32	955—01	124 00	920—03	112—07	984—14
33	858 00	119 00	100—03	146—09	176—16
34	177—08	264—10	254—14	441—21	737—29

Table 2.7. Molybdenum

z	Density, kg/m^3				
	100—3	100—2	100—1	100 0	100 1
			$T = 462\ 04\ K$		
1	822—01	370 00	713 00	891 00	959 00
2	917 00	629 00	287 00	108 00	407—01

Table 2.7. Molybdenum (*Cont.*)

z	Density, kg/m^3				
	100—3	100—2	100—1	100 0	100 1
	$T=732\ 04\ K$				
1	242—03	234—02	206—01	125 00	346 00
2	999 00	997 00	979 00	874 00	653 00
3	313—04	332—05	400—06	686—07	279—07
	$T=116\ 05\ K$				
1	409—05	420—04	401—03	344—02	209—01
2	795 00	970 00	996 00	996 00	979 00
3	204 00	299—01	346—02	468—03	118—03
4	146—05	261—07	357—09	758—11	780—12
	$T=183\ 05\ K$				
1	715—08	583—06	187—04	226—03	181—02
2	123—01	119 00	507 00	870 00	973 00
3	727 00	844 00	489 00	128 00	251—01
4	260 00	366—01	298—02	129—03	558—05
5	446—05	772—07	909—09	702—11	838—13
	$T=291\ 05\ K$				
1	747—13	755—10	478—07	803—05	210—03
2	653—06	736—04	512—02	114 00	504 00
3	152—02	192—01	151 00	480 00	415 00
4	642 00	922 00	837 00	405 00	797—01
5	355 00	583—01	630—02	497—03	258—04
6	305—03	577—05	763—07	105—08	167—10
	$T=462\ 05\ K$				
1	107—19	264—15	192—11	390—08	171—05
2	297—12	825—09	679—06	165—03	945—02
3	801—08	252—05	239—03	732—02	627—01
4	333—03	119—01	133 00	537 00	795 00
5	146 00	602 00	804 00	449 00	131 00
6	806 00	383 00	621—01	506—02	339—03
7	469—01	259—02	520—04	649—06	114—07
8	888—07	573—09	145—11	291—14	155—16
	$T=734\ 05\ K$				
2	994—21	801—16	221—11	115—07	885—05
3	162—15	138—11	426—08	226—05	280—03
4	157—09	143—06	497—04	385—02	610—01

Table 2.7. Molybdenum (*Cont.*)

z	Density, kg/m³				
	100—3	100—2	100—1	100 0	100 1
5	604—05	586—03	232—01	231 00	605 00
6	108—01	112 00	515 00	681 00	325 00
7	766 00	859 00	459 00	833—01	795—02
8	222 00	269—01	170—02	439—04	922—06
9	764—03	100—04	762—07	288—09	146—11
10	376—07	541—10	495—13	285—16	385—19

$T = 116\ 06\ K$

3	103—25	884—20	130—14	309—10	757—07
4	801—19	751—14	124—09	348—06	115—03
5	559—13	579—09	108—05	368—03	176—01
6	419—08	480—05	103—02	431—01	317—00
7	285—04	362—02	897—01	472 00	567 00
8	167—01	237 00	682 00	463 00	968—01
9	419 00	663 00	222 00	199—01	771—03
10	533 00	943—01	373—02	451—04	343—06
11	290—01	576—03	271—05	451—08	720—11
12	811—03	181—05	101—08	239—12	850—16
13	627—06	158—09	107—13	362—18	306—22

$T = 183\ 06\ K$

4	246—34	955—26	218—18	991—13	262—08
5	116—27	496—20	130—13	734—09	255—05
6	998—22	469—15	142—09	100—05	480—03
7	131—16	680—11	240—06	216—03	147—01
8	102—11	587—07	242—03	282—01	286 00
9	756—08	482—04	234—01	357 00	562 00
10	633—05	448—02	257 00	523 00	133 00
11	506—03	399—01	271 00	746—01	319—02
12	572—01	503 00	408 00	153—01	115—03
13	403 00	396 00	386—01	201—03	278—06
14	504 00	555—01	652—03	479—06	126—09
15	338—01	418—03	595—06	625—10	329—14
16	142—06	197—09	342—13	522—18	571—23

$T = 291\ 06\ K$

7	255—34	302—26	129—18	662—12	813—07
8	614—28	757—21	343—14	201—08	341—04
9	232—22	299—16	143—10	981—06	235—02
10	165—17	221—12	113—07	909—04	320—01
11	185—13	260—09	142—05	135—02	719—01
12	558—09	819—06	480—03	548—01	452 00
13	175—05	269—03	169—01	235 00	310 00
14	307—02	495—01	337 00	573 00	125 00
15	510 00	865 00	638 00	134 00	499—02
16	472 00	843—01	676—02	178—03	116—05
17	134—01	252—03	221—05	740—08	868—11
18	151—04	299—07	287—10	123—13	268—17

Table 2.7. Molybdenum (*Cont.*)

z	Density, kg/m³				
	100—3	100—2	100—1	100 0	100 1

$T = 462\ 06\ K$

z					
10	828—34	108—25	133—18	148—12	114—07
11	242—28	338—21	452—15	566—10	559—06
12	284—22	423—16	615—11	875—07	112—03
13	479—17	764—12	120—07	196—04	334—02
14	937—12	159—07	275—04	514—02	118 00
15	248—07	451—04	851—02	184 00	585 00
16	621—04	121—01	250 00	630 00	281 00
17	125—01	261 00	592 00	175 00	111—01
18	260 00	582 00	145 00	506—02	471—04
19	587 00	140 00	387—02	160—04	222—07
20	136 00	352—02	107—04	529—08	111—11
21	256—02	709—05	238—08	141—12	459—17
22	200—03	597—07	222—11	160—16	815—22
23	111—05	357—10	148—15	130—21	106—27

$T = 732\ 06\ K$

z					
13	178—40	133—29	434—20	319—13	320—08
14	744—34	598—24	211—15	188—09	235—05
15	527—28	456—19	175—11	190—06	299—03
16	211—22	196—14	826—08	109—03	218—01
17	125—17	124—10	574—05	929—02	239 00
18	140—13	150—07	757—03	150 00	504 00
19	312—10	360—05	199—01	488 00	215 00
20	131—07	163—03	993—01	301—00	177—01
21	821—06	109—02	732—01	276—01	218—03
22	407—03	587—01	431 00	202—01	218—04
23	265—01	412 00	334 00	196—02	290—06
24	272 00	455 00	407—01	300—04	619—09
25	361 00	653—01	645—03	601—07	174—12
26	303 00	591—02	646—05	762—10	314—16
27	351—01	740—04	897—08	134—13	797—21
28	667—03	151—06	204—11	389—18	336—26
29	175—05	430—10	643—16	157—23	199—32
30	789—08	210—13	349—20	109—28	207—38

$T = 116\ 07\ K$

z					
17	0	122—35	948—24	296—14	316—07
18	293—44	908—31	793—20	278—11	372—05
19	604—39	197—26	194—16	766—09	130—03
20	345—34	119—22	131—13	588—07	127—02
21	426—30	155—19	194—11	981—06	271—02
22	630—25	243—15	342—08	196—03	703—01
23	180—20	736—12	117—05	764—02	356—00
24	119—16	513—09	924—04	688—01	421—00
25	151—13	688—07	140—02	119—00	965—01

Table 2.7. Molybdenum (*Cont.*)

z	Density, kg/m^3				
	100—3	100—2	100—1	100 0	100 1
26	398—10	192—04	443—01	432 00	465—01
27	209—07	107—02	279 00	314 00	454—02
28	261—05	141—01	419 00	543—01	105—03
29	651—04	373—01	125 00	188—02	499—06
30	491—02	298 00	114 00	198—03	721—08
31	489—01	315 00	137—01	276—05	138—10
32	435 00	297 00	147—02	345—07	241—13
33	510 00	369—01	208—04	572—10	560—17
34	294—08	225—10	145—14	467—21	645—29

Table 2.8. Tantalum

z	Density, kg/m^3				
	100—03	100—02	100—01	100 00	100 01
			$T=462\ 04\ K$		
1	563 00	831 00	942 00	981 00	993 00
2	436 00	168 00	575—01	189—01	623—02
3	153—08	157—09	164—10	177—11	204—12
			$T=732\ 04\ K$		
1	266—02	249—01	170 00	513 00	785 00
2	995 00	974 00	830 00	486 00	214 00
3	202—02	211—03	238—04	309—05	502—06
			$T=116\ 05\ K$		
1	431—05	169—03	230—02	205—01	121 00
2	906—01	441 00	843 00	954 00	874 00
3	908 00	558 00	154 00	246—01	478—02
4	833—03	655—04	271—05	679—07	380—08
			$T=183\ 05\ K$		
1	131—09	403—07	431—05	253—03	519—02
2	452—04	163—02	213—01	152 00	482 00
3	124 00	540 00	882 00	834 00	510 00
4	874 00	458 00	965—01	131—01	195—02
5	837—03	535—04	149—05	321—07	145—08
			$T=291\ 05\ K$		
1	181—15	523—12	516—09	254—06	331—04
2	449—09	147—06	166—04	946—03	169—01
3	530—04	199—02	263—01	183 00	532 00
4	129 00	563 00	890 00	805 00	449 00
5	857 00	433 00	833—01	104—01	132—02
6	129—01	767—03	183—04	338—06	115—07

Table 2.8. Tantalum (*Cont.*)

z	Density, kg/m³				
	100—03	100—02	100—01	100 00	100 01
			$T = 462\ 05\ K$		
1	740—23	446—18	752—14	355—10	349—07
2	775—16	490—12	938—09	513—06	641—04
3	119—09	791—07	174—04	115—02	204—01
4	142—04	100—02	258—01	213 00	602 00
5	303—01	226 00	691 00	744 00	373 00
6	967 00	772 00	283 00	413—01	411—02
7	221—02	189—03	846—05	174—06	385—08
8	293—07	271—09	149—11	452—14	247—16
			$T = 732\ 05\ K$		
2	384—23	284—18	440—14	368—10	415—07
3	342—16	286—12	504—09	341—06	667—04
4	549—10	522—07	105—04	812—03	215—01
5	513—05	555—03	128—01	116 00	452 00
6	235—01	291 00	787 00	856 00	522 00
7	439 00	621 00	196 00	263—01	272—02
8	528 00	859—01	321—02	544—04	102—05
9	940—02	176—03	786—06	172—08	640—11
10	294—05	636—08	341—11	995—15	781—18
			$T = 116\ 06\ K$		
3	121—27	294—21	115—15	660—11	316—07
4	110—20	294—15	129—10	859—07	547—04
5	124—14	363—10	179—06	141—03	125—01
6	144—09	467—06	261—03	248—01	321 00
7	872—06	311—03	198—01	230 00	455 00
8	155—02	615—01	448 00	651 00	205 00
9	135 00	595 00	499 00	919—01	484—02
10	682 00	333 00	324—01	769—03	710—05
11	167 00	914—02	103—03	322—06	545—09
12	118—01	720—04	956—07	397—10	128—13
13	187—03	127—06	199—10	112—14	730—19
14	192—06	146—10	272—15	211—20	289—25
			$T = 183\ 06\ K$		
5	193—32	983—24	533—16	217—10	241—06
6	192—26	101—18	614—12	326—07	480—04
7	492—21	267—14	183—08	128—04	257—02
8	975—16	549—10	425—05	396—02	112 00
9	200—11	116—06	103—02	129 00	534 00
10	504—08	306—04	407—01	524 00	327 00
11	131—05	831—03	958—01	224 00	217—01

Table 2.8. Tantalum (*Cont.*)

z	Density, kg/m³				
	100—03	100—02	100—01	100 00	100 01
12	336—03	221—01	294 00	958—01	148—02
13	431—01	297 00	456 00	208—01	536—04
14	941 00	678 00	121 00	786—03	344—06
15	137—01	103—02	216—04	201—07	155—11
16	131—02	104—04	254—07	343—11	483—16
17	365—03	304—06	876—10	173—14	459—20
18	571—06	501—10	170—14	500—20	256—26

$T = 291\ 06\ K$

8	654—38	844—28	115—18	734—12	104—06
9	493—32	679—23	100—14	823—09	149—04
10	734—27	108—18	172—11	184—06	435—03
11	181—22	286—15	497—09	697—05	219—02
12	957—18	161—11	305—06	566—03	243—01
13	422—13	764—08	158—03	389—01	235 00
14	578—09	112—04	254—01	843—00	732 00
15	145—07	302—04	754—02	337—01	432—02
16	526—05	118—02	324—01	198—01	383—03
17	992—02	240 00	729 00	610—01	183—03
18	225 00	588 00	198—00	229—02	109—05
19	587 00	165 00	621—02	100—04	777—09
20	171 00	521—02	218—04	495—08	642—13
21	513—02	168—04	792—08	253—12	563—18
22	120—04	427—08	225—12	103—17	401—24
23	221—06	852—11	507—16	332—22	233—29

$T = 462\ 06\ K$

12	210—44	633—32	126—21	366—14	235—08
13	426—38	137—26	318—17	109—10	920—06
14	394—32	135—21	368—13	150—07	167—03
15	126—28	461—19	147—11	717—07	107—03
16	958—24	374—15	140—08	823—05	169—02
17	546—18	228—10	100—04	713—02	204 00
18	609—14	272—07	141—02	121 00	495 00
19	146—10	702—05	432—01	453 00	265 00
20	747—08	383—03	279 00	359 00	308—01
21	734—06	404—02	348 00	555—01	708—03
22	106—04	630—02	646—01	127—02	246—05
23	237—02	150 00	184 00	454—03	134—06
24	739—01	503 00	733—01	227—04	105—08
25	410 00	300 00	523—02	204—06	150—11
26	430 00	338—01	706—04	350—09	417—15
27	806—01	683—03	170—06	108—12	211—19
28	211—02	192—05	579—10	470—17	153—24
29	355—05	349—09	126—14	132—22	733—31

Table 2.8. Tantalum (*Cont.*)

z	Density, kg/m³				
	100—03	100—02	100—01	100 00	100 01

$T = 732\ 06\ K$

z					
17	205—48	238—35	550—24	114—14	225—07
18	145—42	179—30	450—20	106—11	272—05
19	331—37	435—26	119—16	324—09	107—03
20	239—32	333—22	997—14	311—07	136—02
21	496—28	735—19	240—11	868—06	508—02
22	227—24	358—16	128—09	537—05	424—02
23	242—19	407—12	160—06	779—03	840—01
24	543—15	970—09	418—04	237—01	354 00
25	324—11	617—06	293—02	195 00	405 00
26	547—08	111—03	580—01	454 00	133 00
27	247—05	535—02	308 00	284 00	119—01
28	233—03	539—01	343 00	375—01	227—03
29	146—01	361 00	253 00	330—02	292—05
30	168 00	441 00	342—01	534—04	698—08
31	458 00	128 00	110—02	206—06	403—11
32	307 00	923—02	879—05	198—09	584—15
33	492—01	157—03	166—07	453—13	204—19
34	146—02	500—06	589—11	194—17	135—24
35	377—03	138—07	181—13	727—21	792—29
36	157—04	619—10	905—17	444—25	764—34
37	126—06	532—13	868—21	522—30	143—39

$T = 116\ 07\ K$

z					
24	0	271—36	455—23	446—13	123—06
25	271—46	156—31	286—19	335—10	117—04
26	534—41	326—27	658—16	921—08	412—03
27	363—36	235—23	522—13	875—06	504—02
28	665—32	459—20	112—10	225—04	168—01
29	353—27	259—16	696—08	168—02	164 00
30	465—23	362—13	107—05	313—01	402 00
31	196—19	162—10	531—04	187—00	318 00
32	276—16	243—08	879—03	375 00	851—01
33	124—13	117—06	466—02	242 00	736—02
34	141—11	141—05	621—02	392—01	161—03
35	201—08	214—03	104 00	807—10	451—04
36	637—06	722—02	389 00	367—01	281—05
37	526—04	635—01	380 00	439—02	465—07
38	932—03	119 00	795—01	113—03	166—09
39	307—01	421 00	310—01	543—05	111—11
40	219 00	321 00	262—02	567—07	164—14
41	406 00	633—01	576—04	154—09	634—18
42	162 00	270—02	274—06	907—13	534—22
43	156 00	278—03	314—08	129—15	109—25
44	211—01	401—05	505—11	258—19	317—30
45	230—02	466—07	656—14	419—23	752—35
46	348—04	753—10	118—17	947—28	249—40

Table 2.9. Tungsten

z	Density, kg/m³				
	100—3	100—2	100—1	100 0	100 1
$T = 462\ 04\ K$					
1	675 00	882 00	960 00	987 00	995 00
2	324 00	117 00	392—01	127—01	417—02
$T = 732\ 04\ K$					
1	430—02	392—01	235 00	593 00	831 00
2	995 00	960 00	764 00	406 00	168 00
3	196—03	204—04	228—05	286—06	433—07
$T = 116\ 05\ K$					
1	207—04	321—03	320—02	274—01	153 00
2	389 00	814 00	969 00	969 00	845 00
3	619 00	185 00	272—01	351—02	646—03
4	260—03	109—04	206—06	382—08	199—09
$T = 183\ 05\ K$					
1	108—08	289—06	250—04	789—03	876—02
2	312—03	100—01	108 00	470 00	820 00
3	150 00	585 00	816 00	520 00	169 00
4	849 00	405 00	746—01	753—02	546—03
5	287—03	170—04	425—06	728—08	139—09
$T = 291\ 05\ K$					
1	105—14	249—11	234—08	121—05	154—03
2	236—08	644—06	682—04	399—02	714—01
3	562—04	177—02	216—01	153 00	450 00
4	174 00	643 00	917 00	835 00	477 00
5	818 00	354 00	605—01	753—02	985—03
6	687—02	352—03	734—05	132—06	470—08
7	872—07	532—09	138—11	387—14	437—16
$T = 462\ 05\ K$					
1	194—22	122—17	205—13	996—10	103—06
2	182—15	125—11	240—08	134—05	176—03
3	579—10	437—07	973—05	654—03	121—01
4	109—04	916—03	239—01	201—00	590 00
5	241—01	223 00	694 00	756—00	393 00
6	724 00	747 00	280 00	414—01	425—02
7	251 00	290—01	133—02	277—04	629—06
8	626—06	815—08	465—10	141—12	791—15

Table 2.9. Tungsten (*Cont.*)

z	Density, kg/m³				
	100—3	100—2	100—1	100 0	100 1
$T=732\ 05\ K$					
2	387—24	366—19	203—14	269—10	542—07
3	834—18	823—14	485—10	747—07	195—04
4	279—11	288—08	181—05	335—03	122—01
5	389—06	423—04	287—02	651—01	359 00
6	269—02	308—01	228 00	651 00	583 00
7	777 00	941 00	766 00	282 00	443—01
8	221 00	272—01	246—02	120—03	356—05
9	818—02	112—03	113—05	756—08	453—10
10	412—05	601—08	687—11	643—14	842—17
$T=116\ 06\ K$					
3	604—29	231—22	139—16	575—12	238—08
4	120—21	503—16	338—11	172—07	914—05
5	224—15	103—10	781—07	499—04	352—02
6	465—10	235—06	202—03	164—01	162—00
7	907—06	504—03	495—01	519 00	752 00
8	364—03	223—01	251 00	347 00	771—01
9	711—01	482 00	627 00	115 00	412—02
10	625 00	469 00	709—01	176—02	106—04
11	296 00	247—01	436—03	149—05	158—08
12	640—02	594—04	123—06	589—10	115—03
13	293—04	303—07	743—11	505—15	192—19
14	281—07	324—11	946—16	928—21	714—26
$T=183\ 06\ K$					
5	165—32	156—23	226—16	667—11	133—06
6	329—26	334—18	588—12	208—07	540—04
7	102—20	112—13	240—08	103—04	361—02
8	457—16	543—10	142—05	753—03	365—01
9	216—11	278—06	893—03	590—01	411 00
10	100—07	141—03	556—01	462 00	478 00
11	551—05	840—02	409 00	433 00	688—01
12	299—03	496—01	300 00	409—01	103—02
13	131—01	238 00	179 00	318—02	131—04
14	278 00	550 00	519—01	121—03	848—07
15	707 00	152 00	181—02	562—06	690—10
16	105—02	249—04	371—07	155—11	345—16
17	132—04	343—07	648—11	369—16	153—21
18	476—06	136—09	326—14	256—20	206—26
$T=291\ 06\ K$					
8	123—38	354—28	387—19	165—12	716—07
9	232—32	706—23	895—15	451—09	252—04

Table 2.9. Tungsten (*Cont.*)

z	Density, kg/m^3				
	100—3	100—2	100—1	100 0	100 1
10	705—27	227—18	335—11	200—06	148—02
11	410—22	140—14	241—08	173—04	175—01
12	387—18	140—11	283—06	245—03	346—01
13	690—14	265—08	629—04	664—02	134 00
14	999—10	409—05	114—01	148 00	439 00
15	361—06	157—02	520 00	834 00	372 00
16	220—05	102—02	399—01	800—02	552—03
17	227—03	112—01	523—01	131—02	144—04
18	121 00	642 00	354 00	113—02	201—05
19	575 00	326 00	214—01	879—05	260—08
20	288 00	174—01	137—03	728—08	369—12
21	148—01	965—04	915—07	628—12	558—17
22	727—04	506—07	578—11	521—17	834—23
23	254—07	190—11	263—16	313—23	924—30

$T = 732\ 06\ K$

z	100—3	100—2	100—1	100 0	100 1
17	0 0	317—37	947—26	383—16	126—08
18	459—43	548—31	178—20	820—12	351—05
19	290—38	222—26	793—17	414—09	233—03
20	918—32	282—22	110—13	657—07	493—02
21	131—28	109—18	467—11	319—05	322—01
22	437—24	117—15	553—09	435—04	598—01
23	948—21	271—13	140—07	127—03	240—01
24	461—16	140—09	798—05	842—02	221 00
25	455—12	147—06	922—03	113 00	418 00
26	116—08	400—04	276—01	396 00	208 00
27	809—06	297—02	226 00	381 00	288—01
28	146—03	571—01	482 00	955—01	105—02
29	534—02	222 00	208 00	487—02	790—05
30	111 00	495 00	514—01	142—03	344—07
31	425 00	201 00	232—02	768—06	279—10
32	373 00	189—01	242—04	957—09	529—14
33	397—01	430—03	614—07	291—12	247—18
34	391—02	226—05	359—10	205—16	271—23
35	352—04	217—08	385—14	266—21	554—29
36	266—05	175—10	348—17	292—25	969—34
37	322—07	227—13	503—21	515—30	274—39

$T = 116\ 07\ K$

z	100—3	100—2	100—1	100 0	100 1
24	0 0	734—37	147—23	489—14	273—07
25	842—47	736—32	161—19	641—11	449—05
26	268—41	249—27	599—16	285—08	252—03
27	305—36	302—23	793—13	453—06	511—02
28	117—31	123—19	355—10	244—04	354—01
29	119—27	133—16	421—08	349—03	654—01
30	318—23	381—13	131—05	132—01	321 00
31	211—19	269—10	102—03	124 00	396 00

Table 2.9. Tungsten (*Cont.*)

z	Density, kg/m³				
	100—3	100—2	100—1	100 0	100 1
32	439—16	597—08	248—02	368 00	154 00
33	303—13	439—06	201—01	362 00	202—01
34	655—11	101—04	510—01	112 00	838—03
35	351—09	579—04	321—01	866—02	869—05
36	233—06	411—02	251 00	831—02	113—05
37	340—04	638—01	430 00	174—02	324—07
38	128—02	256 00	190 00	956—04	244—09
39	105—01	225 00	185—01	114—05	405—12
40	146 00	334 00	304—02	232—07	114—14
41	434 00	106 00	106—03	101—09	702—18
42	331 00	866—02	965—06	114—12	111—21
43	541—01	151—03	187—08	275—16	383—26
44	200—01	600—05	823—11	151—19	301—30
45	102—02	327—09	497—14	114—23	329—35
46	307—04	139—09	236—17	682—28	285—40
47	221—06	809—13	152—21	553—33	338—46

Table 2.10. Stainless Steel

Атом, z	Density, kg/m³				
	100—03	100—02	100—01	100 00	100 01
$T = 116\ 05\ K$					
Cr 1	41—04	71—03	68—02	36—01	89—01
Cr 2	66—01	14 00	16 00	14 00	90—01
Cr 3	11 00	32—01	47—02	75—03	16—03
Cr 4	19—07	75—09	14—10	49—12	51—13
Fe 1	62—03	64—02	52—01	23 00	47 00
Fe 2	51 00	67 00	66 00	48 00	24 00
Fe 3	20 00	35—01	44—02	59—03	10—03
Fe 4	32—06	74—08	12—09	35—11	29—12
Ni 1	20—03	16—02	12—01	47—01	77—01
Ni 2	93—01	97—01	87—01	52—01	22—01
Ni 3	58—02	78—03	89—04	10—04	14—05
$T = 154\ 05\ K$					
Cr 1	17—06	12—04	45—03	70—02	38—01
Cr 2	13—02	10—01	55—01	12 00	12 00
Cr 3	17 00	16 00	12 00	46—01	12—01
Cr 4	72—04	82—05	90—06	63—07	59—08
Fe 1	46—05	26—03	53—02	45—01	19 00
Fe 2	28—01	18 00	50 00	63 00	51 00
Fe 3	68 00	53 00	20 00	42—01	89—02

Table 2.10. Stainless Steel (*Cont.*)

Atom, Z		Density, kg/m³				
		100—03	100—02	100—01	100 00	100 01
Fe	4	32—02	29—03	17—04	66—06	49—07
Ni	1	44—05	15—03	17—02	11—01	41—01
Ni	2	14—01	58—01	89—01	86—01	57—01
Ni	3	85—01	41—01	90—02	14—02	25—03
Ni	4	32—05	18—06	60—08	18—09	11—10

$T = 206 \quad 05 \ K$

Atom, Z						
Cr	1	12—08	10—06	70—05	31—03	57—02
Cr	2	37—04	34—03	28—02	17—01	54—01
Cr	3	15—00	17 00	17 00	16 00	12 00
Cr	4	24—01	34—02	43—03	67—04	15—04
Cr	5	55—07	96—09	16—10	48—12	45—13
Fe	1	10—07	19—05	16—03	51—02	49—01
Fe	2	32—03	74—02	70—01	30 00	51 00
Fe	3	19—00	53 00	62 00	40 00	15 00
Fe	4	52—00	18 00	27—01	29—02	36—03
Fe	5	43—06	18—07	37—09	78—11	39—12
Ni	1	28—07	19—05	10—03	22—02	14—01
Ni	2	44—03	36—02	23—01	65—01	76—01
Ni	3	96—01	95—01	76—01	31—01	86—02
Ni	4	31—02	38—03	39—04	28—05	23—06
Ni	5	64—09	97—11	13—12	17—14	61—16

$T = 275 \quad 05 \ K$

Atom, Z						
Cr	1	17—11	98—09	17—06	11—04	33—03
Cr	2	15—06	92—05	18—03	14—02	71—02
Cr	3	10—01	66—01	14 00	17 00	17 00
Cr	4	16 00	11 00	30—01	55—02	14—02
Cr	5	49—03	36—04	12—05	38—07	35—08
Fe	1	16—11	13—08	75—06	14—03	54—02
Fe	2	21—06	17—04	11—02	27—01	16 00
Fe	3	16—02	14—01	10 00	36 00	44 00
Fe	4	71 00	70 00	61 00	33 00	10 00
Fe	5	13—02	14—03	16—04	14—05	17—06
Fe	6	10—09	13—11	18—13	31—15	16—16
Ni	1	62—10	23—07	27—05	14—03	28—02
Ni	2	37—05	15—03	20—02	13—01	41—01
Ni	3	13—01	59—01	90—01	85—01	55—01
Ni	4	86—01	40—01	73—02	10—02	18—03
Ni	5	51—04	26—05	59—07	15—08	91—10

$T = 367 \quad 05 \ K$

Atom, Z						
Cr	1	14—14	15—11	11—08	34—06	23—04
Cr	2	32—09	39—07	30—05	10—03	97—03
Cr	3	19—03	26—02	22—01	92—01	14 00

Table 2.10. Stainless Steel (*Cont.*)

Atom. Z	Density, kg/m³				
	100—03	100—02	100—01	100 00	100 01
Cr 4	10 00	16 00	15 00	87—01	30—01
Cr 5	73—01	12—10	14—02	11—03	10—04
Cr 6	13—04	26—06	34—08	43—01	14—11
Fe 1	79—15	87—12	72—09	38—06	70—04
Fe 2	31—09	38—07	33—05	20—03	49—02
Fe 3	17—04	24—03	23—02	17—01	71—01
Fe 4	43 00	66 00	71 00	70 00	64 00
Fe 5	28 00	51—01	62—02	88—03	22—03
Fe 6	75—04	15—05	22—07	49—09	43—10
Ni 1	36—13	31—10	20—07	50—05	28—03
Ni 2	67—08	63—06	45—04	12—02	93—02
Ni 3	22—03	24—02	18—01	62—01	80—01
Ni 4	79—01	94—01	81—01	36—01	10—01
Ni 5	20—01	28—02	28—03	18—04	14—05
Ni 6	17—05	27—07	31—09	31—11	85—13

$T = 490\ 05\ K$

Cr 1	32—18	21—14	47—11	34—08	88—06
Cr 2	15—12	10—09	27—07	23—05	73—04
Cr 3	47—06	36—04	10—02	11—01	52—01
Cr 4	39—02	32—01	11 00	15 00	12 00
Cr 5	16 00	14 00	63—01	11—01	19—02
Cr 6	12—01	12—02	67—04	18—05	71—07
Cr 7	71—05	77—07	53—09	22—11	24—13
Fe 1	92—19	66—15	16—11	13—08	46—06
Fe 2	86—13	65—10	18—07	18—05	77—04
Fe 3	22—07	18—05	61—04	73—03	45—02
Fe 4	11—01	10 00	41 00	65 00	70 00
Fe 5	63 00	60 00	30 00	64—01	14—01
Fe 6	74—01	77—02	47—03	14—04	78—06
Fe 7	32—04	37—06	28—08	13—10	20—12
Ni 1	63—17	37—13	65—10	41—07	10—04
Ni 2	27—11	17—08	34—06	25—04	77—03
Ni 3	49—06	33—04	78—03	72—02	31—01
Ni 4	35—02	26—01	73—01	88—01	66—01
Ni 5	92—01	73—01	25—01	41—02	64—03
Ni 6	39—02	34—03	14—04	35—06	13—07
Ni 7	37—05	35—07	19—09	71—12	75—14

$T = 652\ 05\ K$

Cr 1	34—22	10—17	94—14	31—10	20—07
Cr 2	28—16	99—13	99—10	37—07	32—05
Cr 3	32—09	12—06	14—04	65—03	79—02
Cr 4	20—04	90—03	12—01	67—01	13 00
Cr 5	18—01	96—01	15 00	11 00	38—01
Cr 6	14 00	81—01	15—01	15—02	10—03

Table 2.10. Stainless Steel (*Cont.*)

Атом, Z	Density, kg/m³				
	100—03	100—02	100—01	100 00	100 01
Cr 7	21—01	14—02	32—04	45—06	73—08
Cr 8	81—06	63—08	18—10	36—13	15—15
Fe 1	39—23	14—18	16—14	62—11	53—08
Fe 2	71—17	30—13	37—10	16—07	18—05
Fe 3	60—11	28—08	40—06	21—04	33—03
Fe 4	33—04	18—02	30—01	19 00	49 00
Fe 5	49—01	30 00	59 00	51 00	22 00
Fe 6	57 00	40 00	94—01	10—01	98—03
Fe 7	10 00	81—02	23—03	37—05	77—07
Fe 8	88—04	83—06	29—08	70—11	36—13
Fe 9	49—09	55—12	24—15	88—19	13—21
Ni 1	31—21	11—16	90—13	27—09	17—06
Ni 2	26—15	10—11	95—09	33—06	27—04
Ni 3	17—09	80—07	81—05	34—03	39—02
Ni 4	12—04	65—03	77—02	40—01	76—01
Ni 5	10—01	62—01	86—01	58—01	19—01
Ni 6	49—01	34—01	57—02	52—03	35—04
Ni 7	39—01	31—02	64—04	82—06	12—07
Ni 8	30—04	27—06	69—09	13—11	51—14
			$T = 870\ 05\ K$		
Cr 1	40—27	14—21	10—16	13—12	36—09
Cr 2	55—21	21—16	17—12	27—09	91—07
Cr 3	17—13	74—10	70—07	13—04	59—03
Cr 4	57—08	26—05	28—03	68—02	44—01
Cr 5	59—04	29—02	38—01	12 00	12 00
Cr 6	14—01	80—01	12 00	52—01	94—02
Cr 7	15 00	96—01	17—01	10—02	35—04
Cr 8	95—02	65—03	14—04	12—06	87—09
Cr 9	91—05	70—07	19—09	23—12	38—15
Cr 10	17—09	15—12	52—16	98—20	39—23
Fe 2	52—22	27—17	30—13	63—10	26—07
Fe 3	11—15	66—12	84—09	21—06	12—04
Fe 4	42—08	27—05	40—03	12—01	10 00
Fe 5	82—04	57—02	10 00	41 00	54 00
Fe 6	31—01	24 00	50 00	28 00	64—01
Fe 7	53 00	45 00	11 00	88—02	38—03
Fe 8	15 00	14—01	43—03	48—05	43—07
Fe 9	11—02	12—04	46—02	75—10	15—12
Fe 10	17—08	21—11	98—15	24—18	12—21
Ni 1	20—27	13—21	33—16	75—12	21—08
Ni 2	29—21	22—16	62—12	16—08	56—06
Ni 3	55—15	45—11	14—07	47—05	21—03
Ni 4	24—09	22—06	82—04	33—02	22—01
Ni 5	29—05	29—03	12—01	69—01	73—01
Ni 6	53—03	58—02	31—01	21—01	40—02
Ni 7	74—01	90—01	56—01	56—02	19—03
Ni 8	25—01	34—02	25—03	37—05	26—07
Ni 9	11—03	17—05	16—07	34—10	56—13
Ni 10	35—08	59—11	69—14	22—17	90—21

Table 2.10. Stainless Steel (*Cont.*)

Атом, Z	Density, kg/m³				
	100—03	100—02	100—01	100 00	100 01
			$T=116\ 06\ K$		
Cr 2	13—26	67—21	62—16	91—12	15—08
Cr 3	97—19	54—14	57—10	10—06	22—04
Cr 4	10—12	67—09	82—06	17—03	53—02
Cr 5	71—08	49—05	70—03	18—01	85—01
Cr 6	25—04	19—02	32—01	10 00	81—01
Cr 7	69—02	61—01	12 00	51—01	67—02
Cr 8	10 00	11 00	25—01	14—02	35—04
Cr 9	62—01	70—02	19—03	15—05	73—08
Cr 10	16—02	20—04	71—07	77—10	78—13
Cr 11	66—06	97—09	40—12	63—16	14—19
Fe 2	34—28	32—22	42—17	94—13	22—09
Fe 3	16—21	16—16	25—12	65—09	21—06
Fe 4	26—13	30—09	53—06	16—03	76—02
Fe 5	37—08	49—05	10—02	39—01	26 00
Fe 6	20—04	29—02	70—01	34 00	38 00
Fe 7	10—01	17 00	49 00	32 00	61—01
Fe 8	23 00	43 00	14 00	12—01	44—03
Fe 9	47 00	10 00	40—02	47—04	32—06
Fe 10	16—02	38—04	18—06	30—09	45—12
Fe 11	33—06	92—09	55—12	12—15	43—19
Ni 2	92—28	74—22	12—16	56—12	38—08
Ni 3	39—21	35—16	69—12	36—08	32—05
Ni 4	70—15	70—11	16—07	10—04	12—02
Ni 5	65—10	74—07	19—04	15—02	29—01
Ni 6	18—06	23—04	73—03	71—02	22—01
Ni 7	12—02	18—01	67—01	86—01	46—01
Ni 8	44—01	71—01	31—01	53—02	53—03
Ni 9	53—01	97—02	50—03	11—04	23—06
Ni 10	12—02	26—04	16—06	54—09	22—11
Ni 11	53—06	12—08	97—12	45—15	43—18
			$T=205\ 06\ K$		
Cr 3	85—36	20—27	25—20	38—14	36—09
Cr 4	59—29	16—21	22—15	39—10	46—06
Cr 5	53—23	15—16	26—11	53—07	83—04
Cr 6	75—18	25—12	47—08	11—04	24—02
Cr 7	17—13	65—09	14—05	42—03	13—01
Cr 8	49—09	20—05	54—03	19—01	89—01
Cr 9	14—05	67—03	21—01	94—01	67—01
Cr 10	58—03	30—01	11 00	62—01	73—02
Cr 11	17—01	98—01	43—01	31—02	62—04
Cr 12	68—01	44—01	23—02	22—04	78—07
Cr 13	87—01	64—02	41—04	50—07	33—10
Cr 14	62—02	51—04	40—07	66—11	84—15
Cr 15	31—04	29—07	27—11	62—16	16—20
Fe 4	38—28	61—21	64—15	50—10	46—06
Fe 5	10—21	18—15	23—10	21—06	25—03

Table 2.10. Stainless Steel (*Cont.*)

ATOM, Z	Density, kg/m³				
	100—03	100—02	100—01	100 00	100 01
Fe 6	20—16	40—11	57—07	62—04	10—01
Fe 7	11—11	25—07	42—04	54—02	13 00
Fe 8	90—08	22—04	43—02	69—01	25 00
Fe 9	45—04	12—01	28 00	57 00	32 00
Fe 10	33—02	10 00	28 00	70—01	64—02
Fe 11	12 00	42 00	13 00	44—02	69—04
Fe 12	45 00	17 00	70—02	29—04	81—07
Fe 13	13 00	58—02	28—04	15—07	78—11
Fe 14	38—02	18—04	10—07	79—12	80—16
Fe 15	17—04	98—08	69—12	68—17	14—21
Fe 16	37—08	23—12	20—17	27—23	11—28
Ni 4	71—30	82—23	59—17	56—12	44—08
Ni 5	12—23	15—17	12—12	14—08	14—05
Ni 6	15—18	21—13	20—09	27—06	39—04
Ni 7	21—12	34—08	39—05	62—03	12—01
Ni 8	39—08	69—05	91—03	17—01	55—01
Ni 9	83—05	16—02	25—01	62—01	30—01
Ni 10	15—02	33—01	62—01	19—01	15—02
Ni 11	19—01	46—01	10—01	40—03	55—05
Ni 12	63—01	17—01	47—03	24—05	57—08
Ni 13	15—01	48—03	15—05	10—08	46—12
Ni 14	37—03	13—05	52—09	46—13	40—17
Ni 15	31—06	12—09	61—14	74—19	13—23
		$T = 275\ 06\ K$			
Cr 5	21—34	97—26	46—18	66—12	21—07
Cr 6	10—28	53—21	28—14	49—09	21—05
Cr 7	11—23	62—17	37—11	78—07	49—04
Cr 8	38—18	23—12	16—07	40—04	37—02
Cr 9	19—13	12—08	10—04	31—02	43—01
Cr 10	18—09	13—05	12—02	47—01	10 00
Cr 11	20—06	17—03	17—01	87—01	29—01
Cr 12	46—04	43—02	51—01	33—01	18—02
Cr 13	65—02	68—01	93—01	78—02	74—04
Cr 14	82—01	95—01	15—01	16—03	28—06
Cr 15	90—01	11—01	22—03	32—06	96—10
Fe 4	16—39	59—30	10—21	85—15	15—09
Fe 5	13—32	53—24	10—16	10—10	24—06
Fe 6	88—27	38—19	82—13	98—08	32—04
Fe 7	24—21	11—14	28—09	41—05	19—02
Fe 8	14—16	76—11	20—06	37—03	25—01
Fe 9	99—12	59—07	18—03	41—01	41 00
Fe 10	18—08	11—04	42—02	11 00	18 00
Fe 11	34—05	25—02	10 00	36 00	91—01
Fe 12	10—02	85—01	40 00	18 00	74—02
Fe 13	38—01	35 00	19 00	11—01	80—04
Fe 14	22 00	22 00	14—01	11—03	13—06
Fe 15	40 00	46—01	34—03	35—06	78—10
Fe 16	52—01	67—03	58—06	81—10	33—14

Table 2.10. Stainless Steel (*Cont.*)

Атом, Z	Density, kg/m³				
	100—03	100—02	100—01	100 00	100 01
Fe 17	75—03	11—05	11—09	21—14	17—19
Ni 5	30—34	70—26	14—18	10—12	14—08
Ni 6	14—28	36—21	84—15	72—10	13—06
Ni 7	12—21	34—15	90—10	93—06	24—03
Ni 8	17—16	54—11	16—06	20—03	79—02
Ni 9	44—12	15—07	52—04	82—02	47—01
Ni 10	15—08	59—05	23—02	45—01	40—01
Ni 11	57—06	24—03	10—01	27—01	38—02
Ni 12	21—03	10—01	54—01	17—01	40—03
Ni 13	94—02	50—01	30—01	12—02	50—05
Ni 14	62—01	37—01	25—02	14—04	98—08
Ni 15	27—01	18—02	15—04	11—07	14—11
Ni 16	31—03	23—05	22—08	22—12	52—17
Ni 17	39—04	33—07	37—11	50—16	23—21
Ni 18	19—07	18—11	23—16	44—22	40—28

$T = 367\ 06\ K$

Атом, Z	100—03	100—02	100—01	100 00	100 01
Cr 6	12—39	62—31	11—22	21—15	15—09
Cr 7	46—34	24—26	49—19	10—12	10—07
Cr 8	11—27	63—21	14—14	36—09	46—05
Cr 9	53—22	32—16	78—11	24—06	43—03
Cr 10	62—17	39—12	10—07	40—04	10—01
Cr 11	12—12	84—09	25—05	11—02	43—01
Cr 12	66—09	48—06	16—03	93—02	50—01
Cr 13	36—05	28—03	10—01	76—01	64—01
Cr 14	26—02	22—01	94—01	84—01	11—01
Cr 15	17 00	15 00	75—01	85—02	18—03
Cr 16	93—06	88—07	47—08	70—10	25—12
Fe 6	63—40	66—30	50—21	10—13	35—08
Fe 7	69—34	77—25	64—17	15—10	70—06
Fe 8	22—28	26—20	24—13	69—08	42—04
Fe 9	11—22	14—15	15—09	52—05	43—02
Fe 10	27—18	37—12	42—07	17—03	21—01
Fe 11	11—13	16—08	20—04	10—01	18 00
Fe 12	10—09	15—05	21—02	13 00	36 00
Fe 13	16—06	27—03	43—01	34 00	13 00
Fe 14	57—04	10—01	17 00	17 00	11—01
Fe 15	11—01	20 00	40 00	51—01	53—03
Fe 16	19 00	39 00	87—01	14—02	24—05
Fe 17	51 00	11 00	28—02	59—05	17—08
Fe 18	84—09	19—10	56—13	15—16	80—21
Ni 7	26—34	88—25	32—17	52—11	30—06
Ni 8	20—28	73—20	29—13	57—08	45—04
Ni 9	37—23	14—15	63—10	14—05	16—02
Ni 10	13—18	55—12	27—07	76—04	11—01
Ni 11	71—15	31—09	17—05	59—03	13—01
Ni 12	11—10	51—06	31—03	13—01	45—01
Ni 13	26—07	13—03	89—02	47—01	24—01
Ni 14	13—04	69—02	53—01	33—01	29—02

Table 2.10. Stainless Steel (*Cont.*)

Atom, Z	Density, kg/m³				
	100—03	100—02	100—01	100 00	100 01
Ni 15	73—03	42—01	36—01	30—02	41—04
Ni 16	14—02	90—02	88—03	96—05	21—07
Ni 17	61—01	40—01	45—03	63—06	24—09
Ni 18	12—01	91—03	11—05	21—09	14—13
Ni 19	23—01	17—03	25—07	62—12	75—17
		$T=488\ 06\ K$			
Cr 9	41—29	39—23	27—17	78—12	31—07
Cr 10	37—23	36—18	26—13	85—09	44—05
Cr 11	79—18	76—14	57—10	21—06	15—03
Cr 12	53—13	52—10	42—07	18—04	17—02
Cr 13	55—08	55—06	46—04	23—02	32—01
Cr 14	10—03	10—02	97—02	57—01	11 00
Cr 15	17 00	17 00	17 00	12 00	33—01
Cr 16	41—02	42—03	43—04	36—05	15—06
Cr 17	52—05	54—07	59—09	59—11	38—13
Cr 18	46—09	49—12	57—15	70—18	70—21
Fe 8	71—10	60—31	23—22	85—15	93—09
Fe 9	19—33	16—25	64—18	27—11	38—06
Fe 10	40—28	35—21	14—14	70—09	13—04
Fe 11	18—22	16—16	72—11	39—06	99—03
Fe 12	25—17	22—12	10—07	66—04	23—01
Fe 13	85—13	75—09	37—05	27—02	13 00
Fe 14	74—09	67—06	35—03	30—01	21 00
Fe 15	57—05	52—03	29—01	30 00	30 00
Fe 16	48—02	45—01	26 00	32 00	48—01
Fe 17	71 00	67 00	42 00	62—01	14—02
Fe 18	39—04	37—05	25—06	45—08	16—10
Ni 8	36—44	30—33	68—23	13—14	83—29
Ni 9	36—38	30—28	70—19	15—11	12—06
Ni 10	89—33	75—24	18—15	46—09	49—05
Ni 11	42—28	36—20	93—13	26—07	38—04
Ni 12	12—22	10—15	29—09	95—05	19—02
Ni 13	71—18	62—12	18—06	69—03	19—01
Ni 14	10—13	96—09	29—04	13—01	52—01
Ni 15	27—10	24—06	80—03	42—01	25—01
Ni 16	32—08	29—05	10—02	64—02	56—03
Ni 17	13—04	12—02	46—01	35—01	46—03
Ni 18	30—03	28—02	11—01	10—02	21—05
Ni 19	99—01	95—01	40—01	45—03	14—06
Ni 20	13—08	13—09	59—11	80—14	42—18
		$T=652\ 06\ K$			
Cr 10	13—29	17—23	34—18	25—13	62—09
Cr 11	18—23	23—18	48—14	38—10	11—06

Table 2.10. Stainless Steel (*Cont.*)

Atom, Z	Density, kg/m³				
	100—03	100—02	100—01	100 00	100 01
Cr 12	93—18	12—13	25—10	22—07	81—05
Cr 13	97—12	13—08	28—06	26—04	12—02
Cr 14	25—06	33—04	75—03	76—02	45—01
Cr 15	48—02	67—01	15 00	17 00	13 00
Cr 16	69—01	99—01	23—01	28—02	29—03
Cr 17	90—01	13—01	32—03	43—05	60—07
Cr 18	14—01	21—03	55—06	80—09	15—11
Cr 19	15—03	23—06	61—10	99—14	26—17
Cr 20	13—06	20—10	57—15	10—19	38—24
Fe 10	64—36	62—29	50—22	22—15	13—09
Fe 11	19—29	19—23	15—17	75—12	53—07
Fe 12	22—23	22—18	19—13	99—09	86—05
Fe 13	77—18	79—14	68—10	38—06	42—03
Fe 14	84—13	89—10	79—07	48—04	68—02
Fe 15	12—07	13—05	11—03	78—02	14 00
Fe 16	20—03	22—02	21—01	15 00	38 00
Fe 17	62 00	70 00	69 00	55 00	18 00
Fe 18	95—01	11—01	11—02	10—03	45—05
Fe 19	10—02	12—04	13—06	13—08	82—11
Fe 20	11—05	13—08	15—11	16—14	14—17
Ni 11	77—39	63—31	48—23	22—15	62—09
Ni 12	22—32	19—25	14—18	72—12	25—06
Ni 13	15—26	13—20	11—14	57—09	25—04
Ni 14	34—21	30—16	25—11	14—06	82—03
Ni 15	16—16	15—12	13—08	81—05	60—02
Ni 16	46—13	43—10	38—07	26—04	25—02
Ni 17	70—08	66—06	61—04	45—02	60—01
Ni 18	55—05	53—04	51—03	42—02	76—02
Ni 19	10 00	99—01	99—01	91—01	22—01
Ni 20	18—04	19—05	19—06	20—07	70—09
Ni 21	12—08	13—10	14—12	16—14	85—17
T=869 06 K					
Cr 11	34—33	11—25	34—19	69—14	11—09
Cr 12	78—27	28—20	88—15	19—10	35—07
Cr 13	46—20	17—14	59—10	13—06	29—04
Cr 14	83—14	34—09	12—05	30—03	76—02
Cr 15	10—08	44—05	16—02	45—01	13 00
Cr 16	18—05	85—03	34—01	10 00	36—01
Cr 17	43—03	21—01	93—01	30—01	13—02
Cr 18	19—01	10 00	47—01	16—02	88—05

Table 2.10. Stainless Steel (*Cont.*)

Atom, Z	Density, kg/m³				
	100—03	100—02	100—01	100 00	100 01
Cr 19	91—01	51—01	25—02	99—05	64—08
Cr 20	49—01	30—02	16—04	68—08	55—12
Cr 21	17—01	11—33	65—07	30—11	31—16
Cr 22	10—02	69—06	42—10	22—15	29—21
Cr 23	42—05	31—09	20—14	12—20	20—27
Fe 14	95—31	51—24	26—18	27—13	10—08
Fe 13	18—24	10—18	58—14	65—10	28—06
Fe 14	13—18	83—14	48—10	59—07	29—04
Fe 15	17—12	11—08	71—06	94—04	56—02
Fe 16	30—07	20—04	13—02	19—01	14 00
Fe 17	80—03	58—01	41 00	65 00	56 00
Fe 18	47—01	36 00	28 00	48—01	51—02
Fe 19	32 00	26 00	21—01	40—03	53—05
Fe 20	32 00	28—01	25—03	52—06	86—09
Fe 21	25—01	24—03	23—06	52—10	11—13
Fe 22	13—03	14—06	14—10	36—15	96—20
Fe 23	53—06	57—10	62—15	17—20	61—26
Fe 24	26—08	30—13	35—19	11—25	50—32
Ni 14	64 27	58—22	42—17	27—12	10—07
Ni 15	29—21	28—17	21—13	15—09	67—06
Ni 16	85—17	87—14	72—11	55—08	29—05
Ni 17	19—10	21—08	18—06	15—04	10—02
Ni 18	21—06	25—05	23—04	21—03	17—02
Ni 19	78—01	97—01	99—01	99—01	97—01
Ni 20	18—01	24—02	27—03	29—04	36—05
Ni 21	26—02	37—04	44—06	54—08	84—10
Ni 22	58—04	87—07	11—09	15—12	29—15
Ni 23	46—07	75—11	10—14	15—18	39—22

$T = 116\ 07\ K$

Cr 13	19—33	10—24	44—17	21—11	43—07
Cr 14	15—26	91—19	42—12	22—07	53—04
Cr 15	74—21	49—14	24—08	14—04	40—02
Cr 16	51—16	37—10	20—05	13—02	43—01
Cr 17	62—12	51—07	30—03	22—01	86—01
Cr 18	19—08	17—04	11—01	92—01	42—01
Cr 19	90—06	93—03	63—01	58—01	32—02
Cr 20	61—04	70—02	52—01	53—02	36—04
Cr 21	42—02	54—01	43—01	50—03	42—06
Cr 22	70—01	10 00	88—02	11—04	11—08
Cr 23	10 00	16—01	16—03	23—07	30—12
Fe 13	79—36	42—27	52—20	46—14	21—09
Fe 14	24—29	14—21	19—15	19—10	10—06
Fe 15	17—22	11—15	16—10	18—06	11—03
Fe 16	18—16	13—10	20—06	25—03	18—01
Fe 17	21—11	18—06	29—03	39—01	35 00
Fe 18	11—07	10—03	18—01	28 00	30 00
Fe 19	94—05	98—02	19 00	32 00	41—01
Fe 20	16—02	19 00	41 00	76—01	12—02

Table 2.10. Stainless Steel (*Cont.*)

Atom, Z	Density, kg/m³				
	100—03	100—02	100—01	100 00	100 01
Fe 21	31—01	41 00	94—01	19—02	38—05
Fe 22	53—01	77—01	19—02	45—05	10—08
Fe 23	10 00	17—01	46—04	12—07	36—12
Be 24	49 00	88—02	26—05	78—10	29—15
Be 25	37—01	75—04	24—08	82—14	39—20
Ni 15	25—29	10—22	26—17	32—13	16—09
Ni 16	44—24	20—18	56—14	75—11	46—08
Ni 17	79—17	41—12	12—08	18—06	13—04
Ni 18	64—12	37—08	11—05	19—04	17—03
Ni 19	22—05	14—02	50—01	93—01	99—01
Ni 20	11—03	84—02	31—01	64—02	84—03
Ni 21	51—02	41—01	16—01	39—03	62—05
Ni 22	49—01	45—01	19—02	51—05	10—07
Ni 23	27—01	28—02	13—04	39—08	97—12
Ni 24	14—01	16—03	85—07	28—11	87—16
Ni 25	26—02	34—05	19—09	72—15	27—20
Ni 26	45—04	65—08	39—13	17—19	84—26
Ni 27	55—07	88—12	58—18	28—25	18—32

Table 2.11. Silicon Dioxide

Atom, Z	Density, kg/m³				
	100—03	100—02	100—01	100 00	100 01

$T = 462\ 04\ K$

O 1	666 00	666 00	666 00	666 00	666 00
O 2	248—07	780—08	247—08	786—09	251—09
Si 1	324 00	330 00	332 00	333 00	333 00
Si 2	847—02	271—02	862—03	275—03	881—04

$T = 732\ 04\ K$

O 1	666 00	666 00	666 00	666 00	666 00
O 2	483—03	932—04	249—04	767—05	251—05
Si 1	705—01	194 00	279 00	314 00	327 00
Si 2	262 00	139 00	537—01	185—01	633—02
Si 3	144—05	150—06	161—07	181—08	226—09

Table 2.11. Silicon Dioxide (*Cont.*)

Atom, Z	Density, kg/m³				
	100—03	100—02	100—01	100 00	100 01

$T = 116 \ 05 \ K$

O 1	266 00	534 00	642 00	662 00	665 00
O 2	400 00	132 00	242—01	450—02	123—02
O 3	128—08	715—10	209—11	800—13	763—14
Si 1	987—03	612—02	368—01	135 00	238 00
Si 2	317 00	324 00	296 00	197 00	943—01
Si 3	149—01	256—02	375—03	513—04	857—05

$T = 183 \ 05 \ K$

O 1	223—02	196—01	123 00	380 00	571 00
O 2	663 00	646 00	542 00	286 00	953—01
O 3	886—03	974—04	114—04	116—05	112—06
Si 1	210—05	124—03	233—02	162—01	649—01
Si 2	152—01	995—01	249 00	298 00	263 00
Si 3	316 00	233 00	817—01	188—01	482—02
Si 4	117—02	998—04	513—05	255—06	248—07

$T = 291 \ 05 \ K$

O 1	110—04	308—03	353—02	289—01	146 00
O 2	117 00	417 00	614 00	630 00	519 00
O 3	548 00	249 00	487—01	689—02	118—02
O 4	420—03	248—04	664—06	142—07	657—09
Si 1	538—09	145—06	143—04	716—03	104—01
Si 2	313—04	107—02	136—01	849—01	201 00
Si 3	381—01	167 00	281 00	242 00	120 00
Si 4	287 00	164 00	377—01	492—02	655—03
Si 5	780—02	585—03	190—04	414—06	189—07

$T = 462 \ 05 \ K$

O 1	119—08	269—06	231—04	959—03	131—01
O 2	166—03	432—02	441—01	233 00	489 00
O 3	157 00	479 00	594 00	429 00	164 00
O 4	507 00	182 00	282—01	299—02	248—03
O 5	216—02	928—04	183—05	304—07	650—09
O 6	559—08	289—10	750—13	209—15	136—17
Si 1	243—14	966—11	139—07	484—05	339—03
Si 2	716—09	329—06	562—04	250—02	268—01
Si 3	162—04	874—03	181—01	110 00	216 00
Si 4	142—01	906—01	235 00	209 00	887—01
Si 5	319 00	241 00	801—01	111—01	122—02

Table 2.11. Silicon Dioxide (*Cont.*)

Atom, Z	Density, kg/m³				
	100—03	100—02	100—01	100 00	100 01

$T = 732\ 05\ K$

Atom, Z					
O 1	160—14	734—11	907—08	339—05	290—03
O 2	158—08	786—06	109—03	484—02	565—01
O 3	562—04	305—02	487—01	268 00	486 00
O 4	482—01	289 00	536 00	385 00	123 00
O 5	557 00	370 00	813—01	801—02	514—03
O 6	607—01	449—02	119—03	168—05	247—07
O 7	529—04	439—06	142—08	305—11	116—13
Si 1	414—19	283—15	152—11	437—08	255—05
Si 2	475—13	354—10	214—07	730—05	581—03
Si 3	100—07	820—06	568—04	240—02	297—01
Si 4	226—03	203—02	164—01	907—01	197 00
Si 5	333 00	331 00	316 00	240 00	105 00
Si 6	510—04	566—05	652—06	711—07	710—08

$T = 116\ 06\ K$

Atom, Z					
O 1	164—22	258—17	975—13	716—09	828—06
O 2	676—16	118—11	504—08	427—05	614—03
O 3	270—10	532—07	258—04	260—02	506—01
O 4	915—06	202—03	113—01	139 00	401 00
O 5	178—02	446—01	289 00	452 00	208 00
O 6	161 00	459 00	350 00	713—01	576—02
O 7	503 00	162 00	147—01	404—03	623—05
Si 1	539—23	117—18	938—15	446—11	945—08
Si 2	168—16	411—13	369—10	202—07	533—05
Si 3	174—10	477—08	488—06	318—04	113—02
Si 4	410—05	126—03	149—02	119—01	626—01
Si 5	660—01	230 00	315 00	319 00	269 00
Si 6	259 00	102 00	165—01	218—02	322—03
Si 7	763—02	343—03	658—05	116—06	329—08
Si 8	640—06	330—08	759—11	186—13	198—15

$T = 183\ 06\ K$

Atom, Z					
O 2	141—23	110—18	704—14	159—09	488—06
O 3	362—17	294—13	199—09	513—06	202—03
O 4	176—11	150—08	107—05	323—03	172—01
O 5	118—06	105—04	809—03	288—01	220 00
O 6	955—03	895—02	742—01	321 00	370 00
O 7	665 00	657 00	591 00	316 00	584—01

Table 2.11. Silicon Dioxide (*Cont.*)

Atom, Z	Density, kg/m³				
	100—03	100—02	100—01	100 00	100 01
Si 2	682—24	114—18	544—14	470—10	660—07
Si 3	270—17	474—13	237—09	234—06	421—04
Si 4	456—11	838—08	446—05	512—03	124—01
Si 5	364—06	702—04	400—02	545—01	190 00
Si 6	117—02	237—01	146 00	241 00	127 00
Si 7	126 00	270 00	180 00	369—01	311—02
Si 8	168 00	378—01	276—02	713—04	101—05
Si 9	369—01	881—03	708—05	235—07	599—10
Si 10	116—03	293—06	261—09	114—12	548—16
Si 11	435—08	117—11	116—15	682—20	653—24
T = 291 06 K					
O 3	672—22	551—18	440—14	268—10	891—07
O 4	219—15	188—12	158—09	106—06	422—04
O 5	164—09	148—07	131—05	987—04	482—02
O 6	265—04	252—03	236—02	201—01	125 00
O 7	666 00	666 00	664 00	646 00	536 00
O 8	779—05	821—06	874—07	984—08	112—08
Si 3	163—29	163—22	265—16	410—11	312—07
Si 4	125—22	131—16	225—11	384—07	348—04
Si 5	379—17	417—12	753—08	143—04	160—02
Si 6	874—12	101—07	193—04	416—02	596—01
Si 7	204—07	248—04	504—02	124 00	236 00
Si 8	158—04	202—02	440—01	125 00	327—01
Si 9	730—02	989—01	230 00	769—01	286—02
Si 10	148 00	212 00	533—01	211—02	115—04
Si 11	124 00	187—01	509—03	242—05	202—08
Si 12	529—01	850—03	250—05	144—08	191—12
Si 13	391—03	667—06	214—09	152—13	330—18
T = 462 06 K					
O 4	204—18	327—15	312—12	237—09	142—06
O 5	853—12	143—09	142—07	118—05	819—04
O 6	110—05	194—04	203—03	185—02	151—01
O 7	323 00	600 00	658 00	664 00	651 00
O 8	339 00	662—01	765—02	859—03	103—03
O 9	321—02	660—04	806—06	101—07	153—09
Si 5	687—33	332—25	544—18	835—12	348—07
Si 6	209—26	106—19	182—13	307—08	150—04
Si 7	153—20	818—15	147—09	274—05	162—02
Si 8	822—16	462—11	877—07	182—03	132—01
Si 9	579—11	342—07	687—04	160—01	146 00
Si 10	382—07	238—04	506—02	133 00	155 00
Si 11	227—04	149—02	337—01	100 00	153—01
Si 12	141—01	979—01	234 00	805—01	163—02
Si 13	319 00	233 00	597—01	236—02	656—05

Table 2.11. Silicon Dioxide (*Cont.*)

Атом, Z	Density, kg/m³				
	100—03	100—02	100—01	100 00	100 01

$T = 732\ 06\ K$

Атом, Z	100—03	100—02	100—01	100 00	100 01
O 4	420—25	339—20	112—15	876—12	152—08
O 5	651—18	532—14	184—10	153—07	299—05
O 6	392—11	325—08	117—05	105—03	233—02
O 7	683—05	573—03	217—01	210 00	536 00
O 8	120—01	102 00	408 00	428 00	127 00
O 9	654 00	563 00	236 00	270—01	942—03
Si 7	338—31	309—25	222—19	110—13	161—08
Si 8	321—25	298—20	224—15	120—10	205—06
Si 9	663—19	624—15	494—11	288—07	581—04
Si 10	217—13	207—10	172—07	110—04	264—02
Si 11	103—08	100—06	882—05	618—03	179—01
Si 12	760—04	747—03	694—02	536—01	190 00
Si 13	333 00	332 00	326 00	279 00	122 00
Si 14	726—08	736—09	765—10	727—11	400—12

$T = 116\ 07\ K$

Атом, Z	100—03	100—02	100—01	100 00	100 01
O 5	882—24	872—20	850—16	752—12	394—08
O 6	193—16	191—13	187—10	168—07	937—05
O 7	149—09	149—07	146—05	133—03	795—02
O 8	377—04	376—03	372—02	347—01	221 00
O 9	666 00	666 00	663 00	631 00	437 00
Si 10	931—18	949—15	928—12	847—09	596—06
Si 11	978—12	100—09	986—08	924—06	715—04
Si 12	204—05	209—04	208—03	201—02	172—01
Si 13	322 00	332 00	333 00	331 00	316 00
Si 14	111—01	115—02	117—03	120—04	129—05
Si 15	836—05	869—07	889—09	948—11	114—12

Table 2.12. Zirconium Dioxide

Атом, Z	Density, kg/m³				
	100—3	100—2	100—1	100 0	100 1

$T = 462\ 04\ K$

Атом, Z	100—3	100—2	100—1	100 0	100 1
O 1	666 00	666 00	666 00	666 00	666 00
O 2	169—08	334—09	908—10	283—10	949—11
Zr 1	748—01	198 00	281 00	315 00	327 00
Zr 2	258 00	134 00	519—01	181—01	630—02
Zr 3	487—07	514—08	564—09	667—10	908—11

Table 2.12. Zirconium Dioxide (*Cont.*)

Atom, Z	Density, kg/m³				
	100—3	100—2	100—1	100 0	100 1

$T = 732\ 04\ K$

Atom, Z					
O 1	665 00	666 00	666 00	666 00	666 00
O 2	754—03	805—04	928—05	152—05	420—06
Zr 1	279—03	268—02	220—01	100 00	203 00
Zr 2	321 00	329 00	311 00	232 00	130 00
Zr 3	112—01	125—02	148—03	222—04	532—05

$T = 116\ 05\ K$

Atom, Z					
O 1	216 00	510 00	636 00	661 00	665 00
O 2	450 00	156 00	304—01	493—02	860—03
O 3	199—08	104—09	333—11	960—13	429—14
Sr 1	414—06	162—04	352—03	365—02	221—01
Sr 2	902—02	521—01	176 00	284 00	299 00
Sr 3	324 00	281 00	156 00	448—01	120—01
Sr 4	310—03	412—04	398—05	231—06	236—07

$T = 183\ 05\ K$

Atom, Z					
O 1	132—02	114—01	861—01	336 00	559 00
O 2	663 00	655 00	580 00	330 00	106 00
O 3	149—02	170—03	186—04	175—05	151—06
Zr 1	492—10	126—07	118—05	483—04	775—03
Zr 2	127—04	373—03	412—02	245—01	765—01
Zr 3	674—01	227 00	310 00	305 00	255 00
Zr 4	265 00	105 00	185—01	339—02	105—02
Zr 5	146—03	692—05	164—06	633—08	101—08

$T = 291\ 05\ K$

Atom, Z					
O 1	370—05	141—03	204—02	182—01	108 00
O 2	710—01	328 00	588 00	637 00	556 00
O 3	594 00	337 00	765—01	109—01	177—02
O 4	818—03	575—04	170—05	350—07	132—08
Zr 1	836—15	108—11	608—09	188—06	135—04
Zr 2	108—08	171—06	117—04	443—03	468—02
Zr 3	139—03	270—02	235—01	117 00	230 00
Zr 4	109 00	263 00	299 00	214 00	983—01
Zr 5	223 00	670—01	102—01	114—02	154—03
Zr 6	174—06	663—08	139—09	264—11	132—12

$T = 462\ 05\ K$

Atom, Z					
O 1	176—09	595—07	697—05	385—03	733—02
O 2	482—04	182—02	242—01	161 00	435 00
O 3	899—01	385 00	591 00	499 00	223 00

Table 2.12. Zirconium Dioxide (*Cont.*)

Atom, Z	Density, kg/m³				
	100—3	100—2	100—1	100 0	100 1
O 4	571 00	279 00	505—01	574—02	492—03
O 5	478—02	267—03	583—05	943—07	180—08
O 6	243—07	157—09	420—12	102—14	510—17
Zr 1	388—20	254—16	121—12	227—09	748—07
Zr 2	178—13	131—10	713—08	160—05	748—04
Zr 3	223—07	185—05	116—03	332—02	256—01
Zr 4	640—03	605—02	448—01	172 00	255 00
Zr 5	298 00	322 00	287 00	157 00	521—01
Zr 6	346—01	432—02	473—03	390—04	335—05
Zr 7	107—04	156—06	214—08	281—10	731—12

$T = 732\ 05\ K$

O 1	165—15	884—12	139—08	696—06	930—04
O 2	284—09	169—06	309—04	182—02	315—01
O 3	177—04	118—02	251—01	182 00	451 00
O 4	265—01	199 00	503 00	465 00	182 00
O 5	537 00	456 00	137 00	168—01	115—02
O 6	102 00	985—02	362—03	606—05	809—07
O 7	155—03	171—05	774—08	184—10	529—13
Zr 2	110—19	235—15	125—11	178—08	511—06
Zr 3	621—13	148—09	924—07	161—04	661—03
Zr 4	185—07	498—05	367—03	818—02	531—01
Zr 5	286—03	869—02	769—01	226 00	257 00
Zr 6	655—01	225 00	243 00	979—01	216—01
Zr 7	248 00	978 01	129—01	742—03	353—04
Zr 8	185—01	835—03	138—04	116—06	132—08
Zr 9	229—04	118—06	247—09	320—12	956—15
Zr 10	573—08	344—11	919—15	188—18	164—21

$T = 116\ 06\ K$

O 1	970—24	187—18	908—14	897—10	154—06
O 2	649—17	142—12	787—09	914—06	194—03
O 3	424—11	105—07	674—05	943—03	267—01
O 4	233—06	660—04	493—02	851—01	344 00
O 5	741—03	239—01	210 00	459 00	283 00
O 6	109 00	405 00	422 00	119 00	121—01
O 7	556 00	236 00	294—01	111—02	198—04
Zr 3	100—22	777—17	357—12	217—08	166—05
Zr 4	145—16	128—11	689—08	518—05	565—03
Zr 5	227—11	229—07	144—04	137—02	229—01
Zr 6	691—07	801—04	598—02	740—01	202 00
Zr 7	110—03	147—01	131 00	216 00	104 00
Zr 8	109—01	168 00	181 00	408—01	369—02
Zr 9	569—01	101 00	133—01	419—03	765—05
Zr 10	232 00	481—01	777—03	351—05	139—07

Table 2.12. Zirconium Dioxide (*Cont.*)

Atom, Z	Density, kg/m³				
	100—3	100—2	100—1	100 0	100 1
Zr 11	322—01	777—03	155—05	103—08	953—12
Zr 12	197—03	555—06	139—09	139—13	320—17
Zr 13	324—07	107—10	339—15	527—20	322—24

$T = 183 \; 06 \; K$

O 2	127—24	104—19	668—15	193—10	839—07
O 3	529—18	447—14	306—10	100—06	561—04
O 4	416—12	365—09	268—06	101—03	766—02
O 5	451—07	411—05	325—03	143—01	154 00
O 6	590—03	561—02	481—01	254 00	405 00
O 7	666 00	661 00	618 00	397 00	986—01
Zr 4	248—32	419—24	748—17	571—11	755—07
Zr 5	236—26	413—19	797—13	714—08	133—04
Zr 6	222—20	406—14	850—09	909—05	252—02
Zr 7	227—15	433—10	990—06	128—02	557—01
Zr 8	298—11	595—07	149—03	240—01	169 00
Zr 9	424—08	887—05	246—02	499—01	602—01
Zr 10	111—04	245—02	756—01	197 00	426—01
Zr 11	208—02	481—01	166 00	567—01	229—02
Zr 12	903—01	220 00	858—01	389—02	310—04
Zr 13	240 00	620—01	273—02	168—04	276—07
Zr 14	462—03	126—04	636—07	539—10	191—13
Zr 15	837—08	243—10	140—13	167—17	134—21

$T = 291 \; 06 \; K$

O 3	747—23	654—19	548—15	398—11	162—07
O 4	422—16	381—13	332—10	256—07	120—04
O 5	547—10	510—08	463—06	383—04	215—02
O 6	153—04	148—03	140—02	126—01	873—01
O 7	666 00	666 00	665 00	654 00	577 00
O 8	134—04	139—05	147—06	160—07	186—08
Zr 6	609—36	860—28	222—20	901—14	236—08
Zr 7	112—29	164—22	444—16	198—10	663—06
Zr 8	419—24	636—18	181—12	896—08	395—04
Zr 9	268—19	422—14	127—09	706—06	424—03
Zr 10	546—14	894—10	287—06	179—03	152—01
Zr 11	125—09	213—06	730—04	524—02	645—01
Zr 12	191—05	339—03	124—01	103 00	191 00
Zr 13	300—02	556—01	218 00	212 00	612—01
Zr 14	123 00	238 00	100 00	116—01	537—03
Zr 15	192 00	389—01	177—02	246—04	188—06
Zr 16	146—01	309—03	153—05	256—08	338—11
Zr 17	570—04	126—06	683—10	140—13	327—17
Zr 18	108—07	252—11	149—15	378—20	162—24

Table 2.12. Zirconium Dioxide (*Cont.*)

Атом, Z	Density, kg/m³				
	100—3	100—2	100—1	100 0	100 1

$T = 462\ 06\ K$

Атом, Z	100—3	100—2	100—1	100 0	100 1
O 4	338—19	598—16	586—13	481—10	322—07
O 5	233—12	451—10	467—08	409—06	306—04
O 6	498—06	105—04	116—03	109—02	930—02
O 7	241 00	560 00	653 00	664 00	657 00
O 8	418 00	106 00	132—01	146—02	170—03
O 9	655—02	182—03	241—05	292—07	412—09
Zr 10	191—29	526—22	124—15	227—10	262—06
Zr 11	102—23	310—17	784—12	159—07	229—04
Zr 12	710—18	236—12	640—08	144—04	265—02
Zr 13	702—13	256—08	748—05	189—02	452—01
Zr 14	174—08	700—05	220—02	629—01	198 00
Zr 15	398—05	176—02	597—01	194 00	825—01
Zr 16	106—02	521—01	191 00	710—01	414—02
Zr 17	357—01	192 00	763—01	325—02	266—04
Zr 18	140 00	834—01	360—02	177—04	207—07
Zr 19	510—01	334—02	157—04	901—08	153—11
Zr 20	913—01	660—03	339—06	227—10	572—15
Zr 21	133—01	106—04	598—09	473—14	179—19
Zr 22	189—03	167—07	102—12	964—19	562—25
Zr 23	219—06	214—11	145—17	162—24	148—31

$T = 732\ 06\ K$

Атом, Z	100—3	100—2	100—1	100 0	100 1
O 5	148—18	110—14	423—11	417—08	940—06
O 6	130—11	101—08	418—06	458—04	123—02
O 7	327—05	268—03	119—01	145 00	474 00
O 8	836—02	719—01	345 00	473 00	188 00
O 9	658—00	594 00	309 00	475—01	233—02
Zr 12	271—43	114—31	708—22	111—13	267—08
Zr 13	417—37	185—26	124—17	224—10	692—06
Zr 14	670—31	314—21	229—13	473—07	190—03
Zr 15	173—25	854—17	680—10	161—04	852—02
Zr 16	918—21	478—13	415—07	114—02	798—01
Zr 17	105—16	580—10	552—05	175—01	165 00
Zr 18	250—13	145—07	151—03	559—01	712—01
Zr 19	954—11	583—06	666—03	288—01	503—02
Zr 20	321—07	207—03	260—01	132 00	319—02
Zr 21	155—04	106—01	145 00	874—01	294—03
Zr 22	127—02	920—01	139 00	988—02	471—05
Zr 23	150—01	144 00	191—01	161—03	109—07
Zr 24	126 00	101 00	187—02	188—05	184—10
Zr 25	155 00	133—01	271—04	325—08	465—14
Zr 26	335—01	303—03	684—07	986—12	208—18
Zr 27	108—02	103—05	258—10	450—16	141—23
Zr 28	714—04	725—08	200—13	422—20	199—28
Zr 29	448—06	482—11	148—17	379—25	272—34
Zr 30	118—08	135—14	463—22	144—30	159—40

Table 2.12. Zirconium Dioxide (*Cont.*)

Атом, Z	Density, kg/m³				
	100—3	100—2	100—1	100 0	100 1
T = 116 07 K					
O 6	982—17	938—14	805—11	593—08	323—05
O 7	954—10	924—08	833—06	670—04	406—02
O 8	301—04	296—03	280—02	247—01	168 00
O 9	666 00	666 00	663 00	641 00	494 00
Zr 16	766—52	156—39	201—26	291—16	134—08
Zr 17	284—48	951—35	129—22	209—13	116—06
Zr 18	496—43	169—30	244—19	443—11	296—05
Zr 19	198—38	688—27	105—16	215—09	174—04
Zr 20	101—32	357—22	582—13	134—06	133—02
Zr 21	105—27	380—18	657—10	171—04	209—01
Zr 22	266—23	980—15	180—07	531—03	808—01
Zr 23	137—19	517—12	101—05	339—02	645—01
Zr 24	160—15	612—09	127—03	487—01	116 00
Zr 25	386—12	150—06	335—02	146 00	444—01
Zr 26	229—09	915—05	217—01	108 00	420—02
Zr 27	286—07	116—03	295—01	168—01	846—04
Zr 28	121—04	504—02	136 00	896—02	582—05
Zr 29	695—03	295—01	856—01	648—03	550—07
Zr 30	385—01	167 00	520—01	455—04	508—09
Zr 31	294 00	130 00	434—02	440—06	652—12
Zr 32	125—06	569—08	203—10	238—15	472—22

Table 2.13. Teflon

Атом, Z	Density, kg/m³				
	100—3	100—2	100—1	100 0	100 1
T = 116 05 K					
C 1	109—01	618—01	181 00	272 00	311 00
C 2	322 00	271 00	152 00	612—01	220—01
C 3	568—05	721—06	807—07	926—08	117—08
F 1	570 00	651 00	664 00	666 00	667 00
F 2	973—01	165—01	323—02	866—03	272—03
F 3	113—09	289—11	113—12	864—14	954—15
T = 154 05 K					
C 1	101—02	733—02	380—01	131 00	236 00
C 2	330 00	325 00	295 00	202 00	967—01
C 3	183—02	249—03	412—04	616—05	940—06
F 1	634—01	291 00	544 00	638 00	659 00
F 2	604 00	376 00	123 00	287—01	787—02
F 3	315—05	272—06	162—07	826—09	721—10

Table 2.13. Teflon (*Cont.*)

Атом, Z	Density, kg/m³				
	100—3	100—2	100—1	100 0	100 1

$T = 206\ 05\ K$

C 1	577—04	799—03	701—02	384—01	120 00
C 2	193 00	306 00	323 00	294 00	213 00
C 3	140 00	260—01	344—02	578—03	121—03
C 4	170—05	373—07	644—09	222—10	168—11
F 1	200—02	171—01	120 00	379 00	567 00
F 1	662 00	650 00	547 00	288 00	100 00
F 3	344—02	382—03	403—04	391—05	394—06

$T = 275\ 05\ K$

C 1	646—06	334—04	839—03	873—02	467—01
C 2	114—01	737—01	229 00	305 00	282 00
C 3	319 00	259 00	103 00	192—01	389—02
C 4	286—02	297—03	156—04	445—06	250—07
C 5	777—08	104—09	742—12	355—14	701—16
F 1	830—04	111—02	963—02	693—01	268 00
F 2	362 00	602 00	649 00	597 00	399 00
F 3	305 00	639—01	880—02	113—02	166—03
F 4	676—05	181—06	328—08	648—10	263—11

$T = 367\ 05\ K$

C 1	425—08	630—06	386—04	115—02	130—01
C 2	294—03	499—02	387—01	158 00	267 00
C 3	146 00	286 00	288 00	173 00	528—01
C 4	186 00	424—01	573—02	542—03	359—04
C 5	461—03	124—04	230—06	367—08	640—10
F 1	432—06	285—04	829—03	908—02	605—01
F 2	144—01	108 00	399 00	599 00	596 00
F 3	642 00	558 00	268 00	591—01	106—01
F 4	106—01	107—02	689—04	240—05	937—07
F 5	317—07	378—09	333—11	195—13	201—15

$T = 490\ 05\ K$

C 1	463—11	313—08	932—06	795—04	219—02
C 2	967—06	781—04	274—02	298—01	124 00
C 3	450—02	437—01	185 00	272 00	202 00
C 4	234 00	276 00	144 00	306—01	468—02
C 5	941—01	135—01	893—03	290—04	107—05
F 1	126—08	231—06	191—04	796—03	112—01
F 2	203—03	446—02	434—01	231 00	492 00
F 3	194 00	512 00	602 00	433 00	164 00
F 4	471 00	150 00	218—01	226—02	177—03
F 5	156—02	610—04	112—05	178—07	335—09
F 6	301—08	144—10	342—13	885—16	470—18

Table 2.13. Teflon (*Cont.*)

Atom, Z	Density, kg/m³				
	100—3	100—2	100—1	100 0	100 1
			$T=652\ 05\ K$		
C 1	119—14	522—11	713—08	251—05	225—03
C 2	655—09	322—06	517—04	231—02	288—01
C 3	184—04	102—02	196—01	117 00	230 00
C 4	166—01	104 00	246 00	205 00	730—01
C 5	316 00	228 00	670—01	822—02	603—03
F 1	520—12	544—09	221—06	267—04	114—02
F 2	311—06	364—04	174—02	267—01	158 00
F 3	338—02	446—01	257 00	524 00	489 00
F 4	383 00	574 00	404 00	116 00	195—01
F 5	280 00	480—01	421—02	177—03	615—05
F 6	700—03	138—04	154—06	100—08	817—11
F 7	376—08	859—11	124—13	130—16	287—19
			$T=870\ 05\ K$		
C 1	696—18	473—14	222—10	374—07	122—04
C 2	905—12	669—09	356—06	726—04	320—02
C 3	109—06	876—05	536—03	138—01	913—01
C 4	897—03	795—02	569—01	192 00	212 00
C 5	332 00	325 00	276 00	127 00	262—01
F 1	272—16	247—12	644—09	396—06	592—04
F 2	489—10	482—07	143—04	106—02	214—01
F 3	375—05	404—03	137—01	129 00	391 00
F 4	853—02	101 00	402 00	495 00	251 00
F 5	405 00	529 00	249 00	420—01	396—02
F 6	252 00	366—01	208—02	498—04	975—06
F 7	153—02	247—04	172—06	610—09	276—11
F 8	815—07	148—09	127—12	698—16	813—19
			$T=116\ 06\ K$		
C 1	201—20	137—16	814—13	327—09	398—06
C 2	543—14	406—11	268—08	125—05	194—03
C 3	206—08	169—06	126—04	697—03	152—01
C 4	934—04	843—03	717—02	490—01	162 00
C 5	333 00	332 00	326 00	283 00	156 00
F 1	158—21	163—16	384—12	179—08	134—05
F 2	705—15	797—11	209—07	113—04	108—02
F 3	255—09	317—06	938—04	601—02	806—01
F 4	595—05	813—03	275—01	217 00	443 00
F 5	699—02	106 00	412 00	414 00	140 00
F 6	294 00	494 00	224 00	297—01	183—02
F 7	356 00	665—01	357—02	640—04	780—06
F 8	991—02	207—03	133—05	334—08	878—11

Table 2.13. Teflon (*Cont.*)

Atom, Z	Density, kg/m³				
	100—3	100—2	100—1	100 0	100 1

$T = 155 \ 06 \ K$

Atom, Z	100—3	100—2	100—1	100 0	100 1
C 1	177—22	129—18	816—15	405—11	104—07
C 2	925—16	724—13	507—10	287—07	899—05
C 3	905—10	766—08	598—06	396—04	161—02
C 4	158—04	145—03	128—02	101—01	576—01
C 5	333 00	333 00	332 00	323 00	274 00
C 6	160—05	175—06	199—07	244—08	331—09
F 1	793—28	137—21	427—16	197—11	110—07
F 2	784—21	146—15	503—11	265—07	180—04
F 3	101—14	204—10	784—07	483—04	427—02
F 4	149—09	326—06	141—03	104—01	128 00
F 5	215—05	511—03	251—01	227 00	419 00
F 6	233—02	604—01	339 00	386 00	114 00
F 7	158 00	448 00	291 00	426—01	215—02
F 8	507 00	158 00	119—01	231—03	213—05

$T = 206 \ 06 \ K$

Atom, Z	100—3	100—2	100—1	100 0	100 1
C 1	237—24	227—20	180—16	103—12	365—09
C 2	247—17	239—14	199—11	127—08	534—06
C 3	594—11	582—09	511—07	371—05	195—03
C 4	344—05	342—04	319—03	269—02	185—01
C 5	329 00	333 00	333 00	330 00	314 00
C 6	369—02	380—03	409—04	489—05	677—06
C 7	421—07	442—09	517—11	757—13	161—14
F 2	594—27	502—21	206—15	138—10	901—07
F 3	245—20	209—15	906—11	691—07	563—04
F 4	176—14	153—10	703—07	622—04	664—02
F 5	203—09	179—06	882—04	920—02	136 00
F 6	301—05	271—03	144—01	180 00	388 00
F 7	495—02	454—01	262 00	402 00	133 00
F 8	662 00	621 00	391 00	750—01	400—02

$T = 275 \ 06 \ K$

Atom, Z	100—3	100—2	100—1	100 0	100 1
C 2	254—19	832—16	103—12	866—10	467—07
C 3	130—12	440—10	561—08	498—06	316—04
C 4	200—06	699—05	919—04	876—03	679—02
C 5	646—01	234 00	319 00	331 00	326 00
C 6	264 00	990—01	141—01	161—02	210—03
C 7	435—02	169—03	251—05	321—07	577—09
F 2	770—32	622—26	478—20	212—14	144—09
F 3	832—25	694—20	547—15	256—10	205—06
F 4	215—18	185—14	151—10	758—07	743—04
F 5	129—12	115—09	968—07	530—04	660—02
F 6	147—07	136—05	119—03	721—02	119 00
F 7	283—03	271—02	249—01	168 00	382 00
F 8	667 00	664 00	642 00	492 00	160 00
F 9	142—09	147—10	150—11	132—12	638—14

Table 2.13. Teflon (*Cont.*)

Атом, Z	Density, kg/m³				
	100—3	100—2	100—1	100 0	100 1
			$T = 367\ 06\ K$		
C 2	564—23	178—18	176—14	528—11	492—08
C 3	558—16	181—12	184—09	582—07	597—05
C 4	195—09	652—07	683—05	230—03	267—02
C 5	171—03	593—02	643—01	232 00	314 00
C 6	638—01	228 00	257 00	100 00	163—01
C 7	269 00	993—01	117—01	498—03	997—05
F 3	238—28	203—23	167—18	108—13	345—09
F 4	177—21	155—17	132—13	909—10	328—06
F 5	399—15	361—12	318—09	235—06	990—04
F 6	229—09	214—07	196—05	157—03	793—02
F 7	302—04	292—03	278—02	244—01	152 00
F 8	667 00	667 00	664 00	642 00	507 00
F 9	482—05	499—06	522—07	562—08	579—09
			$T = 490\ 06\ K$		
C 2	294—27	277—22	198—17	476—13	265—09
C 3	544—20	515—16	373—12	937—09	561—06
C 4	401—13	382—10	281—07	741—05	487—03
C 5	863—07	828—05	621—03	173—01	127 00
C 6	107—02	104—01	795—01	235 00	197 00
C 7	332 00	323 00	253 00	802—01	782—02
F 4	495—24	490—20	449—16	345—12	187—08
F 5	347—17	346—14	323—11	262—08	159—05
F 6	764—11	766—09	731—07	631—05	436—03
F 7	485—05	490—04	478—03	442—02	355—01
F 8	653 00	666 00	666 00	663 00	631 00
F 9	135—01	139—02	143—03	154—04	178—05
F 10	212—05	220—07	233—09	274—11	388—13
			$T = 652\ 06\ K$		
C 3	421—23	340—19	282—15	226—11	881—08
C 4	555—16	473—13	408—10	336—07	139—04
C 5	250—09	225—07	203—05	172—03	770—02
C 6	423—04	400—03	378—02	331—01	162 00
C 7	333 00	333 00	329 00	300 00	163 00
F 5	919—20	437—16	656—13	633—10	463—07
F 6	565—13	283—10	445—08	444—06	355—04
F 7	119—06	627—05	103—03	107—02	949—02
F 8	633—01	353 00	611 00	660 00	657 00
F 9	525 00	309 00	561—01	635—02	719—03
F 10	788—01	490—02	937—04	111—05	146—07

Table 2.13. Teflon (*Cont.*)

Atom, Z	Density, kg/m³				
	100—3	100—2	100—1	100 0	100 1

$T = 870 \quad 06 \quad K$

C 4	297—18	279—15	234—12	187—09	135—06
C 5	291—11	279—09	248—07	213—05	165—03
C 6	340—05	333—04	314—03	289—02	245—01
C 7	333 00	333 00	333 00	330 00	308 00
F 5	203—24	140—19	305—15	154—11	207—08
F 6	295—17	208—13	481—10	261—07	382—05
F 7	168—10	121—07	296—05	173—03	279—02
F 8	277—04	204—02	529—01	335 00	599 00
F 9	226—01	170 00	469 00	321 00	645—01
F 10	644 00	495 00	145 00	108—01	246—03

$T = 116 \quad 07 \quad K$

C 4	356—20	354—17	347—14	309—11	233—08
C 5	888—13	886—11	872—09	806—07	661—05
C 6	444—06	444—05	440—04	422—03	379—02
C 7	333 00	333 00	333 00	333 00	329 00
F 6	200—21	198—17	181—13	103—09	145—06
F 7	283—14	279—11	258—08	153—05	237—03
F 8	130—07	128—05	120—03	740—02	127 00
F 9	387—03	384—02	361—01	233 00	448 00
F 10	667 00	663 00	631 00	426 00	918—01

Table 2.14. Polyformaldehyde

Atom, Z	Density, kg/m³				
	100—03	100—02	100—01	100 00	100 01

$T = 116 \quad 05 \quad K$

C 1	228—01	813—01	165 00	217 00	238 00
C 2	227 00	169 00	854—01	331—01	119—01
C 3	136—05	215—06	284—07	351—08	473—09
O 1	143 00	216 00	241 00	247 00	249 00
O 2	107 00	338—01	940—02	285—02	937—03
O 3	173—09	116—10	840—12	810—13	100—13
H 1	271 00	425 00	479 00	494 00	498 00
H 2	229 00	748—01	211—01	640—02	211—02

Table 2.14. Polyformaldehyde (*Cont.*)

Atom, Z	Density, kg/m³				
	100—03	100—02	100—01	100 00	100 01

$T = 154\ 05\ K$

C 1	173—02	131—01	573—01	135 00	198 00
C 2	248 00	237 00	193 00	115 00	521—01
C 3	605—03	749—04	121—04	204—05	363—06
O 1	110—01	667—01	165—00	221 00	240 00
O 2	239—00	183 00	847—01	285—01	963—02
O 3	208—05	207—06	190—07	181—08	240—09
H 1	211—01	130 00	326 00	441 00	480 00
H 2	479 00	370 00	174 00	591—01	200—01

$T = 206\ 05\ K$

C 1	114—03	135—02	111—01	519—01	123 00
C 2	185 00	239 00	238 00	198 00	127 00
C 3	653—01	949—02	122—02	210—03	497—04
C 4	385—06	642—08	113—09	470—11	557—12
O 1	564—03	508—02	366—01	123 00	195 00
O 2	248 00	245 00	213 00	127 00	550—01
O 3	194—02	215—03	241—04	299—05	475—06
H 1	123—02	110—01	786—01	256 00	397 00
H 2	499 00	489 00	421 00	244 00	103 00

$T = 275\ 05\ K$

C 1	164—05	807—04	152—02	130—01	549—01
C 2	156—01	897—01	203 00	229 00	193 00
C 3	233—00	160 00	456—01	773—02	181—02
C 4	113—02	937—04	351—05	102—06	926—08
C 5	165—08	169—10	870—13	496—15	241—16
O 1	282—04	455—03	416—02	289—01	988—01
O 2	116 00	220 00	242 00	221 00	151 00
O 3	134 00	300—01	415—02	569—03	108—03
O 4	157—04	426—06	777—08	183—09	134—10
H 1	153—03	130—02	106—01	707—01	226 00
H 2	500 00	499 00	489 00	429 00	274 00

$T = 490\ 05\ K$

C 1	138—10	932—08	222—05	164—03	370—02
C 2	188—05	143—03	399—02	362—01	122 00
C 3	569—02	496—01	166 00	200 00	123 00
C 4	194 00	194 00	801—01	139—01	192—02
C 5	507—01	593—02	310—03	830—05	319—06
O 1	407—09	115—06	110—04	491—03	680—02
O 2	455—04	145—02	163—01	888—01	183 00
O 3	449—01	163 00	220 00	159 00	601—01
O 4	203 00	853—01	142—01	147—02	125—03

Table 2.14. Polyformaldehyde (*Cont.*)

Атом, Z	Density, kg/m³				
	100—03	100—02	100—01	100 00	100 01
O 5	172—02	840—04	177—05	285—07	672—09
O 6	137—07	784—10	215—12	581—15	467—17
H 1	769—05	681—04	582—03	470—02	300—01
H 2	500 00	500 00	499 00	495 00	470—00
		$T=652\ 05\ K$			
C 1	403—14	165—10	197—07	604—05	424—03
C 2	151—08	682—06	933—04	351—02	338—01
C 3	289—04	145—02	232—01	114 00	177 00
C 4	178—01	100 00	192 00	129 00	384—01
C 5	232 00	148 00	346—01	342—02	227—03
O 1	188—12	261—09	131—06	191—04	811—03
O 2	712—07	109—04	628—03	112—01	654—01
O 3	693—03	118—01	796—01	185 00	174 00
O 4	108 00	208 00	167 00	535—01	959—02
O 5	140 00	304—01	298—02	140—03	562—05
O 6	985—03	244—04	299—06	218—08	230—10
O 7	340—07	967—10	151—12	182—15	596—18
H 1	265—05	240—04	209—03	170—02	121—01
H 2	500 00	500 00	500 00	498 00	488 00
		$T=870\ 05\ K$			
C 1	189—17	138—13	672—10	979—07	264—04
C 2	178—11	138—08	743—06	128—03	456—02
C 3	155—06	129—04	775—03	167—01	885—01
C 4	928—03	830—02	570—01	160 00	144 00
C 5	249 00	242 00	192 00	736—01	128—01
O 1	920—17	123—12	425—09	304—06	484—04
O 2	103—10	147—07	559—05	475—03	997—02
O 3	647—06	988—04	421—02	445—01	140 00
O 4	168—02	276—01	134 00	184 00	983—01
O 5	110 00	196—00	110 00	207—01	213—02
O 6	136 00	265—01	176—02	473—04	107—05
O 7	254—02	543—04	432—06	174—08	978—11
H 1	105—05	981—05	891—04	750—03	564—02
H 2	500 00	500 00	500 00	499 00	494 00
		$T=116\ 06\ K$			
C 1	415—20	319—16	212—12	875—09	932—06
C 2	872—14	711—11	511—08	237—05	317—03
C 3	257—08	223—06	175—04	950—03	176—01
C 4	903—04	838—03	728—02	480—01	136 00
C 5	250 00	249 00	243 00	201 00	962—01
O 1	480—22	792—17	275—12	159—08	127—05
O 2	137—15	241—11	903—08	587—05	589—03
O 3	385—10	717—07	294—04	224—02	311—01

Table 2.14. Polyformaldehyde (*Cont.*)

Atom, Z	Density, kg/m³				
	100—03	100—02	100—01	100 00	100 01
O 4	909—06	181—03	822—02	789—01	161 00
O 5	124—02	264—01	135—00	156 00	561—01
O 6	783—01	181 00	104 00	158—01	106—02
O 7	170 00	426—01	283—02	578—04	800—06
H 1	478—06	451—05	418—04	370—03	293—02
H 2	500 00	500 00	500 00	500 00	497 00
$T = 155\ 06\ K$					
C 1	226—22	212—18	165—14	928—11	242—07
C 2	103—05	981—13	800—10	494—07	153—04
C 3	885—10	852—08	736—06	514—04	203—02
C 4	136—04	133—03	123—02	994—02	540—01
C 5	250 00	250 00	249 00	240 00	194 00
C 6	105—05	108—06	117—07	138—08	179—09
O 1	126—27	103—21	361—16	210—11	130—07
O 2	882—21	727—16	267—11	171—07	125—04
O 3	894—15	747—11	290—07	210—04	196—02
O 4	132—09	112—06	466—04	391—02	503—01
O 5	204—05	176—03	791—02	791—01	151 00
O 6	280—02	249—01	121 00	148 00	455—01
O 7	247 00	225 00	121 00	185—01	983—03
H 1	227—06	225—05	214—04	194—03	164—02
H 2	500 00	500 00	500 00	500 00	498 00
$T = 206\ 06\ K$					
C 1	272—24	268—20	247—16	181—12	737—09
C 2	256—17	252—14	235—11	180—08	833—06
C 3	553—11	548—09	520—07	426—05	236—03
C 4	288—05	288—04	279—03	249—02	175—01
C 5	248 00	250 00	250 00	248 00	232 00
C 6	249—02	254—03	264—04	296—05	393—06
C 7	256—07	264—09	286—11	371—13	737—15
O 2	468—25	444—20	363—15	147—10	902—07
O 3	142—18	135—14	113—10	488—07	358—04
O 4	952—13	914—10	778—07	367—04	341—02
O 5	102—07	992—06	870—04	456—02	567—01
O 6	158—03	155—02	141—01	837—01	147 00
O 7	250 00	248—00	236 00	162 00	425—01
H 1	114—06	114—05	113—04	108—03	949—03
H 2	500 00	500 00	500 00	500 00	499 00
$T = 275\ 06\ K$					
C 2	307—19	904—16	109—12	976—10	618—07
C 3	139—12	427—10	529—08	491—06	346—04
C 4	188—06	607—05	775—04	754—03	615—02
C 5	537—01	181 00	240 00	248 00	244 00

Table 2.14. Polyformaldehyde (*Cont.*)

Atom, Z		Density, kg/m³				
		100—03	100—02	100—01	100 00	100 01
C	6	193—00	686—01	947—02	105—02	129—03
C	7	281—02	105—03	151—05	183—07	294—09
O	2	233—28	184—23	153—18	108—13	304—09
O	3	168—21	139—17	118—13	864—10	271—06
O	4	371—15	321—12	282—09	216—06	784—04
O	5	178—09	161—07	147—05	120—03	523—02
O	6	175—04	166—03	158—02	138—01	756—01
O	7	250 00	250—00	248 00	236 00	169 00
O	8	396—06	417—07	435—08	457—09	444—10
H	1	654—07	627—06	612—05	599—04	560—03
H	2	500 00	500 00	500 00	500 00	497 00

$T = 367 \ 06 \ K$

C	2	864—23	239—18	214—14	584—11	558—08
C	3	736—16	212—12	198—09	573—07	593—05
C	4	221—09	666—07	647—05	201—03	231—02
C	5	168—03	528—02	537—01	180 00	237 00
C	6	539—01	177 00	189 00	692—01	107—01
C	7	196 00	674—01	755—02	304—03	565—05
O	3	782—24	658—20	547—16	390—12	202—08
O	4	459—17	404—14	350—11	267—08	154—05
O	5	731—11	671—09	609—07	503—05	331—03
O	6	308—05	296—04	281—03	253—02	196—01
O	7	249—00	250 00	250 00	247 00	230 00
O	8	137—02	144—03	152—04	167—05	192—06
O	9	287—07	317—09	353—11	434—13	635—15
H	1	397—07	381—06	367—05	349—04	330—03
H	2	500 00	500 00	500 00	500 00	500 00

$T = 490 \ 06 \ K$

C	2	614—27	481—22	301—17	629—13	318—09
C	3	925—20	756—16	489—12	108—08	593—06
C	4	555—13	473—10	318—07	748—05	453—03
C	5	976—07	866—05	605—03	152—01	104 00
C	6	990—03	917—02	667—01	181 00	141 00
C	7	249 00	241 00	183 00	538—01	488—02
O	4	341—19	890—16	984—13	806—10	529—07
O	5	147—12	399—10	458—08	402—06	296—04
O	6	202—06	574—05	687—04	649—03	548—02
O	7	656—01	194 00	243 00	249 00	244 00
O	8	179 00	555—01	724—02	808—03	943—04
O	9	532—02	172—03	235—05	288—07	406—09
H	1	248—07	238—06	230—05	219—04	205—03
H	2	500 00	500 00	500 00	500 00	500 00

Table 2.14. Polyformaldehyde (*Cont.*)

Atom, Z	Density, kg/m³				
	100—03	100—02	100—01	100 00	100 01

$T = 652\ 06\ K$

Atom, Z					
C 3	656—23	576—19	476—15	329—11	109—07
C 4	720—16	653—13	563—10	412—07	150—04
C 5	271—09	253—07	228—05	178—03	715—02
C 6	381—04	368—03	347—02	289—01	130 00
C 7	250 00	250 00	247 00	221 00	113 00
O 4	263—23	108—18	118—14	329—11	306—08
O 5	259—16	110—12	125—09	371—07	382—05
O 6	945—10	415—07	494—05	157—03	181—02
O 7	946—04	429—02	536—01	183 00	238—00
O 8	296—01	139 00	182 00	668—01	100—01
O 9	220 00	107 00	147—01	585—03	102—04
H 1	160—07	155—06	149—05	141—04	133—03
H 2	500 00	500 00	500 00	500 00	500 00

$T = 870\ 06\ K$

Atom, Z					
C 4	308—18	306—15	293—12	250—09	174—06
C 5	271—11	270—09	262—07	234—05	178—03
C 6	285—05	284—04	280—03	263—02	219—01
C 7	250 00	250 00	250 00	247 00	228 00
O 4	693—28	672—23	539—18	174—13	114—09
O 5	148—20	144—16	117—12	396—09	282—06
O 6	131—13	127—10	105—07	373—05	292—03
O 7	358—07	350—05	293—03	110—01	950—01
O 8	455—03	446—02	379—01	150 00	145 00
O 9	250 00	246 00	212 00	890—01	969—02
H 1	983—08	982—07	973—06	937—05	884—04
H 2	500 00	500 00	500 00	500 00	500 00

$T = 116\ 07\ K$

Atom, Z					
C 4	367—20	366—17	362—14	347—11	292—08
C 5	823—13	822—11	815—09	791—07	698—05
C 6	371—06	370—05	369—04	362—03	337—02
C 7	250 00	250 00	250 00	250 00	247 00
O 5	565—24	562—20	548—16	486—12	250—08
O 6	108—16	108—13	106—10	949—08	515—05
O 7	735—10	732—08	720—06	657—04	378—02
O 8	162—04	162—03	160—02	148—01	911—01
O 9	250 00	250 00	248 00	235 00	155 00
H 1	610—08	610—07	610—06	606—05	589—04
H 2	500 00	500 00	500 00	500 00	500 00

Table 2.15. Caprolactum

Атом, Z		Density, kg/m³				
		100—03	100—02	100—01	100 00	100 01
$T = 116\ 05\ K$						
C	1	352—01	120 00	224 00	281 00	304 00
C	2	281 00	196 00	925—01	349—01	125—01
C	3	135—05	196—06	248—07	306—08	424—09
O	1	331—01	472—01	514—01	525—01	528—01
O	2	199—01	578—02	160—02	491—03	164—03
H	1	345 00	509 00	559 00	573 00	577 00
H	2	234 00	702—01	196—01	603—02	201—02
N	1	264—01	440—01	504—01	522—01	527—01
N	2	226—01	904—02	263—02	819—03	274—03
N	3	709—08	502—09	392—10	398—11	517—12
$T = 154\ 05\ K$						
C	1	274—02	203—01	845—01	187 00	259 00
C	2	313 00	296 00	231 00	129 00	572—01
C	3	609—03	761—04	120—04	194—05	354—06
O	1	288—02	164—01	374—01	479—01	513—01
O	2	501—01	366—01	156—01	507—02	173—02
O	3	349—06	336—07	289—08	271—09	382—10
H	1	303—01	175 00	404 00	522 00	559 00
H	2	549 00	404 00	175 00	574—01	196—01
N	1	169—02	109—01	307—01	447—01	501—01
N	2	513—01	421—01	223—01	826—02	294—02
N	3	147—04	159—05	170—06	181—07	267—08
$T = 206\ 05\ K$						
C	1	194—03	216—02	171—01	752—01	167 00
C	2	247 00	304 00	298 00	241 00	149 00
C	3	690—01	966—02	125—02	219—03	532—04
C	4	322—06	525—08	970—10	434—11	581—12
O	1	152—03	134—02	923—02	283—01	427—01
O	2	525—01	516—01	438—01	247—01	103—01
O	3	325—03	326—04	407—05	497—06	818—07
H	1	181—02	159—01	108 00	321 00	473 00
H	2	577 00	563 00	471 00	258 00	106 00
N	1	869—04	826—03	607—02	219—01	380—01
N	2	490—01	517—01	469—01	311—01	150—01
N	3	388—02	465—03	559—04	802—05	152—05
N	4	241—08	337—10	576—12	211—13	221—14
$T = 275\ 05\ K$						
C	1	321—05	151—03	248—02	198—01	775—01
C	2	243—01	132 00	265 00	288 00	236—00
C	3	291 00	184 00	481—01	820—02	203—02

Table 2.15. Caprolactum (*Cont.*)

Atom, Z		Density, kg/m³				
		100—03	100—02	100—01	100 00	100 01
C	4	112—02	850—04	301—05	936—07	101—07
C	5	132—08	121—10	613—13	402—15	268—16
O	1	842—05	126—03	110—02	724—02	228—01
O	2	277—01	478—01	512—01	457—01	302—01
O	3	253—01	512—02	709—03	995—04	198—04
O	4	238—05	573—07	108—08	276—10	238—11
H	1	222—03	192—02	153—01	964—01	288—00
H	2	579 00	577 00	564 00	483 00	297 00
N	1	182—05	606—04	724—03	519—02	182—01
N	2	862—02	330—01	485—01	472—01	347—01
N	3	444—01	199—01	378—02	579—03	128—03
N	4	287—04	154—05	397—07	111—08	106—09

$T = 367\ 05\ K$

C	1	221—07	264—05	164—03	359—02	267—01
C	2	768—03	102—01	724—01	209 00	260 00
C	3	192 00	285 00	241 00	103 00	289—01
C	4	123 00	208—01	219—02	154—03	131—04
C	5	154—03	301—05	408—07	527—09	183—10
O	1	516—07	366—05	121—03	131—02	737—02
O	2	112—02	880—02	331—01	475—01	447—01
O	3	499—01	440—01	197—01	418—02	885—03
O	4	197—02	198—03	110—04	383—06	246—07
O	5	206—07	239—09	171—11	110—13	288—15
H	1	393—04	354—03	309—02	225—01	113 00
H	2	579 00	579 00	576 00	556 00	466 00
N	1	118—07	102—05	527—04	885—03	578—02
N	2	324—03	309—02	183—01	408—01	444—01
N	3	458—01	491—01	346—01	114—01	279—02
N	4	691—02	844—03	736—04	398—05	296—06
N	5	477—06	672—08	757—10	752—12	228—13

$T = 490\ 05\ K$

C	1	296—10	199—07	426—05	294—03	599—02
C	2	341—05	253—03	635—02	537—01	164 00
C	3	874—02	728—01	220 00	248 00	144 00
C	4	251 00	237 00	891—01	145—01	202—02
C	5	558—01	601—02	290—03	745—05	131—06
O	1	138—09	376—07	336—05	141—03	177—02
O	2	131—04	393—03	412—02	210—01	399—01
O	3	109—01	367—01	464—01	316—01	113—01
O	4	418—01	159—01	250—02	247—03	212—04
O	5	300—03	131—04	263—06	409—08	106—09
O	6	201—08	102—10	269—13	722—16	715—18
H	1	105—04	952—04	811—03	657—02	411—01
H	2	579 00	579 00	578 00	572 00	538 00
N	1	254—10	107—07	136—05	737—04	127—02

Table 2.15. Caprolactum (*Cont.*)

Atom, Z	Density, kg/m³				
	100—03	100—02	100—01	100 00	100 01
N 2	270—05	126—03	187—02	124—01	322—01
N 3	479—02	251—01	450—01	397—01	195—01
N 4	467—01	277—01	617—02	790—03	927—04
N 5	149—02	101—03	288—05	582—07	206—08
N 6	137—06	107—08	404—11	141—13	190—15

$T = 625\ 05\ K$

C 1	945—14	377—10	410—07	117—04	730—03
C 2	302—08	132—05	164—03	569—02	492—01
C 3	494—04	238—02	347—01	156 00	223 00
C 4	260—01	139 00	244 00	151 00	428—01
C 5	290 00	174 00	374—01	342—02	229—03
O 1	697—13	922—10	432—07	586—05	227—03
O 2	225—07	326—05	175—03	289—02	154—01
O 3	187—03	229—02	188—01	402—01	356—01
O 4	250—01	445—01	335—01	990—02	173—02
O 5	276—01	552—02	510—03	222—04	921—06
O 6	166—03	376—05	436—07	299—09	350—11
O 7	491—08	127—10	189—13	217—16	860—19
H 1	359—05	328—04	287—03	235—02	166—01
H 2	579 00	579 00	579 00	577 00	562 00
N 1	109—13	254—10	165—07	313—05	151—03
N 2	358—08	915—06	682—04	157—02	105—01
N 3	478—04	135—02	118—01	351—01	388—01
N 4	120—01	376—01	394—01	162—01	355—02
N 5	396—01	140—01	180—02	109—03	564—05
N 6	134—02	535—04	862—06	824—08	120—09

$T = 870\ 05\ K$

C 1	370—17	297—13	150—09	201—06	487—04
C 2	313—11	260—08	142—05	225—03	719—02
C 3	224—06	212—04	127—02	251—01	121 00
C 4	131—02	119—01	805—01	208 00	174 00
C 5	315 00	304 00	234 00	830—01	138—01
O 1	320—17	446—13	151—09	999—07	145—04
O 2	322—11	466—08	171—05	133—03	254—02
O 3	181—06	274—04	110—02	107—01	309—01
O 4	420—03	667—02	302—01	384—01	192—01
O 5	247—01	414—01	214—01	374—02	372—03
O 6	275—01	491—02	295—03	746—05	169—06
O 7	459—03	878—05	627—07	241—09	143—11
H 1	135—05	130—04	120—03	102—02	763—02
H 2	579 00	579 00	579 00	578 00	571 00

Table 2.15. Caprolactum (*Cont.*)

Atom, Z	Density, kg/m³				
	100—03	100—02	100—01	100 00	100 01
N 1	432—18	106—13	571—10	547—07	100—04
N 2	404—12	103—08	600—06	679—04	164—02
N 3	299—07	799—05	511—03	719—02	263—01
N 4	102—03	287—02	206—01	379—01	241—01
N 5	126—01	375—01	307—01	777—02	980—03
N 6	403—01	127—01	121—02	444—04	128—05
		$T = 116\ 06\ K$			
C 1	614—20	550—16	418—12	182—08	181—05
C 2	124—13	113—10	899—08	431—05	535—03
C 3	351—08	329—06	275—04	151—02	260—01
C 4	119—03	114—02	103—01	671—01	177—00
C 5	316 00	315 00	306 00	247 00	112 00
O 1	127—22	249—17	953—13	550—09	404—06
O 2	351—16	699—12	279—08	178—05	163—03
O 3	944—11	193—07	813—05	592—03	751—02
O 4	214—06	451—04	203—02	176—01	345—01
O 5	280—03	609—02	298—01	319—01	107—01
O 6	171—01	385—01	207—01	285—02	182—03
O 7	357—01	839—02	502—03	925—05	125—06
H 1	576—06	564—05	541—04	491—03	392—02
H 2	579 00	579 00	579 00	579 00	575 00
N 1	123—22	984—18	410—13	326—09	313—06
N 2	290—16	237—12	103—08	902—06	108—03
N 3	893—11	747—08	343—05	344—03	570—02
N 4	245—06	211—04	103—02	124—01	315—01
N 5	498—03	443—02	236—01	349—01	152—01
N 6	525—01	485—01	284—01	540—02	449—03
		$T = 155\ 06\ K$			
C 1	310—22	298—18	259—14	169—10	467—07
C 2	139—15	134—12	119—09	821—07	262—04
C 3	117—09	114—07	104—05	778—04	310—02
C 4	175—04	173—03	164—02	137—01	740—01
C 5	316 00	316 00	314 00	302 00	239 00
C 6	130—05	133—06	140—07	158—08	198—09
O 1	303—28	255—22	103—16	687—12	428—08
O 2	207—21	176—16	721—12	510—08	367—05
O 3	206—15	176—11	744—08	572—05	514—03
O 4	298—10	257—07	113—04	970—03	118—01
O 5	450—06	394—04	182—02	179—01	319—01
O 6	607—03	540—02	264—01	306—01	866—02
O 7	524—01	476—01	248—01	349—02	169—03
H 1	268—06	267—05	261—04	247—03	213—02
H 2	579 00	579 00	579 00	579 00	577 00
N 1	215—26	203—21	159—16	641—12	423—08
N 2	117—19	110—15	883—12	377—08	287—05

Table 2.15. Caprolactum (*Cont.*)

Атом, Z	Density, kg/m³				
	100—03	100—02	100—01	100 00	100 01
N 3	121—13	115—10	948—08	440—05	419—03
N 4	177—08	171—06	146—04	758—03	977—02
N 5	328—04	320—03	288—02	171—01	323—01
N 6	530—01	527—01	501—01	351—01	105—01

$T = 206\ 06\ K$

C 1	373—24	368—20	344—16	273—12	128—08
C 2	343—17	339—14	320—11	261—08	133—05
C 3	728—11	722—09	691—07	590—05	349—03
C 4	371—05	371—04	362—03	330—02	238—01
C 5	313 00	316 00	316 00	313 00	292 00
C 6	309—02	315—03	325—04	357—05	455—06
C 7	310—07	320—09	343—11	425—13	783—15
O 2	110—25	105—20	873—16	387—11	263—07
O 3	326—19	312—15	264—11	123—07	961—05
O 4	214—13	206—10	178—07	883—05	846—03
O 5	226—08	219—06	194—04	105—02	130—01
O 6	342—04	336—03	307—02	183—01	310—01
O 7	530—01	527—01	499—01	336—01	822—02
H 1	135—06	135—05	134—04	130—03	119—02
H 2	579 00	579 00	579—00	579 00	578 00
N 2	214—22	207—18	188—14	132—10	379—07
N 3	621—16	604—13	556—10	410—07	136—04
N 4	358—10	351—08	329—06	259—04	105—02
N 5	382—05	378—04	364—03	311—02	163—01
N 6	530—01	530—01	526—01	499—01	357—01
N 7	975—07	987—08	102—08	109—09	112—10

$T = 275\ 06\ K$

C 2	474—19	127—15	147—12	134—09	898—07
C 3	203—12	581—10	701—08	655—06	481—04
C 4	262—06	798—05	100—03	980—03	816—02
C 5	708—01	231 00	304 00	314 00	308 00
C 6	242 00	847—01	117—01	129—02	155—03
C 7	333—02	125—03	182—05	218—07	332—09
O 3	441—22	335—18	276—14	205—10	693—07
O 4	923—16	749—13	643—10	499—07	191—04
O 5	420—10	365—08	328—06	269—04	121—02
O 6	390—05	363—04	343—03	300—02	166—01
O 7	530—01	530—01	527—01	500—01	351—01
O 8	797—07	856—08	900—09	936—10	870—11
H 1	799—07	749—06	724—05	711—04	676—03
H 2	579 00	579 00	579 00	579 00	578 00
N 2	180—24	138—20	116—16	947—13	488—09
N 3	116—17	950—15	829—12	696—09	392—06

Table 2.15. Caprolactum (*Cont.*)

Атом, Z	Density, kg/m³				
	100—03	100—02	100—01	100 00	100 01
N 4	358—10	351—08	329—06	259—04	105—02
N 5	382—05	378—04	364—03	311—02	163—01
N 6	530—01	530—01	526—01	499—01	357—01
N 7	975—07	987—08	102—08	109—09	112—10
			$T = 275\ 06$ K		
C 2	474—19	127—15	147—12	134—09	898—07
C 3	203—12	581—10	701—08	655—06	481—04
C 4	262—06	798—05	100—03	980—03	816—02
C 5	708—01	231 00	304 00	314 00	308 00
C 6	242 00	847—01	117—01	129—02	155—03
C 7	333—02	125—03	182—05	218—07	332—09
O 3	441—22	335—18	276—14	205—10	693—07
O 4	923—06	749—13	643—10	499—07	191—04
O 5	420—10	365—08	328—06	269—04	121—02
O 6	390—05	363—04	343—03	300—02	166—01
O 7	530—01	530—01	527—01	500—01	351—01
O 8	797—07	856—08	900—09	936—10	870—11
H 1	799—07	749—06	724—05	711—04	676—03
H 2	579 00	579 00	579 00	579 00	578 00
N 2	180—24	139—20	116—16	947—13	488—09
N 3	116—17	950—15	829—12	696—09	392—06
N 4	188—11	165—09	150—07	131—05	838—04
N 5	752—06	705—05	671—04	621—03	467—02
N 6	527—01	530—01	529—01	524—01	482—01
N 7	318—03	343—04	362—05	387—06	454—07
N 8	167—08	193—10	215—12	253—14	391—16
			$T = 367\ 06$ K		
C 2	177—22	413—18	333—14	826—11	780—08
C 3	136—15	341—12	291—09	784—07	804—05
C 4	370—09	993—07	903—05	266—03	303—02
C 5	254—03	732—02	709—01	230 00	300 00
C 6	737—01	228 00	236 00	852—01	130—01
C 7	242 00	806—01	894—02	362—03	662—05
O 3	248—24	187—20	144—16	952—13	495—09
O 4	132—17	107—14	874—12	630—09	365—06
O 5	190—11	165—09	144—07	114—05	756—04
O 6	723—06	675—05	630—04	557—03	430—02
O 7	527—01	530—01	529—01	524—01	486—01
O 8	262—03	283—04	304—05	340—06	388—07
O 9	498—08	579—10	670—12	854—14	123—15
H 1	508—07	475—06	449—05	417—04	393—03
H 2	579 00	579 00	579 00	579 00	579 00
N 3	133—19	313—16	326—13	249—10	164—07
N 4	494—13	125—10	138—08	116—06	848—05
N 5	560—07	152—05	179—04	165—03	139—02

Table 2.15. Caprolactum (*Cont.*)

Atom, Z		Density, kg/m³				
		100—03	100—02	100—01	100 00	100 01
N	6	140—01	408—01	513—01	526—01	516—01
N	7	387—01	122—01	164—02	188—03	221—04
N	8	313—03	106—04	154—06	199—08	288—10

$T = 490\ 06\ K$

C	2	119—26	101—21	605—17	107—12	481—09
C	3	164—19	144—15	891—12	171—08	854—06
C	4	907—13	811—10	524—07	110—04	620—03
C	5	146—06	134—04	905—03	209—01	135 00
C	6	136—02	128—01	904—01	231—00	174—00
C	2	315 00	303 00	225 00	639—01	573—02
O	4	996—20	263—16	281—13	212—10	131—07
O	5	393—13	106—10	118—08	983—07	696—05
O	6	498—07	138—05	161—04	148—03	122—02
O	7	148—01	421—01	516—01	527—01	518—01
O	8	372—01	108—01	140—02	160—03	189—04
O	9	101—02	304—04	411—06	530—08	772—10
H	1	312—07	305—06	294—05	272—04	249—03
H	2	579 00	579 00	579 00	579 00	579 00
N	3	292—23	691—19	557—15	136—11	118—08
N	4	234—16	568—13	477—10	128—07	125—05
N	5	672—10	167—07	147—05	432—04	485—03
N	6	503—04	128—02	118—01	383—01	502—01
N	7	160—01	418—01	402—01	146—01	227—02
N	8	370—01	991—02	100—02	407—04	766—06

$T = 870\ 06\ K$

O	3	218—25	217—21	211—17	189—13	132—09
C	4	427—18	424—15	415—12	379—09	279—06
C	5	364—11	363—09	357—07	334—05	262—03
C	6	371—05	370—04	367—03	353—02	298—01
C	7	316 00	316 00	316 00	312 00	286 00
O	5	354—21	345—17	286—13	102—09	740—07
O	6	304—14	297—11	248—08	910—06	707—04
O	7	807—08	790—06	665—04	252—02	212—01
O	8	994—04	975—03	828—02	324—01	299—01
O	9	529—01	520—01	446—01	181—01	184—02
H	1	117—07	117—06	117—05	115—04	111—03
H	2	579 00	579 00	579 00	579 00	579 00
N	4	724—24	717—20	684—16	528—12	171—08
N	5	981—17	973—14	934—11	739—08	254—05
N	1	456—10	453—08	438—06	356—04	132—02
N	2	980—05	976—04	951—03	796—02	319—01
N	3	530—01	529—01	520—01	450—01	198—01

Table 2.15. Caprolactum (*Cont.*)

Atom, Z	Density, kg/m³				
	100—03	100—02	100—01	100 00	100 01

$T = 116\ 07\ K$

C 4	508—20	506—17	501—14	485—11	426—08
C 5	111—12	110—10	110—08	107—06	971—05
C 6	483—06	482—05	481—04	474—03	447—02
C 7	316 00	316 00	316 00	316 00	312 00
O 5	135—24	135—20	132—16	118—12	630—09
O 6	252—17	251—14	246—11	222—08	124—05
O 7	166—10	165—08	162—06	149—04	866—03
O 8	354—05	353—04	349—03	324—02	199—01
O 9	530—01	530—01	527—01	497—01	323—01
H 1	729—08	729—07	728—06	726—05	715—04
H 2	579 00	579 00	579 00	579 00	579 00
N 5	341—19	340—16	335—13	319—10	252—07
N 6	381—12	380—10	376—08	362—06	297—04
N 7	688—06	687—05	673—04	666—03	571—02
N 8	530—01	530—01	529—01	523—01	473—01

Table 2.16. Plexiglas

Atom, Z	Density, kg/m³				
	100—3	100—2	100—1	100 0	100 1

$T = 116\ 05\ K$

C 1	344—01	122 00	232 00	295 00	319 00
C 2	299 00	211 00	101 00	381—01	136—01
C 3	156—05	227—06	283—07	347—08	478—09
O 1	804—01	118 00	129 00	132 00	133 00
O 2	526—01	154—01	421—02	128—02	426—03
H 1	307 00	465 00	514 00	527 00	531 00
H 2	226 00	685—01	189—01	578—02	192—02

$T = 154\ 05\ K$

C 1	258—02	195—01	842—01	192 00	270 00
C 2	330 00	313 00	249 00	141 00	626—01
C 3	718—03	886—04	138—04	223—05	399—06
O 1	651—02	386—01	917—01	120 00	128 00
O 2	126 00	944—01	413—01	134—01	453—02
O 3	983—06	954—07	819—08	756—09	103—09
H 4	251—01	150 00	363 00	477 00	514 00
H 5	508 00	383 00	170 00	557—01	189—01

Table 2.16. Plexiglas (*Cont.*)

Atom, Z	Density, kg/m³				
	100—3	100—2	100—1	100 0	100 1

$T = 206\ 05\ K$

Atom, Z	100—3	100—2	100—1	100 0	100 1
C 1	179—03	203—02	164—01	748—01	172 00
C 1	254 00	320 00	315 00	258 00	161 00
C 3	791—01	113—01	146—02	251—03	595—04
C 4	411—06	685—08	123—09	522—11	655—12
O 1	341—03	303—02	213—01	686—01	106 00
O 2	132 00	130 00	112 00	644—01	221—01
O 3	907—03	102—03	114—04	138—05	221—06
H 1	149—02	132—01	916—01	286 00	431 00
H 2	532 00	520 00	441 00	247 00	102 00

$T = 275\ 05\ K$

Atom, Z	100—3	100—2	100—1	100 0	100 1
C 1	277—05	134—03	232—02	191—01	778—01
C 2	232—01	130 00	275 00	304 00	253 00
C 3	308 00	203 00	552—01	940—02	226—02
C 4	132—02	104—03	381—05	115—06	113—07
C 5	172—08	164—10	852—13	523—15	298—16
O 1	181—04	282—03	249—02	168—01	551—01
O 2	660—01	119 00	129 00	116 00	778—01
O 3	670—01	141—01	197—02	274—03	532—04
O 4	696—05	176—06	330—08	813—10	646—11
H 1	184—03	159—02	127—01	822—01	251 00
H 2	533—00	531 00	520 00	451 00	282 00

$T = 367\ 05\ K$

Atom, Z	100—3	100—2	100—1	100 0	100 1
C 1	191—07	232—05	145—03	333—02	261—01
C 2	722—03	978—02	707—01	214 00	275 00
C 3	196 00	299 00	260 00	115 00	322—01
C 4	136 00	239—01	258—02	187—03	150—04
C 5	185—03	376—05	528—07	687—09	212—10
O 1	110—06	782—05	265—03	296—02	173—01
O 2	259—02	205—01	802—01	119 00	113 00
O 3	125 00	112 00	525—01	114—01	237—02
O 4	535—02	548—03	321—04	113—05	680—07
O 5	608—07	722—09	548—11	349—13	803—16
H 1	333—04	299—03	258—02	189—01	976—01
H 2	533 00	533 00	530 00	514 00	435 00

$T = 490\ 05\ K$

Atom, Z	100—3	100—2	100—1	100 0	100 1
C 1	249—10	168—07	373—05	264—03	564—02
C 2	308—05	232—03	605—02	526—01	168—00
C 3	848—02	720—01	227 00	263—00	157 00
C 4	262 00	254 00	995—01	167—01	232—02
G 5	624—01	697—02	349—03	921—05	372—06

Table 2.16. Plexiglas (*Cont.*)

Atom, Z		Density, kg/m³				
		100—3	100—2	100—1	100 0	100 1
O	1	284—09	785—07	719—05	307—03	405—02
O	2	288—04	889—03	955—02	502—01	988—01
O	3	258—01	899—01	117 00	818—01	301—01
O	4	106 00	422—01	680—02	691—03	591—04
O	5	818—03	374—04	772—06	123—07	307—09
O	6	591—08	314—10	854—13	232—15	210—17
H	1	903—05	809—04	688—03	555—02	350—01
H	2	533 00	533 00	532 00	527 00	498 00

$T = 652 \ 05 \ K$

Atom, Z						
C	1	765—14	311—10	349—07	102—04	668—03
C	2	262—08	117—05	150—03	537—02	486—01
C	3	458—04	226—02	341—01	158 00	236 00
C	4	258—01	141 00	257 00	165 00	479—01
C	5	307 00	189 00	422—01	401—02	269—03
O	1	138—12	188—09	897—07	125—04	501—03
O	2	477—07	712—05	391—03	665—02	369—01
O	3	425—03	700—02	451—01	999—01	910—01
O	4	605—01	148—01	861—01	264—01	468—02
O	5	716—01	148—01	141—02	635—04	261—05
O	6	460—03	108—04	129—06	911—09	103—10
O	7	145—07	388—10	597—13	706—16	260—18
H	1	309—05	282—04	246—03	200—02	142—01
H	2	533 00	533 00	533 00	531 00	519 00

$T = 870 \ 05 \ K$

Atom, Z						
C	1	309—17	244—13	125—09	172—06	434—04
C	2	277—11	228—08	126—05	206—03	686—02
C	3	229—06	198—04	120—02	245—01	123 00
C	4	130—02	119—01	811—01	216 00	187 00
C	5	332 00	321 00	251 00	920—01	157—01
O	1	617—17	875—13	306—09	207—06	311—04
O	2	658—11	972—08	368—05	296—03	586—02
O	3	394—06	610—04	255—02	256—01	762—01
O	4	965—03	158—01	739—01	970—01	499—01
O	5	600—01	104 00	557—01	101—01	102—02
O	6	708—01	131—01	816—03	213—04	486—06
O	7	125—02	250—04	183—06	729—08	427—11
H	1	117—05	113—04	104—03	874—03	655—02
H	2	533 00	533 00	533 00	532 00	526 00

$T = 116 \ 06 \ K$

Atom, Z						
C	1	574—20	482—16	352—12	153—08	158—05
C	2	120—13	104—10	802—08	386—05	495—03
C	3	348—08	316—06	260—04	144—02	255—01
C	4	121—03	115—02	102—01	676—01	184 00

Table 2.16. Plexiglas (*Cont.*)

Атом, Z	Density, kg/m³				
	100—3	100—2	100—1	100 0	100 1
C 5	333 00	332 00	323 00	264 00	123 00
O 1	270—22	495—17	187—12	111—08	845—06
O 2	766—16	146—11	580—08	380—05	362—03
O 3	215—10	426—07	181—04	136—02	180—01
O 4	497—06	103—03	472—02	425—01	860—01
O 5	668—03	146—01	732—01	815—01	231—01
O 6	419—01	963—01	537—01	770—02	502—03
O 7	904—01	220—01	138—02	264—04	361—06
H 1	514—06	496—05	471—04	425—03	339—02
H 2	533 00	533 00	533 00	533 00	533 00

$T = 155\ 06\ K$

C 1	300—22	286—18	236—14	146—10	403—07
C 2	137—15	132—12	113—09	748—07	239—04
C 3	118—09	114—07	102—05	745—04	299—02
C 4	181—04	178—03	167—02	138—01	751—01
C 5	333 00	333 00	331 00	319 00	255 00
C 6	140—05	143—06	153—07	176—08	222—09
O 1	669—28	557—22	212—16	137—11	872—08
O 2	468—21	392—16	154—11	107—07	790—05
O 3	487—15	412—11	169—07	129—04	120—02
O 4	701—10	601—07	260—04	224—02	282—01
O 5	108—05	944—04	433—02	434—01	802—01
O 6	149—02	133—01	652—01	780—01	229—01
O 7	132 00	120 00	635—01	933—02	469—03
H 1	242—06	240—05	232—04	216—03	186—02
H 2	533 00	533 00	533 00	533 00	531 00

$T = 206\ 06\ K$

C 1	362—24	356—20	331—16	254—12	113—08
C 2	340—17	335—14	315—11	250—08	124—05
C 3	735—11	729—09	695—07	583—05	338—03
C 4	383—05	383—04	373—03	337—02	241—01
C 5	330 00	333 00	333 00	330 00	309 00
C 6	332—02	339—03	351—04	388—05	502—06
C 7	341—07	352—09	379—11	478—13	903—15
O 2	248—25	236—20	195—15	839—11	556—07
O 3	785—19	749—15	630—11	286—07	222—04
O 4	505—13	486—10	417—07	204—04	196—02
O 5	543—08	527—06	465—04	249—02	313—01
O 6	840—04	825—03	752—02	450—01	781—01
O 7	133 00	132 00	125 00	855—01	217—01
H 1	122—06	121—05	120—04	116—03	105—02
H 2	533 00	533 00	533 00	533 00	532 00

Table 2.16. Plexiglas (*Cont.*)

Атом, Z	Density, kg/m³				
	100—3	100—2	100—1	100 0	100 1
T = 275 06 K					
C 2	456—19	124—15	145—12	131—09	862—07
C 3	260—12	582—10	706—08	659—06	476—04
C 4	264—06	818—05	103—03	101—02	833—02
C 5	732—01	242 00	320 00	331 00	324 00
C 6	256 00	907—01	126—01	139—02	169—03
C 7	362—02	137—03	201—05	241—07	375—09
O 2	143—28	103—23	818—19	584—14	175—08
O 3	107—21	817—18	673—14	496—10	164—06
O 4	215—15	176—12	151—09	116—06	440—04
O 5	100—09	876—08	787—06	643—04	288—02
O 6	956—05	892—04	841—03	737—02	408—01
O 7	133 00	133. 00	132 00	126—00	893—01
O 8	205—06	220—07	231—08	241—09	229—10
H 1	718—07	675—06	653—05	640—04	604—03
H 2	533 00	533 00	533 00	533 00	532 00
T = 367 06 K					
C 2	153—22	383—18	319—14	808—11	761—08
C 3	123—15	326—12	286—09	784—07	804—05
C 4	348—09	979—07	909—05	272—03	311—02
C 5	249—03	743—02	732—01	241 00	316 00
C 6	752—01	239 00	250 00	913—01	141—01
C 7	258 00	869—01	971—02	397—03	736—05
O 3	571—24	450—20	353—16	235—12	121—08
O 4	293—17	245—14	203—11	148—08	846—06
O 5	439—11	390—09	343—07	274—05	180—03
O 6	177—05	164—04	154—03	136—02	105—01
O 7	132 00	133 00	133 00	132 00	122 00
O 8	685—03	732—04	783—05	875—06	100—06
O 9	135—07	154—09	177—11	225—13	327—15
H 1	449—07	424—06	403—05	376—04	354—03
H 2	533 00	533 00	533 00	533 00	533 00
T = 490 06 K					
C 2	102—26	859—22	526—17	991—13	462—09
C 3	147—19	127—15	807—12	164—08	842—06
C 4	845—13	750—10	495—07	109—04	627—03
C 5	142—06	130—04	889—03	213—01	140 00
C 6	138—02	129—01	925—01	243—00	186 00
C 7	332 00	320 00	240 00	692—01	627—02
O 4	214—19	572—16	623—13	484—10	303—07
O 5	881—13	242—10	274—08	232—06	166—04
O 6	116—06	328—05	388—04	360—03	299—02
O 7	361—01	105 00	129 00	132 00	130 00
O 8	942—01	282—01	364—02	413—03	488—04

Table 2.16. Plexiglas (*Cont.*)

Атом, Z	Density, kg/m³				
	100—3	100—2	100—1	100 0	100 1
O 9	268—02	825—04	112—05	141—07	205—09
H 1	276—07	269—06	260—05	243—04	224—03
H 2	533 00	533 00	533 00	533 00	533 00

$T = 652 \quad 06 \ K$

C 3	924—23	852—19	748—15	541—11	171—07
C 4	100—15	940—13	848—10	642—07	223—04
C 5	371—09	355—07	330—05	262—03	102—01
C 6	515—04	503—03	481—02	404—01	177 00
C 7	333 00	332 00	328 00	292 00	146 00
O 4	150—23	647—19	737—15	209—11	188—08
O 5	145—16	640—13	750—10	224—07	224—05
O 6	523—10	235—07	284—05	893—04	101—02
O 7	517—04	237—02	295—01	985—01	127 00
O 8	159—01	746—01	960—01	341—01	508—02
O 9	117 00	560—01	746—02	284—03	494—05
H 1	173—07	169—06	165—05	159—04	148—03
H 2	533 00	533 00	533 00	533 00	533 00

$T = 870 \quad 06 \ K$

C 3	213—25	211—21	203—17	175—13	120—09
C 4	424—18	421—15	408—12	363—09	264—06
C 5	369—11	367—09	360—07	330—05	257—03
C 6	384—05	383—04	378—03	360—02	303—01
C 7	333 00	333 00	333 00	329 00	302 00
O 5	823—21	801—17	659—13	232—09	169—06
O 6	719—14	702—11	583—08	212—05	167—03
O 7	195—07	191—05	160—03	606—02	520—01
O 8	245—03	240—02	204—01	805—01	760—01
O 9	133 00	131 00	112 00	464—01	486—02
H 1	106—07	106—06	105—05	103—04	985—04
H 2	533 00	533 00	533—00	533 00	533 00

$T = 116 \quad 07 \ K$

C 4	505—20	503—17	498—14	480—11	415—08
C 5	112—12	112—10	111—08	108—06	971—05
C 6	499—06	499—05	497—04	489—03	459—02
C 7	333 00	333—00	333 00	333 00	328 00
O 5	314—24	312—20	305—16	272—12	144—08
O 6	596—17	593—14	582—11	525—08	290—05
O 7	400—10	398—08	392—06	358—04	208—02
O 8	871—05	869—04	859—03	798—02	491—01
O 9	133 00	133 00	132 00	125 00	818—01
H 1	658—08	658—07	657—06	654—05	641—04
H 2	533 00	533 00	533 00	533 00	533 00

Table 2.17. Textolite

Atom, Z	Density, kg/m³				
	100—03	100—02	100—01	100 00	100 01
			$T=116\ 05\ K$		
C 1	285—01	104 00	207 00	269 00	293 00
C 2	279 00	203 00	100 00	384—01	137—01
C 3	164—05	245—06	312—07	383—08	520—09
O 1	126 00	190 00	210 00	216—00	217 00
O 2	925—01	281—01	768—02	232—02	767—03
O 3	146—09	911—11	643—12	623—13	779—14
H 1	260 00	407 00	456 00	469 00	473 00
H 2	215 00	678—01	187—01	569—02	188—02
			$T=154\ 05\ K$		
C 1	209—02	161—01	716—01	169 00	245 00
C 2	304 00	291 00	235 00	138 00	618—01
C 3	754—03	923—04	145—04	236—05	418—06
O 1	941—02	581—01	145 00	194 00	210 00
O 2	209 00	160 00	727—01	240—01	806—02
O 3	185—05	181—06	160—07	147—08	195—09
H 1	197—01	123 00	312 00	421 00	457 00
H 2	455 00	352 00	163 00	542—01	182—01
			$T=206\ 05\ K$		
C 1	140—03	163—02	135—01	640—01	152 00
C 2	226 00	294 00	292 00	243 00	155 00
C 3	805—01	118—01	151—02	256—03	598—04
C 4	477—06	812—08	142—09	571—11	667—12
O 1	489—03	436—02	317—01	107 00	171 00
O 2	216 00	213 00	186 00	111 00	473—01
O 3	170—02	190—03	213—04	258—05	403—06
H 1	117—02	103—01	740—01	244 00	379 00
H 2	474 00	465 00	401 00	231 00	965—01
			$T=275\ 05\ K$		
C 1	204—05	100—03	185—02	158—01	674—01
C 2	192—01	111 00	249 00	282 00	237 00
C 3	286 00	196 00	563—01	959—02	223—02
C 4	138—02	114—03	438—05	128—06	114—06
C 5	200—08	204—10	109—12	625—15	297—16
O 1	249—04	400—03	360—02	249—01	862—01
O 2	102 00	192 00	211 00	193 00	132 00
O 3	116 00	260—01	365—02	502—03	946—04
O 4	135—04	366—06	688—08	162—09	117—10
H 1	146—03	125—02	100—01	666—01	215 00
H 2	475 00	474 00	465 00	408 00	260 00

Table 2.17. Textolite (*Cont.*)

Atom, Z	Density, kg/m³				
	100—03	100—02	100—01	100 00	100 01

$T = 367\ 05\ K$

C 1	138—07	174—05	109—03	263—02	219—01
C 2	578—03	812—02	596—01	190 00	253 00
C 3	173 00	275 00	245 00	114 00	318—01
C 4	133 00	242—01	271—02	203—03	155—04
C 5	200—03	420—05	615—07	817—09	223—10
O 1	147—06	106—04	370—03	429—02	260—01
O 2	383—02	309—01	126 00	193 00	188 00
O 3	205 00	186 00	920—01	206—01	420—02
O 4	967—02	101—02	626—04	225—05	126—06
O 5	121—06	146—08	119—10	760—13	151—14
H 1	269—04	241—03	205—02	150—01	805—01
H 2	475 00	475 00	473 00	460 00	395 00

$T = 490\ 05\ K$

C 1	176—10	119—07	276—05	202—03	453—02
C 2	237—05	180—03	493—02	445—01	149 00
C 3	709—02	616—01	204 00	245 00	151 00
C 4	238 00	238 00	979—01	170—01	237—02
C 5	617—01	717—02	377—03	102—04	398—06
O 1	368—09	104—06	975—05	429—03	592—02
O 2	406—04	129—02	143—01	775—01	159 00
O 3	395—01	143 00	191 00	139 00	525—01
O 4	177 00	737—01	123—01	128—02	110—03
O 5	148—02	716—04	152—05	249—07	596—09
O 6	116—07	660—10	184—12	507—15	419—17
H 1	740—05	656—04	557—03	448—02	285—01
H 2	475 00	475 00	474 00	471 00	447 00

$T = 652\ 05\ K$

C 1	526—14	215—10	250—07	755—05	522—03
C 2	194—08	874—06	117—03	435—02	415—01
C 3	365—04	183—02	289—01	140 00	217 00
C 4	222—01	124 00	236 00	159 00	473—01
C 5	285 00	181 00	421—01	417—02	281—03
O 1	173—12	240—09	118—06	170—04	709—03
O 2	646—07	986—05	558—03	987—02	570—01
O 3	619—03	105—01	699—01	162 00	152 00
O 4	952—01	181 00	145 00	464—01	837—02
O 5	121 00	261—01	257—02	121—03	493—05
O 6	840—03	206—04	254—06	187—08	203—10
O 7	286—07	805—10	128—12	156—15	531—18
H 1	256—05	232—04	201—03	163—02	116—01
H 2	475 00	475 00	475 00	473 00	463 00

Table 2.17. Textolite (*Cont.*)

Atom, Z	Density, kg/m³				
	100—03	100—02	100—01	100 00	100 01
\multicolumn{6}{c}{$T = 870 \ 05 \ K$}					
C 1	235—17	175—13	868—10	124—06	328—04
C 2	221—11	174—08	946—06	161—03	563—02
C 3	191—06	161—04	973—03	207—01	109 00
C 4	114—02	103—01	706—01	196 00	177 00
C 5	306 00	297 00	235 00	897—01	157—01
O 1	811—17	111—12	388—09	273—06	427—04
O 2	908—11	132—07	504—05	422—03	874—02
O 3	568—06	878—04	374—02	391—01	122 00
O 4	147—02	243—01	117 00	161 00	856—01
O 5	957—01	171 00	953—01	179—01	186—02
O 6	119 00	229—01	150—02	406—04	934—06
O 7	221—02	464—04	365—06	148—08	861—11
H 1	996—06	941—05	858—04	720—03	539—02
H 2	475 00	475 00	475 00	474 00	470 00
\multicolumn{6}{c}{$T = 116 \ 06 \ K$}					
C 1	487—20	385—16	265—12	111—08	117—05
C 2	103—13	862—11	634—08	298—05	394—03
C 3	308—08	271—06	216—04	118—02	217—01
C 4	110—03	103—02	898—02	593—01	167 00
C 5	307 00	306 00	298 00	247 00	118 00
O 1	392—22	676—17	244—12	143—08	113—05
O 2	114—15	206—11	798—08	525—05	520—03
O 3	322—10	617—07	259—04	198—02	272—01
O 4	769—06	157—03	721—02	665—01	141 00
O 5	106—02	230—01	117 00	136—00	487—01
O 6	678—01	158 00	908—01	136—01	919—03
O 7	149 00	373—01	245—02	496—04	695—06
H 1	449—06	426—05	398—04	355—03	281—02
H 2	475 00	475 00	475 00	475 00	472 00
\multicolumn{6}{c}{$T = 155 \ 06 \ K$}					
C 1	261—22	247—18	196—14	114—10	302—07
C 2	121—15	116—12	958—10	606—07	190—04
C 3	105—09	102—07	889—06	631—04	251—02
C 4	164—04	161—03	149—02	122—01	665—01
C 5	307 00	307 00	306 00	295 00	238 00
C 6	131—05	134—06	145—07	169—08	219—09
O 1	101—27	827—22	300—16	183—11	115—07
O 2	714—21	592—16	224—11	149—07	110—04
O 3	734—15	617—11	246—07	183—04	172—02
O 4	110—09	939—07	398—04	341—02	440—01
C 5	172—05	150—03	681—02	689—01	132 00
O 6	241—02	214—01	105 00	129 00	396—01
O 7	216 00	196 00	106 00	162—01	853—03
H 1	212—06	210—05	201—04	185—03	156—02
H 2	475 00	475 00	475 00	475 00	473 00

Table 2.17. Textolite (*Cont.*)

Atom, Z	Density, kg/m³				
	100—03	100—02	100—01	100 00	100 01
T = 206 06 K					
C 1	315—24	310—20	286—16	213—12	896—09
C 2	300—17	296—14	277—11	215—08	102—05
C 3	658—11	653—09	620—07	513—05	288—03
C 4	348—05	348—04	338—03	303—02	214—01
C 5	304 00	307 00	307 00	304 00	285 00
C 6	311—02	317—03	329—04	367—05	484—06
C 7	323—07	334—09	361—11	464—13	907—15
O 2	379—25	360—20	295—15	123—10	780—07
O 3	117—18	111—14	929—11	411—07	310—04
O 4	793—13	762—10	651—07	313—04	297—02
O 5	865—08	840—06	739—04	392—02	494—01
O 6	136—03	133—02	121—01	726—01	128—00
O 7	218 00	217 00	206 00	141 00	371—01
H 1	107—06	107—05	106—04	101—03	898—03
H 2	475 00	475 00	475 00	475 00	478 00
T = 275 06 K					
C 2	375—19	107—15	128—12	115—09	738—07
C 3	170—12	513—10	631—08	587—06	417—04
C 4	231—06	735—05	938—04	914—03	748—02
C 5	659—01	222 00	295 00	305 00	299 00
C 6	238 00	848—01	118—01	131—02	160—03
C 7	346—02	131—03	191—05	230—07	366—09
O 2	202—28	153—23	124—18	878—14	254—09
O 3	146—21	117—17	977—14	715—10	229—06
O 4	322—15	272—12	236—09	181—06	670—04
O 5	155—09	138—07	125—05	102—03	451—02
O 6	152—04	143—03	136—02	119—01	656—01
O 7	218 00	218 00	217 00	206 00	148 00
O 8	346—06	367—07	385—08	404—09	391—10
H 1	621—07	589—06	573—05	561—04	526—03
H 2	475 00	475 00	475 00	475 00	474 00
T = 490 06 K					
C 2	784—27	630—22	391—17	785—13	386—09
C 3	117—19	977—16	628—12	135—08	722—06
C 4	698—13	603—10	403—07	926—05	553—03
C 5	122—06	109—04	758—03	188—01	127 00
C 6	122—02	114—01	826—01	222 00	173 00
C 7	306 00	296 00	224 00	658—01	602—02
O 4	306—19	809—16	889—13	711—10	456—07
O 5	131—12	358—10	409—08	353—06	257—04
O 6	179—06	509—05	607—04	569—13	476—02
O 7	575—01	170 00	212 00	217 00	213 00

Table 2.17. Textolite (*Cont.*)

Atom, Z		Density, kg/m³				
		100—03	100—02	100—01	100 00	100 01
O	8	156 00	479—01	624—02	702—03	825—04
O	9	459—02	147—03	201—05	249—07	356—09
H	1	237—07	229—06	221—05	209—04	194—03
H	2	475 00	475 00	475 00	475 00	475 00
			$T = 652\ 06\ K$			
C	3	797—23	712—19	601—15	421—11	138—07
C	4	877—16	805—13	705—10	522—07	187—04
C	5	331—09	312—07	284—05	223—03	887—02
C	6	467—04	453—03	429—02	359—01	160 00
C	7	307 00	307 00	303 00	271 00	138 00
O	4	226—23	951—19	106—14	297—11	272—08
O	5	223—16	964—13	111—09	332—07	338—05
O	6	817—10	363—07	437—05	139—03	159—02
O	7	820—04	375—02	470—01	160 00	208 00
O	8	257—01	121 00	158 00	577—01	866—02
O	9	192 00	932—01	127—01	501—03	876—05
H	1	151—07	147—06	142—05	136—04	127—03
H	2	475 00	475 00	475 00	475 00	475 00
			$T = 870\ 06\ K$			
C	4	374—18	371—15	357—12	309—09	219—06
C	5	330—11	329—09	320—07	289—05	221—03
C	6	348—05	347—04	342—03	323—02	270—01
C	7	307 00	307 00	307 00	304 00	280 00
O	4	593—28	575—23	465—18	153—13	102—09
O	5	127—20	124—16	101—12	348—09	251—06
O	6	113—13	110—10	909—08	327—05	258—03
O	7	310—07	303—05	254—03	960—02	832—01
O	8	395—03	387—02	329—01	131 00	126 00
O	9	218 00	214 00	185 00	775—01	837—02
H	1	931—08	930—07	922—06	892—05	846—04
H	2	475 00	475 00	475 00	475 00	475 00
			$T = 116\ 07\ K$			
C	4	445—20	444—17	439—14	422—11	358—08
C	5	100—12	100—10	993—09	965—07	857—05
C	6	453—06	453—05	451—04	444—03	414—02
C	7	307 00	307 00	307 00	307 00	303 00
O	5	485—24	482—20	471—16	418—12	218—08
O	6	935—17	930—14	912—11	820—08	449—05
O	7	636—10	633—08	623—06	569—04	329—02
O	8	141—04	140—03	139—02	129—01	794—01
O	9	218 00	218 00	217 00	205 00	135 00
H	1	578—08	578—07	577—06	574—05	560—04
H	2	475 00	475 00	475 00	475 00	475 00

CHAPTER THREE

DEGREE OF IONIZATION OF THE PLASMA

The tables in this chapter list data on the average degree of ionization $\bar{z}$ of plasma, defined by the expression

$$\bar{z} = n_e(T) m_0 \sum_A AC_A/\rho$$

for different values of temperature T and density ρ.

The tables were constructed as follows. Values of $\bar{z}$ as a function of temperature T, K (left column) are listed for each substance given in the table heading, for eight values of density from the range between 10^{-4} and 1 kg/m^3. The temperature range for plasma of metals and metal oxides ranges between 4620 and 1,160,000 K, whereas for plasma of dielectrics the data on $\bar{z}$ are given for temperatures from 11,600 K. The temperatures and densities are given by listing the mantissa of the number and its order of magnitude, whereas $\bar{z}$ is expressed in standard decimal form.

Table 3.1. Silicon

T, K	Density, kg/m^3							
	100—3	100—2	316—2	100—1	316—1	100 0	316 0	100 1
462 4	0,017	0,006	0,003	0,002	0,001	0,001	0,000	0,000
554 4	0,111	0,037	0,021	0,012	0,007	0,004	0,002	0,001
608 4	0,237	0,083	0,048	0,027	0,016	0,009	0,005	0,003
667 4	0,437	0,169	0,100	0,058	0,033	0,019	0,011	0,006
732 4	0,673	0,312	0,192	0,114	0,067	0,039	0,023	0,013
802 4	0,855	0,506	0,334	0,208	0,125	0,074	0,044	0,026
879 4	0,946	0,706	0,516	0,344	0,216	0,132	0,080	0,048
964 4	0,982	0,855	0,701	0,514	0,345	0,219	0,136	0,085
106 5	1,002	0,937	0,842	0,684	0,500	0,338	0,218	0,140
116 5	1,042	0,978	0,926	0,820	0,658	0,479	0,326	0,217
126 5	1,166	1,011	0,973	0,908	0,790	0,624	0,454	0,316
139 5	1,409	1,080	1,015	0,963	0,884	0,751	0,586	0,430
146 5	1,685	1,233	1,094	1,015	0,948	0,850	0,708	0,550
167 5	1,870	1,468	1,249	1,101	1,009	0,925	0,809	0,664
183 5	1,955	1,702	1,470	1,252	1,100	0,996	0,894	0,766
201 5	2,005	1,862	1,689	1,459	1,245	1,091	0,975	0,857
220 5	2,111	1,954	1,847	1,666	1,436	1,230	1,075	0,949
241 5	2,370	2,041	1,950	1,825	1,632	1,407	1,210	1,056
266 5	2,697	2,211	2,058	1,942	1,795	1,593	1,376	1,191
291 5	2,915	2,489	2,245	2,068	1,926	1,758	1,552	1,349
319 5	3,089	2,760	2,512	2,261	2,067	1,902	1,718	1,518
350 5	3,372	2,961	2,766	2,515	2,261	2,055	1,872	1,683
384 5	3,696	3,176	2,971	2,758	2,501	2,248	2,035	1,845
421 5	3,888	3,466	3,198	2,969	2,736	2,475	2,227	2,017

Table 3.1. Silicon (*Cont.*)

T, K	Density, kg/m³							
	100—3	100—2	316—2	100—1	316—1	100 0	316 0	100 1
462 5	3,961	3,730	3,475	3,199	2,953	2,704	2,444	2,209
506 5	3,986	3,884	3,719	3,461	3,181	2,922	2,666	2,420
554 5	3,995	3,951	3,867	3,690	3,427	3,146	2,884	2,636
608 5	3,998	3,979	3,939	3,839	3,644	3,377	3,102	2,850
667 5	3,999	3,990	3,971	3,918	3,796	3,583	3,317	3,060
732 5	4,000	3,995	3,986	3,958	3,886	3,737	3,510	3,259
802 5	4,002	3,998	3,992	3,977	3,936	3,838	3,663	3,436
879 5	4,023	4,001	3,996	3,987	3,962	3,900	3,773	3,581
964 5	4,157	4,018	4,004	3,994	3,978	3,937	3,847	3,693
106 6	4,539	4,113	4,039	4,009	3,990	3,961	3,896	3,775
116 6	4,902	4,411	4,188	4,069	4,016	3,982	3,931	3,835
126 6	5,202	4,791	4,526	4,269	4,106	4,023	3,964	3,882
139 6	5,634	5,091	4,873	4,616	4,342	4,143	4,026	3,932
146 6	5,953	5,472	5,185	4,940	4,682	4,400	4,172	4,016
167 6	6,256	5,835	5,573	5,270	4,997	4,728	4,439	4,186
183 6	6,832	6,111	5,897	5,644	5,336	5,041	4,757	4,459
201 6	7,554	6,556	6,190	5,944	5,691	5,382	5,072	4,772
220 6	8,044	7,268	6,705	6,265	5,980	5,718	5,408	5,089
241 6	8,515	7,865	7,426	6,834	6,329	6,004	5,729	5,418
266 6	8,997	8,313	7,970	7,539	6,932	6,375	6,015	5,726
291 6	9,697	8,785	8,420	8,053	7,614	6,991	6,399	6,014
319 6	10,620	9,340	8,887	8,501	8,114	7,655	7,014	6,403
350 6	11,124	10,237	9,513	8,972	8,557	8,149	7,665	7,006
384 6	11,553	10,910	10,406	9,657	9,037	8,587	8,161	7,648
421 6	11,848	11,327	10,990	10,510	9,754	9,075	8,594	8,150
462 6	11,956	11,688	11,388	11,041	10,562	9,797	9,084	8,581
506 6	11,98	11,88	11,71	11,41	11,06	10,56	9,79	9,06
554 6	11,99	11,96	11,88	11,71	11,42	11,05	10,53	9,74
608 6	11,99	11,98	11,95	11,88	11,70	11,40	11,02	10,46
667 6	12,00	11,99	11,98	11,95	11,86	11,67	11,36	10,96
732 6	12,00	11,99	11,99	11,98	11,94	11,83	11,62	11,30
802 6	12,00	12,00	11,99	11,99	11,97	11,92	11,79	11,55
879 6	12,00	12,00	11,99	11,99	11,98	11,96	11,89	11,73
964 6	12,00	12,00	12,00	11,99	11,99	11,98	11,94	11,85
106 7	12,00	12,00	12,00	11,99	11,99	11,99	11,97	11,91
116 7	12,03	12,00	12,00	12,00	11,99	11,99	11,98	11,95

Table 3.2. Chromium

T, K	Density, kg/m³							
	100—3	100—2	316—2	100—1	316—1	100 0	316 0	100 1
462 4	0,169	0,057	0,033	0,019	0,011	0,006	0,003	0,002
554 4	0,557	0,234	0,141	0,083	0,048	0,028	0,016	0,009
608 4	0,772	0,401	0,254	0,154	0,092	0,054	0,032	0,019

Table 3.2. Chromium (*Cont.*)

T, К	Density, kg/m³							
	100—3	100—2	316—2	100—1	316—1	100 0	316 0	100 1
667 4	0,906	0,599	0,413	0,264	0,162	0,097	0,058	0,035
732 4	0,964	0,777	0,596	0,412	0,266	0,165	0,101	0,062
802 4	0,987	0,893	0,761	0,580	0,401	0,261	0,165	0,103
879 4	1,001	0,952	0,875	0,735	0,554	0,383	0,252	0,163
964 4	1,045	0,984	0,941	0,849	0,698	0,520	0,361	0,243
106 5	1,224	1,025	0,982	0,923	0,815	0,655	0,484	0,341
116 5	1,574	1,155	1,049	0,981	0,900	0,771	0,608	0,450
126 5	1,856	1,442	1,227	1,081	0,980	0,869	0,724	0,564
139 5	1,963	1,750	1,529	1,298	1,117	0,977	0,836	0,679
146 5	1,991	1,918	1,797	1,595	1,361	1,152	0,976	0,810
167 5	2,000	1,976	1,930	1,826	1,644	1,415	1,191	0,992
183 5	2,017	1,994	1,978	1,937	1,844	1,680	1,467	1,251
201 5	2,102	2,010	1,996	1,979	1,939	1,854	1,711	1,533
220 5	2,357	2,061	2,019	1,999	1,979	1,940	1,863	1,749
241 5	2,699	2,225	2,091	2,031	2,003	1,979	1,940	1,876
266 5	2,902	2,520	2,281	2,122	2,045	2,008	1,980	1,943
291 5	2,980	2,787	2,567	2,325	2,151	2,060	2,016	1,985
319 5	3,046	2,928	2,803	2,593	2,355	2,177	2,079	2,030
350 5	3,227	3,005	2,933	2,808	2,604	2,375	2,202	2,105
384 5	3,563	3,122	3,019	2,934	2,803	2,605	2,392	2,235
421 5	3,838	3,368	3,159	3,032	2,931	2,793	2,603	2,416
462 5	3,971	3,671	3,412	3,187	3,041	2,924	2,780	2,608
506 5	4,103	3,880	3,692	3,436	3,204	3,044	2,915	2,772
554 5	4,389	4,017	3,888	3,696	3,442	3,211	3,044	2,909
608 5	4,759	4,215	4,039	3,888	3,687	3,435	3,210	3,044
667 5	5,079	4,535	4,257	4,053	3,880	3,667	3,421	3,209
732 5	5,447	4,871	4,574	4,283	4,058	3,863	3,640	3,407
802 5	5,777	5,199	4,900	4,590	4,291	4,050	3,838	3,614
879 5	5,992	5,553	5,229	4,910	4,587	4,282	4,031	3,810
964 5	6,326	5,852	5,572	5,236	4,899	4,565	4,259	4,007
106 6	6,823	6,182	5,893	5,576	5,221	4,869	4,530	4,230
116 6	7,311	6,661	6,299	5,937	5,567	5,187	4,824	4,488
126 6	7,880	7,140	6,794	6,404	5,977	5,545	5,138	4,770
139 6	8,456	7,674	7,280	6,905	6,490	6,002	5,511	5,081
146 6	8,975	8,233	7,818	7,402	6,998	6,552	6,011	5,472
167 6	9,527	8,771	8,369	7,937	7,502	7,073	6,595	6,012
183 6	10,242	9,280	8,886	8,476	8,031	7,581	7,135	6,630
201 6	11,168	9,913	9,412	8,979	8,555	8,101	7,645	7,192
220 6	11,976	10,765	10,082	9,522	9,052	8,610	8,154	7,705
241 6	12,633	11,684	10,992	10,230	9,607	9,104	8,650	8,203
266 6	13,244	12,365	11,861	11,176	10,352	9,667	9,139	8,685
291 6	13,703	12,961	12,506	11,997	11,312	10,444	9,710	9,169
319 6	13,909	13,461	13,059	12,610	12,097	11,406	10,509	9,747
350 6	13,973	13,783	13,507	13,118	12,677	12,165	11,468	10,567
384 6	13,991	13,923	13,790	13,523	13,144	12,713	12,208	11,519
421 6	13,997	13,972	13,919	13,782	13,514	13,143	12,727	12,239
462 6	14,004	13,990	13,968	13,908	13,759	13,484	13,123	12,729

Table 3.2. Chromium (*Cont.*)

T, K	Density, kg/m³							
	100—3	100—2	316—2	100—1	316—1	100 0	316 0	100 1
506 6	14,05	14,00	13,98	13,96	13,88	13,72	13,43	13,09
554 6	14,35	14,04	14,01	13,98	13,95	13,86	13,67	13,38
608 6	15,01	14,29	14,10	14,03	13,98	13,93	13,82	13,60
667 6	15,84	14,87	14,47	14,20	14,06	13,99	13,91	13,76
732 6	16,69	15,64	15,12	14,66	14,31	14,11	13,99	13,87
802 6	17,48	16,48	15,92	15,35	14,84	14,43	14,16	13,99
879 6	18,48	17,25	16,73	16,16	15,56	15,00	14,54	14,21
964 6	19,94	18,12	17,49	16,93	16,35	15,73	15,14	14,63
106 7	20,91	19,49	18,45	17,69	17,10	16,50	15,86	15,24
116 7	21,55	20,64	19,88	18,78	17,86	17,22	16,61	15,96

Table 3.3. Nickel

T, K	Density, kg/m³							
	100—3	100—2	316—2	100—1	316—1	100 0	316 0	100 1
462 4	0,038	0,012	0,007	0,004	0,002	0,001	0,001	0,000
554 4	0,202	0,069	0,040	0,023	0,013	0,007	0,004	0,002
608 4	0,384	0,144	0,084	0,049	0,028	0,016	0,009	0,005
667 4	0,616	0,271	0,164	0,097	0,056	0,033	0,019	0,011
732 4	0,817	0,452	0,291	0,178	0,106	0,062	0,036	0,021
802 4	0,929	0,655	0,464	0,301	0,186	0,112	0,066	0,039
879 4	0,974	0,821	0,651	0,462	0,302	0,188	0,114	0,069
964 4	0,992	0,919	0,807	0,635	0,449	0,295	0,185	0,115
106 5	1,009	0,967	0,906	0,784	0,608	0,428	0,282	0,181
116 5	1,073	0,994	0,959	0,885	0,751	0,573	0,402	0,268
126 5	1,276	1,039	0,995	0,947	0,857	0,709	0,533	0,374
139 5	1,601	1,171	1,060	0,996	0,929	0,819	0,660	0,492
146 5	1,850	1,428	1,218	1,081	0,993	0,903	0,772	0,610
167 5	1,954	1,708	1,476	1,254	1,096	0,984	0,868	0,721
183 5	1,989	1,884	1,730	1,503	1,277	1,102	0,966	0,826
201 5	2,021	1,961	1,887	1,736	1,514	1,287	1,099	0,941
220 5	2,144	2,003	1,962	1,882	1,730	1,512	1,285	1,089
241 5	2,465	2,090	2,017	1,961	1,872	1,714	1,500	1,279
266 5	2,796	2,323	2,139	2,034	1,960	1,857	1,693	1,485
291 5	2,945	2,653	2,401	2,188	2,054	1,957	1,838	1,671
319 5	3,003	2,875	2,703	2,460	2,232	2,073	1,953	1,820
350 5	3,105	2,972	2,891	2,733	2,500	2,267	2,091	1,953
384 5	3,390	3,055	2,984	2,900	2,748	2,526	2,297	2,114
421 5	3,743	3,249	3,090	2,997	2,903	2,753	2,543	2,328
462 5	3,936	3,572	3,314	3,125	3,009	2,903	2,754	2,561
506 5	4,059	3,836	3,624	3,364	3,156	3,020	2,902	2,757
554 5	4,311	3,988	3,858	3,653	3,397	3,179	3,030	2,904
608 5	4,798	4,165	4,010	3,869	3,666	3,415	3,197	3,042
667 5	5,462	4,543	4,220	4,030	3,872	3,667	3,424	3,215
732 5	5,880	5,207	4,672	4,273	4,044	3,868	3,660	3,432

Table 3.3. Nickel (*Cont.*)

T, K	Density, kg/m³							
	100—3	100—2	316—2	100—1	316—1	100 0	316 0	100 1
802 5	6,042	5,767	5,378	4,800	4,325	4,053	3,858	3,652
879 5	6,298	5,988	5,840	5,502	4,913	4,373	4,059	3,849
964 5	6,717	6,181	6,031	5,888	5,585	5,004	4,420	4,069
106 6	7,105	6,528	6,254	6,071	5,921	5,636	5,076	4,479
116 6	7,556	6,922	6,612	6,318	6,108	5,945	5,670	5,150
126 6	7,975	7,333	6,999	6,674	6,367	6,141	5,965	5,702
139 6	8,411	7,769	7,417	7,059	6,717	6,403	6,168	5,987
146 6	8,879	8,179	7,839	7,475	7,099	6,743	6,429	6,196
167 6	9,352	8,631	8,254	7,889	7,509	7,120	6,758	6,453
183 6	9,989	9,083	8,700	8,306	7,917	7,522	7,126	6,769
201 6	10,779	9,665	9,163	8,744	8,331	7,923	7,517	7,125
220 6	11,525	10,504	9,836	9,233	8,764	8,332	7,911	7,503
241 6	12,301	11,291	10,730	10,001	9,288	8,762	8,311	7,888
266 6	12,981	12,044	11,507	10,921	10,143	9,326	8,741	8,279
291 6	13,604	12,746	12,244	11,690	11,078	10,252	9,343	8,708
319 6	14,694	13,359	12,906	12,403	11,837	11,203	10,329	9,348
350 6	16,023	14,145	13,510	13,033	12,523	11,951	11,300	10,388
384 6	17,269	15,638	14,503	13,649	13,128	12,610	12,038	11,382
421 6	17,922	16,736	15,903	14,834	13,784	13,196	12,671	12,111
462 6	17,989	17,775	17,073	16,120	15,085	13,906	13,244	12,719
506 6	17,99	17,97	17,85	17,30	16,30	15,25	14,00	13,28
554 6	17,99	17,99	17,97	17,88	17,43	16,45	15,36	14,09
608 6	17,99	17,99	17,99	17,97	17,89	17,49	16,54	15,43
667 6	18,00	17,99	17,99	17,99	17,97	17,89	17,51	16,61
732 6	18,00	18,00	18,00	17,99	17,99	17,97	17,89	17,51
802 6	18,04	18,00	18,00	18,00	17,99	17,99	17,97	17,87
879 6	18,32	18,03	18,01	18,00	18,00	17,99	17,99	17,96
964 6	19,51	18,23	18,07	18,02	18,00	18,00	17,99	17,98
106 7	20,64	19,17	18,45	18,14	18,04	18,01	18,00	17,99
116 7	21,66	20,41	19,64	18,73	18,24	18,07	18,02	18,00

Table 3.4. Copper

T, K	Density, kg/m³							
	100—3	100—2	316—2	100—1	316—1	100 0	316 0	100 1
462 4	0,189	0,065	0,037	0,021	0,012	0,007	0,004	0,002
554 4	0,613	0,269	0,163	0,097	0,056	0,033	0,019	0,011
608 4	0,822	0,459	0,298	0,183	0,109	0,065	0,038	0,023
667 4	0,934	0,672	0,481	0,316	0,197	0,119	0,071	0,043
732 4	0,977	0,839	0,677	0,489	0,324	0,205	0,127	0,078
802 4	0,992	0,931	0,832	0,670	0,485	0,326	0,210	0,134
879 4	0,997	0,972	0,922	0,816	0,653	0,474	0,323	0,214
964 4	0,999	0,988	0,965	0,908	0,793	0,628	0,458	0,320

Table 3.4. Copper (*Cont.*)

T, K	Density, kg/m³							
	100—3	100—2	316—2	100—1	316—1	100 0	316 0	100 1
106 5	1,002	0,995	0,984	0,956	0,887	0,762	0,600	0,445
116 5	1,022	1,000	0,993	0,979	0,941	0,859	0,727	0,574
126 5	1,131	1,016	1,002	0,991	0,970	0,920	0,824	0,691
139 5	1,430	1,091	1,032	1,006	0,988	0,956	0,892	0,787
146 5	1,768	1,314	1,145	1,055	1,012	0,982	0,937	0,859
167 5	1,935	1,636	1,399	1,201	1,082	1,020	0,974	0,913
183 5	1,983	1,865	1,696	1,466	1,254	1,112	1,029	0,964
201 5	1,995	1,958	1,885	1,734	1,516	1,300	1,142	1,040
220 5	1,999	1,987	1,961	1,894	1,756	1,551	1,340	1,177
241 5	2,002	1,996	1,987	1,961	1,896	1,766	1,577	1,382
266 5	2,018	2,000	1,996	1,986	1,959	1,894	1,771	1,603
291 5	2,115	2,013	2,003	1,996	1,984	1,954	1,888	1,776
319 5	2,415	2,077	2,026	2,007	1,996	1,981	1,947	1,882
350 5	2,770	2,291	2,125	2,045	2,013	1,996	1,977	1,940
384 5	2,939	2,628	2,375	2,176	2,068	2,022	1,997	1,973
421 5	3,001	2,867	2,688	2,441	2,223	2,093	2,032	1,999
462 5	3,107	2,971	2,888	2,725	2,487	2,262	2,117	2,044
506 5	3,410	3,060	2,986	2,900	2,744	2,516	2,292	2,142
554 5	3,774	3,275	3,103	3,002	2,906	2,750	2,531	2,318
608 5	3,979	3,621	3,355	3,148	3,019	2,907	2,749	2,540
667 5	4,203	3,889	3,683	3,418	3,188	3,034	2,905	2,743
732 5	4,591	4,095	3,927	3,723	3,460	3,218	3,045	2,901
802 5	4,925	4,411	4,156	3,959	3,747	3,485	3,237	3,052
879 5	5,239	4,773	4,489	4,209	3,983	3,757	3,495	3,249
964 5	5,661	5,080	4,831	4,543	4,248	3,998	3,757	3,496
106 6	6,069	5,451	5,146	4,872	4,576	4,270	4,002	3,750
116 6	6,928	5,855	5,524	5,197	4,898	4,589	4,276	3,998
126 6	7,920	6,472	5,940	5,573	5,228	4,907	4,586	4,270
139 6	8,513	7,569	6,702	6,022	5,602	5,237	4,900	4,570
146 6	9,071	8,298	7,773	6,901	6,094	5,610	5,228	4,880
167 6	9,652	8,855	8,442	7,921	7,046	6,144	5,600	5,203
183 6	10,215	9,405	8,985	8,557	8,027	7,136	6,166	5,575
201 6	10,757	9,960	9,530	9,089	8,644	8,096	7,179	6,165
220 6	11,327	10,508	10,070	9,624	9,166	8,705	8,137	7,192
241 6	11,995	11,107	10,631	10,155	9,687	9,218	8,745	8,160
266 6	12,691	11,788	11,289	10,745	10,217	9,725	9,248	8,775
291 6	13,430	12,456	11,978	11,453	10,847	10,259	9,742	9,267
319 6	14,487	13,154	12,645	12,140	11,590	10,932	10,285	9,750
350 6	15,987	14,000	13,342	12,800	12,271	11,697	10,996	10,305
384 6	17,039	15,482	14,321	13,505	12,921	12,372	11,777	11,047
421 6	17,985	16,665	15,824	14,629	13,646	13,011	12,447	11,841
462 6	18,611	17,693	16,956	16,083	14,882	13,762	13,074	12,506
506 6	18,89	18,39	17,90	17,19	16,28	15,06	13,85	13,12
554 6	18,97	18,79	18,51	18,06	17,38	16,44	15,18	13,91
608 6	18,99	18,94	18,83	18,59	18,16	17,51	16,55	15,27
667 6	18,99	18,98	18,94	18,85	18,63	18,23	17,59	16,63
732 6	19,01	18,99	18,98	18,95	18,86	18,64	18,26	17,65
802 6	19,14	19,01	19,00	18,98	18,94	18,85	18,64	18,27

Table 3.4. Copper (Cont.)

T, K	Density, kg/m³							
	100—3	100—2	316—2	100—1	316—1	100 0	316 0	100 1
879 6	19,62	19,11	19,04	19,00	18,98	18,94	18,84	18,63
964 6	20,34	19,51	19,23	19,08	19,02	18,98	18,93	18,82
106 7	21,14	20,17	19,73	19,37	19,15	19,04	18,98	18,92
116 7	22,10	20,93	20,42	19,94	19,52	19,23	19,07	18,99

Table 3.5. Zirconium

T, K	Density, kg/m³							
	100—3	100—2	316—2	100—1	316—1	100 0	316 0	100 1
462 4	0,731	0,361	0,226	0,136	0,081	0,047	0,028	0,017
554 4	0,970	0,800	0,626	0,441	0,288	0,181	0,112	0,070
608 4	0,991	0,921	0,813	0,646	0,464	0,311	0,202	0,131
667 4	1,000	0,971	0,921	0,815	0,654	0,480	0,332	0,227
732 4	1,024	0,992	0,969	0,916	0,810	0,656	0,493	0,360
802 4	1,136	1,014	0,994	0,966	0,907	0,800	0,656	0,514
879 4	1,422	1,089	1,028	0,996	0,961	0,895	0,789	0,663
964 4	1,748	1,294	1,134	1,048	1,000	0,954	0,883	0,785
106 5	1,922	1,598	1,365	1,180	1,071	1,007	0,949	0,876
116 5	1,979	1,835	1,650	1,421	1,225	1,098	1,019	0,953
126 5	2,002	1,944	1,852	1,683	1,465	1,269	1,133	1,046
139 5	2,053	1,987	1,947	1,860	1,704	1,502	1,318	1,191
146 5	2,229	2,026	1,991	1,948	1,862	1,718	1,541	1,391
167 5	2,560	2,135	2,044	1,996	1,946	1,861	1,733	1,599
183 5	2,832	2,380	2,178	2,064	2,002	1,945	1,863	1,762
201 5	2,953	2,676	2,430	2,215	2,084	2,009	1,946	1,874
220 5	3,015	2,873	2,701	2,463	2,245	2,104	2,020	1,957
241 5	3,142	2,971	2,878	2,711	2,481	2,269	2,127	2,043
266 5	3,432	3,064	2,979	2,877	2,710	2,491	2,294	2,164
291 5	3,749	2,256	3,090	2,984	2,870	2,703	2,501	2,333
319 5	3,916	3,552	3,297	3,110	2,986	2,860	2,696	2,525
350 5	3,974	3,798	3,577	3,322	3,124	2,984	2,850	2,702
384 5	3,994	3,923	3,800	3,583	3,331	3,130	2,982	2,849
421 5	4,023	3,974	3,917	3,790	3,575	3,330	3,132	2,986
462 5	4,167	4,010	3,973	3,907	3,771	3,556	3,324	3,140
506 5	4,549	4,115	4,029	3,973	3,892	3,744	3,533	3,323
554 5	4,897	4,414	4,188	4,057	3,973	3,872	3,713	3,515
608 5	5,169	4,784	4,523	4,266	4,090	3,974	3,849	3,685
667 5	5,589	5,062	4,858	4,608	4,336	4,126	3,975	3,829
732 5	5,983	5,419	5,145	4,918	4,670	4,395	4,160	3,981
802 5	6,398	5,826	5,521	5,221	4,969	4,717	4,443	4,197
879 5	6,860	6,209	5,911	5,600	5,285	5,012	4,755	4,488
964 5	7,402	6,652	6,307	5,980	5,659	5,335	5,050	4,792
106 6	8,347	7,122	6,742	6,379	6,033	5,701	5,375	5,090
116 6	9,041	7,916	7,258	6,813	6,431	6,070	5,731	5,413

Table 3.5. Zirconium (*Cont.*)

T, K	Density, kg/m³							
	100—3	100—2	316—2	100—1	316—1	100 0	316 0	100 1
126 6	9,590	8,786	8,132	7,386	6,867	6,463	6,095	5,759
139 6	10,216	9,353	8,922	8,293	7,494	6,906	6,482	6,116
146 6	10,848	9,962	9,487	9,027	8,403	7,573	6,933	6,497
167 6	11,387	10,623	10,129	9,605	9,106	8,471	7,628	6,960
183 6	11,795	11,173	10,770	10,271	9,706	9,165	8,514	7,678
201 6	11,975	11,631	11,289	10,883	10,381	9,789	9,213	8,553
220 6	12,194	11,903	11,697	11,371	10,965	10,463	9,859	9,264
241 6	12,684	12,128	11,952	11,742	11,426	11,022	10,524	9,931
266 6	13,175	12,558	12,250	12,011	11,776	11,459	11,061	10,580
291 6	13,762	13,049	12,723	12,383	12,083	11,807	11,480	11,094
319 6	14,380	13,597	13,215	12,865	12,507	12,159	11,838	11,501
350 6	15,055	14,192	13,778	13,368	12,987	12,614	12,235	11,877
384 6	15,765	14,841	14,380	13,934	13,501	13,093	12,705	12,310
421 6	16,517	15,522	15,030	14,542	14,066	13,612	13,185	12,787
462 6	18,015	16,233	15,711	15,190	14,676	14,174	13,702	13,268
506 6	19,56	17,36	16,44	15,86	15,31	14,77	14,25	13,77
554 6	20,43	19,23	17,93	16,67	15,98	15,41	14,85	14,32
608 6	21,33	20,17	19,55	18,44	16,91	16,08	15,47	14,91
667 6	22,61	21,01	20,40	19,79	18,81	17,15	16,14	15,51
732 6	23,74	22,24	21,32	20,60	19,97	19,06	17,35	16,19
802 6	24,96	23,47	22,67	21,64	20,77	20.10	19,23	17,50
879 6	27,03	24,55	23,79	23,02	21,95	20,93	20,20	19,32
964 6	28,64	26,44	24,99	24,07	23,29	22,22	21,06	20,26
106 7	29,54	28,24	27,06	25,48	24,31	23,49	22,43	21,17
116 7	29,89	29,33	28,66	27,55	25,95	24,53	23,64	22,59

Table 3.6. Niobium

T, K	Density, kg/m³							
	100—3	100—2	316—2	100—1	316—1	100 0	316 0	100 1
462 4	0,631	0,282	0,172	0,102	0,060	0,035	0,020	0,012
554 4	0,940	0,689	0,499	0,331	0,207	0,127	0,077	0,047
608 4	0,980	0,851	0,695	0,508	0,341	0,217	0,136	0,085
667 4	0,993	0,937	0,845	0,689	0,506	0,344	0,224	0,145
732 4	1,003	0,975	0,929	0,830	0,673	0,496	0,343	0,232
802 4	1,040	0,994	0,970	0,917	0,809	0,651	0,484	0,345
879 4	1,198	1,025	0,996	0,963	0,898	0,781	0,626	0,475
964 4	1,527	1,133	1,046	1,000	0,954	0,875	0,750	0,605
106 5	1,822	1,387	1,192	1,073	1,005	0,941	0,847	0,723
116 5	1,950	1,694	1,462	1,249	1,103	1,011	0,927	0,823
126 5	1,986	1,887	1,738	1,519	1,299	0,134	1,019	0,918
139 5	1,998	1,963	1,899	1,764	1,560	1,344	1,170	1,040
146 5	2,015	1,990	1,965	1,904	1,779	1,591	1,389	1,222
167 5	2,098	2,007	1,991	1,964	1,904	1,787	1,619	1,448

Table 3.6. Niobium (*Cont.*)

T, K	Density, kg/m³							
	100—3	100—2	316—2	100—1	316—1	100 0	316 0	100 1
183 5	2,363	2,062	2,017	1,993	1,962	1,901	1,793	1,658
201 5	2,716	2,239	2,097	2,031	1,996	1,959	1,898	1,807
220 5	2,917	2,551	2,307	2,136	2,048	2,001	1,958	1,900
241 5	3,011	2,818	2,608	2,362	2,173	2,067	2,008	1,961
266 5	3,170	2,959	2,841	2,644	2,403	2,207	2,090	2,024
291 5	3,505	3,086	2,977	2,854	2,664	2,434	2,242	2,123
319 5	3,825	3,332	3,129	2,994	2,861	2,675	2,461	2,286
350 5	4,024	3,660	3,393	3,167	3,009	2,863	2,683	2,495
384 5	4,288	3,911	3,701	3,437	3,197	3,022	2,866	2,700
421 5	4,647	4,131	3,940	3,725	3,463	3,219	3,034	2,878
462 5	4,879	4,437	4,174	3,960	3,736	3,476	3,237	3,054
506 5	4,971	4,735	4,477	4,203	3,970	3,737	3,484	3,261
554 5	5,055	4,906	4,749	4,496	4,217	3,971	3,733	3,498
608 5	5,324	5,013	4,913	4,749	4,496	4,218	3,967	3,737
667 5	5,756	5,223	5,053	4,920	4,739	4,483	4,210	3,967
732 5	6,095	5,615	5,328	5,102	4,927	4,722	4,463	4,204
802 5	6,531	5,976	5,720	5,424	5,155	4,934	4,702	4,447
879 5	6,982	6,358	6,069	5,802	5,502	5,203	4,941	4,689
964 5	7,455	6,807	6,472	6,153	5,867	5,562	5,245	4,955
106 6	7,959	7,247	6,908	6,564	6,226	5,921	5,611	5,288
116 6	8,682	7,733	7,354	6,990	6,634	6,284	5,967	5,658
126 6	9,672	8,315	7,839	7,438	7,054	6,686	6,332	6,015
139 6	10,305	9,281	8,506	7,931	7,498	7,099	6,725	6,379
146 6	10,971	10,060	9,490	8,679	8,008	7,538	7,131	6,763
167 6	11,690	10,695	10,204	9,641	8,816	8,069	7,564	7,160
183 6	12,277	11,432	10,875	10,327	9,746	8,913	8,116	7,589
201 6	12,738	12,058	11,607	11,033	10,433	9,818	8,979	8,163
220 6	12,949	12,557	12,187	11,740	11,162	10,520	9,870	9,040
241 6	13,129	12,866	12,636	12,282	11,838	11,260	10,595	9,925
266 6	13,582	13,074	12,911	12,688	12,347	11,907	11,335	10,674
291 6	14,108	13,466	13,179	12,963	12,724	12,387	11,955	11,407
319 6	14,712	13,981	13,640	13,304	13,024	12,753	12,413	11,997
350 6	15,359	14,545	14,154	13,792	13,427	13,093	12,781	12,436
384 6	16,063	15,168	14,736	14,315	13,923	13,538	13,164	12,815
421 6	16,802	15,843	15,366	14,903	14,455	14,036	13,635	13,237
462 6	17,602	16,553	16,043	15,537	15,044	14,573	14,134	13,723
506 6	19,263	17,311	16,780	16,257	15,738	15,237	14,785	14,431
554 6	20,662	18,588	17,545	16,939	16,387	15,844	15,324	14,863
608 6	21,579	20,369	19,200	17,809	17,067	16,484	15,922	15,395
667 6	23,274	21,285	20,670	19,691	18,104	17,168	16,551	15,979
732 6	24,185	22,705	21,591	20,901	20,032	18,387	17,245	16,592
802 6	24,964	24,025	23,242	21,936	21,089	20,260	18,616	17,300
879 6	26,421	24,733	24,240	23,604	22,294	21,248	20,407	18,779
964 6	28,724	25,870	25,021	24,442	23,844	22,603	21,384	20,504
106 7	30,516	28,137	26,477	25,306	24,627	24,012	22,835	21,499
116 7	31,810	30,075	28,808	27,104	25,590	24,787	24,138	22,998

Table 3.7. Molybdenum

T, K		Density, kg/m³							
		100—3	100—2	316—2	100—1	316—1	100 0	316 0	100 1
462	4	0,918	0,629	0,442	0,287	0,178	0,109	0,066	0,041
554	4	0,993	0,944	0,859	0,713	0,535	0,373	0,251	0,170
608	4	0,998	0,981	0,947	0,870	0,735	0,570	0,417	0,304
667	4	0,999	0,994	0,981	0,948	0,874	0,751	0,605	0,477
732	4	1,000	0,998	0,993	0,979	0,945	0,874	0,767	0,653
802	4	1,000	0,999	0,997	0,992	0,976	0,941	0,875	0,791
879	4	1,002	1,000	0,999	0,996	0,990	0,972	0,936	0,882
964	4	1,012	1,001	1,000	0,998	0,995	0,987	0,967	0,934
106	5	1,059	1,007	1,002	1,000	0,998	0,993	0,983	0,963
116	5	1,204	1,030	1,010	1,003	1,000	0,997	0,991	0,979
126	5	1,466	1,106	1,039	1,014	1,004	1,000	0,996	0,988
139	5	1,732	1,275	1,122	1,047	1,017	1,005	1,000	0,994
146	5	1,900	1,516	1,288	1,131	1,052	1,019	1,006	0,999
167	5	2,015	1,743	1,513	1,288	1,133	1,054	1,021	1,007
183	5	2,248	1,917	1,732	1,495	1,275	1,129	1,055	1,023
201	5	2,634	2,128	1,929	1,711	1,466	1,255	1,122	1,056
220	5	2,891	2,472	2,193	1,938	1,682	1,429	1,232	1,115
241	5	2,986	2,788	2,550	2,247	1,940	1,646	1,391	1,212
266	5	3,083	2,943	2,824	2,600	2,280	1,930	1,607	1,357
291	5	3,354	3,039	2,961	2,845	2,626	2,292	1,910	1,575
319	5	3,728	3,231	3,076	2,977	2,855	2,633	2,286	1,893
350	5	3,961	3,565	3,306	3,117	2,994	2,858	2,627	2,278
384	5	4,187	3,856	3,632	3,369	3,156	3,010	2,857	2,619
421	5	4,564	4,072	3,896	3,678	3,417	3,192	3,027	2,859
462	5	4,900	4,376	4,128	3,928	3,707	3,452	3,225	3,051
506	5	5,192	4,733	4,447	4,175	3,953	3,727	3,481	3,265
554	5	5,574	5,030	4,784	4,496	4,212	3,973	3,744	3,516
608	5	5,854	5,359	5,079	4,818	4,527	4,237	3,990	3,768
667	5	5,993	5,694	5,410	5,115	4,837	4,543	4,256	4,014
732	5	6,213	5,913	5,721	5,439	5,134	4,844	4,551	4,279
802	5	6,657	6,123	5,944	5,735	5,449	5,139	4,844	4,564
879	5	7,066	6,508	6,216	5,981	5,740	5,444	5,134	4,848
964	5	7,542	6,931	6,632	6,310	6,021	5,740	5,432	5,131
106	6	8,043	7,360	7,041	6,732	6,393	6,059	5,738	5,424
116	6	8,577	7,850	7,487	7,138	6,812	6,460	6,093	5,745
126	6	9,170	8,349	7,968	7,590	7,221	6,876	6,514	6,132
139	6	10,187	8,895	8,469	8,064	7,671	7,289	6,931	6,568
146	6	11,058	9,717	9,040	8,564	8,138	7,731	7,344	6,987
167	6	11,735	10,755	9,976	9,180	8,637	8,191	7,778	7,398
183	6	12,514	11,459	10,934	10,183	9,304	8,691	8,228	7,822
201	6	13,163	12,229	11,642	11,074	10,331	9,403	8,731	8,262
220	6	13,674	12,936	12,430	11,807	11,186	10,431	9,478	8,771
241	6	13,925	13,479	13,082	12,586	11,947	11,276	10,500	9,551
266	6	14,085	13,829	13,572	13,191	12,703	12,059	11,352	10,566
291	6	14,496	14,034	13,876	13,633	13,266	12,785	12,147	11,433

Table 3.7. Molybdenum (*Cont.*)

T, K		Density, kg/m^3							
		100—3	100—2	316—2	100—1	316—1	100 0	316 0	100 1
319	6	15,050	14,390	14,126	13,923	13,674	13,315	12,844	12,232
350	6	15,673	14,922	14,568	14,241	13,977	13,704	13,347	12,895
384	6	16,352	15,505	15,105	14,729	14,362	14,040	13,730	13,374
421	6	17,087	16,157	15,708	15,273	14,869	14,475	14,106	13,762
462	6	17,857	16,862	16,367	15,885	15,422	14,990	14,577	14,178
506	6	18,728	17,602	17,073	16,548	16,036	15,548	15,095	14,670
554	6	20,665	18,392	17,811	17,253	16,699	16,160	15,653	15,189
608	6	21,924	19,983	18,684	17,985	17,396	16,817	16,258	15,741
667	6	22,822	21,650	20,627	19,039	18,132	17,504	16,905	16,337
732	6	24,048	22,543	21,935	21,082	19,429	18,257	17,578	16,968
802	6	25,403	23,634	22,808	22,158	21,382	19,783	18,359	17,625
879	6	26,558	25,104	24,109	23,075	22,339	21,584	20,050	18,439
964	6	28,556	26,224	25,482	24,545	23,354	22,483	21,718	20,232
106	7	30,384	27,901	26,610	25,787	24,890	23,621	22,598	21,806
116	7	31,450	29,952	28,603	27,029	26,034	25,150	23,852	22,693

Table 3.8. Tantalum

T, K		Density, kg/m^3							
		100—3	100—2	316—2	100—1	316—1	100 0	316 0	100 1
462	4	0,437	0,169	0,099	0,058	0,033	0,019	0,011	0,006
554	4	0,899	0,583	0,397	0,252	0,153	0,091	0,053	0,032
608	4	0,971	0,803	0,628	0,439	0,284	0,176	0,107	0,064
667	4	0,992	0,927	0,822	0,655	0,469	0,310	0,196	0,122
732	4	0,999	0,975	0,930	0,830	0,669	0,487	0,329	0,215
802	4	1,016	0,993	0,975	0,928	0,828	0,672	0,497	0,346
879	4	1,103	1,009	0,994	0,972	0,922	0,820	0,668	0,505
964	4	1,363	1,068	1,021	0,997	0,968	0,912	0,807	0,663
106	5	1,708	1,252	1,109	1,037	1,000	0,963	0,898	0,792
116	5	1,910	1,558	1,325	1,152	1,056	1,004	0,956	0,883
126	5	1,983	1,817	1,619	1,384	1,193	1,077	1,009	0,949
139	5	2,048	1,944	1,841	1,657	1,428	1,229	1,099	1,018
146	5	2,251	2,017	1,955	1,854	1,680	1,459	1,262	1,126
167	5	2,616	2,160	2,044	1,964	1,859	1,691	1,483	1,297
183	5	2,876	2,457	2,226	2,075	1,974	1,860	1,697	1,509
201	5	2,974	2,761	2,529	2,285	2,107	1,985	1,861	1,707
220	5	3,044	2,924	2,795	2,579	2,333	2,138	1,997	1,868
241	5	3,241	3,008	2,937	2,814	2,610	2,369	2,168	2,019
266	5	3,607	3,145	3,032	2,946	2,823	2,628	2,400	2,206
291	5	3,883	3,433	3,202	3,057	2,954	2,825	2,640	2,435
319	5	4,048	3,751	3,500	3,252	3,082	2,960	2,826	2,656

Table 3.8. Tantalum (*Cont.*)

T, K		Density, kg/m³							
		100—3	100—2	316—2	100—1	316—1	100 1	316 0	100 1
350	5	4,314	3,959	3,788	3,545	3,291	3,103	2,967	2,832
384	5	4,678	4,167	3,990	3,811	3,572	3,319	3,123	2,979
421	5	4,896	4,482	4,219	4,015	3,822	3,585	3,339	3,146
462	5	4,972	4,772	4,529	4,257	4,033	3,826	3,591	3,361
506	5	5,010	4,920	4,787	4,553	4,278	4,041	3,824	3,599
554	5	5,125	4,986	4,922	4,789	4,558	4,285	4,042	3,824
608	5	5,479	5,077	4,999	4,921	4,780	4,548	4,280	4,042
667	5	5,968	5,336	5,131	5,015	4,916	4,761	4,528	4,273
732	5	6,523	5,793	5,448	5,190	5,034	4,908	4,736	4,507
802	5	6,985	6,347	5,940	5,552	5,248	5,052	4,896	4,709
879	5	7,449	6,854	6,507	6,077	5,645	5,299	5,066	4,881
964	5	7,964	7,289	6,976	6,634	6,197	5,727	5,343	5,077
106	6	8,496	7,787	7,427	7,083	6,734	6,293	5,799	5,385
116	6	9,053	8,290	7,917	7,544	7,176	6,812	6,371	5,868
126	6	9,892	8,827	8,423	8,025	7,637	7,253	6,876	6,440
139	6	11,218	9,516	8,964	8,529	8,111	7,708	7,316	6,936
146	6	12,220	10,801	9,804	9,095	8,611	8,175	7,763	7,373
167	6	12,785	11,984	11,209	10,112	9,222	8,671	8,221	7,809
183	6	12,973	12,656	12,238	11,538	10,411	9,345	8,716	8,257
201	6	13,480	12,923	12,761	12,419	11,793	10,679	9,466	8,756
220	6	15,889	13,167	12,959	12,823	12,541	11,985	10,916	9,603
241	6	16,467	15,392	13,556	13,003	12,861	12,620	12,132	11,147
266	6	17,151	16,322	15,857	14,185	13,083	12,886	12,673	12,256
291	6	17,936	16,933	16,495	16,086	14,796	13,225	12,908	12,712
319	6	18,755	17,677	17,142	16,655	16,234	15,241	13,437	12,938
350	6	19,782	18,469	17,895	17,326	16,798	16,350	15,541	13,720
384	6	22,247	19,342	18,684	18,079	17,480	16,921	16,451	15,766
421	6	23,461	21,571	19,744	18,868	18,227	17,603	17,025	16,548
462	6	24,518	23,192	22,275	20,303	19,035	18,340	17,699	17,120
506	6	25,559	24,213	23,518	22,719	20,922	19,200	18,424	17,781
554	6	26,549	25,228	24,519	23,794	23,024	21,461	19,378	18,491
608	6	27,705	26,213	25,499	24,771	24,023	23,253	21,878	19,589
667	6	28,916	27,425	26,539	25,727	24,971	24,207	23,436	22,215
732	6	30,213	28,661	27,867	26,891	25,929	25,124	24,352	23,594
802	6	32,012	29,890	29,075	28,258	27,247	26,122	25,241	24,473
879	6	35,005	31,332	30,298	29,438	28,591	27,575	26,313	25,339
964	6	36,567	34,541	32,243	30,665	29,745	28,871	27,859	26,510
106	7	38,548	36,104	35,101	33,318	31,040	29,995	29,101	28,108
116	7	40,263	38,186	36,780	35,508	34,125	31,476	30,197	29,298

Table 3.9. Tungsten

T, K	Density, kg/m³							
	100—3	100—2	316—2	100—1	316—1	100 0	316 0	100 1
462 4	0,324	0,118	0,068	0,039	0,022	0,013	0,007	0,004
554 4	0,834	0,474	0,308	0,189	0,113	0,066	0,039	0,023
608 4	0,949	0,718	0,527	0,351	0,220	0,133	0,079	0,047
667 4	0,986	0,886	0,749	0,564	0,384	0,245	0,152	0,093
732 4	0,996	0,961	0,895	0,765	0,585	0,407	0,266	0,169
802 4	1,000	0,987	0,961	0,896	0,769	0,595	0,421	0,283
879 4	1,013	0,997	0,986	0,958	0,890	0,764	0,597	0,433
964 4	1,080	1,008	0,997	0,984	0,952	0,880	0,753	0,595
106 5	1,293	1,049	1,015	0,999	0,981	0,943	0,864	0,740
116 5	1,620	1,185	1,074	1,024	1,000	0,976	0,931	0,847
126 5	1,863	1,447	1,234	1,099	1,034	1,001	0,969	0,916
139 5	1,988	1,726	1,494	1,272	1,122	1,043	1,001	0,960
146 5	2,166	1,915	1,750	1,522	1,297	1,139	1,052	1,000
167 5	2,536	2,088	1,939	1,763	1,534	1,311	1,151	1,059
183 5	2,849	2,395	2,156	1,966	1,768	1,535	1,317	1,162
201 5	2,965	2,737	2,490	2,224	1,993	1,768	1,531	1,322
220 5	3,017	2,919	2,788	2,560	2,283	2,019	1,768	1,529
241 5	3,152	2,995	2,936	2,819	2,608	2,330	2,044	1,776
266 5	3,498	3,096	3,014	2,948	2,836	2,639	2,367	2,077
291 5	3,832	3,353	3,152	3,039	2,958	2,846	2,660	2,407
319 5	4,009	3,699	3,441	3,211	3,067	2,969	2,853	2,682
350 5	4,248	3,932	3,756	3,508	3,264	3,096	2,982	2,865
384 5	4,640	4,134	3,971	3,794	3,555	3,309	3,127	3,002
421 5	4,943	4,461	4,201	4,007	3,820	3,588	3,348	3,165
462 5	5,227	4,804	4,537	4,259	4,038	3,839	3,612	3,389
506 5	5,614	5,078	4,855	4,590	4,304	4,064	3,854	3,640
554 5	5,873	5,413	5,136	4,892	4,623	4,335	4,086	3,874
608 5	5,968	5,736	5,470	5,180	4,916	4,642	4,356	4,110
667 5	6,027	5,910	5,760	5,504	5,206	4,929	4,651	4,378
732 5	6,226	5,996	5,917	5,768	5,516	5,217	4,933	4,660
802 5	6,811	6,144	6,020	5,922	5,764	5,511	5,215	4,935
879 5	7,596	6,588	6,237	6,053	5,924	5,750	5,495	5,209
964 5	8,131	7,363	6,798	6,345	6,090	5,924	5,729	5,475
106 6	8,680	7,978	7,566	6,995	6,458	6,130	5,920	5,705
116 6	9,237	8,496	8,124	7,720	7,160	6,566	6,169	5,916
126 6	9,833	9,038	8,647	8,252	7,839	7,290	6,664	6,210
139 6	10,575	9,603	9,182	8,771	8,359	7,934	7,393	6,758
146 6	11,923	10,247	9,747	9,302	8,871	8,445	8,011	7,483
167 6	13,041	11,452	10,491	9,872	9,395	8,947	8,514	8,081
183 6	13,695	12,789	11,900	10,765	9,984	9,464	9,005	8,575
201 6	13,949	13,546	13,073	12,274	11,048	10,088	9,515	9,054
220 6	14,502	13,888	13,682	13,282	12,566	11,318	10,190	9,559
241 6	16,932	14,164	13,934	13,766	13,430	12,789	11,566	10,305
266 6	17,487	16,484	14,599	13,985	13,817	13,531	12,963	11,816
291 6	18,196	17,343	16,911	15,283	14,076	13,851	13,600	13,111

Table 3.9. Tungsten (*Cont.*)

T, K		Density, kg/m³							
		100—3	100—2	316—2	100—1	316—1	100 0	316 0	100 1
319	6	19,011	17,971	17,520	17,122	15,916	14,240	13,880	13,653
350	6	19,860	18,746	18,192	17,687	17,265	16,353	14,481	13,917
384	6	21,116	19,566	18,974	18,385	17,837	17,381	16,638	14,797
421	6	23,580	20,549	19,793	19,166	18,546	17,966	17,484	16,848
462	6	24,711	23,072	21,116	19,997	19,321	18,675	18,075	17,583
506	6	25,792	24,437	23,641	21,842	20,203	19,439	18,776	18,173
554	6	26,834	25,478	24,765	24,011	22,519	20,435	19,528	18,859
608	6	27,897	26,499	25,784	25,044	24,286	23,025	20,699	19,603
667	6	29,152	27,557	26,777	26,035	25,274	24,503	23,385	21,002
732	6	30,421	28,894	27,967	27,033	26,234	25,456	24,678	23,665
802	6	31,785	30,140	29,340	28,390	27,289	26,390	25,596	24,830
879	6	34,723	31,422	30,563	29,726	28,780	27,554	26,518	25,710
964	6	36,678	33,706	31,877	30,930	30,055	29,112	27,816	26,635
106	7	38,680	36,321	34,933	32,432	31,239	30,329	29,386	28,074
116	7	40,332	38,176	36,808	35,674	33,176	31,503	30,552	29,617

Table 3.10. Stainless Steel

T, K		Density, kg/m³							
		100—3	100—2	316—2	100—1	316—1	100 0	316 0	100 1
116	5	1,327	1,060	0,999	0,937	0,833	0,678	0,506	0,357
128	5	1,622	1,219	1,090	1,006	0,923	0,802	0,642	0,480
139	5	1,845	1,467	1,268	1,118	1,010	0,904	0,766	0,606
153	5	1,951	1,716	1,509	1,304	1,141	1,011	0,880	0,751
168	5	2,008	1,882	1,736	1,534	1,329	1,155	1,006	0,857
183	5	2,154	1,977	1,890	1,744	1,546	1,342	1,163	1,002
202	5	2,477	2,113	2,003	1,896	1,744	1,548	1,350	1,172
222	5	2,728	2,401	2,204	2,046	1,907	1,741	1,548	1,361
242	5	2,874	2,661	2,502	2,301	2,106	1,929	1,746	1,560
266	5	2,958	2,814	2,709	2,575	2,391	2,181	1,975	1,782
291	5	2,995	2,919	2,838	2,741	2,625	2,468	2,271	2,071
319	5	3,044	2,976	2,929	2,854	2,762	2,662	2,535	2,385
350	5	3,219	3,021	2,983	2,935	2,863	2,778	2,691	2,599
384	5	3,566	3,132	3,040	2,990	2,939	2,869	2,791	2,721
421	5	3,849	3,393	3,182	3,063	2,998	2,941	2,874	2,807
462	5	3,987	3,706	3,455	3,226	3,085	3,006	2,944	2,882
507	5	4,146	3,909	3,739	3,496	3,261	3,105	3,016	2,951
556	5	4,470	4,054	3,926	3,756	3,518	3,285	3,125	3,031
609	5	4,832	4,288	4,088	3,938	3,760	3,528	3,304	3,149
667	5	5,172	4,631	4,342	4,115	3,914	3,756	3,530	3,324
732	5	5,568	4,985	4,682	4,378	4,132	3,942	3,746	3,535

Table 3.10. Stainless Steel (*Cont.*)

T, K		Density, kg/m³							
		100—3	100—2	316—2	100—1	316—1	100 1	316 0	100 1
803	5	5,892	5,353	5,043	4,717	4,396	4,138	3,935	3,739
880	5	6,182	5,712	5,409	5,082	4,735	4,400	4,135	3,927
967	5	6,601	6,014	5,751	5,440	5,098	4,736	4,394	4,129
106	6	7,086	6,377	6,065	5,774	5,448	5,093	4,723	4,385
116	6	7,578	6,849	6,458	6,105	5,781	5,436	5,071	4,705
128	6	7,925	7,360	6,949	6,521	6,128	5,771	5,409	5,042
140	6	8,218	7,783	7,459	7,029	6,564	6,134	5,746	5,372
153	6	8,685	8,087	7,851	7,531	7,085	6,585	6,124	5,714
168	6	9,415	8,463	8,160	7,903	7,579	7,118	6,589	6,105
184	6	10,166	9,101	8,585	8,224	7,941	7,605	7,130	6,585
202	6	10,909	9,883	9,289	8,699	8,277	7,966	7,615	7,132
221	6	11,623	10,632	10,070	9,446	8,795	8,317	7,979	7,616
242	6	12,397	11,352	10,818	10,225	9,568	8,870	8,346	7,986
266	6	13,276	12,077	11,528	10,970	10,349	9,656	8,924	8,371
291	6	13,993	12,917	12,266	11,672	11,088	10,440	9,718	8,969
319	6	14,649	13,710	13,119	12,426	11,785	11,174	10,505	9,767
350	6	15,263	14,336	13,850	13,271	12,552	11,868	11,236	10,558
384	6	15,650	14,982	14,466	13,951	13,375	12,642	11,926	11,285
421	6	15,798	15,454	15,069	14,560	14,018	13,438	12,700	11,973
462	6	15,829	15,727	15,506	15,118	14,615	14,055	13,469	12,740
506	6	15,845	15,805	15,732	15,528	15,136	14,631	14,066	13,482
555	6	15,902	15,836	15,804	15,727	15,522	15,125	14,618	14,062
609	6	16,042	15,887	15,845	15,802	15,712	15,494	15,089	14,588
667	6	16,330	16,015	15,925	15,859	15,797	15,685	15,443	15,033
732	6	16,920	16,269	16,088	15,967	15,876	15,787	15,644	15,374
802	6	17,673	16,792	16,431	16,178	16,014	15,892	15,769	15,586
880	6	18,535	17,497	17,026	16,607	16,281	16,064	15,903	15,737
965	6	19,475	18,305	17,758	17,243	16,775	16,388	16,112	15,903
116	7	22,324	20,090	19,473	18,813	18,180	17,593	17,047	16,567

Table 3.11. Silicon Dioxide

T, K		Density, kg/m³							
		100—3	100—2	316—2	100—1	316—1	100 0	316 0	100 1
462	4	0,008	0,003	0,002	0,001	0,000	0,000	0,000	0,000
554	4	0,053	0,018	0,010	0,006	0,003	0,002	0,001	0,001
608	4	0,108	0,039	0,023	0,013	0,008	0,004	0,002	0,001
667	4	0,187	0,079	0,047	0,028	0,016	0,009	0,005	0,003
732	4	0,263	0,139	0,089	0,054	0,032	0,019	0,011	0,006
802	4	0,310	0,211	0,148	0,095	0,058	0,035	0,021	0,012

Table 3.11. Silicon Dioxide (*Cont.*)

τ, K		Density, kg/m³							
		100—3	100—2	316—2	100—1	316—1	100 0	316 0	100 1
879	4	0,342	0,274	0,215	0,152	0,099	0,061	0,037	0,022
964	4	0,407	0,317	0,274	0,214	0,151	0,099	0,062	0,039
106	5	0,549	0,367	0,320	0,271	0,210	0,148	0,098	0,063
116	5	0,748	0,462	0,378	0,321	0,265	0,202	0,142	0,096
126	5	0,933	0,618	0,482	0,387	0,319	0,257	0,193	0,136
139	5	1,086	0,800	0,635	0,493	0,390	0,314	0,246	0,183
146	5	1,212	0,964	0,807	0,640	0,495	0,387	0,305	0,235
167	5	1,285	1,104	0,965	0,804	0,636	0,490	0,379	0,294
183	5	1,318	1,214	1,100	0,956	0,790	0,622	0,479	0,368
201	5	1,342	1,281	1,206	1,087	0,937	0,769	0,603	0,464
220	5	1,412	1,320	1,274	1,191	1,066	0,911	0,741	0,581
241	5	1,616	1,371	1,321	1,264	1,171	1,038	0,878	0,711
266	5	1,934	1,499	1,388	1,321	1,250	1,144	1,003	0,843
291	5	2,185	1,746	1,536	1,403	1,317	1,230	1,112	0,966
319	5	2,326	2,025	1,782	1,561	1,411	1,309	1,205	1,077
350	5	2,465	2,225	2,040	1,797	1,572	1,412	1,294	1,176
384	5	2,662	2,366	2,229	2,038	1,796	1,571	1,405	1,276
421	5	2,923	2,530	2,377	2,224	2,023	1,781	1,562	1,394
462	5	3,164	2,753	2,550	2,379	2,209	1,997	1,758	1,548
506	5	3,294	3,008	2,777	2,559	2,371	2,183	1,963	1,734
554	5	3,404	3,202	3,021	2,785	2,554	2,352	2,150	1,929
608	5	3,611	3,329	3,206	3,019	2,775	2,536	2,323	2,114
667	5	3,846	3,485	3,343	3,201	3,000	2,750	2,507	2,291
732	5	4,012	3,707	3,513	3,349	3,185	2,968	2,713	2,474
802	5	4,223	3,909	3,731	3,529	3,345	3,156	2,923	2,672
879	5	4,490	4,094	3,928	3,740	3,529	3,326	3,114	2,874
964	5	4,739	4,334	4,124	3,937	3,736	3,513	3,293	3,064
106	6	5,089	4,591	4,366	4,141	3,934	3,716	3,481	3,247
116	6	5,443	4,888	4,629	4,384	4,143	3,917	3,682	3,437
126	6	5,650	5,247	4,942	4,656	4,387	4,130	3,886	3,636
139	6	5,827	5,527	5,283	4,975	4,667	4,376	4,102	3,841
146	6	5,960	5,733	5,550	5,297	4,983	4,659	4,349	4,060
167	6	6,059	5,898	5,760	5,560	5,292	4,969	4,633	4,309
183	6	6,240	6,006	5,915	5,773	5,556	5,268	4,936	4,591
201	6	6,493	6,145	6,026	5,923	5,770	5,534	5,228	4,887
220	6	6,668	6,384	6,188	6,042	5,921	5,751	5,494	5,173
241	6	6,826	6,602	6,438	6,226	6,052	5,909	5,716	5,439
266	6	6,990	6,757	6,638	6,477	6,251	6,052	5,882	5,663
291	6	7,224	6,917	6,792	6,665	6,499	6,262	6,038	5,840
319	6	7,541	7,102	6,951	6,818	6,682	6,507	6,255	6,009
350	6	7,712	7,409	7,160	6,978	6,835	6,690	6,500	6,231
384	6	7,868	7,640	7,467	7,207	6,997	6,843	6,686	6,477
421	6	8,043	7,790	7,669	7,503	7,239	7,007	6,840	6,670
462	6	8,332	7,965	7,822	7,690	7,521	7,252	7,006	6,826
506	6	8,611	8,224	8,020	7,851	7,704	7,524	7,246	6,992

Table 3.11. Silicon Dioxide (*Cont.*)

T, K	Density, kg/m³							
	100—3	100—2	316—2	100—1	316—1	100 0	316 0	100 1
554 6	8,858	8,520	8,306	8,074	7,876	7,710	7,513	7,224
608 6	9,144	8,759	8,581	8,367	8,118	7,893	7,706	7,487
667 6	9,284	9,032	8,824	8,627	8,408	8,146	7,899	7,692
732 6	9,321	9,229	9,084	8,825	8,660	8,428	8,153	7,892
802 6	9,330	9,303	9,246	9,115	8,907	8,677	8,428	8,141
879 6	9,333	9,324	9,306	9,252	9,127	8,919	8,675	8,408
964 6	9,333	9,330	9,324	9,305	9,252	9,126	8,912	8,654
106 7	9,334	9,333	9,330	9,323	9,302	9,244	9,110	8,885
116 7	9,345	9,334	9,333	9,330	9,321	9,297	9,229	9,079

Table 3.12. Zirconium Dioxide

T, K	Density, kg/m³							
	100—3	100—2	316—2	100—1	316—1	100 1	316 1	100 1
462 4	0,258	0,135	0,086	0,052	0,031	0,018	0,011	0,006
554 4	0,326	0,279	0,225	0,162	0,108	0,068	0,042	0,026
608 4	0,331	0,313	0,282	0,231	0,170	0,116	0,076	0,049
667 4	0,334	0,326	0,313	0,283	0,233	0,175	0,122	0,084
732 4	0,345	0,332	0,326	0,311	0,281	0,233	0,178	0,130
802 4	0,395	0,341	0,333	0,325	0,309	0,278	0,232	0,183
879 4	0,516	0,374	0,348	0,335	0,324	0,305	0,273	0,232
964 4	0,683	0,463	0,395	0,357	0,338	0,323	0,302	0,271
106 5	0,890	0,602	0,494	0,415	0,368	0,342	0,322	0,299
116 5	1,108	0,771	0,633	0,520	0,434	0,379	0,347	0,324
126 5	1,251	0,669	0,798	0,655	0,540	0,452	0,393	0,358
139 5	1,318	1,150	0,987	0,815	0,671	0,556	0,471	0,414
146 5	1,383	1,265	1,154	0,993	0,822	0,680	0,572	0,495
167 5	1,495	1,338	1,256	1,150	0,988	0,822	0,687	0,591
183 5	1,599	1,427	1,346	1,262	1,138	0,976	0,818	0,696
201 5	1,657	1,537	1,441	1,350	1,253	1,120	0,960	0,815
220 5	1,731	1,620	1,545	1,448	1,349	1,239	1,099	0,946
241 5	1,931	1,689	1,627	1,549	1,449	1,342	1,221	1,079
266 5	2,239	1,823	1,709	1,632	1,547	1,445	1,332	1,204
291 5	2,486	2,069	1,864	1,728	1,634	1,542	1,437	1,321
319 5	2,612	2,336	2,109	1,895	1,741	1,634	1,535	1,429
350 5	2,687	2,524	2,355	2,130	1,912	1,749	1,631	1,528
384 5	2,831	2,634	2,528	2,358	2,136	1,918	1,750	1,628
421 5	3,077	2,746	2,643	2,525	2,350	2,128	1,915	1,750

Table 3.12. Zirconium Dioxide (*Cont.*)

T, K	Density, kg/m³							
	100—3	100—2	316—2	100—1	316—1	100 0	316 0	100 1
462 5	3,282	2,943	2,775	2,648	2,514	2,331	2,113	1,910
506 5	3,478	3,173	2,980	2,796	2,648	2,497	2,307	2,096
554 5	3,742	3,381	3,206	3,004	2,807	2,641	2,473	2,281
608 5	4,070	3,619	3,427	3,231	3,017	2,808	2,626	2,447
667 5	4,396	3,905	3,673	3,463	3,248	3,019	2,799	2,607
732 5	4,695	4,232	3,965	3,715	3,488	3,255	3,012	2,787
802 5	5,064	4,544	4,288	4,008	3,743	3,500	3,252	3,002
879 5	5,467	4,869	4,598	4,326	4,034	3,757	3,501	3,245
964 5	5,839	5,255	4,934	4,638	4,348	4,045	3,759	3,496
106 6	6,373	5,626	5,313	4,978	4,661	4,354	4,043	3,755
116 6	6,842	6,064	5,683	5,347	5,000	4,667	4,347	4,035
126 6	7,103	6,604	6,149	5,722	5,360	5,000	4,657	4,332
139 6	7,332	6,960	6,662	6,205	5,742	5,353	4,984	4,638
146 6	7,561	7,215	6,995	6,691	6,229	5,739	5,330	4,958
167 6	7,750	7,463	7,260	7,017	6,695	6,225	5,718	5,296
183 6	7,905	7,670	7,511	7,294	7,025	6,679	6,198	5,687
201 6	7,980	7,836	7,706	7,543	7,315	7,018	6,645	6,160
220 6	8,043	7,947	7,860	7,731	7,562	7,320	6,996	6,603
241 6	8,193	8,020	7,960	7,874	7,744	7,567	7,309	6,966
266 6	8,360	8,150	8,053	7,975	7,882	7,747	7,559	7,288
291 6	8,552	8,316	8,203	8,090	7,991	7,884	7,740	7,540
319 6	8,757	8,493	8,368	8,250	8,126	8,007	7,882	7,725
350 6	8,985	8,692	8,552	8,416	8,288	8,156	8,020	7,876
384 6	9,241	8,910	8,753	8,603	8,457	8,319	8,180	8,030
421 6	9,607	9,153	8,975	8,806	8,644	8,490	8,344	8,198
462 6	10,335	9,477	9,234	9,033	8,850	8,678	8,516	8,365
506 6	11,149	10,044	9,607	9,313	9,084	8,885	8,703	8,536
554 6	11,708	10,943	10,291	9,735	9,396	9,127	8,912	8,722
608 6	12,262	11,520	11,126	10,517	9,853	9,448	9,160	8,931
667 6	12,784	12,065	11,669	11,263	10,692	9,951	9,493	9,183
732 6	13,201	12,610	12,199	11,786	11,365	10,811	10,023	9,520
802 6	13,597	13,091	12,764	12,318	11,873	11,436	10,882	10,063
879 6	14,290	13,461	13,201	12,889	12,421	11,932	11,477	10,913
964 6	14,846	14,069	13,594	13,291	12,981	12,503	11,965	11,491
106 7	15,167	14,704	14,282	13,738	13,364	13,045	12,557	11,976
116 7	15,293	15,090	14,850	14,450	13,880	13,423	13,084	12,582

Table 3.13. Teflon

T, K	Density, kg/m³							
	100—3	100—2	316—2	100—1	316—1	100 1	316 0	100 1
116 5	0,419	0,287	0,222	0,155	0,100	0,062	0,037	0,022
128 5	0,591	0,368	0,295	0,225	0,157	0,102	0,063	0,038

Table 3.13. Teflon (*Cont.*)

T, K	Density, kg/m³							
	100—3	100—2	316—2	100—1	316—1	100 0	316 0	100 1
139 5	0,794	0,498	0,387	0,302	0,224	0,155	0,101	0,063
153 5	0,927	0,679	0,527	0,402	0,305	0,221	0,151	0,099
168 5	0,984	0,844	0,701	0,544	0,410	0,303	0,216	0,147
183 5	1,029	0,942	0,851	0,709	0,551	0,410	0,298	0,209
202 5	1,113	0,996	0,943	0,849	0,706	0,546	0,403	0,289
222 5	1,231	1,055	0,999	0,939	0,839	0,692	0,532	0,392
242 5	1,353	1,150	1,063	0,999	0,929	0,820	0,670	0,513
266 5	1,538	1,271	1,161	1,068	0,995	0,914	0,794	0,642
291 5	1,777	1,423	1,286	1,166	1,067	0,985	0,891	0,762
319 5	1,958	1,634	1,450	1,296	1,166	1,061	0,970	0,862
350 5	2,106	1,844	1,660	1,466	1,298	1,161	1,050	0,948
384 5	2,257	2,007	1,859	1,671	1,470	1,293	1,150	1,033
421 5	2,428	2,159	2,020	1,862	1,668	1,462	1,281	1,135
462 5	2,703	2,322	2,175	2,024	1,855	1,654	1,446	1,265
507 5	3,001	2,540	2,348	2,182	2,018	1,837	1,629	1,424
556 5	3,221	2,819	2,577	2,364	2,180	2,002	1,809	1,600
609 5	3,408	3,073	2,846	2,597	2,368	2,168	1,977	1,777
667 5	3,661	3,280	3,086	2,854	2,599	2,360	2,147	1,946
732 5	3,877	3,504	3,299	3,087	2,846	2,586	2,339	2,120
803 5	4,049	3,753	3,533	3,306	3,076	2,824	2,559	2,312
880 5	4,279	3,948	3,773	3,545	3,300	3,052	2,790	2,526
967 5	4,536	4,142	3,969	3,779	3,540	3,279	3,016	2,750
106 6	4,757	4,390	4,176	3,981	3,772	3,518	3,244	2,974
116 6	5,035	4,625	4,421	4,196	3,980	3,750	3,481	3,201
128 6	5,304	4,870	4,655	4,437	4,200	3,965	3,714	3,435
140 6	5,571	5,142	4,905	4,671	4,437	4,187	3,934	3,667
153 6	5,815	5,398	5,169	4,922	4,673	4,422	4,159	3,891
168 6	5,939	5,653	5,421	5,180	4,920	4,657	4,391	4,117
184 6	5,981	5,847	5,665	5,426	5,172	4,901	4,625	4,348
202 6	5,996	5,942	5,844	5,659	5,414	5,147	4,865	4,581
221 6	6,015	5,980	5,936	5,831	5,637	5,383	5,105	4,816
242 6	6,091	6,004	5,978	5,926	5,807	5,600	5,336	5,049
266 6	6,231	6,059	6,012	5,974	5,908	5,770	5,547	5,274
291 6	6,324	6,179	6,086	6,021	5,968	5,882	5,720	5,481
319 6	6,415	6,290	6,209	6,110	6,028	5,955	5,844	5,657
350 6	6,551	6,373	6,308	6,229	6,126	6,029	5,933	5,792
384 6	6,633	6,490	6,397	6,321	6,239	6,132	6,020	5,897
421 6	6,659	6,597	6,515	6,416	6,331	6,242	6,127	5,997
462 6	6,668	6,645	6,607	6,529	6,427	6,334	6,235	6,108
506 6	6,696	6,663	6,647	6,610	6,534	6,430	6,328	6,216
555 6	6,844	6,688	6,668	6,648	6,609	6,532	6,424	6,313
609 6	7,151	6,796	6,712	6,675	6,649	6,605	6,522	6,408

Table 3.13. Teflon (*Cont.*)

T, K	Density, kg/m³							
	100—3	100—2	316—2	100—1	316—1	100 0	316 0	100 1
667 6	7,415	7,059	6,869	6,746	6,686	6,648	6,595	6,503
732 6	7,719	7,329	7,142	6,939	6,783	6,699	6,646	6,579
802 6	7,921	7,605	7,400	7,205	6,997	6,818	6,710	6,639
880 6	7,982	7,850	7,674	7,459	7,252	7,037	6,844	6,716
965 6	7,996	7,957	7,879	7,719	7,501	7,283	7,061	6,857
116 7	8,000	7,997	7,989	7,964	7,898	7,752	7,533	7,294

Table 3.14. Polyformaldehyde

T, K	Density, kg/m³							
	100—3	100—2	316—2	100—1	316—1	100 0	316 0	100 1
116 5	0,563	0,277	0,183	0,115	0,070	0,042	0,025	0,014
128 5	0,762	0,424	0,290	0,190	0,120	0,074	0,044	0,027
139 5	0,898	0,603	0,433	0,295	0,193	0,122	0,075	0,046
153 5	0,962	0,772	0,602	0,432	0,293	0,191	0,122	0,077
168 5	0,988	0,890	0,760	0,589	0,421	0,285	0,187	0,121
183 5	1,008	0,952	0,875	0,738	0,566	0,403	0,274	0,182
202 5	1,048	0,985	0,942	0,853	0,707	0,536	0,381	0,262
222 5	1,128	1,015	0,980	0,925	0,822	0,668	0,502	0,359
242 5	1,223	1,069	1,016	0,971	0,902	0,782	0,625	0,469
266 5	1,328	1,152	1,073	1,014	0,957	0,869	0,736	0,581
291 5	1,427	1,251	1,157	1,073	1,005	0,933	0,827	0,687
319 5	1,492	1,357	1,257	1,156	1,067	0,990	0,901	0,780
350 5	1,565	1,443	1,360	1,255	1,149	1,055	0,966	0,860
384 5	1,673	1,513	1,445	1,356	1,246	1,136	1,035	0,933
421 5	1,797	1,599	1,518	1,441	1,345	1,230	1,116	1,008
462 5	1,926	1,712	1,608	1,519	1,432	1,327	1,208	1,090
507 5	2,046	1,837	1,721	1,610	1,513	1,416	1,303	1,181
556 5	2,100	1,959	1,845	1,722	1,606	1,501	1,388	1,274
609 5	2,284	2,076	1,964	1,844	1,715	1,594	1,481	1,366
667 5	2,399	2,195	2,080	1,961	1,834	1,701	1,575	1,457
732 5	2,478	2,316	2,199	2,076	1,951	1,817	1,680	1,552
803 5	2,552	2,421	2,320	2,195	2,064	1,932	1,793	1,656
880 5	2,651	2,500	2,422	2,315	2,183	2,045	1,907	1,766
967 5	2,739	2,586	2,505	2,4179	2,301	2,162	2,019	1,877
106 6	2,827	2,680	2,594	2,504	2,405	2,279	2,134	1,988
116 6	2,919	2,765	2,685	2,594	2,496	2,385	2,249	2,101
128 6	2,971	2,853	2,770	2,684	2,587	2,480	2,356	2,213

Table 3.14. Polyformaldehyde (*Cont.*)

T, K		Density, kg/m³							
		100—3	100—2	316—2	100—1	316—1	100 0	316 0	100 1
140	6	2,990	2,929	2,856	2,768	2,676	2,571	2,454	2,321
153	6	2,996	2,971	2,927	2,851	2,760	2,660	2,547	2,421
168	6	2,998	2,988	2,968	2,920	2,840	2,744	2,637	2,516
184	6	2,999	2,995	2,986	2,962	2,908	2,823	2,720	2,605
202	6	3,001	2,998	2,994	2,982	2,952	2,890	2,799	2,690
221	6	3,011	3,000	2,997	2,991	2,976	2,938	2,866	2,767
242	6	3,062	3,008	3,001	2,996	2,988	2,966	2,917	2,836
266	6	3,166	3,042	3,014	3,003	2,995	2,982	2,951	2,890
291	6	3,238	3,127	3,062	3,023	3,005	2,992	2,972	2,930
319	6	3,304	3,212	3,150	3,080	3,031	3,006	2,987	2,956
350	6	3,405	3,273	3,225	3,166	3,094	3,038	3,005	2,977
384	6	3,475	3,359	3,290	3,236	3,175	3,102	3,041	3,000
421	6	3,522	3,445	3,377	3,304	3,243	3,179	3,105	3,039
462	6	3,618	3,502	3,456	3,390	3,313	3,246	3,178	3,100
506	6	3,723	3,582	3,519	3,465	3,396	3,316	3,244	3,170
555	6	3,813	3,689	3,612	3,537	3,472	3,397	3,314	3,236
609	6	3,921	3,777	3,712	3,635	3,552	3,475	3,393	3,306
667	6	3,979	3,878	3,800	3,729	3,651	3,561	3,474	3,383
732	6	3,994	3,956	3,898	3,819	3,742	3,659	3,564	3,466
802	6	3,998	3,987	3,963	3,910	3,831	3,748	3,660	3,558
880	6	3,999	3,996	3,988	3,966	3,915	3,836	3,748	3,653
965	6	4,000	3,998	3,996	3,988	3,966	3,915	3,834	3,741
116	7	4,000	4,000	3,999	3,998	3,995	3,984	3,957	3,898

Table 3.15. Caprolactum

T, K		Density, kg/m³							
		100—3	100—2	316—2	100—1	316—1	100 0	316 0	100 1
116	5	0,560	0,280	0,185	0,116	0,070	0,042	0,025	0,014
128	5	0,752	0,424	0,291	0,191	0,120	0,073	0,044	0,027
139	5	0,891	0,595	0,430	0,294	0,192	0,121	0,075	0,046
153	5	0,958	0,760	0,591	0,426	0,290	0,190	0,121	0,076
168	5	0,987	0,880	0,747	0,577	0,413	0,281	0,185	0,120
183	5	1,008	0,947	0,864	0,723	0,552	0,394	0,269	0,180
202	5	1,053	0,983	0,935	0,839	0,690	0,521	0,372	0,258
222	5	1,145	1,016	0,977	0,916	0,805	0,649	0,487	0,351
242	5	1,257	1,0752	1,017	0,966	0,889	0,763	0,605	0,455
267	5	1,340	1,169	1,079	1,012	0,949	0,853	0,715	0,562
291	5	1,392	1,269	1,170	1,077	1,002	0,922	0,808	0,666
319	5	1,431	1,345	1,266	1,164	1,068	0,983	0,886	0,759
350	5	1,498	1,398	1,342	1,256	1,152	1,052	0,955	0,842
344	5	1,615	1,450	1,398	1,333	1,241	1,133	1,028	0,918
421	5	1,731	1,534	1,456	1,394	1,319	1,220	1,108	0,996

Table 3.15. Caprolactum (*Cont.*)

T, K	Density, kg/m³							
	100—3	100—2	316—2	100—1	316—1	100 0	316 0	100 1
462 5	1,821	1,647	1,542	1,457	1,384	1,299	1,192	1,077
507 5	1,917	1,751	1,651	1,543	1,452	1,369	1,273	1,160
556 5	2,039	1,834	1,753	1,647	1,537	1,440	1,347	1,241
609 5	2,148	1,945	1,846	1,747	1,636	1,523	1,421	1,319
667 5	2,219	2,060	1,947	1,841	1,735	1,619	1,504	1,397
732 5	2,262	2,157	2,058	1,942	1,830	1,716	1,596	1,480
803 5	2,299	2,223	2,153	2,048	1,928	1,811	1,691	1,570
880 5	2,338	2,268	2,219	2,141	2,030	1,907	1,785	1,662
965 5	2,365	2,308	2,266	2,210	2,123	2,005	1,879	1,755
106 6	2,387	2,344	2,308	2,260	2,195	2,097	1,974	1,847
116 6	2,407	2,369	2,343	2,303	2,249	2,172	2,064	1,939
128 6	2,419	2,391	2,369	2,339	2,294	2,231	2,142	2,027
139 6	2,423	2,409	2,391	2,366	2,331	2,280	2,206	2,106
153 6	2,425	2,419	2,408	2,389	2,360	2,319	2,258	2,173
168 6	2,425	2,423	2,418	2,406	2,384	2,351	2,301	2,229
183 6	2,426	2,425	2,422	2,416	2,401	2,375	2,335	2,275
202 6	2,427	2,425	2,424	2,421	2,413	2,395	2,363	2,314
222 6	2,440	2,427	2,425	2,424	2,419	2,408	2,385	2,345
242 6	2,503	2,436	2,429	2,426	2,422	2,416	2,400	2,369
267 6	2,632	2,478	2,444	2,431	2,426	2,421	2,410	2,387
291 6	2,726	2,583	2,503	2,455	2,435	2,426	2,417	2,401
319 6	2,813	2,691	2,612	2,526	2,467	2,439	2,425	2,411
350 6	2,959	2,774	2,710	2,633	2,543	2,476	2,441	2,421
384 6	3,066	2,893	2,798	2,724	2,645	2,559	2,483	2,441
421 6	3,111	3,020	2,922	2,818	2,735	2,652	2,559	2,484
462 6	3,156	3,089	3,034	2,941	2,833	2,740	2,651	2,557
507 6	3,199	3,135	3,097	3,041	2,949	2,839	2,740	2,644
556 6	3,226	3,182	3,145	3,102	3,043	2,950	2,837	2,732
609 6	3,252	3,214	3,189	3,152	3,105	3,040	2,942	2,826
667 6	3,265	3,241	3,220	3,193	3,155	3,103	3,031	2,926
732 6	3,268	3,259	3,245	3,223	3,195	3,154	3,097	3,015
803 6	3,269	3,267	3,261	3,247	3,225	3,194	3,149	3,084
880 6	3,270	3,269	3,267	3,261	3,248	3,224	3,189	3,138
965 6	3,270	3,269	3,269	3,267	3,261	3,247	3,221	3,181
116 7	3,270	3,270	3,270	3,269	3,268	3,265	3,257	3,238

Table 3.16. Plexiglas

T, K	Density, kg/m³							
	100—3	100—2	316—2	100—1	316—1	100 0	316 0	100 1
116 5	0,577	0,295	0,196	0,123	0,075	0,045	0,026	0,016
128 5	0,765	0,439	0,305	0,202	0,127	0,078	0,047	0,028
139 5	0,897	0,610	0,446	0,308	0,203	0,128	0,080	0,049

Table 3.16. Plexiglas (*Cont.*)

T, K	Density, kg/m³							
	100—3	100—2	316—2	100—1	316—1	100 0	316 0	100 1
153 5	0,960	0,773	0,607	0,441	0,303	0,199	0,127	0,081
168 5	0,987	0,888	0,760	0,592	0,428	0,293	0,194	0,126
183 5	1,009	0,950	0,872	0,737	0,568	0,408	0,280	0,188
202 5	1,057	0,984	0,939	0,849	0,705	0,537	0,385	0,267
222 5	1,152	1,018	0,980	0,922	0,817	0,665	0,502	0,362
242 5	1,259	1,080	1,020	0,970	0,897	0,776	0,621	0,468
266 5	1,348	1,175	1,084	1,016	0,954	0,863	0,729	0,577
291 5	1,417	1,275	1,177	1,083	1,007	0,930	0,821	0,680
319 5	1,469	1,362	1,275	1,173	1,075	0,990	0,896	0,772
350 5	1,546	1,429	1,361	1,268	1,161	1,060	0,964	0,854
384 5	1,667	1,492	1,430	1,354	1,255	1,144	1,037	0,930
421 5	1,787	1,584	1,498	1,426	1,341	1,235	1,120	1,008
462 5	1,892	1,701	1,592	1,499	1,417	1,322	1,209	1,091
507 5	2,004	1,814	1,707	1,593	1,494	1,402	1,297	1,179
556 5	2,133	1,920	1,818	1,704	1,587	1,481	1,377	1,266
609 5	2,244	2,034	1,924	1,814	1,694	1,573	1,462	1,352
667 5	2,328	2,155	2,037	1,920	1,803	1,677	1,553	1,438
732 5	2,379	2,259	2,153	2,030	1,908	1,783	1,654	1,529
803 5	2,420	2,336	2,257	2,144	2,016	1,888	1,758	1,627
880 5	2,474	2,388	2,333	2,247	2,127	1,994	1,862	1,729
967 5	2,522	2,437	2,388	2,325	2,229	2,102	1,965	1,831
106 6	2,570	2,489	2,440	2,384	2,311	2,203	2,070	1,932
116 6	2,619	2,536	2,491	2,438	2,374	2,288	2,170	2,034
128 6	2,647	2,584	2,538	2,489	2,431.	2,357	2,258	2,132
140 6	2,658	2,625	2,585	2,536	2,483	2,417	2,332	2,220
153 6	2,661	2,647	2,623	2,582	2,530	2,471	2,395	2,298
168 6	2,662	2,657	2,645	2,619	2,575	2,519	2,452	2,365
184 6	2,663	2,660	2,655	2,642	2,612	2,564	2,502	2,425
202 6	2,664	2,662	2,659	2,653	2,636	2,601	2,547	2,478
221 6	2,678	2,664	2,662	2,658	2,649	2,628	2,586	2,525
242 6	2,746	2,673	2,666	2,662	2,656	2,644	2,615	2,565
266 6	2,882	2,718	2,683	2,668	2,661	2,653	2,635	2,597
291 6	2,979	2,830	2,745	2,694	2,672	2,660	2,647	2,621
319 6	3,065	2,943	2,861	2,769	2,706	2,675	2,658	2,637
350 6	3,198	3,025	2,961	2,882	2,788	2,716	2,677	2,652
384 6	3,290	3,136	3,047	2,975	2,895	2,800	2,722	2,676
421 6	3,333	3,249	3,160	3,064	2,984	2,900	2,804	2,723
462 6	3,388	3,313	3,261	3,176	3,076	2,988	2,899	2,801
506 6	3,446	3,366	3,322	3,268	3,182	3,080	2,986	2,891
555 6	3,494	3,426	3,381	3,331	3,271	3,182	3,076	2,977
609 6	3,552	3,475	3,438	3,393	3,337	3,269	3,174	3,065
667 6	3,583	3,529	3,487	3,447	3,400	3,339	3,262	3,159
732 6	3,592	3,571	3,540	3,496	3,453	3,403	3,335	3,247
802 6	3,594	3,588	3,575	3,546	3,503	3,455	3,400	3,324
880 6	3,594	3,593	3,588	3,576	3,549	3,505	3,453	3,391
965 6	3,595	3,594	3,593	3,588	3,576	3,548	3,502	3,446
116 7	3,595	3,595	3,594	3,594	3,592	3,586	3,571	3,537

Table 3.17. Textolite

T, K		Density, kg/m³							
		100—3	100—2	316—2	100—1	316—1	100 0	316 0	100 1
116	5	0,586	0,299	0,199	0,126	0,077	0,046	0,027	0,016
128	5	0,777	0,447	0,311	0,206	0,131	0,080	0,048	0,029
139	5	0,905	0,622	0,455	0,314	0,207	0,132	0,082	0,050
153	5	0,965	0,785	0,620	0,452	0,311	0,204	0,131	0,083
168	5	0,990	0,897	0,773	0,606	0,439	0,301	0,199	0,129
183	5	1,011	0,956	0,883	0,751	0,583	0,419	0,288	0,193
202	5	1,060	0,988	0,946	0,861	0,720	0,552	0,396	0,275
222	5	1,154	1,022	0,984	0,931	0,831	0,681	0,517	0,373
242	5	1,262	1,084	1,024	0,976	0,908	0,792	0,638	0,482
266	5	1,366	1,180	1,090	1,022	0,962	0,877	0,746	0,593
291	5	1,459	1,287	1,184	1,089	1,015	0,941	0,836	0,698
319	5	1,524	1,391	1,291	1,182	1,083	1,000	0,909	0,789
350	5	1,605	1,475	1,393	1,287	1,174	1,070	0,976	0,870
384	5	1,728	1,548	1,477	1,388	1,276	1,159	1,050	0,945
421	5	1,860	1,645	1,554	1,474	1,376	1,258	1,137	1,023
462	5	1,988	1,768	1,654	1,555	1,464	1,357	1,234	1,110
507	5	2,114	1,897	1,777	1,656	1,550	1,448	1,332	1,205
556	5	2,248	2,022	1,904	1,777	1,651	1,537	1,425	1,302
609	5	2,372	2,147	2,027	1,902	1,768	1,637	1,518	1,397
667	5	2,481	2,276	2,151	2,024	1,891	1,752	1,617	1,492
732	5	2,554	2,399	2,278	2,146	2,012	1,872	1,729	1,593
803	5	2,619	2,499	2,400	2,272	2,132	1,992	1,847	1,702
880	5	2,706	2,571	2,498	2,393	2,256	2,111	1,964	1,817
967	5	2,783	2,648	2,575	2,492	2,376	2,232	2,082	1,933
106	6	2,860	2,731	2,655	2,573	2,478	2,351	2,201	2,048
116	6	2,941	2,806	2,736	2,654	2,564	2,456	2,318	2,164
128	6	2,986	2,883	2,810	2,734	2,646	2,546	2,425	2,279
140	6	3,003	2,950	2,885	2,808	2,726	2,631	2,519	2,386
153	6	3,008	2,986	2,948	2,881	2,800	2,711	2,606	2,484
168	6	3,010	3,001	2,983	2,941	2,871	2,786	2,688	2,573
184	6	3,010	3,007	2,999	2,978	2,931	2,855	2,763	2,657
202	6	3,012	3,009	3,006	2,995	2,969	2,915	2,833	2,733
221	6	3,025	3,011	3,009	3,004	2,990	2,956	2,893	2,803
242	6	3,088	3,021	3,013	3,008	3,000	2,981	2,938	2,865
266	6	3,215	3,063	3,029	3,015	3,007	2,995	2,968	2,913
291	6	3,304	3,167	3,088	3,040	3,018	3,005	2,986	2,948
319	6	3,384	3,271	3,196	3,110	3,051	3,021	3,001	2,973
350	6	3,508	3,347	3,288	3,215	3,128	3,060	3,021	2,992
384	6	3,593	3,451	3,367	3,301	3,227	3,138	3,065	3,018
421	6	3,641	3,555	3,473	3,384	3,309	3,231	3,141	3,064
462	6	3,726	3,620	3,568	3,488	3,395	3,313	3,230	3,137
506	6	3,819	3,694	3,635	3,576	3,495	3,399	3,311	3,222

Table 3.17. Textolite (*Cont.*)

T, K	Density, kg/m³							
	100—3	100—2	316—2	100—1	316—1	100 0	316 0	100 1
555 6	3,898	3,789	3,720	3,650	3,582	3,496	3,396	3,302
609 6	3,992	3,866	3,809	3,740	3,662	3,584	3,490	3,385
667 6	4,042	3,954	3,886	3,824	3,753	3,669	3,580	3,477
732 · 6	4,056	4,023	3,972	3,903	3,834	3,759	3,669	3,568
802 6	4,059	4,049	4,028	3,982	3,913	3,839	3,759	3,661
880 6	4,060	4,057	4,050	4,031	3,987	3,917	3,838	3,750
965 6	4,061	4,060	4,057	4,050	4,031	3,986	3,915	3,831
116 7	4,061	4,061	4,060	4,059	4,056	4,047	4,023	3,970

CHAPTER
FOUR

PRESSURE OF PLASMA

Data on plasma pressure p, determined from the expression

$$p = \rho kT (1 + \bar{z})/m_0 \sum_A AC_A$$

are tabulated. The tables were constructed as follows. Values of p, Pa as a function of the plasma temperature T, K (left column) are listed for each substance given in the table heading for eight values of density ρ from the range of 10^{-4} to 1 kg/m^3. The temperature range for metals and their oxides is 4620 to 1,160,000 K and for dielectrics—from 11,600 to 1,160,000 K. All the quantities are given by the mantissa and order of magnitude. Thus, the tabulated values of temperature, density and pressure written as 116 7, 316 0 and 15 10 should be read respectively as $T = 0.116 \cdot 10^7 = 1{,}160{,}000$ K, $\rho = 0.316 \cdot 10^0 = 0.316$ kg/m^3 and $p = 0.15 \cdot 10^{10}$ Pa = 1500 MPa.

Table 4.1. Silicon

T, K	Density, kg/m^3							
	100—3	100—2	316—2	100—1	316—1	100 0	316 0	100 1
462 4	13 3	13 4	43 4	13 5	43 5	13 6	43 6	13 7
554 4	18 3	17 4	53 4	16 5	52 5	16 6	52 6	16 7
608 4	22 3	19 4	59 4	18 5	57 5	18 6	57 6	18 7
667 4	28 3	23 4	68 4	20 5	64 5	20 6	63 6	19 7
732 4	36 3	28 4	81 4	24 5	73 5	22 6	70 6	22 7
802 4	44 3	35 4	10 5	28 5	84 5	25 6	78 6	24 7
879 4	50 3	44 4	12 5	35 5	10 6	29 6	88 6	27 · 7
964 4	56 3	53 4	15 5	43 5	12 6	34 6	10 7	31 7
106 5	62 3	60 4	18 5	52 5	14 6	41 6	12 7	35 7

Table 4.1. Silicon (*Cont.*)

T, K		Density, kg/m³							
		100—3	100—2	316—2	100—1	316—1	100 0	316 0	100 1
116	5	70 3	67 4	20 5	62 5	18 6	50 6	14 7	41 7
126	5	81 3	75 4	23 5	71 5	21 6	61 6	17 7	49 7
139	5	99 3	85 4	26 5	81 5	24 6	72 6	20 7	59 7
146	5	12 4	10 5	30 5	91 5	27 6	83 6	24 7	70 7
167	5	14 4	12 5	35 5	10 6	31 6	95 6	28 7	82 7
183	5	16 4	13 5	42 5	12 6	36 6	10 7	32 7	96 7
201	5	17 4	17 5	50 5	14 6	42 6	12 7	37 7	11 8
220	5	20 4	19 5	58 5	17 6	50 6	14 7	42 7	12 8
241	5	24 4	21 5	66 5	20 6	59 6	17 7	50 7	14 8
266	5	29 4	25 5	76 5	23 6	69 6	20 7	59 7	17 8
291	5	33 4	30 5	88 5	26 6	79 6	23 7	69 7	20 8
319	5	38 4	35 5	10 6	30 6	91 6	27 7	81 7	23 8
350	5	45 4	41 5	12 6	36 6	10 7	31 7	94 7	27 8
384	5	53 4	47 5	14 6	42 6	12 7	36 7	10 8	32 8
421	5	60 4	55 5	16 6	49 6	14 7	43 7	12 8	37 8
462	5	67 4	64 5	19 6	57 6	17 7	50 7	14 8	43 8
506	5	74 4	73 5	22 6	66 6	19 7	58 7	17 8	51 8
554	5	82 4	81 5	25 6	77 6	23 7	68 7	20 8	59 8
608	5	90 4	89 5	28 6	87 6	26 7	78 7	23 8	69 8
667	5	98 4	98 5	31 6	97 6	30 7	90 7	27 8	80 8
732	5	10 5	10 6	34 6	10 7	33 7	10 8	30 8	92 8
802	5	11 5	11 6	37 6	11 7	37 7	11 8	35 8	10 9
879	5	13 5	13 6	41 6	13 7	40 7	12 8	39 8	11 9
964	5	14 5	14 6	45 6	14 7	45 7	14 8	43 8	13 9
106	6	17 5	16 6	49 6	15 7	49 7	15 8	48 8	15 9
116	6	20 5	18 6	56 6	17 7	54 7	17 8	53 8	16 9
126	6	23 5	21 6	65 6	19 7	60 7	18 8	59 8	18 9
139	6	27 5	25 6	76 6	23 7	69 7	21 8	65 8	20 9
146	6	31 5	29 6	88 6	26 7	81 7	24 8	74 8	22 9
167	6	36 5	33 6	10 7	31 7	94 7	28 8	85 8	25 9
183	6	42 5	38 6	11 7	36 7	10 8	32 8	99 8	29 9
201	6	51 5	45 6	13 7	41 7	12 8	38 8	11 9	34 9
220	6	59 5	54 6	15 7	47 7	14 8	44 8	13 9	39 9
241	6	68 5	63 6	19 7	56 7	16 8	50 8	15 9	46 9
266	6	78 5	73 6	22 7	67 7	19 8	58 8	17 9	52 9
291	6	92 5	84 6	25 7	78 7	23 8	68 8	20 9	60 9
319	6	11 6	97 6	29 7	89 7	27 8	81 8	24 9	70 9
350	6	12 6	11 7	34 7	10 8	31 8	94 8	28 9	83 9
384	6	14 6	13 7	41 7	12 8	36 8	10 9	32 9	98 9
421	6	16 6	15 7	47 7	14 8	42 8	12 9	37 9	11 10
462	6	17 6	17 7	53 7	16 8	50 8	14 9	43 9	13 10
506	6	19 6	19 7	60 7	18 8	57 8	17 9	51 9	15 10
554	6	21 6	21 7	67 7	20 8	64 8	19 9	59 9	17 10
608	6	23 6	23 7	73 7	23 8	72 8	22 9	68 9	20 10
667	6	25 6	25 7	81 7	25 8	80 8	25 9	77 9	23 10
732	6	28 6	28 7	89 7	28 8	88 8	27 9	86 9	26 10
802	6	30 6	30 7	97 7	30 8	97 8	30 9	96 9	29 10
879	6	33 6	33 7	10 8	33 8	10 9	33 9	10 9	33 10

Table 4.1. Silicon (*Cont.*)

T, K	Density, kg/m³							
	100—3	100—2	316—2	100—1	316—1	100 0	316 0	100 1
964 6	37 6	37 7	11 8	37 8	11 9	37 9	11 10	36 10
106 7	40 6	40 7	12 8	40 8	12 9	40 9	12 10	40 10
116 7	44 6	44 7	13 8	44 8	14 9	44 9	14 10	44 10

Table 4.2. Chromium

T, K	Density, kg/m³							
	100—3	100—2	316—2	100—1	316—1	100 0	316 0	100 1
462 4	86 2	78 3	24 4	75 4	23 5	74 5	23 6	74 6
554 4	13 3	11 4	32 4	96 4	29 5	91 5	28 6	89 6
608 4	17 3	13 4	38 4	11 5	33 5	10 6	31 6	99 6
667 4	20 3	17 4	47 4	13 5	39 5	11 6	35 6	11 7
732 4	23 3	20 4	59 4	16 5	46 5	13 6	40 6	12 7
802 4	25 3	24 4	71 4	20 5	56 5	16 6	47 6	14 7
879 4	28 3	27 4	83 4	24 5	69 5	19 6	55 6	16 7
964 4	31 3	30 4	94 4	28 5	82 5	23 6	66 6	19 7
106 5	37 3	34 4	10 5	32 5	97 5	28 6	79 6	22 7
116 5	47 3	40 4	12 5	36 5	11 6	32 6	94 6	26 7
126 5	58 3	49 4	14 5	42 5	12 6	38 6	11 7	31 7
139 5	66 3	61 4	17 5	51 5	14 6	44 6	12 7	37 7
146 5	73 3	71 4	21 5	63 5	18 6	52 6	15 7	44 7
167 5	80 3	79 4	24 5	75 5	22 6	64 6	18 7	53 7
183 5	88 3	88 4	27 5	86 5	26 6	78 6	22 7	66 7
201 5	10 4	97 4	30 5	96 5	30 6	92 6	27 7	81 7
220 5	11 4	10 5	33 5	10 6	33 6	10 7	32 7	97 7
241 5	14 4	12 5	37 5	11 6	36 6	11 7	36 7	11 8
266 5	16 4	15 5	44 5	13 6	40 6	12 7	40 7	12 8
291 5	18 4	17 5	52 5	15 6	46 6	14 7	44 7	13 8
319 5	20 4	20 5	61 5	18 6	54 6	16 7	49 7	15 8
350 5	23 4	22 5	69 5	21 6	63 6	18 7	56 7	17 8
384 5	28 4	25 5	78 5	24 6	73 6	22 7	65 7	19 8
421 5	32 4	29 5	88 5	27 6	83 6	25 7	76 7	23 8
462 5	36 4	34 5	10 6	30 6	94 6	29 7	88 7	26 8
506 5	41 4	39 5	12 6	35 6	10 7	32 7	10 8	30 8
554 5	47 4	44 5	13 6	41 6	12 7	37 7	11 8	34 8
608 5	56 4	50 5	15 6	47 6	14 7	43 7	13 8	39 8
667 5	64 4	59 5	17 6	53 6	16 7	49 7	14 8	44 8
732 5	75 4	68 5	20 6	61 6	18 7	56 7	17 8	51 8
802 5	87 4	79 5	23 6	71 6	21 7	64 7	19 8	59 8
879 5	98 4	92 5	27 6	83 6	24 7	74 7	22 8	67 8
964 5	11 5	10 6	32 6	96 6	28 7	85 7	25 8	77 8
106 6	13 5	12 6	36 6	11 7	33 7	99 7	29 8	88 8
116 6	15 5	14 6	42 6	12 7	38 7	11 8	34 8	10 9
126 6	18 5	16 6	50 6	15 7	44 7	13 8	39 8	11 9

Table 4.2. Chromium (Cont.)

T, K		Density, kg/m³														
		100—3		100—2		316—2		100—1		316—1		100 0		316 0		100 1
139	6	21	5	19	6	58	6	17	7	52	7	15	8	45	8	13	9
146	6	24	5	22	6	68	6	20	7	61	7	18	8	54	8	15	9
167	6	28	5	26	6	79	6	24	7	72	7	21	8	64	8	18	9
183	6	33	5	30	6	91	6	27	7	83	7	25	8	75	8	22	9
201	6	39	5	35	6	10	7	32	7	97	7	29	8	88	8	26	9
220	6	45	5	41	6	12	7	37	7	11	8	34	8	10	9	30	9
241	6	52	5	49	6	14	7	43	7	13	8	39	8	11	9	35	9
266	6	60	5	56	6	17	7	51	7	15	8	45	8	13	9	41	9
291	6	68	5	65	6	19	7	60	7	18	8	53	8	15	9	47	9
319	6	76	5	73	6	22	7	69	7	21	8	63	8	18	9	54	9
350	6	83	5	82	6	25	7	79	7	24	8	73	8	22	9	64	9
384	6	92	5	91	6	28	7	89	7	27	8	84	8	25	9	76	9
421	6	10	6	10	7	31	7	99	7	30	8	95	8	29	9	89	9
462	6	11	6	11	7	34	7	11	8	34	8	10	9	33	9	10	10
506	6	12	6	12	7	38	7	12	8	38	8	11	9	37	9	11	10
554	6	13	6	13	7	42	7	13	8	42	8	13	9	41	9	12	10
608	6	15	6	14	7	46	7	14	8	46	8	14	9	45	9	14	10
667	6	18	6	16	7	52	7	16	8	50	8	16	9	50	9	15	10
732	6	20	6	19	7	59	7	18	8	56	8	17	9	55	9	17	10
802	6	23	6	22	7	68	7	21	8	64	8	19	9	61	9	19	10
879	6	27	6	25	7	78	7	24	8	73	8	22	9	69	9	21	10
964	6	32	6	29	7	90	7	27	8	84	8	25	9	78	9	24	10
106	7	37	6	34	7	10	8	31	8	96	8	29	9	90	9	27	10
116	7	41	6	40	7	12	8	36	8	11	9	33	9	10	10	31	10

Table 4.3. Nickel

T, K		Density, kg/m³														
		100—3		100—2		316—2		100—1		316—1		100 0		316 0		100 1
462	4	67	2	66	3	20	4	65	4	20	5	65	5	20	6	65	6
554	4	94	2	84	3	25	4	80	4	25	5	79	5	25	6	78	6
608	4	11	3	98	3	29	4	90	4	28	5	87	5	27	6	86	6
667	4	15	3	12	4	34	4	10	5	31	5	97	5	30	6	95	6
732	4	18	3	15	4	42	4	12	5	36	5	11	6	34	6	10	7
802	4	21	3	18	4	52	4	14	5	42	5	12	6	38	6	11	7
879	4	24	3	22	4	65	4	18	5	51	5	14	6	43	6	13	7
964	4	27	3	26	4	78	4	22	5	62	5	17	6	51	6	15	7
106	5	30	3	29	4	90	4	26	5	76	5	21	6	60	6	17	7
116	5	34	3	32	4	10	5	31	5	91	5	25	6	72	6	20	7
126	5	41	3	36	4	11	5	35	5	10	6	30	6	87	6	24	7
139	5	51	3	42	4	12	5	39	5	12	6	35	6	10	7	29	7
146	5	61	3	52	4	15	5	45	5	13	6	41	6	12	7	34	7
167	5	70	3	64	4	18	5	53	5	15	6	47	6	14	7	40	7
183	5	77	3	75	4	22	5	65	5	18	6	54	6	16	7	47	7
201	5	86	3	84	4	26	5	78	5	22	6	65	6	19	7	55	7

Table 4.3. Nickel (*Cont.*)

T, K		100—3		100—2		316—2		100—1		316—1		100 0		316 0		100 1	
								Density, kg/m³									
220	5	98	3	94	4	29	5	90	5	27	6	78	6	22	7	65	7
241	5	11	4	10	5	32	5	10	6	31	6	93	6	27	7	78	7
266	5	14	4	12	5	37	5	11	6	35	6	10	7	32	7	93	7
291	5	16	4	15	5	44	5	13	6	39	6	12	7	37	7	11	8
319	5	18	4	17	5	53	5	15	6	46	6	13	7	42	7	12	8
350	5	20	4	19	5	61	5	18	6	54	6	16	7	48	7	14	8
384	5	23	4	22	5	68	5	21	6	64	6	19	7	56	7	16	8
421	5	28	4	25	5	77	5	23	6	73	6	22	7	66	7	29	8
462	5	32	4	29	5	89	5	27	6	82	6	25	7	77	7	23	8
506	5	36	4	34	5	10	6	31	6	94	6	28	7	88	7	26	8
554	5	41	4	39	5	12	6	36	6	10	7	32	7	10	8	30	8
608	5	50	4	44	5	13	6	42	6	12	7	38	7	11	8	34	8
667	5	61	4	52	5	15	6	47	6	14	7	44	7	13	8	39	8
732	5	71	4	64	5	18	6	54	6	16	7	50	7	15	8	45	8
802	5	80	4	76	5	22	6	65	6	19	7	57	7	17	8	52	8
879	5	91	4	87	5	27	6	81	6	23	7	67	7	19	8	60	8
964	5	10	5	98	5	30	6	94	6	28	7	82	7	23	8	69	8
106	6	12	5	11	6	34	6	10	7	32	7	99	7	28	8	82	8
116	6	14	5	13	6	39	6	12	7	36	7	11	8	34	8	10	9
126	6	16	5	15	6	45	6	13	7	42	7	12	8	39	8	12	9
139	6	18	5	17	6	52	6	15	7	48	7	14	8	44	8	13	9
146	6	21	5	19	6	60	6	18	7	55	7	16	8	50	8	15	9
167	6	24	5	22	6	69	6	21	7	63	7	19	8	58	8	17	9
183	6	28	5	26	6	79	6	24	7	73	7	22	8	66	8	20	9
201	6	33	5	30	6	91	6	27	7	84	7	25	8	76	8	23	9
220	6	39	5	36	6	10	7	32	7	96	7	29	8	88	8	26	9
241	6	45	5	42	6	12	7	37	7	11	8	33	8	10	9	30	9
266	6	52	5	49	6	14	7	44	7	13	8	38	8	11	9	34	9
291	6	60	5	56	6	17	7	52	7	15	8	46	8	13	9	40	9
319	6	71	5	65	6	19	7	60	7	18	8	55	8	16	9	46	9
350	6	84	5	75	6	22	7	69	7	21	8	64	8	19	9	56	9
384	6	99	5	90	6	26	7	79	7	24	8	74	8	22	9	67	9
421	6	11	6	10	7	31	7	94	7	27	8	84	8	25	9	78	9
462	6	12	6	12	7	37	7	11	8	33	8	97	8	29	9	89	9
506	6	13	6	13	7	42	7	13	8	39	8	11	9	34	9	10	10
554	6	14	6	14	7	47	7	14	8	45	8	13	9	40	9	11	10
608	6	16	6	16	7	51	7	16	8	51	8	15	9	47	9	14	10
667	6	18	6	18	7	56	7	18	8	56	8	17	9	55	9	16	10
732	6	19	6	19	7	62	7	19	8	62	8	19	9	61	9	19	10
802	6	21	6	21	7	68	7	21	8	68	8	21	9	68	9	21	10
879	6	24	6	23	7	74	7	23	8	74	8	23	9	74	9	23	10
964	6	28	6	26	7	82	7	26	8	82	8	26	9	82	9	25	10
106	7	32	6	30	7	92	7	28	8	90	8	28	9	90	9	28	10
116	7	37	6	35	7	10	8	32	8	10	9	31	9	98	9	31	10

Table 4.4. Copper

T, K		Density, kg/m³														
		100—3		100—2		316—2		100—1		316—1		100 0		316 0		100 1
462	4	71	2	64	3	19	4	61	4	19	5	60	5	19	6	60 6
554	4	11	3	92	3	26	4	79	4	24	5	75	5	23	6	73 6
608	4	14	3	11	4	32	4	94	4	27	5	84	5	26	6	81 6
667	4	16	3	14	4	40	4	11	5	33	5	97	5	29	6	91 6
732	4	18	3	17	4	50	4	14	5	40	5	11	6	34	6	10 7
802	4	20	3	20	4	60	4	17	5	49	5	13	6	40	6	11 7
879	4	23	3	22	4	70	4	20	5	60	5	17	6	48	6	14 7
963	4	25	3	25	4	78	4	24	5	71	5	20	6	58	6	16 7
106	5	27	3	27	4	86	4	27	5	82	5	24	6	70	6	20 7
116	5	30	3	30	4	95	4	30	5	93	5	28	6	82	6	23 7
126	5	35	3	33	4	10	5	33	5	10	6	31	6	96	6	28 7
139	5	44	3	38	4	11	5	36	5	11	6	35	6	10	7	32 7
146	5	55	3	46	4	13	5	41	5	12	6	39	6	12	7	37 7
167	5	64	3	57	4	16	5	48	5	14	6	44	6	13	7	42 7
183	5	71	3	68	4	20	5	59	5	17	6	50	6	15	7	47 7
201	5	79	3	78	4	24	5	72	5	21	6	60	6	17	7	53 7
220	5	86	3	86	4	27	5	83	5	25	6	73	6	21	7	62 7
241	5	95	3	95	4	29	5	93	5	29	6	87	6	25	7	75 7
266	5	10	4	10	5	32	5	10	6	32	6	10	7	30	7	90 7
291	5	11	4	11	5	36	5	11	6	36	6	11	7	34	7	10 8
319	5	14	4	12	5	40	5	12	6	39	6	12	7	39	7	12 8
350	5	17	4	15	5	45	5	14	6	43	6	13	7	43	7	13 8
384	5	19	4	18	5	53	5	16	6	48	6	15	7	47	7	14 8
421	5	22	4	21	5	64	5	19	6	56	6	17	7	52	7	16 8
462	5	24	4	24	5	74	5	22	6	66	6	19	7	59	7	18 8
506	5	29	4	26	5	83	5	25	6	78	6	23	7	69	7	20 8
554	5	34	4	31	5	94	5	29	6	89	6	27	7	81	7	24 8
608	5	39	4	36	5	11	6	33	6	10	7	31	7	94	7	28 8
667	5	45	4	42	5	12	6	38	6	11	7	35	7	10	8	32 8
732	5	53	4	48	5	14	6	45	6	13	7	40	7	12	8	37 8
802	5	62	4	56	5	17	6	52	6	15	7	47	7	14	8	42 8
879	5	71	4	66	5	20	6	60	6	18	7	54	7	16	8	48 8
964	5	84	4	76	5	23	6	70	6	20	7	63	7	19	8	56 8
106	6	97	4	89	5	26	6	81	6	24	7	72	7	21	8	65 8
116	6	12	5	10	6	31	6	94	6	28	7	84	7	25	8	75 8
126	6	14	5	12	6	36	6	10	7	32	7	98	7	29	8	87 8
139	6	17	5	15	6	44	6	12	7	38	7	11	8	34	8	10 9
146	6	20	5	18	6	55	6	15	7	44	7	13	8	39	8	11 9
167	6	23	5	21	6	65	6	19	7	55	7	15	8	45	8	13 9
183	6	27	5	25	6	76	6	23	7	68	7	19	8	54	8	15 9
201	6	31	5	28	6	87	6	26	7	80	7	24	8	68	8	18 9
220	6	35	5	33	6	10	7	30	7	93	7	28	8	83	8	23 9
241	6	41	5	38	6	11	7	35	7	10	8	32	8	97	8	29 9
266	6	47	5	44	6	13	7	40	7	12	8	37	8	11	9	34 9
291	6	55	5	51	6	15	7	47	7	14	8	42	8	13	9	39 9

Table 4.4. Copper (*Cont.*)

T, K	Density, kg/m³							
	100—3	100—2	316—2	100—1	316—1	100 0	316 0	100 1
319 6	64 5	59 6	18 7	54 7	16 8	49 8	14 9	44 9
350 6	77 5	68 6	20 7	63 7	19 8	58 8	17 9	51 9
384 6	90 5	82 6	24 7	72 7	22 8	67 8	20 9	60 9
421 6	10 6	97 6	29 7	86 7	25 8	77 8	23 9	70 9
462 6	11 6	11 7	34 7	10 8	30 8	89 8	26 9	81 9
506 6	13 6	12 7	39 7	12 8	36 8	10 9	31 9	93 9
554 6	14 6	14 7	44 7	13 8	42 8	12 9	37 9	10 10
608 6	15 6	15 7	50 7	15 8	48 8	14 9	44 9	13 10
667 6	17 6	17 7	55 7	17 8	54 8	16 9	51 9	15 10
732 6	19 6	19 7	60 7	19 8	60 8	18 9	58 9	17 10
802 6	21 6	21 7	66 7	21 8	66 8	20 9	65 9	20 10
879 6	23 6	23 7	73 7	23 8	72 8	23 9	72 9	22 10
994 6	26 6	25 7	80 7	25 8	79 8	25 9	79 9	25 10
106 7	30 6	29 7	90 7	28 8	88 8	27 9	87 9	27 10
116 7	35 6	33 7	10 8	31 8	98 8	30 9	96 9	30 10

Table 4.5. Zirconium

T, K	Density, kg/m³							
	100—3	100—2	316—2	100—1	316—1	100 0	316 0	100 1
462 4	72 2	57 3	16 4	47 4	14 5	44 5	13 6	42 6
554 4	99 2	91 3	26 4	72 4	20 5	59 5	17 6	54 6
608 .4	11 3	10 4	31 4	91 4	25 5	72 5	21 6	62 6
667 4	12 3	12 4	37 4	11 5	31 5	90 5	25 6	74 6
732 4	13 3	13 4	41 4	12 5	38 5	11 6	31 6	90 6
802 4	15 3	14 4	46 4	14 5	44 5	13 6	38 6	11 7
879 4	19 3	16 4	51 4	16 5	49 5	15 6	45 6	13 7
964 4	24 3	20 4	59 4	18 5	55 5	17 6	52 6	15 7
106 5	28 3	25 4	72 4	21 5	63 5	19 6	59 6	18 7
116 5	31 3	30 4	88 4	25 5	74 5	22 6	67 6	20 7
126 5	34 3	34 4	10 5	31 5	90 5	26 6	78 6	23 7
139 5	38 3	38 4	11 5	36 5	10 6	31 6	93 6	27 7
146 5	45 3	42 4	13 5	41 5	12 6	37 6	11 7	33 7
167 5	54 3	47 4	14 5	45 5	14 6	43 6	13 7	39 7
183 5	64 3	56 4	16 5	51 5	15 6	49 6	15 7	46 7
201 5	72 3	67 4	19 5	59 5	17 6	55 6	17 7	52 7
220 5	80 3	78 4	23 5	69 5	20 6	62 6	19 7	59 7
241 5	91 3	87 4	27 5	82 5	24 6	72 6	21 7	67 7
266 5	10 4	98 4	30 5	93 5	28 6	84 6	25 7	76 7
291 5	12 4	11 5	34 5	10 6	32 6	98 6	29 7	88 7
319 5	14 4	13 5	39 5	12 6	36 6	11 7	34 7	10 8
350 5	15 4	15 5	46 5	13 6	41 6	12 7	38 7	11 8
384 5	17 4	17 5	53 5	16 6	47 6	14 7	44 7	13 8
421 5	19 4	19 5	59 5	18 6	55 6	16 7	50 7	15 8

Table 4.5. Zirconium (*Cont.*)

T, K	Density, kg/m³							
	100—3	100—2	316—2	100—1	316—1	100 0	316 0	100 1
462 5	21 4	21 5	66 5	20 6	63 6	19 7	·57 7	17 8
506 5	25 4	23 5	73 5	22 6	71 6	21 7	66 7	20 8
554 5	29 4	27 5	83 5	25 6	79 6	24 7	75 7	22 8
608 5	34 4	32 5	96 5	29 6	89 6	27 7	85 7	26 8
667 5	40 4	36 5	11 6	34 6	10 7	31 7	95 7	29 8
732 5	46 4	42 5	13 6	39 6	12 7	36 7	10 8	33 8
802 5	54 4	49 5	15 6	45 6	13 7	41 7	12 8	38 8
879 5	63 4	57 5	17 6	52 6	15 7	48 7	14 8	44 8
964 5	73 4	67 5	20 6	61 6	18 7	55 7	16 8	50 8
106 6	90 4	78 5	23 6	71 6	21 7	64 7	19 8	58 8
116 6	10 5	94 5	27 6	82 6	24 7	74 7	22 8	67 8
126 6	12 5	11 6	33 6	97 6	28 7	86 7	26 8	78 8
139 6	14 5	13 6	39 6	11 7	34 7	10 8	30 8	90 8
146 6	16 5	15 6	46 6	14 7	41 7	11 8	35 8	10 9
167 6	18 5	17 6	53 6	16 7	48 7	14 8	41 8	12 9
183 6	21 5	20 6	62 6	18 7[1]	56 7	17 8	50 8	14 9
201 6	23 5	23 6	71 6	21 7	66 7	19 8	59 8	17 9
220 6	26 5	26 6	80 6	24 7	76 7	23 8	69 8	20 9
241 6	30 5	29 6	90 6	28 7	86 7	26 8	80 8	24 9
266 6	34 5	32 6	10 7	31 7	97 7	30 8	92 8	28 9
291 6	39 5	37 6	11 7	35 7	11 8	34 8	10 9	32 9
319 6	44 5	42 6	13 7	40 7	12 8	38 8	11 9	36 9
350 6	51 5	48 6	14 7	45 7	14 8	43 8	13 9	41 9
384 6	58 5	55 6	17 7	52 7	16 8	49 8	15 9	46 9
421 6	67 5	63 6	19 7	59 7	18 8	56 8	17 9	52 9
462 6	80 5	72 6	22 7	68 7	20 8	63 8	19 9	60 9
506 6	94 5	84 6	25 7	77 7	23 8	72 8	22 9	68 9
554 6	10 6	10 7	30 7	89 7	27 8	83 8	25 9	77 9
608 6	12 6	11 7	36 7	10 8	31 8	94 8	28 9	88 9
667 6	14 6	13 7	41 7	12 8	38 8	11 9	33 9	10 10
732 6	16 6	15 7	47 7	14 8	44 8	13 9	38 9	11 10
802 6	19 6	17 7	54 7	16 8	50 8	15 9	46 9	13 10
879 6	22 6	20 7	62 7	19 8	58 8	17 9	53 9	16 10
964 6	26 6	24 7	72 7	22 8	67 8	20 9	61 9	18 10
106 7	29 6	28 7	85 7	25 8	77 8	23 9	71 9	21 10
116 7	32 6	32 7	99 7	30 8	90 8	27 9	82 9	24 10

Table 4.6. Niobium

T, K	Density, kg/m³							
	100—3	100—2	316—2	100—1	316—1	100 0	316 0	100 1
462 4	67 2	53 3	15 4	45 4	13 5	42 5	13 6	41 6
554 4	96 2	83 3	23 4	66 4	19 5	56 5	16 6	52 6
608 4	10 3	10 4	29 4	82 4	23 5	66 5	19 6	59 6

Table 4.6. Niobium (*Cont.*)

T, K		Density, kg/m³							
		100—3	100—2	316—2	100—1	316—1	100 0	316 0	100 1
667	4	11 3	11 4	34 4	10 5	28 5	80 5	23 6	68 6
732	4	13 3	12 4	40 4	12 5	34 5	98 5	27 6	80 6
802	4	14 3	14 4	44 4	13 5	41 5	11 6	33 6	96 6
879	4	17 3	15 4	49 4	15 5	47 5	14 6	40 6	11 7
964	4	21 3	18 4	55 4	17 5	53 5	16 6	47 6	13 7
106	5	26 3	22 4	65 4	19 5	60 5	18 6	55 6	16 7
116	5	30 3	28 4	80 4	23 5	69 5	20 6	63 6	18 7
126	5	34 3	32 4	98 4	28 5	82 5	24 6	72 6	21 7
139	5	37 3	37 4	11 5	34 5	10 6	29 6	85 6	25 7
146	5	41 3	40 4	12 5	39 5	12 6	35 6	10 7	30 7
167	5	46 3	45 4	14 5	44 5	13 6	41 6	12 7	36 7
183	5	55 3	50 4	15 5	49 5	15 6	47 6	14 7	43 7
201	5	67 3	58 4	17 5	54 5	17 6	53 6	16 7	50 7
220	5	77 3	70 4	20 5	62 5	19 6	59 6	18 7	57 7
241	5	87 3	82 4	24 5	72 5	21 6	66 6	20 7	64 7
266	5	99 3	94 4	28 5	86 5	25 6	76 6	23 7	71 7
291	5	11 4	10 5	32 5	10 6	30 6	89 6	26 7	81 7
319	5	13 4	12 5	37 5	11 6	34 6	10 7	31 7	93 7
350	5	15 4	14 5	43 5	13 6	39 6	12 7	36 7	11 8
384	5	18 4	16 5	51 5	15 6	45 6	13 7	42 7	12 8
421	5	21 4	19 5	58 5	17 6	53 6	15 7	48 7	14 8
462	5	24 4	22 5	67 5	20 6	61 6	18 7	55 7	16 8
506	5	27 4	26 5	78 5	23 6	71 6	21 7	64 7	19 8
554	5	30 4	29 5	90 5	27 6	82 6	24 7	74 7	22 8
608	5	34 4	32 5	10 6	31 6	94 6	28 7	85 7	25 8
667	5	40 4	37 5	11 6	35 6	10 7	32 7	98 7	29 8
732	5	46 4	43 5	13 6	40 6	12 7	37 7	11 8	34 8
802	5	54 4	50 5	15 6	46 6	14 7	42 7	12 8	39 8
879	5	62 4	57 5	17 6	53 6	16 7	48 7	14 8	44 8
964	5	73 4	67 5	20 6	61 6	18 7	56 7	17 8	51 8
106	6	84 4	78 5	23 6	71 6	21 7	65 7	19 8	59 8
116	6	10 5	90 5	27 6	82 6	25 7	75 7	22 8	69 8
126	6	12 5	10 6	31 6	96 6	29 7	87 7	26 8	79 8
139	6	14 5	12 6	37 6	11 7	33 7	10 8	30 8	92 8
146	6	16 5	15 6	45 6	13 7	39 7	11 8	35 8	10 9
167	6	19 5	17 6	53 6	16 7	46 7	13 8	40 8	12 9
183	6	21 5	20 6	61 6	18 7	55 7	16 8	47 8	14 9
201	6	24 5	23 6	71 6	21 7	65 7	19 8	56 8	16 9
220	6	27 5	26 6	82 6	25 7	76 7	22 8	68 8	19 9
241	6	30 5	30 6	93 6	28 7	88 7	26 8	79 8	23 9
266	6	34 5	33 6	10 7	32 7	10 8	30 8	92 8	27 9
291	6	39 5	37 6	11 7	36 7	11 8	34 8	10 9	32 9
319	6	44 5	42 6	13 7	40 7	12 8	39 8	12 9	37 9
350	6	51 5	48 6	15 7	46 7	14 8	44 8	13 9	42 9
384	6	58 5	55 6	17 7	52 7	16 8	50 8	15 9	47 9
421	6	67 5	63 6	19 7	59 7	18 8	56 8	17 9	53 9
462	6	76 5	72 6	22 7	68 7	21 8	64 8	19 9	60 9
506	6	91 5	83 6	25 7	78 7	24 8	73 8	22 9	69 9

Table 4.6. Niobium (*Cont.*)

T, K	\multicolumn{8}{c}{Density, kg/m³}
	100—3	100—2	316—2	100—1	316—1	100 0	316 0	100 1
554 6	10 6	97 6	29 7	89 7	27 8	83 8	25 9	78 9
608 6	12 6	11 7	34 7	10 8	31 8	95 8	29 9	89 9
667 6	14 6	13 7	40 7	12 8	36 8	10 9	33 9	10 10
732 6	16 6	15 7	46 7	14 8	43 8	12 9	37 9	11 10
802 6	18 6	18 7	55 7	16 8	50 8	15 9	44 9	13 10
879 6	21 6	20 7	62 7	19 8	58 8	17 9	53 9	15 10
964 6	25 6	23 7	71 7	22 8.	67 8	20 9	61 9	18 10
106 7	29 6	27 7	82 7	24 8	76 8	23 9	71 9	21 10
116 7	34 6	32 7	97 7	29 8	87 8	26 9	82 9	24 10

Table 4.7. Molybdenum

T, K	\multicolumn{8}{c}{Density, kg/m³}
	100—3	100—2	316—2	100—1	316—1	100 0	316 0	100 1
462 4	76 2	65 3	18 4	51 4	14 5	44 5	13 6	41 6
554 4	95 2	93 3	28 4	82 4	23 5	66 5	19 6	56 6
608 4	10 3	10 4	32 4	98 4	28 5	82 5	23 6	68 6
667 4	11 3	11 4	36 4	11 5	34 5	10 6	29 6	85 6
732 4	12 3	12 4	40 4	12 5	39 5	11 6	35 6	10 7
802 4	13 3	13 4	43 4	13 5	43 5	13 6	41 6	12 7
879 4	15 3	15 4	48 4	15 5	48 5	15 6	46 6	14 7
964 4	16 3	16 4	52 4	16 5	52 5	16 6	52 6	16 7
106 5	18 3	18 4	58 4	18 5	57 5	18 6	57 6	18 7
116 5	22 3	20 4	63 4	20 5	63 5	20 6	63 6	19 7
126 5	27 3	23 4	71 4	22 5	69 5	22 6	69 6	21 7
139 5	33 3	27 4	81 4	24 5	77 5	24 6	76 6	24 7
146 5	38 3	33 4	95 4	28 5	86 5	26 6	84 6	26 7
167 5	43 3	39 4	11 5	33 5	98 5	29 6	92 6	29 7
183 5	51 3	46 4	13 5	39 5	11 6	33 6	10 7	32 7
201 5	63 3	54 4	16 5	47 5	13 6	39 6	11 7	35 7
220 5	74 3	66 4	19 5	56 5	16 6	46 6	13 7	40 7
241 5	83 3	79 4	23 5	68 5	19 6	55 6	15 7	46 7
266 5	94 3	90 4	27 5	82 5	23 6	67 6	19 7	54 7
291 5	11 4	10 5	31 5	97 5	29 6	83 6	23 7	65 7
319 5	13 4	11 5	35 5	11 6	33 6	10 7	28 7	80 7
350 5	15 4	13 5	41 5	12 6	38 6	11 7	34 7	99 7
384 5	17 4	16 5	48 5	14 6	43 6	13 7	40 7	12 8
421 5	20 4	18 5	56 5	17 6	51 6	15 7	46 7	14 8
462 5	23 4	21 5	64 5	19 6	59 6	17 7	53 7	16 8
506 5	27 4	25 5	75 5	22 6	68 6	20 7	62 7	18 8
554 5	31 4	29 5	88 5	26 6	79 6	23 7	72 7	21 8
608 5	36 4	33 5	10 6	30 6	92 6	27 7	83 7	25 8
667 5	40 4	38 5	11 6	35 6	10 7	32 7	96 7	29 8
732 5	45 4	43 5	13 6	40 6	12 7	37 7	11 8	33 8

Table 4.7. Molybdenum (*Cont.*)

T, K	Density, kg/m³							
	100−3	100−2	316−2	100−1	316−1	100 0	316 0	100 1
802 5	53 4	49 5	15 6	46 6	14 7	42 7	12 8	38 8
879 5	61 4	57 5	17 6	53 6	16 7	49 7	14 8	44 8
964 5	71 4	66 5	20 6	61 6	18 7	56 7	17 8	51 8
106 6	82 4	76 5	23 6	70 6	21 7	64 7	19 8	58 8
116 6	96 4	89 5	27 6	81 6	24 7	75 7	22 8	67 8
126 6	11 5	10 6	31 6	94 6	28 7	86 7	26 8	78 8
139 6	13 5	12 6	36 6	11 7	33 7	10 8	30 8	91 8
146 6	16 5	14 6	42 6	12 7	38 7	11 8	35 8	10 9
167 6	18 5	17 6	50 6	14 7	44 7	13 8	40 8	12 9
183 6	21 5	19 6	60 6	17 7	51 7	15 8	46 8	14 9
201 6	24 5	23 6	69 6	21 7	62 7	18 8	53 8	16 9
220 6	28 5	26 6	81 6	24 7	73 7	21 8	63 8	18 9
241 6	31 5	30 6	93 6	28 7	86 7	25 8	76 8	22 9
266 6	34 5	34 6	10 7	32 7	99 7	30 8	89 8	26 9
291 6	39 5	38 6	11 7	36 7	11 8	34 8	10 9	31 9
319 6	44 5	42 6	13 7	41 7	12 8	39 8	12 9	36 9
350 6	50 5	48 6	14 7	46 7	14 8	44 8	13 9	42 9
384 6	57 5	54 6	17 7	52 7	16 8	50 8	15 9	47 9
421 6	66 5	62 6	19 7	59 7	18 8	56 8	17 9	53 9
462 6	75 5	71 6	22 7	67 7	20 8	64 8	19 9	60 9
506 6	86 5	81 6	25 7	77 7	23 8	72 8	22 9	68 9
554 6	10 6	93 6	28 7	87 7	26 8	82 8	25 9	77 9
608 6	12 6	11 7	32 7	10 8	30 8	94 8	28 9	88 9
667 6	13 6	13 7	39 7	11 8	35 8	10 9	32 9	10 10
732 6	15 6	14 7	46 7	14 8	41 8	12 9	37 9	11 10
802 6	18 6	17 7	52 7	16 8	49 8	14 9	42 9	13 10
879 6	21 6	19 7	60 7	18 8	56 8	17 9	50 9	14 10
964 6	24 6	22 7	70 7	21 8	64 8	19 9	60 9	17 10
106 7	28 6	26 7	80 7	24 8	75 8	22 9	68 9	20 10
116 7	32 6	31 7	94 7	28 8	85 8	26 9	79 9	23 10

Table 4.8. Tantalum

T, K	Density, kg/m³							
	100−3	100−2	316−2	100−1	316−1	100 0	316 0	100 1
462 4	30 2	24 3	73 3	22 4	69 4	21 5	67 5	21 6
554 4	48 2	40 3	11 4	31 4	93 4	27 5	85 5	26 6
608 4	55 2	50 3	14 4	40 4	11 5	32 5	97 5	29 6
667 4	61 2	59 3	17 4	50 4	14 5	40 5	11 6	34 6
732 4	67 2	66 3	20 4	61 4	17 5	50 5	14 6	40 6
802 4	74 2	73 3	23 4	71 4	21 5	61 5	17 6	49 6
879 4	85 2	81 3	25 4	79 4	24 5	73 5	21 6	60 6
964 4	10 3	91 3	28 4	88 4	27 5	84 5	25 6	73 6
106 5	13 3	10 4	32 4	99 4	30 5	95 5	29 6	87 6

Table 4.8. Tantalum (*Cont.*)

T, K	Density, kg/m³															
	100—3		100—2		316—2		100—1		316—1		100 0		316 0		100 1	
116 5	15	3	13	4	39	4	11	5	34	5	10	6	33	6	10	7
126 5	17	3	16	4	48	4	13	5	40	5	12	6	37	6	11	7
139 5	19	3	18	4	57	4	17	5	49	5	14	6	42	6	12	7
146 5	22	3	21	4	65	4	20	5	59	5	17	6	50	6	14	7
167 5	27	3	24	4	74	4	22	5	69	5	20	6	60	6	17	7
183 5	32	3	29	4	86	4	26	5	79	5	24	6	72	6	21	7
201 5	36	3	34	4	10	5	30	5	91	5	27	6	83	6	25	7
220 5	41	3	39	4	12	5	36	5	10	6	31	6	96	6	29	7
241 5	47	3	44	4	13	5	42	5	12	6	37	6	11	7	33	7
266 5	56	3	50	4	15	5	48	5	14	6	44	6	13	7	39	7
291 5	65	3	59	4	17	5	54	5	16	6	51	6	15	7	46	7
319 5	74	3	69	4	20	5	62	5	18	6	58	6	17	7	53	7
350 5	85	3	79	4	24	5	73	5	21	6	66	6	20	7	61	7
384 5	10	4	91	4	27	5	84	5	25	6	76	6	23	7	70	7
421 5	11	4	10	5	31	5	97	5	29	6	88	6	26	7	80	7
462 5	12	4	12	5	37	5	11	6	33	6	10	7	30	7	92	7
506 5	14	4	13	5	42	5	12	6	38	6	11	7	35	7	10	8
554 5	15	4	15	5	47	5	14	6	44	6	13	7	40	7	12	8
608 5	18	4	17	5	53	5	16	6	51	6	15	7	46	7	14	8
667 5	21	4	19	5	59	5	18	6	57	6	17	7	53	7	16	8
732 5	25	4	22	5	68	5	20	6	64	6	19	7	61	7	18	8
802 5	29	4	27	5	80	5	24	6	72	6	22	7	68	7	21	8
879 5	34	4	31	5	96	5	28	6	85	6	25	7	77	7	23	8
964 5	39	4	36	5	11	6	33	6	10	7	29	7	88	7	26	8
106 6	46	4	42	5	13	6	39	6	11	7	35	7	10	8	31	8
116 6	53	4	49	5	15	6	45	6	13	7	41	7	12	8	36	8
126 6	63	4	57	5	17	6	52	6	16	7	48	7	14	8	43	8
139 6	78	4	67	5	20	6	61	6	18	7	55	7	16	8	50	8
146 6	92	4	82	5	24	6	70	6	21	7	64	7	19	8	58	8
167 6	10	5	10	6	29	6	85	6	24	7	74	7	22	8	67	8
183 6	11	5	11	6	35	6	10	7	30	7	87	7	26	8	78	8
201 6	13	5	12	6	40	6	12	7	37	7	10	8	30	8	90	8
220 6	17	5	14	6	44	6	14	7	43	7	13	8	38	8	10	9
241 6	19	5	18	6	51	6	15	7	48	7	15	8	46	8	13	9
266 6	22	5	21	6	65	6	18	7	54	7	17	8	52	8	16	9
291 6	25	5	24	6	74	6	22	7	66	7	19	8	58	8	18	9
319 6	29	5	27	6	84	6	25	7	80	7	23	8	67	8	20	9
350 6	33	5	31	6	96	6	29	7	90	7	27	8	84	8	23	9
384 6	41	5	35	6	11	7	33	7	10	8	31	8	97	8	29	9
421 6	47	5	43	6	12	7	38	7	11	8	36	8	11	9	34	9
462 6	54	5	51	6	15	7	45	7	13	8	41	8	12	9	38	9
506 6	61	5	58	6	18	7	55	7	16	8	47	8	14	9	43	9
554 6	70	5	66	6	20	7	63	7	19	8	57	8	16	9	49	9
608 6	80	5	76	6	23	7	72	7	22	8	67	8	20	9	57	9
667 6	91	5	87	6	26	7	82	7	25	8	77	8	23	9	71	9
732 6	10	6	99	6	30	7	93	7	28	8	87	8	27	9	82	9
802 6	12	6	11	7	35	7	10	8	32	8	10	9	30	9	93	9
879 6	14	6	13	7	40	7	12	8	37	8	11	9	34	9	10	10

Table 4.8. Tantalum (Cont.)

T, K	Density, kg/m³							
	100—3	100—2	316—2	100—1	316—1	100 0	316 0	100 1
964 6	16 6	15 7	46 7	14 8	43 8	13 9	40 9	12 10
106 7	19 6	18 7	55 7	16 8	49 8	15 9	46 9	14 10
116 7	22 6	20 7	63 7	19 8	59 8	17 9	52 9	16 10

Table 4.9. Tungsten

T, K	Density, kg/m³							
	100—3	100—2	316—2	100—1	316—1	100 0	316 0	100 1
462 4	27 2	23 3	70 3	21 4	67 4	21 5	66 5	21 6
554 4	46 2	37 3	10 4	29 4	88 4	26 5	82 5	25 6
608 4	53 2	47 3	13 4	37 4	10 5	31 5	94 5	28 6
667 4	59 2	56 3	16 4	47 4	13 5	37 5	11 6	33 6
732 4	66 2	64 3	19 4	58 4	16 5	46 5	13 6	38 6
802 4	72 2	72 3	22 4	68 4	20 5	57 5	16 6	46 6
879 4	80 2	79 3	25 4	77 4	23 5	70 5	20 6	57 6
964 4	90 2	87 3	27 4	86 4	26 5	82 5	24 6	69 6
106 5	11 3	98 3	30 4	95 4	30 5	92 5	28 6	83 6
116 5	13 3	11 4	34 4	10 5	33 5	10 6	32 6	96 6
126 5	16 3	14 4	40 4	12 5	37 5	11 6	35 6	11 7
139 5	18 3	17 4	49 4	14 5	42 5	12 6	39 6	12 7
146 5	21 3	20 4	60 4	17 5	50 5	14 6	44 6	13 7
167 5	26 3	23 4	70 4	20 5	60 5	17 6	51 6	15 7
183 5	32 3	28 4	83 4	24 5	72 5	21 6	60 6	18 7
201 5	36 3	34 4	10 5	29 5	86 5	25 6	72 6	21 7
220 5	40 3	39 4	12 5	35 5	10 6	30 6	87 6	25 7
241 5	45 3	43 4	13 5	41 5	12 6	36 6	10 7	30 7
266 5	54 3	49 4	15 5	47 5	14 6	43 6	12 7	37 7
291 5	63 3	57 4	17 5	53 5	16 6	50 6	15 7	44 7
319 5	72 3	67 4	20 5	60 5	18 6	57 6	17 7	53 7
350 5	83 3	78 4	23 5	71 5	21 6	64 6	19 7	61 7
384 5	98 3	89 4	27 5	83 5	25 6	74 6	22 7	69 7
421 5	11 4	10 5	31 5	95 5	29 6	87 6	26 7	79 7
462 5	13 4	12 5	36 5	11 6	33 6	10 7	30 7	91 7
506 5	15 4	13 5	42 5	12 6	38 6	11 7	35 7	10 8
554 5	17 4	16 5	48 5	14 6	44 6	13 7	40 7	12 8
608 5	19 4	18 5	56 5	17 6	51 6	15 7	46 7	14 8
667 5	21 4	20 5	61 5	19 6	59 6	17 7	53 7	16 8
732 5	23 4	23 5	72 5	22 6	68 6	20 7	62 7	18 8
802 5	28 4	25 5	80 5	25 6	77 6	23 7	71 7	21 8
879 5	34 4	30 5	91 5	28 6	87 6	26 7	81 7	24 8
964 5	39 4	36 5	10 6	32 6	97 6	30 7	92 7	28 8
106 6	46 4	42 5	13 6	38 6	11 7	34 7	10 8	32 8
116 6	53 4	49 5	15 6	45 6	13 7	39 7	11 8	36 8
126 6	62 4	57 5	17 6	53 6	16 7	47 7	13 8	41 8

Table 4.9. Tungsten (*Cont.*)

T, K		Density, kg/m³														
		100—3		100—2		316—2		100—1		316—1		100 0		316 0		100 1
139	6	73	4	66	5	20	6	61	6	18	7	56	7	16	8	48	8
146	6	89	4	77	5	23	6	71	6	21	7	65	7	19	8	58	8
167	6	10	5	94	5	27	6	82	6	24	7	75	7	22	8	68	8
183	6	12	5	11	6	33	6	97	6	28	7	87	7	26	8	79	8
201	6	13	5	13	6	40	6	12	7	34	7	10	8	30	8	91	8
220	6	15	5	14	6	46	6	14	7	42	7	12	8	35	8	10	9
241	6	19	5	16	6	51	6	16	7	50	7	15	8	43	8	12	9
266	6	22	5	21	6	59	6	18	7	56	7	17	8	53	8	15	9
291	6	25	5	24	6	74	6	21	7	62	7	19	8	60	8	18	9
319	6	28	5	27	6	84	6	26	7	77	7	22	8	68	8	21	9
350	6	33	5	31	6	96	6	29	7	91	7	27	8	77	8	23	9
384	6	38	5	35	6	11	7	33	7	10	8	31	8	96	8	27	9
421	6	46	5	41	6	12	7	38	7	11	8	36	8	11	9	34	9
462	6	53	5	50	6	14	7	43	7	13	8	41	8	12	9	38	9
506	6	61	5	58	6	17	7	52	7	15	8	46	8	14	9	43	9
554	6	69	5	66	6	20	7	62	7	18	8	53	8	16	9	49	9
608	6	79	5	75	6	23	7	71	7	22	8	66	8	18	9	56	9
667	6	91	5	86	6	26	7	81	7	25	8	77	8	23	9	66	9
732	6	10	6	98	6	30	7	92	7	28	8	87	8	26	9	81	9
802	6	11	6	11	7	34	7	10	8	32	8	99	8	30	9	93	9
879	6	14	6	12	7	39	7	12	8	37	8	11	9	34	9	10	10
964	6	16	6	15	7	45	7	13	8	42	8	13	9	39	9	12	10
106	7	19	6	17	7	54	7	16	8	48	8	15	9	46	9	13	10
116	7	21	6	20	7	62	7	19	8	56	8	17	9	52	9	16	10

Table 4.10. Stainless Steel

T, K		Density, kg/m³														
		100—3		100—2		316—2		100—1		316—1		100 0		316 0		100 1
116	5	40	3	35	4	10	5	33	5	99	5	28	6	81	6	23	7
128	5	49	3	41	4	12	5	37	5	11	6	33	6	97	6	27	7
139	5	58	3	50	4	14	5	43	5	13	6	39	6	11	7	33	7
153	5	66	3	61	4	18	5	52	5	15	6	45	6	13	7	39	7
168	5	74	3	71	4	21	5	62	5	18	6	53	6	15	7	46	7
183	5	85	3	81	4	24	5	74	5	21	6	63	6	18	7	54	7
202	5	10	4	92	4	28	5	86	5	25	6	76	6	22	7	64	7
222	5	12	4	11	5	33	5	99	5	30	6	89	6	26	7	77	7
242	5	13	4	13	5	39	5-	11	6	35	6	10	7	31	7	91	7
267	5	15	4	15	5	46	5	14	6	42	6	12	7	37	7	10	8
291	5	17	4	16	5	52	5	16	6	49	6	15	7	44	7	13	8
319	5	19	4	18	5	58	5	18	6	56	6	17	7	52	7	16	8
350	5	21	4	20	5	65	5	20	6	63	6	19	7	60	7	18	8
384	5	26	4	23	5	72	5	22	6	70	6	22	7	68	7	21	8
421	5	30	4	27	5	82	5	25	6	78	6	24	7	76	7	23	8

Table 4.10. Stainless Steel (*Cont.*)

T, K	Density, kg/m³							
	100—3	100—2	316—2	100—1	316—1	100 0	316 0	100 1
462 5	34 - 4	32 5	96 5	28 6	88 6	27 7	85 7	26 8
507 5	38 4	36 5	11 6	33 6	10 7	30 7	95 7	29 8
556 5	45 4	41 5	12 6	39 6	11 7	35 7	10 8	33 8
609 5	52 4	47 5	14 6	44 6	13 7	40 7	12 8	37 8
667 5	61 4	55 5	16 6	50 6	15 7	47 7	14 8	42 8
732 5	71 4	64 5	19 6	58 6	17 7	53 7	16 8	49 8
803 5	81 4	75 5	22 6	67 6	20 7	61 7	18 8	56 8
880 5	93 4	87 5	26 6	79 6	23 7	70 7	21 8	64 8
965 5	10 5	10 6	30 6	92 6	27 7	81 7	24 8	73 8
106 6	12 5	11 6	35 6	10 7	31 7	95 7	28 8	84 8
116 6	14 5	13 6	40 6	12 7	36 7	11 8	33 8	98 8
128 6	16 5	15 6	47 6	14 7	42 7	12 8	38 8	11 9
139 6	19 5	18 6	55 6	16 7	49 7	14 8	44 8	13 9
153 6	21 5	20 6	63 6	19 7	57 7	17 8	51 8	15 9
168 6	25 5	23 6	71 6	22 7	67 7	20 8	59 8	17 9
183 6	30 5	27 6	82 6	25 7	77 7	23 8	70 8	20 9
202 6	35 5	32 6	97 6	28 7	87 7	26 8	81 8	24 9
222 6	41 5	38 6	11 7	34 7	10 8	30 8	92 8	28 9
242 6	48 5	44 6	13 7	40 7	12 8	35 8	10 9	32 9
267 6	56 5	51 6	15 7	47 7	14 8	41 8	12 9	36 9
291 6	64 5	60 6	18 7	54 7	16 8	49 8	14 9	43 9
319 6	74 5	69 6	21 7	63 7	19 8	57 8	17 9	50 9
350 6	84 5	79 6	24 7	74 7	22 8	66 8	20 9	59 9
384 6	94 5	90 6	27 7	85 7	25 8	77 8	23 9	69 9
421 6	10 6	10 7	31 7	97 7	29 8	90 8	27 9	80 9
462 6	11 6	11 7	35 7	11 8	33 8	10 9	31 9	93 9
507 6	12 6	12 7	39 7	12 8	38 8	11 9	35 9	10 10
556 6	13 6	13 7	43 7	13 8	42 8	13 9	40 9	12 10
609 6	15 6	15 7	48 7	15 8	47 8	14 9	45 9	14 10
667 6	17 6	16 7	52 7	16 8	52 8	16 9	51 9	15 10
732 6	19 6	18 7	58 7	18 8	57 8	18 9	57 9	17 10
803 6	22 6	21 7	65 7	20 8	63 8	20 9	63 9	19 10
880 6	25 6	24 7	74 7	22 8	71 8	22 9	69 9	21 10
965 6	29 6	27 7	84 7	26 8	80 8	24 9	77 9	24 10
106 7	40 6	36 7	11 8	34 8	10 9	31 9	98 9	30 10

Table 4.11. Silicon Dioxide

T, K	Density, kg/m³							
	100—3	100—2	316—2	100—1	316—1	100 0	316 0	100 1
462 4	19 3	19 4	60 4	19 5	60 5	19 6	60 6	19 7
554 4	24 3	23 4	73 4	23 5	73 5	23 6	73 6	23 7
608 4	28 3	26 4	81 4	25 5	80 5	25 6	80 6	25 7

Table 4.11. Silicon Dioxide (*Cont.*)

T, K		Density, kg/m³														
		100—3		100—2		316—2		100—1		316—1		100 0		316 0		100 1
667	4	32	3	29	4	91	4	28	5	89	5	28	6	88	6	27 7
732	4	38	3	34	4	10	5	32	5	99	5	30	6	97	6	30 7
802	4	43	3	40	4	12	5	36	5	11	6	34	6	10	7	33 7
879	4	49	3	46	4	14	5	42	5	12	6	38	6	12	7	37 7
964	4	56	3	52	4	16	5	48	5	14	6	44	6	13	7	41 7
106	5	68	3	60	4	18	5	55	5	16	6	50	6	15	7	46 7
116	5	84	3	70	4	21	5	63	5	19	6	57	6	17	7	52 7
126	5	10	4	85	4	24	5	73	5	22	6	66	6	19	7	60 7
139	5	12	4	10	5	29	5	86	5	25	6	76	6	22	7	68 7
146	5	14	4	12	5	36	5	10	6	30	6	88	6	26	7	78 7
167	5	15	4	14	5	43	5	12	6	36	6	10	7	30	7	90 7
183	5	17	4	16	5	50	5	14	6	43	6	12	7	35	7	10 8
201	5	19	4	19	5	58	5	17	6	51	6	14	7	42	7	12 8
220	5	22	4	21	5	66	5	20	6	59	6	17	7	50	7	14 8
241	5	26	4	23	5	73	5	22	6	69	6	20	7	59	7	17 8
266	5	32	4	27	5	83	5	25	6	78	6	23	7	69	7	20 8
291	5	38	4	33	5	97	5	29	6	88	6	27	7	80	7	23 8
319	5	44	4	40	5	11	6	34	6	10	7	30	7	92	7	27 8
350	5	50	4	46	5	14	6	40	6	11	7	35	7	10	8	31 8
384	5	58	4	53	5	16	6	48	6	14	7	41	7	12	8	36 8
421	5	68	4	61	5	18	6	56	6	16	7	48	7	14	8	41 8
462	5	79	4	71	5	21	6	64	6	19	7	57	7	16	8	48 8
506	5	90	4	84	5	25	6	74	6	22	7	66	7	19	8	57 8
554	5	10	5	96	5	29	6	87	6	25	7	77	7	23	8	67 8
608	5	11	5	10	6	33	6	10	7	30	7	89	7	26	8	78 8
667	5	13	5	12	6	38	6	11	7	35	7	10	8	30	8	91 8
732	5	15	5	14	6	43	6	13	7	40	7	12	8	35	8	10 9
802	5	17	5	16	6	49	6	15	7	45	7	13	8	41	8	12 9
879	5	20	5	18	6	56	6	17	7	52	7	15	8	47	8	14 9
964	5	23	5	21	6	64	6	19	7	60	7	18	8	54	8	16 9
106	6	26	5	24	6	74	6	22	7	68	7	20	8	62	8	18 9
116	6	31	5	28	6	85	6	25	7	78	7	23	8	71	8	21 9
126	6	35	5	33	6	99	6	29	7	89	7	27	8	81	8	24 9
139	6	39	5	37	6	11	7	34	7	10	8	31	8	93	8	28 9
146	6	44	5	42	6	13	7	40	7	12	8	35	8	10	9	32 9
167	6	49	5	48	6	14	7	45	7	13	8	41	8	12	9	36 9
183	6	55	5	53	6	16	7	51	7	15	8	47	8	14	9	42 9
201	6	62	5	59	6	18	7	57	7	17	8	54	8	16	9	49 9
220	6	70	5	67	6	20	7	64	7	20	8	61	8	18	9	56 9
241	6	78	5	76	6	23	7	72	7	22	8	69	8	21	9	64 9
266	6	88	5	85	6	26	7	82	7	25	8	77	8	24	9	73 9
291	6	99	5	95	6	29	7	92	7	28	8	87	8	26	9	82 9
319	6	11	6	10	7	33	7	10	8	32	8	99	8	30	9	92 9
350	6	12	6	12	7	37	7	11	8	36	8	11	9	34	9	10 10
384	6	14	6	13	7	42	7	13	8	40	8	12	9	38	9	11 10
421	6	15	6	15	7	47	7	14	8	45	8	14	9	43	9	13 10
462	6	17	6	17	7	53	7	16	8	51	8	15	9	48	9	15 10

Table 4.11. Silicon Dioxide (*Cont.*)

T, K	Density, kg/m³							
	100—3	100—2	316—2	100—1	316—1	100 0	316 0	100 1
506 6	20 6	19 7	60 7	18 8	57 8	17 9	54 9	16 10
554 6	22 6	21 7	67 7	20 8	64 8	20 9	62 9	19 10
608 6	25 6	24 7	76 7	23 8	72 8	22 9	69 9	21 10
667 6	28 6	27 7	86 7	26 8	82 8	25 9	78 9	24 10
732 6	31 6	31 7	96 7	30 8	92 8	28 9	87 9	27 10
802 6	34 6	34 7	10 8	33 8	10 9	32 9	99 9	30 10
879 6	37 6	37 7	11 8	37 8	11 9	36 9	11 10	34 10
964 6	41 6	41 7	13 8	41 8	13 9	40 9	12 10	38 10
106 7	45 6	45 7	14 8	45 8	14 9	45 9	14 10	43 10
116 7	49 6	49 7	15 8	49 8	15 9	49 9	15 10	48 10

Table 4.12. Zirconium Dioxide

T, K	Density, kg/m³							
	100—3	100—2	316—2	100—1	316—1	100 0	316 0	100 1
462 4	11 3	10 4	32 4	98 4	30 5	95 5	29 6	94 6
554 4	14 3	14 4	43 4	13 5	39 5	12 6	37 6	11 7
608 4	16 3	16 4	50 4	15 5	45 5	13 6	41 6	12 7
667 4	18 3	17 4	56 4	17 5	52 5	15 6	47 6	14 7
732 4	19 3	19 4	62 4	19 5	60 5	18 6	55 6	16 7
802 4	22 3	21 4	68 4	21 5	67 5	20 6	63 6	19 7
879 4	27 3	24 4	75 4	23 5	74 5	23 6	71 6	21 7
964 4	32 3	28 4	86 4	26 5	82 5	25 6	80 6	24 7
106 5	40 3	34 4	10 5	30 5	92 5	28 6	89 6	27 7
116 5	49 3	41 4	12 5	35 5	10 6	32 6	10 7	31 7
126 5	57 3	50 4	14 5	42 5	12 6	37 6	11 7	35 7
139 5	65 3	60 4	17 5	51 5	14 6	43 6	13 7	39 7
146 5	73 3	70 4	21 5	61 5	17 6	52 6	15 7	46 7
167 5	84 3	79 4	24 5	73 5	21 6	61 6	18 7	54 7
183 5	96 3	90 4	27 5	84 5	25 6	73 6	21 7	63 7
201 5	10 4	10 5	31 5	95 5	29 6	86 6	25 7	74 7
220 5	12 4	11 5	36 5	11 6	33 6	10 7	29 7	87 7
241 5	14 4	13 5	40 5	12 6	38 6	11 7	34 7	10 8
266 5	17 4	15 5	46 5	14 6	43 6	13 7	39 7	11 8
291 5	20 4	18 5	53 5	16 6	49 6	15 7	45 7	13 8
319 5	23 4	21 5	63 5	18 6	56 6	17 7	51 7	15 8
350 5	26 4	25 5	75 5	22 6	65 6	19 7	59 7	17 8
384 5	29 4	28 5	86 5	26 6	77 6	22 7	67 7	20 8
421 5	34 4	31 5	98 5	30 6	90 6	26 7	78 7	23 8
462 5	40 4	36 5	11 6	34 6	10 7	31 7	92 7	27 8
506 5	45 4	42 5	12 6	38 6	11 7	35 7	10 8	31 8
554 5	53 4	49 5	14 6	45 6	13 7	40 7	12 8	36 8
608 5	62 4	56 5	17 6	52 6	15 7	46 7	14 8	42 8
667 5	72 4	66 5	20 6	60 6	18 7	54 7	16 8	48 8
732 5	84 4	77 5	23 6	69 6	21 7	63 7	18 8	56 8

Table 4.12. Zirconium Dioxide (*Cont.*)

T, K		Density, kg/m³															
		100—3		100—2		316—2		100—1		316—1		100 0		316 0		100 1	
802	5	98	4	90	5	27	6	81	6	24	7	73	7	21	8	65	8
879	5	11	5	10	6	31	6	94	6	28	7	84	7	25	8	75	8
964	5	13	5	12	6	36	6	11	7	33	7	98	7	29	8	87	8
106	6	15	5	14	6	42	6	12	7	38	7	11	8	34	8	10	9
116	6	18	5	16	6	49	6	14	7	44	7	13	8	39	8	11	9
126	6	20	5	19	6	58	6	17	7	51	7	15	8	46	8	13	9
139	6	21	5	22	6	68	6	20	7	60	7	17	8	53	8	15	9
146	6	26	5	25	6	78	6	23	7	70	7	20	8	61	8	18	9
167	6	29	5	28	6	88	6	27	7	82	7	24	8	72	8	21	9
183	6	33	5	32	6	10	7	30	7	94	7	28	8	84	8	24	9
201	6	36	5	36	6	11	7	34	7	10	8	32	8	98	8	29	9
220	6	40	5	40	6	12	7	39	7	12	8	37	8	11	9	34	9
241	6	45	5	44	6	13	7	43	7	13	8	42	8	12	9	39	9
266	6	50	5	49	6	15	7	48	7	15	8	47	8	14	9	44	9
291	6	56	5	54	6	17	7	53	7	16	8	52	8	16	9	50	9
319	6	63	5	61	6	19	7	59	7	18	8	58	8	18	9	56	9
350	6	70	5	68	6	21	7	66	7	20	8	64	8	20	9	62	9
384	6	79	5	77	6	24	7	74	7	23	6	72	8	22	9	70	9
421	6	90	5	86	6	26	7	83	7	26	8	80	8	25	9	78	9
462	6	10	6	97	6	30	7	93	7	29	8	90	8	28	9	87	9
506	6	12	6	11	7	34	7	10	8	32	8	10	9	31	9	97	9
554	6	14	6	13	7	40	7	12	8	36	8	11	9	35	9	10	10
608	6	16	6	15	7	47	7	14	8	42	8	12	9	39	9	12	10
667	6	18	6	17	7	54	7	16	8	50	8	14	9	44	9	13	10
732	6	21	6	20	7	61	7	18	8	57	8	17	9	51	9	15	10
802	6	23	6	22	7	70	7	21	8	66	8	20	9	61	9	18	10
879	6	27	6	25	7	80	7	24	8	75	8	23	9	70	9	21	10
964	6	30	6	29	7	90	7	27	8	86	8	26	9	80	9	24	10
106	7	34	6	33	7	10	8	31	8	97	8	30	9	91	9	27	10
116	7	38	6	37	7	11	8	36	8	11	9	33	9	10	10	31	10

Table 4.13. Teflon

T, K		Density, kg/m³															
		100—3		100—2		316—2		100—1		316—1		100—0		316 0		100 1	
116	5	82	03	74	04	22	05	66	05	20	06	61	06	19	07	59	07
128	5	10	04	86	04	26	05	77	05	23	06	69	06	21	07	65	07
139	5	12	04	10	05	30	05	90	05	26	06	80	06	24	07	74	07
153	5	14	04	12	05	36	05	10	06	31	06	93	06	27	07	83	07
168	5	16	04	15	05	45	05	12	06	37	06	10	07	32	07	95	07
183	5	18	04	17	05	53	05	15	06	45	06	12	07	37	07	11	08
202	5	21	04	20	05	61	05	18	06	54	06	15	07	44	07	13	08
222	5	24	04	22	05	69	05	21	06	64	06	18	07	53	07	15	08
242	5	28	04	26	05	78	05	24	06	73	06	22	07	63	07	18	08
266	5	33	04	30	05	90	05	27	06	83	06	25	07	75	07	21	08
291	5	40	04	35	05	10	06	31	06	95	06	28	07	86	07	25	08

Table 4.13. Teflon (*Cont.*)

T, K		Density, kg/m³														
		100—3		100—2		316—2		100—1		316—1		100—0		316 0		100 1
319	5	47	04	42	05	12	06	36	06	10	07	32	07	99 07	29	08
350	5	54	04	49	05	14	06	43	06	12	07	37	07	11 08	34	08
384	5	62	04	57	05	17	06	51	06	15	07	43	07	13 08	39	08
421	5	72	04	66	05	20	06	60	06	17	07	51	07	15 08	44	08
462	5	85	04	76	05	23	06	69	06	20	07	61	07	17 08	52	08
507	5	10	05	89	05	26	06	80	06	24	07	71	07	21 08	61	08
556	5	11	05	10	06	31	06	93	06	27	07	83	07	24 08	72	08
609	5	13	05	12	06	36	06	10	07	32	07	96	07	28 08	84	08
667	5	15	05	14	06	43	06	12	07	37	07	11	08	33 08	98	08
732	5	17	05	16	06	49	06	14	07	44	07	13	08	38 08	11	09
803	5	20	05	19	06	57	06	17	07	51	07	15	08	45 08	13	09
880	5	23	05	21	06	66	06	20	07	59	07	17	08	52 08	15	09
967	5	26	05	24	06	75	06	23	07	69	07	20	08	61 08	18	09
106	6	30	05	28	06	86	06	26	07	79	07	23	08	70 08	21	09
116	6	34	05	32	06	99	06	30	07	91	07	27	08	82 08	24	09
128	6	40	05	37	06	11	07	34	07	10	08	31	08	94 08	28	09
140	6	45	05	42	06	13	07	39	07	12	08	36	08	10 09	32	09
153	6	52	05	48	06	14	07	45	07	13	08	41	08	12 09	37	09
168	6	58	05	55	06	17	07	51	07	15	08	47	08	14 09	42	09
184	6	64'	05	62	06	19	07	58	07	17	08	54	08	16 09	49	09
202	6	70	05	69	06	21	07	67	07	20	08	61	08	18 09	56	09
221	6	77	05	77	06	24	07	75	07	23	08	70	08	21 09	64	09
242	6	85	05	84	06	26	07	83	07	26	08	79	08	24 09	73	09
266	6	95	05	93	06	29	07	92	07	29	08	89	08	27 09	83	09
291	6	10	06	10	07	32	07	10	08	32	08	10	09	30 09	94	09
319	6	11	06	11	07	36	07	11	08	35	08	11	09	34 09	10	10
350	6	13	06	12	07	40	07	12	08	39	08	12	09	38 09	11	10
384	6	14	06	14	07	44	07	14	08	43	08	13	09	42 09	13	10
421	6	16	06	16	07	49	07	15	08	48	08	15	09	47 09	14	10
462	6	17	06	17	07	55	07	17	08	54	08	16	09	52 09	16	10
506	6	19	06	19	07	61	07	19	08	60	08	18	09	58 09	18	10
555	6	21	06	21	07	67	07	21	08	66	08	20	09	65 09	20	10
609	6	24	06	23	07	74	07	23	08	73	08	23	09	72 09	22	10
667	6	28	06	26	07	82	07	25	08	80	08	25	09	80 09	25	10
732	6	31	06	30	07	94	07	29	08	89	08	28	09	88 09	27	10
802	6	35	06	34	07	10	08	32	08	10	09	31	09	97 09	30	10
880	6	39	06	38	07	12	08	37	08	11	09	35	09	10 10	33	10
965	6	43	06	43	07	13	08	42	08	12	09	39	09	12 10	37	10
116	7	52	06	52	07	16	08	51	08	16	09	50	09	15 10	48	10

Table 4.14. Polyformaldehyde

T, K	Density, kg/m³							
	100—3	100—2	316—2	100—1	316—1	100 0	316 0	100 1
116 5	20 04	16 05	48 05	14 06	43 06	13 07	41 07	13 08
128 5	24 04	20 05	57 05	16 06	50 06	15 07	46 07	14 08
139 5	29 04	24 05	70 05	20 06	58 06	17 07	52 07	16 08
153 5	33 04	30 05	85 05	24 06	69 06	20 07	60 07	18 08
168 5	37 04	35 05	10 06	29 06	83 06	23 07	69 07	20 08
183 5	40 04	39 05	12 06	35 06	10 07	28 07	82 07	24 08
202 5	45 04	44 05	13 06	41 06	12 07	34 07	97 07	28 08
222 5	52 04	49 05	15 06	47 06	14 07	40 07	11 08	33 08
242 5	59 04	55 05	17 06	53 06	16 07	47 07	13 08	39 08
266 5	68 04	63 05	19 06	59 06	18 07	55 07	16 08	46 08
291 5	78 04	72 05	22 06	67 06	20 07	62 07	18 08	54 08
319 5	88 04	83 05	25 06	76 06	23 07	70 07	21 08	63 08
350 5	99 04	94 05	29 06	87 06	26 07	79 07	24 08	72 08
384 5	11 05	10 06	32 06	10 07	30 07	91 07	27 08	82 08
421 5	13 05	12 06	37 06	11 07	34 07	10 08	31 08	93 08
462 5	15 05	13 06	42 06	12 07	39 07	11 08	35 08	10 09
507 5	17 05	15 06	48 06	14 07	44 07	13 08	40 08	12 09
556 5	19 05	18 06	55 06	16 07	50 07	15 08	46 08	14 09
609 5	22 05	20 06	63 06	19 07	58 07	17 08	53 08	16 09
667 5	25 05	23 06	72 06	21 07	66 07	20 08	60 08	18 09
732 5	28 05	26 06	82 06	25 07	75 07	22 08	68 08	20 09
803 5	31 05	30 06	93 06	28 07	86 07	26 08	78 08	23 09
880 5	35 05	34 06	10 07	32 07	98 07	29 08	89 08	27 09
967 5	40 05	38 06	11 07	36 07	11 08	33 08	10 09	30 09
106 6	44 05	43 06	13 07	41 07	12 08	38 08	11 09	35 09
116 6	50 05	48 06	15 07	46 07	14 08	43 08	13 09	39 09
128 6	56 05	54 06	16 07	51 07	16 08	49 08	15 09	45 09
140 6	61 05	60 06	18 07	58 07	18 08	55 08	16 09	51 09
153 6	67 05	67 06	21 07	65 07	20 08	62 08	19 09	58 09
168 6	74 05	74 06	23 07	72 07	22 08	69 08	21 09	65 09
184 6	81 05	81 06	25 07	80 07	25 08	77 08	24 09	72 09
202 6	89 05	89 06	28 07	89 07	27 08	86 08	26 09	82 09
221 6	98 05	98 06	31 07	97 07	30 08	96 08	30 09	92 09
242 6	10 06	10 07	34 07	10 08	33 08	10 09	33 09	10 10
266 6	12 06	11 07	37 07	11 08	37 08	11 09	36 09	11 10
291 6	13 06	13 07	41 07	13 08	40 08	12 09	40 09	12 10
319 6	15 06	14 07	46 07	14 08	45 08	14 09	44 09	14 10
350 6	17 06	16 07	51 07	16 08	50 08	15 09	49 09	15 10
384 6	19 06	18 07	57 07	18 08	56 08	17 09	54 09	17 10
421 6	21 06	20 07	64 07	20 08	62 08	19 09	60 09	18 10
462 6	23 06	23 07	72 07	22 08	69 08	21 09	67 09	21 10
506 6	26 06	25 07	80 07	25 08	78 08	24 09	75 09	23 10
555 6	29 06	28 07	89 07	27 08	87 08	27 09	84 09	26 10
609 6	33 06	32 07	10 08	31 08	97 08	30 09	93 09	29 10
667 6	36 06	36 07	11 08	35 08	10 09	33 09	10 10	32 10

Table 4.14. Polyformaldehyde (*Cont.*)

T, K	Density, kg/m³													
	100—3		100—2		316—2		100—1		316—1		100 0		316 0		100 1
732 6	40	06	40	07	12	08	39	08	12	09	37	09	11	10	36 10
802 6	44	06	44	07	14	08	43	08	13	09	42	09	13	10	40 10
880 6	48	06	48	07	15	08	48	08	15	09	47	09	14	10	45 10
965 6	53	06	53	07	16	08	53	08	16	09	52	09	16	10	50 10
116 7	64	06	64	07	20	08	64	08	20	09	64	09	20	10	63 10

Table 4.15. Caprolactum

T, K	Density, kg/m³													
	100—3		100—2		316—2		100—1		316—1		100 0		316 0		100 1
116 5	25	04	20	05	60	05	18	06	54	06	16	07	52	07	16 08
128 5	31	04	25	05	72	05	21	06	63	06	19	07	58	07	18 08
139 5	36	04	31	05	88	05	25	06	73	06	21	07	66	07	20 08
153 5	41	04	37	05	10	06	30	06	87	06	25	07	75	07	23 08
168 5	46	06	44	05	12	06	37	06	10	07	30	07	87	07	26 08
183 5	51	04	50	05	15	06	44	06	12	07	35	07	10	08	30 08
202 5	57	04	55	05	17	06	51	06	15	07	42	07	12	08	35 08
222 5	66	04	62	05	19	06	59	06	17	07	51	07	14	08	41 08
242 5	76	04	70	05	21	06	66	06	20	07	59	07	17	08	49 08
266 5	86	04	80	05	24	06	74	06	22	07	68	07	20	08	58 08
291 5	97	04	92	05	28	06	84	06	25	07	78	07	23	08	67 08
319 5	10	05	10	06	32	06	96	06	29	07	88	07	26	08	78 08
350 5	12	05	11	06	36	06	11	07	33	07	10	08	30	08	90 08
384 5	14	05	13	06	40	06	12	07	38	07	11	08	34	08	10 09
421 5	16	05	14	06	45	06	14	07	43	07	13	08	39	08	11 09
462 5	18	05	17	06	51	06	15	07	48	07	14	08	44	08	13 09
507 5	20	05	19	06	59	06	18	07	54	07	16	08	50	08	15 09
556 5	23	05	22	06	67	06	20	07	62	07	18	08	57	08	17 09
609 5	26	05	25	06	76	06	23	07	71	07	21	08	65	08	19 09
667 5	30	05	28	06	87	06	26	07	80	07	24	08	73	08	22 09
732 5	33	05	32	06	98	06	30	07	91	07	27	08	84	08	25 09
803 5	37	05	36	06	11	07	34	07	10	08	31	08	95	08	28 09
880 5	41	05	40	06	12	07	38	07	11	08	35	08	10	09	32 09
967 5	45	05	44	06	13	07	43	07	13	08	40	08	12	09	37 09
106 6	50	05	49	06	15	07	48	07	14	08	45	08	13	09	42 09
116 6	55	05	54	06	17	07	53	07	16	08	51	08	15	09	47 09
128 6	60	05	60	06	18	07	59	07	18	08	57	08	17	09	53 09
140 6	66	05	66	06	20	07	65	07	20	08	63	08	19	09	60 09
153 6	73	05	73	06	23	07	72	07	22	08	71	08	22	09	67 09
168 6	80	05	80	06	25	07	79	07	25	08	78	08	24	09	75 09
184 6	88	05	88	06	27	07	87	07	27	08	86	08	27	09	84 09
202 6	96	05	96	06	30	07	96	07	30	08	95	08	30	09	93 09
221 6	10	06	10	07	33	07	10	08	33	08	10	09	33	09	10 10
242 6	11	06	11	07	36	07	11	08	36	08	11	09	36	09	11 10
266 6	13	06	12	07	40	07	12	08	40	08	12	09	40	09	12 10
291 6	15	06	14	07	45	07	14	08	44	08	14	09	44	09	13 10

Table 4.15. Caprolactum (*Cont.*)

T, K	Density, kg/m³							
	100—3	100—2	316—2	100—1	316—1	100 0	316 0	100 1
319 6	17 06	16 07	51 07	15 08	49 08	15 09	48 09	15 10
350 6	19 06	18 07	57 07	17 08	54 08	17 09	53 09	16 10
384 6	21 06	20 07	64 07	20 08	61 08	19 09	59 09	18 10
421 6	24 06	23 07	73 07	22 08	69 08	21 09	66 09	20 10
462 6	26 06	26 07	82 07	25 08	78 08	24 09	74 09	23 10
506 6	29 06	29 07	91 07	28 08	88 08	27 09	83 09	25 10
555 6	32 06	32 07	10 08	31 08	99 08	30 09	94 09	29 10
609 6	36 06	35 07	11 08	35 08	11 09	34 09	10 10	32 10
667 6	39 06	39 07	12 08	39 08	12 09	38 09	11 10	36 10
732 6	43 06	43 07	13 08	43 08	13 09	42 09	13 10	41 10
802 6	47 06	47 07	15 08	47 08	15 09	47 09	14 10	45 10
880 6	52 06	52 07	16 08	52 08	16 09	52 09	16 10	50 10
965 6	57 06	57 07	18 08	57 08	18 09	57 09	18 10	56 10
116 7	69 06	69 07	21 08	69 08	21 09	69 09	21 10	68 10

Table 4.16. Plexiglas

T, K	Density, kg/m³							
	100—3	100—2	316—2	100—1	316—1	100 0	316 0	100 1
116 5	22 04	18 05	54 05	16 06	49 06	15 07	47 07	14 08
128 5	28 04	22 05	65 05	19 06	56 06	17 07	52 07	16 08
139 5	33 04	28 05	79 05	22 06	66 06	19 07	59 07	18 08
153 5	37 04	33 05	96 05	27 06	78 06	22 07	68 07	20 08
168 5	41 04	39 05	11 06	33 06	94 06	27 07	79 07	23 08
183 5	46 04	44 05	13 06	39 06	11 07	32 07	92 07	27 08
202 5	51 04	49 05	15 06	46 06	13 07	38 07	11 08	31 08
222 5	59 04	55 05	17 06	53 06	15 07	45 07	13 08	37 08
242 5	68 04	62 05	19 06	59 06	18 07	53 07	15 08	44 08
266 5	77 04	72 05	21 06	66 06	20 07	61 07	18 08	52 08
291 5	87 04	82 05	25 06	75 06	23 07	70 07	20 09	61 08
319 5	98 04	94 05	28 06	86 06	26 07	79 07	23 08	70 08
350 5	11 05	10 06	32 06	99 06	29 07	90 07	27 08	81 08
384 5	12 05	11 06	36 06	11 07	34 07	10 08	30 08	92 08
421 5	14 05	13 06	41 06	12 07	38 07	11 08	35 08	10 09
462 5	16 05	15 06	47 06	14 07	44 07	13 08	40 08	12 09
507 5	19 05	17 06	54 06	16 07	49 07	15 08	45 08	13 09
556 5	21 05	20 06	61 06	18 07	56 07	17 08	52 08	15 09
609 5	24 05	23 06	70 06	21 07	64 07	19 08	59 08	17 09
667 5	27 05	26 06	79 06	24 07	73 07	22 08	67 08	20 09
732 5	30 05	29 06	91 06	27 07	83 07	25 08	76 08	23 09
803 5	34 05	33 06	10 07	31 07	95 07	28 08	87 08	26 09
880 5	38 05	37 06	11 07	35 07	10 08	32 08	99 08	29 09
967 5	42 05	41 06	12 07	40 07	12 08	37 08	11 09	34 09

Table 4.16. Plexiglas (*Cont.*)

T, K	Density, kg/m³														
	100—3		100—2		316—2		100—1		316—1		100 0		316 0		100 1
106 6	47	05	46	06	14	07	44	07	13	08	42	08	12	09	38 09
116 6	52	05	51	06	16	07	49	07	15	08	47	08	14	09	43 09
128 6	57	05	56	06	17	07	55	07	17	08	53	08	16	09	49 09
140 6	63	05	63	06	19	07	61	07	19	08	59	08	18	09	56 09
153 6	69	05	69	06	21	07	68	07	21	08	66	08	20	09	62 09
168 6	76	05	76	06	24	07	75	07	23	08	73	08	22	09	70 09
184 6	84	05	83	06	26	07	83	07	26	08	81	08	25	09	78 09
202 6	92	05	92	06	29	07	91	07	28	08	90	08	28	09	87 09
221 6	10	06	10	07	31	07	10	08	31	08	10	09	31	09	97 09
242 6	11	06	11	07	35	07	11	08	34	08	11	09	34	09	10 10
266 6	12	06	12	07	38	07	12	08	38	08	12	09	38	09	11 10
291 6	14	06	13	07	43	07	13	08	42	08	13	09	41	09	13 10
319 6	16	06	15	07	48	07	15	08	46	08	14	09	46	09	14 10
350 6	18	06	17	07	54	07	17	08	52	08	16	09	50	09	16 10
384 6	20	06	19	07	61	07	19	08	59	08	18	09	56	09	17 10
421 6	22	06	22	07	69	07	21	08	66	08	20	09	63	09	19 10
462 6	25	06	24	07	77	07	24	08	74	08	23	09	71	09	21 10
506 6	28	06	27	07	86	07	27	08	83	08	25	09	79	09	24 10
555 6	31	06	30	07	95	07	30	08	93	08	29	09	89	09	27 10
609 6	34	06	34	07	10	08	33	08	10	09	32	09	10	10	30 10
667 6	38	06	37	07	11	08	37	08	11	09	36	09	11	10	34 10
732 6	41	06	41	07	13	08	41	08	12	09	40	09	12	10	38 10
802 6	46	06	45	07	14	08	45	08	14	09	44	09	13	10	43 10
880 6	50	06	50	07	15	08	50	08	15	09	49	09	15	10	48 10
965 6	55	06	55	07	17	08	55	08	17	09	54	09	17	10	53 10
116 7	66	06	66	07	21	08	66	08	21	09	66	09	20	10	65 10

Table 4.17. Textolite

T, K	Density, kg/m³														
	100—3		100—2		316—2		100—1		316—1		100 0		316 0		100 1
116 5	20	04	16	05	47	05	14	06	43	06	13	07	41	07	12 08
128 5	24	04	20	05	57	05	16	06	49	06	14	07	45	07	14 08
139 5	28	04	24	05	69	05	19	06	57	06	17	07	51	07	15 08
153 5	32	04	29	05	85	05	24	06	68	06	20	07	59	07	18 08
168 5	36	04	34	05	10	06	29	06	83	06	23	07	69	07	20 08
183 5	40	04	39	05	11	06	35	06	10	07	28	07	81	07	23 08
202 5	45	04	43	05	13	06	40	06	11	07	34	07	96	07	28 08
222 5	51	04	48	05	15	06	46	06	13	07	40	07	11	08	33 08
242 5	59	04	55	05	16	06	52	06	15	07	47	07	13	08	39 08
266 5	68	04	63	05	19	06	58	06	17	07	54	07	16	08	46 08
291 5	77	04	72	05	21	06	66	06	20	07	61	07	18	08	53 08
319 5	87	04	83	05	25	06	75	06	22	07	69	07	21	08	62 08

Table 4.17. Textolite (*Cont.*)

T, K	Density, kg/m³							
	100—3	100—2	316—2	100—1	316—1	100 0	316 0	100 1
350 5	99 04	94 05	28 06	87 06	26 07	78 07	23 08	71 08
384 5	11 05	10 06	32 06	99 06	30 07	90 07	27 08	81 08
421 5	13 05	12 06	37 06	11 07	34 07	10 08	31 08	92 08
462 5	15 05	13 06	42 06	12 07	39 07	11 08	35 08	10 09
507 5	17 05	16 06	48 06	14 07	44 07	13 08	40 08	12 09
556 5	19 05	18 06	55 06	16 07	50 07	15 08	46 08	13 09
609 5	22 05	20 06	63 06	19 07	58 07	17 08	52 08	15 09
667 5	25 05	23 06	72 06	22 07	66 07	20 08	60 08	18 09
732 5	28 05	27 06	82 06	25 07	75 07	22 08	68 08	20 09
803 5	31 05	30 06	93 06	28 07	86 07	26 08	78 08	23 09
880 5	35 05	34 06	10 07	32 07	98 07	29 08	89 08	27 09
967 5	39 05	38 06	11 07	36 07	11 08	33 08	10 09	30 09
106 6	44 05	42 06	13 07	41 07	12 08	38 08	11 09	35 09
116 6	49 05	48 06	14 07	46 07	14 08	43 08	13 09	39 09
128 6	55 05	53 06	16 07	51 07	16 08	49 08	15 09	45 09
140 6	60 05	59 06	18 07	57 07	17 08	55 08	16 09	51 09
153 6	66 05	66 06	20 07	64 07	20 08	61 08	19 09	57 09
168 6	73 05	73 06	23 07	71 07	22 08	69 08	21 09	65 09
184 6	80 05	80 06	25 07	79 07	24 08	77 08	23 09	73 09
202 6	88 05	87 06	27 07	87 07	27 08	85 08	26 09	81 09
221 6	96 05	96 06	30 07	96 07	30 08	95 08	29 09	91 09
242 6	10 06	10 07	33 07	10 08	33 08	10 09	32 09	10 10
266 6	12 06	11 07	36 07	11 08	36 08	11 09	36 09	11 10
291 6	13 06	13 07	41 07	12 08	40 08	12 09	40 09	12 10
319 6	15 06	14 07	46 07	14 08	44 08	14 09	44 09	13 10
350 6	17 06	16 07	51 07	16 08	49 08	15 09	48 09	15 10
384 6	19 06	18 07	57 07	18 08	55 08	17 09	53 09	16 10
421 6	21 06	20 07	64 07	20 08	62 08	19 09	60 09	18 10
462 6	23 06	23 07	72 07	22 08	69 08	21 09	67 09	20 10
506 6	26 06	25 07	80 07	25 08	78 08	24 09	75 09	23 10
555 6	29 06	28 07	90 07	28 08	87 08	27 09	83 09	26 10
609 6	33 06	32 07	10 08	31 08	97 08	30 09	94 09	29 10
667 6	36 06	36 07	11 08	35 08	10 09	33 09	10 10	32 10
732 6	40 06	40 07	12 08	39 08	12 09	37 09	11 10	36 10
802 6	44 06	44 07	13 08	43 08	13 09	42 09	13 10	40 10
880 6	48 06	48 07	15 08	48 08	15 09	47 09	14 10	45 10
965 6	53 06	53 07	16 08	53 08	16 09	52 09	16 10	50 10
116 7	58 06	57 07	17 08	59 08	20 09	63 09	20 10	62 10

CHAPTER
FIVE

INTERNAL ENERGY OF PLASMA

Data on the internal energy ϵ, J/kg of plasma, determined from the expression

$$\varepsilon = \frac{1}{m_0 \Sigma A C_A} \left\{ \frac{3}{2} kT (1 + \bar{z}) + \sum_A \sum_{Z=0}^{A} \alpha_{Z-1,A} (E_{Z-1,A} - \Delta E_{Z-1}) \right\}$$

are tabulated. The tables were constructed as follows. Values of ϵ, as a function of the plasma temperature T, K (left column) are listed for each substance given in the table heading for eight values of density ρ from the range of 10^{-4} to 1 kg/m³. The temperature range for metals and their oxides is 4620 to 1,160,000 K and for dielectrics—from 11,600 to 1,160,000 K. All the quantities are given by the mantissa and order of magnitude. Thus, the tabulated values of temperature, density and internal energy written as 116 5, 316 2 and 35 08 should be read respectively as $T = 0.116 \cdot 10^5$, $\rho = 0.316 \cdot 10^{-2} = 0.316$ kg/m² and $\epsilon = 0.35 \cdot 10^8$ J/kg.

Table 5.1. Silicon

T, K	Density, kg/m³							
	100 −3	100 −2	316 −2	100 −1	316 −1	100 0	316 0	100 1
462 4	25 7	22 7	21 7	21 7	20 7	20 7	20 7	20 7
554 4	58 7	35 7	31 7	28 7	26 7	25 7	25 7	25 7
608 4	99 7	52 7	41 7	35 7	31 7	29 7	28 7	27 7
667 4	16 8	82 7	60 7	47 7	40 7	35 7	33 7	31 7
732 4	24 8	13 8	92 7	68 7	53 7	44 7	39 .7	36 7
802 4	30 8	19 8	14 8	10 8	75 7	59 7	49 7	43 7
879 4	34 8	26 8	20 8	14 8	10 8	81 7	64 7	54 7
964 4	36 8	31 8	26 8	20 8	15 8	11 8	86 7	70 7
106 5	37 8	35 8	32 8	27 8	21 8	15 8	11 8	92 7
116 5	40 8	37 8	35 8	32 8	26 8	21 8	16 8	12 8
126 5	49 8	40 8	38 8	36 8	32 8	26 8	20 8	16 8
139 5	65 8	45 8	41 8	39 8	36 8	31 8	26 8	20 8
146 5	84 8	56 8	47 8	43 8	40 8	36 8	31 8	25 8
167 5	98 8	72 8	58 8	49 8	44 8	40 8	36 8	31 8
183 5	10 9	89 8	74 8	60 8	51 8	45 8	41 8	36 8

Table 5.1. Silicon (*Cont.*)

T, K	Density, kg/m³														
	100—3		100—2		316—2		100—1		316—1		100 0		316 0		100 1	
201 5	11	9	10	9	90	8	75	8	62	8	52	8	46	8	41	8
220 5	12	9	11	9	10	9	91	8	76	8	63	8	54	8	47	8
241 5	16	9	12	9	11	9	10	9	91	8	77	8	64	8	55	8
266 5	20	9	14	9	12	9	11	9	10	9	92	8	77	8	65	8
291 5	24	9	18	9	15	9	13	9	12	9	10	9	92	8	78	8
319 5	27	9	22	9	19	9	16	9	13	9	12	9	10	9	93	9
350 5	32	9	25	9	23	9	19	9	16	9	14	9	12	9	11	9
384 5	38	9	29	9	26	9	23	9	20	9	17	9	14	9	12	9
421 5	42	9	35	9	31	9	27	9	24	9	20	9	17	9	15	9
462 5	44	9	40	9	36	9	31	9	27	9	24	9	20	9	17	9
506 5	46	9	44	9	41	9	37	9	32	9	28	9	24	9	21	9
554 5	47	9	46	9	45	9	42	9	37	9	32	9	28	9	25	9
608 5	48	9	48	9	47	9	46	9	42	9	37	9	33	9	29	9
667 5	50	9	50	9	49	9	48	9	46	9	42	9	37	9	33	9
732 5	51	9	51	9	51	9	50	9	49	9	46	9	42	9	38	9
802 5	53	9	53	9	53	9	52	9	52	9	50	9	46	9	42	9
879 5	56	9	55	9	54	9	54	9	54	9	53	9	50	9	46	9
964 5	66	9	57	9	57	9	56	9	56	9	55	9	53	9	50	9
106 6	92	9	65	9	61	9	59	9	58	9	58	9	56	9	54	9
116 6	11	10	86	9	72	9	65	9	62	9	61	9	59	9	57	9
126 6	14	10	11	10	96	9	80	9	70	9	65	9	63	9	61	9
139 6	17	10	13	10	12	10	10	10	88	9	75	9	69	9	65	9
146 6	20	10	17	10	14	10	13	10	11	10	95	9	81	9	73	9
167 6	23	10	20	10	18	10	15	10	13	10	12	10	10	10	86	9
183 6	30	10	23	10	21	10	19	10	16	10	14	10	12	10	10	10
201 6	38	10	27	10	24	10	22	10	20	10	17	10	15	10	13	10
220 6	44	10	36	10	30	10	25	10	23	10	21	10	18	10	16	10
241 6	51	10	43	10	38	10	32	10	27	10	24	10	21	10	19	10
266 6	59	10	50	10	45	10	40	10	34	10	28	10	24	10	22	10
291 6	71	10	57	10	52	10	47	10	42	10	35	10	29	10	25	10
319 6	87	10	66	10	60	10	54	10	49	10	44	10	36	10	30	10
350 6	98	10	83	10	71	10	62	10	56	10	51	10	45	10	38	10
384 6	10	11	96	10	87	10	75	10	65	10	58	10	53	10	46	10
421 6	11	11	10	11	99	10	91	10	78	10	67	10	60	10	54	10
462 6	12	11	11	11	11	11	10	11	94	10	81	10	69	10	62	10
506 6	12	11	12	11	11	11	11	11	10	11	96	10	83	10	71	10
554 6	12	11	12	11	12	11	12	11	11	11	10	11	98	10	84	10
608 6	13	11	13	11	13	11	12	11	12	11	11	11	11	11	10	11
667 6	13	11	13	11	13	11	13	11	13	11	12	11	12	11	11	11
732 6	13	11	13	11	13	11	13	11	13	11	13	11	13	11	12	11
802 6	14	11	14	11	14	11	14	11	14	11	14	11	13	11	13	11
879 6	14	11	14	11	14	11	14	11	14	11	14	11	14	11	14	11
964 6	15	11	15	11	15	11	15	11	15	11	15	11	15	11	14	11
106 7	15	11	15	11	15	11	15	11	15	11	15	11	15	11	15	11
116 7	16	11	16	11	16	11	16	11	16	11	16	11	16	11	16	11

Table 5.2. Chromium

T, K	\multicolumn{9}{c}{Density, kg/m^3}
	100—3	100—2	316—2	100—1	316—1	100 0	316 0	100 1
462 4	34 7	18 7	15 7	13 7	12 7	11 7	11 7	11 7
554 4	90 7	45 7	32 7	24 7	20 7	17 7	15 7	14 7
608 4	12 8	70 7	50 7	36 7	27 7	22 7	19 7	17 7
667 4	14 8	10 8	74 7	53 7	38 7	29 7	24 7	20 7
732 4	15 8	12 8	10 8	76 7	55 7	41 7	32 7	26 7
802 4	16 8	14 8	12 8	10 8	77 7	56 7	43 7	34 7
879 4	16 8	16 8	14 8	12 8	10 8	77 7	58 7	45 7
964 4	18 8	17 8	16 8	14 8	12 8	10 8	76 7	59 7
106 5	25 8	18 8	17 8	16 8	14 8	12 8	98 7	76 7
116 5	37 8	23 8	20 8	18 8	16 8	14 8	12 8	96 7
126 5	47 8	33 8	26 8	21 8	19 8	16 8	14 8	11 8
139 5	51 8	44 8	37 8	29 8	23 8	20 8	17 8	14 8
146 5	53 8	51 8	47 8	40 8	32 8	26 8	21 8	17 8
167 5	55 8	54 8	52 8	49 8	43 8	35 8	28 8	23 8
183 5	57 8	56 8	55 8	54 8	50 8	45 8	38 8	31 8
201 5	63 8	58 8	57 8	56 8	55 8	52 8	47 8	42 8
220 5	81 8	62 8	60 8	59 8	58 8	56 8	54 8	50 8
241 5	10 9	74 8	66 8	62 8	61 8	59 8	58 8	56 8
266 5	12 9	95 8	80 8	70 8	65 8	63 8	61 8	60 8
291 5	12 9	11 9	10 9	85 8	73 8	68 8	65 8	64 8
319 5	13 9	12 9	11 9	10 9	89 8	77 8	71 8	68 8
350 5	15 9	13 9	13 9	12 9	10 9	93 8	81 8	75 8
384 5	19 9	15 9	14 9	13 9	12 9	11 9	96 8	86 8
421 5	22 9	17 9	15 9	14 9	13 9	12 9	11 9	10 9
462 5	24 9	21 9	18 9	16 9	15 9	14 9	13 9	11 9
506 5	26 9	24 9	22 9	19 9	17 9	15 9	14 9	13 9
554 5	31 9	26 9	24 9	22 9	20 9	17 9	16 9	14 9
608 5	38 9	29 9	27 9	25 9	23 9	20 9	18 9	16 9
667 5	44 9	35 9	31 9	28 9	26 9	23 9	21 9	18 9
732 5	51 9	41 9	37 9	32 9	29 9	26 9	24 9	21 9
802 5	59 9	48 9	43 9	38 9	33 9	30 9	27 9	24 9
879 5	65 9	56 9	50 9	44 0	39 9	34 9	30 9	27 9
964 5	76 9	63 9	58 9	51 9	45 9	40 9	35 9	31 9
106 6	94 9	74 9	66 9	59 9	52 9	46 9	40 9	36 9
116 6	11 10	91 9	79 9	69 9	61 9	53 9	47 9	41 9
126 6	13 10	11 10	97 9	85 9	73 9	63 9	54 9	47 9
139 6	16 10	13 10	11 10	10 10	90 9	76 9	64 9	55 9
146 6	18 10	15 10	14 10	12 10	11 10	95 9	79 9	66 9
167 6	21 10	18 10	16 10	14 10	13 10	11 10	99 9	82 9
183 6	26 10	21 10	19 10	17 10	15 10	13 10	12 10	10 10
201 6	31 10	24 10	22 10	20 10	18 10	16 10	14 10	12 10
220 6	37 10	30 10	26 10	23 10	20 10	18 10	16 10	15 10
241 6	42 10	36 10	31 10	27 10	24 10	21 10	19 10	17 10
266 6	47 10	41 10	37 10	33 10	28 10	25 10	22 10	20 10
291 6	52 10	46 10	43 10	39 10	35 10	30 10	26 10	23 10
319 6	54 10	51 10	48 10	44 10	41 10	36 10	31 10	27 10

Table 5.2. Chromium (*Cont.*)

T, K	Density, kg/m³							
	100—3	100—2	316—2	100—1	316—1	100 0	316 0	100 1
350 6	56 10	54 10	52 10	49 10	46 10	42 10	38 10	32 10
384 6	57 10	57 10	56 10	54 10	51 10	47 10	44 10	39 10
421 6	59 10	58 10	58 10	57 10	55 10	52 10	49 10	45 10
462 6	60 10	60 10	60 10	59 10	58 10	56 10	53 10	50 10
436 2	63 10	62 10	62 10	61 10	61 10	59 10	57 10	54 10
478 2	71 10	65 10	64 10	63 10	63 10	62 10	61 10	58 10
524 2	86 10	71 10	68 10	66 10	65 10	65 10	64 10	62 10
575 2	10 11	86 10	77 10	72 10	69 10	68 10	67 10	66 10
631 2	13 11	10 11	93 10	84 10	76 10	72 10	70 10	69 10
691 2	15 11	12 11	11 11	10 11	90 10	82 10	76 10	73 10
758 2	18 11	15 11	13 11	12 11	10 11	97 10	87 10	80 10
831 2	23 11	17 11	16 11	14 11	13 11	11 11	10 11	92 10
912 2	26 11	22 11	19 11	16 11	15 11	13 11	12 11	10 11
100 3	29 11	26 11	23 11	20 11	17 11	16 11	14 11	13 11

Table 5.3. Nickel

T, K	Density, kg/m³							
	100—3	100—2	316—2	100—1	316—1	100 0	316 0	100 1
462 4	15 7	11 7	10 7	10 7	10 7	99 6	99 6	98 6
554 4	39 7	21 7	17 7	14 7	13 7	12 7	12 7	12 7
608 4	66 7	32 7	24 7	19 7	16 7	15 7	14 7	13 7
667 4	10 8	52 7	37 7	27 7	22 7	18 7	16 7	15 7
732 4	13 8	79 7	56 7	40 7	30 7	24 7	20 7	18 7
802 4	14 8	11 8	83 7	60 7	43 7	32 7	26 7	22 7
879 4	15 8	13 8	11 8	85 6	62 7	45 7	35 7	28 7
964 4	16 8	15 8	13 8	11 8	86 7	63 7	47 7	37 7
106 5	17 8	16 8	15 8	13 8	11 8	85 7	64 7	49 7
116 5	19 8	17 8	16 8	15 8	13 8	11 8	84 7	64 7
126 5	26 8	19 8	18 8	17 8	15 8	13 8	10 8	84 7
139 5	38 8	24 8	20 8	18 8	17 8	15 8	13 8	10 8
146 5	47 8	33 8	26 8	22 8	19 8	17 8	15 8	12 8
167 5	51 8	43 8	35 8	28 8	23 8	20 8	17 8	15 8
183 5	53 8	50 8	45 8	37 8	29 8	24 8	20 8	18 8
201 5	56 8	54 8	51 8	46 8	38 8	31 8	25 8	21 8
220 5	65 8	57 8	55 8	52 8	47 8	39 8	32 8	26 8
241 5	87 8	63 8	59 8	56 8	53 8	47 8	40 8	33 8
266 5	11 9	79 8	68 8	62 8	58 8	54 8	48 8	41 8
291 5	12 9	10 9	86 8	73 8	65 8	60 8	55 8	49 8
319 5	12 9	11 9	10 9	92 8	78 8	68 8	62 8	56 8
350 5	14 9	12 9	12 9	11 9	97 8	82 8	72 8	64 8
384 5	17 9	13 9	13 9	12 9	11 9	10 9	87 8	76 8
421 5	21 9	16 9	14 9	13 9	13 9	12 9	10 9	92 8

Table 5.3. Nickel (*Cont.*)

T, K	Density, kg/m³														
	100—3		100—2		316—2		100—1		316—1		100 0		316 0		100 1	
462 5	23	9	19	9	17	9	15	9	14	9	13	9	12	9	11	9
506 5	25	9	22	9	20	9	18	9	16	9	14	9	13	9	12	9
554 5	29	9	25	9	23	9	21	9	18	9	16	9	15	9	14	9
608 5	37	9	27	9	25	9	24	9	22	9	19	9	17	9	15	9
667 5	49	9	34	9	29	9	26	9	24	9	22	9	20	9	18	9
732 5	57	9	45	9	36	9	30	9	27	9	25	9	23	9	20	9
802 5	62	9	56	9	49	9	40	9	32	9	28	9	26	9	23	9
879 5	69	9	62	9	59	9	53	9	43	9	34	9	29	9	27	9
964 5	80	9	67	9	64	9	61	9	55	9	45	9	36	9	30	9
106 6	92	9	77	9	71	9	66	9	63	9	58	9	48	9	38	9
116 6	10	10	89	9	81	9	74	9	69	9	65	9	60	9	51	9
126 6	12	10	10	10	93	9	84	9	77	9	71	9	67	9	62	9
139 6	13	10	11	10	10	10	97	9	88	9	80	9	74	9	70	9
146 6	15	10	13	10	12	10	11	10	10	10	91	9	82	9	77	9
167 6	18	10	15	10	13	10	12	10	11	10	10	10	93	9	85	9
183 6	21	10	17	10	15	10	14	10	13	10	11	19	10	10	96	9
201 6	25	10	20	10	18	10	16	10	14	10	13	10	12	10	11	10
220 6	30	10	24	10	21	10	18	10	16	10	15	10	13	10	12	10
241 6	36	10	30	10	26	10	22	10	19	10	17	10	15	10	14	10
266 6	41	10	35	10	32	10	28	10	24	10	20	10	17	10	16	10
291 6	47	10	40	10	37	10	33	10	30	10	25	10	20	10	18	10
319 6	57	10	46	10	42	10	39	10	35	10	31	10	26	10	21	10
350 6	69	10	53	10	48	10	44	10	41	10	37	10	33	10	27	10
384 ·6	84	01	67	10	57	10	50	10	46	10	42	10	38	10	34	10
421 6	92	10	79	10	71	10	61	10	52	10	48	10	44	10	40	10
462 6	94	10	92	10	84	10	75	10	65	10	55	10	49	10	45	10
506 6	96	10	96	10	95	10	89	10	78	10	68	10	57	10	51	10
554 6	98	10	98	10	98	10	97	10	92	10	81	10	71	10	59	10
608 6	10	11	10	11	10	11	10	11	99	10	95	10	84	10	73	10
667 6	10	11	10	11	10	11	10	11	10	11	10	11	97	10	87	10
732 6	10	11	10	11	10	11	10	11	10	11	10	11	10	11	10	11
802 6	11	11	10	11	10	11	10	11	10	11	10	11	10	11	10	11
879 6	12	11	11	11	11	11	11	11	11	11	11	11	11	11	11	11
964 6	15	11	12	11	11	11	11	11	11	11	11	11	11	11	11	11
106 7	19	11	15	11	13	11	12	11	12	11	11	11	11	11	11	11
116 7	23	11	19	11	17	11	14	11	13	11	12	11	12	11	12	11

Table 5.4. Copper

T, K	Density, kg/m³														
	100—3		100—2		316—2		100—1		316—1		100 0		316 0		100 1	
462 4	29	7	16	7	13	7	11	7	10	7	98	6	94	6	93	6
554 4	79	7	41	7	29	7	21	7	17	7	14	7	13	7	12	7
608 4	10	8	63	7	45	7	32	7	24	7	19	7	16	7	14	7

Table 5.4. Copper (*Cont.*)

T, K		Density, kg/m³															
		100—3		100—2		316—2		100—1		316—1		100 0		316 0		100 1	
667	4	12	8	89	7	68	7	49	7	35	7	26	7	21	7	18	7
732	4	12	8	11	8	92	7	70	7	51	7	38	7	29	7	23	7
802	4	13	8	12	8	11	8	94	7	72	7	53	7	40	7	31	7
879	4	13	8	13	8	12	8	11	8	94	7	73	7	55	7	42	7
964	4	13	8	13	8	13	8	12	8	11	8	94	7	73	7	57	7
106	5	14	8	14	8	14	8	13	8	12	8	11	8	93	7	74	7
116	5	15	8	14	8	14	8	14	8	13	8	12	8	11	8	93	7
126	5	19	8	15	8	15	8	15	8	14	8	14	8	12	8	11	8
139	5	30	8	18	8	16	8	15	8	15	8	15	8	14	8	12	8
146	5	43	8	27	8	21	8	18	8	16	8	16	8	15	8	14	8
167	5	49	8	39	8	30	8	23	8	19	8	17	8	16	8	15	8
183	5	52	8	48	8	42	8	34	8	26	8	21	8	18	8	17	8
201	5	54	8	52	8	50	8	44	8	36	8	29	8	23	8	20	8
220	5	55	8	54	8	53	8	51	8	46	8	39	8	31	8	25	8
241	5	56	8	56	8	56	8	55	8	52	8	48	8	41	8	34	9
266	5	59	8	58	8	57	8	57	8	56	8	54	8	49	8	43	8
291	5	68	8	60	8	59	8	59	8	58	8	57	8	55	8	51	8
319	5	94	8	67	8	63	8	61	8	61	8	60	8	59	8	56	8
350	5	12	9	86	8	73	8	66	8	64	8	63	8	62	8	60	8
384	5	14	9	11	9	95	8	79	8	70	8	66	8	65	8	64	8
421	5	15	9	13	9	12	9	10	9	85	8	74	8	70	8	67	8
462	5	16	9	15	9	14	9	12	9	11	9	91	8	79	8	73	8
506	5	20	9	16	9	15	9	14	9	13	9	11	9	96	8	84	8
554	5	25	9	19	9	17	9	16	9	15	9	13	9	12	9	10	9
608	5	28	9	24	9	20	9	18	9	16	9	15	9	14	9	12	9
667	5	33	9	28	9	25	9	22	9	19	9	17	9	16	9	14	9
732	5	40	9	32	9	29	9	26	9	23	9	20	9	18	9	16	9
802	5	47	9	38	9	33	9	30	9	27	9	24	9	21	9	18	9
879	5	54	9	45	9	40	9	35	9	31	9	28	9	25	9	21	9
964	5	64	9	52	9	47	9	42	9	37	9	33	9	29	9	25	9
106	6	75	9	61	9	54	9	49	9	43	9	38	9	34	9	30	9
116	6	10	10	71	9	63	9	56	9	50	9	45	9	39	9	35	9
126	6	13	10	89	9	75	9	66	9	58	9	52	9	46	9	40	9
139	6	15	10	12	10	97	9	79	9	68	9	60	9	53	9	47	9
146	6	17	10	14	10	13	10	10	10	82	9	70	9	62	9	54	9
167	6	20	10	17	10	15	10	13	10	11	10	86	9	72	9	63	9
183	6	22	10	19	10	17	10	16	10	14	10	11	10	89	9	74	9
201	6	25	10	22	10	20	10	18	10	16	10	15	10	12	10	92	9
220	6	29	10	25	10	23	10	21	10	19	10	17	10	15	10	12	10
241	6	33	10	28	10	26	10	23	10	21	10	19	10	18	10	16	10
266	6	39	10	33	10	30	10	27	10	24	10	22	10	20	10	18	10
291	6	44	10	38	10	35	10	31	10	28	10	25	10	23	10	21	10
319	6	53	10	43	10	40	10	36	10	33	10	29	10	26	10	23	10
350	6	67	10	51	10	46	10	42	10	38	10	34	10	30	10	27	10
384	6	78	10	64	10	54	10	48	10	43	10	40	10	36	10	31	10
421	6	89	10	76	10	68	10	58	10	50	10	45	10	41	10	37	10
462	6	97	10	87	10	80	10	72	10	61	10	52	10	47	10	43	10
506	6	10	11	97	10	91	10	84	10	75	10	64	10	54	10	48	10

Table 5.4. Copper (*Cont.*)

T, K		Density, kg/m³															
		100—3		100—2		316—2		100—1		316—1		100 0		316 0		100 1	
554	6	10	11	10	11	10	11	95	10	88	10	78	10	67	10	56	10
608	6	10	11	10	11	10	11	10	11	98	10	91	10	81	10	69	10
667	6	11	11	11	11	11	11	10	11	10	11	10	11	94	10	84	10
732	6	11	11	11	11	11	11	11	11	11	11	10	11	10	11	97	10
802	6	11	11	11	11	11	11	11	11	11	11	11	11	11	11	10	11
879	6	13	11	12	11	11	11	11	11	11	11	11	11	11	11	11	11
964	6	15	11	13	11	12	11	12	11	12	11	12	11	12	11	12	11
106	7	18	11	15	11	14	11	13	11	13	11	12	11	12	11	12	11
116	7	21	11	18	11	16	11	15	11	14	11	13	11	13	11	13	11

Table 5.5. Zirconium

T, К		Density, kg/m³															
		100—3		100—2		316—2		100—1		316—1		100 0		316 0		100 1	
462	4	56	7	30	7	21	7	15	7	11	7	95	6	82	6	74	6
554	4	74	7	63	7	51	7	38	7	27	7	20	7	15	7	12	7
608	4	77	7	72	7	65	7	53	7	40	7	30	7	22	7	17	7
667	4	80	7	78	7	74	7	66	7	55	7	43	7	32	7	25	7
732	4	85	7	81	7	79	7	75	7	68	7	57	7	45	7	35	7
802	4	10	8	86	7	83	7	81	7	77	7	69	7	58	7	48	7
879	4	14	8	98	7	90	7	86	7	83	7	78	7	70	7	61	7
964	4	19	8	13	8	10	8	95	7	89	7	85	7	79	7	72	7
106	5	22	8	17	8	14	8	11	8	10	8	93	7	88	7	81	7
116	5	24	8	21	8	19	8	15	8	12	8	10	8	98	7	92	7
126	5	24	8	23	8	22	8	20	8	16	8	13	8	11	8	10	8
139	5	26	8	25	8	24	8	23	8	20	8	17	8	14	8	13	8
146	5	31	8	26	8	25	8	25	8	23	8	21	8	18	8	16	8
167	5	40	8	29	8	27	8	26	8	25	8	24	8	22	8	20	8
183	5	48	8	36	8	31	8	28	8	27	8	26	8	25	8	23	8
201	5	52	8	45	8	38	8	33	8	30	8	28	8	27	8	25	8
220	5	55	8	51	8	46	8	40	8	35	8	31	8	29	8	28	8
241	5	61	8	55	8	52	8	48	8	42	8	36	8	33	8	31	8
266	5	74	8	59	8	56	8	53	8	49	8	43	8	38	8	35	8
291	5	88	8	68	8	62	8	58	8	55	8	50	8	45	8	40	8
319	5	97	8	82	8	72	8	64	8	60	8	56	8	51	8	47	8
350	5	10	9	94	8	85	8	74	8	67	8	62	8	57	8	53	8
384	5	10	9	10	9	96	8	87	8	77	8	69	8	64	8	59	8
421	5	11	9	10	9	10	9	98	8	89	8	79	8	71	8	66	8
462	5	12	9	11	9	10	9	10	9	10	9	91	8	81	8	74	8
506	5	16	9	12	9	11	9	11	9	10	9	10	9	93	8	84	8
554	5	19	9	15	9	13	9	12	9	11	9	11	9	10	9	95	8

Table 5.5. Zirconium (*Cont.*)

T, K		Density, kg/m³														
		100—3		100—2		316—2		100—1		316—1		100 0		316 0		100 1
608	5	23	9	19	9	16	9	14	9	13	9	12	9	11	9	10	9
667	5	28	9	22	9	20	9	18	9	15	9	13	9	12	9	11	9
732	5	33	9	26	9	23	9	21	9	19	9	16	9	14	9	13	9
802	5	39	9	32	9	28	9	25	9	22	9	20	9	17	9	15	9
879	5	46	9	37	9	34	9	30	9	26	9	23	9	21	9	18	9
964	5	56	9	44	9	40	9	35	9	31	9	28	9	24	9	22	9
106	6	73	9	52	9	47	9	42	9	37	9	33	9	29	9	26	9
116	6	87	9	67	9	56	9	49	9	43	9	38	9	34	9	30	9
126	6	10	10	84	9	72	9	59	9	51	9	45	9	40	9	36	9
139	6	11	10	97	9	88	9	76	9	62	9	53	9	46	9	41	9
146	6	13	10	11	10	10	10	92	9	80	9	65	9	55	9	48	9
167	6	15	10	13	10	11	10	10	10	96	9	83	9	68	9	57	9
183	6	16	10	14	10	13	10	12	10	11	10	99	9	86	9	71	9
201	6	17	10	16	10	15	10	14	10	13	10	11	10	10	10	90	9
220	6	18	10	17	10	17	10	16	10	14	10	13	10	12	10	10	10
241	6	21	10	18	10	18	10	17	10	16	10	15	10	14	10	12	10
266	6	24	10	21	10	19	10	18	10	18	10	17	10	15	10	14	10
291	6	27	10	24	10	22	10	21	10	19	10	18	10	17	10	16	10
319	6	31	10	27	10	25	10	23	10	22	10	20	10	19	10	18	10
350	6	36	10	31	10	29	10	26	10	25	10	23	10	21	10	20	10
384	6	42	10	36	10	33	10	30	10	28	10	26	10	24	10	22	10
421	6	48	10	41	10	38	10	35	10	32	10	29	10	27	10	25	10
462	6	61	10	47	10	43	10	40	10	36	10	33	10	31	10	28	10
506	6	76	10	57	10	50	10	45	10	41	10	38	10	35	10	32	10
554	6	86	10	74	10	63	10	52	10	47	10	43	10	40	10	36	10
608	6	97	10	85	10	79	10	69	10	56	10	49	10	45	10	41	10
667	6	11	11	95	10	89	10	83	10	74	10	59	10	51	10	47	10
732	6	13	11	11	11	10	11	93	10	86	10	78	10	63	10	53	10
802	6	15	11	13	11	12	11	10	11	97	10	90	10	81	10	66	10
879	6	18	11	14	11	13	11	12	11	11	11	10	11	93	10	84	10
964	6	21	11	18	11	15	11	14	11	13	11	11	11	10	11	96	10
106	7	23	11	21	11	19	11	16	11	15	11	13	11	12	11	11	11
116	7	24	11	23	11	22	11	20	11	18	11	15	11	14	11	13	11

Table 5.6. Niobium

T, K		Density, kg/m³														
		100—3		100—2		316—2		100—1		316—1		100 0		316 0		100 1
462	4	46	7	24	7	17	7	12	7	99	6	84	6	74	6	69	6
554	4	68	7	52	7	39	7	28	7	20	7	15	7	12	7	10	7
608	4	72	7	64	7	53	7	41	7	30	7	22	7	17	7	13	7
667	4	75	7	71	7	65	7	54	7	42	7	31	7	23	7	18	7

Table 5.6. Niobium (*Cont.*)

T, K	Density, kg/m³													
	100—3		100—2		316—2		100—1		316—1		100 0		316 0		100 1
732 4	77	7	75	7	72	7	65	7	55	7	43	7	32	7	25 7
802 4	85	7	79	7	77	7	73	7	66	7	55	7	43	7	34 7
879 4	11	8	85	7	81	7	78	7	74	7	66	7	55	7	44 7
964 4	16	8	10	8	91	7	85	7	80	7	74	7	65	7	55 7
106 5	21	8	14	8	11	8	98	7	89	7	82	7	75	7	66 7
116 5	24	8	19	8	16	8	12	8	10	8	93	7	85	7	76 7
126 5	25	8	23	8	21	8	17	8	14	8	11	8	99	7	89 7
139 5	25	8	25	8	24	8	21	8	18	8	15	8	12	8	10 8
146 5	26	8	26	8	25	8	24	8	22	8	19	8	16	8	13 8
167 5	29	8	27	8	26	8	26	8	25	8	23	8	20	8	17 8
183 5	38	8	29	8	28	8	27	8	26	8	25	8	24	8	21 8
201 5	50	8	35	8	31	8	29	8	28	8	27	8	26	8	25 8
220 5	57	8	45	8	38	8	33	8	30	8	29	8	28	8	27 8
241 5	61	8	55	8	48	8	41	8	35	8	32	8	30	8	29 8
266 5	69	8	61	8	57	8	51	8	43	8	37	8	33	8	32 8
291 5	86	8	67	8	63	8	59	8	52	8	45	8	39	8	36 8
319 5	10	9	80	8	71	8	65	8	60	8	54	8	47	8	42 8
350 5	11	9	97	8	84	8	74	8	68	8	62	8	56	8	50 8
384 5	13	9	11	9	10	9	88	8	77	8	70	8	64	8	58 8
421 5	15	9	12	9	11	9	10	9	92	8	81	8	73	8	67 8
462 5	17	9	14	9	13	9	11	9	10	9	95	8	84	8	76 8
506 5	18	9	16	9	15	9	13	9	12	9	11	9	98	8	88 8
554 5	19	9	18	9	17	9	15	9	14	9	12	9	11	9	10 9
608 5	22	9	19	9	18	9	17	9	16	9	14	9	13	9	11 9
667 5	28	9	22	9	20	9	19	9	18	9	16	9	14	9	13 9
732 5	33	9	27	9	24	9	21	9	20	9	18	9	16	9	15 9
802 5	39	9	32	9	29	9	25	9	22	9	20	9	19	9	17 9
879 5	46	9	37	9	34	9	30	9	27	9	24	9	21	9	19 9
964 5	54	9	45	9	40	9	36	9	32	9	28	8	25	9	22 9
106 6	64	9	52	9	47	9	42	9	37	9	33	9	30	9	26 9
116 6	78	9	61	9	55	9	49	9	44	9	39	9	35	9	31 9
126 6	10	10	73	9	64	9	58	9	52	9	46	9	41	9	37 9
139 6	11	10	94	9	78	9	67	9	60	9	54	9	48	9	43 9
146 6	13	10	11	10	10	10	83	9	71	9	62	9	56	9	50 9
167 6	15	10	13	10	11	10	10	10	88	9	74	9	64	9	58 9
183 6	17	10	15	10	13	10	12	10	11	10	92	9	76	9	67 9
201 6	19	10	17	10	16	10	14	10	12	10	11	10	96	9	80 9
220 6	20	10	19	10	18	10	16	10	15	10	13	10	11	10	10 10
241 6	21	10	20	10	19	10	18	10	17	10	15	10	14	10	12 10
266 6	24	10	21	10	21	10	20	10	19	10	18	10	16	10	14 10
291 6	27	10	24	10	23	10	22	10	21	10	20	10	18	10	17 10
319 6	31	10	27	10	25	10	24	10	22	10	21	10	20	10	19 10
350 6	36	10	31	10	29	10	27	10	25	10	23	10	22	10	21 10
384 6	41	10	35	10	33	10	30	10	28	10	26	10	24	10	23 10
421 6	48	10	41	10	38	10	35	10	32	10	30	10	27	10	25 10
462 6	55	10	47	10	43	10	40	10	36	10	34	10	31	10	29 10
506 6	69	10	52	10	48	10	44	10	40	11	37	10	34	10	32 10
554 6	83	10	64	10	55	10	50	10	46	10	42	10	39	10	36 10

Table 5.6. Niobium (Cont.)

T, K		Density, kg/m³														
		100—3		100—2		316—2		100—1		316—1		100 0		316 0		100 1
608	6	95	10	82	10	71	10	59	10	52	10	48	10	44	10	40 10
667	6	11	11	93	10	87	10	77	10	63	10	55	10	50	10	46 10
732	6	13	11	11	11	99	10	91	10	82	10	67	10	57	10	52 10
802	6	14	11	13	11	12	11	10	11	95	10	87	10	71	10	59 10
879	6	17	11	14	11	13	11	12	11	11	11	99	10	90	10	75 10
964	6	21	11	16	11	15	11	14	11	13	11	11	11	10	11	94 10
106	7	24	11	20	11	17	11	15	11	14	11	13	11	12	11	10 11
116	7	28	11	24	11	22	11	19	11	16	11	15	11	14	11	13 11

Table 5.7 Molybdenum

T, K		Density, kg/m³														
		100—3		100—2		316—2		100—1		316—1		100 0		316 0		100 1
462	4	64	7	46	7	34	7	24	7	17	7	12	7	10	7	85 6
555	4	71	7	68	7	62	7	53	7	41	7	31	7	23	7	18 7
608	4	73	7	72	7	70	7	64	7	56	7	45	7	35	7	27 7
667	4	74	7	74	7	73	7	71	7	66	7	58	7	48	7	40 7
732	4	76	7	76	7	76	7	75	7	73	7	68	7	61	7	53 7
802	4	78	7	78	7	78	7	77	7	76	7	74	7	70	7	64 7
879	4	80	7	80	7	80	7	80	7	79	7	78	7	76	7	72 7
964	4	84	7	82	7	82	7	82	7	82	7	81	7	80	7	78 7
106	5	94	7	86	7	85	7	85	7	85	7	84	7	83	7	82 7
116	5	12	8	92	7	89	7	88	7	87	7	87	7	87	7	86 7
126	5	16	8	10	8	97	7	92	7	91	7	90	7	90	7	89 7
139	5	21	8	13	8	11	8	10	8	96	7	94	7	94	7	93 7
146	5	24	8	18	8	14	8	11	8	10	8	10	8	98	7	97 7
167	5	28	8	22	8	18	8	15	8	12	8	11	8	10	8	10 8
183	5	35	8	26	8	23	8	19	8	15	8	12	8	11	8	11 8
201	5	48	8	33	8	28	8	23	8	19	8	15	8	13	8	12 8
220	5	57	8	44	8	36	8	29	8	23	8	19	8	15	8	13 8
241	5	62	8	55	8	47	8	38	8	30	8	24	8	19	8	15 8
266	5	67	8	61	8	57	8	50	8	41	8	32	8	24	8	19 8
291	5	81	8	66	8	63	8	59	8	52	8	43	8	33	8	25 8
319	5	10	9	77	8	70	8	66	8	61	8	54	8	44	8	34 8
350	5	11	9	95	8	82	8	73	8	68	8	63	8	56	8	46 8
384	5	13	9	11	9	10	9	87	8	77	8	71	8	65	8	57 8
421	5	15	9	12	9	11	9	10	9	92	8	81	8	74	8	67 8
462	5	18	9	14	9	13	9	12	9	10	9	96	8	85	8	77 8
506	5	20	9	17	9	15	9	13	9	12	9	11	9	10	9	89 8
554	5	24	9	19	9	18	9	16	9	14	9	12	9	11	9	10 9
608	5	26	9	22	9	20	9	18	9	16	9	14	9	13	9	12 9
667	5	28	9	25	9	23	9	21	9	19	9	17	9	15	9	14 9
732	5	31	9	28	9	26	9	24	9	22	9	19	9	17	9	16 9

Table 5.7. Molybdenum (*Cont.*)

T, K		Density, kg/m³														
		100—3		100—2		316—2		100—1		316—1		100 0		316 0		100 1
802	5	38	9	31	9	29	9	27	9	25	9	22	9	20	9	18 9
879	5	45	9	37	9	33	9	30	9	28	9	25	9	23	9	21 9
964	5	53	9	44	9	39	9	35	9	32	9	29	9	26	9	23 9
106	6	62	9	51	9	46	9	42	9	37	9	33	9	30	9	27 9
116	6	73	9	60	9	54	9	49	9	44	9	39	9	35	9	31 9
126	6	86	9	70	9	64	9	57	9	51	9	46	9	41	9	36 9
139	6	11	10	82	9	74	9	67	9	60	9	54	9	48	9	43 9
146	6	13	10	10	10	87	9	78	9	70	9	63	9	56	9	51 9
167	6	15	10	12	10	11	10	92	9	81	9	73	9	65	9	59 9
183	6	17	10	14	10	13	10	11	10	97	9	84	9	75	9	68 9
201	6	20	10	17	10	15	10	14	10	12	10	10	10	87	9	78 9
220	6	22	10	19	10	18	10	16	10	14	10	12	10	10	10	91 9
241	6	23	10	22	10	20	10	19	10	17	10	15	10	13	10	11 10
266	6	24	10	23	10	22	10	21	10	19	10	17	10	15	10	13 10
291	6	27	10	25	10	24	10	23	10	22	10	20	10	18	10	16 10
319	6	31	10	27	10	26	10	25	10	24	10	23	10	21	10	19 10
350	6	35	10	31	10	29	10	27	10	26	10	25	10	23	10	22 10
384	6	40	10	35	10	32	10	30	10	28	10	27	10	25	10	24 10
421	6	47	10	40	10	37	10	34	10	32	10	30	10	28	10	26 10
462	6	53	10	46	10	42	10	39	10	36	10	33	10	31	10	29 10
506	6	62	10	52	10	48	10	45	10	41	10	38	10	35	10	33 10
554	6	81	10	60	10	55	10	51	10	47	10	43	10	40	10	37 10
608	6	95	10	76	10	64	10	58	10	53	10	49	10	45	10	41 10
667	5	10	11	94	10	84	10	69	10	61	10	56	10	51	10	47 10
732	6	12	11	10	11	9С	10	90	10	74	10	63	10	58	10	53 10
802	6	14	11	12	11	11	11	10	11	95	10	79	10	66	10	60 10
879	6	16	11	14	11	13	11	11	11	10	11	10	11	84	10	69 10
964	6	20	11	16	11	15	11	13	11	12	11	11	11	10	11	88 10
106	7	23	11	19	11	17	11	16	11	14	11	13	11	11	11	10 11
116	7	26	11	23	11	21	11	18	11	16	11	15	11	13	11	12 11

Table 5.8. Tantalum

T, K		Density, kg/m³														
		100—3		100—2		316—2		100—1		316—1		100 0		316 0		100 1
462	4	20	7	98	6	71	6	54	6	44	6	39	6	36	6	34 6
554	4	39	7	27	7	19	7	13	7	99	6	70	6	59	6	50 6
608	4	43	7	36	7	29	7	22	7	15	7	11	7	85	6	67 6
667	4	45	7	42	7	38	7	31	7	23	7	17	7	12	7	95 6
732	4	46	7	45	7	43	7	39	7	32	7	25	7	18	7	13 7
802	4	48	7	47	7	46	7	44	7	40	7	33	7	26	7	20 7
879	4	57	7	49	7	48	7	47	7	45	7	40	7	34	7	27 7
964	4	80	7	55	7	51	7	49	7	48	7	45	7	41	7	35 7
106	5	11	8	72	7	60	7	54	7	51	7	49	7	46	7	41 7

Table 5.8. Tantalum (*Cont.*)

T, K		Density, kg/m³														
		100—3		100—2		316—2		100—1		316—1		100 0		316 0		100 1
116	5	13	8	99	7	79	7	65	7	57	7	53	7	50	7	47	7
126	5	13	8	12	8	10	8	86	7	70	7	60	7	55	7	52	7
139	5	14	8	13	8	12	8	11	8	92	7	75	7	64	7	58	7
146	5	17	8	14	8	14	8	13	8	11	8	97	7	80	7	69	7
167	5	23	7	17	8	15	8	14	8	13	8	12	8	10	8	86	7
183	5	27	8	21	8	18	8	16	8	15	8	13	8	12	8	10	8
201	5	29	8	26	8	22	8	19	8	17	8	15	8	14	8	12	8
220	5	30	8	28	8	27	8	24	8	20	8	18	8	16	8	14	8
241	5	35	8	30	8	29	8	27	8	25	8	21	8	18	8	17	8
266	5	44	8	34	8	32	8	30	8	28	8	25	8	22	8	20	8
291	5	50	8	41	8	36	8	33	8	31	8	29	8	26	8	23	8
319	5	55	8	48	8	43	8	38	8	34	8	32	8	30	8	27	8
350	5	64	8	54	8	50	8	45	8	39	8	36	8	33	8	31	8
384	5	76	8	61	8	56	8	52	8	47	8	41	8	37	8	34	8
421	5	83	8	71	8	64	8	58	8	54	8	48	8	43	8	39	8
462	5	87	8	81	8	74	8	66	8	60	8	55	8	50	8	44	8
462	4	91	8	88	8	84	8	77	8	69	8	62	8	57	8	51	8
554	4	99	8	92	8	90	8	86	8	79	8	71	8	64	8	58	8
608	4	12	9	98	8	95	8	92	8	87	8	80	8	73	8	66	8
667	4	15	9	11	9	10	9	98	8	94	8	89	8	82	8	75	8
732	4	19	9	14	9	12	9	11	9	10	9	97	8	91	8	84	8
802	4	22	9	18	9	15	9	13	9	11	9	10	9	10	9	93	8
879	4	26	9	22	9	19	9	16	9	14	9	12	9	11	9	10	9
964	4	31	9	25	9	23	9	21	9	18	9	15	9	13	9	11	9
106	5	36	9	30	9	27	9	24	9	22	9	19	9	16	9	13	9
116	5	42	9	35	9	32	9	29	9	26	9	23	9	20	9	17	9
126	5	52	9	41	9	37	9	33	9	30	9	27	9	24	9	21	9
139	5	69	9	49	9	43	9	39	9	35	9	31	9	28	9	25	9
146	5	84	9	65	9	53	9	45	9	41	9	36	9	33	9	29	9
167	5	94	9	82	9	72	9	58	9	48	9	42	9	38	9	34	9
183	5	98	9	94	9	87	9	78	9	63	9	50	9	44	9	39	9
201	5	11	10	99	9	97	9	92	9	83	9	68	9	53	9	45	9
220	5	15	10	10	10	10	10	10	10	95	9	87	9	73	9	56	9
241	5	17	10	15	10	11	10	10	10	10	10	99	9	91	9	78	9
266	5	19	10	17	10	16	10	13	10	10	10	10	10	10	10	95	9
291	5	21	10	19	10	18	10	17	10	14	10	11	10	10	10	10	10
319	5	24	10	21	10	21	10	18	10	17	10	15	10	12	10	11	10
350	5	27	10	23	10	22	10	20	10	19	10	18	10	16	10	13	10
384	5	36	10	26	10	25	10	23	10	21	10	20	10	19	10	17	10
421	5	42	10	35	10	28	10	26	10	24	10	22	10	21	10	19	10
462	5	47	10	41	10	38	10	31	10	27	10	25	10	23	10	21	10
506	6	52	10	46	10	43	10	40	10	34	10	28	10	25	10	24	10
554	6	58	10	51	10	48	10	45	10	42	10	36	10	29	10	26	10
608	6	65	10	57	10	54	10	50	10	47	10	44	10	39	10	31	10
667	6	74	10	65	10	60	10	56	10	52	10	49	10	46	10	41	10
732	6	84	10	74	10	69	10	63	10	58	10	54	10	51	10	47	10
802	6	99	10	84	10	78	10	73	10	67	10	60	10	56	10	52	10
879	6	12	11	96	10	88	10	82	10	76	10	70	10	63	10	58	10

Table 5.8. Tantalum (*Cont.*)

T, K	Density, kg/m³							
	100—3	100—2	316—2	100—1	316—1	100 0	316 0	100 1
964 6	14 11	12 11	10 11	93 10	86 10	80 10	73 10	66 10
106 7	16 11	14 11	13 11	11 11	98 10	90 10	84 10	77 10
116 7	18 11	16 · 11	14 11	13 11	12 11	10 11	94 10	87 10

Table 5.9. Tungsten

T, K	Density, kg/m³							
	100—3	100—2	316—2	100—1	316—1	100 0	316 0	100 1
462 4	16 7	79 6	59· 6	47 6	40 6	36 6	34 6	33 6
554 4	38 7	23 7	16 7	11 7	84 6	64 6	53 6	46 6
608 4	43 7	33 7	26 7	18 7	13 7	96 6	74 6	60 6
667 4	45 7	41 7	35 7	28 7	20 7	14 7	10 7	84 6
732 4	47 7	45 7	42 7	37 7	29 7	22 7	16 7	12 7
802 4	48 7	47 7	46 7	43 7	38 7	30 7	23 7	17 7
879 4	50 7	49 7	48 7	47 7	44 7	39 7	31 7	24 7
964 4	57 7	51 7	50 7	49 7	48 7	45 7	39 7	32 7
106 5	77 7	56 7	53 7	51 7	51 7	49 7	45 7	40 7
116 5	10 · 8	69 7	59 7	55 7	53 7	52 7	50 7	45 7
126 5	13 8	93 7	75 7	63 7	57 7	55 7	53 7	50 7
139 5	14 8	12 8	10 8	80 7	67 7	60 7	57 7	54 7
146 5	17 8	14 8	12 8	10 8	84 7	70 7	63 7	59 7
167 5	22 8	16 8	14 8	13 8	10 8	88 7	74 7	66 7
183 5	27 8	21 8	17 8	15 8	13 8	11 8	91 7	77 7
201 5	30 8	26 8	23 8	19 8	16 8	13 8	11 8	95 7
220 5	31 8	29 8	27 8	24 8	20 8	17 8	14 8	11 8
241 5	34 8	31 8	30 8	28 8	.25 8	21 8	18 8	14 8
266 5	43 8	34 8	32 8	31 8	29 8	26 8	22 8	19 8
291 5	51 8	40 8	36 8	33 8	32 8	30 8	27 8	24 8
319 5	57 8	49 8	43 8	38 8	35 8	33 8	31 8	28 8
350 5	65 8	56 8	51 8	46 8	40 8	36 8	34 8	32 8
384 5	78 8	62 8	58 8	54 8	48 8	42 8	38 8	36 8
421 5	89 8	74 8	66 8	60 8	·55 8	50 8	44 8	40 8
462 5	10 9	86 8	78 8	69 8	63 8	57 8	52 8	46 8
506 5	11 9	97 8	89 8	81 8	72 8	65 8	59 8	54 8
554 5	13 9	11 9	10 9	93 8	84 8	75 8	67 8	61 8
608 5	13 9	12 9	11 9	10 9	96 8	87 8	77 8	70 8
667 5	14 9	13 9	13 9	12 9	10 9	99 8	89 8	80 8
732 5	15 9	14 9	14 9	13 9	12 9	11 9	10 9	92 8
802 5	20 9	15 9	14 9	14 9	13 9	12 9	11 9	10 9
879 5	26 9	19 9	16 9	15 9	14 9	14 9	13 9	11 9
964 5	31 9	25 9	21 9	17 9	16 9	15 9	14 9	13 9
106 6	37 9	31 9	27 9	23 9	19 9	16 9	15 9	14 9
116 6	43 9	36 9	32 9	29 9	25 9	20 9	17 9	16 9
126 6	50 9	42 9	38 9	34 9	31 9	26 9	21 9	18 9

Table 5.9. Tungsten (Cont.)

T, K	Density, kg/m³														
	100—3		100—2		316—2		100—1		316—1		100 0		316 0		100 1	
139 6	60	9	48	9	44	9	40	9	36	9	32	9	28	9	23	9
146 6	78	9	57	9	51	9	46	9	42	9	38	9	34	9	29	9
167 6	96	9	73	9	61	9	54	9	48	9	44	9	39	9	35	9
183 6	10	10	94	9	81	9	66	9	56	9	50	9	45	9	41	9
201 6	11	10	10	10	10	10	88	9	71	9	59	9	52	9	47	9
220 6	12	10	11	10	11	10	10	10	94	9	76	9	61	0	54	9
241 6	18	10	12	10	11	10	11	10	11	10	10	10	82	9	65	9
266 6	19	10	17	10	13	10	12	10	11	10	11	10	10	10	87	9
291 6	21	10	19	10	18	10	15	10	12	10	12	10	11	10	11	10
319 6	24	10	21	10	20	10	19	10	16	10	13	10	12	10	12	10
350 6	27	10	24	10	22	10	21	10	20	10	18	10	14	10	13	10
384 6	32	10	27	10	25	10	23	10	22	10	21	10	19	10	15	10
421 6	41	10	30	10	28	10	26	10	24	10	23	10	21	10	20	10
462 6	47	10	40	10	33	10	29	10	27	10	25	10	23	10	22	10
506 6	52	10	46	10	43	10	36	10	30	10	28	10	26	10	24	10
554 6	58	10	52	10	49	10	45	10	40	10	32	10	29	10	27	10
608 6	65	10	58	10	54	10	51	10	47	10	42	10	34	10	30	10
667 6	74	10	64	10	60	10	56	10	53	10	49	10	45	10	36	10
732 6	84	10	74	10	68	10	63	10	59	10	55	10	51	10	47	10
802 6	95	10	83	10	78	10	72	10	65	10	61	10	57	10	53	10
879 6	12	11	94	10	88	10	82	10	76	10	68	10	63	10	59	10
964 6	14	11	11	11	10	11	93	10	86	10	80	10	72	10	65	10
106 7	16	11	13	11	12	11	10	11	97	10	90	10	84	10	75	10
116 7	18	11	16	11	14	11	13	11	11	11	10	11	94	10	87	10

Table 5.10. Stainless Steel

T, K	Density, kg/m³														
	100—3		100—2		316—2		100—1		316—1		100 0		316 0		100 1	
116 5	28	8	20	8	18	8	17	8	15	8	13	8	10	8	81	7
128 5	38	8	25	8	21	8	19	8	17	8	15	8	13	8	10	8
139 5	45	8	33	8	27	8	23	8	20	8	18	8	15	8	13	8
153 5	50	8	42	8	36	8	29	8	24	8	21	8	18	8	15	8
168 5	53	8	48	8	44	8	37	8	31	8	26	8	22	8	19	8
183 5	62	8	53	8	50	8	45	8	39	8	32	8	27	8	23	8
202 5	82	8	61	8	56	8	51	8	46	8	40	8	33	8	28	8
222 5	98	8	79	8	68	8	59	8	53	8	47	8	41	8	35	8
242 5	10	9	96	8	86	8	75	8	65	8	56	8	49	8	43	8
266 5	11	9	10	9	10	9	92	8	82	8	71	8	61	8	53	8
291 5	12	9	11	9	11	9	10	9	97	8	89	8	78	8	68	8
319 5	12	9	12	9	11	9	11	9	10	9	10	9	95	8	87	8
350 5	14	9	12	9	12	9	12	9	11	9	11	9	10	9	10	9
384 5	18	9	14	9	13	9	12	9	12	9	12	9	11	9	11	9

Table 5.10. Stainless Steel (*Cont.*)

T, K	Density, kg/m³							
	100—3	100—2	316—2	100—1	316—1	100 0	316 0	100 1
421 5	21 9	17 9	15 9	13 9	13 9	12 9	12 9	12 9
462 5	23 9	20 9	18 9	15 9	14 9	13 9	13 9	12 9
507 5	26 9	23 9	21 9	19 9	16 9	15 9	14 9	13 9
555 5	31 9	25 9	24 9	22 9	19 9	17 9	15 9	14 9
609 5	37 9	29 9	26 9	25 9	23 9	20 9	18 9	16 9
667 5	43 9	35 9	31 9	27 9	25 9	23 9	21 9	19 9
732 5	52 9	41 9	36 9	32 9	29 9	26 9	24 9	21 9
803 5	59 9	49 9	43 9	38 9	33 9	29 9	27 9	24 9
880 5	66 9	57 9	51 9	45 9	39 9	34 9	30 9	28 9
967 5	78 9	64 9	59 9	53 9	47 9	40 9	35 9	31 9
106 6	92 9	74 9	67 9	61 9	54 9	48 9	42 9	36 9
116 6	10 10	88 9	78 9	69 9	62 9	56 9	49 9	43 9
128 6	12 10	10 10	93 9	81 9	72 9	64 9	57 9	50 9
140 6	13 10	12 10	11 10	97 9	85 9	74 9	65 9	58 9
153 6	15 10	13 10	12 10	11 10	10 10	88 9	76 9	67 9
168 6	19 10	15 10	13 10	13 10	11 10	10 10	91 9	78 9
184 6	23 10	18 10	16 10	14 10	13 10	12 10	10 10	93 9
202 6	28 10	22 10	19 10	16 10	15 10	13 10	12 10	11 10
221 6	32 10	27 10	24 10	20 10	17 10	15 10	14 10	13 10
242 6	38 10	31 10	28 10	25 10	22 10	18 10	16 10	14 10
266 6	45 10	37 10	33 10	30 10	26 10	23 10	19 10	16 10
391 6	51 10	43 10	39 10	35 10	31 10	27 10	24 10	20 10
319 6	58 10	50 10	45 10	40 10	36 10	32 10	28 10	24 10
250 6	64 10	56 10	52 10	47 10	42 10	38 10	34 10	30 10
384 6	69 10	63 10	58 10	54 10	49 10	44 10	39 10	35 10
421 6	72 10	69 10	65 10	60 10	56 10	51 10	46 10	40 10
462 6	74 10	73 10	71 10	67 10	62 10	57 10	53 10	47 10
506 6	76 10	75 10	74 10	72 10	69 10	64 10	59 10	54 10
555 6	79 10	77 10	77 10	76 10	74 10	70 10	66 10	61 10
609 6	83 10	80 10	80 10	79 10	78 10	76 10	72 10	67 10
667 6	92 10	85 10	83 10	82 10	81 10	80 10	78 10	73 10
732 6	10 11	93 10	89 10	86 10	85 10	84 10	82 10	79 10
802 6	13 11	10 11	99 10	94 10	90 10	88 10	86 10	84 10
880 6	15 11	12 11	11 11	10 11	99 10	94 10	91 10	89 10
965 6	18 11	15 11	13 11	12 11	11 11	10 11	99 10	95 10
116 7	28 11	21 11	19 11	17 11	15 11	14 11	12 11	11 11

Table 5.11. Silicon Dioxide

T, K	Density, kg/m³							
	100—3	100—2	316—2	100—1	316—1	100 0	316 0	100 1
462 4	32 7	29 7	29 7	29 7	28 7	28 7	28 7	28 7
554 4	57 7	42 .7	38 7	37 7	35 7	35 7	35 7	34 7
608 4	84 7	54 7	47 7	43 7	41 7	39 7	39 7	38 7

Table 5.11. Silicon Dioxide (*Cont.*)

T, K	Density, kg/m³															
	100—3		100—2		316—2		100—1		316—1		100 0		316 0		100 1	
667 4	12	8	75	7	62	7	53	7	48	7	45	7	43	7	42	7
732 4	16	8	10	8	84	7	69	7	59	7	53	7	50	7	48	7
802 4	18	8	14	8	11	8	92	7	75	7	65	7	59	7	55	7
879 4	21	8	17	8	15	8	12	8	98	7	82	7	71	7	64	7
964 4	26	8	20	8	18	8	15	8	12	8	10	8	88	7	77	7
106 5	37	8	24	8	21	8	19	8	16	8	13	8	11	8	94	7
116 5	53	8	32	8	26	8	22	8	19	8	16	8	13	8	11	8
126 5	68	8	44	8	34	8	28	8	23	8	20	8	17	8	14	8
139 5	82	8	59	8	47	8	36	8	29	8	24	8	20	8	17	8
146 5	94	8	74	8	61	8	49	8	38	8	30	8	25	8	21	8
167 5	10	9	87	8	76	8	63	8	50	8	39	8	31	8	26	8
183 5	10	9	99	8	89	8	77	8	64	8	51	8	40	8	32	8
201 5	11	9	10	9	10	9	90	8	78	8	64	8	51	8	41	8
220 5	12	9	11	9	11	9	10	9	91	8	78	8	64	8	52	8
241 5	16	9	12	9	11	9	11	9	10	9	91	8	78	8	64	8
266 5	23	9	15	9	13	9	12	9	11	9	10	9	92	8	78	8
291 5	28	9	20	9	16	9	14	9	12	9	11	9	10	9	92	8
319 5	31	9	25	9	21	9	17	9	14	9	13	9	11	9	10	9
350 5	35	9	30	9	26	9	22	9	18	9	15	9	13	9	12	9
384 5	41	9	34	9	31	9	27	9	22	9	18	9	15	9	13	9
421 5	49	9	38	9	35	9	31	9	27	9	23	9	19	9	16	9
462 5	57	9	45	9	40	9	36	9	32	9	28	9	23	9	19	9
506 5	62	9	54	9	47	9	41	9	36	9	32	9	28	9	23	9
554 5	67	9	61	9	55	9	48	9	42	9	37	9	33	9	28	9
608 5	77	9	66	9	62	9	57	9	50	9	43	9	38	9	33	9
667 5	89	9	74	9	68	9	64	9	58	9	50	9	44	9	38	9
732 5	98	9	85	9	77	9	70	9	65	9	58	9	51	9	44	9
802 5	11	10	96	9	88	9	79	9	72	9	66	9	59	9	52	9
879 5	13	10	10	10	99	9	91	9	82	9	74	9	67	9	59	9
964 5	15	10	12	10	11	10	10	10	93	9	84	9	75	9	68	9
106 6	18	10	14	10	13	10	11	10	10	10	95	9	85	9	77	9
116 6	21	10	17	10	15	10	13	10	12	10	10	10	97	9	87	9
126 6	23	10	20	10	17	10	15	10	14	10	12	10	11	10	99	9
139 6	25	10	23	10	21	10	18	10	16	10	14	10	12	10	11	10
146 6	27	10	25	10	23	10	21	10	19	10	16	10	14	10	12	10
167 6	29	10	27	10	26	10	24	10	22	10	19	10	17	10	15	10
183 6	32	10	29	10	28	10	27	10	25	10	22	10	20	10	17	10
201 6	37	10	32	10	30	10	29	10	28	10	25	10	23	10	20	10
220 6	41	10	36	10	33	10	31	10	30	10	28	10	26	10	23	10
241 6	44	10	40	10	38	10	35	10	32	10	31	10	29	10	26	10
266 6	49	10	44	10	42	10	40	10	36	10	34	10	32	10	29	10
291 6	55	10	49	10	46	10	44	10	41	10	38	10	35	10	32	10
319 6	64	10	54	10	51	10	48	10	46	10	43	10	39	10	36	10
350 6	70	10	62	10	57	10	53	10	50	10	47	10	44	10	40	10
384 6	76	10	70	10	65	10	59	10	55	10	52	10	49	10	45	10
421 6	84	10	76	10	73	10	68	10	62	10	57	10	54	10	50	10
462 6	97	10	84	10	79	10	75	10	71	10	64	10	59	10	55	10
506 6	11	11	95	10	88	10	83	10	78	10	73	10	67	10	61	10

Table 5.11. Silicon Dioxide (*Cont.*)

T, K	Density, kg/m³							
	100−3	100−2	316−2	100−1	316−1	100 0	316 0	100 1
554 6	12 11	11 11	10 11	93 10	86 10	81 10	76 10	69 10
608 6	14 11	12 11	11 11	10 11	98 10	90 10	84 10	78 10
667 6	15 11	13 11	13 11	12 11	11 11	10 11	94 10	87 10
732 6	15 11	15 11	14 11	13 11	12 11	11 11	10 11	97 10
802 6	16 11	16 11	15 11	15 11	14 11	13 11	12 11	11 11
879 6	16 11	16 11	16 11	16 11	15 11	14 11	13 11	12 11
964 6	17 11	17 11	17 11	17 11	16 11	16 11	15 11	14 11
106 7	17 11	17 11	17 11	17 11	17 11	17 11	16 11	15 11
116 7	18 11	18 11	18 11	18 11	18 11	18 11	18 11	17 11

Table 5.12. Zirconium Dioxide

T, K	Density, kg/m³							
	100−3	100−2	316−2	100−1	316−1	100 0	316 0	100 1
462 4	53 7	34 7	26 7	21 7	18 7	16 7	15 7	15 7
554 4	67 7	59 7	51 7	41 7	33 7	27 7	23 7	20 7
608 4	70 7	67 7	62 7	54 7	44 7	36 7	30 7	26 7
667 4	73 7	71 7	69 7	64 7	57 7	47 7	39 7	33 7
732 4	79 7	75 7	74 7	71 7	67 7	59 7	50 7	43 7
802 4	98 7	80 7	78 7	77 7	74 7	69 7	61 7	53 7
879 4	14 8	94 7	86 7	82 7	80 7	76 7	71 7	64 7
964 4	20 8	12 8	10 8	92 7	87 7	83 7	79 7	74 7
106 5	27 8	17 8	14 8	11 8	10 8	92 7	87 7	83 7
116 5	36 8	24 8	19 8	15 8	12 8	10 8	98 7	93 7
126 5	41 8	31 8	25 8	20 8	16 8	13 8	11 8	10 8
139 5	45 8	39 8	33 8	27 8	21 8	17 8	15 8	13 8
146 5	49 8	44 8	40 8	34 8	28 8	22 8	19 8	16 8
167 5	56 8	48 8	45 8	41 8	35 8	28 8	23 8	20 8
183 5	63 8	54 8	50 8	46 8	41 8	35 8	29 8	25 8
201 5	68 8	61 8	56 8	51 8	47 8	42 8	36 8	30 8
220 5	76 8	68 8	63 8	58 8	53 8	48 8	42 8	36 8
241 5	96 8	75 8	70 8	65 8	60 8	54 8	49 8	43 8
266 5	12 9	88 8	78 8	73 8	67 8	61 8	56 8	50 8
291 5	15 9	11 9	94 8	82 8	75 8	69 8	63 8	57 8
319 5	16 9	14 9	11 9	99 8	86 8	78 8	71 8	65 8
350 5	17 9	16 9	14 9	12 9	10 9	90 8	80 8	74 8
384 5	20 9	17 9	16 9	14 9	12 9	10 9	93 8	83 8
421 5	24 9	19 9	18 9	16 9	15 9	13 9	11 9	96 8
462 5	27 9	22 9	20 9	18 9	17 9	15 9	13 9	11 9
506 5	31 9	26 9	23 9	21 9	19 9	17 9	15 9	13 9
554 5	37 9	30 9	27 9	24 9	21 9	19 9	17 9	15 9
608 5	45 9	35 9	32 9	28 9	25 9	22 9	20 9	18 9
667 5	53 9	42 9	37 9	33 9	30 9	26 9	23 9	20 9
732 5	61 9	50 9	44 9	39 9	35 9	31 9	27 9	23 9

Table 5.12. Zirconium Dioxide (*Cont.*)

T, K		Density, kg/m³														
		100—3		100—2		316—2		100—1		316—1		100 0		316 0		100 1
802	5	73	9	59	9	53	9	46	9	41	9	36	9	32	9	28	9
879	5	87	9	69	9	62	9	55	9	48	9	42	9	37	9	33	9
964	5	10	10	82	9	72	9	64	9	57	9	50	9	44	9	39	9
106	6	12	10	95	9	85	9	75	9	66	9	59	9	51	9	45	9
116	6	14	10	11	10	99	9	88	9	78	9	68	9	60	9	53	9
126	6	15	10	13	10	11	10	10	10	91	9	80	9	70	9	62	9
139	6	17	10	15	10	14	10	12	10	10	10	93	9	82	9	72	9
146	6	18	10	16	10	15	10	14	10	12	10	11	10	95	9	84	9
167	6	20	10	18	10	17	10	16	10	14	10	13	10	11	10	97	9
183	6	21	10	20	10	19	10	18	10	16	10	15	10	13	10	11	10
201	6	22	10	21	10	20	10	19	10	18	10	17	10	15	10	13	10
220	6	23	10	22	10	22	10	21	10	20	10	19	10	17	10	15	10
241	6	25	10	24	10	23	10	22	10	22	10	21	10	19	10	18	10
266	6	28	10	25	10	25	10	24	10	23	10	22	10	21	10	20	10
291	6	31	10	28	10	27	10	26	10	25	10	24	10	23	10	22	10
319	6	34	10	31	10	29	10	28	10	27	10	26	10	25	10	24	10
350	6	38	10	34	10	32	10	31	10	29	10	28	10	27	10	26	10
384	6	43	10	38	10	36	10	34	10	32	10	31	10	29	10	28	10
421	6	50	10	43	10	40	10	38	10	36	10	34	10	32	10	30	10
462	6	65	10	49	10	45	10	42	10	40	10	37	10	35	10	33	10
506	6	82	10	61	10	53	10	48	10	44	10	41	10	39	10	37	10
554	6	96	10	80	10	67	10	57	10	51	10	47	10	43	10	41	10
608	6	11	11	94	10	85	10	73	10	61	10	54	10	49	10	45	10
667	6	12	11	10	11	99	10	90	10	79	10	65	10	56	10	51	10
732	6	14	11	12	11	11	11	10	11	95	10	84	10	68	10	59	10
802	6	15	11	14	11	13	11	12	11	11	11	99	10	88	10	71	10
879	6	18	11	15	11	14	11	13	11	12	11	11	11	10	11	91	10
964	6	20	11	18	11	16	11	15	11	14	11	13	11	11	11	10	11
106	7	22	11	20	11	19	11	17	11	16	11	15	11	13	11	12	11
116	7	23	11	22	11	21	11	20	11	18	11	16	11	15	11	14	11

Table 5.13. Teflon

T, K		Density, kg/m³														
		100—03		100—02		316—2		100—1		316—1		100 0		316 0		100 1
116	5	43	08	30	08	25	08	20	08	16	08	13	08	11	08	10	08
128	5	63	08	39	08	32	08	26	08	21	08	17	08	14	08	12	08
139	5	87	08	54	08	42	08	34	08	28	08	22	08	18	08	15	08
153	5	10	09	76	08	59	08	46	08	36	08	29	08	23	08	19	08
168	5	11	09	96	08	80	08	63	08	49	08	38	08	30	08	24	08
183	5	12	09	11	09	99	08	83	08	66	08	51	08	40	08	31	08
202	5	13	09	11	09	11	09	10	09	85	08	68	08	52	08	41	08
222	5	15	09	13	09	12	09	11	09	10	09	87	08	69	08	54	08
242	5	18	09	15	09	13	09	12	09	11	09	10	09	87	08	69	08

Table 5.13. Teflon (*Cont.*)

T, K	\multicolumn{14}{c	}{Density, kg/m³}
	\multicolumn{2}{c	}{100—03}	\multicolumn{2}{c	}{100—02}	\multicolumn{2}{c	}{316—2}	\multicolumn{2}{c	}{100—1}	\multicolumn{2}{c	}{316—1}	\multicolumn{2}{c	}{100 0}	\multicolumn{2}{c	}{316 0}	\multicolumn{2}{c	}{100 1}

T, K	100—03		100—02		316—2		100—1		316—1		100 0		316 0		100 1	
266 5	22	09	17	09	15	09	14	09	13	09	11	09	10	09	87	08
291 5	28	09	21	09	18	09	16	09	14	09	13	09	12	09	10	09
319 5	33	09	26	09	22	09	19	09	16	09	14	09	13	09	12	09
350 5	38	09	31	09	27	09	23	09	19	09	17	09	15	09	13	09
384 5	43	09	36	09	32	09	28	09	23	09	20	09	17	09	15	09
421 5	50	09	41	09	37	09	33	09	29	09	24	09	20	09	18	09
462 5	62	09	48	09	43	09	38	09	34	09	29	09	25	09	21	09
507 5	75	09	57	09	50	09	44	09	39	09	35	09	30	09	25	09
555 5	86	09	70	09	60	09	52	09	46	09	40	09	35	09	30	09
609 5	97	09	82	09	72	09	62	09	54	09	47	09	41	09	36	09
667 5	11	10	93	09	84	09	74	09	64	09	55	09	48	09	41	09
732 5	12	10	10	10	96	09	86	09	76	09	65	09	56	09	48	09
803 5	14	10	12	10	11	10	99	09	88	09	77	09	66	09	57	09
880 5	16	10	13	10	12	10	11	10	10	10	90	09	78	09	67	09
967 5	18	10	15	10	14	10	13	10	11	10	10	10	91	09	79	09
106 6	20	10	17	10	16	10	14	10	13	10	11	10	10	10	92	09
116 6	23	10	19	10	18	10	16	10	15	10	13	10	12	10	10	10
128 0	27	10	22	10	20	10	18	10	17	10	15	10	13	10	12	10
140 6	30	10	25	10	23	10	21	10	19	10	17	10	15	10	14	10
153 6	34	10	29	10	26	10	24	10	21	10	19	10	17	10	16	10
168 6	36	10	32	10	30	10	27	10	24	10	22	10	20	10	18	10
184 6	37	10	36	10	33	10	31	10	28	10	25	10	22	10	20	10
202 6	38	10	38	10	36	10	34	10	31	10	28	10	25	10	23	10
221 6	40	10	39	10	39	10	37	10	35	10	32	10	29	10	26	10
242 6	43	10	41	10	40	10	40	10	38	10	36	10	32	10	29	10
266 6	47	10	43	10	42	10	41	10	41	10	39	10	36	10	33	10
291 6	51	10	47	10	45	10	44	10	43	10	42	10	40	10	37	10
319 6	55	10	52	10	50	10	47	10	45	10	44	10	43	10	40	10
350 6	61	10	56	10	54	10	52	10	49	10	47	10	46	10	43	10
384 6	66	10	61	10	58	10	56	10	54	10	51	10	49	10	47	10
421 6	69	10	67	10	64	10	61	10	59	10	56	10	53	10	51	10
462 6	71	10	71	10	69	10	67	10	64	10	61	10	58	10	55	10
506 6	76	10	74	10	73	10	72	10	70	10	66	10	63	10	60	10
555 6	87	10	78	10	77	10	76	10	75	10	72	10	69	10	66	10
609 6	10	11	87	10	82	10	80	10	79	10	78	10	75	10	72	10
667 6	13	11	10	11	95	10	88	10	84	10	83	10	81	10	78	10
732 6	15	11	12	11	11	11	10	11	94	10	89	10	86	10	84	10
802 6	17	11	15	11	13	11	12	11	11	11	10	11	94	10	91	10
880 6	18	11	17	11	16	11	14	11	13	11	11	11	10	11	99	10
965 6	18	11	18	11	18	11	17	11	15	11	14	11	12	11	11	11
116 7	20	11	20	11	20	11	20	11	19	11	18	11	16	11	15	11

Table 5.14. Polyformaldehyde

T, K	Density, kg/m³							
	100—3	100—2	316—2	100—1	316—1	100 0	316 0	100 1
116 5	12 09	68 08	51 08	39 08	31 08	26 08	23 08	21 08
128 5	16 09	98 08	73 08	54 08	42 08	34 08	28 08	25 08
139 5	19 09	13 09	10 09	76 08	57 08	45 08	36 08	31 08
153 5	21 09	17 09	13 09	10 09	79 08	60 08	47 08	39 08
168 5	22 09	20 09	17 09	14 09	10 09	81 08	62 08	50 08
183 5	23 09	21 09	20 09	17 09	14 09	10 09	82 08	65 08
202 5	25 09	23 09	22 09	20 09	17 09	13 09	10 09	84 08
222 5	28 09	24 09	23 09	22 09	20 09	17 09	13 09	10 09
242 5	33 09	27 09	25 09	24 09	22 09	20 09	16 09	13 09
266 5	38 09	31 09	28 09	26 09	24 09	22 09	19 09	16 09
291 5	44 09	36 09	32 09	29 09	27 09	25 09	22 09	19 09
319 5	49 09	42 09	37 09	33 09	30 09	27 09	25 09	22 09
350 5	55 09	47 09	43 09	39 09	34 09	31 09	28 09	25 09
384 5	63 09	53 09	49 09	45 09	40 09	35 09	31 09	28 09
421 5	74 09	60 09	55 09	50 09	46 09	40 09	36 09	32 09
462 5	86 09	70 09	62 09	57 09	52 09	47 09	41 09	36 09
507 5	98 09	81 09	73 09	65 09	58 09	53 09	47 09	42 09
555 5	11 10	93 09	84 09	75 09	67 09	60 09	54 09	48 09
609 5	12 10	10 10	97 09	87 09	77 09	68 09	61 09	55 09
667 5	14 10	12 10	11 10	99 09	89 09	79 09	70 09	63 09
732 5	15 10	13 10	12 10	11 10	10 10	91 09	80 09	71 09
803 5	17 10	15 10	14 10	12 10	11 10	10 10	92 09	82 09
880 5	19 10	16 10	15 10	14 10	13 10	11 10	10 10	94 09
967 5	21 10	18 10	17 10	16 10	14 10	13 10	12 10	10 10
106 6	23 10	20 10	19 10	17 10	16 10	15 10	13 10	12 10
116 6	25 10	22 10	21 10	19 10	18 10	17 10	15 10	13 10
128 6	27 10	25 10	23 10	22 10	20 10	18 10	17 10	15 10
140 6	28 10	27 10	25 10	24 10	22 10	21 10	19 10	17 10
153 6	29 10	29 10	28 10	26 10	25 10	23 10	21 10	19 10
168 6	30 10	30 10	30 10	29 10	27 10	25 10	23 10	21 10
184 6	31 10	31 10	31 10	31 10	29 10	28 10	26 10	24 10
202 6	33 10	32 10	32 10	32 10	31 10	30 10	28 10	26 10
221 6	34 10	34 10	34 10	34 10	33 10	32 10	31 10	29 10
242 6	39 10	36 10	35 10	35 10	35 10	34 10	33 10	32 10
266 6	46 10	39 10	38 10	37 10	37 10	36 10	36 10	34 10
291 6	52 10	45 10	42 10	40 10	39 10	38 10	38 10	37 10
319 6	58 10	52 10	49 10	45 10	42 10	41 10	40 10	39 10
350 6	67 10	58 10	55 10	52 10	48 10	45 10	43 10	42 10
384 6	75 10	66 10	62 10	58 10	55 10	51 10	47 10	45 10
421 6	81 10	75 10	70 10	65 10	61 10	58 10	53 10	50 10
462 6	94 10	83 10	79 10	74 10	69 10	64 10	60 10	56 10
506 6	10 11	94 10	88 10	83 10	78 10	72 10	68 10	63 10
555 6	12 11	10 11	10 11	93 10	88 10	82 10	76 10	71 10
609 6	14 11	12 11	11 11	10 11	99 10	92 10	86 10	79 10
667 6	15 11	14 11	13 11	12 11	11 11	10 11	97 10	89 10
732 6	16 11	15 11	14 11	13 11	12 11	12 11	11 11	10 11

Table 5.14. Polyformaldehyde (*Cont.*)

T, K	Density, kg/m³							
	100—3	100—2	316—2	100—1	316—1	100 0	316 0	100 1
802 6	16 11	16 11	16 11	15 11	14 11	13 11	12 11	11 11
880 6	17 11	17 11	17 11	16 11	16 11	15 11	14 11	13 11
965 6	18 11	18 11	17 11	17 11	17 11	16 11	15 11	14 11
116 7	19 11	19 11	19 11	19 11	19 11	19 11	19 11	18 11

Table 5.15. Caprolactum

T, K	Density, kg/m³							
	100—3	100—2	316—2	100—1	316—1	100 0	316 0	100 1
116 5	15 09	85 08	64 08	49 08	39 08	33 08	29 08	27 08
128 5	20 09	12 09	91 08	68 08	53 08	42 08	36 08	32 08
139 5	24 09	16 09	12 09	96 08	72 08	56 08	46 08	39 08
153 5	26 09	21 09	17 09	13 09	99 08	75 08	59 08	49 08
168 5	27 09	24 09	21 09	17 09	13 09	10 09	78 08	63 08
183 5	29 09	27 09	25 09	21 09	17 09	13 09	10 09	81 08
202 5	31 09	29 09	27 09	25 09	21 09	17 09	13 09	10 09
222 5	36 09	31 09	29 09	28 09	25 09	21 09	16 09	13 09
242 5	42 09	24 09	32 09	30 09	28 09	24 09	20 09	16 09
266 5	48 09	39 09	35 09	33 09	30 09	28 09	24 09	20 09
291 5	52 09	45 09	41 09	36 09	33 09	31 09	28 09	24 09
319 5	56 09	51 09	47 09	42 09	37 09	34 09	31 09	27 09
350 5	63 09	55 09	52 09	48 09	43 09	38 09	35 09	31 09
384 5	75 09	61 09	57 09	53 09	49 09	44 09	39 09	35 09
421 5	87 09	70 09	63 09	59 09	55 09	49 09	44 09	40 09
462 5	98 09	82 09	73 09	66 09	61 09	56 09	50 09	45 09
507 5	11 10	94 09	85 09	75 09	68 09	62 09	57 09	51 09
555 5	12 10	10 10	97 09	87 09	77 09	70 09	63 09	58 09
609 5	14 10	12 10	11 10	99 09	89 09	79 09	71 09	65 09
667 5	15 10	13 10	12 10	11 10	10 10	91 09	81 09	73 09
732 5	16 10	15 10	14 10	12 10	11 10	10 10	93 09	83 09
803 5	18 10	16 10	15 10	14 10	13 10	11 10	10 10	95 09
880 5	19 10	18 10	17 10	16 10	14 10	13 10	12 10	10 10
967 4	20 10	19 10	18 10	17 10	16 10	15 10	13 10	12 10
106 6	21 10	20 10	19 10	19 10	18 10	16 10	15 10	13 10
116 6	22 10	21 10	21 10	20 10	19 10	18 10	17 10	15 10
128 6	23 10	23 10	22 10	22 10	21 10	20 10	18 10	17 10
140 6	24 10	24 10	24 10	23 10	22 10	21 10	20 10	19 10
153 6	25 10	25 10	25 10	24 10	24 10	23 10	22 10	21 10
168 6	26 10	26 10	26 10	26 10	25 10	25 10	24 10	23 10
184 6	28 10	28 10	28 10	27 10	27 10	26 10	26 10	25 10
202 6	29 10	29 10	29 10	29 10	29 10	28 10	27 10	26 10
221 6	31 10	30 10	30 10	30 10	30 10	30 10	29 10	28 10
242 6	37 10	33 10	32 10	32 10	32 10	32 10	31 10	30 10

Table 5.15. Caprolactum (*Cont.*)

T, K	Density, kg/m³															
	100—3		100—2		316—2		100—1		316—1		100 0		316 0		100 1	
266 6	48	10	37	10	35	10	34	10	34	10	33	10	33	10	33	10
291 6	56	10	46	10	41	10	37	10	36	10	35	10	35	10	35	10
319 6	66	10	56	10	50	10	44	10	40	10	38	10	38	10	37	10
350 6	81	10	65	10	60	10	54	10	48	10	43	10	41	10	40	10
384 6	93	10	78	10	70	10	64	10	58	10	51	10	46	10	43	10
421 6	10	11	93	10	84	10	75	10	68	10	61	10	54	10	49	10
462 6	11	11	10	11	97	10	89	10	79	10	71	10	64	10	57	10
506 6	11	11	11	11	10	11	10	11	93	10	83	10	75	10	67	10
555 6	12	11	12	11	11	11	11	11	10	11	97	10	87	10	78	10
609 6	13	11	13	11	12	11	12	11	11	11	11	11	10	11	91	10
667 6	14	11	14	11	13	11	13	11	12	11	12	11	11	11	10	11
732 6	15	11	14	11	14	11	14	11	13	11	13	11	12	11	11	11
802 6	15	11	15	11	15	11	15	11	14	11	14	11	14	11	13	11
880 6	16	11	16	11	16	11	16	11	16	11	15	11	15	11	14	11
965 6	17	11	17	11	17	11	17	11	16	11	16	11	16	11	15	11
116 7	18	11	18	11	18	11	18	11	18	11	18	11	18	11	18	11

Table 5.16. Plexiglas

T, K	Density, kg/m³															
	100—3		100—2		316—2		100—1		316—1		100 0		316 0		100 1	
116 5	13	09	79	08	59	08	45	08	36	08	30	08	26	08	24	08
128 5	18	09	11	09	84	08	63	08	48	08	39	08	33	08	29	08
139 5	21	09	15	09	11	09	87	08	66	08	51	08	41	08	35	08
153 5	23	09	19	09	15	09	12	09	90	08	69	08	54	08	44	08
168 5	24	09	22	09	19	09	15	09	12	09	92	08	71	08	57	08
183 5	25	09	24	09	22	09	19	09	15	09	12	09	93	08	73	08
202 5	28	09	25	09	24	09	22	09	19	09	15	09	12	09	95	08
222 5	32	09	27	09	26	09	25	09	22	09	19	09	15	09	12	09
242 5	38	09	30	09	28	09	27	09	25	09	22	09	18	09	15	09
266 5	43	09	35	09	32	09	29	09	27	09	25	09	22	09	18	09
291 5	48	09	41	09	36	09	33	09	30	09	28	09	25	09	21	09
319 5	52	09	46	09	42	09	38	09	34	09	31	09	28	09	25	09
350 5	59	09	51	09	48	09	43	09	38	09	34	09	31	09	28	09
384 5	70	09	57	09	53	09	49	09	44	09	39	09	35	09	31	09
421 5	81	09	65	09	59	09	55	09	50	09	45	09	40	09	36	09
462 5	93	09	77	09	68	09	61	09	56	09	51	09	46	09	41	09
507 5	10	10	88	09	79	09	70	09	63	09	57	09	52	09	46	09
555 5	12	10	10	10	91	09	82	09	72	09	65	09	58	09	53	09
609 5	13	10	11	10	10	10	94	09	84	09	74	09	66	09	60	09
667 5	15	10	13	10	11	10	10	10	96	09	85	09	76	09	68	09
732 5	16	10	14	10	13	10	12	10	11	10	98	09	87	09	78	09
803 5	17	10	16	10	15	10	13	10	12	10	11	10	10	10	89	09
880 5	18	10	17	10	16	10	15	10	14	10	12	10	11	10	10	10

Table 5.16. Plexiglas (*Cont.*)

T, K		Density, kg/m³														
		100—3		100—2		316—2		100—1		316—1		100 0		316 0		100 1
967	5	20	10	18	10	17	10	17	10	15	10	14	10	12	10	11 10
106	6	21	10	20	10	19	10	18	10	17	10	16	10	14	10	13 10
116	6	23	10	21	10	20	10	19	10	18	10	17	10	16	10	14 10
128	6	24	10	23	10	22	10	21	10	20	10	19	10	18	10	16 10
140	6	25	10	25	10	24	10	23	10	22	10	21	10	19	10	18 10
153	6	26	10	26	10	26	10	25	10	24	10	22	10	21	10	20 10
168	6	28	10	27	10	27	10	27	10	26	10	24	10	23	10	22 10
184	6	29	10	29	10	28	10	28	10	27	10	26	10	25	10	24 10
202	6	30	10	30	10	30	10	30	10	29	10	28	10	27	10	26 10
221	6	32	10	31	10	31	10	31	10	31	10	30	10	29	10	28 10
242	6	38	10	33	10	33	10	33	10	33	10	32	10	32	10	30 10
266	6	48	10	38	10	35	10	35	10	34	10	34	10	34	10	33 10
291	6	56	10	46	10	41	10	38	10	37	10	36	10	36	10	35 10
319	6	64	10	56	10	50	10	45	10	41	10	39	10	38	10	37 10
350	6	77	10	64	10	59	10	54	10	48	10	44	10	41	10	40 10
384	6	87	10	75	10	68	10	63	10	57	10	51	10	46	10	44 10
421	6	93	10	86	10	79	10	72	10	66	10	60	10	54	10	49 10
462	6	10	11	95	10	91	10	84	10	76	10	69	10	63	10	57 10
506	6	11	11	10	11	10	11	95	10	88	10	80	10	73	10	66 10
555	6	12	11	11	11	11	11	10	11	99	10	92	10	83	10	76 10
609	6	13	11	12	11	12	11	11	11	11	11	10	11	95	10	87 10
667	6	14	11	13	11	13	11	12	11	12	11	11	11	10	11	99 10
732	6	15	11	15	11	14	11	13	11	13	11	12	11	12	11	11 11
802	6	15	11	15	11	15	11	15	11	14	11	14	11	13	11	12 11
880	6	16	11	16	11	16	11	16	11	15	11	15	11	14	11	13 11
965	6	17	11	17	11	17	11	17	11	17	11	16	11	16	11	15 11
116	7	19	11	19	11	19	11	18	11	18	11	18	11	18	11	18 11

Table 5.17. Textolite

T, K		Density, kg/m³														
		100—3		100—2		316—2		100—1		316—1		100 0		316 0		100 1
116	5	12	09	69	08	52	08	40	08	31	08	26	08	23	08	21 08
128	5	16	09	99	08	74	08	56	08	43	08	34	08	29	08	25 08
139	5	19	09	13	09	10	09	78	08	59	08	45	08	36	08	31 08
153	5	20	09	17	09	13	09	10	09	80	08	61	08	48	08	39 08
168	5	21	09	19	09	17	09	14	09	10	09	82	08	63	08	50 08
183	5	22	09	21	09	19	09	17	09	14	09	10	09	83	08	65 08
202	5	24	09	22	09	21	09	20	09	17	09	13	09	10	09	84 08
222	5	28	09	24	09	23	09	22	09	20	09	17	09	13	09	10 09
242	5	33	09	27	09	25	09	23	09	22	09	19	09	16	09	13 09
266	5	39	09	31	09	28	09	26	09	24	09	22	09	19	09	16 09
291	5	44	09	36	09	32	09	29	09	26	09	24	09	22	09	19 09
319	5	48	09	42	09	38	09	33	09	30	09	27	09	25	09	22 09

Table 5.17. Textolite (*Cont.*)

T, K		Density, kg/m³													
		100—3		100—2		316—2		100—1		316—1		100 0		316 0		100 1	
350	5	55	09	47	09	43	09	39	09	34	09	30	09	27	09	25	09
384	5	65	09	53	09	49	09	45	09	40	09	35	09	31	09	28	09
421	5	75	09	61	09	55	09	50	09	46	09	40	09	36	09	32	09
462	5	87	09	71	09	63	09	57	09	52	09	46	09	41	09	36	09
507	5	10	10	82	09	74	09	65	09	58	09	53	09	47	09	42	09
555	5	11	10	95	09	85	09	76	09	67	09	60	09	54	09	48	09
609	5	13	10	10	10	98	09	88	09	78	09	69	09	61	09	55	09
667	5	14	10	12	10	11	10	10	10	90	09	79	09	70	09	63	09
732	5	15	10	13	10	12	10	11	10	10	10	92	09	81	09	72	09
803	5	16	10	15	10	14	10	13	10	11	10	10	10	93	09	82	09
880	5	18	10	16	10	15	10	14	10	13	10	12	10	10	10	95	09
967	5	20	10	18	10	17	10	16	10	15	10	13	10	12	10	10	10
106	6	22	10	20	10	19	10	17	10	16	10	15	10	13	10	12	10
116	6	24	10	22	10	20	10	19	10	18	10	17	10	15	10	14	10
128	6	26	10	24	10	22	10	21	10	20	10	18	10	17	10	15	10
140	6	27	10	26	10	25	10	23	10	22	10	20	10	19	10	17	10
153	6	28	10	28	10	27	10	25	10	24	10	22	10	21	10	19	10
168	6	29	10	29	10	28	10	28	10	26	10	25	10	23	10	21	10
184	6	30	10	30	10	30	10	29	10	28	10	27	10	25	10	24	10
202	6	31	10	31	10	31	10	31	10	30	10	29	10	28	10	26	10
221	6	33	10	33	10	32	10	32	10	32	10	31	10	30	10	28	10
242	6	38	10	34	10	34	10	34	10	34	10	33	10	32	10	31	10
266	6	46	10	38	10	36	10	36	10	35	10	35	10	34	10	33	10
291	6	53	10	46	10	41	10	39	10	38	10	37	10	37	10	36	10
319	6	60	10	53	10	49	10	44	10	41	10	40	10	39	10	38	10
350	6	71	10	60	10	56	10	52	10	47	10	44	10	42	10	41	10
384	6	79	10	69	10	64	10	60	10	55	10	50	10	46	10	44	10
421	6	86	10	79	10	74	10	68	10	63	10	58	10	53	10	49	10
462	6	97	10	87	10	83	10	78	10	71	10	66	10	61	10	56	10
506	6	11	11	98	10	92	10	87	10	81	10	75	10	69	10	64	10
555	6	12	11	11	11	10	11	97	10	92	10	85	10	78	10	72	10
609	6	13	11	12	11	11	11	11	11	10	11	96	10	89	10	81	10
667	6	15	11	13	11	13	11	12	11	11	11	10	11	10	11	92	10
732	6	15	11	15	11	14	11	13	11	13	11	12	11	11	11	10	11
802	6	16	11	16	11	15	11	15	11	14	11	13	11	12	11	11	11
880	6	16	11	16	11	16	11	16	11	16	11	15	11	14	11	13	11
965	6	17	11	17	11	17	11	17	11	17	11	16	11	15	11	14	11
116	7	19	11	19	11	19	11	19	11	19	11	19	11	18	11	18	11

CHAPTER SIX

EFFECTIVE ADIABATIC EXPONENT

Data on the effective adiabatic exponent of plasma γ, determined from the expression

$$\gamma = 1 + p/\rho\epsilon$$

are tabulated. The tables were constructed as follows. Values of γ as a function of the plasma temperature T, K (left column) are listed for each substance given in the table heading for eight values of density ρ. The temperature range for metals and their oxides is 4620 to 1,160,000 K and for dielectrics—from 11,600 to 1,160,000 K. The density and the temperature are given by the mantissa and order of magnitude. Thus, the tabulated values of temperature and density written as 462 4 and 100-3 should be read respectively as $T = 0.462 \cdot 10^4 = 4620$ K and $\rho = 0.100 \cdot 10^{-3}$ kg/m^3. The values of γ are given in standard decimal form.

Table 6.1. Silicon

T, K		Density, kg/m³							
		100—3	100—2	316—2	100—1	316—1	100 0	316 0	100 1
462	4	1,540	1,620	1,640	1,651	1,658	1,662	1,664	1,665
554	4	1,313	1,476	1,541	1,589	1,620	1,639	1,651	1,658
608	4	1,224	1,373	1,454	1,523	1,576	1,611	1,634	1,647
667	4	1,172	1,282	1,359	1,440	1,511	1,566	1,604	1,629
732	4	1,149	1,219	1,279	1,354	1,433	1,504	1,560	1,599
802	4	1,144	1,183	1,225	1,284	1,356	1,432	1.501	1,556
879	4	1,149	1,168	1,194	1,235	1,293	1,363	1,436	1,501
964	4	1,157	1,166	1,181	1,207	1,249	1,307	1,374	1,442
106	5	1,166	1,172	1,179	1,195	1,223	1,266	1,323	1,386
116	5	1,171	1,180	1,184	1,193	1,211	1,242	1,285	1,339
126	5	1,165	1,188	1,193	1,198	1,209	1,230	1,262	1,305
139	5	1,151	1,189	1,199	1,206	1,213	1,227	1,250	1,283
146	5	1,144	1,180	1,199	1,211	1,220	1,229	1,246	1,270
167	5	1,145	1,169	1,190	1,210	1,224	1,235	1,247	1,266
183	5	1,152	1,164	1,180	1,202	1,223	1,238	1,251	1,266
201	5	1,159	1,167	1,177	1,194	1,216	1,237	1,253	1,268
220	5	1,159	1,174	1,180	1,190	1,208	1,231	1,252	1,268
241	5	1,148	1,177	1,185	1,193	1,205	1,224	1,246	1,266
266	5	1,140	1,172	1,187	1,197	1,207	1,221	1,241	1,261
291	5	1,140	1,162	1,181	1,197	1,210	1,222	1,238	1,257
319	5	1,142	1,158	1,172	1,191	1,209	1,224	1,238	1,254
350	5	1,140	1,159	1,169	1,184	1,203	1,222	1,238	1,253
384	5	1,138	1,159	1,169	1,181	1,197	1,217	1,236	1,252
421	5	1,142	1,157	1,169	1,181	1,194	1,211	1,231	1,250
462	5	1,151	1,158	1,168	1,181	1,194	1,209	1,227	1,246
506	5	1,161	1,164	1,170	1,180	1,194	1,208	1,224	1,242
554	5	1,172	1,174	1,177	1,183	1,194	1,208	1,223	1,239
608	5	1,184	1,185	1,186	1,190	1,197	1,209	1,224	1,239
667	5	1,197	1,197	1,198	1,200	1,204	1,213	1,226	1,240
732	5	1,210	1,210	1,210	1,211	1,214	1,220	1,230	1,242

Table 6.1. Silicon (*Cont.*)

T, K		Density, kg/m³							
		100—3	100—2	316—2	100—1	316—1	100 0	316 0	100 1
802	5	1,223	1,223	1,224	1,224	1,226	1,229	1,237	1,247
879	5	1,232	1,237	1,237	1,238	1,239	1,241	1,246	1,255
964	5	1,222	1,247	1,250	1,251	1,252	1,254	1,257	1,264
106	6	1,188	1,243	1,257	1,263	1,266	1 267	1,270	1,275
116	6	1,172	1,214	1,244	1,266	1,276	1,280	1,283	1,287
126	6	1,164	1,192	1,215	1,246	1,273	1,287	1,294	1,300
139	6	1,154	1,183	1,198	1,220	1,250	1,280	1,299	1,309
146	6	1,152	1,172	1,189	1,206	1,227	1,257	1,288	1,311
167	6	1,151	1,167	1,179	1,196	1,215	1,236	1,266	1,298
183	6	1,142	1,167	1,176	1,188	1,205	1,225	1,248	1,277
201	6	1,133	1,161	1,176	1,186	1,198	1,215	1,236	1,260
220	6	1,132	1,150	1,167	1,184	1,197	1,210	1,227	1,248
241	6	1,132	1,146	1,157	1,175	1,194	1,209	1,223	1,240
266	6	1,133	1,146	1,154	1,165	1,183	1,205	1,222	1,236
291	6	1,130	1,147	1,155	1,163	1,175	1,193	1,217	1,235
319	6	1,125	1,146	1,155	1,164	1,173	1,185	1,205	1,230
350	6	1,128	1,140	1,153	1,165	1,174	1,184	1,198	1,218
384	6	1,131	1,140	1,148	1,161	1,175	1,186	1,197	1,211
421	6	1,137	1,145	1,150	1,157	1,171	1,186	1,198	1,210
462	6	1,146	1,150	1,154	1,160	1,168	1,182	1,198	1,211
506	6	1,157	1,158	1,160	1,165	1,171	1,179	1,194	1,212
554	6	1,168	1,168	1,169	1,172	1,177	1,183	1,192	1,208
608	6	1,180	1,180	1,180	1,181	1,184	1,189	1,196	1,206
667	6	1,192	1,192	1,192	1,193	1,194	1,197	1,203	1,210
732	6	1,205	1,205	1,205	1,205	1,206	1,207	1,211	1,217
802	6	1,218	1,218	1,218	1,218	1,219	1,219	1,222	1,226
879	6	1,232	1,232	1,232	1,232	1,232	1,232	1,234	1,236
964	6	1,246	1,246	1,246	1,246	1,246	1,246	1,247	1,249
106	7	1,260	1,260	1,260	1,260	1,260	1,261	1,261	1,262
116	7	1,271	1,275	1,275	1,275	1,275	1,275	1,275	1,276

Table 6.1. Silicon (*Cont.*)

T, K		Density, kg/m³							
		100—3	100—2	316—2	100—1	316—1	100 0	316 0	100 1
462	4	1,253	1,413	1,490	1,552	1,596	1,624	1,642	1,652
554	4	1,153	1,239	1,308	1,388	1,466	1,531	1,580	1,613
608	4	1,141	1,193	1,243	1,310	1,388	1,464	1,528	1,576
667	4	1,141	1,169	1,203	1,253	1,319	1,393	1,466	1,527
732	4	1,148	1,162	1,182	1,216	1,267	1,331	1,403	1,471
802	4	1,157	1,164	1,175	1,197	1,233	1,284	1,347	1,414
879	4	1,167	1,171	1,177	1,190	1,214	1,252	1,304	1,364
964	4	1,169	1,180	1,184	1,191	1,206	1,234	1,274	1,324
106	5	1,150	1,184	1,191	1,197	1,207	1,225	1,255	1,296

Table 6.2. Chromium

T, K		Density, kg/m³							
		100—3	100—2	316—2	100—1	316—1	100 0	316 0	100 1
116	5	1,128	1,171	1,190	1,201	1,211	1,224	1,246	1,278
126	5	1,122	1,148	1,172	1,194	1,211	1,225	1,242	1,267
139	5	1,127	1,137	1,152	1,174	1,198	1,220	1,239	1,260
146	5	1,136	1,139	1,145	1,157	1,177	1,202	1,226	1,249
167	5	1,146	1,147	1,149	1,154	1,165	1,183	1,206	1,229
183	5	1,154	1,157	1,157	1,159	1,164	1,174	1,189	1,207
201	5	1,156	1,166	1,168	1,169	1,171	1,175	1,183	1,194
220	5	1,146	1,172	1,177	1,179	1,180	1,183	1,187	1,193
241	5	1,137	1,167	1,181	1,188	1,191	1,193	1,195	1,198
266	5	1,138	1,157	1,174	1,189	1,198	1,203	1,205	1,207
291	5	1,145	1,154	1,165	1,182	1,199	1,209	1,215	1,217
319	5	1,152	1,158	1,164	1,175	1,192	1,209	1,220	1,226
350	5	1,151	1,166	1,169	1,175	1,187	1,203	1,220	1,231
384	5	1,144	1,169	1,176	1,181	1,188	1,199	1,215	1,230
421	5	1,144	1,165	1,178	1,187	1,193	1,201	1,212	1,227
462	5	1,149	1,161	1,174	1,188	1,198	1,206	1,215	1,226
506	5	1,153	1,164	1,172	1,185	1,199	1,211	1,219	1,228
554	5	1,150	1,169	1,175	1,183	1,197	1,212	1,224	1,233
608	5	1,147	1,170	1,179	1,187	1,196	1,210	1,225	1,237
667	5	1,146	1,166	1,179	1,190	1,199	1,210	1,224	1,238
732	5	1,145	1,165	1,176	1,190	1,203	1,213	1,225	1,239
802	5	1,147	1,164	1,175	1,188	1,202	1,216	1,227	1,240
879	5	1,151	1,164	1,175	1,187	1,200	1,216	1,230	1,242
964	5	1,147	1,166	1,175	1,186	1,199	1,214	1,230	1,245
106	6	1,140	1,164	1,175	1,186	1,199	1,214	1,230	1,246
116	6	1,136	1,156	1,170	1,184	1,199	1,213	1,229	1,245
126	6	1,132	1,151	1,162	1,177	1,194	1,211	1,229	1,245
139	6	1,129	1,147	1,158	1,170	1,185	1,204	1,225	1,244
146	6	1,129	1,144	1,154	1,165	1,178	1,194	1,215	1,239
167	6	1,129	1,143	1,151	1,162	1,174	1,188	1,205	1,227
183	6	1,127	1,143	1,151	1,160	1,171	1,183	1,198	1,215
201	6	1,124	1,142	1,151	1,160	1,169	1,181	1,194	1,208
220	6	1,123	1,139	1,150	1,160	1,170	1,180	1,191	1,204
241	6	1,124	1,136	1,146	1,158	1,170	1,180	1,191	1,203
266	6	1,127	1,137	1,144	1,154	1,167	1,180	1,192	1,203
291	6	1,131	1,140	1,146	1,153	1,162	1,177	1,191	1,204
319	6	1,139	1,144	1,149	1,155	1,162	1,172	1,188	1,203
350	6	1,149	1,151	1,154	1,159	1,165	1,173	1,183	1,199
384	6	1,159	1,160	1,162	1,165	1,170	1,176	1,184	1,195
421	6	1,171	1,171	1,172	1,173	1,177	1,182	1,188	1,196
462	6	1,182	1,183	1,183	1,184	1,186	1,190	1,195	1,201
506	6	1,192	1,195	1,195	1,196	1,197	1,199	1,203	1,208
554	6	1,192	1,206	1,207	1,208	1,209	1,210	1,213	1,217
608	6	1,180	1,207	1,216	1,220	1,221	1,222	1,224	1,227
667	6	1,168	1,197	1,212	1,225	1,232	1,234	1,236	1,239
732	6	1,160	1,185	1,201	1,218	1,233	1,243	1,248	1,251

Table 6.2. Chromium (*Cont.*)

T, K	Density, kg/m³							
	100—3	100—2	316—2	100—1	316—1	100 0	316 0	100 1
802 6	1,155	1,176	1,190	1,206	1,224	1,242	1,254	1,261
879 6	1,150	1,171	1,182	1,196	1,213	1,232	1,251	1,266
964 6	1,140	1,167	1,178	1,190	1,204	1,221	1,241	1,261
106 7	1,139	1,157	1,172	1,187	1,199	1,213	1,231	1,251
116 7	1,143	1,153	1,162	1,179	1,196	1,209	1,224	1,242

Table 6.3. Nickel

T, K	Density, kg/m³							
	100—3	100—2	316—2	100—1	316—1	100 0	316 0	100 1
462 4	1,453	1,577	1,613	1,635	1,649	1,656	1,661	1,664
554 4	1,239	1,395	1,474	1,540	1,588	1,619	1,639	1,650
608 4	1,181	1,300	1,380	1,460	1,528	1,579	1,613	1,635
667 4	1,153	1,231	1,297	1,375	1,453	1,522	1,573	1,609
732 4	1,144	1,190	1,237	1,300	1,376	1,453	1,520	1,571
802 4	1,147	1,171	1,200	1,247	1,310	1,383	1,458	1,521
879 4	1,155	1,166	1,183	1,214	1,261	1,324	1,395	1,465
964 4	1,165	1,170	1,179	1,197	1,230	1,279	1,341	1,409
106 5	1,173	1,178	1,183	1,193	1,214	1,250	1,299	1,360
116 5	1,172	1,187	1,190	1,197	1,209	1,234	1,271	1,321
126 5	1,152	1,190	1,198	1,204	1,212	1,228	1,255	1,294
139 5	1,135	1,178	1,197	1,209	1,217	1,229	1,248	1,278
146 5	1,131	1,158	1,183	1,205	1,221	1,232	1,247	1,270
167 5	1,136	1,148	1,165	1,189	1,214	1,233	1,248	1,267
183 5	1,145	1,150	1,158	1,174	1,198	1,224	1,245	1,264
201 5	1,152	1,157	1,160	1,169	1,185	1,209	1,235	1,258
220 5	1,150	1,165	1,168	1,172	1,181	1,198	1,221	1,246
241 5	1,136	1,167	1,174	1,179	1,184	1,194	1,211	1,233
266 5	1,130	1,156	1,173	1,184	1,191	1,197	1,208	1,225
291 5	1,134	1,147	1,162	1,180	1,193	1,202	1,211	1,223
319 5	1,141	1,147	1,155	1,169	1,187	1,203	1,214	1,225
350 5	1,145	1,153	1,157	1,164	1,178	1,196	1,213	1,226
384 5	1,139	1,159	1,163	1,168	1,175	1,188	1,206	1,223
421 5	1,135	1,158	1,168	1,174	1,179	1,187	1,200	1,216
462 5	1,138	1,152	1,165	1,177	1,185	1,191	1,199	1,211
506 5	1,143	1,152	1,161	1,174	1,187	1,196	1,203	1,212
554 5	1,143	1,157	1,162	1,171	1,184	1,197	1,208	1,216
608 5	1,135	1,160	1,167	1,173	1,182	1,195	1,209	1,220
667 5	1,124	1,154	1,168	1,178	1,185	1,194	1,207	1,221
732 5	1,123	1,141	1,159	1,177	1,189	1,197	1,208	1,220
802 5	1,129	1,135	1,146	1,165	1,186	1,201	1,211	1,221
879 5	1,131	1,140	1,144	1,152	1,171	1,195	1,213	1,224
964 5	1,130	1,144	1,149	1,153	1,161	1,179	1,205	1,225
106 6	1,131	1,145	1,153	1,159	1,163	1,171	1,188	1,214
116 6	1,131	1,146	1,154	1,162	1,169	1,174	1,181	1,198

Table 6.3. Nickel (*Cont.*)

T, K	Density, kg/m³							
	100—3	100—2	316—2	100—1	316—1	100 0	316 0	100 1
126 6	1,133	1,146	1,154	1,163	1,172	1,179	1,185	1,193
139 6	1,134	1,147	1,155	1,164	1,173	1,183	1,191	1,197
146 6	1,135	1,149	1,156	1,165	1,174	1,184	1,194	1,202
167 6	1,137	1,150	1,158	1,166	1,175	1,186	1,196	1,206
183 6	1,135	1,152	1,160	1,168	1,177	1,187	1,198	1,209
201 6	1,130	1,151	1,161	1,170	1,179	1,189	1,200	1,211
220 6	1,127	1,145	1,158	1,171	1,181	1,192	1,202	1,213
241 6	1,125	1,141	1,151	1,165	1,181	1,194	1,205	1,216
266 6	1,126	1,139	1,147	1,158	1,173	1.192	1,207	1,219
291 6	1,127	1,139	1,146	1,155	1,166	1,183	1,204	1,221
319 6	1,124	1,140	1,147	1,154	1,163	1,175	1,193	1,216
350 6	1,121	1,140	1,149	1,155	1,163	1,173	1,185	1,204
384 6	1,118	1,134	1,146	1,158	1,165	1,173	1,183	1,196
421 6	1,122	1,133	1,141	1,153	1,167	1,176	1,184	1,194
462 6	1,131	1,133	1,139	1,149	1,161	1,177	1,187	1,196
506 6	1,141	1,141	1,142	1,147	1,158	1,170	1,187	1,199
554 6	1,152	1,152	1,152	1,153	1,157	1,168	1,181	1,198
608 6	1,163	1,163	1,163	1,163	1,164	1,168	1,178	1,192
667 6	1,174	1,174	1,174	1,174	1,174	1,175	1,179	1,190
732 6	1,186	1,186	1,186	1,186	1,186	1,187	1,188	1,192
802 6	1,197	1,199	1,199	1,199	1,199	1,199	1,199	1,200
879 6	1,200	1,211	1,212	1,212	1,212	1,212	1,212	1,212
964 6	1,178	1,216	1,223	1,225	1,225	1,226	1,226	1,226
106 7	1,166	1,199	1,222	1,234	1,238	1,239	1,239	1,240
116 7	1,159	1,182	1,199	1,225	1,244	1,251	1,253	1,254

Table 6.4. Copper

T, K	Density, kg/m³							
	100—3	100—2	316—2	100—1	316—1	100 0	316 0	100 1
462 4	1,241	1,398	1,477	1,542	1,589	1,620	1,639	1,651
554 4	1,147	1,225	1,290	1,367	1,446	1,516	1,569	1,605
608 4	1,138	1,182	1,227	1,289	1,364	1,441	1,509	1,562
667 4	1,141	1,163	1,190	1,234	1,294	1,366	1,440	1,505
732 4	1,149	1,158	1,174	1,202	1,245	1,304	1,372	1,441
802 4	1,159	1,163	1,170	1,187	1,215	1,259	1,316	1,380
879 4	1,170	1,172	1,175	1,184	1,201	1,231	1,275	1,328
964 4	1,182	1,183	1,184	1,188	1,198	1,218	1,249	1,291
106 5	1,193	1,194	1,195	1,197	1,203	1,215	1,236	1,267
116 5	1,199	1,206	1,207	1,209	1,212	1,219	1,233	1,255
126 5	1,181	1,214	1,219	1,221	1,223	1,227	1,236	1,251
139 5	1,145	1,203	1,222	1,230	1,234	1,237	1,243	1,254
146 5	1,128	1,170	1,202	1,227	1,241	1,247	1,252	1,260

Table 6.4. Copper (*Cont.*)

T, K	Density, kg/m³							
	100—3	100—2	316—2	100—1	316—1	100 0	316 0	100 1
167,5	1,129	1,147	1,171	1,202	1,232	1,250	1,260	1,268
183,5	1,137	1,143	1,153	1,174	1,205	1,236	1,258	1,272
201,5	1,146	1,148	1,152	1,162	1,181	1,209	1,241	1,265
220,5	1,157	1,157	1,159	1,163	1,172	1,189	1,215	1,244
241,5	1,168	1,168	1,169	1,170	1,174	1,183	1,199	1,222
266,5	1,177	1,180	1,180	1,181	1,182	1,186	1,195	1,209
291,5	1,173	1,190	1,192	1,192	1,193	1,195	1,199	1,207
319,5	1,151	1,191	1,200	1,203	1,205	1,206	1,208	1,213
350,5	1,138	1,175	1,196	1,209	1,215	1,218	1,220	1,222
384,5	1,140	1,157	1,178	1,202	1,219	1,227	1,231	1,233
421,5	1,147	1,154	1,165	1,184	1,208	1,228	1,239	1,244
462,5	1,150	1,160	1,164	1,174	1,192	1,216	1,237	1,250
506,5	1,141	1,165	1,170	1,175	1,185	1,202	1,226	1,247
554,5	1,135	1,160	1,173	1,180	1,187	1,197	1,214	1,236
608,5	1,137	1,152	1,166	1,181	1,191	1,199	1,210	1,227
667,5	1,137	1,151	1,160	1,174	1,190	1,202	1,212	1,223
732,5	1,133	1,152	1,160	1,169	1,183	1,200	1,214	1,225
802,5	1,132	1,149	1,160	1,170	1,180	1,194	1,211	1,226
879,5	1,132	1,147	1,157	1,169	1,180	1,192	1,206	1,223
964,5	1,131	1,148	1,156	1,166	1,179	1,191	1,204	1,219
106,6	1,130	1,146	1,156	1,165	1,177	1,190	1,204	1,217
116,6	1,120	1,146	1,155	1,165	1,176	1,188	1,202	1,217
126,6	1,113	1,140	1,154	1,164	1,176	1,188	1,201	1,216
139,6	1,114	1,128	1,144	1,162	1,175	1,187	1,200	1,214
146,6	1,115	1,126	1,134	1,150	1,171	1,187	1,200	1,214
167,6	1,116	1,127	1,133	1,141	1,158	1,181	1,199	1,214
183,6	1,118	1,128	1,134	1,141	1,150	1,167	1,192	1,213
201,6	1,121	1,131	1,136	1,143	1,150	1,159	1,177	1,205
220,6	1,122	1,133	1,139	1,145	1,152	1,160	1,170	1,189
241,6	1,122	1,135	1,141	1,148	1,155	1,162	1,171	1,181
266,6	1,122	1,134	1,142	1,150	1,158	1,166	1,173	1,182
291,6	1,122	1,135	1,141	1,149	1,159	1,168	1,177	1,185
319,6	1,120	1,135	1,142	1,149	1,158	1,169	1,180	1,189
350,6	1,116	1,135	1,143	1,150	1,158	1,167	1,179	1,191
384,6	1,116	1,129	1,141	1,151	1,159	1,168	1,178	1,190
421,6	1,117	1,128	1,136	1,148	1,160	1,170	1,178	1,189
462,6	1,121	1,129	1,135	1,143	1,156	1,170	1,180	1,190
506,6	1,128	1,132	1,137	1,143	1,152	1,165	1,181	1,192
554,6	1,138	1,139	1,141	1,145	1,152	1,161	1,175	1,192
608,6	1,148	1,148	1,149	1,151	1,155	1,161	1,171	1,186
667,6	1,159	1,159	1,159	1,160	1,162	1,166	1,172	1,182
732,6	1,170	1,170	1,170	1,170	1,171	1,173	1,177	1,183
802,6	1,178	1,181	1,182	1,182	1,182	1,183	1,185	1,189
879,6	1,177	1,191	1,193	1,194	1,194	1,195	1,196	1,198
964,6	1,172	1,192	1,200	1,205	1,206	1,207	1,208	1,209
106,7	1,168	1,188	1,199	1,209	1,216	1,219	1,220	1,221
116,7	1,162	1,184	1,195	1,206	1,218	1,227	1,232	1,234

Table 6.5. Zirconium

T, K	Density, kg/m³							
	100—3	100—2	316—2	100—1	316—1	100 0	316 0	100 1
462 4	1,130	1,185	1,238	1,307	1,386	1,463	1,527	1,575
554 4	1,133	1,144	1,161	1,191	1,236	1,296	1,366	1,435
608 4	1,142	1,146	1,154	1,170	1,199	1,241	1,297	1,358
667 4	1,152	1,154	1,157	1,165	1,181	1,209	1,248	1,296
732 4	1,158	1,163	1,165	1,169	1,177	1,194	1,219	1,253
802 4	1,151	1,171	1,174	1,177	1,181	1,190	1,206	1,229
879 4	1,132	1,169	1,180	1,185	1,189	1,194	1,204	1,219
964 4	1,122	1,153	1,174	1,188	1,196	1,201	1,208	1,217
106 5	1,124	1,140	1,157	1,179	1,196	1,207	1,214	1,221
116 5	1,131	1,137	1,147	1,163	1,184	1,203	1,216	1,224
126 5	1,140	1,143	1,147	1,156	1,171	1,191	1,210	1,222
139 5	1,146	1,151	1,153	1,157	1,166	1,180	1,197	1,213
146 5	1,143	1,159	1,162	1,164	1,168	1,176	1,189	1,202
167 5	1,134	1,160	1,168	1,172	1,175	1,180	1,187	1,197
183 5	1,133	1,154	1,168	1,178	1,184	1,187	1,192	1,198
201 5	1,139	1,149	1,162	1,177	1,188	1,195	1,199	1,204
220 5	1,146	1,152	1,159	1,172	1,187	1,199	1,206	1,211
241 5	1,149	1,159	1,163	1,170	1,182	1,197	1,209	1,217
266 5	1,145	1,165	1,170	1,174	1,182	1,194	1,208	1,219
291 5	1,142	1,164	1,174	1,181	1,186	1,195	1,206	1,218
319 5	1,147	1,161	1,174	1,185	1,193	1,199	1,208	1,218
350 5	1,156	1,162	1,171	1,184	1,196	1,205	1,213	1,221
384 5	1,167	1,169	1,174	1,183	1,196	1,208	1,218	1,226
421 5	1,176	1,179	1,181	1,186	1,196	1,209	1,221	1,231
462 5	1,174	1,189	1,191	1,194	1,200	1,210	1,222	1,234
506 5	1,158	1,191	1,199	1,203	1,207	1,214	1,224	1,236
554 5	1,150	1,178	1,196	1,209	1,216	1,221	1,229	1,239
608 5	1,148	1,167	1,182	1,202	1,218	1,228	1,235	1,244
667 5	1,142	1,164	1,175	1,189	1,209	1,227	1,240	1,249
732 5	1,139	1,159	1,172	1,183	1,198	1,217	1,236	1,251
802 5	1,137	1,155	1,166	1,180	1,193	1,207	1,226	1,246
879 5	1,135	1,153	1,163	1,174	1,188	1,203	1,218	1,236
964 5	1,132	1,150	1,160	1,172	1,184	1,198	1,214	1,229
106 6	1,123	1,148	1,159	1,169	1,181	1,194	1,209	1,225
116 6	1,121	1,140	1,156	1,168	1,180	1,192	1,206	1,221
126 6	1,122	1,135	1,146	1,163	1,178	1,191	1,204	1,218
139 6	1,122	1,135	1,143	1,154	1,172	1,189	1,203	1,216
146 6	1,123	1,136	1,143	1,151	1,163	1,181	1,200	1,215
167 6	1,125	1,135	1,143	1,152	1,161	1,173	1,192	1,212
183 6	1,129	1,137	1,143	1,151	1,161	1,171	1,184	1,203
201 6	1,136	1,141	1,146	1,152	1,160	1,171	1,182	1,195
220 6	1,141	1,147	1,150	1,155	1,162	1,170	1,181	1,193
241 6	1,141	1,153	1,157	1,161	1,165	1,172	1,181	1,192
266 6	1,142	1,154	1,161	1,167	1,171	1,177	1,183	1,192
291 6	1,141	1,155	1,162	1,170	1,177	1,182	1,188	1,195
319 6	1,140	1,154	1,162	1,170	1,178	1,187	1,194	1,200

Table 6.5. Zirconium (*Cont.*)

T, K		Density, kg/m³							
		100—3	100—2	316—2	100—1	316—1	100 0	316 0	100 1
350	6	1,140	1,154	1,162	1,170	1,179	1,188	1,197	1,205
384	6	1,139	1,153	1,162	1,170	1,179	1,189	1,198	1,208
421	6	1,139	1,153	1,161	1,170	1,179	1,189	1,199	1,209
462	6	1,130	1,153	1,161	1,170	1,179	1,189	1,200	1,210
506	6	1,124	1,148	1,161	1,170	1,180	1,190	1,200	1,211
554	6	1,126	1,137	1,151	1,169	1,180	1,190	1,201	1,212
608	6	1,127	1,138	1,144	1,156	1,177	1,191	1,202	1,213
667	6	1,126	1,140	1,146	1,152	1,163	1,185	1,202	1,214
732	6	1,125	1,138	1,147	1,155	1,161	1,171	1,194	1,215
802	6	1,125	1,137	1,145	1,155	1,164	1,171	1,181	1,205
879	6	1,120	1,138	1,145	1,152	1,163	1,174	1,182	1,192
964	6	1,120	1,134	1,145	1,153	1,160	1,171	1,184	1,194
106	7	1,124	1,131	1,139	1,151	1,162	1,170	1,181	1,195
116	7	1,131	1,134	1,139	1,146	1,158	1,171	1,180	1,191

Table 6.6. Niobium

T, K		Density, kg/m³							
		100—3	100—2	316—2	100—1	316—1	100 0	316 0	100 1
462	4	1,145	1,219	1,283	1,359	1,438	1,509	1,563	1,601
554	4	1,141	1,161	1,187	1,229	1,287	1,357	1,431	1,496
608	4	1,149	1,157	1,172	1,198	1,239	1,296	1,362	1,430
667	4	1,159	1,162	1,169	1,184	1,211	1,253	1,307	1,368
732	4	1,169	1,171	1,175	1,182	1,199	1,227	1,267	1,317
802	4	1,172	1,181	1,183	1,188	1,197	1,215	1,243	1,282
879	4	1,155	1,187	1,192	1,196	1,202	1,213	1,232	1,260
964	4	1,132	1,177	1,194	1,203	1,209	1,216	1,229	1,249
106	5	1,124	1,154	1,178	1,200	1,213	1,222	1,232	1,246
116	5	1,128	1,140	1,157	1,181	1,205	1,223	1,235	1,247
126	5	1,136	1,140	1,148	1,164	1,186	1,211	1,231	1,245
139	5	1,145	1,147	1,150	1,157	1,172	1,193	1,216	1,236
146	5	1,154	1,157	1,158	1,161	1,168	1,181	1,200	1,219
167	5	1,156	1,166	1,168	1,169	1,172	1,179	1,191	1,205
183	5	1,144	1,171	1,177	1,179	1,181	1,184	1,191	1,200
201	5	1,134	1,165	1,179	1,187	1,191	1,193	1,197	1,203
220	5	1,135	1,153	1,170	1,187	1,197	1,202	1,206	1,210
241	5	1,141	1,150	1,161	1,177	1,195	1,207	1,214	1,218
266	5	1,142	1,154	1,160	1,170	1,186	1,204	1,217	1,225
291	5	1,136	1,158	1,164	1,170	1,181	1,196	1,214	1,226
319	5	1,134	1,155	1,166	1,174	1,182	1,192	1,207	1,222
350	5	1,137	1,151	1,162	1,175	1,185	1,193	1,204	1,217
384	5	1,138	1,152	1,160	1,172	1,185	1,196	1,206	1,216
421	5	1,136	1,154	1,162	1,170	1,182	1,196	1,208	1,218

Table 6.6. Niobium (*Cont.*)

T, K		Density, kg/m³							
		100—3	100—2	316—2	100—1	316—1	100 0	316 0	100 1
462	5	1,140	1,153	1,163	1,172	1,182	1,194	1,208	1,219
506	5	1,148	1,155	1,163	1,173	1,183	1,194	1,206	1,219
554	5	1,155	1,161	1,165	1,174	1,185	1,196	1,207	1,219
608	5	1,151	1,167	1,172	1,177	1,186	1,197	1,208	1,219
667	5	1,143	1,167	1,176	1,183	1,189	1,199	1,210	1,222
732	5	1,141	1,159	1,173	1,185	1,194	1,202	1,212	1,224
802	5	1,137	1,156	1,166	1,179	1,194	1,205	1,216	1,226
879	5	1,135	1,153	1,163	1,174	1,187	1,203	1,217	1,229
964	5	1,133	1,150	1,160	1,171	1,183	1,197	1,213	1,228
106	6	1,132	1,148	1,158	1,168	1,180	1,193	1,207	1,223
116	6	1,127	1,147	1,156	1,166	1,178	1,190	1,204	1,218
126	6	1,121	1,145	1,155	1,165	1,176	1,188	1,201	1,214
139	6	1,122	1,137	1,151	1,164	1,175	1,187	1,199	1,212
146	6	1,122	1,135	1,143	1,158	1,174	1,186	1,198	1,211
167	6	1,121	1,135	1,142	1,151	1,166	1,184	1,198	1,210
183	6	1,123	1,134	1,142	1,151	1,160	1,176	1,195	1,210
201	6	1,127	1,136	1,142	1,150	1,160	1,170	1,186	1,206
220	6	1,134	1,139	1,144	1,150	1,159	1,170	1,181	1,198
241	6	1,141	1,146	1,149	1,153	1,160	1,169	1,180	1,192
266	6	1,142	1,153	1,155	1,159	1,164	1,170	1,179	1,191
291	6	1,142	1,155	1,161	1,166	1,169	1,175	1,181	1,190
319	6	1,141	1,155	1,162	1,170	1,176	1,181	1,186	1,193
350	6	1,141	1,155	1,163	1,170	1,178	1,186	1,192	1,198
384	6	1,140	1,155	1,162	1,171	1,179	1,188	1,197	1,204
421	6	1,140	1,154	1,162	1,171	1,180	1,189	1,198	1,207
462	6	1,139	1,154	1,162	1,171	1,180	1,189	1,199	1,209
506	6	1,133	1,159	1,167	1,176	1,186	1,196	1,206	1,215
514	6	1,128	1,151	1,166	1,176	1,186	1,196	1,207	1,218
608	6	1,129	1,141	1,154	1,174	1,186	1,196	1,207	1,219
667	6	1,124	1,142	1,148	1,159	1,181	1,197	1,208	1,220
732	6	1,127	1,139	1,149	1,157	1,166	1,188	1,208	1,221
802	6	1,129	1,138	1,144	1,157	1,166	1,175	1,197	1,220
879	6	1,127	1,141	1,146	1,152	1,164	1,176	1,186	1,208
964	6	1,121	1,142	1,149	1,155	1,160	1,172	1,186	1,197
106	7	1,120	1,134	1,147	1,157	1,164	1,170	1,182	1,197
116	7	1,122	1,132	1,140	1,152	1,166	1,174	1,181	1,192

Table 6.7. Molybdenum

T, K		Density, kg/m³							
		100—3	100—2	316—2	100—1	316—1	100 0	316 0	100 1
462	4	1,119	1,142	1,169	1,212	1,272	1,343	1,418	1,485
554	4	1,134	1,137	1,142	1,154	1,176	1,210	1,256	1,308
608	4	1,144	1,145	1,147	1,152	1,163	1,183	1,212	1,247

Table 6.7. Molybdenum (*Cont.*)

T, K	Density, kg/m³							
	100—3	100—2	316—2	100—1	316—1	100 0	316 0	100 1
667 4	1,154	1,155	1,155	1,158	1,163	1,173	1,190	1,212
732 4	1,165	1,166	1,166	1,167	1,169	1,174	1,184	1,196
802 4	1,177	1,177	1,177	1,178	1,179	1,181	1,186	1,194
879 4	1,189	1,189	1,189	1,190	1,190	1,191	1,194	1,198
964 4	1,199	1,202	1,202	1,202	1,202	1,203	1,205	1,207
106 5	1,200	1,213	1,215	1,215	1,215	1,216	1,217	1,218
116 5	1,184	1,220	1,226	1,228	1,229	1,229	1,230	1,231
126 5	1,163	1,215	1,231	1,239	1,242	1,243	1,243	1,244
139 5	1,154	1,198	1,225	1,243	1,252	1,256	1,257	1,258
146 5	1,155	1,182	1,209	1,237	1,256	1,266	1,270	1,271
167 5	1,157	1,176	1,195	1,222	1,251	1,270	1,280	1,284
183 5	1,145	1,174	1,188	1,209	1,238	1,266	1,285	1,294
201 5	1,131	1,165	1,183	1,201	1,225	1,255	1,283	1,300
220 5	1,129	1,150	1,170	1,191	1,215	1,243	1,274	1,299
241 5	1,135	1,143	1,156	1,175	1,201	1,229	1,261	1,292
266 5	1,139	1,147	1,152	1,163	1,183	1,211	1,244	1,279
291 5	1,135	1,152	1,157	1,162	1,173	1,193	1,223	1,259
319 5	1,129	1,151	1,161	1,167	1,173	1,184	1,204	1,234
350 5	1,131	1,146	1,158	1,169	1,177	1,184	1,196	1,216
384 5	1,133	1,145	1,153	1,166	1,178	1,188	1,196	1,208
421 5	1,130	1,147	1,154	1,163	1,175	1,188	1,199	1,208
462 5	1,130	1,146	1,155	1,164	1,173	1,185	1,198	1,209
506 5	1,132	1,145	1,154	1,164	1,174	1,184	1,196	1,208
554 5	1,132	1,146	1,154	1,163	1,174	1,185	1,195	1,207
608 5	1,135	1,147	1,156	1,164	1,174	1,185	1,196	1,207
667 5	1,142	1,149	1,157	1,166	1,175	1,185	1,197	1,208
732 5	1,143	1,154	1,159	1,167	1,177	1,186	1,197	1,208
802 5	1,138	1,157	1,164	1,170	1,178	1,188	1,199	1,209
879 5	1,136	1,153	1,164	1,174	1,181	1,191	1,201	1,211
964 5	1,133	1,150	1,160	1,172	1,183	1,193	1,204	1,214
106 6	1,132	1,148	1,158	1,168	1,180	1,193	1,205	1,217
116 6	1,131	1,146	1,156	1,166	1,177	1,189	1,204	1,217
126 6	1,129	1,145	1,154	1,164	1,175	1,186	1,200	1,214
139 6	1,122	1,144	1,153	1,163	1,173	1,185	1,197	1,210
146 6	1,120	1,139	1,152	1,162	1,172	1,183	1,195	1,208
167 6	1,121	1,134	1,145	1,160	1,172	1,183	1,194	1,206
183 6	1,121	1,134	1,141	1,152	1,169	1,183	1,194	1,206
201 6	1,122	1,133	1,141	1,150	1,161	1,178	1,194	1,206
220 6	1,126	1,134	1,141	1,149	1,159	1,171	1,189	1,206
241 6	1,133	1,138	1,143	1,149	1,158	1,168	1,181	1,200
266 6	1,140	1,144	1,147	1,152	1,158	1,168	1,179	1,192
291 6	1,142	1,151	1,154	1,157	1,162	1,168	1,178	1,190
319 6	1,142	1,155	1,160	1,164	1,168	1,173	1,179	1,189
350 6	1,142	1,155	1,162	1,169	1,174	1,179	1,184	1,191
384 6	1,141	1,155	1,163	1,170	1,178	1,185	1,190	1,196
421 6	1,141	1,155	1,163	1,171	1,179	1,188	1,196	1,202
462 6	1,140	1,154	1,162	1,171	1,180	1,189	1,198	1,207

Table 6.7. Molybdenum (*Cont.*)

T, K		Density, kg/m³							
		100—3	100—2	316—2	100—1	316—1	100 0	316 0	100 1
506	6	1,139	1,154	1,162	1,171	1,180	1,190	1,199	1,209
554	6	1,128	1,154	1,162	1,171	1,180	1,190	1,200	1,210
608	6	1,126	1,145	1,161	1,171	1,180	1,190	1,201	1,211
667	6	1,128	1,138	1,148	1,167	1,181	1,191	1,201	1,212
732	6	1,127	1,140	1,146	1,154	1,174	1,191	1,202	1,213
802	6	1,126	1,141	1,148	1,155	1,162	1,181	1,202	1,215
879	6	1,126	1,138	1,147	1,156	1,164	1,172	1,190	1,214
967	6	1,122	1,139	1,145	1,153	1,165	1,174	1,182	1,200
106	7	1,120	1,136	1,146	1,153	1,161	1,174	1,185	1,194
116	7	1,123	1,132	1,141	1,153	1,162	1,170	1,183	1,196

Table 6.8. Tantalum

T, K		Density, kg/m³							
		100—3	100—2	316—2	100—1	316—1	100 0	316 0	100 1
462	4	1,149	1,252	1,328	1,412	1,489	1,550	1,594	1,623
554	4	1,121	1,148	1,180	1,229	1,295	1,373	1,450	1,517
608	4	1,127	1,137	1,154	1,183	1,229	1,291	1,364	1,438
667	4	1,135	1,139	1,146	1,162	1,190	1,233	1,291	1,359
732	4	1,145	1,146	1,149	1,156	1,172	1,199	1,240	1,293
802	4	1,153	1,156	1,157	1,160	1,168	1,183	1,210	1,248
879	4	1,149	1,165	1,167	1,169	1,172	1,180	1,196	1,222
964	4	1,131	1,166	1,174	1,178	1,180	1,185	1,194	1,210
106	5	1,119	1,152	1,170	1,183	1,189	1,193	1,198	1,208
116	5	1,120	1,137	1,155	1,176	1,191	1,200	1,205	1,212
126	5	1,126	1,133	1,143	1,160	1,182	1,199	1,211	1,218
139	5	1,131	1,137	1,142	1.151	1,168	1,189	1,208	1,221
146	5	1,127	1,143	1,147	1,151	1,161	1,177	1,197	1,216
167	5	1,120	1,143	1,151	1,156	1,162	1,172	1,187	1,205
183	5	1,120	1,136	1,149	1,160	1,167	1,173	1,183	1,197
201	5	1,126	1,133	1,143	1,156	1,168	1,177	1,185	1,194
220	5	1,133	1,138	1,142	1,151	1,164	1,177	1,187	1,196
241	5	1,133	1,145	1,148	1,152	1,161	1,173	1,187	1,197
266	5	1,128	1,148	1,154	1,158	1,163	1,171	1,183	1,196
291	5	1,129	1,144	1,155	1,163	1,168	1,174	1,183	1,193
319	5	1,133	1,143	1,152	1,164	1,173	1,180	1,186	1,194
350	5	1,133	1,146	1,152	1,161	1,173	1,184	1,191	1,198
384	5	1,132	1,148	1,155	1,162	1,171	1,183	1,194	1,203
421	5	1,136	1,148	1,157	1,165	1,173	1,183	1,195	1,206
462	5	1,144	1,150	1,157	1,167	1,176	1,185	1,195	1,206
506	5	1,154	1,157	1,160	1,168	1,178	1,188	1,197	1,207
554	5	1,158	1,166	1,168	1,172	1,179-	1,190	1,200	1,210
608	5	1,151	1,172	1,176	1,179	1,184	1,192	1,202	1,213

Table 6.8. Tantalum (*Cont.*)

T, K	Density, kg/m³							
	100—3	100—2	316—2	100—1	316—1	100 0	316 0	100 1
667 5	1,141	1,169	1,180	1,187	1,191	1,197	1,205	1,216
732 5	1,133	1,159	1,174	1,189	1,198	1,204	1,211	1,219
802 5	1,130	1,149	1,164	1,181	1,197	1,209	1,217	1,225
879 5	1,128	1,144	1,154	1,169	1,188	1,207	1,221	1,230
964 5	1,126	1,142	1,151	1,161	1,176	1,196	1,217	1,233
106 6	1,125	1,140	1,149	1,158	1,169	1,184	1,205	1,227
116 6	1,125	1,139	1,147	1,156	1,167	1,178	1,193	1,215
126 6	1,121	1,139	1,147	1,155	1,165	1,176	1,188	1,203
139 6	1,112	1,136	1,146	1,155	1,165	1,175	1,186	1,198
146 6	1,110	1,126	1,141	1,154	1,165	1,175	1,185	1,197
167 6	1,112	1,121	1,130	1,146	1,163	1,175	1,186	1,197
183 6	1,119	1,123	1,127	1,136	1,152	1,172	1,186	1,197
201 6	1,122	1,129	1,131	1,135	1,142	1,158	1,181	1,197
220 6	1,108	1,136	1,139	1,140	1,144	1,150	1,165	1,189
241 6	1,112	1,120	1,140	1,148	1,150	1,153	1,159	1,173
266 6	1,115	1,122	1,126	1,142	1,158	1,161	1,164	1,169
291 6	1,117	1,126	1,130	1,133	1,146	1,167	1,172	1,175
319 6	1,119	1,128	1,133	1,138	1,142	1,151	1,175	1,184
350 6	1,120	1,131	1,136	1,142	1,147	1,151	1,159	1,182
384 6	1,112	1,133	1,139	1,145	1,151	1,156	1,161	1,168
421 6	1,113	1,125	1,140	1,148	1,154	1,160	1,166	1,172
462 6	1,115	1,123	1,130	1,145	1,157	1,164	1,171	1,177
506 ′ 6	1,118	1,126	1,131	1,136	1,150	1,166	1,175	1,182
554 6	1,121	1,129	1,134	1,139	1,144	1,156	1,176	1,186
608 6	1,122	1,132	1,137	1,142	1,147	1,153	1,164	1,186
667 6	1,123	1,134	1,140	1,146	1,151	1,157	1,163	1,172
732 6	1,124	1,134	1,140	1,148	1,155	1,161	1,167	1,173
802 6	1,122	1,135	1,141	1,148	1,156	1,164	1,171	1,178
879 6	1,116	1,136	1,143	1,149	1,156	1,164	1,174	1,183
964 6	1,118	1,127	1,140	1,151	1,158	1,165	1,173	1,185
106 7	1,117	1,129	1,134	1,144	1,159	1,167	1,174	1,183
116 7	1,119	1,128	1,135	1,142	1,150	1,167	1,177	1,185

Table 6.9. Tungsten

T, K	Density, kg/m³							
	100—3	100—2	316—2	100—1	316—1	100 0	316 0	100 1
462 4	1,170	1,295	1,378	1,460	1,529	1,580	1,614	1,635
554 4	1,121	1,159	1,200	1,259	1,333	1,413	1,487	1,547
608 4	1,123	1,139	1,162	1,199	1,253	1,323	1,400	1,474
667 4	1,131	1,137	1,147	1,168	1,203	1,254	1,320	1,392
732 4	1,140	1,142	1,146	1,156	1,176	1,210	1,258	1,319
802 4	1,150	1,151	1,153	1,157	1,167	1,187	1,220	1,265
879 4	1,159	1,161	1,162	1,164	1,169	1,180	1,200	1,231

Table 6.9. Tungsten (*Cont.*)

T, K		Density, kg/m³							
		100—3	100—2	316—2	100—1	316—1	100 0	316 0	100 1
964	4	1,158	1,171	1,173	1,174	1,176	1,182	1,193	1,213
106	5	1,142	1,175	1,182	1,184	1,186	1,189	1,195	1,207
116	5	1,128	1,166	1,183	1,192	1,196	1,199	1,202	1,210
126	5	1,126	1,150	1,171	1,190	1,202	1,208	1,212	1,217
139	5	1,130	1,142	1,157	1,178	1,199	1,213	1,221	1,226
146	5	1,127	1,143	1,151	1,166	1,187	1,209	1,225	1,233
167	5	1,117	1,142	1,151	1,161	1,177	1,198	1,220	1,236
183	5	1,115	1,133	1,147	1,159	1,172	1,189	1,210	1,232
201	5	1,121	1,128	1,138	1,153	1,168	1,183	1,201	1,223
220	5	1,128	1,131	1,136	1,145	1,159	1,176	1,194	1,213
241	5	1,130	1,138	1,141	1,145	1,154	1,167	1,185	1,204
266	5	1,125	1,143	1,148	1,151	1,155	1,163	1,176	1,193
291	5	1,123	1,140	1,150	1,157	1,161	1,166	1,173	1,185
319	5	1,127	1,137	1,147	1,158	1,166	1,172	1,177	1,184
350	5	1,128	1,139	1,145	1,155	1,166	1,176	1,182	1,188
384	5	1,125	1,142	1,148	1,154	1,164	1,176	1,186	1,193
421	5	1,127	1,140	1,150	1,157	1,164	1,174	1,185	1,196
462	5	1,129	1,140	1,148	1,158	1,167	1,175	1,185	1,196
506	5	1,129	1,143	1,149	1,157	1,168	1,177	1,186	1,196
554	5	1,133	1,143	1,151	1,159	1,167	1,178	1,188	1,198
608	5	1,141	1,146	1,153	1,161	1,169	1,179	1,189	1,200
667	5	1,149	1,152	1,156	1,163	1,172	1,181	1,190	1,201
732	5	1,151	1,161	1,163	1,167	1,174	1,183	1,193	1,203
802	5	1,139	1,165	1,171	1,174	1,179	1,186	1,195	1,205
879	5	1,128	1,157	1,172	1,181	1,186	1,191	1,199	1,209
964	5	1,126	1,143	1,161	1,179	1,191	1,198	1,205	1,213
106	6	1,124	1,139	1,149	1,165	1,186	1,201	1,211	1,218
116	6	1,124	1,137	1,146	1,155	1,171	1,193	1,212	1,223
126	6	1,123	1,137	1,144	1,153	1,163	1,179	1,201	1,222
139	6	1,122	1,137	1,144	1,152	1,162	1,172	1,188	1,210
146	6	1,113	1,136	1,144	1,153	1,161	1,171	1,182	1,197
167	6	1,110	1,128	1,142	1,153	1,162	1,171	1,181	1,192
183	6	1,112	1,121	1,132	1,148	1,162	1,172	1,182	1,192
201	6	1,119	1,123	1,128	1,137	1,154	1,171	1,183	1,193
220	6	1,121	1,129	1,131	1,135	1,143	1,160	1,181	1,194
241	6	1,108	1,135	1,138	1,140	1,143	1,151	1,168	1,190
266	6	1,112	1,120	1,139	1,147	1,150	1,153	1,160	1,175
291	6	1,115	1,123	1,126	1,141	1,157	1,160	1,163	1,169
319	6	1,118	1,126	1,130	1,134	1,145	1,166	1,171	1,174
350	6	1,120	1,129	1,134	1,139	1,143	1,151	1,173	1,182
384	6	1,119	1,132	1,137	1,142	1,148	1,152	1,159	1,181
421	6	1,112	1,133	1,140	1,146	1,151	1,157	1,162	1,168
462	6	1,114	1,124	1,138	1,149	1,155	1,161	1,167	1,173
506	6	1,116	1,124	1,130	1,143	1,157	1,165	1,172	1,178
554	6	1,119	1,127	1,132	1,137	1,148	1,166	1,176	1,183
608	6	1,122	1,130	1,135	1,140	1,145	1,154	1,175	1,187

Table 6.9. Tungsten (*Cont.*)

T, K	Density, kg/m³							
	100—3	100—2	316—2	100—1	316—1	100 0	316 0	100 1
667 6	1,122	1,133	1,138	1,143	1,149	1,154	1,163	1,184
732 6	1,123	1,134	1,140	1,147	1,153	1,158	1,164	1,172
802 6	1,124	1,135	1,140	1,148	1,156	1,162	1,168	1,174
879 6	1,117	1,136	1,142	1,148	1,155	1,165	1,173	1,179
964 6	1,117	1,132	1,143	1,150	1,156	1,164	1,174	1,184
106 7	1,117	1,128	1,135	1,150	1,158	1,165	1,173	1,184
116 7	1,119	1,129	1,135	1,141	1,156	1,168	1,175	1,183

Table 6.10. Stainless Steel

T, K	Density, kg/m³							
	100—3	100—2	316—2	100—1	316—1	100 0	316 0	100 1
116 5	1,141	1,174	1,184	1,191	1,200	1,218	1,246	1,286
128 5	1,130	1,163	1,181	1,193	1,203	1,216	1,236	1,266
139 5	1,128	1,150	1,168	1,187	1,203	1,216	1,232	1,255
153 5	1,133	1,144	1,157	1,176	1,196	1,213	1,230	1,249
168 5	1,140	1,146	1,154	1,167	1,185	1,205	1,224	1,242
183 5	1,137	1,151	1,156	1,164	1,177	1,195	1,215	1,254
202 5	1,126	1,150	1,159	1,167	1,176	1,189	1,206	1,224
222 5	1,124	1,140	1,153	1,166	1,176	1,187	1,201	1,217
242 5	1,128	1,136	1,144	1,157	1,171	1,185	1,198	1,212
266 5	1,134	1,140	1,144	1,151	1,161	1,176	1,191	1,205
291 5	1,142	1,146	1,149	1,154	1,159	1,168	1,180	1,193
319 5	1,149	1,154	1,156	1,159	1,164	1,169	1,175	1,183
350 5	1,147	1,162	1,165	1,167	1,170	1,175	1,179	1,183
384 5	1,139	1,165	1,172	1,176	1,178	1,182	1,186	1,190
421 5	1,138	1,158	1,172	1,182	1,187	1,190	1,194	1,198
462 5	1,143	1,154	1,166	1,181	1,192	1,199	1,203	1,206
507 5	1,145	1,156	1,164	1,176	1,191	1,203	1,210	1,215
555 5	1,142	1,161	1,167	1,174	1,186	1,202	1,214	1,222
609 5	1,140	1,160	1,170	1,178	1,186	1,198	1,213	1,225
667 5	1,138	1,157	1,169	1,180	1,189	1,199	1,211	1,225
732 5	1,136	1,155	1,166	1,179	1,192	1,202	1,212	1,224
803 5	1,138	1,153	1,164	1,176	1,191	1,204	1,215	1,226
880 5	1,140	1,153	1,162	1,174	1,187	1,203	1,217	1,229
967 5	1,138	1,155	1,163	1,173	1,185	1,200	1,216	1,231
106 6	1,136	1,155	1,164	1,174	1,184	1,197	1,213	1,230
116 6	1,135	1,152	1,163	1,174	1,185	1,197	1,211	1,227
128 6	1,137	1,150	1,160	1,172	1,185	1,198	1,211	1,225
140 6	1,140	1,151	1,158	1,169	1,183	1,197	1,211	1,225
153 6	1,138	1,154	1,160	1,168	1,179	1,194	1,210	1,225
168 6	1,132	1,155	1,163	1,170	1,178	1,190	1,206	1,224

Table 6.10. Stainless Steel (*Cont.*)

T, K	Density, kg/m³							
	100—3	100—2	316—2	100—1	316—1	100 0	316 0	100 1
184 6	1,129	1,149	1,162	1,173	1,181	1,190	1,202	1,219
202 6	1,126	1,144	1,156	1,170	1,183	1,192	1,202	1,215
221 6	1,126	1,141	1,150	1,163	1,179	1,194	1,204	1,215
242 6	1,125	1,139	1,148	1,158	1,172	1,189	1,206	1,217
266 6	1,124	1,139	1,147	1,156	1,167	1,182	1,200	1,218
291 6	1,125	1,138	1,146	1,155	1,165	1,177	1,192	1,212
319 6	1,127	1,138	1,145	1,155	1,165	1,175	1,188	1,204
350 6	1,130	1,141	1,147	1,154	1,164	1,175	1,186	1,199
384 6	1,136	1,143	1,150	1,156	1,164	1,174	1,186	1,198
421 6	1,144	1,148	1,153	1,159	1,166	1,174	1,185	1,198
462 6	1,155	1,156	1,158	1,163	1,170	1,178	1,186	1,197
506 6	1,166	1,166	1,167	1,170	1,175	1,182	1,190	1,198
555 6	1,176	1,177	1,178	1,179	1,181	1,187	1,194	1,202
609 6	1,183	1,188	1,189	1,190	1,191	1,194	1,200	1,207
667 6	1,185	1,196	1,200	1,202	1,203	1,204	1,208	1,214
732 6	1,179	1,200	1,207	1,211	1,214	1,216	1,218	1,222
802 6	1,171	1,195	1,207	1,217	1,223	1,227	1,230	1,233
880 6	1,163	1,187	1,201	1,214	1,226	1,234	1,240	1,244
965 6	1,157	1,180	1,193	1,207	1,222	1,236	1,246	1,253
116 7	1,139	1,170	1,181	1,194	1,208	1,224	1,240	1,257

Table 6.11. Silicon Dioxide

T, K	Density, kg/m³							
	100—3	100—2	316—2	100—1	316—1	100 0	316 0	100 1
462 4	1,598	1,643	1,653	1,659	1,663	1,665	1,666	1,666
554 4	1,426	1,557	1,599	1,626	1,643	1,653	1,659	1,662
608 4	1,332	1,479	1,542	1,588	1,619	1,639	1,651	1,657
667 4	1,268	1,395	1,468	1,532	1,580	1,614	1,635	1,648
732 4	1,239	1,325	1,392	1,463	1,527	1,576	1,611	1,633
802 4	1,232	1,281	1,332	1,396	1,465	1,527	1,575	1,609
879 4	1,231	1,262	1,294	1,343	1,406	1,472	1,531	1,576
964 4	1,213	1,255	1,276	1,309	1,358	1,419	1,482	1,536
106 5	1,181	1,244	1,267	1,291	1,327	1,376	1,435	1,493
116 5	1,159	1,218	1,251	1,279	1,308	1,346	1,396	1,451
126 5	1,149	1,191	1,225	1,261	1,293	1,326	1,367	1,416
139 5	1,147	1,175	1,200	1,235	1,272	1,308	1,345	1,387
146 5	1,148	1,168	1,186	1,212	1,247	1,286	1,324	1,364
167 5	1,154	1,167	1,180	1,198	1,226	1,262	1,302	1,342
183 5	1,163	1,170	1,179	1,193	1,213	1,242	1,278	1,318
201 5	1,171	1,177	1,183	1,193	1,207	1,229	1,259	1,296
220 5	1,171	1,186	1,190	1,196	1,207	1,224	1,247	1,278

Table 6.11. Silicon Dioxide (*Cont.*)

T, K		Density, kg/m³							
		100—3	100—2	316—2	100—1	316—1	100 0	316 0	100 1
241	5	1,155	1,190	1,197	1,203	1,211	1,223	1,241	1,265
266	5	1,140	1,181	1,199	1,209	1,217	1,226	1,240	1,259
291	5	1,136	1,165	1,188	1,208	1,221	1,231	1,243	1,258
319	5	1,139	1,155	1,173	1,197	1,219	1,234	1,246	1,259
350	5	1,142	1,155	1,165	1,184	1,208	1,231	1,248	1,262
384	5	1,141	1,158	1,166	1,177	1,196	1,221	1,244	1,262
421	5	1,139	1,159	1,168	1,177	1,190	1,210	1,235	1,258
462	5	1,139	1,157	1,169	1,179	1,190	1,205	1,225	1,249
506	5	1,145	1,156	1,167	1,180	1,192	1,204	1,220	1,241
554	5	1,150	1,159	1,167	1,178	1,192	1,205	1,219	1,236
608	5	1,150	1,164	1,170	1,178	1,191	1,205	1,220	1,235
667	5	1,151	1,168	1,175	1,182	1,191	1,205	1,220	1,235
732	5	1,154	1,168	1,178	1,186	1,194	1,205	1,220	1,235
802	5	1,154	1,170	1,178	1,189	1,199	1,208	1,220	1,235
879	5	1,152	1,172	1,181	1,190	1,201	1,212	1,223	1,236
964	5	1,152	1,171	1,182	1,192	1,203	1,215	1,227	1,239
106	6	1,147	1,169	1,181	1,193	1,205	1,216	1,229	1,242
116	6	1,146	1,167	1,179	1,192	1,205	1,218	1,231	1,245
126	6	1,149	1,163	1,175	1,189	1,204	1,219	1,233	1,247
139	6	1,153	1,164	1,173	1,186	1,201	1,217	1,233	1,248
146	6	1,159	1,168	1,175	1,184	1,197	1,213	1,231	1,248
167	6	1,166	1,173	1,178	1,186	1,196	1,210	1,228	1,246
183	6	1,169	1,180	1,184	1,190	1,198	1,210	1,225	1,243
201	6	1,168	1,185	1,191	1,196	1,202	1,211	1,224	1,240
220	6	1,172	1,185	1,195	1,203	1,209	1,215	1,226	1,240
241	6	1,176	1,187	1,195	1,206	1,215	1,222	1,230	1,241
266	6	1,179	1,191	1,198	1,206	1,218	1,229	1,236	1,245
291	6	1,179	1,195	1,202	1,209	1,218	1,230	1,243	1,252
319	6	1,176	1,198	1,207	1,214	1,221	1,231	1,244	1,258
350	6	1,180	1,195	1,208	1,218	1,226	1,234	1,245	1,259
384	6	1,185	1,196	1,205	1,219	1,231	1,240	1,249	1,260
421	6	1,188	1,201	1,208	1,216	1,230	1,244	1,254	1,263
462	6	1,184	1,205	1,213	1,220	1,229	1,244	1,258	1,269
506	6	1,182	1,202	1,214	1,224	1,233	1,242	1,258	1,274
554	6	1,183	1,199	1,211	1,224	1,236	1,246	1,257	1,274
608	6	1,182	1,200	1,209	1,220	1,235	1,249	1,260	1,273
667	6	1,189	1,200	1,210	1,220	1,231	1,247	1,262	1,275
732	6	1,200	1,204	1,210	1,220	1,232	1,244	1,260	1,277
802	6	1,213	1,214	1,217	1,222	1,232	1,245	1,258	1,275
879	6	1,226	1,227	1,228	1,230	1,236	1,246	1,259	1,273
964	6	1,240	1,241	1,241	1,242	1,244	1,250	1,260	1,274
106	7	1,255	1,255	1,255	1,255	1,256	1,259	1,265	1,276
116	7	1,268	1,269	1,269	1,270	1,270	1,271	1,274	1,281

Table 6.12. Zirconium Dioxide

T, K	Density, kg/m³							
	100—3	100—2	316—2	100—1	316—1	100 0	316 0	100 1
462 4	1,222	1,308	1,377	1,450	1,516	1,568	1,605	1,628
554 4	1,222	1,240	1,267	1,312	1,372	1,439	1,501	1,551
608 4	1,234	1,241	1,253	1,279	1,321	1,377	1,438	1,495
667 4	1,247	1,250	1,255	1,268	1,293	1,332	1,384	1,438
732 4	1,252	1,262	1,265	1,270	1,283	1,308	1,345	1,390
802 4	1,231	1,270	1,275	1,280	1,286	1,300	1,324	1,357
879 4	1,191	1,258	1,278	1,288	1,294	1,302	1,317	1,339
964 4	1,164	1,224	1,259	1,286	1,300	1,309	1,319	1,333
106 5	1,146	1,193	1,225	1,262	1,292	1,311	1,323	1,334
116 5	1,137	1,172	1,198	1,230	1,266	1,298	1,320	1,334
126 5	1,138	1,159	1,180	1,206	1,237	1,271	1,303	1,325
139 5	1,144	1,155	1,169	1,190	1,215	1,245	1,277	1,305
146 5	1,149	1,158	1,166	1,180	1,201	1,227	1,255	1,282
167 5	1,149	1,164	1,169	1,178	1,193	1,214	1,239	1,264
183 5	1,151	1,166	1,174	1,181	1,191	1,207	1,229	1,251
201 5	1,157	1,167	1,176	1,185	1,194	1,205	1,222	1,243
220 5	1,159	1,172	1,178	1,187	1,197	1,207	1,220	1,237
241 5	1,150	1,176	1,183	1,190	1,199	1,210	1,221	1,235
266 5	1,138	1,171	1,185	1,194	1,202	1,212	1,223	1,235
291 5	1,136	1,160	1,179	1,194	1,206	1,215	1,226	1,236
319 5	1,141	1,154	1,168	1,187	1,205	1,218	1,229	1,239
350 5	1,147	1,156	1,164	1,179	1,198	1,216	1,231	1,242
384 5	1,148	1,161	1,166	1,176	1,190	1,210	1,229	1,244
421 5	1,145	1,165	1,172	1,178	1,188	1,204	1,223	1,242
462 5	1,145	1,163	1,174	1,183	1,191	1,202	1,218	1,237
506 5	1,145	1,161	1,172	1,184	1,195	1,204	1,216	1,233
554 5	1,142	1,161	1,170	1,182	1,196	1,207	1,218	1,232
608 5	1;139	1,159	1,169	1,180	1,193	1,208	1,221	1,233
667 5	1,137	1,156	1,167	1,178	1,191	1,205	1,221	1,235
732 5	1,137	1,153	1,164	1,176	1,189	1,202	1,218	1,234
802 5	1,134	1,152	1,162	1,174	1,186	1,200	1,215	1,231
879 5	1,132	1,151	1,161	1,172	1,184	1,198	1,212	1,228
964 5	1,132	1,149	1,159	1,170	1,182	1,196	1,210	1,225
106 6	1,129	1,148	1,157	1,169	1,181	1,194	1,208	1,223
116 6	1,129	1,147	1,157	1,168	1,180	1,193	1,207	1,222
126 6	1,134	1,144	1,155	1,167	1,179	1,192	1,206	1,220
139 6	1,138	1,147	1,153	1,165	1,178	1,191	1,205	1,220
146 6	1,142	1,151	1,157	1,164	1,175	1,190	1,205	1,219
167 6	1,148	1,156	1,161	1,167	1,175	1,187	1,203	1,219
183 6	1,154	1,161	1,165	1,171	1,178	1,187	1,201	1,217
201 6	1,163	1,167	1,171	1,176	1,182	1,191	1,200	1,214
220 6	1,171	1,175	1,178	1,182	1,187	1,194	1,203	1,214
241 6	1,175	1,184	1,187	1,190	1,194	1,200	1,207	1,217
266 6	1,179	1,190	1,195	1,199	1,202	1,207	1,212	1,220
291 6	1,181	1,194	1,200	1,206	1,211	1,215	1,220	1,226
319 6	1,183	1,197	1,204	1,210	1,217	1,223	1,228	1,234

Table 6.12. Zirconium Dioxide (*Cont.*)

T, K	Density, kg/m³							
	100—3	100—2	316—2	100—1	316—1	100 0	316 0	100 1
350 6	1,184	1,199	1,206	1,214	1,221	1,229	1,236	1,242
384 6	1,184	1,200	1,209	1,217	1,225	1,233	1,241	1,249
421 6	1,179	1,201	1,210	1,219	1,228	1,237	1,246	1,254
462 6	1,163	1,197	1,209	1,220	1,230	1,240	1,250	1,258
506 6	1,151	1,185	1,204	1,218	1,231	1,242	1,253	1,263
554 6	1,148	1,168	1,188	1,211	1,228	1,242	1,255	1,266
608 6	1,147	1,164	1,174	1,192	1,218	1,238	1,254	1,268
667 6	1,147	1,162	1,172	1,182	1,199	1,227	1,250	1,267
732 6	1,149	1,162	1,171	1,181	1,192	1,208	1,238	1,263
802 6	1,151	1,162	1,169	1,180	1,191	1,203	1,219	1,250
879 6	1,148	1,165	1,171	1,178	1,189	1,202	1,214	1,232
964 6	1,148	1,163	1,174	1,181	1,188	1,200	1,214	1,228
106 7	1,152	1,161	1,170	1,182	1,191	1,199	1,211	1,227
116 7	1,161	1,165	1,170	1,178	1,191	1,203	1,211	1,224

Table 6.13. Teflon

Density, kg/m³

T, K	100—3	100—2	316—2	100—1	316—1	100 0	316 0	100 1
116 5	1,190	1,244	1,279	1,329	1,394	1,462	1,524	1,572
128 5	1,160	1,221	1,252	1,290	1,342	1,405	1,471	1,530
139 5	1,143	1,191	1,225	1,261	1,303	1,357	1,419	1,482
153 5	1,141	1,168	1,196	1,231	1,271	1,317	1,373	1,434
168 5	1,147	1,159	1,176	1,204	1,240	1,283	1,333	1,390
183 5.	1,153	1,161	1,170	1,187	1,215	1,252	1,297	1,349
202 5	1,155	1,168	1,173	1,182	1,200	1,228	1,267	1,313
222 5	1,154	1,172	1,179	1,185	1,195	1,214	1,244	1,283
242 5	1,153	1,173	1,183	1,191	1,198	1,210	1,230	1,261
266 5	1,146	1,172	1,184	1,195	1,203	1,212	1,226	1,248
291 5	1,140	1,167	1,182	1,195	1,207	1,217	1,228	1,243
319 5	1,140	1,160	1,176	1,192	1,207	1,221	1,232	1,244
350 5	1,141	1,157	1,169	1,186	1,204	1,220	1,235	1,247
384 5	1,142	1,157	1,167	1,180	1,198	1,217	1,234	1,250
421 5	1,141	1,158	1,168	1,178	1,192	1,211	1,231	1,249
462 5	1,136	1,158	1,168	1,179	1,190	1,206	1,225	1,245
507 5	1,133	1,155	1,167	1,179	1,191	1,204	1,220	1,240
555 5	1,135	1,151	1,164	1,178	1,191	1,204	1,219	1,236
609 5	1,137	1,150	1,160	1,174	1,189	1,204	1,218	1,234
667 5	1,137	1,152	1,161	1,171	1,185	1,202	1,218	1,233
732 5	1,139	1,154	1,162	1,172	1,183	1,198	1,216	1,233
803 5	1,143	1,154	1,163	1,173	1,184	1,197	1,213	1,230

Table 6.13. Teflon (*Cont.*)

T, K	100—3	100—2	316—2	100—1	316—1	100 0	316 0	100 1
88 05	1,145	1,158	1,165	1,174	1,185	1,197	1,211	1,228
96 75	1,146	1,161	1,168	1,176	1,186	1,198	1,212	1,227
106 6	1,148	1,162	1,171	1,179	1,188	1,199	1,212	1,227
116 6	1,147	1,164	1,172	1,182	1,191	1,201	1,214	1,228
128 6	1,148	1,165	1,174	1,183	1,194	1,204	1,216	1,229
140 6	1,149	1,165	1,175	1,185	1,195	1,207	1,218	1,231
153 6	1,152	1,167	1,175	1,186	1,197	1,209	1,221	1,233
168 6	1,159	1,169	1,177	1,187	1,198	1,211	1,223	1,236
184 6	1,170	1,174	1,180	1,189	1,200	1,212	1,225	1,239
202 6	1,181	1,183	1,186	1,193	1,202	1,214	1,227	1,241
221 6	1,192	1,194	1,195	1,199	1,206	1,217	1,229	1,243
242 6	1,198	1,205	1,207	1,209	1,213	1,221	1,233	1,246
266 6	1,200	1,214	1,218	1,220	1,223	1,228	1,237	1,249
291 6	1,206	1,217	1,225	1,230	1,234	1,238	1,244	1,254
319 6	1,211	1,222	1,228	1,237	1,243	1,248	1,253	1,261
350 6	1,213	1,228	1,234	1,241	1,249	1,257	1,263	1,270
384 6	1,220	1,232	1,240	1,247	1,254	1,263	1,271	1,279
421 6	1,232	1,237	1,244	1,253	1,260	1,268	1,277	1,287
462 6	1,245	1,247	1,251	1,257	1,266	1,275	1,283	1,293
506 6	1,255	1,260	1,262	1,265	1,271	1,281	1,290	1,299
555 6	1,248	1,271	1,274	1,276	1,280	1,286	1,296	1,306
609 6	1,226	1,269	1,282	1,288	1,291	1,295	1,302	1,312
667 6	1,216	1,250	1,273	1,292	1,301	1,306	1,311	1,319
732 6	1,206	1,237	1,255	1,279	1,301	1,314	1,321	1,327
802 6	1,206	1,228	1,245	1,263	1,287	1,310	1,327	1,336
880 6	1,216	1,224	1,236	1,254	1,273	1,297	1,322	1,340
965 6	1,229	1,231	1,236	1,247	1,265	1,285	1,309	1,335
116 7	1,257	1,257	1,257	1,259	1,263	1,274	1,292	1,314

Table 6.14. Polyformaldehyde

Density, kg/m^3

T, K	100—3	100—2	316—2	100—1	316—1	100 0	316 0	100 1
116 5	1,165	1,241	1,298	1,366	1,438	1,505	1,559	1,598
128 5	1,152	1,204	1,249	1,306	1,374	1,444	1,509	1,560
139 5	1,151	1,182	1,214	1,260	1,318	1,385	1,454	1,514
153 5	1,158	1,173	1,194	1,228	1,275	1,333	1,399	1,464
168 5	1,167	1,174	1,186	1,209	1,245	1,293	1,351	1,414
183 5	1,176	1,181	1,188	1,201	1,226	1,264	1,313	1,369
202 5	1,181	1,191	1,194	1,202	1,218	1,246	1,285	1,333
222 5	1,181	1,199	1,203	1,209	1,219	1,237	1,267	1,307

Table 6.14. Polyformaldehyde (*Cont.*)

T, K		100—3	100—2	316—2	100—1	316—1	100 0	316 0	100 1
242	5	1,180	1,203	1,211	1,217	1,224	1,236	1,258	1,289
266	5	1,177	1,202	1,215	1,224	1,232	1,241	1,256	1,280
291	5	1,176	1,199	1,214	1,228	1,238	1,247	1,259	1,277
319	5	1,179	1,197	1,211	1,227	1,242	1,254	1,264	1,279
350	5	1,181	1,198	1,209	1,224	1,241	1,257	1,270	1,283
384	5	1,178	1,201	1,210	1,222	1,239	1,256	1,273	1,287
421	5	1,175	1,200	1,212	1,224	1,237	1,254	1,273	1,289
462	5	1,173	1,197	1,212	1,225	1,238	1,253	1,271	1,289
507	5	1,173	1,194	1,209	1,224	1,239	1,254	1,270	1,288
555	5	1,173	1,193	1,206	1,222	1,239	1,255	1,271	1,288
609	5	1,174	1,194	1,206	1,219	1,236	1,254	1,271	1,288
667	5	1,176	1,195	1,206	1,219	1,234	1,252	1,271	1,288
732	5	1,181	1,196	1,207	1,220	1,234	1,250	1,269	1,288
803	5	1,186	1,199	1,208	1,220	1,234	1,250	1,267	1,286
880	5	1,187	1,204	1,211	1,222	1,235	1,250	1,267	1,285
967	5	1,190	1,207	1,216	1,225	1,237	1,251	1,268	1,285
106	6	1,193	1,209	1,219	1,229	1,240	1,253	1,269	1,285
116	6	1,196	1,213	1,222	1,232	1,244	1,256	1,270	1,287
128	6	1,204	1,216	1,226	1,236	1,247	1,260	1,273	1,288
140	6	1,215	1,221	1,229	1,240	1,251	1,263	1,276	1,291
153	6	1,228	1,231	1,235	1,244	1,255	1,267	1,280	1,294
168	6	1,242	1,243	1,245	1,250	1,259	1,271	1,284	1,298
184	6	1,256	1,257	1,258	1,260	1,266	1,276	1,288	1,302
202	6	1,270	1,271	1,272	1,273	1,276	1,283	1,294	1,307
221	6	1,282	1,286	1,286	1,287	1,288	1,293	1,301	1,312
242	6	1,279	1,298	1,300	1,301	1,302	1,305	1,310	1,319
266	6	1,265	1,301	1,311	1,315	1,316	1,318	1,321	1,328
291	6	1,262	1,290	1,309	1,323	1,329	1,332	1,334	1,339
319	6	1,260	1,283	1,299	1,319	1,335	1,343	1,347	1,351
350	6	1,253	1,283	1,294	1,309	1,330	1,347	1,357	1,363
384	6	1,254	1,277	1,293	1,307	1,322	1,342	1,361	1,372
421	6	1,257	1,274	1,288	1,305	1,320	1,336	1,356	1,375
462	6	1,249	1,276	1,286	1,300	1,318	1,334	1,352	1,372
506	6	1,243	1,272	1,287	1,299	1,314	1,332	1,350	1,368
555	6	1,240	1,264	1,280	1,297	1,312	1,328	1,348	1,366
609	6	1,236	1,261	1,274	1,289	1,308	1,326	1,344	1,364
667	6	1,241	1,257	1,271	1,285	1,301	1,321	1,341	1,361
732	6	1,253	1,259	1,268	1,282	1,297	1,314	1,335	1,357
802	6	1,267	1,269	1,273	1,281	1,295	1,311	1,329	1,350
880	6	1,282	1,282	1,284	1,287	1,295	1,309	1,326	1,345
965	6	1,297	1,297	1,298	1,299	1,302	1,311	1,325	1,343
116	7	1,328	1,328	1,328	1,328	1,328	1,330	1,334	1,344

Table 6.15. Caprolactum

Density, kg/m³

T, K	100—3	100—2	316—2	100—1	316—1	100 0	316 0	100 1
116 5	1,167	1,242	1,298	1,367	1,440	1,507	1,560	1,598
128 5	1,154	1,206	1,250	1,307	1,375	1,446	1,510	1,561
139 5	1,153	1,185	1,217	1,263	1,321	1,388	1,456	1,515
153 5	1,159	1,176	1,198	1,232	1,278	1,337	1,402	1,465
168 5	1,168	1,176	1,189	1,213	1,249	1,297	1,355	1,416
183 5	1,177	1,183	1,190	1,205	1,231	1,268	1,317	1,373
202 5	1,182	1,192	1,196	1,205	1,222	1,250	1,290	1,337
222 5	1,180	1,200	1,205	1,211	1,222	1,242	1,272	1,312
242 5	1,179	1,203	1,212	1,219	1,226	1,240	1,263	1,295
266 5	1,181	1,202	1,215	1,226	1,233	1,244	1,260	1,285
291 5	1,186	1,201	1,214	1,228	1,240	1,250	1,263	1,282
319 5	1,193	1,205	1,215	1,228	1,243	1,255	1,267	1,283
350 5	1,193	1,210	1,218	1,229	1,244	1,259	1,272	1,286
384 5	1,187	1,215	1,223	1,232	1,245	1,260	1,275	1,290
421 5	1,184	1,212	1,226	1,237	1,248	1,261	1,277	1,293
462 5	1,185	1,208	1,224	1,240	1,252	1,264	1,279	1,295
507 5	1,185	1,206	1,220	1,238	1,254	1,268	1,281	1,297
555 5	1,183	1,207	1,219	1,234	1,253	1,270	1,284	1,299
609 5	1,184	1,207	1,220	1,234	1,250	1,269	1,286	1,302
667 5	1,190	1,206	1,220	1,234	1,249	1,267	1,286	1,303
732 5	1,198	1,209	1,220	1,234	1,250	1,266	1,285	1,303
803 5	1,205	1,215	1,222	1,235	1,251	1,267	1,284	1,303
880 5	1,213	1,223	1,229	1,237	1,254	1,268	1,285	1,303
967 5	1,222	1,231	1,247	1,243	1,254	1,268	1,285	1,303
106 6	1,232	1,240	1,245	1,251	1,259	1,271	1,287	1,304
116 6	1,243	1,250	1,254	1,260	1,267	1,277	1,290	1,306
128 6	1,255	1,260	1,264	1,269	1,275	1,284	1,295	1,309
140 6	1,269	1,271	1,275	1,279	1,285	1,292	1,302	1,314
153 6	1,283	1,284	1,286	1,290	1,295	1,301	1,310	1,321
168 6	1,298	1,299	1,300	1,302	1,306	1,311	1,319	1,328
184 6	1,313	1,314	1,314	1,315	1,318	1,322	1,329	1,337
202 6	1,328	1,329	1,329	1,330	1,331	1,334	1,339	1,347
221 6	1,335	1,343	1,344	1,344	1,345	1,347	1,351	1,357
242 6	1,315	1,353	1,357	1,359	1,360	1,361	1,364	1,368
266 6	1,279	1,344	1,363	1,371	1,374	1,377	1,377	1,380
291 6	1,266	1,312	1,346	1,371	1,383	1,388	1,390	1,393
319 6	1,256	1,291	1,316	1,351	1,380	1,395	1,402	1,406
350 6	1,237	1,282	1,300	1,324	1,358	1,389	1,408	1,416
384 6	1,232	1,266	1,290	1,311	1,335	1,368	1,401	1,420
421 6	1,238	1,254	1,274	1,299	1,323	1,348	1,381	1,413
462 6	1,243	1,256	1,266	1,285	1,310	1,336	1,363	1,397
506 6	1,248	1,262	1,269	1,279	1,298	1,324	1,351	1,380
555 6	1,257	1,266	1,274	1,283	1,294	1,313	1,339	1,368
609 6	1,265	1,274	1,280	1,287	1,297	1,309	1,329	1,357

Table 6.15. Caprolactum (*Cont.*)

T, K		100−3	100−2	316−2	100−1	316−1	100 0	316 0	100 1
667	6	1,277	1,283	1,288	1,294	1,301	1,312	1,326	1,348
732	6	1,291	1,294	1,297	1,302	1,308	1,317	1,328	1,344
802	6	1,306	1,307	1,308	1,312	1,317	1,323	1,333	1,346
880	6	1,322	1,322	1,322	1,324	1,327	1,332	1,339	1,350
965	6	1,337	1,337	1,337	1,338	1,339	1,342	1,348	1,356
116	7	1,368	1,368	1,368	1,368	1,368	1,369	1,370	1,374

Table 6.16. Plexiglas

Density, kg/m³

T, K		100−3	100−2	316−2	100−1	316−1	100 0	316 0	100 1
116	5	1,165	1,237	1,291	1,358	1,431	1,499	1,554	1,594
128	5	1,154	1,204	1,246	1,301	1,368	1,438	1,504	1,556
139	5	1,153	1,184	1,215	1,258	1,314	1,381	1,449	1,509
153	5	1,159	1,175	1,196	1,224	1,274	1,331	1,396	1,459
168	5	1,169	1,177	1,189	1,211	1,246	1,293	1,350	1,411
183	5	1,178	1,183	1,190	1,204	1,229	1,266	1,313	1,368
202	5	1,182	1,193	1,197	1,205	1,221	1,249	1,287	1,334
222	5	1,180	1,200	1,205	1,211	1,221	1,241	1,270	1,309
242	5	1,178	1,203	1,213	1,219	1,227	1,240	1,262	1,293
266	5	1,179	1,201	1,215	1,226	1,234	1,244	1,260	1,284
291	5	1,182	1,200	1,214	1,228	1,240	1,250	1,262	1,281
319	5	1,187	1,202	1,213	1,228	1,243	1,255	1,267	1,282
350	5	1,187	1,205	1,215	1,227	1,243	1,258	1,272	1,286
384	5	1,186	1,208	1,218	1,228	1,242	1,259	1,275	1,289
421	5	1,179	1,206	1,220	1,231	1,244	1,259	1,275	1,292
462	5	1,179	1,201	1,217	1,233	1,246	1,260	1,276	1,293
507	5	1,178	1,200	1,214	1,231	1,247	1,262	1,277	1,293
555	5	1,177	1,200	1,212	1,227	1,245	1,263	1,279	1,294
609	5	1,179	1,199	1,212	1,226	1,243	1,261	1,279	1,296
667	5	1,183	1,200	1,212	1,226	1,241	1,259	1,278	1,296
732	5	1,191	1,202	1,213	1,226	1,241	1,258	1,277	1,296
803	5	1,198	1,208	1,215	1,227	1,242	1,258	1,275	1,294
880	5	1,204	1,215	1,221	1,230	1,243	1,258	1,276	1,294
967	5	1,210	1,222	1,229	1,236	1,246	1,260	1,276	1,294
106	6	1,216	1,228	1,235	1,243	1,251	1,262	1,278	1,295
116	6	1,223	1,235	1,242	1,250	1,258	1,268	1,281	1,297
128	6	1,232	1,242	1,249	1,256	1,265	1,274	1,285	1,300
140	6	1,245	1,250	1,256	1,264	1,272	1,281	1,291	1,304
153	6	1,259	1,261	1,265	1,271	1,279	1,288	1,298	1,310
168	6	1,273	1,274	1,276	1,280	1,287	1,296	1,305	1,316
184	6	1,288	1,289	1,289	1,291	1,296	1,304	1,313	1,323
202	6	1,302	1,304	1,304	1,305	1,307	1,313	1,321	1,331
221	6	1,311	1,318	1,319	1,319	1,321	1,324	1,330	1,339

Table 6.16. Plexiglas (*Cont.*)

T, K		100—3	100—2	316—2	100—1	316—1	100 0	316 - 0	100 1
242	6	1,296	1,328	1,332	1,334	1,335	1,337	1,341	1,348
266	6	1,266	1,323	1,339	1,346	1,349	1,351	1,353	1,359
291	6	1,256	1,296	1,327	1,349	1,359	1,364	1,366	1,370
319	6	1,250	1,280	1,302	1,333	1,358	1,372	1,378	1,382
350	6	1,237	1,274	1,290	1,311	1,341	1,369	1,385	1,393
384	6	1,235	1,264	1,284	1,302	1,323	1,352	1,381	1,399
421	6	1,242	1,257	1,273	1,294	1,314	1,336	1,366	1,394
462	6	1,244	1,260	1,269	1,285	1,307	1,328	1,352	1,381
506	6	1,246	1,263	1,272	1,282	1,299	1,321	1,344	1,369
555	6	1,251	1,265	1,274	1,285	1,297	1,314	1,337	1,361
609	6	1,253	1,269	1,277	1,287	1,298	1,312	1,330	1,354
667	6	1,261	1,272	1,281	1,290	1,300	1,312	1,328	1,348
732	6	1,275	1,279	1,285	1,294	1,304	1,314	1,328	1,345
802	6	1,289	1,290	1,293	1,299	1,308	1,318	1,330	1,345
880	6	1,304	1,305	1,305	1,308	1,313	1,323	1,334	1,346
965	6	1,320	1,320	1,320	1,321	1,323	1,329	1,338	1,350
116	7	1,350	1,350	1,350	1,350	1,351	1,352	1,355	1,362

Table 6.17. Textolite

Density, kg/m^3

T, K		100—3	100—2	316—2	100—1	316—1	100 0	316 0	100 1
116	5	1,163	1,234	1,288	1,354	1,127	1,495	1,552	1,592
128	5	1,152	1,201	1,243	1,297	1,363	1,434	1,500	1,553
139	5	1,152	1,181	1,212	1,255	1,310	1,376	1,444	1,506
153	5	1,158	1,173	1,194	1,225	1,270	1,327	1,391	1,455
168	5	1,168	1,175	1,187	1,208	1,242	1,288	1,345	1,406
183	5	1,777	1,182	1,188	1,202	1,225	1,261	1,308	1,363
202	5	1,181	1,192	1,195	1,203	1,219	1,245	1,282	1,329
222	5	1,179	1,199	1,204	1,210	1,219	1,237	1,266	1,304
242	5	1,177	1,202	1,211	1,218	1,225	1,237	1,258	1,288
266	5	1,175	1,200	1,213	1,224	1,232	1,241	1,257	1,280
291	5	1,175	1,197	1,212	1,226	1,238	1,248	1,260	1,277
319	5	1,179	1,196	1,209	1,205	1,240	1,253	1,265	1,279
350	5	1,179	1,197	1,208	1,222	1,239	1,256	1,269	1,283
384	5	1,175	1,200	1,210	1,221	1,237	1,255	1,272	1,286
421	5	1,172	1,198	1,211	1,223	1,236	1,253	1,271	1,288
462	5	1,171	1,194	1,209	1,224	1,237	1,252	1,270	1,288
507	5	1,171	1,192	1,206	1,222	1,238	1,253	1,269	1,287
555	5	1,170	1,191	1,204	1,219	1,236	1,253	1,269	1,286
609	5	1,172	1,191	1,203	1,217	1,231	1,252	1,270	1,287

Table 6.17. Textolite (*Cont.*)

T, K		100—3	100—2	316—2	100—1	316—1	100 0	316 0	100 1
667	5	1,175	1,192	1,204	1,217	1,232	1,250	1,269	1,287
732	5	1,181	1,194	1,204	1,217	1,232	1,248	1,267	1,286
803	5	1,186	1,198	1,206	1,218	1,232	1,248	1,265	1,284
880	5	1,189	1,204	1,211	1,220	1,233	1,248	1,265	1,283
967	5	1,193	1,208	1,216	1,224	1,235	1,249	1,266	1,283
106	6	1,197	1,212	1,220	1,230	1,239	1,251	1,267	1,283
116	6	1,201	1,216	1,225	1,234	1,244	1,255	1,269	1,285
128	6	1,209	1,221	1,229	1,238	1,249	1,260	1,272	1,287
140	6	1,221	1,227	1,234	1,243	1,253	1,265	1,277	1,290
153	6	1,234	1,237	1,241	1,249	1,259	1,269	1,282	1,295
168	6	1,248	1,249	1,251	1,256	1,264	1,275	1,287	1,299
184	6	1,263	1,263	1,264	1,267	1,272	1,281	1,292	1,305
202	6	1,277	1,278	1,278	1,279	1,282	1,289	1,299	1,310
221	6	1,287	1,292	1,293	1,293	1,295	1,299	1,306	1,317
242	6	1,280	1,304	1,307	1,308	1,309	1,311	1,316	1,325
266	6	1,260	1,304	1,316	1,321	1,323	1,325	1,328	1,334
291	6	1,254	1,287	1,310	1,327	1,335	1,338	1,341	1,345
319	6	1,251	1,276	1,294	1,318	1,338	1,348	1,353	1,357
350	6	1,241	1,274	1,287	1,304	1,328	1,350	1,362	1,369
384	6	1,241	1,266	1,284	1,299	1,317	1,340	1,363	1,377
421	6	1,246	1,261	1,276	1,295	1,312	1,331	1,354	1,377
462	6	1,242	1,264	1,274	1,288	1,308	1,326	1,346	1,370
506	6	1,239	1,263	1,276	1,287	1,302	1,322	1,342	1,363
555	6	1,239	1,259	1,273	1,287	1,300	1,317	1,338	1,359
609	6	1,238	1,259	1,270	1,283	1,299	1,315	1,333	1,355
667	6	1,244	1,258	1,270	1,282	1,295	1,312	1,330	1,350
732	6	1,256	1,262	1,270	1,282	1,295	1,309	1,327	1,346
802	6	1,271	1,272	1,275	1,283	1,295	1,309	1,324	1,343
880	6	1,285	1,286	1,287	1,290	1,297	1,309	1,324	1,340
965	6	1,301	1,301	1,301	1,302	1,305	1,312	1,325	1,340
116	7	1,331	1,331	1,331	1,331	1,332	1,333	1,337	1,346

CHAPTER SEVEN

ABSORPTION COEFFICIENTS

Data on coefficients of continuous absorption $\varkappa'_\nu(\rho, T)$ of plasma of dielectrics, determined from the expression

$$\varkappa'_\nu(\rho, T) = \frac{\rho}{m_0 \sum_A C_A} \left\{ \sum_A \sum_{Z=0}^{A} \alpha_{Z,A}\, \sigma^{ph}_{\nu,Z,A} + \sigma_{\nu,Z,A} \right\}$$
$$\times \left(1 - \exp\left(-\frac{h\nu}{kT}\right)\right)$$

are tabulated. The tables were constructed as follows. The absorption coefficient for plasma of a given substance is a function of three variables: density ρ, temperature T and frequency of light ν. Values of $\varkappa'_\nu$, cm^{-1} as a function of temperature, K (sixteen values from the range of 11,600 to 1,160,000 K) and energies of light quantum $h\nu$ in eV are listed from each substance and three values of density ρ, kg/m^{-3} of 10^{-4}, 10^{-2} and 1. The density, temperature and absorption coefficient of plasma are given by the mantissa and order of magnitude. The energy of light quantum $h\nu$ is given in standard decimal notation.

Table 7.1. Teflon

Density of Plasma $\rho = 100-03$

$h\nu$, eV	Temperature, °K							
	116 5	154 5	206 5	275 5	367 5	490 5	652 5	870 5
1,00	98—06	29—05	32—05	58—05	84—05	12—04	15—04	16—04
1,10	78—06	23—05	27—05	49—05	70—05	10—04	12—04	13—04
1,15	70—06	21—05	24—05	44—05	64—05	94—05	11—04	12—04
1,20	62—06	19—05	22—05	41—05	59—05	86—05	10—04	11—04
1,26	55—06	17—05	20—05	37—05	54—05	78—05	95—05	10—04
1,32	49—06	15—05	18—05	34—05	49—05	72—05	86—05	92—05
1,38	46—06	13—05	16—05	31—05	45—05	65—05	79—05	84—05
1,45	42—06	12—05	15—05	29—05	41—05	60—05	72—05	76—05
1,51	45—06	12—05	14—05	27—05	38—05	55—05	65—05	69—05
1,58	54—06	13—05	14—05	25—05	35—05	50—05	60—05	63—05
1,66	52—06	12—05	13—05	23—05	32—05	46—05	55—05	58—05
1,74	46—06	10—05	11—05	21—05	29—05	42—05	50—05	52—05
1,82	40—06	93—06	10—05	19—05	27—05	38—05	46—05	48—05
1,91	35—06	82—06	92—06	17—05	25—05	35—05	42—05	44—05
2,00	30—06	72—06	82—06	15—05	23—05	32—05	38—05	40—05
2,09	27—06	64—06	73—06	14—05	21—05	30—05	35—05	36—05
2,19	23—06	56—06	68—06	13—05	19—05	27—05	32—05	33—05
2,29	21—06	50—06	66—06	13—05	18—05	25—05	29—05	30—05
2,40	18—06	44—06	66—06	12—05	16—05	23—05	27—05	28—05
2,51	17—06	39—06	58—06	11—05	15—05	21—05	25—05	25—05
2,63	16—06	34—06	53—06	10—05	13—05	20—05	23—05	23—05
2,75	15—06	32—06	49—06	91—06	12—05	18—05	21—05	21—05
2,88	15—06	33—06	46—06	82—06	11—05	16—05	19—05	19—05
3,02	14—06	35—06	44—06	74—06	10—05	15—05	17—05	18—05
3,16	14—06	35—06	41—06	67—06	90—06	14—05	16—05	16—05
3,31	12—06	32—06	37—06	61—06	84—06	13—05	15—05	15—05
3,47	19—06	33—06	41—06	63—06	81—06	12—05	14—05	14—05
3,63	71—06	34—06	57—06	81—06	79—06	11—05	13—05	12—05

Table 7.1. Teflon (*Cont.*)

hv, eV	Temperature, °K							
	116 5	154 5	206 5	275 5	367 5	490 5	652 5	870 5
3,80	79—06	36—06	54—06	73—06	71—06	10—05	11—05	11—05
3,98	81—06	35—06	48—06	65—06	64—06	96—06	10—05	10—05
4,17	79—06	32—00	45—06	60—06	58—06	88—06	10—05	99—06
4,37	78—06	30—06	45—06	58—06	52—06	81—06	92—06	91—06
4,57	77—06	28—06	42—06	52—06	47—06	78—06	91—06	87—06
4,79	77—06	30—06	40—06	48—06	45—06	74—06	85—06	80—06
5,01	77—06	30—06	37—06	44—06	44—06	70—06	78—06	74—06
5,25	77—06	28—06	34—06	39—06	43—06	66—06	71—06	68—06
5,50	76—06	26—06	30—06	34—06	40—06	59—06	65—06	62—06
5,75	76—06	27—06	61—06	54—06	39—06	53—06	59—06	57—06
6,03	76—06	26—06	60—06	55—06	38—06	51—06	59—06	55—06
6,31	76—06	26—06	67—06	66—06	40—06	50—06	60—06	53—06
6,61	77—06	27—06	95—06	95—06	47—06	46—06	54—06	48—06
6,92	77—06	29—06	12—05	10—05	45—06	41—06	49—06	43—06
7,24	50—05	13—05	12—05	10—05	41—06	37—06	44—06	39—06
7,59	51—05	13—05	12—05	95—06	39—06	34—06	40—06	35—06
7,94	52—05	13—05	12—05	94—06	40—06	34—06	36—06	31—06
8,32	53—05	14—05	15—05	10—05	48—06	36—06	33—06	28—06
8,71	84—05	19—05	15—05	10—05	49—06	38—06	36—06	28—06
9,12	84—05	19—05	15—05	10—05	47—06	38—06	37—06	27—06
9,55	85—05	19—05	15—05	10—05	44—06	34—06	34—06	25—06
10,0	84—05	19—05	15—05	10—05	43—06	32—06	30—06	23—06
10,4	76—04	10—04	20—05	10—05	40—06	28—06	27—06	21—06
10,9	75—04	10—04	56—05	23—05	49—06	25—06	24—06	19—06
11,4	52—03	49—04	76—05	22—05	46—06	22—06	21—06	17—06
12,0	51—03	48—04	74—05	22—05	43—06	20—06	19—06	15—06
12,5	50—03	48—04	10—04	31—05	48—06	17—06	17—06	13—06
13,1	49—03	46—04	10—04	30—05	46—06	15—06	14—06	11—06
13,8	47—03	45—04	10—04	29—05	46—06	21—06	17—06	12—06
14,4	46—03	44—04	97—05	28—05	50—06	39—06	27—06	14—06
15,1	44—03	66—04	83—04	18—04	18—05	50—06	26—06	13—06
15,8	43—03	63—04	80—04	17—04	19—05	52—06	24—06	12—06
16,6	50—03	69—04	77—04	17—04	20—05	50—06	21—06	10—06
17,3	48—03	66—04	73—04	16—04	19—05	45—06	19—06	96—07
18,2	15—01	17—02	12—03	17—04	19—05	42—06	16—06	83—07
19,0	16—01	23—02	84—03	98—04	49—05	49—06	16—06	72—07
19,9	16—01	23—02	80—03	92—04	46—05	49—06	15—06	64—07
20,8	17—01	23—02	76—03	87—04	44—05	45—06	14—06	56—07
21,8	17—01	23—02	71—03	82—04	41—05	40—06	12—06	50—07
22,9	17—01	23—02	67—03	77—04	39—05	39—06	11—06	53—07
23,9	18—01	23—02	63—03	71—04	36—05	49—06	19—06	75—07
25,1	23—01	73—02	33—02	21—03	65—05	64—06	34—06	11—06
26,3	22—01	69—02	30—02	19—03	75—05	93—06	51—06	15—06
27,5	22—01	65—02	28—02	18—03	70—05	90—06	47—06	14—06
28,8	22—01	61—02	26—02	16—03	64—05	82—06	44—06	13—06
30,2	21—01	58—02	24—02	26—03	39—04	48—05	63—06	13—06
31,6	24—01	87—02	41—02	38—03	10—03	94—05	72—06	14—06

Table 7.1. Teflon (*Cont.*)

$h\nu$, eV	Temperature, °K							
	116 5	154 5	206 5	275 5	367 5	490 5	652 5	870 5
33,1	23—01	98—02	63—02	22—02	18—03	11—04	74—06	12—06
34,6	23—01	93—02	61—02	21—02	17—03	10—04	70—06	12—06
36,3	25—01	27—01	24—01	12—01	56—03	16—04	70—06	11—06
38,0	25—01	26—01	24—01	11—01	55—03	30—04	16—05	18—06
39,8	24—01	25—01	23—01	11—01	53—03	28—04	15—05	18—06
41,6	23—01	24—01	22—01	11—01	10—02	46—04	15—05	16—06
43,6	22—01	23—01	21—01	11—01	96—03	42—04	14—05	19—06
45,7	21—01	22—01	20—01	10—01	96—03	13—03	95—05	77—06
47,8	20—01	21—01	19—01	10—01	89—03	12—03	91—05	72—06
50,1	19—01	19—01	19—01	11—01	15—02	13—03	87—05	70—06
52,4	18—01	18—01	18—01	10—01	14—02	12—03	82—05	67—06
54,9	17—01	18—01	18—01	11—01	13—02	12—03	13—04	11—05
57,5	16—01	17—01	17—01	10—01	27—02	94—03	58—04	33—05
60,2	15—01	16—01	16—01	11—01	68—02	23—02	97—04	42—05
63,1	14—01	15—01	15—01	14—01	12—01	37—02	11—03	39—05
66,0	13—01	14—01	14—01	13—01	12—01	39—02	21—03	92—05
69,0	12—01	13—01	13—01	12—01	11—01	37—02	46—03	20—04
72,4	11—01	12—01	12—01	12—01	12—01	39—02	43—03	30—04
75,8	10—01	11—01	11—01	11—01	11—01	36—02	40—03	28—04
79,4	10—01	10—01	10—01	10—01	10—01	37—02	74—03	70—04
83,1	93—02	10—01	10—01	10—01	97—02	34—02	75—03	88—04
87,1	85—02	93—02	93—02	92—02	90—02	67—02	33—02	13—03
91,2	78—02	85—02	85—02	85—02	83—02	61—02	30—02	19—03
95,5	72—02	78—02	78—02	78—02	76—02	56—02	28—02	40—03
100	66—02	71—02	71—02	71—02	70—02	63—02	36—02	38—03
104	60—02	65—02	65—02	65—02	64—02	58—02	36—02	10—02
109	54—02	59—02	59—02	59—02	59—02	53—02	33—02	94—03
114	49—02	54—02	54—02	54—02	53—02	49—02	35—02	14—02
120	45—02	49—02	49—02	49—02	48—02	44—02	32—02	13—02
125	40—02	44—02	44—02	44—02	44—02	40—02	29—02	11—02
131	36—02	40—02	40—02	40—02	40—02	37—02	33—02	19—02
138	33—02	36—02	36—02	36—02	36—02	33—02	30—02	17—02
144	29—02	32—02	32—02	32—02	32—02	30—02	27—02	16—02
151	26—02	29—02	29—02	29—02	29—02	27—02	24—02	16—02
158	24—02	26—02	26—02	26—02	26—02	24—02	22—02	18—02
165	21—02	23—02	23—02	23—02	23—02	22—02	20—02	17—02
173	19—02	20—02	21—02	21—02	21—02	19—02	18—02	15—02
181	17—02	18—02	18—02	18—02	18—02	17—02	16—02	13—02
190	15—02	16—02	16—02	16—02	16—02	15—02	14—02	12—02
199	13—02	14—02	14—02	15—02	15—02	14—02	13—02	11—02
208	12—02	13—02	13—02	13—02	13—02	12—02	11—02	10—02
218	10—02	11—02	11—02	11—02	11—02	11—02	10—02	89—03
229	95—03	10—02	10—02	10—02	10—02	10—02	92—03	79—03
239	84—03	91—03	91—03	92—03	93—03	88—03	82—03	71—03
251	74—03	80—03	81—03	82—03	82—03	78—03	72—03	63—03
263	65—03	71—03	71—03	72—03	72—03	69—03	64—03	56—03
275	58—03	63—03	63—03	64—03	64—03	61—03	57—03	49—03

Table 7.1. Teflon (*Cont.*)

hv, eV	Temperature, °K							
	116 5	154 5	206 5	275 5	367 5	490 5	652 5	870 5
288	57—03	56—03	55—03	56—03	56—03	54—03	50—03	44—03
301	50—03	49—03	49—03	50—03	50—03	48—03	44—03	39—03
316	18—02	19—02	12—02	49—03	44—03	42—03	39—03	34—03
331	16—02	16—02	16—02	16—02	95—03	39—03	34—03	30—03
346	14—02	14—02	14—02	14—02	14—02	11—02	36—03	27—03
363	12—02	12—02	12—02	12—02	12—02	99—03	32—03	24—03
380	11—02	11—02	11—02	11—02	11—02	86—03	28—03	21—03
398	95—03	97—03	97—03	97—03	97—03	89—03	71—03	68—03
416	83—03	85—03	85—03	85—03	85—03	78—03	62—03	59—03
436	73—03	74—03	74—03	74—03	74—03	68—03	54—03	52—03
457	64—03	65—03	65—03	65—03	65—03	60—03	48—03	45—03
478	56—03	57—03	57—03	57—03	57—03	52—03	42—03	39—03
501	49—03	49—03	49—03	50—03	50—03	45—03	36—03	34—03
524	43—03	43—03	43—03	43—03	43—03	40—03	32—03	30—03
549	37—03	38—03	38—03	38—03	38—03	35—03	28—03	26—03
575	33—03	33—03	33—03	33—03	33—03	30—03	24—03	23—03
602	29—03	29—03	29—03	29—03	29—03	27—03	21—03	20—03
630	25—03	26—03	26—03	26—03	25—03	23—03	19—03	18—03
660	22—03	22—03	22—03	22—03	22—03	20—03	16—03	15—03
691	19—03	20—03	20—03	20—03	20—03	18—03	14—03	13—03
724	14—02	14—02	14—02	85—03	20—03	16—03	12—03	12—03
758	12—02	12—02	12—02	12—02	12—02	45—03	11—03	10—03
794	10—02	10—02	10—02	10—02	10—02	10—02	64—03	10—03
831	94—03	94—03	94—03	94—03	94—03	93—03	91—03	59—03
870	82—03	82—03	82—03	82—03	82—03	81—03	79—03	79—03
912	72—03	72—03	72—03	72—03	72—03	71—03	69—03	69—03
954	63—03	63—03	63—03	63—03	63—03	62—03	60—03	60—03
1000	55—03	55—03	55—03	55—03	55—03	54—03	52—03	52—03

Table 7.1. Teflon (*Cont.*)

hv, eV	Temperature, °K							
	116 6	154 6	205 6	275 6	367 6	488 6	652 6	116 7
1,00	18—04	19—04	14—04	11—04	88—05	64—05	59—05	37—05
1,10	15—04	16—04	11—04	91—05	72—05	52—05	48—05	31—05
1,15	13—04	14—04	10—04	83—05	65—05	47—05	44—05	28—05
1,20	12—04	13—04	97—05	75—05	59—05	43—05	39—05	25—05
1,26	11—04	12—04	88—05	68—05	54—05	39—05	36—05	22—05
1,32	10—04	10—04	80—05	61—05	49—05	35—05	32—05	20—05
1,38	93—05	98—05	73—05	56—05	44—05	32—05	29—05	18—05
1,45	85—05	89—05	66—05	50—05	40—05	29—05	26—05	17—05
1,51	77—05	81—05	60—05	46—05	36—05	26—05	24—05	15—05
1,58	70—05	73—05	54—05	41—05	33—05	23—05	22—05	13—05
1,66	64—05	67—05	49—05	37—05	29—05	21—05	19—05	12—05

Table 7.1. Teflon (*Cont.*)

hv, eV	Temperature, °K							
	116 6	154 6	205 6	275 6	367 6	488 6	652 6	116 7
1,74	58—05	61—05	44—05	34—05	27—05	19—05	18—05	11—05
1,82	53—05	55—05	40—05	31—05	24—05	17—05	16—05	10—05
1,91	48—05	50—05	37—05	28—05	22—05	16—05	14—05	93—06
2,00	44—05	45—05	33—05	25—05	20—05	14—05	13—05	84—06
2,09	40—05	41—05	30—05	23—05	18—05	13—05	12—05	76—06
2,19	36—05	38—05	27—05	21—05	16—05	11—05	11—05	69—06
2,29	33—05	34—05	25—05	19—05	15—05	10—05	99—06	62—06
2,40	30—05	31—05	22—05	17—05	13—05	97—06	89—06	56—06
2,51	27—05	28—05	20—05	15—05	12—05	88—06	81—06	51—06
2,63	25—05	26—05	19—05	14—05	11—05	80—06	73—06	46—06
2,75	23—05	23—05	17—05	13—05	10—05	72—06	66—06	41—06
2,88	21—05	21—05	15—05	11—05	92—06	65—06	60—06	37—06
3,02	19—05	19—05	14—05	10—05	83—06	59—06	54—06	34—06
3,16	17—05	18—05	13—05	97—06	76—06	54—06	49—06	31—06
3,31	16—05	16—05	11—05	88—06	69—06	49—06	45—06	28—06
3,47	14—05	15—05	11—05	84—06	62—06	44—06	40—06	25—06
3,63	13—05	13—05	98—06	73—06	56—06	40—06	37—06	23—06
3,80	12—05	12—05	89—06	66—06	51—06	36—06	33—06	20—06
3,98	11—05	11—05	81—06	60—06	47—06	33—06	30—06	18—06
4,17	10—05	10—05	74—06	55—06	42—06	30—06	27—06	17—06
4,37	95—06	95—06	67—06	50—06	38—06	27—06	25—06	15—06
4,57	89—06	88—06	62—06	45—06	35—06	24—06	22—06	14—06
4,79	82—06	81—06	56—06	41—06	32—06	22—06	20—06	12—06
5,01	75—06	74—06	51—06	38—06	29—06	20—06	18—06	11—06
5,25	69—06	67—06	47—06	34—06	26—06	18—06	16—06	10—06
5,50	63—06	62—06	43—06	31—06	24—06	16—06	15—06	94—07
5,75	58—06	57—06	39—06	28—06	21—06	15—06	13—06	85—07
6,03	54—06	53—06	36—06	26—06	20—06	13—06	12—06	77—07
6,31	51—06	49—06	33—06	24—06	18—06	12—06	11—06	70—07
6,61	47—06	45—06	30—06	22—06	16—06	11—06	10—06	63—07
6,92	43—06	41—06	28—06	20—06	15—06	10—06	94—07	57—07
7,24	39—06	38—06	25—06	18—06	13—06	95—07	85—07	52—07
7,59	36—06	35—06	23—06	16—06	12—06	86—07	77—07	47—07
7,94	33—06	32—06	21—06	15—06	11—06	78—07	70—07	42—07
8,32	29—06	29—06	19—06	14—06	10—06	71—07	64—07	38—07
8,71	28—06	28—06	18—06	12—06	95—07	65—07	58—07	35—07
9,12	26—06	26—06	17—06	11—06	86—07	59—07	53—07	31—07
9,55	24—06	24—06	15—06	10—06	79—07	54—07	48—07	29—07
10,0	21—06	22—06	14—06	99—07	72—07	49—07	43—07	26—07
10,4	19—06	20—06	13—06	90—07	66—07	44—07	39—07	23—07
10,9	17—06	18—06	12—06	83—07	60—07	41—07	36—07	21—07
11,4	16—06	16—06	11—06	75—07	55—07	37—07	33—07	19—07
12,0	14—06	15—06	10—06	68—07	49—07	33—07	30—07	17—07
12,5	12—06	13—06	90—07	61—07	45—07	30—07	27—07	16—07
13,1	11—06	12—06	80—07	55—07	40—07	27—07	24—07	14—07
13,8	10—06	11—06	74—07	51—07	37—07	25—07	22—07	13—07

Table 7.1. Teflon (*Cont.*)

$h\nu$, eV	Temperature, °K							
	116 6	154 6	205 6	275 6	367 6	483 6	652 6	116 7
14,4	11—06	11—06	72—07	47—07	34—07	23—07	20—07	12—07
15,1	10—06	10—06	65—07	43—07	31—07	20—07	18—07	11—07
15,8	90—07	90—07	58—07	39—07	28—07	19—07	17—07	99—08
16,6	81—07	81—07	52—07	35—07	25—07	17—07	15—07	90—08
17,3	72—07	72—07	47—07	32—07	23—07	15—07	14—07	82—08
18,2	64—07	63—07	41—07	28—07	21—07	14—07	13—07	74—08
19,0	61—07	64—07	41—07	27—07	19—07	13—07	12—07	68—08
19,9	58—07	61—07	38—07	25—07	18—07	12—07	10—07	61—08
20,8	54—07	55—07	34—07	23—07	16—07	11—07	10—07	56—08
21,8	49—07	49—07	31—07	21—07	15—07	99—08	91—08	51—08
22,9	46—07	44—07	27—07	19—07	13—07	90—08	83—08	46—08
23,9	49—07	42—07	26—07	17—07	12—07	82—08	76—08	42—08
25,1	53—07	41—07	24—07	16—07	11—07	74—08	70—08	38—08
26,3	55—07	40—07	23—07	14—07	10—07	68—08	64—08	35—08
27,5	51—07	49—07	27—07	15—07	10—07	66—08	59—08	32—08
28,8	46—07	46—07	26—07	14—07	98—08	61—08	54—08	29—08
30,2	41—07	41—07	23—07	13—07	89—08	55—08	50—08	26—08
31,6	42—07	37—07	20—07	12—07	81—08	50—08	46—08	24—08
33,1	52—07	35—07	18—07	11—07	73—08	45—08	42—08	22—08
34,6	50—07	31—07	16—07	10—07	66—08	41—08	39—08	20—08
36,3	45—07	28—07	14—07	91—08	61—08	38—08	35—08	18—08
38,0	46—07	25—07	12—07	82—08	55—08	34—08	33—08	17—08
39,8	64—07	23—07	11—07	75—08	50—08	31—08	30—08	15—08
41,6	75—07	48—07	20—07	10—07	60—08	34—08	28—08	14—08
43,6	88—07	55—07	22—07	10—07	59—08	33—08	26—08	13—08
45,7	99—07	51—07	20—07	99—08	55—08	30—08	24—08	12—08
47,8	10—06	47—07	18—07	90—08	50—08	27—08	22—08	11—08
50,1	11—06	43—07	16—07	82—08	46—08	25—08	21—08	10—08
52,4	10—06	39—07	14—07	74—08	42—08	23—08	19—08	92—09
54,9	14—06	37—07	12—07	67—08	38—08	20—08	18—08	85—09
57,5	42—06	74—07	18—07	64—08	34—08	18—08	17—08	78—09
60,2	48—06	71—07	16—07	58—08	31—08	16—08	15—08	72—09
63,1	43—06	64—07	14—07	53—08	28—08	15—08	14—08	66—09
66,0	49—06	72—07	15—07	50—08	26—08	14—08	13—08	61—09
69,1	46—06	64—07	13—07	46—08	24—08	13—08	13—08	56—09
72,4	11—05	58—07	12—07	43—08	22—08	11—08	12—08	52—09
75,8	10—05	22—06	51—07	13—07	48—08	20—08	11—08	48—09
79,4	26—05	28—06	61—07	15—07	54—08	21—08	11—08	44—09
83,1	33—05	26—06	56—07	14—07	50—08	19—08	10—08	41—09
87,1	30—05	23—06	48—07	13—07	45—08	17—08	10—08	38—09
91,2	52—05	20—06	41—07	13—07	41—08	16—08	95—09	35—09
95,5	10—04	18—06	35—07	12—07	38—08	14—08	91—09	33—09
100	96—05	16—06	31—07	10—07	34—08	13—08	86—09	31—09
104	22—04	14—06	26—07	93—08	31—08	12—08	83—09	29—09
109	20—04	12—06	23—07	81—08	28—08	11—08	79—09	27—09
114	26—04	11—06	20—07	71—08	26—08	10—08	76—09	25—09
120	28—04	17—06	18—07	63—08	24—08	93—09	74—09	23—09

Table 7.1. Teflon (*Cont.*)

$h\nu$, eV	Temperature, °K							
	116 6	154 6	205 6	275 6	367 6	488 6	652 6	116 7
125	70—04	74—06	17—07	55—08	25—08	96—09	75—09	23—09
131	17—03	18—05	16—07	45—08	21—08	80—09	71—09	21—09
138	18—03	19—05	15—07	40—08	18—08	70—09	68—09	20—09
144	16—03	17—05	14—07	35—08	16—08	62—09	65—09	16—09
151	39—03	34—05	15—07	31—08	14—08	54—09	63—09	17—09
158	73—03	57—05	17—07	27—08	12—08	48—09	61—09	16—09
165	66—03	51—05	16—07	24—08	11—08	43—09	60—09	15—09
173	76—03	90—04	30—05	19—06	22—07	38—08	67—09	14—09
181	68—03	79—04	26—05	16—06	19—07	32—08	65—09	14—09
190	82—03	15—03	45—05	25—06	27—07	44—08	68—09	13—09
199	74—03	13—03	40—05	22—06	24—07	39—08	68—09	12—09
208	66—03	12—03	36—05	20—06	21—07	35—08	68—09	12—09
218	59—03	10—03	32—05	18—06	19—07	32—08	90—09	11—09
229	52—03	95—04	28—05	16—06	17—07	29—08	15—08	11—09
239	47—03	85—04	25—05	14—06	15—07	26—08	14—08	11—09
251	42—03	75—04	22—05	12—06	13—07	23—08	12—08	10—09
263	37—03	67—04	20—05	11—06	11—07	20—08	11—08	10—09
275	33—03	59—04	17—05	98—07	10—07	17—08	10—08	10—09
288	29—03	52—04	15—05	87—07	92—08	15—08	88—09	91—10
301	26—03	46—04	13—05	76—07	81—08	13—08	77—09	80—10
316	23—03	41—04	12—05	67—07	71—08	12—08	67—09	70—10
331	20—03	36—04	10—05	59—07	63—08	10—08	59—09	61—10
346	18—03	32—04	95—06	53—07	55—08	94—09	51—09	54—10
363	15—03	28—04	84—06	46—07	48—08	83—09	45—09	47—10
380	14—03	25—04	74—06	41—07	43—08	73—09	39—09	41—10
398	61—03	51—03	49—03	96—04	25—06	77—09	34—09	36—10
416	54—03	45—03	42—03	83—04	22—06	67—09	30—09	31—10
436	47—03	39—03	37—03	72—04	19—06	59—09	26—09	27—10
457	41—03	34—03	32—03	63—04	17—06	52—09	23—09	24—10
478	36—03	29—03	28—03	55—04	14—06	46—09	20—09	21—10
501	31—03	26—03	24—03	24—03	47—04	80—06	31—07	35—09
524	27—03	22—03	21—03	21—03	41—04	69—06	27—07	30—09
549	24—03	19—03	18—03	18—03	36—04	60—06	24—07	26—09
575	21—03	17—03	16—03	16—03	31—04	52—06	20—07	23—09
602	18—03	15—03	14—03	14—03	27—04	46—06	18—07	20—09
630	16—03	13—03	12—03	12—03	23—04	40—06	15—07	17—09
660	14—03	11—03	10—03	10—03	20—04	34—06	13—07	15—09
691	12—03	99—04	94—04	93—04	18—04	30—06	12—07	13—09
724	10—03	86—04	82—04	81—04	15—04	26—06	10—07	11—09
758	95—04	75—04	71—04	70—04	13—04	23—06	91—08	10—09
794	83—04	66—04	62—04	61—04	12—04	20—06	79—08	89—10
831	82—04	57—04	54—04	53—04	10—04	17—06	69—08	77—10
870	38—03	52—04	47—04	46—04	90—05	15—06	60—08	67—10
912	67—03	19—03	45—04	40—04	79—05	13—06	53—08	59—10
954	59—03	44—03	40—03	39—03	37—03	35—03	34—04	58—10
1000	51—03	38—03	34—03	34—03	32—03	31—03	30—04	50—10

Table 7.1. Teflon (*Cont.*)

Density of Plasma $\rho = 100-01$

$h\nu$, eV	Temperature, °K							
	116 5	154 5	206 5	275 5	367 5	490 5	652 5	870 5
1,00	12—02	55—02	15—01	18—01	33—01	50—01	74—01	95—01
1,10	10—02	45—02	12—01	15—01	27—01	42—01	61—01	78—01
1,15	92—03	40—02	11—01	13—01	25—01	38—01	55—01	71—01
1,20	81—03	35—02	10—01	12—01	23—01	35—01	50—01	65—01
1,26	73—03	32—02	90—02	11—01	21—01	32—01	46—01	59—01
1,32	66—03	28—02	81—02	10—01	19—01	29—01	42—01	53—01
1,38	62—03	26—02	73—02	91—02	17—01	26—01	38—01	49—01
1,45	57—03	24—02	66—02	83—02	16—01	24—01	35—01	44—01
1,51	61—03	24—02	63—02	77—02	14—01	22—01	32—01	40—01
1,58	74—03	26—02	63—02	74—02	13—01	20—01	29—01	37—01
1,66	73—03	24—02	57—02	67—02	12—01	18—01	26—01	33—01
1,74	64—03	21—02	51—02	60—02	11—01	17—01	24—01	30—01
1,82	56—03	19—02	45—02	53—02	10—01	15—01	22—01	28—01
1,91	49—03	16—02	40—02	48—02	93—02	14—01	20—01	25—01
2,00	43—03	15—02	36—02	43—02	84—02	13—01	18—01	23—01
2,09	38—03	13—02	32—02	38—02	77—02	11—01	17—01	21—01
2,19	34—03	11—02	28—02	35—02	70—02	10—01	15—01	19—01
2,29	30—03	10—02	25—02	32—02	65—02	99—02	14—01	17—01
2,40	27—03	92—03	22—02	30—02	60—02	91—02	13—01	16—01
2,51	25—03	82—03	20—02	27—02	54—02	82—02	11—01	14—01
2,63	23—03	74—03	17—02	24—02	49—02	75—02	10—01	13—01
2,75	22—03	68—03	16—02	22—02	44—02	67—02	99—02	12—01
2,88	20—03	65—03	15—02	20—02	40—02	61—02	90—02	11—01
3,02	18—03	63—03	15—02	19—02	36—02	55—02	82—02	10—01
3,16	16—03	59—03	14—02	18—02	32—02	49—02	75—02	94—02
3,31	14—03	54—03	13—02	16—02	29—02	45—02	69—02	86—02
3,47	27—03	66—03	13—02	16—02	28—02	42—02	64—02	80—02
3,63	24—02	19—02	14—02	18—02	30—02	40—02	58—02	73—02
3,80	26—02	20—02	14—02	17—02	27—02	36—02	53—02	66—02
3,98	26—02	20—02	13—02	15—02	24—02	32—02	48—02	61—02
4,17	26—02	20—02	12—02	14—02	22—02	29—02	44—02	55—02
4,37	26—02	20—02	11—02	13—02	20—02	26—02	40—02	51—02
4,57	26—02	19—02	10—02	12—02	18—02	24—02	38—02	49—02
4,79	26—02	19—02	10—02	11—02	17—02	22—02	35—02	45—02
5,01	26—02	19—02	10—02	10—02	15—02	21—02	33—02	41—02
5,25	26—02	19—02	10—02	98—03	14—02	20—02	30—02	37—02
5,50	26—02	19—02	95—03	90—03	13—02	18—02	27—02	34—02
5,75	26—02	19—02	97—03	12—02	15—02	17—02	25—02	31—02
6,03	26—02	19—02	94—03	12—02	15—02	16—02	23—02	30—02
6,31	26—02	19—02	93—03	13—02	17—02	16—02	22—02	29—02
6,61	26—02	19—02	96—03	17—02	22—02	18—02	20—02	26—02
6,95	26—02	19—02	99—03	20—02	23—02	17—02	18—02	24—02
7,24	98—02	59—02	24—02	21—02	22—02	15—02	16—02	21—02
7,59	99—02	60—02	24—02	21—02	22—02	14—02	15—02	19—02
7,94	10—01	61—02	24—02	21—02	22—02	14—02	14—02	17—02

Table 7.1. Teflon (*Cont.*)

$h\nu$, eV	Temperature, °K							
	116 5	154 5	206 5	275 5	367 5	490 5	652 5	870 5
8,32	10—01	61—02	25—02	24—02	24—02	16—02	14—02	16—02
8,71	15—01	81—02	30—02	25—02	24—02	15—02	14—02	16—02
9,12	15—01	82—02	30—02	24—02	23—02	14—02	14—02	16—02
9,55	15—01	82—02	30—02	24—02	23—02	13—02	12—02	14—02
10,0	15—01	82—02	30—02	24—02	23—02	13—02	11—02	13—02
10,4	12 00	38—01	95—02	31—02	22—02	12—02	10—02	12—02
10,9	12 00	38—01	10—01	57—02	37—02	13—02	93—03	10—02
11,4	87 00	18 00	34—01	82—02	37—02	12—02	83—03	96—03
12,0	85 00	18 00	34—01	81—02	36—02	12—02	74—03	86—03
12,5	83 00	17 00	33—01	98—02	44—02	12—02	67—03	77—03
13,1	81 00	17 00	33—01	95—02	43—02	11—02	60—03	66—03
13,8	79 00	16 00	32—01	92—02	41—02	11—02	69—03	70—03
14,4	76 00	16 00	31—01	89—02	40—02	12—02	10—02	93—03
15,1	74 00	15 00	42—01	37—01	15—01	31—02	12—02	91—03
15,8	71 00	15 00	40—01	36—01	15—01	33—02	13—02	84—03
16,6	82 00	17 00	44—01	35—01	14—01	33—02	12—02	75—03
17,3	80 00	17 00	42—01	33—01	14—01	32—02	11—02	66—03
18,2	25 01	16 01	36 00	58—01	15—01	31—02	10—02	58—03
19,0	25 01	17 01	49 00	22 00	55—01	65—02	11—02	56—03
19,9	26 01	17 01	49 00	20 00	52—01	61—02	11—02	51—03
20,8	26 01	17 01	49 00	19 00	49—01	58—02	10—02	46—03
21,8	26 01	18 01	49 00	18 00	47—01	55—02	94—03	41—03
22,9	26 01	18 01	49 00	17 00	44—01	52—02	89—03	37—03
23,9	26 01	18 01	48 00	16 00	41—01	48—02	94—03	49—03
25,1	28 01	22 01	94 00	44 00	79—01	68—02	10—02	71—03
26,3	28 01	22 01	90 00	41 00	73—01	72—02	13—02	94—03
27,5	27 01	22 01	85 00	38 00	68—01	66—02	12—02	88—03
28,8	27 01	21 01	81 00	35 00	62—01	61—02	11—02	80—03
30,2	26 01	21 01	78 00	34 00	82—01	18—01	44—02	11—02
31,6	27 01	23 01	10 01	53 00	12 00	39—01	83—02	12—02
33,1	26 01	23 01	12 01	83 00	36 00	69—01	97—02	13—02
34,6	26 01	22 01	11 01	79 00	35 00	65—01	90—02	12—02
36,3	25 01	25 01	27 01	25 01	13 01	17 00	13—01	12—02
38,0	25 01	25 01	26 01	24 01	13 01	17 00	20—01	21—02
39,8	24 01	24 01	25 01	23 01	13 01	16 00	19—01	20—02
41,6	23 01	23 01	24 01	22 01	13 01	23 00	26—01	21—02
43,6	22 01	22 01	23 01	21 01	12 01	22 00	24—01	20—02
45,7	21 01	21 01	22 01	20 01	12 01	23 00	53—01	73—02
47,8	20 01	20 01	20 01	19 01	11 01	21 00	49—01	70—02
50,1	19 01	19 01	19 01	19 01	12 01	28 00	54—01	68—02
52,4	18 01	18 01	18 01	18 01	11 01	26 00	51—01	64—02
54,9	17 01	17 01	18 01	18 01	11 01	25 00	48—01	82—02
57,5	16 01	16 01	17 01	17 01	11 01	42 00	17 00	26—01
60,2	15 01	15 01	16 01	16 01	12 01	85 00	36 00	40—01
63,1	14 01	14 01	15 01	15 01	14 01	12 01	51 00	44—01
66,0	13 01	13 01	14 01	14 01	13 01	12 01	51 00	69—01

Table 7.1. Teflon (*Cont.*)

$h\nu$, eV	Temperature, °K							
	116 5	154 5	206 5	275 5	367 5	490 5	652 5	870 5
69,1	12. 01	12 01	13 01	13 01	12 01	11 01	50 00	11 00
72,4	11 01	11 01	12 01	12 01	12 01	12 01	53 00	11 00
75,8	10 01	11 01	11 01	11 01	11 01	11 01	49 00	10 00
79,4	99 00	10 01	10 01	10 01	10 01	10 01	49 00	•14 00
83,1	92 00	93 00	99 00	10 01	10 01	95 00	46 00	14 00
87,1	84 00	86 00	91 00	92 00	92 00	90 00	70 00	38 00
91,2	77 00	79 00	84 00	85 00	84 00	83 00	64 00	35 00
95,5	71 00	72 00	77 00	78 00	77 00	76 00	59 00	33 00
100	65 00	66 00	70 00	71 00	71 00	70 00	64 · 00	40 00
104	59 00	60 00	64 00	65 00	65 00	64 00	59 00	41 00
109	54 00	55 00	58 00	59 00	59 00	58 00	54 00	37 00
114	49 00	50 00	53 00	54 00	54 00	53 00	49 00	38 00
120	44 00	45 00	48 00	48 00	49 00	48 00	45 00	34 00
125	40 00	41 00	43 00	44 00	44 00	44 00	41 00	31 00
131	36 00	37 00	39 00	40 00	40 00	39 00	37 00	33 00
138	32 00	33 00	35 00	36 00	36 00	36 00	33 00	30 00
144	29 00	30 00	32 00	32 00	32 00	32 00	30 00	27 00
151	26 00	27 00	28 00	29 00	29 00	29 00	27 00	24 00
158	23 00	24 00	25 00	26 00	26 00	26 00	24 00	22 00
165	22 00	23 00	24 00	24 00	23 00	23 00	22 00	20 00
173	19 00	19 00	20 00	20 00	21 00	21 00	20 00	18 00
181	17 00	17 00	18 00	18 00	18 00	18 00	17 00	16 00
190	15 00	15 00	16 00	16 00	16 00	16 00	16 00	14 00
199	13 00	13 00	14 00	14 00	14 00	14 00	14 · 00	13 00
208	12 00	12 00	13 00	13 00	13 00	13 00	12 00	11 00
218	10 00	10 00	11 00	11 00	11 00	11 00	11 00	10 00
229	95—01	96—01	10 00	10 00	10 00	10 00	10 00	92—01
239	84—01	85—01	90—01	91—01	92—01	92—01	88—01	81—01
251	75—01	76—01	80—01	80—01	81—01	81—01	78—01	72—01
263	66—01	67—01	70—01	71—01	72—01	72—01	69—01	64—01
275	59—01	59—01	62—01	63—01	63—01	64—01	61—01	56—01
288	15 00	75—01	59—01	56—01	56—01	56—01	54—01	50—01
301	13 00	66—01	52—01	49—01	49—01	49—01	48—01	44—01
316	19 00	18 00	18 00	14 00	60—01	45—01	42—01	39—01
331	16 00	16 00	16 00	16 00	16 00	11 00	45—01	34—01
346	14 00	14 00	14 00	14 00	14 00	14 00	12 00	49—01
363	12 00	12 00	12 00	12 01	12 00	12 00	10 00	43—01
380	11 00	11 00	11 00	11 00	11 00	11 00	93—01	38—01
398	97—01	97—01	97—01	97—01	97—01	97—01	91—01	74—01
416	85—01	85—01	85—01	85—01	85—01	85—01	80—01	65—01
436	75—01	74—01	74—01	74—01	74—01	74—01	70—01	57—01
457	65—01	65—01	65—01	65—01	65—01	65—01	61—01	49—01
478	58—01	57—01	57—01	56—01	57—01	57—01	53—01	43—01
501	51—01	50—01	50—01	49—01	49—01	49—01	46—01	38—01
524	45—01	44—01	43—01	43—01	43—01	43—01	41—01	33—01

Table 7.1. Teflon (*Cont.*)

$h\nu$, eV	Temperature, °K							
	116 5	154 5	206 5	275 5	367 5	490 5	652 5	870 5
549	39—01	39—01	38—01	38—01	38—01	38—01	35—01	29—01
575	35—01	34—01	33—01	33—01	33—01	33—01	31—01	25—01
602	31—01	30—01	29—01	29—01	29—01	29—01	27—01	22—01
630	27—01	26—01	26—01	25—01	25—01	25—01	24—01	19—01
660	24—01	23—01	23—01	22—01	22—01	22—01	21—01	17—01
691	21—01	21—01	20—01	20—01	20—01	19—01	18—01	15—01
724	14 00	14 00	14 00	14 00	92—01	25—01	16—01	13—01
758	12 00	12 00	12 00	12 00	12 00	12 00	56—01	14—01
794	11 00	11 00	10 00	10 00	10 00	10 00	10 00	69—01
831	96—01	95—01	95—01	94—01	94—01	94—01	93—01	91—01
870	84—01	83—01	83—01	82—01	82—01	82—01	81—01	79—01
912	74—01	73—01	72—01	72—01	72—01	72—01	71—01	69—01
954	65—01	64—01	63—01	63—01	63—01	63—01	62—01	60—01
1000	57—01	56—01	55—01	55—01	55—01	55—01	54—01	53—01

Table 7.1. Teflon (*Cont.*)

$h\nu$, eV	Temperature, °K							
	116 6	154 6	205 6	275 6	367 6	488 6	652 6	116 7
1,00	10 00	11 00	12 00	99—01	78—01	61—01	46—01	37—01
1,10	88—01	98—01	10 00	81—01	64—01	50—01	37—01	30—01
1,15	80—01	89—01	93—01	74—01	58—01	45—01	34—01	27—01
1,20	72—01	80—01	84—01	67—01	52—01	41—01	30—01	25—01
1,26	66—01	73—01	76—01	60—01	47—01	37—01	28—01	22—01
1,32	60—01	66—01	69—01	55—01	43—01	34—01	25—01	20—01
1,38	54—01	60—01	63—01	50—01	39—01	30—01	22—01	18—01
1,45	49—01	54—01	57—01	45—01	35—01	27—01	20—01	16—01
1,51	45—01	49—01	51—01	41—01	32—01	25—01	18—01	15—01
1,58	41—01	45—01	47—01	37—01	29—01	22—01	17—01	13—01
1,66	37—01	41—01	42—01	33—01	26—01	20—01	15—01	12—01
1,74	33—01	37—01	38—01	30—01	23—01	18—01	13—01	11—01
1,82	30—01	33—01	35—01	27—01	21—01	17—01	12—01	10—01
1,91	28—01	30—01	32—01	25—01	19—01	15—01	11—01	92—02
2,00	25—01	28—01	29—01	22—01	17—01	14—01	10—01	83—02
2,09	23—01	25—01	26—01	20—01	16—01	12—01	93—02	75—02
2,19	21—01	23—01	23—01	18—01	14—01	11—01	84—02	68—02
2,29	19—01	21—01	21—01	17—01	13—01	10—01	76—02	61—02
2,40	17—01	19—01	19—01	15—01	12—01	94—02	69—02	55—02
2,51	16—01	17—01	18—01	14—01	10—01	85—02	62—02	50—02
2,63	14—01	15—01	16—01	12—01	98—02	77—02	57—02	45—02
2,75	13—01	14—01	14—01	11—01	89—02	70—02	51—02	41—02
2,88	12—01	13—01	13—01	10—01	81—02	63—02	46—02	37—02
3,02	11—01	12—01	12—01	95—02	73—02	57—02	42—02	33—02
3,16	10—01	11—01	11—01	87—02	66—02	52—02	38—02	30—02

Table 7.1. Teflon (*Cont.*)

$h\nu$, eV	Temperature, °K							
	116 6	154 6	205 6	275 6	367 6	488 6	652 6	116 7
3,31	93—02	99—02	10—01	79—02	60—02	47—02	34—02	27—02
3,47	85—02	91—02	92—02	72—02	55—02	42—02	31—02	25—02
3,63	78—02	83—02	84—02	65—02	50—02	38—02	28—02	22—02
3,80	71—02	75—02	76—02	59—02	45—02	35—02	25—02	20—02
3,98	64—02	69—02	69—02	54—02	41—02	32—02	23—02	18—02
4,17	59—02	63—02	63—02	49—02	37—02	29—02	21—02	16—02
4,37	54—02	57—02	58—02	44—02	34—02	26—02	19—02	15—02
4,57	51—02	53—02	53—02	40—02	30—02	23—02	17—02	13—02
4,79	46—02	48—02	48—02	37—02	28—02	21—02	15—02	12—02
5,01	42—02	44—02	44—02	33—02	25—02	19—02	14—02	11—02
5,25	39—02	40—02	40—02	30—02	23—02	17—02	13—02	10—02
5,50	35—02	37—02	37—02	28—02	21—02	16—02	11—02	93—03
5,75	32—02	34—02	33—02	25—02	19—02	14—02	10—02	84—03
6,03	31—02	31—02	31—02	23—02	17—02	13—02	97—03	76—03
6,31	29—02	29—02	28—02	21—02	16—02	12—02	88—03	69—03
6,61	26—02	26—02	26—02	19—02	14—02	11—02	79—03	62—03
6,92	24—02	24—02	24—02	18—02	13—02	10—02	72—03	56—03
7,24	21—02	22—02	22—02	16—02	12—02	91—03	65—03	51—03
7,59	19—02	20—02	20—02	15—02	11—02	83—03	59—03	46—03
7,94	17—02	18—02	18—02	13—02	10—02	75—03	54—03	42—03
8,32	15—02	16—02	16—02	12—02	91—03	68—03	49—03	38—03
8,71	15—02	15—02	15—02	11—02	83—03	62—03	44—03	34—03
9,12	14—02	14—02	14—02	10—02	76—03	57—03	40—03	31—03
9,55	13—02	13—02	13—02	97—03	69—03	52—03	37—03	28—03
10,0	12—02	11—02	12—02	89—03	63—03	47—03	33—03	25—03
10,4	11—02	10—02	11—02	81—03	58—03	43—03	30—03	23—03
10,9	98—03	96—03	10—02	74—03	53—03	39—03	27—03	21—03
11,4	88—03	86—03	90—03	67—03	48—03	35—03	25—03	19—03
12,0	79—03	78—03	81—03	60—03	43—03	32—03	22—03	17—03
12,5	70—03	70—03	73—03	54—03	39—03	29—03	20—03	15—03
13,1	62—03	62—03	65—03	49—03	35—03	26—03	18—03	14—03
13,8	59—03	57—03	60—03	45—03	32—03	24—03	17—03	13—03
14,4	66—03	57—03	58—03	42—03	30—03	22—03	15—03	11—03
15,1	61—03	51—03	52—03	38—03	27—03	20—03	14—03	10—03
15,8	54—03	46—03	47—03	34—03	24—03	18—03	12—03	98—04
16,6	49—03	41—03	42—03	31—03	22—03	16—03	11—03	89—04
17,3	43—03	37—03	38—03	28—03	20—03	14—03	10—03	81—04
18,2	37—03	32—03	33—03	25—03	18—03	13—03	95—04	73—04
19,0	32—03	29—03	32—03	23—03	17—03	12—03	87—04	67—04
19,9	29—03	27—03	30—03	22—03	15—03	11—03	80—04	61—04
20,8	25—03	25—03	27—03	19—03	14—03	10—03	72—04	55—04
21,8	22—03	22—03	24—03	17—03	13—03	94—04	66—04	50—04
22,9	22—03	20—03	21—03	16—03	11—03	86—04	59—04	46—04
23,9	26—03	20—03	20—03	15—03	10—03	78—04	54—04	41—04
25,1	35—03	21—03	19—03	14—03	97—04	70—04	49—04	38—04
26,3	44—03	21—03	19—03	13—03	89—04	64—04	45—04	34—04
27,5	40—03	19—03	20—03	14—03	91—04	63—04	42—04	31—04

Table 7.1. Teflon (*Cont.*)

hv, eV	Temperature, °K							
	116 6	154 6	205 6	275 6	367 6	488 6	652 6	116 7
28,8	36—03	17—03	19—03	13—03	84—04	58—04	39—04	28—04
30,2	35—03	16—03	16—03	11—03	76—04	53—04	35—04	26—04
31,6	36—03	15—03	15—03	10—03	69—04	48—04	32—04	24—04
33,1	32—03	15—03	14—03	93—04	62—04	43—04	29—04	22—04
34,6	30—03	14—03	12—03	83—04	56—04	39—04	26—04	20—04
36,3	28—03	13—03	11—03	74—04	51—04	35—04	24—04	18—04
38,0	30—03	13—03	10—03	66—04	46—04	32—04	22—04	16—04
39,8	35—03	15—03	95—04	59—04	42—04	29—04	20—04	15—04
41,6	31—03	16—03	14—03	83—04	50—04	32—04	20—04	14—04
43,6	34—03	18—03	15—03	86—04	50—04	31—04	19—04	12—04
45,7	98—03	20—03	14—03	79—04	46—04	28—04	17—04	11—04
47,8	91—03	19—03	13—03	70—04	42—04	26—04	16—04	10—04
50,1	89—03	21—03	12—03	63—04	38—04	23—04	14—04	99—05
52,4	85—03	20—03	10—03	56—04	34—04	21—04	13—04	91—05
54,9	11—02	23—03	10—03	49—04	31—04	19—04	12—04	83—05
57,5	31—02	60—03	18—03	64—04	29—04	17—04	10—04	77—05
60,2	37—02	62—03	18—03	57—04	26—04	15—04	99—05	71—05
63,1	34—02	57—03	16—03	51—04	23—04	14—04	90—05	65—05
66,0	64—02	66—03	17—03	51—04	22—04	13—04	82—05	60—05
69,1	11—01	64—03	15—03	46—04	20—04	12—04	75—05	55—05
72,4	14—01	11—02	13—03	41—04	18—04	11—04	69—05	51—05
75,8	13—01	10—02	33—03	11—03	42—04	19—04	94—05	47—05
79,4	26—01	22—02	39—03	13—03	47—04	20—04	97—05	44—05
83,1	30—01	26—02	36—03	12—03	44—04	19—04	89—05	40—05
87,1	42—01	24—02	30—03	10—03	40—04	17—04	80—05	38—05
91,2	52—01	35—02	27—03	96—04	39—04	15—04	73—05	35—05
95,5	82—01	59—02	24—03	84—04	35—04	14—04	66—05	32—05
100	80—01	53—02	21—03	74—04	31—04	12—04	60—05	30—05
104	15 00	98—02	20—03	64—04	27—04	11—04	55—05	28—05
109	13 00	89—02	18—03	56—04	23—04	10—04	50—05	26—05
114	17 00	10—01	16—03	49—04	20—04	94—05	46—05	25—05
120	15 00	10—01	21—03	44—04	18—04	85—05	42—05	23—05
125	14 00	17—01	69—03	43—04	16—04	85—05	41—05	22—05
131	21 00	37—01	16—02	45—04	13—04	70—05	35—05	21—05
138	19 00	38—01	16—02	42—04	11—04	61—05	31—05	19—05
144	17 00	34—01	14—02	37—04	10—04	54—05	27—05	18—05
151	17 00	57—01	23—02	41—04	89—05	47—05	24—05	17—05
158	19 00	90—01	35—02	47—04	79—05	41—05	22—05	16—05
165	17 00	81—01	32—02	42—04	70—05	36—05	20—05	15—05
173	15 00	88—01	18—01	16—02	20—03	37—04	91—05	14—05
181	13 00	79—01	16—01	14—02	17—03	31—04	77—05	13—05
190	12 00	85—01	26—01	22—02	25—03	43—04	99—05	13—05
199	11 00	76—01	23—01	20—02	22—03	38—04	89—05	12—05
208	99—01	68—01	20—01	18—02	19—03	34—04	80—05	11—05
218	88—01	61—01	18—01	16—02	17—03	30—04	74—05	11—05
229	79—01	54—01	16—01	14—02	15—03	27—04	72—05	11—05
239	70—01	48—01	14—01	12—02	13—03	24—04	65—05	11—05

Table 7.1. Teflon (*Cont.*)

hv, eV	Temperature, °K							
	116 6	154 6	205 6	275 6	367 6	488 6	652 6	116 7
251	62—01	43—01	13—01	11—02	12—03	21—04	57—05	10—05
263	55—01	38—01	11—01	99—03	10—03	18—04	50—05	10—05
275	49—01	33—01	10—01	87—03	95—04	16—04	44—05	10—05
288	43—01	29—01	90—02	77—03	84—04	14—04	39—05	90—06
301	38—01	26—01	79—02	68—03	74—04	12—04	34—05	79—06
316	33—01	23—01	70—02	60—03	65—04	11—04	30—05	69—06
331	29—01	20—01	62—02	52—03	57—04	10—04	26—05	61—06
346	28—01	18—01	55—02	49—03	53—04	88—05	23—05	53—06
363	25—01	16—01	49—02	43—03	46—04	77—05	20—05	46—06
380	22—01	14—01	43—02	38—03	41—04	68—05	18—05	41—06
398	68—01	62—01	53—01	47—01	95—02	98—04	18—05	35—06
416	59—01	54—01	46—01	41—01	83—02	85—04	16—05	31—06
436	52—01	47—01	40—01	36—01	72—02	74—04	14—05	27—06
457	45—01	41—01	35—01	31—01	63—02	65—04	12—05	23—06
478	39—01	36—01	30—01	27—01	55—02	56—04	11—05	20—06
501	34—01	31—01	26—01	25—01	23—01	59—02	28—03	34—05
524	30—01	27—01	23—01	21—01	20—01	51—02	24—03	30—05
549	26—01	24—01	20—01	18—01	18—01	45—02	21—03	26—05
575	23—01	21—01	17—01	16—01	15—01	39—02	18—03	23—05
602	20—01	18—01	15—01	14—01	13—01	34—02	16—03	20—05
630	17—01	16—01	13—01	12—01	12—01	29—02	14—03	17—05
660	15—01	14—01	11—01	10—01	10—01	26—02	12—03	15—05
691	13—01	12—01	10—01	95—02	91—02	22—02	10—03	13—05
724	12—01	10—01	89—02	82—02	79—02	19—02	93—04	11—05
758	10—01	95—02	78—02	72—02	69—02	17—02	81—04	10—05
794	13—01	83—02	68—02	62—02	60—02	15—02	71—04	88—06
831	62—01	10—01	60—02	54—02	52—02	13—02	61—04	76—06
870	78—01	45—01	67—02	47—02	45—02	11—02	53—04	67—06
912	69—01	67—01	30—01	65—02	42—02	10—02	56—04	58—06
954	60—01	59—01	47—01	40—01	39—01	37—01	33—01	70—05
1000	52—01	51—01	41—01	35—01	34—01	32—01	29—01	61—05

Table 7.1. Teflon (*Cont.*)

Density of Plasma ρ = 100—01

hv, eV	Temperature, °K							
	116 5	154 5	206 5	275 5	367 5	490 5	652 5	870 5
1,00	23 00	30 01	17 02	56 02	86 02	14 03	24 03	36 03
1,10	19 00	24 01	14 02	45 02	70 02	12 03	20 03	29 03
1,15	17 00	22 01	12 02	41 02	63 02	10 03	18 03	27 03
1,20	15 00	19 01	11 02	37 02	57 02	98 02	16 03	24 03
1,26	15 00	18 01	10 02	33 02	51 02	89 02	15 03	22 03
1,32	13 00	16 01	92 01	30 02	46 02	81 02	13 03	20 03
1,38	12 00	14 01	83 01	27 02	42 02	73 02	12 03	18 03
1,45	12 00	13 01	75 01	24 02	38 02	66 02	11 03	16 03

Table 7.1. Teflon (*Cont.*)

$h\nu$, eV	Temperature, °K													
	116	5	154	5	206	5	275	5	367	5	490	5	652	5	870	5
1,51	12	00	13	01	71	01	22	02	34	02	60	02	10	03	15	03
1,58	14	00	14	01	71	01	21	02	32	02	55	02	94	02	13	03
1,66	14	00	13	01	65	01	19	02	29	02	50	02	85	02	12	03
1,74	13	00	12	01	58	01	17	02	26	02	45	02	77	02	11	03
1,82	11	00	10	01	51	01	15	02	23	02	41	02	70	02	10	03
1,91	10	00	95	00	46	01	14	02	21	02	37	02	63	02	93	02
2,00	93	—01	84	00	41	01	12	02	19	02	33	02	58	02	84	02
2,09	85	—01	75	00	36	01	11	02	17	02	30	02	52	02	76	02
2,19	77	—01	67	00	32	01	99	01	15	02	27	02	47	02	69	02
2,29	70	—01	59	00	29	01	88	01	13	02	25	02	43	02	63	02
2,40	65	—01	53	00	26	01	79	01	12	02	22	02	39	02	57	02
2,51	61	—01	48	00	23	01	70	01	11	02	20	02	35	02	52	02
2,63	59	—01	44	00	20	01	63	01	10	02	18	02	32	02	47	02
2,75	56	—01	40	00	18	01	56	01	90	01	16	02	29	02	43	02
2,88	53	—01	37	00	17	01	52	01	82	01	15	02	26	02	39	02
3,02	49	—01	34	00	16	01	49	01	76	01	13	02	23	02	35	02
3,16	46	—01	31	00	14	01	45	01	69	01	12	02	21	02	31	02
3,31	43	—01	28	00	13	01	41	01	62	01	11	02	19	02	29	02
3,47	65	—01	37	00	14	01	38	01	57	01	10	02	17	02	26	02
3,63	31	01	41	01	43	01	46	01	55	01	97	01	16	02	24	02
3,80	32	01	42	01	45	01	45	01	51	01	88	01	14	02	21	02
3,98	32	01	43	01	45	01	42	01	46	01	79	01	13	02	19	02
4,17	32	01	43	01	44	01	39	01	41	01	71	01	11	02	17	02
4,37	32	01	43	01	44	01	37	01	38	01	65	01	10	02	16	02
4,57	32	01	43	01	43	01	35	01	34	01	58	01	95	01	14	02
4,79	32	01	43	01	43	01	34	01	32	01	53	01	86	01	13	02
5,01	32	01	43	01	43	01	33	01	29	01	48	01	78	01	12	02
5,25	32	01	43	01	43	01	31	01	27	01	43	01	71	01	11	02
5,50	32	01	43	01	43	01	30	01	25	01	39	01	64	01	10	02
5,75	32	01	43	01	43	01	30	01	25	01	39	01	60	01	91	01
6,03	32	01	43	01	43	01	29	01	24	01	36	01	55	01	83	01
6,31	32	01	44	01	43	01	29	01	24	01	37	01	53	01	77	01
6,61	32	01	44	01	43	01	29	01	25	01	41	01	55	01	71	01
6,92	32	01	44	01	43	01	28	01	26	01	41	01	51	01	64	01
7,24	45	01	68	01	68	01	43	01	30	01	39	01	46	01	58	01
7,59	45	01	69	01	69	01	43	01	29	01	37	01	42	01	52	01
7,94	45	01	70	01	69	01	43	01	29	01	36	01	40	01	49	01
8,32	45	01	70	01	70	01	44	01	31	01	37	01	40	01	47	01
8,71	54	01	82	01	79	01	48	01	32	01	37	01	38	01	44	01
9,12	54	01	83	01	80	01	48	01	31	01	35	01	35	01	41	01
10,0	54	01	83	01	80	01	48	01	30	01	33	01	31	01	34	01
10,4	24	02	27	02	19	02	93	01	42	01	33	01	29	01	30	01
10,9	24	02	26	02	19	02	96	01	52	01	43	01	31	01	28	01
11,4	15	03	11	03	60	02	24	02	86	01	46	01	29	01	25	01
12,0	15	03	11	03	59	02	23	02	85	01	45	01	27	01	22	01
12,5	14	03	11	03	58	02	23	02	89	01	49	01	28	01	21	01
13,1	14	03	11	03	57	02	23	02	87	01	47	01	26	01	19	01

Table 7.1. Teflon (*Cont.*)

$h\nu$, eV	Temperature, °K														
	116	5	154	5	206	5	275	5	367	5	490	5	652	5	870	5
13,8	14	03	10	03	55	02	22	02	84	01	45	01	25	01	18	01
14,4	13	03	10	03	54	02	21	02	82	01	44	01	25	01	20	01
15,1	13	03	10	03	53	02	24	02	15	02	10	02	48	01	26	01
15,8	12	03	96	02	51	02	23	02	15	02	10	02	48	01	26	01
16,6	14	03	11	03	58	02	26	02	15	02	10	02	47	01	25	01
17,3	14	03	10	03	56	02	25	02	14	02	96	01	45	01	23	01
18,2	31	03	28	03	20	03	96	02	30	02	12	02	46	01	22	01
19,0	31	03	28	03	21	03	11	03	58	02	27	02	83	01	25	01
19,9	31	03	28	03	22	03	11	03	56	02	26	02	79	01	24	01
20,8	31	03	28	03	22	03	11	03	54	02	25	02	75	01	22	01
21,8	31	03	28	03	22	03	11	03	52	02	24	02	72	01	20	01
22,9	31	03	28	03	22	03	11	03	50	02	22	02	68	01	19	01
23,9	31	03	28	03	22	03	11	03	48	02	21	02	63	01	18	01
25,1	31	03	29	03	25	03	15	03	75	02	30	02	78	01	19	01
26,3	30	03	29	03	24	03	14	03	70	02	28	02	76	01	20	01
27,5	30	03	28	03	24	03	14	03	66	02	26	02	71	01	18	01
28,8	29	03	28	03	24	03	13	03	63	02	25	02	66	01	17	01
30,2	28	03	27	03	23	03	13	03	62	02	27	02	10	02	39	01
31,6	28	03	28	03	24	03	15	03	81	02	37	02	16	02	67	01
33,1	27	03	27	03	24	03	16	03	11	03	72	02	28	02	83	01
34,6	26	03	26	03	23	03	16	03	11	03	69	02	26	02	78	01
36,3	25	03	25	03	25	03	26	03	26	03	18	03	63	02	12	02
38,0	25	03	25	03	25	03	26	03	25	03	18	03	62	02	14	02
39,8	24	03	24	03	24	03	25	03	24	03	17	03	59	02	14	02
41,6	23	03	23	03	23	03	24	03	23	03	17	03	66	02	17	02
43,6	22	03	22	03	22	03	23	03	22	03	16	03	63	02	15	02
45,7	21	03	21	03	21	03	21	03	21	03	16	03	65	03	23	02
47,8	20	03	20	03	20	03	20	03	20	03	15	03	61	02	22	02
50,1	19	03	19	03	19	03	19	03	19	03	15	03	66	02	23	02
52,4	18	03	18	03	18	03	18	03	18	03	14	03	62	02	22	02
54,9	17	03	17	03	17	03	18	03	18	03	14	03	61	02	21	02
57,5	16	03	16	03	16	03	17	03	17	03	14	03	75	02	38	02
60,2	15	03	15	03	15	03	16	03	16	03	14	03	11	03	67	02
63,1	14	03	14	03	14	03	15	03	15	03	15	03	13	03	83	02
66,0	13	03	13	03	13	03	14	03	14	03	14	03	12	03	81	02
69,1	12	03	12	03	13	03	13	03	13	03	13	03	11	03	78	02
72,4	11	03	12	03	12	03	12	03	12	03	12	03	12	03	82	02
75,8	11	03	11	03	11	03	11	03	11	03	11	03	11	03	76	02
79,4	10	03	10	03	10	03	10	03	10	03	10	03	10	03	74	02
83,1	95	02	95	02	96	02	98	02	99	02	99	02	96	02	68	02
87,1	87	02	88	02	89	02	91	02	92	02	91	02	90	02	78	02
91,2	80	02	81	02	82	02	83	02	84	02	84	02	83	02	72	02
95,5	74	02	75	02	75	02	76	02	77	02	77	02	76	02	66	02
100	68	02	69	02	69	02	70	02	71	02	70	02	70	02	66	02
104	62	02	63	02	63	02	64	02	64	02	64	02	64	02	61	02
109	57	02	58	02	58	02	58	02	59	02	58	02	58	02	55	02
114	52	02	53	02	53	02	53	02	53	02	53	02	53	02	51	02

Table 7.1. Teflon (*Cont.*)

$h\nu$, eV	\multicolumn{14}{c	}{Temperature, °K}
	116	5	154	5	206	5	275	5	367	5	490	5	652	5	870	.5
120	47	02	48	02	48	02	48	02	48	02	48	02	48	02	46	02
125	43	02	44	02	44	02	44	02	44	02	44	02	43	02	42	02
131	39	02	40	02	40	02	40	02	39	02	39	02	39	02	38	02
138	35	02	36	02	36	02	36	02	35	02	35	02	35	02	34	02
144	32	02	33	02	33	02	32	02	32	02	32	02	32	02	31	02
151	29	02	30	02	30	02	29	02	29	02	29	02	29	02	28	02
158	26	02	27	02	27	02	26	02	26	02	26	02	26	02	25	02
165	24	02	25	02	25	02	24	02	23	02	23	02	23	02	22	02
173	22	02	23	02	22	02	21	02	20	02	20	02	20	02	20	02
181	20	02	20	02	20	02	19	02	18	02	18	02	18	02	18	02
190	18	02	19	02	18	02	17	02	16	02	16	02	16	02	16	02
199	16	02	17	02	17	02	15	02	14	02	14	02	14	02	14	02
208	15	02	15	02	15	02	14	02	13	02	13	02	13	02	12	02
218	13	02	14	02	14	02	12	02	11	02	11	02	11	02	11	02
229	12	02	13	02	13	02	14	02	10	02	10	02	10	02	10	02
239	11	02	12	02	11	02	10	02	92	01	91	01	91	01	89	01
251	10	02	11	02	10	02	92	01	81	01	80	01	81	01	78	01
263	96	01	10	02	10	02	83	01	72	01	71	01	71	01	69	01
275	89	01	97	01	93	01	75	01	64	01	63	01	63	01	61	01
288	26	02	22	02	15	02	95	01	64	01	57	01	56	01	54	01
301	23	02	20	02	14	02	85	01	57	01	50	01	49	01	48	01
316	21	02	22	02	22	02	20	02	16	02	99	01	56	01	43	01
331	19	02	20	02	19	02	18	02	16	02	16	02	13	02	73	01
346	17	02	18	02	17	02	15	02	14	02	14	02	14	02	13	02
363	15	02	16	02	16	02	14	02	12	02	12	02	12	02	11	02
380	14	02	15	02	14	02	12	02	11	02	11	02	11	02	10	02
398	12	02	13	02	13	02	11	02	99	01	97	01	97	01	94	01
416	11	02	12	02	11	02	98	01	87	01	85	01	85	01	82	01
436	10	02	11	02	10	02	88	01	76	01	74	01	74	01	72	01
457	95	01	10	02	98	01	79	01	67	01	65	01	65	01	63	01
478	87	01	96	01	91	01	70	01	58	01	57	01	56	01	55	01
501	80	01	89	01	84	01	63	01	51	01	50	01	49	01	48	01
524	74	01	83	01	77	01	57	01	45	01	43	01	43	01	42	01
549	69	01	77	01	72	01	52	01	40	01	38	01	38	01	37	01
575	64	01	73	01	68	01	47	01	35	01	33	01	33	01	32	01
602	60	01	69	01	64	01	43	01	31	01	29	01	29	01	28	01
630	57	01	65	01	60	01	40	01	27	01	26	01	25	01	24	01
660	54	01	62	01	57	01	37	01	24	01	22	01	22	01	21	01
691	51	01	60	01	54	01	34	01	22	01	20	01	19	01	19	01
724	17	02	18	02	17	02	15	02	14	02	11	02	47	01	20	01
758	15	02	16	02	15	02	13	02	12	02	12	02	12	02	82	01
794	14	02	14	02	14	02	12	02	11	02	10	02	10	02	10	02
831	12	02	13	02	13	02	10	02	96	01	94	01	94	01	94	01
870	11	02	12	02	11	02	97	01	84	01	82	01	82	01	82	01
912	10	02	11	02	10	02	86	01	74	01	72	01	72	01	71	01
954	95	01	10	02	98	01	77	01	65	01	63	01	62	01	62	01
1000	87	01	95	01	90	01	69	01	57	01	55	01	55	01	54	01

Table 7.1. Teflon (*Cont.*)

$h\nu$, eV	Temperature, °K															
	116	6	154	6	205	6	275	6	367	6	488	6	652	6	116	7
1,00	49	03	60	03	68	03	72	03	64	03	52	03	41	03	29	03
1,10	40	03	49	03	55	03	59	03	53	03	43	03	34	03	23	03
1,15	37	03	45	03	50	03	53	03	48	03	39	03	31	03	21	03
1,20	33	03	40	03	45	03	48	03	43	03	35	03	28	03	19	03
1,26	30	03	37	03	41	03	43	03	39	03	32	03	25	03	17	03
1,32	27	03	33	03	37	03	39	03	35	03	28	03	23	03	16	03
1,38	25	03	30	03	34	03	36	03	32	03	26	03	20	03	14	03
1,45	22	03	27	03	30	03	32	03	29	03	23	03	18	03	13	03
1,51	20	03	25	03	28	03	29	03	26	03	21	03	17	03	11	03
1,58	18	03	22	03	25	03	26	03	24	03	19	03	15	03	10	03
1,66	17	03	20	03	23	03	24	03	21	03	17	03	14	03	96	02
1,74	15	03	18	03	20	03	22	03	19	03	15	03	12	03	87	02
1,82	14	03	16	03	18	03	19	03	17	03	14	03	11	03	79	02
1,91	12	03	15	03	17	03	18	03	16	03	13	03	10	03	71	02
2,00	11	03	13	03	15	03	16	03	14	03	11	03	93	02	64	02
2,09	10	03	12	03	14	03	14	03	13	03	10	03	84	02	58	02
2,19	95	02	11	03	12	03	13	03	12	03	97	02	76	02	53	02
2,29	86	02	10	03	11	03	12	03	10	03	87	02	69	02	48	02
2,40	78	02	94	02	10	03	11	03	98	02	79	02	62	02	43	02
2,51	71	02	85	02	95	02	10	03	89	02	72	02	57	02	39	02
2,63	64	02	77	02	86	02	90	02	81	02	65	02	51	02	35	02
2,75	58	02	70	02	78	02	82	02	73	02	59	02	46	02	32	02
2,88	53	02	64	02	71	02	74	02	66	02	53	02	42	02	29	02
3,02	48	02	58	02	64	02	67	02	60	02	48	02	38	02	26	02
3,16	44	02	53	02	58	02	61	02	54	02	44	02	34	02	23	02
3,31	40	02	48	02	53	02	55	02	49	02	39	02	31	02	21	02
3,47	36	02	43	02	48	02	50	02	45	02	36	02	28	02	19	02
3,63	33	02	39	02	44	02	46	02	40	02	32	02	25	02	17	02
3,80	30	02	36	02	40	02	41	02	37	02	29	02	23	02	16	02
3,98	27	02	32	02	36	02	37	02	33	02	26	02	21	02	14	02
4,17	24	02	29	02	32	02	34	02	30	02	24	02	19	02	13	02
4,37	22	02	27	02	29	02	31	02	27	02	22	02	17	02	11	02
4,57	20	02	25	02	27	02	28	02	25	02	20	02	15	02	10	02
4,79	19	02	22	02	25	02	25	02	22	02	18	02	14	02	97	01
5,01	17	02	20	02	22	02	23	02	20	02	16	02	12	02	88	01
5,25	15	02	18	02	20	02	21	02	18	02	15	02	11	02	79	01
5,50	14	02	17	02	18	02	19	02	17	02	13	02	10	02	72	01
5,75	12	02	15	02	17	02	17	02	15	02	12	02	96	01	65	01
6,03	11	02	14	02	15	02	16	02	14	02	11	02	87	01	59	01
6,31	11	02	13	02	14	02	14	02	13	02	10	02	79	01	53	01
6,61	10	02	12	02	13	02	13	02	11	02	92	01	71	01	48	01
6,92	90	01	10	02	11	02	12	02	10	02	84	01	65	01	43	01
7,24	81	01	98	01	10	02	11	02	97	01	76	01	59	01	39	01
7,59	73	01	88	01	96	01	10	02	88	01	69	01	53	01	36	01
7,94	67	01	80	01	87	01	91	01	80	01	63	01	48	01	32	01
8,32	61	01	72	01	78	01	83	01	73	01	57	01	44	01	29	01

Table 7.1. Teflon (*Cont.*)

$h\nu$, eV	Temperature, °K													
	116	6	154	6	205	6	275	6	367	6	488	6	652	6	116	7
8,71	58	01	68	01	73	01	76	01	67	01	52	01	40	01	26	01
9,12	54	01	63	01	67	01	69	01	61	01	47	01	36	01	24	01
9,55	49	01	57	01	60	01	63	01	55	01	43	01	33	01	22	01
10,0	44	01	51	01	55	01	57	01	50	01	39	01	30	01	20	01
10,4	39	01	46	01	49	01	51	01	46	01	35	01	27	01	18	01
10,9	35	01	41	01	44	01	46	01	41	01	32	01	24	01	16	01
11,4	32	01	37	01	40	01	42	01	37	01	29	01	22	01	14	01
12,0	28	01	33	01	36	01	38	01	34	01	26	01	20	01	13	01
12,5	25	01	30	01	32	01	34	01	30	01	24	01	18	01	12	01
13,1	22	01	26	01	28	01	30	01	27	01	21	01	16	01	11	01
13,8	22	01	24	01	26	01	28	01	25	01	19	01	15	01	10	01
14,4	24	01	25	01	25	01	26	01	23	01	18	01	13	01	91	00
15,1	24	01	23	01	23	01	23	01	21	01	16	01	12	01	82	00
15,8	23	01	21	01	20	01	21	01	19	01	14	01	11	01	75	00
16,6	21	01	18	01	18	01	19	01	17	01	13	01	10	01	68	00
17,3	18	01	16	01	16	01	17	01	15	01	12	01	92	00	62	00
18,2	16	01	14	01	14	01	15	01	13	01	10	01	83	00	56	00
19,0	16	01	13	01	13	01	14	01	12	01	10	01	77	00	51	00
19,9	14	01	11	01	11	01	12	01	11	01	92	00	70	00	46	00
20,8	13	01	10	01	10	01	11	01	10	01	83	00	63	00	42	00
21,8	11	01	92	00	93	00	10	01	95	00	75	00	57	00	38	00
22,9	10	01	83	00	84	00	92	00	85	00	68	00	52	00	34	00
23,9	10	01	86	00	82	00	86	00	79	00	62	00	47	00	31	00
25,1	12	01	94	00	82	00	82	00	73	00	56	00	43	00	28	00
26,3	13	01	10	01	81	00	77	00	68	00	52	00	39	00	26	00
27,5	12	01	96	00	74	00	73	00	66	00	50	00	37	00	24	00
28,8	11	01	87	00	66	00	65	00	61	00	46	00	34	00	21	00
30,2	17	01	89	00	59	00	58	00	54	00	41	00	30	00	19	00
31,6	22	01	93	00	55	00	53	00	49	00	37	00	27	00	18	00
33,1	22	01	85	00	51	00	49	00	44	00	33	00	25	00	16	00
34,6	21	01	80	00	46	00	44	00	39	00	30	00	22	00	15	00
36,3	23	01	77	00	41	00	39	00	35	00	27	00	20	00	13	00
38,0	33	01	81	00	39	00	35	00	31	00	24	00	18	00	12	00
39,8	31	01	78	00	40	00	33	00	28	00	22	00	17	00	11	00
41,6	34	01	76	00	38	00	35	00	32	00	24	00	17	00	10	00
43,6	32	01	72	00	40	00	34	00	31	00	23	00	16	00	96—01
45,7	66	01	15	01	46	00	32	00	28	00	21	00	15	00	88—01
47,8	62	01	14	01	43	00	30	00	26	00	19	00	13	00	81—01
50,1	63	01	13	01	43	00	28	00	23	00	17	00	12	00	74—01
52,4	59	01	13	01	41	00	26	00	21	00	15	00	11	00	67—01
54,9	61	01	15	01	43	00	25	00	18	00	14	00	10	00	62—01
57,5	13	01	32	01	91	00	42	00	22	00	13	00	90—01	56—01
60,2	19	02	39	01	91	00	41	00	21	00	12	00	82—01	52—01
63,1	21	02	37	01	82	00	37	00	18	00	11	00	74—01	47—01
66,0	25	02	56	01	10	01	38	00	18	00	10	00	67—01	44—01
69,1	32	02	86	01	11	01	35	00	16	00	92—01	61—01	40—01

Table 7.1. Teflon (*Cont.*)

$h\nu$, eV	Temperature, °K														
	116	6	154	6	205	6	275	6	367	6	488	6	652	6	116 7
72,4	32	02	90	01	15	01	35	00	14	00	83—01		56—01		37—01
75,8	29	02	83	01	14	01	44	00	27	00	14	00	79—01		35—01
79,4	34	02	11	02	24	01	51	00	29	00	15	00	82—01		33—01
83,1	32	02	11	02	27	01	50	00	26	00	13	00	75—01		30—01
87,1	53	02	16	02	27	01	44	00	23	00	12	00	68—01		28—01
91,2	48	02	17	02	34	01	45	00	21	00	11	00	63—01		26—01
95,5	45	02	20	02	47	01	48	00	18	00	10	00	57—01		24—01
100	51	02	21	02	44	01	43	00	16	00	94—01		51—01		22—01
104	50	02	27	02	66	01	51	00	14	00	82—01		46—01		20—01
109	45	02	25	02	60	01	45	00	12	00	72—01		41—01		19—01
114	43	02	26	02	63	01	44	00	10	00	63—01		37—01		17—01
120	39	02	23	02	59	01	47	00	10	00	56—01		33—01		16—01
125	35	02	21	02	66	01	93	00	12	00	51—01		30—01		16—01
131	35	02	27	02	10	02	18	01	17	00	45—01		25—01		14—01
138	31	02	24	02	10	02	18	01	17	00	40—01		22—01		13—01
144	28	02	22	02	91	01	16	01	15	00	35—01		19—01		12—01
151	25	02	21	02	11	02	22	01	18	00	33—01		17—01		11—01
158	23	02	20	02	13	02	31	01	22	00	33—01		15—01		10—01
165	20	02	18	02	12	02	27	01	20	00	29—01		13—01		10—01
173	18	02	16	02	11	02	50	01	12	01	27	00	79—01		11—01
181	16	02	14	02	10	02	44	01	10	01	23	00	66—01		10—01
190	15	02	13	02	10	02	54	01	14	01	32	00	87—01		10—01
199	13	02	11	02	90	01	48	01	13	01	29	00	77—01		95—02
208	11	02	10	02	80	01	43	01	11	01	25	00	69—01		89—02
218	10	02	92	01	71	01	38	01	10	01	22	00	61—01		96—02
229	93	01	82	01	63	01	34	01	92	00	20	00	54—01		12—01
239	83	01	73	01	56	01	30	01	82	00	18	00	48—01		11—01
251	73	01	64	01	49	01	26	01	72	00	15	00	43—01		10—01
263	65	01	57	01	44	01	23	01	64	00	14	00	38—01		92—02
275	57	01	50	01	39	01	20	01	56	00	12	00	33—01		82—02
288	50	01	44	01	34	01	18	01	50	00	10	00	29—01		72—02
301	44	01	39	01	30	01	16	01	44	00	96—01		26—01		63—02
316	39	01	34	01	26	01	14	01	38	00	84—01		23—01		56—02
331	40	01	31	01	23	01	12	01	34	00	74—01		20—01		49—02
346	90	01	47	01	27	01	13	01	39	00	82—01		18—01		43—02
363	79	01	41	01	23	01	11	01	34	00	72—01		16—01		38—02
380	69	01	36	01	21	01	10	01	30	00	63—01		14—01		33—02
398	83	01	72	01	65	01	57	01	49	01	19	01	12	00	30—02
416	73	01	63	01	56	01	50	01	42	01	16	01	11	00	26—02
436	63	01	55	01	49	01	43	01	37	01	14	01	96—01		23—02
457	55	01	48	01	43	01	38	01	32	01	12	01	84—01		20—02
478	48	01	42	01	37	01	33	01	28	01	11	01	73—01		17—02
501	42	01	36	01	33	01	29	01	26	01	24	01	12	01	30—01
524	37	01	32	01	28	01	25	01	22	01	21	01	11	01	26—01
549	32	01	28	01	25	01	22	01	19	01	18	01	96	00	22—01
575	28	01	24	01	22	01	19	01	17	01	16	01	84	00	20—01

Table 7.1. Teflon (*Cont.*)

$h\nu$, eV	Temperature, °K							
	116 6	154 6	205 6	275 6	367 6	488 6	652 6	116 7
602	25 01	21 01	19 01	16 01	15 01	14 01	73 00	17—01
630	22 01	19 01	16 01	14 01	13 01	12 01	63 00	15—01
660	19 01	16 01	14 01	12 01	11 01	10 01	55 00	13—01
691	16 01	14 01	13 01	11 01	99 00	93 00	48 00	11—01
724	15 01	12 01	11 01	98 00	86 00	81 00	42 00	10—01
758	26 01	12 01	10 01	86 00	75 00	70 00	36 00	87—02
794	86 01	28 01	97 00	75 00	65 00	61 00	32 00	76—02
831	92 01	76 01	25 01	74 00	57 00	53 00	27 00	66—02
870	80 01	79 01	63 01	19 01	58 00	47 00	24 00	58—02
912	70 01	69 01	68 01	52 01	19 01	74 00	30 00	72—02
954	61 01	60 01	59 01	54 01	44 01	40 01	38 01	69 00
1000	53 01	52 01	52 01	47 01	38 01	35 01	33 01	60 00

Table 7.2. Polyformaldehyde

Density of Plasma $\rho = 100-03$

$h\nu$, eV	Temperature, °K							
	116 5	154 5	206 5	275 5	367 5	490 5	652 5	870 5
1,00	87—05	15—04	12—04	17—04	19—04	25—04	28—04	27—04
1,10	73—05	12—04	10—04	15—04	16—04	21—04	23—04	22—04
1,15	67—05	11—04	96—05	13—04	14—04	19—04	21—04	20—04
1,20	61—05	10—04	88—05	12—04	13—04	17—04	19—04	18—04
1,26	55—05	97—05	81—05	11—04	12—04	16—04	18—04	16—04
1,32	51—05	89—05	74—05	10—04	11—04	14—04	16—04	15—04
1,38	48—05	83—05	68—05	97—05	10—04	13—04	15—04	14—04
1,45	45—05	76—05	63—05	90—05	96—05	12—04	13—04	12—04
1,51	46—05	74—05	59—05	83—05	88—05	11—04	12—04	11—04
1,58	51—05	76—05	58—05	78—05	81—05	10—04	11—04	10—04
1,66	48—05	70—05	53—05	71—05	74—05	93—05	10—04	96—05
1,74	44—05	64—05	48—05	64—05	68—05	86—05	95—05	87—05
1,82	40—05	58—05	44—05	59—05	62—05	78—05	87—05	80—05
1,91	36—05	54—05	40—05	54—05	57—05	72—05	79—05	73—05
2,00	33—05	49—05	36—05	49—05	52—05	66—05	73—05	66—05
2,09	31—05	45—05	33—05	45—05	48—05	61—05	67—05	60—05
2,19	28—05	42—05	31—05	42—05	44—05	56—05	61—05	55—05
2,29	26—05	39—05	29—05	41—05	42—05	51—05	56—05	50—05
2,40	25—05	36—05	28—05	40—05	39—05	47—05	51—05	46—05
2,51	23—05	34—05	26—05	36—05	36—05	44—05	47—05	42—05
2,63	23—05	32—05	24—05	33—05	33—05	40—05	43—05	38—05
2,75	22—05	30—05	22—05	30—05	30—05	37—05	40—05	35—05
2,88	21—05	28—05	21—05	27—05	27—05	34—05	36—05	32—05
3,02	22—05	28—05	20—05	25—05	24—05	31—05	33—05	29—05
3,16	21—05	27—05	18—05	23—05	22—05	28—05	31—05	27—05
3,31	20—05	25—05	17—05	21—05	21—05	26—05	28—05	25—05

Table 7.2. Polyformaldehyde (*Cont.*)

$h\nu$, eV	Temperature, °K							
	116 5	154 5	206 5	275 5	367 5	490 5	652 5	870 5
3,47	23—05	25—05	17—05	22—05	20—05	25—05	27—05	23—05
3,63	22—05	23—05	20—05	28—05	21—05	23—05	24—05	21—05
3,80	24—05	23—05	18—05	25—05	19—05	21—05	22—05	19—05
3,98	24—05	21—05	17—05	22—05	17—05	19—05	20—05	17—05
4,17	21—05	19—05	15—05	20—05	15—05	17—05	18—05	16—05
4,37	20—05	17—05	15—05	20—05	14—05	16—05	17—05	14—05
4,57	19—05	16—05	13—05	18—05	12—05	15—05	17—05	14—05
4,79	17—05	14—05	12—05	16—05	12—05	14—05	15—05	13—05
5,01	16—05	13—05	11—05	14—05	11—05	14—05	14—05	12—05
5,25	15—05	12—05	10—05	13—05	11—05	13—05	13—05	11—05
5,50	15—05	11—05	97—06	12—05	10—05	12—05	11—05	99—06
5,75	15—05	11—05	15—05	17—05	10—05	11—05	10—05	90—06
6,03	14—05	10—05	15—05	17—05	98—06	10—05	10—05	88—06
6,31	14—05	10—05	16—05	19—05	97—06	10—05	11—05	87—06
6,61	14—05	10—05	22—05	27—05	11—05	93—06	10—05	79—06
6,92	14—05	10—05	27—05	30—05	10—05	83—06	91—06	71—06
7,24	21—04	50—05	32—05	29—05	10—05	74—06	81—06	64—06
7,59	21—04	50—05	31—05	28—05	96—06	69—06	73—06	58—06
7,94	22—04	51—05	31—05	27—05	10—05	69—06	66—06	52—06
8,32	22—04	52—05	36—05	31—05	12—05	79—06	61—06	47—06
8,71	36—04	71—05	39—05	32—05	12—05	85—06	71—06	49—06
9,12	37—04	72—05	38—05	31—05	12—05	84—06	76—06	50—06
9,55	47—04	93—05	39—05	31—05	11—05	77—06	69—06	46—06
10,0	48—04	94—05	40—05	32—05	11—05	70—06	62—06	43—06
10,4	36—03	40—04	63—05	31—05	11—05	62—06	55—06	38—06
10,9	36—03	40—04	14—04	71—05	14—05	55—06	49—06	34—06
11,4	24—02	18—03	22—04	70—05	14—05	49—06	44—06	31—06
12,0	30—02	26—03	28—04	73—05	13—05	44—06	39—06	28—06
12,5	30—02	26—03	35—04	10—04	15—05	39—06	35—06	25—06
13,1	30—02	26—03	34—04	98—05	15—05	35—06	30—06	21—06
13,8	30—01	23—02	14—03	20—04	31—05	88—06	50—06	27—06
14,4	28—01	21—02	13—03	19—04	30—05	11—05	68—06	33—06
15,1	26—01	20—02	28—03	63—04	64—05	13—05	65—06	30—06
15,8	25—01	19—02	27—03	60—04	65—05	14—05	59—06	27—06
16,6	24—01	18—02	26—03	57—04	64—05	13—05	54—06	24—06
17,3	22—01	18—02	24—03	54—04	60—05	12—05	49—06	22—06
18,2	21—01	17—02	23—03	51—04	56—05	12—05	43—06	18—06
19,0	21—01	24—02	17—02	29—03	16—04	12—05	39—06	16—06
19,9	20—01	23—02	16—02	27—03	15—04	20—05	43—06	14—06
20,8	19—01	22—02	15—02	29—03	20—04	20—05	39—06	14—06
21,8	18—01	21—02	14—02	28—03	19—04	19—05	36—06	15—06
22,9	17—01	20—02	13—02	26—03	18—04	18—05	33—06	15—06
23,9	16—01	19—02	12—02	24—03	17—04	19—05	50—06	20—06
25,1	24—01	10—01	70—02	66—03	27—04	21—05	80—06	27—06
26,3	22—01	94—02	64—02	61—03	28—04	28—05	11—05	36—06
27,5	21—01	86—02	59—02	57—03	26—04	27—05	11—05	39—06
28,8	20—01	80—02	54—02	52—03	25—04	42—05	12—05	38—06

Table 7.2. Polyformaldehyde (*Cont.*)

$h\nu$, eV	Temperature, °K							
	116 5	154 5	206 5	275 5	367 5	490 5	652 5	870 5
30,2	19—01	79—02	62—02	14—02	13—03	13—04	15—05	36—06
31,6	23—01	12—01	97—02	17—02	26—03	32—04	18—05	34—06
33,1	23—01	15—01	14—01	47—02	37—03	31—04	17—05	32—06
34,6	21—01	14—01	13—01	44—02	35—03	28—04	16—05	28—06
36,3	27—01	27—01	24—01	89—02	53—03	32—04	15—05	25—06
38,0	26—01	25—01	23—01	84—02	54—03	62—04	26—05	26—06
39,8	24—01	24—01	21—01	79—02	68—03	16—03	57—05	36—06
41,6	22—01	22—01	20—01	88—02	17—02	20—03	13—04	95—06
43,6	22—01	22—01	21—01	90—02	16—02	18—03	12—04	93—06
45,7	20—01	21—01	19—01	84—02	14—02	17—03	11—04	86—06
47,8	19—01	19—01	18—01	80—02	18—02	32—03	37—04	20—05
50,1	17—01	18—01	18—01	10—01	34—02	39—03	51—04	25—05
52,4	16—01	17—01	16—01	10—01	46—02	68—03	52—04	23—05
54,9	15—01	15—01	15—01	13—01	98—02	15—02	60—04	21—05
57,5	14—01	14—01	14—01	12—01	92—02	20—02	22—03	92—05
60,2	13—01	13—01	13—01	11—01	84—02	18—02	20—03	83—05
63,1	11—01	12—01	12—01	10—01	76—02	18—02	36—03	12—04
66,0	10—01	11—01	11—01	10—01	92—02	27—02	39—03	13—04
69,1	99—02	10—01	10—01	95—02	85—02	33—02	10—02	24—04
72,4	90—02	95—02	93—02	86—02	77—02	30—02	91—03	21—04
75,8	82—02	86—02	85—02	79—02	71—02	27—02	82—03	19—04
79,4	75—02	78—02	77—02	72—02	65—02	38—02	13—02	29—04
83,1	68—02	71—02	70—02	65—02	59—02	34—02	12—02	26—04
87,1	61—02	64—02	63—02	59—02	54—02	31—02	11—02	68—04
91,2	55—02	58—02	57—02	53—02	49—02	40—02	16—02	16—03
95,5	49—02	52—02	51—02	48—02	45—02	36—02	15—02	18—03
100	44—02	47—02	46—02	43—02	40—02	33—02	13—02	16—03
104	40—02	42—02	41—02	39—02	36—02	29—02	16—02	47—03
109	36—02	37—02	37—02	35—02	32—02	27—02	14—02	42—03
114	32—02	33—02	33—02	31—02	29—02	24—02	18—02	73—03
120	28—02	30—02	29—02	28—02	26—02	21—02	16—02	66—03
125	25—02	26—02	26—02	25—02	23—02	19—02	15—02	59—03
131	22—02	24—02	23—02	22—02	21—02	17—02	13—02	69—03
138	20—02	21—02	21—02	20—02	18—02	15—02	12—02	61—03
144	18—02	18—02	18—02	17—02	16—02	14—02	10—02	73—03
151	16—02	16—02	16—02	15—02	14—02	12—02	97—03	65—03
158	14—02	14—02	14—02	14—02	13—02	11—02	86—03	58—03
165	12—02	13—02	13—02	12—02	11—02	99—03	77—03	52—03
173	11—02	11—02	11—02	11—02	10—02	88—03	68—03	46—03
181	98—03	10—02	10—02	98—03	92—03	78—03	60—03	41—03
190	86—03	90—03	90—03	86—03	81—03	69—03	54—03	36—03
199	76—03	80—03	79—03	76—03	72—03	61—03	47—03	32—03
208	67—03	70—03	70—03	67—03	63—03	54—03	42—03	28—03
218	59—03	62—03	62—03	59—03	56—03	48—03	37—03	25—03
229	52—03	55—03	54—03	52—03	49—03	42—03	33—03	22—03
239	46—03	48—03	48—03	46—03	44—03	37—03	29—03	19—03

Table 7.2. Polyformaldehyde (*Cont.*)

hv, eV	Temperature, °K							
	116 5	154 5	206 5	275 5	367 5	490 5	652 5	870 5
251	41—03	43—03	42—03	41—03	38—03	33—03	25—03	17—03
263	36—03	38—03	37—03	36—03	34—03	29—03	22—03	15—03
275	32—03	33—03	33—03	32—03	30—03	25—03	20—03	13—03
288	58—03	32—03	29—03	28—03	26—03	22—03	17—03	12—03
301	51—03	28—03	26—03	25—03	23—03	20—03	15—03	10—03
316	26—02	27—02	20—02	37—03	21—03	18—03	13—03	93—04
331	23—02	23—02	23—02	23—02	14—02	20—03	12—03	82—04
346	20—02	20—02	20—02	20—02	20—02	16—02	24—03	80—04
363	17—02	18—02	17—02	17—02	17—02	14—02	21—03	70—04
380	15—02	15—02	15—02	15—02	15—02	12—02	18—03	62—04
398	13—02	13—02	13—02	13—02	13—02	12—02	93—03	87—03
416	11—02	12—02	12—02	11—02	11—02	10—02	81—03	76—03
436	10—02	10—02	10—02	10—02	10—02	95—03	70—03	66—03
457	91—03	91—03	91—03	91—03	90—03	83—03	61—03	58—03
478	79—03	80—03	79—03	79—03	78—03	72—03	53—03	50—03
501	69—03	70—03	69—03	69—03	69—03	63—03	47—03	44—03
524	61—03	61—03	61—03	60—03	60—03	55—03	41—03	38—03
549	13—02	60—03	53—03	53—03	52—03	48—03	35—03	33—03
575	17—02	17—02	17—02	10—02	48—03	42—03	31—03	29—03
602	15—02	15—02	15—02	15—02	14—02	57—03	27—03	25—03
630	13—02	13—02	13—02	13—02	13—02	13—02	66—03	23—03
660	11—02	11—02	11—02	11—02	10—02	11—02	10—02	57—03
691	10—02	10—02	10—02	10—02	10—02	99—03	92—03	90—03
724	89—03	89—03	89—03	89—03	86—03	86—03	81—03	79—03
758	78—03	78—03	78—03	78—03	77—03	75—03	70—03	69—03
794	68—03	68—03	68—03	68—03	68—03	66—03	61—03	60—03
831	60—03	60—03	60—03	59—03	59—03	57—03	53—03	52—03
870	52—03	52—03	52—03	52—03	52—03	50—03	46—03	46—03
912	46—03	46—03	46—03	46—03	45—03	44—03	40—03	40—03
954	40—03	40—03	40—03	40—03	39—03	38—03	35—03	35—03
1000	35—03	35—03	35—03	35—03	35—03	33—03	31—03	30—03

Table 7.2. Polyformaldehyde (*Cont.*)

hv, eV	Temperature, °K							
	116 6	154 6	205 6	275 6	367 6	488 6	652 6	116 7
1,00	25—04	19—04	13—04	11—04	96—05	83—05	73—05	37—05
1,10	21—04	15—04	11—04	91—05	79—05	68—05	60—05	30—05
1,15	19—04	14—04	99—05	82—05	71—05	61—05	54—05	27—05
1,20	17—04	13—04	90—05	74—05	65—05	56—05	49—05	25—05
1,26	15—04	11—04	81—05	67—05	58—05	50—05	44—05	22—05
1,32	14—04	10—04	74—05	61—05	53—05	45—05	40—05	20—05
1,38	13—04	97—05	67—05	55—05	48—05	41—05	36—05	18—05
1,45	11—04	88—05	61—05	50—05	43—05	37—05	33—05	16—05
1,51	10—04	80—05	55—05	45—05	39—05	34—05	30—05	15—05

Table 7.2. Polyformaldehyde (*Cont.*)

$h\nu$, eV	Temperature, °K							
	116 6	154 6	205 6	275 6	367 6	488 6	652 6	116 7
1,58	98—05	72—05	50—05	41—05	35—05	30—05	27—05	13—05
1,66	89—05	66—05	45—05	37—05	32—05	27—05	24—05	12—05
1,74	81—05	60—05	41—05	34—05	29—05	25—05	22—05	11—05
1,82	74—05	54—05	37—05	30—05	26—05	22—05	20—05	10—05
1,91	67—05	49—05	34—05	28—05	24—05	20—05	18—05	92—06
2,00	61—05	45—05	30—05	25—05	21—05	18—05	16—05	83—06
2,09	56—05	41—05	28—05	23—05	19—05	17—05	15—05	75—06
2,19	51—05	37—05	25—05	20—05	18—05	15—05	13—05	68—06
2,29	46—05	34—05	23—05	19—05	16—05	14—05	12—05	62—06
2,40	42—05	31—05	21—05	17—05	14—05	12—05	11—05	56—06
2,51	39—05	28—05	19—05	15—05	13—05	11—05	10—05	50—06
2,63	35—05	25—05	17—05	14—05	12—05	10—05	91—06	45—06
2,75	32—05	23—05	15—05	12—05	11—05	94—06	82—06	41—06
2,88	29—05	21—05	14—05	11—05	10—05	85—06	74—06	37—06
3,02	27—05	19—05	13—05	10—05	90—06	77—06	67—06	34—06
3,16	24—05	17—05	11—05	96—06	82—06	70—06	61—06	30—06
3,31	22—05	16—05	10—05	87—06	74—06	63—06	55—06	27—06
3,47	20—05	14—05	99—06	79—06	67—06	57—06	50—06	25—06
3,63	19—05	13—05	90—06	72—06	61—06	52—06	45—06	22—06
3,80	17—05	12—05	81—06	65—06	56—06	47—06	41—06	20—06
3,98	15—05	11—05	74—06	59—06	50—06	43—06	37—06	18—06
4,17	14—05	10—05	67—06	54—06	46—06	39—06	34—06	16—06
4,37	13—05	93—06	61—06	49—06	41—06	35—06	30—06	15—06
4,57	12—05	86—06	56—06	45—06	38—06	32—06	28—06	13—06
4,79	11—05	79—06	52—06	41—06	34—06	29—06	25—06	12—06
5,01	10—05	72—06	47—06	37—06	31—06	26—06	23—06	11—06
5,25	96—06	66—06	43—06	34—06	28—06	24—06	20—06	10—06
5,50	88—06	60—06	39—06	31—06	26—06	21—06	18—06	93—07
5,75	80—06	55—06	35—06	28—06	23—06	19—06	17—06	84—07
6,03	76—06	51—06	33—06	25—06	21—06	18—06	15—06	76—07
6,31	73—06	49—06	31—06	23—06	19—06	16—06	14—06	69—07
6,61	67—06	44—06	28—06	21—06	17—06	14—06	12—06	62—07
6,92	61—06	41—06	25—06	19—06	16—06	13—06	11—06	56—07
7,24	56—06	37—06	23—06	18—06	14—06	12—06	10—06	51—07
7,59	51—06	34—06	21—06	16—06	13—06	11—06	96—07	46—07
7,94	49—06	33—06	20—06	15—06	12—06	10—06	87—07	42—07
8,32	44—06	29—06	18—06	13—06	11—06	92—07	79—07	38—07
8,71	43—06	28—06	17—06	12—06	10—06	84—07	72—07	34—07
9,12	41—06	26—06	16—06	11—06	93—07	76—07	65—07	31—07
9,55	38—06	24—06	14—06	10—06	85—07	69—07	59—07	28—07
10,0	37—06	23—06	14—06	99—07	79—07	63—07	54—07	25—07
10,4	34—06	21—06	12—06	91—07	72—07	58—07	49—07	23—07
10,9	30—06	19—06	11—06	82—07	65—07	53—07	44—07	21—07
11,4	27—06	17—06	10—06	75—07	59—07	48—07	40—07	19—07
12,0	25—06	16—06	95—07	68—07	54—07	44—07	37—07	17—07
12,5	22—06	14—06	85—07	62—07	49—07	40—07	33—07	15—07

Table 7.2. Polyformaldehyde (*Cont.*)

$h\nu$, eV	Temperature, °K							
	116 6	154 6	205 6	275 6	367 6	488 6	652 6	116 7
13,1	19—06	12—06	76—07	56—07	45—07	36—07	30—07	14—07
13,8	22—06	13—06	77—07	54—07	42—07	33—07	28—07	13—07
14,4	26—06	15—06	83—07	54—07	40—07	31—07	25—07	11—07
15,1	23—06	13—06	75—07	49—07	37—07	28—07	23—07	10—08
15,8	21—06	12—06	68—07	45—07	33—07	26—07	21—07	98—08
16,6	19—06	11—06	61—07	41—07	30—07	23—07	19—07	89—08
17,3	17—06	10—06	55—07	37—07	28—07	21—07	17—07	81—08
18,2	14—06	88—07	48—07	33—07	25—07	19—07	16—07	73—08
19,0	13—06	79—07	43—07	30—07	23—07	18—07	14—07	67—08
19,9	12—06	77—07	41—07	29—07	22—07	16—07	13—07	61—08
20,8	13—06	76—07	40—07	28—07	20—07	15—07	12—07	55—08
21,8	12—06	69—07	36—07	25—07	18—07	14—07	11—07	50—08
22,9	11—06	60—07	32—07	22—07	17—07	12—07	10—07	46—08
23,9	11—06	58—07	30—07	20—07	15—07	11—07	95—08	41—08
25,1	12—06	59—07	30—07	19—07	14—07	10—07	87—08	38—08
26,3	13—06	57—07	29—07	17—07	13—07	10—07	80—08	34—08
27,5	12—06	53—07	26—07	16—07	11—07	92—08	73—08	31—08
28,8	11—06	47—07	23—07	14—07	10—07	84—08	67—08	28—08
30,2	14—06	58—07	26—07	15—07	10—07	79—08	62—08	26—08
31,6	19—06	78—07	32—08	17—07	11—07	74—08	57—08	24—08
33,1	17—06	71—07	29—07	16—07	10—07	69—08	52—08	21—08
34,6	15—06	64—07	26—07	14—07	96—08	63—08	48—08	20—08
36,3	13—06	56—07	23—07	13—07	88—08	59—08	44—08	18—08
38,0	12—06	50—07	20—07	12—07	80—08	54—08	41—08	16—08
39,8	11—06	44—07	18—07	11—07	74—08	50—08	38—08	15—08
41,6	11—06	37—07	14—07	97—08	65—08	46—08	35—08	14—08
43,6	10—06	31—07	12—07	87—08	59—08	43—08	32—08	12—08
45,7	92—07	27—07	11—07	80—08	54—08	40—08	30—08	11—08
47,8	85—07	24—07	96—08	73—08	50—08	37—08	27—08	10—08
50,1	75—07	21—07	84—08	67—08	46—08	34—08	25—08	98—09
52,4	67—07	18—07	73—08	62—08	43—08	32—08	24—08	90—09
54,9	59—07	16—07	64—08	58—08	39—08	30—08	22—08	83—09
57,5	47—06	82—07	20—07	63—08	36—08	28—08	20—08	76—09
60,2	42—06	71—07	17—07	57—08	33—08	26—08	19—08	70—09
63,1	37—06	63—07	15—07	53—08	31—08	25—08	18—08	64—09
66,0	53—06	82—07	18—07	52—08	29—08	23—08	17—08	59—09
69,1	48—06	73—07	16—07	49—08	27—08	22—08	16—08	55—09
72,4	43—06	65—07	14—07	47—08	26—08	21—08	15—08	50—09
75,8	38—06	58—07	13—07	45—08	25—08	20—08	14—08	47—09
79,4	45—06	51—07	11—07	43—08	24—08	19—08	13—08	43—09
83,1	40—06	45—07	10—07	42—08	23—08	18—08	12—08	40—09
87,1	12—05	42—07	92—08	49—08	23—08	18—08	12—08	37—09
91,2	30—05	41—07	81—08	76—08	24—08	17—08	11—08	34—09
95,5	32—05	36—07	69—08	74—08	23—08	16—08	11—08	32—09
100	28—05	31—07	59—08	64—08	22—08	16—08	10—08	30—09
104	62—05	33—07	52—08	56—08	21—08	16—08	10—08	28—09

Table 7.2. Polyformaldehyde (*Cont.*)

$h\nu$, eV	Temperature, °K							
	116 6	154 6	205 6	275 6	367 6	488 6	652 6	116 7
109	54—05	39—07	46—08	49—08	21—08	15—08	97—09	26—09
114	84—05	31—07	41—08	43—08	21—08	15—08	93—09	24—09
120	75—05	27—07	36—08	38—08	21—08	15—08	90—09	23—09
125	67—05	24—07	31—08	34—08	28—08	17—08	95—09	22—09
131	11—03	46—05	28—06	36—07	86—08	20—08	89—09	20—09
138	10—03	40—05	25—06	32—07	75—08	19—08	84—09	19—09
144	18—03	63—05	35—06	41—07	87—08	19—08	80—09	17—09
151	16—03	56—05	31—06	36—07	77—08	18—08	76—09	16—09
158	14—03	49—05	28—06	32—07	68—08	17—08	73—09	15—09
165	12—03	44—05	24—06	28—07	60—08	20—08	72—09	14—09
173	11—03	39—05	22—06	25—07	54—08	31—08	74—09	13—09
181	99—04	34—05	19—06	22—07	47—08	28—08	72—09	12—09
190	88—04	30—05	17—06	19—07	42—08	25—08	70—09	11—09
199	78—04	27—05	15—06	17—07	37—08	22—08	69—09	11—09
208	69—04	23—05	13—06	15—07	32—08	19—08	68—09	10—09
218	61—04	21—05	11—06	13—07	28—08	17—08	67—09	98—10
229	53—04	18—05	10—06	11—07	25—08	15—08	59—09	87—10
239	47—04	16—05	91—07	10—07	22—08	13—08	51—09	76—10
251	41—04	14—05	80—07	91—08	19—08	11—08	45—09	67—10
263	36—04	12—05	70—07	80—08	17—08	10—08	39—09	59—10
275	32—04	11—05	61—07	71—08	14—08	88—09	34—09	52—10
288	28—04	98—06	54—07	62—08	13—08	76—09	30—09	46—10
301	25—04	86—06	47—07	54—08	11—08	67—09	26—09	40—10
316	22—04	76—06	42—07	48—08	10—08	58—09	23—09	35—10
331	19—04	67—06	37—07	42—08	89—09	51—09	20—09	31—10
346	18—04	69—06	54—07	51—08	78—09	45—09	17—09	27—10
363	16—04	61—06	47—07	45—08	69—09	39—09	15—09	23—10
380	14—04	54—06	41—07	40—08	61—09	34—09	13—09	20—10
398	83—03	82—03	81—03	17—03	55—06	62—09	11—09	18—10
416	72—03	71—03	71—03	15—03	48—06	55—09	10—09	16—10
436	63—03	62—03	62—03	13—03	42—06	48—09	89—10	14—10
457	55—03	54—03	54—03	11—03	36—06	42—09	77—10	12—10
478	48—03	47—03	47—03	10—02	31—06	37—09	68—10	10—10
501	42—03	41—03	41—03	40—03	89—04	16—05	63—07	62—09
524	36—03	36—03	36—03	35—03	77—04	14—05	55—07	54—09
549	31—03	31—03	31—03	31—03	67—04	12—05	47—07	47—09
575	27—03	27—03	27—03	27—03	59—04	10—05	41—07	41—09
602	24—03	23—03	23—03	23—03	51—04	94—06	36—07	36—09
630	21—03	20—03	20—03	20—03	44—04	82—06	31—07	31—09
660	18—03	18—03	18—03	17—03	39—04	71—06	27—07	27—09
691	39—03	16—03	15—03	15—03	34—04	62—06	24—07	24—09
724	34—03	14—03	13—03	13—03	29—04	54—06	20—07	20—09
758	55—03	49—03	49—03	49—03	40—03	99—04	16—06	18—09
794	48—03	43—03	43—03	43—03	34—03	86—04	14—06	15—09
831	42—03	37—03	37—03	37—03	30—03	75—04	12—06	13—09
870	37—03	32—03	32—03	32—03	26—03	65—04	10—06	12—09

Table 7.2. Polyformaldehyde (*Cont.*)

$h\nu$, eV	Temperature, °K							
	116 6	154 6	205 6	275 6	367 6	488 6	652 6	116 7
912	32—03	28—03	28—03	28—03	23—03	21—03	25—04	14—07
954	28—03	25—03	24—03	24—03	20—03	18—03	22—04	12—07
1000	24—03	21—03	21—03	21—03	17—03	16—03	19—04	10—07

Table 7.2. Polyformaldehyde (*Cont.*)

Density of Plasma $\rho = 100-01$

$h\nu$, eV	Temperature, °K							
	116 5	154 5	206 5	275 5	367 5	490 5	652 5	870 5
1,00	35—02	31—01	74—01	72—01	99—01	11 00	15 00	17 00
1,10	28—02	26—01	61—01	59—01	82—01	96—01	12 00	14 00
1,15	26—02	23—01	55—01	54—01	75—01	88—01	11 00	13 00
1,20	23—02	21—01	50—01	49—01	68—01	80—01	10 00	12 00
1,26	21—02	19—01	46—01	45—01	62—01	73—01	93—01	10 00
1,32	19—02	18—01	42—01	41—01	57—01	67—01	85—01	99—01
1,38	18—02	16—01	39—01	37—01	52—01	61—01	77—01	90—01
1,45	17—02	15—00	35—01	34—01	48—01	55—01	71—01	82—01
1,51	18—02	15—01	33—01	32—01	44—01	51—01	64—01	74—01
1,58	20—02	15—01	32—01	30—01	40—01	46—01	59—01	68—01
1,66	20—02	14—01	30—01	27—01	37—01	42—01	53—01	61—01
1,74	18—02	13—01	27—01	25—01	33—01	38—01	49—01	56—01
1,82	16—02	11—01	25—01	22—01	30—01	35—01	44—01	51—01
1,91	14—02	10—01	22—01	20—01	27—01	32—01	41—01	46—01
2,00	13—02	99—02	20—01	18—01	25—01	29—01	37—01	42—01
2,09	11—02	90—02	19—01	17—01	23—01	27—01	34—01	39—01
2,19	10—02	82—02	17—01	15—01	21—01	24—01	31—01	35—01
2,29	97—03	75—02	16—01	14—01	20—01	23—01	28—01	32—01
2,40	91—03	70—02	14—01	13—01	18—01	21—01	26—01	29—01
2,51	85—03	65—02	13—01	12—01	16—01	19—01	24—01	27—01
2,63	82—03	61—02	12—01	11—01	15—01	17—01	22—01	24—01
2,75	78—03	57—02	11—01	10—01	14—01	16—01	20—01	22—01
2,88	74—03	54—02	10—01	96—02	12—01	14—01	18—01	20—01
3,02	71—03	52—02	10—01	90—02	11—01	13—01	16—01	18—01
3,16	67—03	49—02	97—02	82—02	10—01	11—01	15—01	17—01
3,31	63—03	46—02	90—02	76—02	96—02	11—01	14—01	15—01
3,47	90—03	49—02	87—02	73—02	93—02	10—01	13—01	14—01
3,63	93—03	46—02	79—02	74—02	98—02	10—01	12—01	13—01
3,80	12—02	48—02	75—02	68—02	89—02	92—02	10—01	12—01
3,98	12—02	46—02	69—02	61—02	80—02	83—02	98—02	11—01
4,17	11—02	42—02	62—02	56—02	73—02	75—02	89—02	10—01
4,37	11—02	39—02	56—02	51—02	68—02	68—02	81—02	91—02
4,57	10—02	36—02	51—02	46—02	61—02	61—02	75—02	88—02
4,79	10—02	34—02	47—02	42—02	55—02	56—02	70—02	81—02
5,01	99—03	32—02	43—02	38—02	50—02	53—02	65—02	73—02
5,25	97—03	30—02	39—02	35—02	46—02	50—02	62—02	67—02

Table 7.2. Polyformaldehyde (*Cont.*)

$h\nu$, eV	Temperature, °K							
	116 5	154 5	206 5	275 5	367 5	490 5	652 5	870 5
5,50	96—03	29—02	37—02	31—02	41—02	45—02	56—02	60—02
5,75	97—03	28—02	35—02	37—02	49—02	43—02	51—02	54—02
6,03	98—03	28—02	33—02	36—02	46—02	40—02	47—02	53—02
6,31	98—03	27—02	32—02	36—02	48—02	38—02	44—02	52—02
6,61	99—03	27—02	31—02	44—02	60—02	42—02	40—02	47—02
6,92	99—03	26—02	30—02	48—02	64—02	40—02	36—02	42—02
7,24	15—01	15—01	80—02	57—02	62—02	36—02	32—02	38—02
7,59	15—01	16—01	80—02	55—02	60—02	34—02	29—02	34—02
7,94	16—01	16—01	80—02	55—02	60—02	34—02	28—02	31—02
8,32	16—01	16—01	81—02	60—02	66—02	38—02	30—02	29—02
8,71	26—01	23—01	10—01	64—02	67—02	38—02	30—02	31—02
9,12	26—01	23—01	10—01	63—02	67—02	37—02	29—02	31—02
9,55	28—01	26—01	11—01	64—02	65—02	35—02	27—02	28—02
10,0	28—01	26—01	11—01	64—02	65—02	34—02	24—02	25—02
10,4	25 00	12 00	34—01	96—02	65—02	32—02	22—02	22—02
10,9	25 00	12 00	35—01	14—01	10—01	38—02	20—02	20—02
11,4	17 01	61 00	12 00	25—01	11—01	36—02	17—02	18—02
12,0	18 01	72 00	15 00	29—01	11—01	35—02	16—02	16—02
12,5	19 01	72 00	15 00	33—01	13—01	37—02	14—02	14—02
13,1	17 01	71 00	15 00	32—00	13—01	36—02	13—02	12—02
13,8	64 01	38 01	87 00	12 00	28—01	70—02	26—02	18—02
14,4	60 01	36 01	81 00	11 00	26—01	67—02	29—02	21—02
15,1	57 01	34 01	78 00	16 00	56—01	11—01	34—02	21—02
15,8	54 01	32 01	74 00	15 00	53—01	11—01	35—02	19—02
16,6	54 01	31 01	72 00	15 00	50—01	10—01	33—02	17—02
17,3	51 01	29 01	68 00	14 00	48—01	10—01	31—02	16—02
18,2	49 01	28 01	65 00	13 00	45—01	95—02	29—02	14—02
19,0	47 01	27 01	81 00	44 00	15 00	20—01	31—02	13—02
19,9	45 01	26 01	77 00	42 00	14 00	19—01	38—02	13—02
20,8	43 01	25 01	74 00	40 00	15 00	23—01	40—02	12—02
21,8	41 01	24 01	70 00	38 00	14 00	22—01	37—02	11—02
22,9	39 01	23 01	66 00	35 00	13 00	21—01	35—02	10—02
23,9	37 01	22 01	63 00	33 00	12 00	20—01	34—02	12—02
25,1	39 01	27 01	13 01	87 00	23 00	26—01	36—02	16—02
26,3	37 01	26 01	12 01	81 00	21 00	26—01	42—02	20—02
27,5	35 01	24 01	11 01	74 00	20 00	24—01	39—02	20—02
28,8	34 01	24 01	11 01	69 00	18 00	23—01	49—02	22—02
30,2	32 01	22 01	11 01	83 00	34 00	64—01	12—01	26—02
31,6	32 01	25 01	15 01	11 01	43 00	11 00	25—01	34—02
33,1	31 01	25 01	19 01	17 01	84 00	15 00	25—01	32—02
34,6	29 01	24 01	17 01	16 01	79 00	14 00	24—01	29—02
36,3	28 01	27 01	27 01	25 01	12 01	19 00	26—01	28—02
38,0	26 01	26 01	25 01	23 01	11 01	19 00	38—01	39—02
39,8	24 01	24 01	24 01	22 01	11 01	23 00	73—02	69—02
41,6	23 01	22 01	22 01	21 01	11 01	36 00	91—01	10—01
43,6	21 01	22 01	22 01	21 01	12 01	34 00	84—01	10—01

Table 7.2. Polyformaldehyde (*Cont.*)

$h\nu$, eV	\multicolumn{2}{c	}{Temperature, °K}														
	116	5	154	5	206	5	275	5	367	5	490	5	652	5	870	5
45,7	20	01	20	01	21	01	20	01	11	01	31	00	77	01	93	—02
47,8	18	01	19	01	19	01	18	01	10	01	36	00	11	00	20	—01
50,1	17	01	17	01	18	01	18	01	12	01	51	00	13	00	25	—01
52,4	16	01	16	01	17	01	16	01	12	01	62	00	17	00	26	—01
54,9	14	01	15	01	15	01	15	01	13	01	10	01	31	00	30	—01
57,5	13	01	14	01	14	01	14	01	12	01	97	00	36	00	79	—01
60,2	12	01	12	01	13	01	13	01	11	01	89	00	33	00	71	—01
63,1	11	01	11	01	12	01	12	01	10	01	81	00	33	00	10	00
66,0	10	01	10	01	11	01	11	01	10	01	93	00	41	00	11	00
69,1	96	00	98	00	10	01	10	01	95	00	86	00	48	00	19	00
72,4	87	00	89	00	93	00	93	00	87	00	78	00	43	00	17	00
75,8	79	00	81	00	85	00	84	00	79	00	71	00	39	00	15	00
79,4	72	00	74	00	77	00	76	00	72	00	66	00	45	00	20	00
83,1	65	00	67	00	70	00	69	00	65	00	60	00	40	00	18	00
87,1	59	00	60	00	63	00	63	00	59	00	54	00	36	00	16	00
91,2	53	00	54	00	57	00	56	00	53	00	50	00	42	00	22	00
95,5	48	00	49	00	51	00	51	00	48	00	45	00	38	00	20	00
100	43	00	44	00	46	00	46	00	43	00	40	00	34	00	18	00
104	38	00	39	00	41	00	41	00	39	00	36	00	31	00	20	00
109	34	00	35	00	37	00	37	00	35	00	33	00	28	00	18	00
114	31	00	31	00	33	00	33	00	31	00	29	00	25	00	20	00
120	27	00	28	00	29	00	29	00	28	00	26	00	22	00	18	00
125	24	00	25	00	26	00	26	00	25	00	23	00	20	00	16	00
131	22	00	22	00	23	00	23	00	22	00	21	00	18	00	14	00
138	19	00	20	00	21	00	20	00	20	00	18	00	16	00	12	00
144	17	00	17	00	18	00	18	00	17	00	16	00	14	00	11	00
151	15	00	15	00	16	00	16	00	15	00	14	00	12	00	10	00
158	13	00	14	00	14	00	14	00	14	00	13	00	11	00	91	—01
165	12	00	12	00	12	00	12	00	12	00	11	00	10	00	81	—01
173	10	00	11	00	11	00	11	00	11	00	10	00	90	—01	72	—01
181	94	—01	97	—01	10	00	10	00	97	—01	91	—01	79	—01	63	—01
190	83	—01	85	—01	89	—01	89	—01	85	—01	81	—01	70	—01	56	—01
199	73	—01	75	—01	79	—01	78	—01	75	—01	71	—01	62	—01	50	—01
208	65	—01	66	—01	69	—01	69	—01	67	—01	63	—01	55	—01	44	—01
218	57	—01	59	—01	61	—01	61	—01	59	—01	56	—01	48	—01	39	—01
229	50	—01	52	—01	54	—01	54	—01	52	—01	49	—01	43	—01	34	—01
239	44	—01	46	—01	48	—01	47	—01	46	—01	43	—01	38	—01	30	—01
251	39	—01	40	—01	42	—01	42	—01	40	—01	38	—01	33	—01	26	—01
263	35	—01	36	—01	37	—01	37	—01	36	—01	34	—01	29	—01	23	—01
275	31	—01	31	—01	33	—01	33	—01	31	—01	30	—01	26	—01	20	—01
288	24	00	10	00	43	—01	31	—01	28	—01	26	—01	23	—01	18	—01
301	21	00	90	—01	38	—01	27	—01	25	—01	23	—01	20	—01	16	—01
316	26	00	26	00	26	00	22	00	70	—01	24	—01	18	—01	14	—01
331	23	00	23	00	23	00	23	00	23	00	16	00	36	—01	13	—01
346	20	00	20	00	20	00	20	00	20	00	20	00	17	00	54	—01
363	17	00	17	00	17	00	17	00	17	00	17	00	15	00	47	—01

Table 7.2. Polyformaldehyde (*Cont.*)

hv, eV	Temperature, °K							
	116 5	154 5	206 5	275 5	367 5	490 5	652 5	870 5
380	15—00	15 00	15 00	15 00	15 00	15 00	13 00	41—01
398	13—00	13 00	13 00	13 00	13 00	13 00	12 00	99—01
416	11—00	11 00	11 00	11 00	11 00	11 00	11 00	87—01
436	10—00	10 00	10 00	10 00	10 00	10 00	97—01	76—01
457	90—01	91—01	91—01	91—01	90—01	90—01	85—01	66—01
478	79—01	79—01	79—01	79—01	79—01	78—01	74—01	57—01
501	69—01	69—01	69—01	69—01	69—01	68—01	65—01	50—01
524	60—01	61—01	61—01	61—01	61—01	60—01	56—01	44—01
549	19 00	15 00	75—01	56—01	53—01	52—01	49—01	38—01
575	17 00	17 00	17 00	17 00	12 00	54—01	43—01	33—01
602	15 00	15 00	15 00	15 00	15 00	14 00	74—01	31—01
630	13 00	13 00	13 00	13 00	13 00	13 00	13 00	80—01
660	11 00	11 00	11 00	11 00	11 00	11 00	11 00	10 00
691	10 00	10 00	10 00	10 00	10 00	10 00	10 00	94—01
724	89—01	89—01	89—01	89—01	89—01	88—01	87—01	82—01
758	78—01	78—01	78—01	78—01	78—01	77—01	76—01	71—01
794	68—01	68—01	68—01	68—01	68—01	67—01	66—01	62—01
831	60—01	60—01	60—01	59—01	59—01	59—01	58—01	54—01
870	52—01	52—01	52—01	52—01	52—01	52—01	50—01	47—01
912	46—01	46—01	46—01	46—01	45—01	45—01	44—01	41—01
954	40—01	40—01	40—01	40—01	40—01	39—01	38—01	36—01
1000	35—01	35—01	35—01	35—01	35—01	35—01	34—01	31—01

Table 7.2. Polyformaldehyde (*Cont.*)

hv, eV	Temperature, °K							
	116 6	154 6	205 6	275 6	367 6	488 6	652 6	116 7
1,00	17 00	16 00	13 00	93—01	78—01	67—01	59—01	37—01
1,10	14 00	13 00	10 00	76—01	64—01	55—01	48—01	30—01
1,15	13 00	12 00	97—01	69—01	58—01	50—01	44—01	27—01
1,20	11 00	11 00	88—01	62—01	52—01	47—01	42—01	26—01
1,26	10 00	10 00	80—01	57—01	47—01	41—01	36—01	22—01
1,32	97—01	91—01	72—01	51—01	43—01	37—01	32—01	20—01
1,38	88—01	83—01	65—01	46—01	39—01	33—01	29—01	18—01
1,45	80—01	75—01	59—01	42—01	35—01	30—01	26—01	16—01
1,51	73—01	68—01	54—01	38—01	32—01	27—01	24—01	15—01
1,58	66—01	62—01	49—01	34—01	29—01	24—01	22—01	13—01
1,66	60—01	56—01	44—01	31—01	26—01	22—01	19—01	12—01
1,74	55—01	51—01	40—01	28—01	23—01	20—01	18—01	11—01
1,82	50—01	46—01	36—01	26—01	21—01	18—01	16—01	10—01
1,91	45—01	42—01	33—01	23—01	19—01	16—01	14—01	92—02
2,00	41—01	38—01	30—01	21—01	17—01	15—01	13—01	83—02
2,09	37—01	35—01	27—01	19—01	16—01	13—01	12—01	75—02
2,19	34—01	32—01	25—01	17—01	14—01	12—01	11—01	68—02
2,29	31—01	29—01	22—01	15—01	13—01	11—01	99—02	61—02

Table 7.2. Polyformaldehyde (*Cont.*)

$h\nu$, eV	Temperature, °K							
	116 6	154 6	205 6	275 6	367 6	488 6	652 6	116 7
2,40	28—01	26—01	20—01	14—01	11—01	10—01	89—02	56—02
2,51	26—01	24—01	18—01	13—01	10—01	92—02	81—02	50—02
2,63	23—01	21—01	17—01	11—01	98—02	84—02	77—02	45—02
2,75	21—01	19—01	15—01	10—01	89—02	76—02	66—02	41—02
2,88	19—01	18—01	14—01	98—02	80—02	69—02	60—02	37—02
3,02	18—01	16—01	12—01	89—02	73—02	62—02	54—02	34—02
3,16	16—01	15—01	11—01	81—02	66—02	56—02	49—02	30—02
3,31	15—01	13—01	10—01	73—02	60—02	51—02	44—02	27—02
3,47	13—01	12—01	96—02	67—02	54—02	46—02	40—02	25—02
3,63	12—01	11—01	87—02	60—02	49—02	42—02	36—02	22—02
3,80	11—01	10—01	79—02	55—02	45—02	38—02	33—02	20—02
3,98	10—01	94—02	72—02	50—02	40—02	34—02	30—02	18—02
4,17	95—02	86—02	65—02	45—02	37—02	31—02	27—02	16—02
4,37	86—02	78—02	60—02	41—02	33—02	28—02	24—02	15—02
4,57	81—02	73—02	55—02	38—02	30—02	25—02	22—02	13—02
4,79	75—02	67—02	50—02	34—02	27—02	23—02	20—02	12—02
5,01	68—02	61—02	46—02	31—02	25—02	21—02	18—02	11—02
5,25	61—02	55—02	42—02	28—02	23—02	19—02	16—02	10—02
5,50	56—02	50—02	38—02	26—02	20—02	17—02	15—02	93—03
5,75	51—02	46—02	34—02	23—02	19—02	16—02	13—02	84—03
6,03	48—02	43—02	32—02	21—02	17—02	14—02	12—02	76—03
6,31	46—02	41—02	30—02	20—02	15—02	13—02	11—02	69—03
6,61	42—02	37—02	27—02	18—02	14—02	12—02	10—02	62—03
6,92	38—02	33—02	25—02	16—02	13—02	10—02	93—03	56—03
7,24	34—02	30—02	22—02	15—02	11—02	98—03	85—03	51—03
7,59	31—02	28—02	20—02	13—02	10—02	89—03	77—03	46—03
7,94	28—02	26—02	19—02	13—02	10—02	82—03	70—03	42—03
8,32	25—02	23—02	17—02	11—02	90—03	74—03	63—03	38—03
8,71	25—02	22—02	16—02	10—02	82—03	67—03	57—03	34—03
9,12	25—02	21—02	15—02	10—02	75—03	61—03	52—03	31—03
9,55	22—02	19—02	14—02	91—03	68—03	56—03	47—03	28—03
10,0	21—02	18—02	13—02	86—03	63—03	51—03	43—03	25—03
10,4	18—02	16—02	12—02	78—03	58—03	47—03	39—03	23—03
10,9	17—02	15—02	11—02	70—03	52—03	42—03	36—03	21—03
11,4	15—02	13—02	10—02	64—03	48—03	38—03	32—03	19—03
12,0	13—02	12—02	91—03	58—03	43—03	35—03	29—03	17—03
12,5	12—02	11—02	82—03	52—03	39—03	32—03	27—03	15—03
13,1	10—02	98—03	73—03	46—03	35—03	29—03	24—03	14—03
13,8	12—02	10—02	74—03	46—03	34—03	27—03	22—03	13—03
14,4	13—02	11—02	79—03	47—03	33—03	25—03	20—03	11—03
15,1	12—02	10—02	72—03	43—03	30—03	23—03	18—03	10—03
15,8	11—02	92—03	65—03	39—03	27—03	21—03	17—03	98—04
16,6	10—02	83—03	58—03	35—03	24—03	19—03	15—03	89—04
17,3	93—03	74—03	52—03	31—03	22—03	17—03	14—03	81—04
18,2	79—03	64—03	46—03	28—03	20—03	16—03	13—03	73—04
19,0	69—03	57—03	41—03	25—03	18—03	14—03	11—03	67—04

Table 7.2. Polyformaldehyde (*Cont.*)

$h\nu$, eV	Temperature, °K							
	116 6	154 6	205 6	275 6	367 6	488 6	652 6	116 7
19,9	62—03	53—03	39—03	23—03	17—03	13—03	10—03	61—04
20,8	57—03	52—03	38—03	22—03	16—03	12—03	99—04	55—04
21,8	57—03	48—03	34—03	20—03	14—03	11—03	91—04	50—04
22,9	53—03	44—03	30—03	17—03	13—03	10—03	83—04	45—04
23,9	62—03	44—03	29—03	16—03	12—03	93—04	75—04	41—04
25,1	79—03	46—03	28—03	16—03	11—03	85—04	69—04	38—04
26,3	97—03	48—03	27—03	15—03	10—03	78—04	63—04	34—04
27,5	99—03	46—03	25—03	14—03	94—04	71—04	58—04	31—04
28,8	95—03	42—03	22—03	12—03	85—04	65—04	53—04	28—04
30,2	91—03	44—03	25—03	13—03	86—04	62—04	49—04	26—04
31,6	86—03	51—03	30—03	14—03	91—04	63—04	45—04	24—04
33,1	80—03	46—03	27—03	13—03	84—04	58—04	42—04	21—04
34,6	71—03	42—03	24—03	12—03	76—04	53—04	38—04	20—04
36,3	63—03	37—03	21—03	10—03	69—04	48—04	35—04	18—04
38,0	61—03	34—03	19—03	94—04	63—04	44—04	32—04	16—04
39,8	71—03	33—03	16—03	84—04	57—04	40—04	30—04	15—04
41,6	14—02	32—03	14—03	69—04	49—04	35—04	27—04	13—04
43,6	13—02	29—03	11—03	59—04	44—04	32—04	25—04	12—04
45,7	12—02	26—03	10—03	52—04	40—04	29—04	23—04	11—04
47,8	24—02	25—03	91—04	46—04	37—04	27—04	21—04	10—04
50,1	29—02	23—03	79—04	41—04	33—04	24—04	20—04	98—05
52,4	27—02	20—03	69—04	36—04	30—04	22—04	18—04	90—05
54,9	25—02	18—03	61—04	32—04	28—04	21—04	17—04	83—05
57,5	84—02	79—03	19—03	67—04	29—04	19—04	16—03	76—05
60,2	76—02	70—03	17—03	58—04	25—04	17—04	14—04	70—05
63,1	98—02	64—03	15—03	51—04	23—04	16—04	13—04	64—05
66,0	10—01	80—03	18—03	56—04	22—04	14—04	13—04	59—05
69,1	15—01	75—03	16—03	50—04	21—04	13—04	12—04	54—05
72,4	14—01	67—03	14—03	45—04	19—04	12—04	11—04	50—05
75,8	12—01	59—03	12—03	40—04	18—04	12—04	10—04	46—05
79,4	15—01	66—03	11—03	36—04	17—04	11—04	10—04	43—05
83,1	13—01	58—03	10—03	32—04	16—04	10—04	95—05	40—05
87,1	22—01	13—02	10—03	29—04	17—04	10—04	89—05	37—05
91,2	44—01	29—02	11—03	26—04	22—04	10—04	85—05	34—05
95,5	45—01	30—02	10—03	22—04	21—04	94—05	80—05	32—05
100	40—01	27—02	87—04	19—04	18—04	87—05	76—05	30—05
104	76—01	45—02	98—04	17—04	16—04	83—05	73—05	27—05
109	67—01	40—02	87—04	15—04	14—04	79—05	70—05	26—05
114	98—01	55—02	96—04	13—04	12—04	75—05	67—05	24—05
120	88—01	49—02	85—04	12—04	11—04	73—05	65—05	22—05
125	79—01	44—02	76—04	10—04	10—04	86—05	70—05	22—05
131	85—01	24—01	26—02	31—03	65—04	21—04	74—05	20—05
138	76—01	21—01	23—02	27—03	57—04	18—04	68—05	19—05
144	79—01	30—01	32—02	36—03	69—04	20—04	66—05	17—05
151	71—01	27—01	28—02	32—03	61—04	18—04	62—05	16—05
158	63—01	24—01	25—02	28—03	54—04	16—04	58—05	15—05
165	56—01	21—01	22—02	25—03	48—04	14—04	64—05	14—05

Table 7.2. Polyformaldehyde (*Cont.*)

$h\nu$, eV	Temperature, °K							
	116 6	154 6	205 6	275 6	367 6	488 6	652 6	116 7
173	49—01	18—01	19—02	22—03	42—04	13—04	86—05	13—05
181	44—01	16—01	17—02	19—03	37—04	11—04	80—05	12—05
190	39—01	14—01	15—02	17—03	33—04	10—04	70—05	11—05
199	34—01	13—01	13—02	15—03	29—04	92—05	62—05	11—05
208	30—01	11—01	12—02	13—03	25—04	81—05	55—05	10—05
218	26—01	10—01	10—02	11—03	22—04	76—05	52—05	10—05
229	23—01	89—01	93—03	10—03	19—04	62—05	43—05	86—06
239	20—01	78—02	82—03	91—04	17—04	55—05	37—05	76—06
251	18—01	69—02	72—03	80—04	15—04	48—05	33—05	67—06
263	16—01	60—02	63—03	70—04	13—04	42—05	28—05	59—06
275	14—01	53—02	55—03	62—04	11—04	37—05	25—05	52—06
288	12—01	47—02	49—03	54—04	10—04	32—05	22—05	45—06
301	11—01	41—02	43—03	47—04	91—05	28—05	19—05	40—06
316	98—02	36—02	38—03	42—04	80—05	25—05	16—05	35—06
331	86—02	32—02	33—03	37—04	71—05	22—05	14—05	30—06
346	13—01	37—02	50—03	90—04	11—04	19—05	13—05	27—06
363	11—01	33—02	44—03	79—04	97—05	17—05	11—05	23—06
380	10—01	29—02	38—03	69—04	85—05	15—05	10—05	20—06
398	89—01	84—01	82—01	79—01	17—01	20—03	16—05	18—06
416	77—01	73—01	72—01	69—01	15—01	17—03	14—05	15—06
436	67—01	64—01	62—01	60—01	13—01	15—03	12—05	14—06
457	59—01	56—01	54—01	52—01	11—01	13—03	10—05	12—06
478	51—01	48—01	47—01	45—01	10—01	11—03	96—06	10—06
501	44—01	42—01	41—01	41—01	40—01	11—01	57—03	62—05
524	39—01	37—01	36—01	36—01	34—01	96—02	50—03	54—05
549	34—01	32—01	31—01	31—01	30—01	84—02	43—03	47—05
575	29—01	28—01	27—01	27—01	26—01	73—02	38—03	41—05
602	26—01	24—01	23—01	23—01	23—01	64—02	33—03	36—05
630	26—01	21—01	20—01	20—01	20—01	55—02	28—03	31—05
660	68—01	21—01	18—01	18—01	17—01	48—02	25—03	27—05
691	91—01	54—01	20—01	16—01	15—01	42—02	22—03	23—05
724	79—01	47—01	17—01	14—01	13—01	37—02	19—03	20—05
758	69—01	59—01	50—01	49—01	49—01	39—01	82—02	19—05
794	60—01	52—01	44—01	43—01	42—01	34—01	71—02	16—05
831	52—01	45—01	38—01	37—01	37—01	30—01	62—02	14—05
870	46—01	39—01	33—01	32—01	32—01	26—01	54—02	12—05
912	40—01	34—01	29—01	28—01	28—01	23—01	20—01	14—03
954	35—01	30—01	25—01	24—01	24—01	20—01	17—01	12—03
1000	30—01	26—01	22—01	21—01	21—01	17—01	15—01	10—03

Table 7.2. Polyformaldehyde (*Cont.*)
Density of Plasma $\rho = 100-01$

$h\nu$, eV	Temperature, °K							
	116 5	154 5	206 5	275 5	367 5	490 5	652 5	870 5
1,00	52 00	89 01	68 02	21 03	32 03	44 03	58 03	74 03
1,10	42 00	73 01	56 02	18 03	26 03	36 03	47 03	61 03

Table 7.2. Polyformaldehyde (*Cont.*)

$h\nu$, eV	Temperature, °K													
	116	5	154	5	206	5	275	5	367	5	490	5	652	5	870	5
1,15	38	00	66	01	50	02	16	03	24	03	32	03	43	03	55	03
1,20	34	00	59	01	46	02	14	03	21	03	29	03	39	03	50	03
1,26	34	00	54	01	41	02	13	03	19	03	27	03	35	03	45	03
1,32	31	00	49	01	37	02	12	03	18	03	24	03	32	03	41	03
1,38	29	00	45	01	34	02	11	03	16	03	22	03	29	03	37	03
1,45	27	00	41	01	31	02	99	02	14	03	20	03	26	03	34	03
1,51	33	00	41	01	29	02	92	02	13	03	18	03	24	03	30	03
1,58	36	00	42	01	28	02	86	02	12	03	16	03	22	03	28	03
1,66	35	00	40	01	26	02	78	02	11	03	15	03	20	03	25	03
1,74	33	00	36	01	23	02	71	02	10	03	13	03	18	03	23	03
1,82	30	00	32	01	21	02	64	02	93	02	12	03	16	03	20	03
1,91	28	00	29	01	19	02	58	02	84	02	11	03	15	03	19	03
2,00	26	00	26	01	17	02	52	02	76	02	10	03	13	03	17	03
2,09	24	00	24	01	15	02	47	02	69	02	92	02	12	03	15	03
2,19	23	00	22	01	14	02	43	02	62	02	84	02	11	03	14	03
2,29	21	00	20	01	13	02	39	02	57	02	77	02	10	03	12	03
2,40	20	00	18	01	11	02	35	02	52	02	70	02	92	02	11	03
2,51	20	00	17	01	10	02	32	02	47	02	63	02	84	02	10	03
2,63	19	00	16	01	99	01	29	02	42	02	57	02	76	02	96	02
2,75	19	00	15	01	91	01	26	02	38	02	52	02	68	02	87	02
2,88	18	00	14	01	83	01	24	02	35	02	47	02	62	02	79	02
3,02	18	00	13	01	78	01	22	02	32	02	43	02	56	02	72	02
3,16	17	00	12	01	72	01	20	02	29	02	38	02	50	02	65	02
3,31	17	00	11	01	66	01	18	02	26	02	35	02	46	02	59	02
3,47	24	00	13	01	66	01	17	02	24	02	32	02	42	02	54	02
3,63	24	00	13	01	61	01	16	02	22	02	31	02	39	02	49	02
3,80	29	00	15	01	60	01	14	02	20	02	27	02	35	02	44	02
3,98	29	00	15	01	56	01	13	02	18	02	25	02	32	02	40	02
4,17	28	00	14	01	51	01	12	02	16	02	22	02	29	02	36	02
4,37	27	00	13	01	47	01	11	02	15	02	20	02	26	02	33	02
4,57	27	00	12	01	44	01	99	01	13	02	18	02	23	02	30	02
4,79	26	00	12	01	41	01	89	01	12	02	16	02	21	02	27	02
5,01	26	00	11	01	38	01	81	01	11	02	14	02	19	02	25	02
5,25	26	00	11	01	36	01	74	01	99	01	13	02	17	02	23	02
5,50	26	00	11	01	34	01	68	01	90	01	12	02	15	02	20	02
5,75	28	00	11	01	33	01	64	01	86	01	11	02	14	02	18	02
6,03	28	00	11	01	32	01	60	01	80	01	10	02	13	02	17	02
6,31	28	00	11	01	31	01	57	01	75	01	10	02	12	02	15	02
6,61	28	00	11	01	30	01	54	01	74	01	10	02	12	02	14	02
6,92	28	00	11	01	29	01	51	01	73	01	10	02	11	02	12	02
7,24	23	01	57	01	85	01	88	01	84	01	10	02	10	02	11	02
7,59	24	01	58	01	86	01	87	01	81	01	94	01	96	01	10	02
7,94	24	01	59	01	86	01	85	01	78	01	91	01	91	01	97	01
8,32	25	01	59	01	87	01	85	01	79	01	94	01	91	01	95	01
8,71	40	01	82	01	10	02	96	01	82	01	93	01	88	01	90	01
9,12	40	01	83	01	10	02	95	01	80	01	89	01	84	01	84	01
9,55	42	01	88	01	11	02	10	02	80	01	86	01	79	01	77	01

Table 7.2. Polyformaldehyde (*Cont.*)

hv, eV	\multicolumn{16}{c}{Temperature, °K}
	116	5	154	5	206	5	275	5	367	5	490	5	652	5	870	5
10,0	42	01	88	01	11	02	10	02	79	01	83	01	75	01	70	01
10,4	37	02	43	02	36	02	21	02	11	02	86	01	70	01	63	01
10,9	36	02	43	02	36	02	22	02	13	02	10	02	77	01	59	01
11,4	25	03	21	03	13	03	60	02	23	02	12	02	75	01	54	01
12,0	26	03	22	03	15	03	71	02	27	02	13	02	72	01	49	01
12,5	25	03	22	03	14	03	71	02	28	02	13	02	74	01	46	01
13,1	25	03	21	03	14	03	70	02	27	02	13	02	70	01	42	01
13,8	73	03	67	03	51	03	26	03	96	02	34	02	13	02	69	01
14,4	69	03	63	03	48	03	25	03	89	02	32	02	13	02	68	01
15,1	65	03	60	03	45	03	24	03	97	02	42	02	17	02	78	01
15,8	61	03	56	03	43	03	22	03	91	02	40	02	16	02	76	01
16,6	63	03	57	03	43	03	22	03	88	02	38	02	15	02	72	01
17,3	60	03	54	03	41	03	21	03	84	02	36	02	14	02	67	01
18,2	57	03	52	03	39	03	20	03	79	02	34	02	14	02	62	01
19,0	55	03	50	03	38	03	22	03	12	03	66	02	23	02	71	01
19,9	52	03	48	03	36	03	21	03	11	03	63	02	22	02	72	01
20,8	50	03	46	03	35	03	20	03	11	03	65	02	25	02	77	01
21,8	48	03	44	03	33	03	19	03	10	03	61	02	23	02	72	01
22,9	46	03	42	03	32	03	18	03	10	03	58	02	22	02	67	01
23,9	44	03	40	03	30	03	17	03	94	02	54	02	20	02	62	01
25,1	42	03	40	03	33	03	21	03	13	03	73	02	24	02	64	01
26,3	40	03	38	03	31	03	20	03	12	03	68	02	23	02	64	01
27,5	38	03	36	03	29	03	19	03	11	03	63	02	21	02	59	01
28,8	37	03	35	03	29	03	18	03	11	03	59	02	20	02	60	01
30,2	35	03	33	03	27	03	18	03	12	03	81	02	33	02	11	02
31,6	33	03	32	03	28	03	21	03	15	03	10	03	45	02	18	02
33,1	32	03	31	03	28	03	24	03	21	03	15	03	63	02	20	02
34,6	30	03	29	03	26	03	22	03	20	03	14	03	59	02	18	02
36,3	28	03	28	03	28	03	27	03	26	03	18	03	75	02	20	02
38,0	26	03	26	03	26	03	25	03	24	03	17	03	70	02	23	02
39,8	25	03	24	03	24	03	24	03	22	03	16	03	74	02	32	02
41,6	23	03	23	03	23	03	22	03	21	03	16	03	85	02	38	02
43,6	21	03	21	03	21	03	22	03	21	03	16	03	83	02	36	02
45,7	20	03	20	03	20	03	20	03	20	03	15	03	77	02	33	02
47,8	19	03	18	03	19	03	19	03	18	03	14	03	79	02	39	02
50,1	17	03	17	03	17	03	18	03	17	03	14	03	90	02	44	02
52,4	16	03	16	03	16	03	16	03	16	03	14	03	95	02	49	02
54,9	15	03	14	03	15	03	15	03	15	03	14	03	12	03	67	02
57,5	13	03	13	03	13	03	14	03	14	03	13	03	11	03	69	02
60,2	12	03	12	03	12	03	13	03	13	03	12	03	10	03	63	02
63,1	11	03	11	03	11	03	12	03	12	03	11	03	92	02	60	02
66,0	10	03	10	03	10	03	11	03	11	03	10	03	97	02	67	02
69,1	96	02	96	02	97	02	10	03	10	03	97	02	90	02	69	02
72,4	88	02	88	02	89	02	91	02	91	02	88	02	82	02	62	02
75,8	80	02	80	02	81	02	83	02	83	02	80	02	74	02	57	02
79,4	72	02	72	02	73	02	75	02	75	02	73	02	68	02	56	02
83,1	65	02	65	02	66	02	68	02	68	02	66	02	62	02	50	02

Table 7.2. Polyformaldehyde (*Cont.*)

$h\nu$, eV	Temperature, °K															
	116	5	154	5	206	5	275	5	367	5	490	5	652	5	870	5
87,1	59	02	59	02	60	02	61	02	62	02	60	02	56	02	45	02
91,2	53	02	53	02	54	02	55	02	56	02	54	02	51	02	46	02
95,5	48	02	48	02	48	02	50	02	50	02	48	02	46	02	41	02
100	43	02	43	02	44	02	45	02	45	02	44	02	41	02	37	02
104	38	02	39	02	39	02	40	02	40	02	39	02	37	02	33	02
109	34	02	34	02	35	02	36	02	36	02	35	02	33	02	30	02
114	31	02	31	02	31	02	32	02	32	02	31	02	30	02	27	02
120	27	02	27	02	28	02	29	02	29	02	28	02	26	02	24	02
125	24	02	24	02	25	02	25	02	25	02	25	02	24	02	21	02
131	22	02	22	02	22	02	23	02	23	02	22	02	21	02	19	02
138	19	02	19	02	20	02	20	02	20	02	20	02	19	02	17	02
144	17	02	17	02	17	02	18	02	18	02	17	02	16	02	15	02
151	15	02	15	02	15	02	16	02	16	02	15	02	15	02	13	02
158	13	02	13	02	14	02	14	02	14	02	14	02	13	02	12	02
165	12	02	12	02	12	02	12	02	12	02	12	02	11	02	10	02
173	10	02	11	02	11	02	11	02	11	02	10	02	10	02	94	01
181	95	01	97	01	99	01	10	02	99	01	96	01	92	01	83	01
190	84	01	86	01	88	01	88	01	88	01	85	01	81	01	74	01
199	74	01	76	01	78	01	78	01	77	01	75	01	72	01	65	01
208	66	01	68	01	69	01	69	01	68	01	66	01	63	01	57	01
218	58	01	60	01	62	01	61	01	60	01	58	01	56	01	50	01
229	52	01	54	01	55	01	54	01	53	01	52	01	49	01	44	01
239	46	01	48	01	49	01	48	01	47	01	45	01	43	01	39	01
251	41	01	42	01	44	01	43	01	41	01	40	01	38	01	35	01
263	36	01	38	01	39	01	38	01	37	01	35	01	34	01	30	01
275	32	01	34	01	35	01	34	01	32	01	31	01	30	01	27	01
288	33	02	28	02	19	02	10	02	52	01	32	01	27	01	24	01
301	29	02	25	02	16	02	89	01	46	01	29	01	24	01	21	01
316	27	02	27	02	27	02	27	02	24	02	14	02	54	01	23	01
331	23	02	23	02	23	02	23	02	23	02	23	02	20	02	96	01
346	20	02	20	02	20	02	20	02	20	02	20	02	20	02	19	02
363	18	02	18	02	18	02	18	02	17	02	17	02	17	02	16	02
380	15	02	15	02	16	02	15	02	15	02	15	02	15	02	14	02
398	13	02	13	02	14	02	13	02	13	02	13	02	13	02	13	02
416	12	02	12	02	12	02	12	02	12	02	11	02	11	02	11	02
436	10	02	10	02	10	02	10	02	10	02	10	02	10	02	10	02
457	92	01	94	01	95	01	93	01	91	01	90	01	90	01	87	01
478	80	01	82	01	83	01	81	01	80	01	79	01	78	01	76	01
501	70	01	72	01	73	01	71	01	70	01	69	01	68	01	67	01
524	62	01	64	01	65	01	63	01	61	01	60	01	60	01	58	01
549	20	02	20	02	17	02	11	02	71	01	57	01	53	01	51	01
575	17	02	18	02	18	02	17	02	17	02	14	02	80	01	50	01
602	15	02	15	02	15	02	15	02	15	02	15	02	14	02	10	02
630	13	02	13	02	13	02	13	02	13	02	13	02	13	02	13	02
660	11	02	12	02	12	02	11	02	11	02	11	02	11	02	11	02
691	10	02	10	02	10	02	10	02	10	02	10	02	10	02	10	02
724	90	01	92	01	93	01	91	01	89	01	89	01	88	01	88	01

Table 7.2. Polyformaldehyde (*Cont.*)

$h\nu$, eV	Temperature, °K															
	116	5	154	5	206	5	275	5	367	5	490	5	652	5	870	5
758	79	01	81	01	82	01	80	01	78	01	78	01	77	01	76	01
794	69	01	71	01	72	01	70	01	68	01	68	01	67	01	67	01
831	61	01	63	01	64	01	62	01	60	01	59	01	59	01	58	01
870	54	01	55	01	56	01	54	01	52	01	52	01	51	01	51	01
912	47	01	49	01	50	01	48	01	46	01	45	01	45	01	44	01
954	41	01	43	01	44	01	42	01	40	01	40	01	39	01	39	01
1000	37	01	38	01	39	01	37	01	35	01	35	01	35	01	34	01

Table 7.2. Polyformaldehyde (*Cont.*)

$h\nu$, eV	Temperature, °K															
	116	6	154	6	205	6	275	6	367	6	488	6	652	6	116	7
1,00	90	03	98	03	95	03	83	03	64	03	52	03	44	03	34	03
1,10	73	03	80	03	78	03	68	03	52	03	42	03	36	03	28	03
1,15	66	03	72	03	71	03	62	03	47	03	38	03	33	03	25	03
1,20	60	03	66	03	64	03	56	03	43	03	35	03	29	03	23	03
1,26	55	03	59	03	58	03	51	03	38	03	31	03	27	03	21	03
1,32	49	03	54	03	52	03	46	03	35	03	28	03	24	03	19	03
1,38	45	03	49	03	47	03	41	03	31	03	25	03	22	03	17	03
1,45	41	03	44	03	43	03	37	03	28	03	23	03	20	03	15	03
1,51	37	03	40	03	39	03	34	03	26	03	21	03	18	03	14	03
1,58	33	03	36	03	35	03	31	03	23	03	19	03	16	03	12	03
1,66	30	03	33	03	32	03	28	03	21	03	17	03	14	03	11	03
1,74	27	03	30	03	29	03	25	03	19	03	15	03	13	03	10	03
1,82	25	03	27	03	26	03	23	03	17	03	14	03	12	03	94	02
1,91	22	03	24	03	24	03	20	03	15	03	12	03	11	03	85	02
2,00	20	03	22	03	21	03	19	03	14	03	11	03	99	02	77	02
2,09	18	03	20	03	19	03	17	03	13	03	10	03	90	02	70	02
2,19	17	03	18	03	17	03	15	03	11	03	95	02	81	02	63	02
2,29	15	03	16	03	16	03	14	03	10	03	86	02	73	02	57	02
2,40	14	03	15	03	14	03	12	03	97	02	78	02	66	02	51	02
2,51	12	03	13	03	13	03	11	03	88	02	71	02	60	02	46	02
2,63	11	03	12	03	12	03	10	03	79	02	64	02	54	02	42	02
2,75	10	03	11	03	11	03	95	02	72	02	58	02	49	02	38	02
2,88	95	02	10	03	10	03	86	02	65	02	52	02	22	02	34	02
3,02	87	02	94	02	90	02	78	02	59	02	47	02	40	02	31	02
3,16	79	02	85	02	82	02	71	02	53	02	43	02	36	02	28	02
3,31	71	02	77	02	74	02	64	02	48	02	39	02	33	02	25	02
3,47	65	02	70	02	68	02	58	02	44	02	35	02	30	02	23	02
3,63	59	02	64	02	61	02	53	02	40	02	32	02	27	02	21	02
3,80	54	02	58	02	56	02	48	02	36	02	29	02	24	02	19	02
3,98	48	02	52	02	50	02	43	02	33	02	26	02	22	02	17	02
4,17	44	02	47	02	46	02	39	02	29	02	24	02	20	02	15	02
4,37	40	02	43	02	41	02	36	02	27	02	21	02	18	02	14	02
4,57	36	02	39	02	38	02	33	02	24	02	19	02	16	02	12	02
4,79	33	02	36	02	35	02	30	02	22	02	18	02	15	02	11	02
5,01	30	02	32	02	31	02	27	02	20	02	16	02	13	02	10	02

Table 7.2. Polyformaldehyde (*Cont.*)

$h\nu$, eV	Temperature, °K													
	116	6	154	6	205	6	275	6	367	6	488	6	652	6	116	7
5,25	27	02	29	02	28	02	24	02	18	02	14	02	12	02	95	01
5,50	25	02	26	02	26	02	22	02	16	02	13	02	11	02	86	01
5,75	22	02	24	02	23	02	20	02	15	02	12	02	10	02	77	01
6,03	20	02	22	02	21	02	18	02	14	02	11	02	92	01	70	01
6,31	19	02	21	02	20	02	17	02	12	02	10	02	84	01	63	01
6,61	17	02	18	02	18	02	15	02	11	02	91	01	76	01	57	01
6,92	15	02	17	02	16	02	14	02	10	02	82	01	69	01	52	01
7,24	14	02	15	02	15	02	12	02	95	01	75	01	62	01	47	01
7,59	12	02	13	02	13	02	11	02	87	01	68	01	56	01	43	01
7,94	11	02	12	02	12	02	10	02	80	01	62	01	52	01	39	01
8,32	10	02	11	02	11	02	97	01	72	01	56	01	47	01	35	01
8,71	10	02	10	02	10	02	90	01	66	01	51	01	42	01	32	01
9,12	98	01	10	02	97	01	83	01	61	01	46	01	38	01	29	01
9,55	89	01	93	01	88	01	75	01	55	01	42	01	35	01	26	01
10,0	80	01	84	01	81	01	70	01	51	01	39	01	32	01	23	01
10,4	71	01	75	01	73	01	63	01	46	01	35	01	29	01	21	01
10,9	64	01	67	01	65	01	57	01	42	01	32	01	26	01	19	01
11,4	57	01	61	01	59	01	51	01	38	01	29	01	24	01	17	01
12,0	51	01	54	01	53	01	46	01	34	01	26	01	21	01	16	01
12,5	46	01	49	01	48	01	42	01	31	01	24	01	19	01	14	01
13,1	41	01	43	01	42	01	37	01	28	01	21	01	17	01	13	01
13,8	52	01	47	01	42	01	36	01	26	01	20	01	16	01	12	01
14,4	54	01	47	01	42	01	36	01	26	01	19	01	15	01	11	01
15,1	54	01	44	01	38	01	33	01	23	01	17	01	13	01	99	00
15,8	52	01	40	01	35	01	29	01	21	01	15	01	12	01	90	00
16,6	48	01	37	01	31	01	27	01	19	01	14	01	11	01	82	00
17,3	43	01	33	01	28	01	24	01	17	01	13	01	10	01	74	00
18,2	39	01	28	01	24	01	21	01	15	01	11	01	94	00	67	00
19,0	36	01	25	01	21	01	19	01	14	01	10	01	86	00	61	00
19,9	36	01	23	01	19	01	17	01	13	01	98	00	79	00	55	00
20,8	33	01	21	01	19	01	16	01	12	01	91	00	73	00	50	00
21,8	30	01	19	01	16	01	14	01	10	01	83	00	66	00	46	00
22,9	27	01	17	01	15	01	13	01	96	00	74	00	59	00	42	00
23,9	27	01	17	01	15	01	12	01	90	00	68	00	54	00	38	00
25,1	28	01	19	01	15	01	12	01	86	00	62	00	49	00	34	00
26,3	30	01	20	01	15	01	11	01	80	00	57	00	45	00	31	00
27,5	29	01	20	01	15	01	10	01	73	00	52	00	40	00	28	00
28,8	29	01	19	01	13	01	96	00	65	00	47	00	37	00	26	00
30,2	39	01	19	01	12	01	94	00	64	00	45	00	35	00	23	00
31,6	58	01	20	01	12	01	99	00	66	00	45	00	34	00	21	00
33,1	55	01	19	01	11	01	89	00	60	00	41	00	31	00	19	00
34,6	50	01	17	01	10	01	79	00	53	00	37	00	28	00	18	00
36,3	50	01	16	01	90	00	70	00	48	00	34	00	25	00	16	00
38,0	61	01	15	01	82	00	63	00	42	00	31	00	23	00	15	00
39,8	89	01	17	01	79	00	56	00	38	00	28	00	21	00	13	00
41,6	10	02	24	01	84	00	49	00	32	00	24	00	19	00	12	00
43,6	10	02	22	01	76	00	42	00	27	00	21	00	17	00	11	00

Table 7.2. Polyformaldehyde (*Cont.*)

$h\nu$, eV	\multicolumn{16}{c	}{Temperature, °K}
	116	6	154	6	205	6	275	6	367	6	488	6	652	6	116	7
45,7	92	01	20	01	68	00	37	00	24	00	19	00	15	00	10	00
47,8	13	02	33	01	74	00	33	00	21	00	17	00	14	00	97	−01
50,1	14	02	39	01	73	00	30	00	19	00	16	00	13	00	89	−01
52,4	15	02	36	01	66	00	26	00	17	00	14	00	11	00	81	−01
54,9	18	02	35	01	59	00	23	00	15	00	13	00	10	00	74	−01
57,5	28	02	82	01	16	01	52	00	24	00	13	00	99	−01	68	−01
60,2	25	02	74	01	14	01	45	00	21	00	12	00	88	−01	63	−01
63,1	29	02	88	01	14	01	40	00	18	00	11	00	80	−01	58	−01
66,0	31	02	92	01	15	01	45	00	19	00	10	00	74	−01	53	−01
69,1	40	02	12	02	16	01	40	00	17	00	94	−01	68	−01	49	−01
72,4	36	02	10	02	14	01	36	00	15	00	86	−01	62	−01	45	−01
75,8	33	02	97	01	13	01	32	00	13	00	79	−01	57	−01	41	−01
79,4	35	02	10	02	13	01	30	00	12	00	72	−01	53	−01	38	−01
83,1	32	02	92	01	12	01	26	00	11	00	66	−01	49	−01	35	−01
87,1	29	02	99	01	18	01	32	00	10	00	65	−01	46	−01	33	−01
91,2	34	02	14	02	33	01	43	00	10	00	72	−01	47	−01	30	−01
95,5	31	02	13	02	32	01	41	00	90	−01	65	−01	43	−01	28	−01
100	28	02	12	02	29	01	36	00	78	−01	57	−01	38	−01	26	−01
104	26	02	15	02	40	01	44	00	76	−01	51	−01	35	−01	24	−01
109	24	02	13	02	35	01	39	00	67	−01	45	−01	32	−01	23	−01
114	23	02	15	02	44	01	45	00	65	−01	40	−01	29	−01	21	−01
120	20	02	14	02	39	01	40	00	57	−01	35	−01	27	−01	20	−01
125	18	02	12	02	35	01	35	00	51	−01	32	−01	27	−01	19	−01
131	16	02	11	02	58	01	17	01	43	00	13	00	59	−01	18	−01
138	14	02	10	02	51	01	15	01	38	00	12	00	52	−01	16	−01
144	13	02	98	01	58	01	19	01	47	00	14	00	57	−01	15	−01
151	11	02	87	01	51	01	17	01	41	00	12	00	50	−01	14	−01
158	10	02	77	01	45	01	15	01	37	00	11	00	45	−01	13	−01
165	91	01	68	01	40	01	13	01	32	00	98	−01	40	−01	12	−01
173	80	01	61	01	35	01	12	01	29	00	87	−01	37	−01	13	−01
181	71	01	53	01	31	01	10	01	25	00	77	−01	33	−01	12	−01
190	59	01	44	01	26	01	87	00	21	00	63	−01	27	−01	10	−01
199	55	01	42	01	24	01	82	00	19	00	59	−01	25	−01	10	−01
208	49	01	37	01	21	01	72	00	17	00	52	−01	22	−01	95	−02
218	43	01	32	01	19	01	63	00	15	00	46	−01	19	−01	87	−02
229	38	01	28	01	16	01	55	00	13	00	40	−01	17	−01	77	−02
239	33	01	25	01	14	01	49	00	11	00	35	−01	15	−01	68	−02
251	29	01	22	01	13	01	43	00	10	00	31	−01	13	−01	60	−02
263	26	01	19	01	11	01	38	00	91	−01	27	−01	11	−01	52	−02
275	23	01	17	01	10	01	33	00	80	−01	24	−01	10	−01	46	−02
288	20	01	15	01	88	00	29	00	70	−01	21	−01	92	−02	40	−02
301	18	01	13	01	77	00	25	00	62	−01	18	−01	80	−02	35	−02
316	16	01	11	01	68	00	22	00	54	−01	16	−01	71	−02	31	−02
331	29	01	12	01	62	00	20	00	48	−01	14	−01	62	−02	27	−02
346	12	02	51	01	18	01	64	00	21	01	46	−01	66	−02	24	−02
363	11	02	44	01	16	01	55	00	18	01	40	−01	58	−02	21	−02

Table 7.2. Polyformaldehyde (Cont.)

hv, eV	Temperature, °K							
	116 6	154 6	205 6	275 6	367 6	488 6	652 6	116 7
380	97 01	39 01	14 01	48 00	16 00	35—01	51—02	18—02
398	11 02	98 01	89 01	84 01	79 01	34 01	24 00	18—02
416	10 02	85 01	77 01	73 01	69 01	30 01	20 00	16—02
436	88 01	74 01	67 01	64 01	60 01	26 01	18 00	14—02
457	77 01	65 01	59 01	56 01	52 01	22 01	15 00	12—02
478	67 01	56 01	51 01	48 01	45 01	19 01	13 00	11—02
501	59 01	49 01	44 01	42 01	41 01	40 01	22 01	57—01
524	51 01	43 01	39 01	37 01	36 01	35 01	19 01	50—01
549	45 01	37 01	34 01	32 01	31 01	30 01	17 01	43—01
575	39 01	33 01	29 01	28 01	27 01	26 01	15 01	38—01
602	48 01	29 01	26 01	24 01	24 01	23 01	13 01	33—01
630	10 02	45 01	24 01	21 01	20 01	20 01	11 01	28—01
660	11 02	91 01	40 01	20 01	18 01	17 01	99 00	25—01
691	97 01	93 01	79 01	40 01	21 01	17 01	92 00	22—01
724	85 01	81 01	68 01	35 01	19 01	14 01	80 00	19—01
758	74 01	71 01	66 01	56 01	51 01	49 01	42 01	73—01
794	64 01	62 01	58 01	48 01	44 01	43 01	37 01	64—01
831	56 01	54 01	50 01	42 01	38 01	37 01	32 01	55—01
870	49 01	47 01	44 01	37 01	33 01	32 01	28 01	48—01
912	43 01	41 01	38 01	32 01	29 01	28 01	25 01	83 00
954	37 01	36 01	33 01	28 01	25 01	25 01	22 01	72 00
1000	33 01	31 01	29 01	24 01	22 01	21 01	19 01	63 00

Table 7.3. Caprolactum

Density of Plasma $\rho = 100-03$

hv, eV	Temperature, °K							
	116 5	154 5	206 5	275 5	367 5	490 5	652 5	870 5
1,00	13—04	24—04	20—04	27—04	28—04	34—04	38—04	31—04
1,10	11—04	20—04	17—04	23—04	23—04	28—04	31—04	25—04
1,15	10—04	18—04	15—04	21—04	21—04	26—04	29—04	23—04
1,20	96—05	17—04	14—04	19—04	19—04	23—04	26—04	21—04
1,26	88—05	15—04	13—04	18—04	18—04	21—04	24—04	19—04
1,32	81—05	14—04	12—04	16—04	16—04	19—04	22—04	17—04
1,38	76—05	13—04	11—04	15—04	15—04	18—04	20—04	16—04
1,45	71—05	12—04	10—04	14—04	13—04	16—04	18—04	14—04
1,51	72—05	11—04	97—05	13—04	12—04	15—04	16—04	13—04
1,58	78—05	12—04	94—05	12—04	11—04	13—04	15—04	12—04
1,66	75—05	11—04	86—05	11—04	10—04	12—04	13—04	11—04
1,74	69—05	10—04	79—05	10—04	98—05	11—04	12—04	10—04
1,82	62—05	94—05	72—05	91—05	89—05	10—04	11—04	91—05
1,91	57—05	87—05	65—05	83—05	82—05	98—05	10—04	83—05
2,00	52—05	80—05	60—05	76—05	75—05	90—05	97—05	76—05

Table 7.3. Caprolactum (*Cont.*)

hv, eV	Temperature, °K							
	116 5	154 5	206 5	275 5	367 5	490 5	652 5	870 5
2,09	49—05	74—05	55—05	69—05	69—05	83—05	89—05	69—05
2,19	45—05	69—05	52—05	65—05	63—05	76—05	81—05	63—05
2,29	42—05	65—05	49—05	64—05	59—05	70—05	75—05	58—05
2,40	40—05	61—05	48—05	62—05	55—05	64—05	68—05	53—05
2,51	38—05	57—05	44—05	56—05	51—05	59—05	63—05	48—05
2,63	37—05	54—05	41—05	52—05	47—05	55—05	58—05	44—05
2,75	36—05	52—05	38—05	48—05	43—05	50—05	53—05	40—05
2,88	35—05	49—05	36—05	43—05	39—05	46—05	49—05	37—05
3,02	34—05	47—05	33—05	40—05	35—05	42—05	45—05	34—05
3,16	33—05	45—05	31—05	36—05	32—05	38—05	41—05	31—05
3,31	32—05	44—05	29—05	33—05	30—05	35—05	38—05	28—05
3,47	38—05	44—05	29—05	34—05	29—05	34—05	36—05	27—05
3,63	37—05	41—05	35—05	45—05	30—05	31—05	33—05	24—05
3,80	43—05	41—05	33—05	41—05	27—05	28—05	29—05	22—05
3 98	42—05	39—05	30—05	37—05	24—05	25—05	27—05	20—05
4,17	39—05	35—05	27—05	34—05	22—05	23—05	24—05	18—05
4,37	36—05	32—05	26—05	33—05	20—05	20—05	22—05	16—05
4,57	34—05	29—05	24—05	30—05	18—05	20—05	23—05	16—05
4,79	32—05	27—05	22—05	27—05	17—05	19—05	21—05	15—05
5,01	30—05	25—05	20—05	25—05	17—05	18—05	19—05	15—05
5,25	29—05	23—05	19—05	22—05	17—05	18—05	17—05	12—05
5,50	28—05	22—05	17—05	20—05	15—05	17—05	16—05	11—05
5,75	28—05	21—05	27—05	31—05	16—05	15—05	14—05	10—05
6,03	27—05	20—05	27—05	30—05	15—05	14—05	15—05	10—05
6,31	27—05	20—05	29—05	34—05	15—05	14—05	16—05	11—05
6,61	27—05	20—05	39—05	47—05	16—05	12—05	15—05	99—06
6,92	26—05	19—05	48—05	55—05	17—05	11—05	13—05	91—06
7,24	41—04	99—05	57—05	53—05	16—05	10—05	12—05	83—06
7,59	42—04	10—04	57—05	51—05	15—05	97—06	11—05	75—06
7,94	43—04	10—04	57—05	51—05	16—05	99—06	10—05	68—06
8,32	44—04	10—04	65—05	59—05	20—05	11—05	92—06	61—06
8,71	72—04	14—04	70—05	60—05	21—05	13—05	11—05	67—06
9,12	72—04	14—04	69—05	59—05	21—05	13—05	12—05	70—06
9,55	75—04	15—04	68—05	58—05	20—05	11—05	10—05	65—06
10,0	76—04	15—04	69—05	58—05	19—05	10—05	98—06	60—06
10,4	69—03	76—04	11—04	58—05	18—05	93—06	86—06	53—06
10,9	68—03	77—04	25—04	13—04	26—05	83—06	77—06	48—06
11,4	48—02	38—03	44—04	13—04	25—05	73—06	68—06	43—06
12,0	49—02	40—03	45—04	13—04	24—05	65—06	61—06	38—06
12,5	54—02	45—03	60—04	19—04	28—05	59—06	55—06	34—06
13,1	53—02	44—03	59—04	18—04	27—05	53—06	48—06	30—06
13,8	34—01	30—02	21—03	35—04	57—05	14—05	81—06	40—06
14,4	31—01	27—02	19—03	33—04	54—05	16—05	10—05	49—06
15,1	31—01	26—02	44—03	11—03	11—04	19—05	10—05	44—06
15,8	28—01	24—02	42—03	11—03	11—04	20—05	90—06	40—06
16,6	26—01	22—02	40—03	10—03	12—04	21—05	81—06	35—06
17,3	24—01	20—02	37—03	10—03	11—04	19—05	71—06	31—06

Table 7.3. Caprolactum (*Cont.*)

$h\nu$, eV	Temperature, °K							
	116 5	154 5	206 5	275 5	367 5	490 5	652 5	870 5
18,2	22—01	19—02	37—03	11—03	12—04	18—05	60—06	26—06
19,0	21—01	30—02	29—02	58—03	34—04	22—05	55—06	23—06
19,9	19—01	28—02	27—02	55—03	32—04	23—05	52—06	20—06
20,8	18—01	26—02	26—02	53—03	32—04	21—05	46—06	18—06
21,8	17—01	24—02	24—02	50—03	30—04	20—05	42—06	19—06
22,9	16—01	23—02	22—02	46—03	31—04	35—05	43—06	18—06
23,9	14—01	21—02	22—02	48—03	32—04	37—05	75—06	25—06
25,1	26—01	15—01	11—01	13—02	54—04	51—05	12—05	35—06
26,3	24—01	14—01	11—01	12—02	58—04	63—05	16—05	44—06
27,5	22—01	13—01	10—01	11—02	54—04	60—05	17—05	43—06
28,8	21—01	12—01	99—02	12—02	56—04	56—05	16—05	40—06
30,2	21—01	14—01	12—01	20—02	19—03	21—04	17—05	36—06
31,6	27—01	22—01	17—01	26—02	42—03	49—04	19—05	32—06
33,1	26—01	21—01	18—01	33—02	43—03	47—04	18—05	28—06
34,6	24—01	20—01	17—01	31—02	39—03	43—04	16—05	25—06
36,3	24—01	22—01	19—01	44—02	59—03	65—04	18—05	22—06
38,0	23—01	22—01	18—01	43—02	56—03	69—04	21—05	23—06
39,8	21—01	20—01	17—01	40—02	51—03	63—04	19—05	37—06
41,6	20—01	19—01	16—01	61—02	28—02	24—03	65—05	54—06
43,6	18—01	18—01	15—01	58—02	25—02	22—03	60—05	50—06
45,7	17—01	17—01	14—01	53—02	23—02	20—03	54—05	45—06
47,8	16—01	15—01	13—01	56—02	28—02	29—03	13—04	78—06
50,1	14—01	14—01	13—01	99—02	53—02	39—03	18—04	94—06
52,4	13—01	13—01	12—01	93—02	53—02	45—03	18—04	86—06
54,9	12—01	12—01	11—01	94—02	63—02	74—03	29—04	92—06
57,5	11—01	11—01	10—01	92—02	67—02	15—02	18—03	89—05
60,2	10—01	10—01	99—02	85—02	61—02	14—02	16—03	79—05
63,1	94—02	94—02	91—02	77—02	56—02	13—02	20—03	86—05
66,0	86—02	85—02	82—02	73—02	62—02	25—02	29—03	12—04
69,1	78—02	77—02	75—02	67—02	57—02	27—02	52—03	15—04
72,4	70—02	70—02	68—02	61—02	52—02	24—02	46—03	13—04
75,8	63—02	63—02	61—02	55—02	47—02	22—02	41—03	12—04
79,4	57—02	57—02	55—02	50—02	43—02	27—02	64—03	15—04
83,1	51—02	51—02	50—02	45—02	39—02	24—02	57—03	13—04
87,1	46—02	46—02	45—02	40—02	35—02	22—02	52—03	24—04
91,2	41—02	41—02	40—02	36—02	32—02	23—02	72—03	81—04
95,5	37—02	37—02	36—02	33—02	28—02	20—02	66—03	82—04
100	33—02	33—02	32—02	29—02	25—02	18—02	71—03	10—03
104	29—02	29—02	29—02	26—02	23—02	16—02	74—03	18—03
109	26—02	26—02	25—02	23—02	20—02	15—02	66—03	16—03
114	23—02	23—02	23—02	21—02	18—02	13—02	72—03	24—03
120	20—02	21—02	20—02	18—02	16—02	12—02	65—03	22—03
125	18—02	18—02	18—02	16—02	14—02	10—02	58—03	20—03
131	16—02	16—02	16—02	14—02	13—02	96—02	52—03	22—03
138	14—02	14—02	14—02	13—02	11—02	85—03	47—03	19—03
144	12—02	13—02	12—02	11—02	10—02	76—03	42—03	22—03

Table 7.3. Caprolactum (*Cont.*)

$h\nu$, eV	Temperature, °K							
	116 5	154 5	206 5	275 5	367 5	490 5	652 5	870 5
151	11—02	11—02	11—02	10—02	91—03	67—03	37—03	19—03
158	10—02	10—02	99—03	92—03	81—03	60—03	33—03	17—03
165	89—03	90—03	88—03	81—03	72—03	53—03	29—03	15—03
173	79—03	79—03	78—03	72—03	63—03	47—03	26—03	13—03
181	70—03	70—03	69—03	64—03	56—03	42—03	23—03	12—03
190	62—03	62—03	61—03	56—03	50—03	37—03	20—03	10—03
199	54—03	55—03	54—03	50—03	44—03	32—03	18—03	96—04
208	48—03	49—03	48—03	44—03	39—03	29—03	16—03	85—04
218	43—03	43—03	42—03	39—03	34—03	25—03	14—03	75—04
229	38—03	38—03	37—03	35—03	30—03	22—03	12—03	67—04
239	33—03	34—03	33—03	31—03	27—03	20—03	11—03	59—04
251	30—03	30—03	29—03	27—03	24—03	18—03	99—04	52—04
263	26—03	27—03	26—03	24—03	21—03	16—03	87—04	46—04
275	24—03	24—03	23—03	22—03	19—03	14—03	77—04	40—04
288	79—03	26—03	21—03	19—03	17—03	12—03	68—04	36—04
301	69—03	27—03	19—03	17—03	15—03	11—03	60—04	31—04
316	41—02	41—02	32—02	46—03	14—03	10—03	53—04	28—04
331	35—02	35—02	35—02	35—02	22—02	18—03	48—04	24—04
346	31—02	31—02	31—02	31—02	30—02	25—02	28—03	34—04
363	27—02	27—02	27—02	27—02	27—02	22—02	25—03	30—04
380	23—02	23—02	23—02	23—02	23—02	19—02	22—03	26—04
398	20—02	20—02	20—02	20—02	20—02	19—02	14—02	13—02
416	20—02	18—02	18—02	18—02	17—02	16—02	12—02	11—02
436	20—02	20—02	20—02	16—02	15—02	14—02	10—02	10—02
457	17—02	17—02	17—02	17—02	17—02	13—02	92—03	88—03
478	15—02	15—02	15—02	15—02	15—02	14—02	88—03	76—03
501	13—02	13—02	13—02	13—02	13—02	12—02	10—02	74—03
524	11—02	11—02	11—02	11—02	11—02	11—02	87—03	64—03
549	12—02	10—02	10—02	10—02	10—02	96—03	76—03	56—03
575	12—02	12—02	12—02	10—02	90—03	84—03	66—03	59—03
602	11—02	11—02	10—02	10—02	10—02	80—03	58—03	51—03
630	95—03	95—03	95—03	95—03	94—03	90—03	63—03	45—03
660	83—03	83—03	83—03	83—03	82—03	79—03	66—03	50—03
691	73—03	73—03	73—03	73—03	72—03	69—03	58—03	53—03
724	64—03	64—03	64—03	64—03	63—03	60—03	50—03	46—03
758	56—03	56—03	56—03	56—03	55—03	52—03	44—03	40—03
794	49—03	49—03	49—03	49—03	48—03	46—03	38—03	35—03
831	43—03	43—03	43—03	43—03	42—03	40—03	33—03	31—03
870	38—03	38—03	38—03	38—03	37—03	35—03	29—03	27—03
912	33—03	33—03	33—03	33—03	32—03	31—03	25—03	23—03
954	30—03	30—03	30—03	29—03	29—03	27—03	22—03	20—03
1000	26—03	26—03	26—03	26—03	25—03	23—03	19—03	17—03

Table 7.3. Caprolactum (*Cont.*)

$h\nu$, eV	Temperature, °K							
	116 6	154 6	205 6	275 6	367 6	488 6	652 6	116 7
1,00	23—04	16—04	11—04	10—04	11—04	92—05	70—05	35—05
1,10	19—04	13—04	95—05	89—05	91—05	75—05	57—05	28—05
1,15	17—04	12—04	86—05	81—05	82—05	68—05	52—05	26—05
1,20	16—04	11—04	78—05	73—05	75—05	61—05	47—05	23—05
1,26	14—04	10—04	71—05	66—05	68—05	55—05	42—05	21—05
1,32	13—04	93—05	64—05	60—05	61—05	50—05	38—05	19—05
1,38	12—04	84—05	58—05	54—05	55—05	45—05	34—05	17—05
1,45	11—04	76—05	53—05	49—05	50—05	41—05	31—05	15—05
1,51	99—05	69—05	48—05	45—05	45—05	37—05	28—05	14—05
1,58	90—05	63—05	43—05	40—05	41—05	34—05	25—05	12—05
1,66	82—05	57—05	39—05	37—05	37—05	30—05	23—05	11—05
1,74	75—05	52—05	36—05	33—05	34—05	27—05	21—05	10—05
1,82	68—05	47—05	32—05	30—05	30—05	25—05	19—05	95—06
1,91	62—05	43—05	29—05	27—05	27—05	22—05	17—05	86—06
2,00	56—05	39—05	26—05	25—05	25—05	20—05	15—05	78—06
2,09	51—05	35—05	24—05	22—05	22—05	18—05	14—05	70—06
2,19	47—05	32—05	22—05	20—05	20—05	17—05	12—05	64—06
2,29	42—05	29—05	20—05	18—05	18—05	15—05	11—05	57—06
2,40	39—05	26—05	18—05	16—05	17—05	14—05	10—05	52—06
2,51	35—05	24—05	16—05	15—05	15—05	12—05	95—06	47—06
2,63	32—05	22—05	15—05	13—05	14—05	11—05	86—06	42—06
2,75	29—05	20—05	13—05	12—05	12—05	10—05	78—06	38—06
2,88	27—05	18—05	12—05	11—05	11—05	94—06	71—06	35—06
3,02	24—05	16—05	11—05	10—05	10—05	85—06	64—06	31—06
3,16	22—05	15—05	10—05	94—06	95—06	77—06	58—06	28—06
3,31	20—05	14—05	94—06	86—06	86—06	70—06	52—06	26—06
3,47	19—05	12—05	86—06	78—06	78—06	63—06	47—06	23—06
3,63	17—05	11—05	78—06	71—06	71—06	57—06	43—06	21—06
3,80	15—05	10—05	70—06	64—06	64—06	52—06	39—06	19—06
3,98	14—05	96—06	64—06	58—06	58—06	47—06	35—06	17—06
4,17	13—05	87—06	58—06	53—06	53—06	43—06	32—06	15—06
4,37	11—05	79—06	52—06	48—06	48—06	39—06	29—06	14—06
4,57	11—05	75—06	49—06	44—06	44—06	35—06	26—06	12—06
4,79	10—05	69—06	45—06	40—06	40—06	32—06	24—06	11—06
5,01	96—06	62—06	41—06	36—06	36—06	29—06	21—06	10—06
5,25	88—06	57—06	37—06	33—06	33—06	26—06	19—06	96—07
5,50	80—06	51—06	33—06	30—06	30—06	24—06	17—06	87—07
5,75	73—06	47—06	30—06	27—06	27—06	21—06	16—06	78—07
6,03	71—06	45—06	29—06	25—06	24—06	19—06	14—06	71—07
6,31	70—06	43—06	27—06	23—06	22—06	18—06	13—06	64—07
6,61	64—06	39—06	25—06	21—06	20—06	16—06	12—06	58—07
6,92	59—06	36—06	23—06	19—06	18—06	14—06	11—06	53—07
7,24	54—06	33—06	21—06	17—06	17—06	13—06	10—06	48—07
7,59	49—06	30—06	19—06	16—06	15—06	12—06	90—07	43—07
7,94	45—06	28—06	17—06	14—06	14—06	11—06	82—07	39—07
8,32	41—06	25—06	15—06	13—06	13—06	10—06	74—07	35—07
8,71	42—06	25—06	15—06	12—06	11—06	92—07	68—07	32—07

Table 7.3. Caprolactum (*Cont.*)

$h\nu$, eV	Temperature, °K							
	116 6	154 6	205 6	275 6	367 6	488 6	652 6	116 7
9,12	42—06	24—06	14—06	11—06	10—06	84—07	61—07	29—07
9,55	39—06	22—06	13—06	10—06	98—07	76—07	56—07	26—07
10,0	36—06	21—06	12—06	96—07	90—07	70—07	51—07	24—07
10,4	33—06	19—06	11—06	88—07	82—07	63—07	46—07	21—07
10,9	29—06	17—06	10—06	80—07	75—07	58—07	42—07	19—07
11,4	26—06	15—06	92—07	73—07	68—07	53—07	38—07	18—07
12,0	24—06	14—06	83—07	66—07	62—07	48—07	35—07	16—07
12,5	21—06	12—06	75—07	61—07	57—07	44—07	31—07	14—07
13,1	18—06	11—06	66—07	55—07	52—07	40—07	29—07	13—07
13,8	22—06	19—06	68—07	54—07	49—07	37—07	26—07	12—07
14,4	25—06	13—06	73—07	51—07	45—07	34—07	24—07	11—07
15,1	23—06	10—06	66—07	47—07	41—07	31—07	22—07	10—07
15,8	21—06	11—06	60—07	43—07	38—07	28—07	20—07	91—08
16,6	18—06	98—07	53—07	39—07	35—07	26—07	18—07	83—08
17,3	16—06	87—07	48—07	36—07	32—07	23—07	16—07	75—08
18,2	14—06	74—07	41—07	32—07	29—07	21—07	15—07	68—08
19,0	12—06	66—07	36—07	29—07	27—07	20—07	14—07	62—08
19,9	11—06	60—07	33—07	27—07	25—07	18—07	12—07	56—08
20,8	10—06	57—07	31—07	25—07	23—07	16—07	11—07	51—08
21,8	10—06	53—07	28—07	24—07	21—07	15—07	10—07	47—08
22,9	94—07	48—07	25—07	22—07	19—07	14—07	98—08	42—08
23,9	11—06	51—07	26—07	20—07	18—07	13—07	89—08	38—08
25,1	13—06	56—07	28—07	19—07	16—07	12—07	82—08	35—08
26,3	14—06	58—07	28—07	18—07	15—07	11—07	75—08	32—08
27,5	13—06	54—07	26—07	16—07	14—07	10—07	69—08	29—08
28,8	12—06	48—07	22—07	15—07	13—07	93—08	63—08	26—08
30,2	11—06	46—07	21—07	14—07	12—07	87—08	58—08	24—08
31,6	12—06	48—07	21—07	14—07	11—07	80—08	53—08	22—08
33,1	10—06	43—07	19—07	13—07	11—07	74—08	49—08	20—08
34,6	94—07	38—07	16—07	12—07	10—07	69—08	45—08	18—08
36,3	82—07	34—07	14—07	11—07	95—08	64—08	41—08	17—08
38,0	81—07	32—07	13—07	10—07	89—08	59—08	38—08	15—08
39,8	10—06	35—07	14—07	10—07	84—08	55—08	35—08	24—08
41,6	99—07	30—07	12—07	98—08	77—08	51—08	32—08	13—08
43,6	87—07	26—07	10—07	91—08	72—08	47—08	30—08	11—08
45,7	76—07	27—07	89—08	85—08	67—08	44—08	28—08	10—08
47,8	67—07	20—07	77—08	79—08	63—08	41—08	26—08	99—09
50,1	59—07	17—07	67—08	74—08	60—08	38—08	24—08	91—09
52,4	52—07	15—07	58—08	70—08	56—08	36—08	22—08	83—09
54,9	46—07	13—07	51—08	66—08	53—08	34—08	20—08	77—09
57,5	73—06	12—06	28—07	80—08	50—08	32—08	19—08	70—09
60,2	65—06	10—06	25—07	74—08	48—08	30—08	18—08	65—09
63,1	57—06	94—07	22—07	70—08	46—08	28—08	17—08	59—09
66,0	85—06	12—06	27—07	72—08	44—08	27—08	15—08	55—09
69,1	76—06	11—06	24—07	69—08	42—08	25—08	14—08	50—09
72,4	68—06	10—06	21—07	66—08	41—08	24—08	14—08	46—09
75,8	60—06	89—07	19—07	64—08	40—08	13—08	13—08	43—09

Table 7.3. Caprolactum (*Cont.*)

$h\nu$, eV	Temperature, °K							
	116 6	154 6	205 6	275 6	367 6	488 6	652 6	116 7
79,4	57—06	79—07	17—07	63—08	39—08	22—08	12—08	40—09
83,1	50—06	70—07	15—07	62—08	38—08	21—08	11—08	37—09
87,1	71—06	62—07	13—07	75—08	39—08	20—08	11—08	34—09
91,2	25—05	15—06	24—07	14—07	44—08	20—08	10—08	31—09
95,5	23—05	13—06	21—07	14—07	44—08	19—08	10—08	29—09
100	31—05	18—06	25—07	13—07	43—08	19—08	96—09	27—09
104	38—05	16—06	22—07	12—07	42—08	18—08	92—09	25—09
109	34—05	14—06	20—07	10—07	41—08	18—08	89—09	24—09
114	40—05	13—06	17—07	94—08	41—08	18—08	86—09	22—09
120	36—05	11—06	15—07	82—08	41—08	18—08	83—09	21—09
125	32—05	10—06	13—07	73—08	59—08	23—08	93—09	21—09
131	33—04	13—05	89—07	15—07	69—08	21—08	84—09	19—09
138	29—04	11—05	78—07	13—07	61—08	19—08	77—09	17—09
144	49—04	17—05	10—06	16—07	60—08	18—08	70—09	15—09
151	44—04	15—05	93—07	14—07	53—08	16—08	65—09	14—09
158	39—04	14—05	83—07	12—07	46—08	15—08	60—09	13—09
165	35—04	12—05	73—07	11—07	41—08	15—08	56—09	12—09
173	31—04	11—05	65—07	96—08	36—08	17—08	53—09	10—09
181	27—04	97—06	57—07	85—08	31—08	15—08	48—09	97—10
190	24—04	85—06	50—07	75—08	27—08	13—08	44—09	88—10
199	21—04	75—06	44—07	66—08	24—08	12—08	40—09	80—10
208	19—04	66—06	39—07	58—08	21—08	10—08	38—09	72—10
218	16—04	58—06	34—07	51—08	18—08	91—09	35—09	66—10
229	14—04	51—06	30—07	45—08	16—08	80—09	31—09	58—10
239	13—04	45—06	26—07	39—08	14—08	70—09	27—09	51—10
251	11—04	40—06	23—07	34—08	12—08	61—09	23—09	45—10
263	10—04	35—06	20—07	30—08	11—08	53—09	20—09	39—10
275	90—05	31—06	18—07	27—08	97—09	47—09	18—09	35—10
288	79—05	27—06	16—07	23—08	85—09	41—09	15—09	30—10
301	70—05	24—06	14—07	21—08	75—09	36—09	13—09	27—10
316	62—05	21—06	12—07	18—08	66—09	31—09	12—09	23—10
331	54—05	18—06	11—07	16—08	58—09	27—09	10—09	21—10
346	59—05	33—06	44—07	39—08	51—09	24—09	92—10	18—10
363	52—05	29—06	39—07	34—08	45—09	21—09	81—10	16—10
380	46—05	25—06	34—07	30—08	40—09	18—09	71—10	14—10
398	13—02	13—02	13—02	29—03	10—05	76—09	62—10	12—10
416	11—02	11—02	11—02	25—03	91—06	67—09	54—10	11—10
436	10—02	99—03	98—03	22—03	79—06	58—09	47—10	96—11
457	87—03	86—03	86—03	19—03	69—06	51—09	42—10	84—11
478	75—03	75—03	74—03	16—03	60—06	44—09	36—10	74—11
501	66—03	65—03	65—03	65—03	15—03	28—05	10—06	10—08
524	57—03	57—03	57—03	56—03	13—03	24—05	90—07	89—09
549	50—03	50—03	50—03	49—03	11—03	21—05	78—07	77—09
575	57—03	57—03	56—03	56—03	13—03	20—05	68—07	67—09
602	49—03	49—03	49—03	49—03	11—03	17—05	59—07	59—09
630	43—03	43—03	43—03	42—03	10—03	15—05	52—07	51—09
660	37—03	37—03	37—03	37—02	90—04	13—05	45—07	44—09

Table 7.3. Caprolactum (*Cont.*)

$h\nu$, eV	Temperature, °K							
	116 6	154 6	205 6	275 6	367 6	488 6	652 6	116 7
691	39—03	33—03	32—03	32—03	13—03	24—04	46—06	13—08
724	34—03	28—03	28—03	28—03	11—03	28—06	40—06	12—08
758	36—03	34—03	34—03	34—03	20—03	46—04	39—06	10—08
794	31—03	30—03	30—03	30—03	17—03	40—04	34—06	91—09
831	27—03	26—03	26—03	26—03	15—03	35—04	29—06	80—09
870	24—03	23—03	23—03	22—03	13—03	30—04	25—06	69—09
912	21—03	20—03	20—03	19—03	11—03	67—04	72—05	44—08
954	18—03	17—03	17—03	17—03	10—03	58—04	63—05	38—08
1000	16—03	15—03	15—03	15—03	88—04	50—04	54—05	33—08

Table 7.3. Caprolactum (*Cont.*)
Density of Plasma $\rho = 100-01$

$h\nu$, eV	Temperature, °K							
	116 5	154 5	206 5	275 5	367 5	490 5	652 5	870 5
1,00	56—02	48—01	11 00	11 00	15 00	16 00	20 00	23 00
1,10	45—02	40—01	95—01	95—01	12 00	13 00	16 00	19 00
1,15	41—02	36—01	86—01	86—01	11 00	12 00	15 00	17 00
1,20	37—02	33—01	78—01	79—01	10 00	11 00	14 00	15 00
1,26	33—02	30—01	72—01	72—01	96—01	10 00	12 00	14 00
1,32	30—02	27—01	65—01	66—01	88—01	95—01	11 00	13 00
1,38	28—02	25—01	60—01	60—01	80—01	86—01	10 00	11 00
1,45	26—02	23—01	55—01	55—01	74—01	79—01	96—01	10 00
1,51	27—02	23—01	52—01	51—01	67—01	72—01	87—01	98—01
1,58	32—02	23—01	50—01	48—01	62—01	66—01	80—01	89—01
1,66	31—02	22—01	47—01	44—01	57—01	60—01	73—01	81—01
1,74	27—02	20—01	43—01	40—01	51—01	54—01	66—01	74—01
1,82	24—02	18—01	39—01	36—01	47—01	50—01	60—01	67—01
1,91	22—02	16—01	35—01	33—01	42—01	45—01	55—01	61—01
2,00	19—02	15—01	32—01	30—01	38—01	41—01	50—01	56—01
2,09	17—02	13—01	30—01	27—01	35—01	37—01	46—01	51—01
2,19	16—02	12—01	27—01	25—01	32—01	34—01	42—01	46—01
2,29	14—02	11—01	25—01	23—01	30—01	32—01	38—01	42—01
2,40	13—02	10—01	23—01	22—01	28—01	29—01	35—01	39—01
2,51	12—02	10—01	22—01	20—01	25—01	27—01	32—01	35—01
2,63	12—02	95—02	20—01	18—01	23—01	24—01	29—01	32—01
2,75	11—02	90—02	19—01	17—01	21—01	22—01	27—01	29—01
2,88	10—02	85—02	17—01	16—01	19—01	20—01	24—01	27—01
3,02	10—02	80—02	16—01	14—01	17—01	18—01	22—01	24—01
3,16	94—03	75—02	15—01	13—01	16—01	16—01	20—01	22—01
3,31	88—03	71—02	14—01	12—01	14—01	15—01	18—01	20—01
3,47	13—02	78—02	14—01	12—01	14—01	14—01	17—01	19—01
3,63	13—02	74—02	13—01	12—01	15—01	14—01	16—01	17—01
3,80	18—02	80—02	12—01	11—01	13—01	12—01	14—01	16—01

Table 7.3. Caprolactum (*Cont.*)

$h\nu$, eV	Temperature, °K							
	116 5	154 5	206 5	275 5	367 5	490 5	652 5	870 5
3,98	19—02	78—02	11—01	10—01	12—01	11—01	13—01	14—01
4,17	18—02	72—02	10—01	95—02	11—01	10—01	11—01	13—01
4,37	17—02	66—02	98—02	89—02	10—01	95—02	10—01	11—01
4,57	16—02	62—02	90—02	80—02	97—02	86—02	98—02	11—01
4,79	15—02	58—02	82—02	73—02	88—02	79—02	92—02	10—01
5,01	15—02	55—02	76—02	66—02	80—02	75—02	87—02	98—02
5,25	15—02	53—02	70—02	61—02	73—02	71—02	83—02	89—02
5,50	14—02	51—02	66—02	56—02	66—02	65—02	75—02	81—02
5,75	14—02	50—02	64—02	65—02	82—02	64—02	68—02	73—02
6,03	15—02	49—02	61—02	62—02	78—02	59—02	63—02	73—02
6,31	15—02	48—02	58—02	64—02	81—02	57—02	60—02	74—02
6,61	15—02	47—02	57—02	76—02	99—02	61—02	54—02	67—02
6,92	15—02	47—02	56—02	83—02	11—01	60—02	49—02	60—02
7,24	26—01	29—01	15—01	10—01	10—01	55—02	44—02	54—02
7,59	27—01	30—01	15—01	10—01	10—01	53—02	40—02	49—02
7,94	27—01	30—01	15—01	99—02	10—01	54—02	39—02	45—02
8,32	27—01	30—01	15—01	10—01	11—01	62—02	43—02	41—02
8,71	45—01	43—01	19—01	11—01	12—01	63—02	45—02	45—02
9,12	46—01	43—01	19—01	11—01	12—01	61—02	43—02	46—02
9,55	46—01	44—01	19—01	11—01	11—01	57—02	39—02	42—02
10,0	46—01	44—01	19—01	11—01	11—01	54—02	36—02	38—02
10,4	43 00	23 00	63—01	17—01	11—01	51—02	31—02	34—02
10,9	43 00	23 00	64—01	26—01	19—01	64—02	29—02	30—02
11,4	30 01	11 01	23 00	48—01	20—01	61—02	26—02	27—02
12,0	30 01	11 01	24 00	49—01	20—01	60—02	23—02	24—02
12,5	30 01	12 01	27 00	58—01	25—01	65—02	21—02	22—02
13,1	29 01	12 01	26 00	57—01	24—01	63—02	19—02	19—02
13,8	76 01	46 01	11 01	18 00	47—01	12—01	40—02	27—02
14,4	70 01	42 01	10 01	16 00	44—01	11—01	43—02	33—02
15,1	70 01	41 01	10 01	24 00	98—01	19—01	50—02	31—02
15,8	64 01	37 01	94 00	23 00	93—01	19—01	53—02	29—02
16,6	65 01	36 01	89 00	22 00	90—01	19—01	52—02	26—02
17,3	61 01	33 01	82 00	20 00	84—01	17—01	48—02	23—02
18,2	57 01	31 01	76 00	20 00	88—01	18—01	45—02	20—02
19,0	53 01	30 01	10 01	71 00	29 00	40—01	52—02	18—02
19,9	50 01	28 01	95 00	67 00	27 00	38—01	51—02	17—02
20,8	47 01	26 01	89 00	63 00	26 00	37—01	48—02	15—02
21,8	45 01	24 01	83 00	59 00	24 00	35—01	44—02	13—02
22,9	42 01	23 01	77 00	55 00	23 00	34—01	55—02	13—02
23,9	39 01	21 01	73 00	53 00	23 00	34—01	55—02	18—02
25,1	41 01	30 01	18 01	14 01	43 00	48—01	67—02	25—02
26,3	38 01	28 01	17 01	13 01	40 00	48—01	77—02	31—02
27,5	36 01	26 01	16 01	12 01	37 00	44—01	72—02	30—02
28,8	34 01	24 01	15 01	12 01	37 00	44—01	68—02	28—02
30,2	32 01	24 01	16 01	14 01	50 00	92—01	19—01	33—02
31,6	32 01	28 01	23 01	19 01	66 00	16—00	39—01	42—02

Table 7.3. Caprolactum (*Cont.*)

$h\nu$, eV	\multicolumn{16}{c}{Temperature, °K}
	116 5	154 5	206 5	275 5	367 5	490 5	652 5	870 5
33,1	30 01	27 01	23 01	20 01	75 00	17 00	37—01	39—02
34,6	28 01	25 01	21 01	18 01	70 00	15 00	34—01	35—02
36,3	26 01	24 01	23 01	20 01	81 00	19 00	43—01	38—02
38,0	24 01	23 01	22 01	19 01	79 00	19 00	44—01	39—02
39,8	22 01	21 01	20 01	18 01	74 00	17 00	40—01	36—02
41,6	21 01	20 01	19 01	17 01	96 00	48 00	10 00	76—02
43,6	19 01	19 01	18 01	16 01	91 00	44 00	97—01	69—02
45,7	18 01	17 01	17 01	15 01	84 00	39 00	86—01	62—02
47,8	16 01	16 01	15 01	14 01	82 00	43 00	10 00	96—02
50,1	15 01	14 01	14 01	14 01	11 01	66 00	13 00	11—01
52,4	14 01	13 01	13 01	12 01	10 01	65 00	13 00	11—01
54,9	12 01	12 01	12 01	11 01	99 00	71 00	17 00	15—01
57,5	11 01	11 01	11 01	10 01	96 00	74 00	28 00	70—01
60,2	10 01	10 01	10 01	99 00	87 00	67 00	26 00	62—01
63,1	96 00	95 00	93 00	90 00	80 00	61 00	24 00	67—01
66,0	87 00	86 00	85 00	82 00	74 00	64 00	33 00	89—01
69,1	79 00	78 00	77 00	75 00	68 00	59 00	34 00	11 00
72,4	71 00	70 00	70 00	68 00	61 00	53 00	31 00	10 00
75,8	64 00	63 00	63 00	61 00	55 00	48 00	28 00	95—01
79,4	57 00	57 00	57 00	55 00	50 00	44 00	30 00	11 00
83,1	51 00	51 00	51 00	49 00	45 00	40 00	27 00	10 00
87,1	46 00	46 00	46 00	44 00	40 00	36 00	24 00	93—01
91,2	41 00	41 00	41 00	40 00	36 00	32 00	24 00	11 00
95,5	37 00	37 00	37 00	36 00	32 00	29 00	22 00	10 00
100	33 00	33 00	33 00	32 00	29 00	26 00	19 00	99—01
104	29 00	29 00	29 00	28 00	26 00	23 00	17 00	97—01
109	26 00	26 00	26 00	25 00	23 00	20 00	15 00	86—01
114	23 00	23 00	23 00	22 00	20 00	18 00	14 00	86—01
120	20 00	20 00	20 00	20 00	18 00	16 00	12 00	77—01
125	18 00	18 00	18 00	18 00	16 00	14 00	11 00	68—01
131	16 00	16 00	16 00	16 00	14 00	13 00	10 00	61—01
138	14 00	14 00	14 00	14 00	13 00	11 00	89—01	54—01
144	12 00	12 00	12 00	12 00	11 00	10 00	79—01	48—01
151	11 00	11 00	11 00	11 00	10 00	91—01	70—01	43—01
158	10 00	10 00	10 00	98—01	90—01	80—01	62—01	38—01
165	88—01	88—01	89—01	87—01	80—01	71—01	55—01	34—01
173	78—01	78—01	78—01	76—01	71—01	63—01	48—01	30—01
181	69—01	69—01	69—01	68—01	63—01	56—01	43—01	26—01
190	61—01	61—01	61—01	60—01	55—01	49—01	38—01	23—01
199	54—01	54—01	54—01	53—01	49—01	44—01	33—01	20—01
208	48—01	48—01	48—01	47—01	43—01	38—01	29—01	18—01
218	42—01	42—01	42—01	41—01	38—01	34—01	26—01	14—01
229	37—01	37—01	38—01	37—01	34—01	30—01	23—01	14—01
239	33—01	33—01	33—01	33—01	30—01	27—01	20—01	12—01
251	29—01	29—01	30—01	29—01	27—01	24—01	18—01	11—01
263	26—01	26—01	26—01	26—01	24—01	21—01	16—01	99—02
275	23—01	23—01	23—01	23—01	21—01	19—01	14—01	88—02

Table 7.3. Caprolactum (*Cont.*)

$h\nu$, eV	Temperature, °K							
	116 5	154 5	206 5	275 5	367 5	490 5	652 5	870 5
288	38 00	16 00	49—01	24—01	19—01	17—01	12—01	78—02
301	33 00	14 00	43—01	22—01	17—01	15—01	11—01	69—02
316	41 00	41 00	40 00	35 00	10 00	21—01	10—01	61—02
331	35 00	35 00	35 00	35 00	35 00	25 00	46—01	68—02
346	31 00	31 00	31 00	31 00	31 00	30 00	27 00	82—01
363	27 00	27 00	27 00	27 00	27 00	26 00	23 00	71—01
380	23 00	23 00	23 00	23 00	23 00	23 00	20 00	62—01
398	20 00	20 00	20 00	20 00	20 00	20 00	19 00	15 00
416	23 00	21 00	18 00	18 00	18 00	17 00	17 00	13 00
436	20 00	20 00	20 00	20 00	17 00	15 00	14 00	11 00
457	17 00	17 00	17 00	17 00	17 00	17 00	13 00	10 00
478	15 00	15 00	15 00	15 00	15 00	15 00	14 00	10 00
501	13 00	13 00	13 00	13 00	13 00	13 00	12 00	10 00
524	11 00	11 00	11 00	11 00	11 00	11 00	11 00	92—01
549	14 00	13 00	11 00	10 00	10 00	10 00	98—01	80—01
575	12 00	12 00	12 00	12 00	11 00	92—01	85—01	70—01
602	10 00	10 00	10 00	10 00	10 00	10 00	86—01	62—01
630	95—01	95—01	95—01	95—01	95—01	94—01	91—01	69—01
660	83—01	83—01	83—01	83—01	83—01	82—01	79—01	69—01
691	73—01	73—01	73—01	73—01	72—01	72—01	69—01	60—01
724	64—01	64—01	64—01	64—01	63—01	63—01	60—01	52—01
758	56—01	56—01	56—01	56—01	55—01	55—01	53—01	46—01
794	49—01	49—01	49—01	49—01	49—01	48—01	46—01	40—01
831	43—01	43—01	43—01	43—01	43—01	42—01	40—01	35—01
870	38—01	38—01	38—01	38—01	37—01	37—01	35—01	30—01
912	33—01	33—01	33—01	33—01	33—01	32—01	31—01	26—01
954	29—01	29—01	29—01	29—01	29—01	28—01	27—01	23—01
1000	26—01	26—01	26—01	26—01	26—01	25—01	24—01	20—01

Table 7.3. Caprolactum (*Cont.*)

$h\nu$, eV	Temperature, °K							
	116 6	154 6	205 6	275 6	367 6	488 6	652 6	116 7
1,00	20 00	15 00	11 00	82—01	77—01	77—01	64—01	35—01
1,10	16 00	13 00	94—01	67—01	63—01	63—01	53—01	28—01
1,15	15 00	11 00	85—01	61—01	57—01	57—01	48—01	26—01
1,20	13 00	10 00	77—01	55—01	51—01	52—01	43—01	23—01
1,26	12 00	97—01	70—01	50—01	47—01	47—01	39—01	21—01
1,32	11 00	88—01	64—01	45—01	42—01	42—01	35—01	19—01
1,38	10 00	80—01	58—01	41—01	38—01	38—01	32—01	17—01
1,45	93—01	72—01	52—01	37—01	34—01	34—01	29—01	15—01
1,51	85—01	66—01	47—01	33—01	31—01	31—01	26—01	14—01
1,58	77—01	60—01	43—01	30—01	28—01	28—01	23—01	12—01
1,66	70—01	54—01	39—01	27—01	25—01	25—01	21—01	11—01

Table 7.3. Caprolactum (*Cont.*)

$h\nu$, eV	Temperature, °K							
	116 6	154 6	205 6	275 6	367 6	488 6	652 6	116 7
1,74	64—01	49—01	35—01	25—01	23—01	23—01	19—01	10—01
1,82	58—01	45—01	32—01	22—01	21—01	21—01	17—01	95—02
1,91	53—01	40—01	29—01	20—01	19—01	19—01	16—01	86—02
2,00	48—01	37—01	26—01	18—01	17—01	17—01	14—01	78—02
2,09	43—01	33—01	24—01	17—01	15—01	15—01	13—01	70—02
2,19	40—01	30—01	21—01	15—01	14—01	14—01	11—01	64—02
2,29	36—01	27—01	19—01	14—01	13—01	12—01	10—01	57—02
2,40	33—01	25—01	18—01	12—01	11—01	11—01	97—02	52—02
2,51	30—01	23—01	16—01	11—01	10—01	10—01	88—02	47—02
2,63	27—01	21—01	14—01	10—01	96—02	96—02	79—02	42—02
2,75	25—01	19—01	13—01	94—02	87—02	87—02	72—02	38—02
2,88	23—01	17—01	12—01	85—02	79—02	79—02	65—02	35—02
3,02	21—01	15—01	11—01	78—02	72—02	71—02	59—02	31—02
3,16	19—01	14—01	10—01	70—02	65—02	64—02	53—02	28—02
3,31	17—01	13—01	92—02	64—02	59—02	58—02	48—02	26—02
3,47	16—01	12—01	84—02	58—02	54—02	53—02	44—02	23—02
3,63	14—01	11—01	77—02	53—02	49—02	48—02	40—02	21—02
3,80	13—01	99—02	69—02	48—02	44—02	43—02	36—02	19—02
3,98	12—01	90—02	63—02	43—02	40—02	39—02	32—02	17—02
4,17	10—01	82—02	57—02	39—02	36—02	36—02	29—02	15—02
4,37	99—02	74—02	52—02	35—02	33—02	32—02	27—02	14—02
4,57	96—02	70—02	48—02	33—02	30—02	29—02	24—02	12—02
4,79	88—02	64—02	44—02	30—02	27—02	26—02	22—02	11—02
5,01	80—02	58—02	40—02	27—02	24—02	24—02	20—02	10—02
5,25	73—02	53—02	36—02	25—02	22—02	22—02	18—02	96—03
5,50	66—02	48—02	33—02	22—02	20—02	20—02	16—02	86—03
5,75	60—02	44—02	30—02	20—02	18—02	18—02	15—02	78—03
6,03	58—02	42—02	28—02	19—02	17—02	16—02	13—02	71—03
6,31	58—02	40—02	27—02	17—02	15—02	15—02	12—02	64—03
6,61	52—02	37—02	24—02	16—02	14—02	13—02	11—02	58—03
6,92	48—02	34—02	22—02	14—02	12—02	12—02	10—02	53—03
7,24	43—02	30—02	20—02	13—02	11—02	11—02	92—03	48—03
7,59	39—02	28—02	18—02	12—02	10—02	10—02	83—03	43—03
7,94	35—02	25—02	17—02	11—02	97—03	93—03	76—03	39—03
8,32	32—02	23—02	15—02	10—02	88—03	85—03	69—03	35—03
8,71	34—02	23—02	15—02	96—03	81—03	77—03	62—03	32—03
9,12	34—02	22—02	14—02	91—03	74—03	70—03	57—03	29—03
9,55	31—02	20—02	13—02	83—03	68—03	64—03	51—03	26—03
10,0	28—02	19—02	12—02	76—03	62—03	58—03	47—03	24—03
10,4	25—02	17—02	11—02	69—03	56—03	53—03	42—03	21—03
10,9	22—02	15—02	99—03	62—03	51—03	48—03	38—03	19—03
11,4	20—02	14—02	90—03	56—03	47—03	44—03	35—03	18—03
12,0	18—02	12—02	81—03	51—03	42—03	40—03	32—03	16—03

Table 7.3. Caprolactum (*Cont.*)

$h\nu$, eV	Temperature, °K							
	116 6	154 6	205 6	275 6	367 6	488 6	652 6	116 7
12,5	16—02	11—02	73—03	46—03	39—03	36—03	29—03	14—03
13,1	14—02	10—02	64—03	41—03	35—03	33—03	26—03	13—03
13,8	17—02	10—02	66—03	41—03	33—03	31—03	24—03	12—03
14,4	20—02	11—02	71—03	42—03	31—03	28—03	22—03	11—03
15,1	18—02	10—02	64—03	38—03	29—03	26—03	20—03	10—03
15,8	16—02	97—03	58—03	34—03	26—03	23—03	18—03	91—04
16,6	14—02	87—03	52—03	30—03	24—03	21—03	17—03	83—04
17,3	13—02	78—03	46—03	27—03	22—03	19—03	15—03	75—04
18,2	10—02	66—03	39—03	24—03	19—03	18—03	14—03	68—04
19,0	95—03	58—03	35—03	21—03	18—03	16—03	12—03	62—04
19,9	84—03	52—03	32—03	19—03	16—03	15—03	11—03	56—04
20,8	76—03	48—03	29—03	17—03	15—03	14—03	10—03	51—04
21,8	74—03	46—03	27—03	16—03	14—03	12—03	98—04	47—04
22,9	67—03	42—03	24—03	14—03	13—03	11—03	90—04	42—04
23,9	83—03	45—03	25—03	14—03	12—03	10—03	82—04	38—04
25,1	10—02	50—03	27—03	15—03	11—03	99—04	75—04	35—04
26,3	12—02	53—03	27—03	14—03	10—03	91—04	69—04	32—04
27,5	12—02	50—03	25—03	13—03	96—04	83—04	63—04	29—04
28,8	11—02	44—03	22—03	12—03	87—04	76—04	58—04	26—04
30,2	99—03	41—03	20—03	11—03	81—04	71—04	53—04	24—04
31,6	91—03	40—03	20—03	10—03	78—04	67—04	49—04	22—04
33,1	81—03	35—03	18—03	94—04	72—04	62—04	45—04	20—04
34,6	72—03	31—03	16—03	83—04	66—04	57—04	41—04	18—04
36,3	64—03	28—03	14—03	73—04	60—04	53—04	38—04	16—04
38,0	62—03	26—03	12—03	66—04	56—04	49—04	35—04	15—04
39,8	73—03	31—03	13—03	66—04	55—04	45—04	32—04	14—04
41,6	92—03	28—03	11—03	56—04	50—04	42—04	29—04	12—04
43,6	83—03	25—03	98—04	48—04	46—04	38—04	27—04	11—04
45,7	73—03	22—03	85—04	42—04	42—04	36—04	25—04	10—04
47,8	10—02	19—03	73—04	37—04	39—04	33—04	23—04	99—05
50,1	12—02	17—03	64—04	32—04	36—04	31—04	22—04	91—05
52,4	11—02	15—03	55—04	28—04	33—04	29—04	20—04	83—05
54,9	12—02	14—03	48—04	25—04	31—04	27—04	19—04	76—05
57,5	84—02	11—02	27—03	86—04	34—04	25—04	17—04	70—05
60,2	74—02	10—02	24—03	76—04	32—04	23—04	16—04	64—05
63,1	76—02	91—03	21—03	67—04	29—04	22—04	15—04	59—05
66,0	98—02	12—02	26—03	78—04	29—04	20—04	14—04	55—05
69,1	11—01	11—02	23—03	70—04	27—04	19—04	13—04	50—05
72,4	10—01	98—03	21—03	62—04	26—04	18—04	12—04	46—05
75,8	90—02	87—03	18—03	56—04	24—04	17—04	11—04	43—05
79,4	98—02	81—03	16—03	50—04	23—04	17—04	11—04	40—05
83,1	88—02	72—03	14—03	44—04	22—04	16—04	10—04	37—05
87,1	10—01	89—03	13—03	40—04	24—04	16—04	10—04	34—05
91,2	22—01	21—02	24—03	60—04	41—04	17—04	95—05	31—05
95,5	21—01	20—02	21—03	53—04	39—04	16—04	90—05	29—05
100	24—01	23—02	24—03	56—04	37—04	15—04	86—05	27—05

Table 7.3. Caprolactum (*Cont.*)

$h\nu$, eV	\multicolumn{8}{c}{Temperature, °K}							
	116 6	154 6	205 6	275 6	367 6	**488** 6	652 6	116 7
104	32—01	26—02	22—03	50—04	32—04	15—04	82—05	25—05
109	29—01	23—02	20—03	44—04	29—04	14—04	79—05	23—05
114	36—01	26—02	18—03	39—04	25—04	13—04	76—05	22—05
120	32—01	23—02	16—03	34—04	22—04	13—04	74—05	20—05
125	29—01	21—02	14—03	30—04	20—04	16—04	84—05	21—05
131	29—01	73—02	82—03	10—03	33—04	18—04	79—05	19—05
138	26—01	64—02	72—03	96—04	29—04	16—04	71—05	17—05
144	26—01	89—02	96—03	11—03	31—04	16—04	65—05	15—05
151	23—01	79—02	85—03	10—03	28—04	14—04	59—05	14—05
158	21—01	70—02	75—03	91—04	24—04	12—04	54—05	13—05
165	18—01	62—02	66—03	81—04	21—04	11—04	52—05	11—05
173	16—01	55—02	59—03	71—04	19—04	97—05	54—05	10—05
181	14—01	48—02	52—03	63—04	16—04	86—05	49—05	97—06
190	12—01	43—02	46—03	55—04	14—04	75—05	43—05	88—06
199	11—01	38—02	40—03	49—04	13—04	66—05	38—05	79—06
208	10—01	33—02	35—03	43—04	11—04	58—05	33—05	70—06
218	88—02	29—02	31—03	38—04	10—04	50—05	29—05	65—06
229	78—02	26—02	27—03	33—04	88—05	44—05	25—05	58—06
239	69—02	22—02	24—03	29—04	78—05	39—05	22—05	51—06
251	61—02	20—02	21—03	25—04	68—05	34—05	19—05	45—06
263	53—02	17—02	18—03	22—04	60—05	30—05	17—05	39—06
275	47—02	15—02	16—03	20—04	53—05	26—05	15—05	35—06
288	42—02	13—02	14—03	17—04	47—05	23—05	13—05	30—06
301	37—02	12—02	12—03	15—04	41—05	20—05	11—05	27—06
316	32—02	10—02	11—03	13—04	36—05	18—05	10—05	23—06
331	29—02	94—03	10—03	12—04	32—05	15—05	89—06	20—06
346	12—01	23—02	43—03	10—03	11—04	14—05	78—06	18—06
363	10—01	20—02	37—03	91—04	99—05	12—05	68—06	16—06
380	93—02	18—02	32—03	80—04	87—05	11—05	60—06	14—06
398	13 00	13 00	13 00	12 00	29—01	37—03	19—05	12—06
416	11 00	11 00	11 00	11 00	25—01	32—03	16—05	10—06
436	10 00	10 00	99—01	96—01	22—01	28—03	14—05	96—07
457	89—01	87—01	86—01	83—01	19—01	24—03	12—05	84—07
478	78—01	76—01	75—01	72—01	16—01	21—03	11—05	74—07
501	82—01	68—01	66—01	65—01	64—01	19—01	98—03	10—04
524	71—01	59—01	57—01	57—01	55—01	16—01	86—03	88—05
549	62—01	51—01	50—01	50—01	48—01	14—01	75—03	77—05
575	61—01	57—01	57—01	57—01	55—01	15—01	68—03	67—03
602	53—01	50—01	49—01	49—01	48—01	13—01	60—03	58—05
630	47—01	43—01	43—01	43—01	41—01	11—01	52—03	51—05
660	54—01	38—01	37—01	37—01	36—01	10—01	45—03	44—05
691	55—01	43—01	34—01	32—01	32—01	14—01	30—02	13—04
724	48—01	38—01	29—01	28—01	27—01	12—01	26—02	12—04
758	41—01	37—01	35—01	34—01	34—01	21—01	46—02	10—04
794	36—01	33—01	30—01	30—01	29—01	18—01	40—02	91—05
831	31—01	28—01	26—01	26—01	26—01	15—01	35—02	79—05

Table 7.3. Caprolactum (*Cont.*)

$h\nu$, eV	Temperature, °K							
	116 6	154 6	205 6	275 6	367 6	488 6	652 6	116 7
870	27—01	25—01	23—01	23—01	22—01	13—01	30—02	69—05
912	24—01	21—01	20—01	20—01	19—01	12—01	67—02	43—04
954	21—01	19—01	17—01	17—01	17—01	10—01	59—02	38—04
1000	18—01	16—01	15—01	15—01	15—01	92—02	51—02	33—04

Table 7.3. Caprolactum (*Cont.*)

Density of Plasma $\rho = 10001$

$h\nu$, eV	Temperature, °K							
	116 5	154 5	206 5	275 5	367 5	490 5	652 5	870 5
1,00	81 00	14 02	10 03	32 03	49 03	66 03	82 03	10 04
1,10	66 00	11 02	85 02	26 03	40 03	54 03	67 03	82 03
1,15	59 00	10 02	76 02	24 03	37 03	49 03	61 03	75 03
1,20	53 00	92 01	69 02	21 03	33 03	44 03	55 03	68 03
1,26	47 00	83 01	62 02	19 03	30 03	40 03	50 03	61 03
1,32	43 00	75 01	57 02	17 03	27 03	36 03	46 03	56 03
1,38	40 00	69 01	52 02	16 03	25 03	33 03	41 03	50 03
1,45	37 00	63 01	47 02	14 03	22 03	30 03	37 03	46 03
1,51	38 00	61 01	44 02	13 03	20 03	27 03	34 03	41 03
1,58	44 00	63 01	42 02	12 03	19 03	25 03	31 03	38 03
1,66	42 00	59 01	39 02	11 03	17 03	22 03	28 03	34 03
1,74	38 00	53 01	35 02	10 03	15 03	20 03	25 03	31 03
1,82	33 00	47 01	31 02	94 02	14 03	18 03	23 03	28 03
1,91	29 00	42 01	28 02	85 02	12 03	17 03	21 03	25 03
2,00	26 00	38 01	26 02	77 02	11 03	15 03	19 03	23 03
2,09	24 00	34 01	23 02	70 02	10 03	14 03	17 03	21 03
2,19	21 00	31 01	21 02	64 02	96 02	12 03	15 03	19 03
2,29	19 00	28 01	19 02	58 02	87 02	11 03	14 03	17 03
2,40	17 00	25 01	17 02	53 02	80 02	10 03	13 03	15 03
2,51	16 00	23 01	16 02	48 02	72 02	95 02	11 03	14 03
2,63	15 00	22 01	14 02	44 02	66 02	87 02	10 03	13 03
2,75	15 00	20 01	13 02	40 02	60 02	78 02	96 02	11 03
2,88	13 00	18 01	12 02	36 02	54 02	71 02	87 02	10 03
3,02	12 00	17 01	11 02	33 02	50 02	64 02	79 02	97 02
3,16	11 00	16 01	10 02	30 02	45 02	58 02	71 02	87 02
3,31	11 00	14 01	97 01	28 02	41 02	53 02	65 02	80 02
3,47	16 00	17 01	97 01	26 02	38 02	49 02	59 02	73 02
3,63	17 00	16 01	90 01	24 02	35 02	46 02	55 02	66 02
3,80	24 00	19 01	90 01	22 02	32 02	42 02	49 02	60 02
3,98	25 00	19 01	84 01	20 02	29 02	38 02	44 02	54 02
4,17	24 00	18 01	77 01	18 02	26 02	34 02	40 02	48 02
4,37	22 00	16 01	71 01	17 02	23 02	31 02	36 02	44 02
4,57	21 00	15 01	66 01	15 02	21 02	28 02	32 02	39 02

Table 7.3. Caprolactum (*Cont.*)

$h\nu$, eV	Temperature, °K														
	116	5	154	5	206	5	275	5	367	5	490	5	652	5	870	5
4,79	20	00	15	01	61	01	14	02	19	02	25	02	29	02	36	02
5,01	20	00	14	01	57	01	12	02	17	02	22	02	26	02	33	02
5,25	20	00	14	01	53	01	11	02	15	02	20	02	24	02	30	02
5,50	19	00	13	01	51	01	10	02	14	02	18	02	22	02	27	02
5,75	19	00	13	01	49	01	10	02	14	02	18	02	20	02	25	02
6,03	20	00	13	01	47	01	95	01	13	02	16	02	18	02	22	02
6,31	20	00	13	01	46	01	90	01	12	02	16	02	17	02	20	02
6,61	20	00	13	01	44	01	86	01	12	02	16	02	17	02	19	02
6,92	20	00	13	01	43	01	82	01	11	02	16	02	16	02	17	02
7,24	35	01	89	01	13	02	14	02	14	02	16	02	15	02	15	02
7,59	36	01	90	01	14	02	14	02	13	02	15	02	14	02	14	02
7,94	37	01	92	01	14	02	14	02	13	02	14	02	13	02	13	02
8,32	37	01	93	01	14	02	14	02	13	02	15	02	13	02	13	02
8,71	62	01	13	02	18	02	16	02	14	02	15	02	13	02	12	02
9,12	62	01	13	02	18	02	16	02	13	02	14	02	12	02	11	02
9,55	63	01	13	02	18	02	16	02	13	02	14	02	11	02	10	02
10,0	63	01	13	02	18	02	16	02	13	02	13	02	11	02	98	01
10,4	59	02	71	02	61	02	37	02	20	02	14	02	10	02	88	01
10,9	58	02	70	02	60	02	37	02	22	02	18	02	12	02	84	01
11,4	41	03	35	03	22	03	10	03	43	02	21	02	11	02	77	01
12,0	40	03	35	03	23	03	11	03	44	02	21	02	11	02	70	01
12,5	41	03	36	03	24	03	11	03	47	02	23	02	11	02	66	01
13,1	40	03	35	03	23	03	11	03	46	02	23	02	11	02	61	01
13,8	88	03	81	03	63	03	34	03	13	03	54	02	22	02	10	02
14,4	81	03	75	03	57	03	31	03	12	03	49	02	20	02	10	02
15,1	80	03	73	03	56	03	30	03	13	03	67	02	28	02	11	02
15,8	74	03	68	03	51	03	28	03	12	03	63	02	26	02	11	02
16,6	76	03	69	03	51	03	27	03	12	03	60	02	25	02	11	02
17,3	72	03	65	03	48	03	25	03	11	03	56	02	24	02	10	02
18,2	67	03	61	03	44	03	24	03	10	03	56	02	24	02	97	01
19,0	63	03	57	03	43	03	27	03	17	03	11	03	41	02	11	02
19,9	60	03	54	03	40	03	25	03	16	03	10	03	38	02	11	02
20,8	57	03	51	03	38	03	23	03	15	03	10	03	37	02	10	02
21,8	53	03	48	03	36	03	22	03	14	03	93	02	35	02	97	01
22,9	50	03	45	03	34	03	20	03	13	03	87	02	33	02	97	01
23,9	47	03	42	03	31	03	19	03	12	03	84	02	32	02	91	01
25,1	45	03	42	03	35	03	26	03	19	03	11	03	39	02	99	01
26,3	42	03	40	03	33	03	24	03	18	03	11	03	37	02	10	02
27,5	39	03	37	03	31	03	23	03	17	03	10	03	34	02	93	01
28,8	37	03	35	03	29	03	21	03	16	03	99	02	33	02	87	01
30,2	35	03	33	03	28	03	22	03	17	03	11	03	45	02	15	02
31,6	33	03	32	03	30	03	26	03	22	03	14	03	64	02	26	02

Table 7.3. Caprolactum (*Cont.*)

$h\nu$, eV	Temperature, °K												
	116	5	154	5	206	5	275	5	367	5	490	5	652	5	870	5
33,1	31	03	30	03	28	03	25	03	22	03	15	03	66	02	25	02
34,6	29	03	28	03	26	03	24	03	21	03	14	03	61	02	23	02
36,3	27	03	26	03	25	03	24	03	21	03	14	03	66	02	26	02
38,0	25	03	24	03	24	03	23	03	21	03	14	03	64	02	25	02
39,8	23	03	22	03	22	03	21	03	19	03	13	03	59	02	23	02
41,6	21	03	21	03	20	03	19	03	18	03	14	03	88	02	42	02
43,6	19	03	19	03	19	03	18	03	17	03	13	03	81	02	38	02
45,7	18	03	18	03	17	03	17	03	16	03	12	03	74	02	34	02
47,8	16	03	16	03	16	03	15	03	14	03	11	03	73	02	35	02
50,1	15	03	15	03	15	03	14	03	14	03	12	03	90	02	44	02
52,4	14	03	14	03	13	03	13	03	13	03	11	03	86	02	42	02
54,9	12	03	12	03	12	03	12	03	11	03	10	03	86	02	45	02
57,5	11	03	11	03	11	03	11	03	10	03	10	03	85	02	54	02
60,2	10	03	10	03	10	03	10	03	99	02	92	02	77	02	49	02
63,1	96	02	96	02	94	02	93	02	90	02	83	02	70	02	45	02
66,0	87	02	87	02	86	02	84	02	82	02	77	02	68	02	49	02
69,1	79	02	78	02	77	02	76	02	74	02	70	02	62	02	47	02
72,4	71	02	71	02	70	02	69	02	67	02	63	02	56	02	42	02
75,8	64	02	64	02	63	02	62	02	60	02	57	02	51	02	38	02
79,4	58	02	57	02	57	02	56	02	54	02	51	02	46	02	37	02
83,1	52	02	51	02	51	02	50	02	49	02	46	02	41	02	33	02
87,1	46	02	46	02	46	02	45	02	44	02	41	02	37	02	30	02
91,2	41	02	41	02	41	02	40	02	39	02	37	02	33	02	28	02
95,5	37	02	37	02	36	02	36	02	35	02	33	02	30	02	25	02
100	33	02	33	02	32	02	32	02	31	02	29	02	27	02	22	02
104	29	02	29	02	29	02	29	02	28	02	26	02	24	02	20	02
109	26	02	26	02	26	02	25	02	25	02	23	02	21	02	17	02
114	23	02	23	02	23	02	23	02	22	02	21	02	19	02	15	02
120	20	02	20	02	20	02	20	02	19	02	18	02	17	02	14	02
125	18	02	18	02	18	02	18	02	17	02	16	02	15	02	12	02
131	16	02	16	02	16	02	16	02	15	02	14	02	13	02	11	02
138	14	02	14	02	14	02	14	02	13	02	13	02	11	02	98	01
144	12	02	12	02	12	02	12	02	12	02	11	02	10	02	87	01
151	11	02	11	02	11	02	11	02	10	02	10	02	93	01	77	01

Table 7.3. Caprolactum (*Cont.*)

$h\nu$, eV	Temperature, °K													
	116	5	154	5	206	5	275	5	367	5	490	5	652	5	870	5
158	10	02	99	01	99	01	98	01	96	01	90	01	82	01	68	01
165	88	01	88	01	87	01	87	01	85	01	80	01	72	01	60	01
173	78	01	77	01	77	01	77	01	75	01	71	01	64	01	53	01
181	69	01	68	01	68	01	68	01	66	01	62	01	56	01	47	01
190	61	01	60	01	60	01	60	01	58	01	55	01	50	01	41	01
199	54	01	53	01	53	01	53	01	52	01	49	01	44	01	37	01
208	47	01	47	01	47	01	47	01	46	01	43	01	39	01	32	01
218	42	01	42	01	42	01	41	01	40	01	38	01	34	01	29	01
229	37	01	37	01	37	01	37	01	36	01	34	01	30	01	25	01
239	33	01	33	01	33	01	33	01	32	01	32	01	30	01	27	01
251	29	01	29	01	29	01	29	01	28	01	26	01	24	01	20	01
263	26	01	26	01	26	01	26	01	25	01	23	01	21	01	17	01
275	23	01	23	01	23	01	23	01	22	01	21	01	19	01	15	01
288	51	02	44	02	29	02	14	02	64	01	29	01	18	01	14	01
301	45	02	38	02	25	02	12	02	56	01	25	01	16	01	12	01
316	41	02	41	02	41	02	40	02	37	02	22	02	75	01	20	01
331	35	02	35	02	35	02	35	02	35	02	35	02	30	02	14	02
346	31	02	31	02	31	02	31	02	31	02	31	02	30	02	29	02
363	27	02	27	02	27	02	27	02	27	02	27	02	27	02	25	02
380	23	02	23	02	23	02	23	02	23	02	23	02	23	02	22	02
398	20	02	20	02	20	02	20	02	20	02	20	02	20	02	20	02
416	23	02	23	02	21	02	19	02	18	02	18	02	17	02	17	02
436	20	02	20	02	20	02	20	02	20	02	18	02	16	02	15	02
457	17	02	17	02	17	02	17	02	17	02	17	02	17	02	15	02
478	15	02	15	02	15	02	15	02	15	02	15	02	15	02	15	02
501	13	02	13	02	13	02	13	02	13	02	13	02	13	02	13	02
524	11	02	11	02	11	02	11	02	11	02	11	02	11	02	11	02
549	14	02	14	02	13	02	12	02	10	02	10	02	10	02	10	02
575	12	02	12	02	12	02	12	02	12	02	11	02	99	01	89	01
602	10	02	10	02	10	02	10	02	10	02	10	02	10	02	95	01
630	95	01	95	01	95	01	95	01	95	01	95	01	94	01	92	01
660	83	01	83	01	83	01	83	01	83	01	83	01	82	01	81	01
691	73	01	73	01	73	01	73	01	73	01	72	01	72	01	70	01
724	64	01	64	01	64	01	64	01	64	01	63	01	63	01	62	01

Table 7.3. Caprolactum (*Cont.*)

$h\nu$, eV	Temperature, °K													
	116	5	154	5	206	5	275	5	367	5	490	5	652	5	870	5
758	56	01	56	01	56	01	56	01	56	01	55	01	55	01	54	01
794	49	01	49	01	49	01	49	01	49	01	48	01	48	01	47	01
831	43	01	43	01	43	01	43	01	43	01	42	01	42	01	41	01
870	38	01	38	01	38	01	38	01	38	01	37	01	37	01	36	01
912	33	01	33	01	33	01	33	01	33	01	33	01	33	01	32	01
954	29	01	29	01	29	01	29	01	29	01	29	01	28	01	28	01
1000	26	01	28	01	26	01	26	01	26	01	25	01	25	01	24	01

$h\nu$, eV	Temperature, °K													
	116	6	154	6	205	6	275	6	367	6	488	6	652	6	116	7
1,00	11	04	11	04	99	03	77	03	57	03	50	03	48	03	34	03
1,10	95	03	96	03	81	03	63	03	46	03	41	03	40	03	27	03
1,15	86	03	87	03	74	03	57	03	42	03	37	03	36	03	25	03
1,20	78	03	78	03	67	03	51	03	38	03	33	03	32	03	22	03
1,26	71	03	71	03	60	03	47	03	34	03	30	03	29	03	20	03
1,32	64	03	64	03	55	03	42	03	31	03	27	03	26	03	18	03
1,38	58	03	58	03	49	03	38	03	28	03	24	03	24	03	16	03
1,45	53	03	53	03	45	03	34	03	25	03	22	03	22	03	15	03
1,51	48	03	48	03	41	03	31	03	23	03	20	03	19	03	13	03
1,58	43	03	43	03	37	03	28	03	21	03	18	03	18	03	12	03
1,66	39	03	39	03	33	03	25	03	19	03	16	03	16	03	11	03
1,74	35	03	35	03	30	03	23	03	17	03	15	03	14	03	10	03
1,82	32	03	32	03	27	03	21	03	15	03	13	03	13	03	92	02
1,91	29	03	29	03	25	03	19	03	14	03	12	03	12	03	83	02
2,00	26	03	26	03	22	03	17	03	12	03	11	03	10	03	75	02
2,09	24	03	24	03	20	03	15	03	11	03	10	03	98	02	68	02
2,19	22	03	22	03	18	03	14	03	10	03	92	02	89	02	62	02
2,29	20	03	20	03	17	03	13	03	95	02	83	02	80	02	56	02
2,40	18	03	18	03	15	03	11	03	86	02	75	02	73	02	50	02
2,51	16	03	16	03	13	03	10	03	78	02	68	02	66	02	45	02
2,63	15	03	15	03	12	03	97	02	70	02	61	02	60	02	41	02
2,75	13	03	13	03	11	03	87	02	64	02	56	02	54	02	37	02
2,88	12	03	12	03	10	03	79	02	58	02	50	02	49	02	34	02
3,02	11	03	11	03	94	02	72	02	52	02	46	02	44	02	30	02
3,16	10	03	10	03	85	02	65	02	47	02	41	02	40	02	27	02

Table 7.3. Caprolactum (*Cont.*)

hv, eV	Temperature, °K													
	116	5	154	5	206	5	275	5	367	5	490	5	652	5	870	5
3,31	92	02	92	02	78	02	59	02	43	02	37	02	36	02	25	02
3,37	84	02	84	02	71	02	54	02	39	02	34	02	33	02	22	02
3,63	76	02	76	02	64	02	49	02	35	02	31	02	30	02	20	02
3,80	69	02	69	02	58	02	44	02	32	02	28	02	27	02	18	02
3,98	62	02	62	02	52	02	40	02	29	02	25	02	24	02	16	02
4,17	56	02	56	02	47	02	36	02	26	02	23	02	22	02	15	02
4,37	51	02	51	02	43	02	33	02	24	02	20	02	20	02	13	02
4,57	47	02	47	02	40	02	30	02	22	02	19	02	18	02	12	02
4,79	43	02	43	02	36	02	27	02	20	02	17	02	16	02	11	02
5,01	39	02	39	02	33	02	25	02	18	02	15	02	15	02	10	02
5,25	35	02	35	02	30	02	22	02	16	02	14	02	13	02	92	01
5,50	32	02	32	02	27	02	20	02	14	02	12	02	12	02	84	01
5,75	29	02	29	02	24	02	18	02	13	02	11	02	11	02	76	01
6,03	27	02	27	02	23	02	17	02	12	02	10	02	10	02	69	01
6,31	25	02	25	02	21	02	16	02	11	02	96	01	91	01	62	01
6,61	22	02	23	02	19	02	14	02	10	02	87	01	83	01	56	01
6,92	20	02	21	02	17	02	13	02	94	01	79	01	75	01	51	01
7,24	18	02	19	02	16	02	12	02	86	01	72	01	68	01	46	01
7,59	16	02	17	02	14	02	11	02	78	01	65	01	62	01	42	01
7,94	15	02	15	02	13	02	99	01	71	01	59	01	56	01	38	01
8,32	14	02	14	02	12	02	90	01	64	01	54	01	51	01	34	01
8,71	14	02	14	02	11	02	85	01	60	01	49	01	46	01	31	01
9,12	13	02	13	02	10	02	80	01	56	01	45	01	42	01	28	01
9,55	12	02	12	02	10	02	73	01	51	01	41	01	38	01	25	01
10	11	02	11	02	90	01	67	01	46	01	37	01	35	01	23	01
10,4	97	01	98	01	81	01	60	01	42	01	34	01	31	01	21	01
10,9	87	01	88	01	73	01	54	01	38	01	31	01	28	01	19	01
11,4	78	01	79	01	66	01	49	01	34	01	28	01	26	01	17	01
12,0	70	01	71	01	59	01	44	01	31	01	25	01	23	01	15	01
12,5	63	01	64	01	53	01	40	01	28	01	23	01	21	01	14	01
13,1	56	01	56	01	47	01	35	01	25	01	20	01	19	01	12	01
13,8	76	01	63	01	49	01	35	01	24	01	19	01	18	01	11	01
14,4	78	01	65	01	50	01	35	01	23	01	18	01	16	01	10	01
15,1	77	01	61	01	45	01	32	01	21	01	16	01	15	01	97	00
15,8	74	01	56	01	41	01	29	01	19	01	15	01	13	01	88	00
16,6	69	01	51	01	37	01	26	01	17	01	13	01	12	01	80	00
17,3	62	01	45	01	33	01	23	01	15	01	12	01	11	01	72	00
18,2	55	01	39	01	28	01	20	01	13	01	11	01	10	01	66	00
19,0	52	01	34	01	25	01	18	01	12	01	10	01	94	00	60	00
19,9	48	01	30	01	22	01	16	01	11	01	93	00	86	00	54	00
20,8	43	01	27	01	20	01	14	01	10	01	85	00	78	00	49	00
21,8	38	01	25	01	18	01	13	01	93	00	78	00	72	00	45	00
22,9	37	01	22	01	16	01	12	01	83	00	70	00	65	00	41	00
23,9	37	01	23	01	17	01	12	01	81	00	65	00	59	00	37	00
25,1	40	01	26	01	18	01	12	01	80	00	61	00	54	00	34	00
26,3	44	01	28	01	19	01	12	01	77	00	57	00	49	00	31	00

Table 7.3. Caprolactum (*Cont.*)

hv, eV	\multicolumn{2}{c}{Temperature, °K}														
	116	5	154	5	206	5	275	5	367	5	490	5	652	5	870	5
27,5	41	01	26	01	17	01	11	01	70	00	52	00	45	00	28	00
28,8	37	01	24	01	15	01	99	00	62	00	47	00	41	00	25	00
30,20	52	01	24	01	14	02	89	00	56	00	43	00	38	00	23	00
31,6	78	01	26	01	13	01	83	00	52	00	40	00	35	00	21	00
33,1	73	01	23	01	11	01	73	00	47	00	36	00	32	00	19	00
34,6	67	01	21	01	10	01	65	00	41	00	33	00	29	00	17	00
36,3	72	01	19	01	91	00	57	00	36	00	30	00	27	00	16	00
38,0	70	01	18	01	84	00	51	00	33	00	27	00	25	00	14	00
39,8	63	01	17	01	85	00	50	00	31	00	26	00	23	00	13	00
41,6	10	02	21	01	80	00	43	00	27	00	23	00	21	00	12	00
43,6	96	01	19	01	70	00	38	00	23	00	21	00	19	00	11	00
45,7	86	01	17	01	61	00	33	00	20	00	19	00	17	00	10	00
47,8	93	01	20	01	58	00	29	00	18	00	17	00	16	00	94—01
50,1	11	02	22	01	55	00	25	00	16	00	16	00	15	00	86—01
52,4	10	02	20	01	49	00	22	00	14	00	14	00	13	00	79—01
54,9	11	02	22	01	46	00	20	00	12	00	13	00	12	00	73—01
57,5	24	02	78	01	20	01	70	00	29	00	15	00	12	00	67—01
60,2	21	02	70	01	18	01	61	00	26	00	14	00	11	00	61—01
63,1	21	02	69	01	16	01	54	00	23	00	12	00	10	00	56—01
66,0	24	02	81	01	20	01	63	00	25	00	12	00	94—01	52—01
69,1	27	02	88	01	19	01	57	00	22	00	11	00	87—01	48—01
72,4	24	02	79	01	17	01	51	00	20	00	10	00	81—01	44—01
75,8	21	02	70	01	15	01	45	00	18	00	98—01	76—01	40—01
79,4	22	02	72	01	14	01	41	00	16	00	90—01	71—01	37—01
83,1	20	02	64	01	12	01	36	00	14	00	84—01	66—01	34—01
87,1	18	02	62	01	13	01	34	00	13	00	84—01	65—01	32—01
91,2	19	02	79	01	22	01	51	00	17	00	11	00	72—01	30—01
95,5	17	02	72	01	20	01	45	00	15	00	10	00	68—01	27—01
100	15	02	71	01	20	01	47	00	15	00	10	00	63—01	25—01
104	14	02	74	01	22	01	45	00	13	00	90—01	58—01	24—01
109	12	02	65	01	20	01	40	00	12	00	80—01	53—01	22—01
114	11	02	68	01	21	01	38	00	10	00	71—01	49—01	20—01
120	10	02	61	01	19	01	34	00	95—01	63—01	45—01	19—01
125	92	01	54	01	16	01	30	00	84—01	57—01	48—01	19—01
131	82	01	50	01	22	01	66	00	18	00	80—01	53—01	18—01
138	73	01	44	01	19	01	58	00	16	00	71—01	47—01	16—01
144	64	01	40	01	20	01	67	00	17	00	72—01	44—01	14—01
151	57	01	35	01	18	01	59	00	15	00	64—01	39—01	13—01
158	50	01	31	01	16	01	52	00	13	00	56—01	35—01	12—01
165	44	01	28	01	14	01	46	00	12	00	49—01	31—01	11—01
173	39	01	24	01	12	01	41	00	10	00	44—01	27—01	10—01
181	35	01	21	01	11	01	36	00	95—01	38—01	24—01	94—02
190	30	01	19	01	97	00	32	00	84—01	34—01	21—01	84—02
199	27	01	17	01	86	00	28	00	74—01	30—01	19—01	75—02
208	24	01	15	01	75	00	24	00	65—01	26—01	16—01	68—02

Table 7.3. Caprolactum (*Cont.*)

$h\nu$, eV	Temperature, °K							
	116 5	154 5	206 5	275 5	367 5	490 5	652 5	870 5
218	21 01	13 01	66 00	21 00	57—01	23—01	14—01	61—02
229	18 01	11 01	58 00	19 00	50—01	20—01	12—01	53—02
239	16 01	10 01	51 00	17 00	44—01	18—01	11—01	47—02
251	14 01	91 00	45 00	14 00	39—01	15—01	99—02	41—02
263	13 01	80 00	40 00	13 00	34—01	14—01	87—02	37—02
275	11 01	71 00	35 00	11 00	30—01	12—01	76—02	32—02
288	10 01	62 00	31 00	10 00	26—01	10—01	67—02	28—02
301	91 00	55 00	27 00	90—01	24—01	95—02	59—02	25—02
316	87 00	49 00	24 00	79—01	21—01	85—02	52—02	22—02
331	35 01	77 00	25 00	75—01	19—01	76—02	46—02	19—02
346	19 02	76 01	24 01	83 00	30 00	65—01	62—02	17—02
363	17 02	66 01	21 01	72 00	26 00	56—01	54—02	15—02
380	15 02	58 01	18 01	63 00	23 00	49—01	48—02	13—02
398	17 02	15 02	13 02	13 02	12 02	56 01	42 00	15—02
416	15 02	13 02	12 02	11 02	11 02	49 01	37 00	13—02
436	13 02	11 02	10 02	10 02	96 01	42 01	32 00	12—02
457	12 02	99 01	91 01	88 01	83 01	37 01	28 00	10—02
478	12 02	93 01	80 01	76 01	72 01	32 01	24 00	92—03
501	12 02	10 02	79 01	69 01	67 01	65 01	37 01	94—01
524	10 02	87 01	68 01	60 01	58 01	56 01	32 01	82—01
549	91 01	76 01	60 01	52 01	50 01	49 01	28 01	72—01
575	80 01	68 01	61 01	58 01	57 01	55 01	30 01	63—01
602	74 01	60 01	53 01	50 01	50 01	48 01	26 01	55—01
630	81 01	58 01	47 01	44 01	43 01	42 01	22 01	48—01
660	75 01	64 01	46 01	39 01	37 01	36 01	19 01	42—01
691	66 01	59 01	52 01	40 01	34 01	32 01	22 01	12 00
724	57 01	51 01	45 01	35 01	30 01	28 01	19 01	10 00
758	50 01	45 01	41 01	37 01	35 01	34 01	26 01	10 00
794	44 01	39 01	35 01	32 01	30 01	30 01	22 01	93—01
831	38 01	34 01	31 01	28 01	26 01	26 01	20 01	81—01
870	33 01	30 01	27 01	24 01	23 01	22 01	17 01	70—01
912	29 01	26 01	23 01	21 01	20 01	20 01	15 01	27 00
954	25 01	22 01	20 01	18 01	17 01	17 01	13 01	24 00
1000	22 01	20 01	18 01	16 01	15 01	15 01	11 01	21 00

Table 7.4. Plexiglas

Density of Plasma $\rho = 100 - 03$

$h\nu$, eV	Temperature, °K							
	116 5	154 5	206 5	275 5	367 5	490 5	652 5	870 5
1,00	11—04	19—04	16—04	23—04	24—04	30—04	34—04	28—04
1,10	97—05	16—04	14—04	19—04	20—04	25—04	28—04	23—04
1,15	88—05	14—04	12—04	17—04	18—04	23—04	26—04	21—04

Table 7.4. Plexiglas (*Cont.*)

$h\nu$, eV	Temperature, °K							
	116 5	154 5	206 5	275 5	367 5	490 5	652 5	870 5
1,20	80—05	13—04	11—04	16—04	17—04	21—04	23—04	19—04
1,26	73—05	12—04	10—04	14—04	15—04	19—04	21—04	17—04
1,32	67—05	11—04	99—05	13—04	14—04	17—04	19—04	16—04
1,38	64—05	10—04	91—05	12—04	13—04	16—04	18—04	14—04
1,45	59—05	97—05	84—05	11—04	12—04	14—04	16—04	13—04
1,51	60—05	94—05	79—05	10—04	11—04	13—04	15—04	12—04
1,58	66—05	96—05	77—05	10—04	10—04	12—04	13—04	11—04
1,66	64—05	90—05	70—05	92—05	93—05	11—04	12—04	10—04
1,74	58—05	82—05	64—05	83—05	85—05	10—04	11—04	92—05
1,82	52—05	75—05	58—05	76—05	78—05	95—05	10—04	84—05
1,91	48—05	69—05	53—05	69—05	71—05	87—05	95—05	77—05
2,00	44—05	63—05	48—05	63—05	66—05	80—05	87—05	70—05
2,09	40—05	58—05	44—05	57—05	60—05	74—05	80—05	64—05
2,19	37—05	54—05	41—05	53—05	55—05	68—05	73—05	58—05
2,29	35—05	50—05	40—05	53—05	52—05	62—05	67—05	53—05
2,40	33—05	47—05	39—05	52—05	49—05	57—05	61—05	49—05
2,51	31—05	44—05	36—05	47—05	44—05	53—05	56—05	44—05
2,63	30—05	42—05	33—05	43—05	41—05	49—05	52—05	41—05
2,75	29—05	39—05	31—05	39—05	37—05	45—05	47—05	37—05
2,88	28—05	37—05	28—05	36—05	34—05	41—05	44—05	34—05
3,02	28—05	36—05	27—05	33—05	31—05	37—05	40—05	31—05
3,16	27—05	35—05	25—05	30—05	28—05	34—05	37—05	29—05
3,31	26—05	33—05	23—05	27—05	26—05	32—05	34—05	26—05
3,47	31—05	34—05	23—05	28—05	25—05	30—05	32—05	24—05
3,63	30—05	31—05	29—05	38—05	26—05	28—05	29—05	22—05
3,80	35—05	32—05	27—05	34—05	23—05	25—05	26—05	20—05
3,98	35—05	30—05	24—05	31—05	21—05	23—05	24—05	18—05
4,17	32—05	27—05	22—05	28—05	19—05	20—05	22—05	16—05
4,37	30—05	24—05	22—05	27—05	17—05	19—05	20—05	15—05
4,57	28—05	22—05	20—05	25—05	16—05	18—05	20—05	15—05
4,79	26—05	21—05	18—05	22—05	15—05	17—05	19—05	14—05
5,01	25—05	19—05	17—05	20—05	15—05	16—05	17—05	12—05
5,25	24—05	18—05	15—05	18—05	15—05	16—05	16—05	11—05
5,50	23—05	17—05	14—05	17—05	13—05	15—05	14—05	10—05
5,75	23—05	17—05	24—05	26—05	14—05	13—05	12—05	96—06
6,03	23—05	16—05	23—05	26—05	13—05	13—05	13—05	97—06
6,31	22—05	15—05	25—05	28—05	13—05	13—05	14—05	99—06
6,61	22—05	15—05	34—05	40—05	14—05	11—05	13—05	90—06
6,92	22—05	15—05	42—05	47—05	15—05	10—05	12—05	81—06
7,24	36—04	83—05	51—05	45—05	14—05	94—06	10—05	73—06
7,59	37—04	84—05	50—05	43—05	13—05	87—06	98—06	66—06
7,94	38—04	85—05	50—05	43—05	14—05	89—06	88—06	60—06
8,32	38—04	86—05	57—05	51—05	18—05	10—05	81—06	54—06
8,71	63—04	12—04	62—05	51—05	18—05	11—05	99—06	60—06
9,12	63—04	12—04	60—05	50—05	18—05	11—05	10—05	61—06
9,55	70—04	13—04	61—05	49—05	17—05	10—05	96—06	56—06
10,0	70—04	13—04	62—05	49—05	16—05	94—06	87—06	51—06

Table 7.4. Plexiglas (*Cont.*)

$h\nu$, eV	Temperature, °K							
	116 5	154 5	206 5	275 5	367 5	490 5	652 5	870 5
10,4	60—03	65—04	10—04	49—05	15—05	83—06	77—06	46—06
10,9	60—03	66—04	22—04	11—04	22—05	74—06	68—06	41—06
11,4	41—02	31—03	37—04	11—04	21—05	65—06	61—06	37—06
12,0	45—02	36—03	40—04	11—04	20—05	58—06	54—06	33—06
12,5	44—02	36—03	51—04	16—04	24—05	52—06	48—06	30—06
13,1	43—02	35—03	50—04	15—04	23—05	47—06	41—06	25—06
13,8	32—01	25—02	17—03	29—04	45—05	11—05	68—06	33—06
14,4	29—01	23—02	16—03	27—04	43—05	13—05	93—06	41—06
15,1	27—01	22—02	39—03	10—03	99—05	16—05	86—06	38—06
15,8	25—01	20—02	37—03	95—04	10—04	18—05	78—06	34—06
16,6	23—01	10—02	35—03	90—04	98—05	18—05	71—06	30—06
17,3	22—01	18—02	34—03	86—04	92—05	16—05	63—06	27—06
18,2	20—01	17—02	32—03	81—04	87—05	15—05	54—06	22—06
19,0	19—01	28—02	27—02	49—03	27—04	15—05	48—06	19—06
19,9	18—01	26—02	25—02	46—03	25—04	19—05	48—06	17—06
20,8	17—01	25—02	24—02	45—03	27—04	19—05	43—06	16—06
21,8	16—01	23—02	22—02	43—03	26—04	17—05	39—06	16—06
22,9	15—01	22—02	20—02	40—03	24—04	16—05	35—06	15—06
23,9	14—01	20—02	19—02	37—03	23—04	18—05	63—06	22—06
25,1	25—01	14—01	10—01	10—02	40—04	22—05	10—05	32—06
26,3	23—01	13—01	99—02	10—02	42—04	34—05	14—05	41—06
27,5	22—01	12—01	91—02	92—03	39—04	32—05	14—05	42—06
28,8	21—01	11—01	84—02	84—03	36—04	30—05	13—05	40—06
30,2	19—01	10—01	84—02	14—02	15—03	15—04	14—05	37—06
31,6	25—01	18—01	13—01	19—02	36—03	39—04	17—05	34—06
33,1	24—01	18—01	16—01	37—02	42—03	40—04	18—05	30—06
34,6	23—01	17—01	15—01	35—02	39—03	37—04	16—05	27—06
36,3	25—01	25—01	21—01	64—02	56—03	43—04	15—05	24—06
38,0	24—01	23—01	20—01	60—02	54—03	61—04	23—05	23—06
39,8	22—01	21—01	18—01	57—02	50—03	56—04	21—05	28—06
41,6	21—01	20—01	17—01	73—02	23—02	20—03	97—05	66—06
43,6	19—01	20—01	17—01	73—02	21—02	19—03	90—05	63—06
45,7	18—01	18—01	16—01	67—02	19—02	17—03	83—05	58—06
47,8	17—01	17—01	15—01	63—02	20—02	27—03	25—04	13—05
50,1	15—01	16—01	15—01	10—01	44—02	37—03	33—04	16—05
52,4	14—01	14—01	14—01	10—01	49—02	55—03	34—04	15—05
54,9	13—01	13—01	13—01	11—01	79—02	11—02	41—04	14—05
57,5	12—01	12—01	12—01	10—01	75—02	18—02	20—03	95—05
60,2	11—01	11—01	11—01	94—02	68—02	16—02	18—03	85—05
63,1	10—01	10—01	10—01	86—02	62—02	16—02	28—03	10—04
66,0	94—02	96—02	93—02	84—02	74—02	28—02	35—03	13—04
69,1	85—02	87—02	85—02	77—02	67—02	30—02	72—03	20—04
72,4	77—02	79—02	77—02	70—02	61—02	27—02	65—03	18—04
75,8	70—02	72—02	70—02	64—02	56—02	25—02	59—03	16—04
79,4	63—02	65—02	63—02	58—02	51—02	30—02	91—03	22—04
83,1	57—02	59—02	57—02	52—02	46—02	27—02	82—03	19—04

Table 7.4. Plexiglas (*Cont.*)

$h\nu$, eV	Temperature, °K							
	116 5	154 5	206 5	275 5	367 5	490 5	652 5	870 5
87,1	51—02	53—02	52—02	47—02	42—02	24—02	74—03	45—04
91,2	46—02	47—02	46—02	43—02	38—02	29—02	10—02	10—03
95,5	41—02	43—02	42—02	38—02	34—02	26—02	99—03	11—03
100	37—02	38—02	37—02	34—02	31—02	23—02	90—03	10—03
104	33—02	34—02	33—02	31—02	28—02	21—02	10—02	29—03
109	29—02	30—02	30—02	28—02	25—02	19—02	93—03	26—03
114	26—02	27—02	26—02	25—02	22—02	17—02	11—02	45—03
120	23—02	24—02	24—02	22—02	20—02	15—02	10—02	41—03
125	21—02	21—02	21—02	19—02	18—02	14—02	92—03	37—03
131	18—02	19—02	19—02	17—02	16—02	12—02	83—03	42—03
138	16—02	17—02	16—02	15—02	14—02	11—02	74—03	37—03
144	14—02	15—02	15—02	14—02	12—02	99—03	66—03	44—03
151	13—02	13—02	13—02	12—02	11—02	88—03	59—03	39—03
158	11—02	12—02	11—02	11—02	10—02	78—03	53—03	35—03
165	10—02	10—02	10—02	97—03	88—03	70—03	47—03	31—03
173	91—03	93—03	92—03	86—03	78—03	62—03	42—03	28—03
181	80—03	83—03	81—03	76—03	69—03	55—03	37—03	24—03
190	71—03	73—03	72—03	68—03	61—03	48—03	33—03	22—03
199	63—03	64—03	63—03	60—03	54—03	43—03	29—03	19—03
208	55—03	57—03	56—03	53—03	48—03	38—03	26—03	17—03
218	49—03	50—03	49—03	47—03	42—03	33—03	23—03	15—03
229	43—03	45—03	44—03	41—03	37—03	30—03	20—03	13—03
239	38—03	39—03	39—03	37—03	33—03	26—03	18—03	12—03
251	34—03	35—03	34—03	32—03	29—03	23—03	15—03	10—03
263	30—03	31—03	30—03	29—03	26—03	20—03	14—03	93—04
275	27—03	27—03	27—03	25—03	23—03	18—03	12—03	82—04
288	74—03	28—03	24—03	23—03	20—03	16—03	11—03	72—04
301	65—03	25—03	21—03	20—03	18—03	14—03	96—04	64—04
316	39—02	38—02	30—02	44—03	17—03	12—03	85—04	56—04
331	34—02	34—02	34—02	33—02	20—02	19—03	76—04	50—04
346	29—02	29—02	29—02	29—02	29—02	23—02	28—03	55—04
363	25—02	25—02	25—02	25—02	25—02	20—02	24—03	48—04
380	22—02	22—02	22—02	22—02	22—02	18—02	21—03	43—04
398	19—02	19—02	19—02	19—02	19—02	18—02	13—02	12—02
416	17—02	17—02	17—02	17—02	17—02	15—02	11—02	11—02
436	15—02	15—02	15—02	15—02	14—02	13—02	10—02	96—03
457	13—02	13—02	13—02	13—02	13—02	12—02	88—03	84—03
478	11—02	11—02	11—02	11—02	11—02	10—02	76—03	73—03
501	10—02	10—02	10—02	99—03	98—03	91—03	67—03	63—03
524	87—02	87—03	87—03	87—03	86—03	80—03	58—03	55—03
549	13—02	81—03	76—03	76—03	75—03	69—03	51—03	48—03
575	14—02	14—02	14—02	10—02	67—03	61—03	44—03	42—03
602	12—02	12—02	12—02	12—02	12—02	67—03	39—03	36—03
630	11—02	11—02	11—02	11—02	11—02	10—02	60—03	32—03
660	96—03	96—03	96—03	96—03	95—03	92—03	80—03	51—03
691	84—03	84—03	84—03	84—03	83—03	80—03	70—03	68—03

Table 7.4. Plexiglas (Cont.)

hv, eV	Temperature, °K							
	116 5	154 5	206 5	275 5	367 5	490 5	652 5	870 5
724	74—03	74—03	74—03	73—03	73—03	70—03	61—03	59—03
758	64—03	64—03	64—03	64—03	64—03	61—03	53—03	52—03
794	56—03	56—03	56—03	56—03	56—03	53—03	46—03	45—03
831	49—03	50—03	49—03	49—03	49—03	46—03	40—03	39—03
870	43—03	43—03	43—03	43—03	43—03	41—03	35—03	34—03
912	38—03	38—03	38—03	38—03	37—03	35—03	31—03	30—03
954	34—03	34—03	34—03	33—03	33—03	31—03	27—03	26—03
1000	30—03	30—03	30—03	29—03	29—03	27—03	23—03	23—03

Table 7.4. Plexiglas (Cont.)

hv, eV	Temperature, °K							
	116 6	154 6	205 6	275 6	367 6	490 6	652 6	116 7
1,00	24—04	17—04	12—04	11—04	10—04	87—05	71—05	36—05
1,10	19—04	14—04	99—05	91—05	87—05	72—05	58—05	29—05
1,15	18—04	13—04	90—05	82—05	79—05	65—05	52—05	26—05
1,20	16—04	11—04	81—05	74—05	71—05	59—05	47—05	24—05
1,26	14—04	10—04	74—05	67—05	65—05	53—05	43—05	21—05
1,32	13—04	97—05	67—05	61—05	58—05	48—05	39—05	19—05
1,38	12—04	88—05	61—05	55—05	53—05	43—05	35—05	17—05
1,45	11—04	80—05	55—05	50—05	48—05	39—05	32—05	16—05
1,51	10—04	72—05	50—05	45—05	43—05	34—05	29—05	15—05
1,58	92—05	66—05	45—05	41—05	39—05	32—05	26—05	13—05
1,66	83—05	60—05	41—05	37—05	35—05	29—05	23—05	11—05
1,74	76—05	54—05	37—05	34—05	32—05	26—05	21—05	10—05
1,82	69—05	49—05	34—05	30—05	29—05	24—05	19—05	97—06
1,91	63—05	45—05	30—05	28—05	26—05	21—05	17—05	88—06
2,00	57—05	40—05	28—05	25—05	24—05	19—05	15—05	80—06
2,09	52—05	37—05	25—05	23—05	21—05	17—05	14—05	72—06
2,19	47—05	33—05	23—05	20—05	19—05	16—05	13—05	65—06
2,29	43—05	30—05	21—05	19—05	18—05	14—05	11—05	59—06
2,40	39—05	28—05	19—05	17—05	16—05	13—05	10—05	53—06
2,51	36—05	25—05	17—05	15—05	14—05	12—05	97—06	48—06
2,63	33—05	23—05	15—05	14—05	13—05	10—05	87—06	43—06
2,75	30—05	21—05	14—05	12—05	12—05	99—06	79—06	39—06
2,88	27—05	19—05	13—05	11—05	11—05	89—06	72—06	35—06
3,02	25—05	17—05	11—05	10—05	10—05	81—06	65—06	32—06
3,16	23—05	16—05	10—05	96—06	91—06	73—06	59—06	29—06
3,31	21—05	14—05	98—06	87—06	82—06	67—06	53—06	26—06
3,47	19—05	13—05	89—06	79—06	75—06	60—06	48—06	24—06
3,63	17—05	12—05	81—06	72—06	68—06	55—06	44—06	21—06
3,80	16—05	11—05	73—06	65—06	61—06	50—06	39—06	19—06
3,98	14—05	10—05	67—06	59—06	56—06	45—06	36—06	17—06

Table 7.4. Plexiglas (*Cont.*)

$h\nu$, eV	Temperature, °K							
	116 6	154 6	205 6	275 6	367 6	488 6	652 6	116 7
4,17	13—05	91—06	60—06	54—06	51—06	41—06	32—06	16—06
4,37	12—05	83—06	55—06	49—06	46—06	37—06	29—06	14—06
4,57	11—05	78—06	51—06	45—06	42—06	33—06	26—06	13—06
4,79	10—05	72—06	47—06	41—06	38—06	30—06	24—06	12—06
5,01	98—06	65—06	42—06	37—06	34—06	27—06	22—06	10—06
5,25	89—06	59—06	39—06	34—06	31—06	25—06	20—06	98—07
5,50	81—06	54—06	35—06	31—06	28—06	23—06	18—06	89—07
5,75	74—06	49—06	32—06	28—06	26—06	20—06	16—06	80—07
6,03	72—06	47—06	30—06	25—06	23—06	19—06	15—06	73—07
6,31	71—06	45—06	28—06	23—06	21—06	17—03	13—06	66—07
6,61	65—06	41—06	26—06	21—06	19—06	15—06	12—06	59—07
6,92	59—06	37—06	23—06	19—06	17—06	14—06	11—06	54—07
7,24	54—06	34—06	21—06	17—06	16—06	12—06	10—06	49—07
7,59	49—06	31—06	19—06	16—06	14—06	11—06	92—07	44—07
7,94	46—06	29—06	18—06	15—06	13—06	10—06	83—07	40—07
8,32	41—06	26—06	16—06	13—06	12—06	97—07	76—07	36—07
8,71	42—06	26—06	16—06	12—06	11—06	88—07	69—07	33—07
9,12	41—06	25—06	15—06	11—06	10—06	80—07	62—07	30—07
9,55	38—06	23—06	13—06	10—06	93—07	73—07	57—07	27—07
10,0	36—06	21—06	13—06	98—07	86—07	67—07	52—07	24—07
10,4	32—06	19—06	11—06	90—07	79—07	61—07	47—07	22—07
10,9	29—06	17—06	10—06	82—07	72—07	55—07	43—07	20—07
11,4	26—06	16—06	96—07	74—07	65—07	50—07	39—07	18—07
12,0	24—06	14—00	87—07	68—07	60—07	46—07	35—07	16—07
12,5	21—06	13—06	78—07	62—07	54—07	42—07	32—07	15—07
13,1	18—06	11—06	69—07	56—07	49—07	38—07	29—07	13—07
13,8	21—06	12—06	71—07	54—07	47—07	35—07	27—07	12—07
14,4	25—06	14—06	76—07	53—07	44—07	32—07	24—07	11—07
15,1	23—06	12—06	69—07	48—07	40—07	29—07	22—07	10—07
15,8	21—06	11—06	63—07	44—07	37—07	27—07	20—07	93—08
16,6	18—06	10—06	56—07	40—07	33—07	25—07	18—07	85—08
17,3	16—06	92—07	50—07	37—07	30—07	22—07	17—07	77—08
18,2	14—06	79—07	43—07	33—07	28—07	20—07	15—07	70—08
19,0	12—06	70—07	39—07	30—07	25—07	19—07	14—07	64—08
19,9	11—06	66—07	36—07	28—07	24—07	17—07	13—07	58—08
20,8	11—06	64—07	34—07	27—07	22—07	16—07	11—07	52—08
21,8	10—06	57—07	30—04	24—07	20—07	14—07	10—07	48—08
22,9	93—07	50—07	27—07	22—07	18—07	13—07	99—08	43—08
23,9	10—06	52—07	27—07	20—07	17—07	12—07	91—08	39—08
25,1	12—06	57—07	28—07	19—07	15—07	11—07	83—08	36—08
26,3	14—06	58—07	28—07	18—07	14—07	10—07	76—08	33—08
27,5	13—06	54—07	26—07	16—07	13—07	97—08	70—08	30—08
28,8	12—06	48—07	23—07	15—07	12—07	89—08	64—08	27—08
30,2	13—06	52—07	24—07	15—07	11—07	83—08	59—08	25—08
31,6	15—06	62—07	26—07	16—07	11—07	77—08	54—08	22—08

Table 7.4. Plexiglas (*Cont.*)

$h\nu$, eV	Temperature, °K							
	116 6	154 6	205 6	275 6	367 6	488 6	652 6	116 7
33,1	14—06	56—07	24—07	15—07	11—07	71—08	50—08	20—08
34,6	12—06	50—07	21—07	13—07	10—07	66—08	46—08	19—08
36,3	10—06	44—07	18—07	12—07	94—08	61—08	42—08	17—08
38,0	96—07	39—07	16—07	11—07	87—08	57—08	39—08	15—08
39,8	91—07	34—07	14—07	10—07	80—08	52—08	36—08	14—08
41,6	86—07	28—07	11—07	96—08	73—08	48—08	33—08	13—08
43,6	77—07	24—07	99—08	88—08	67—08	45—08	31—08	12—08
45,7	68—07	21—07	86—08	82—08	62—08	42—08	28—08	11—08
47,8	61—07	18—07	74—08	76—08	58—08	39—08	26—08	10—08
50,1	55—07	16—07	65—08	72—08	54—08	36—08	24—08	93—09
52,4	49—07	14—07	57—08	67—08	51—08	34—08	23—08	86—09
54,9	43—07	12—07	49—08	64—08	48—08	32—08	21—08	79—09
57,5	67—06	11—06	26—07	75—08	45—08	30—08	19—08	72—09
60,2	59—06	99—07	23—07	70—08	42—08	28—08	18—08	66—09
63,1	53—06	87—07	20—07	66—08	40—08	27—08	17—08	61—09
66,0	78—06	11—06	25—07	67—08	38—08	25—08	16—08	56—09
69,1	70—06	10—06	22—07	64—08	36—08	24—08	15—08	52—09
72,4	62—06	93—07	20—07	62—08	35—08	23—08	14—08	48—09
75,8	56—06	82—07	18—07	60—08	34—08	22—08	13—08	44—09
79,4	56—06	73—07	16—07	59—08	33—08	21—08	12—08	41—09
83,1	50—06	65—07	14—07	58—08	32—08	20—08	12—08	38—09
87,1	10—05	58—07	12—07	70—08	32—08	19—08	11—08	35—09
91,2	20—05	54—07	11—07	11—07	35—08	18—08	10—08	32—09
95,5	21—05	48—07	10—07	11—07	35—08	18—08	10—08	30—09
100	19—05	42—07	87—08	97—08	33—08	17—08	99—09	28—09
104	39—05	40—07	77—08	85—08	33—08	17—08	95—09	26—09
109	34—05	35—07	67—08	75—08	32—08	17—08	91—09	24—09
114	52—05	34—07	59—08	66—08	32—08	17—08	88—09	23—09
120	47—05	30—07	52—08	58—08	32—08	17—08	86—09	21—09
125	42—05	27—07	46—08	52—08	44—08	20—08	94—09	21—09
131	71—04	28—05	17—06	25—07	77—08	21—08	86—09	19—09
138	62—04	24—05	15—06	22—07	68—08	19—08	79—09	18—09
144	10—03	38—05	21—06	27—07	73—08	18—08	73—09	16—09
151	97—04	33—05	19—06	24—07	64—08	17—08	68—09	15—09
158	86—04	30—05	17—06	21—07	57—08	15—08	63—09	13—09
165	76—04	26—05	15—06	19—07	50—08	17—08	61—09	12—09
173	68—04	23—05	13—06	17—07	44—08	23—08	60—09	11—09
181	60—04	20—05	11—06	15—07	39—08	21—08	57—09	10—09
190	53—04	18—05	10—06	13—07	34—08	18—08	54—09	98—10
199	47—04	16—05	91—07	11—07	30—08	16—08	52—09	91—10
208	41—04	14—05	80—07	10—07	26—08	14—08	50—09	85—10
218	36—04	12—05	71—07	89—08	23—08	12—08	49—09	79—10
229	32—04	11—05	62—07	79—08	20—08	11—08	42—09	69—10
239	28—04	98—06	55—07	69—08	18—08	96—09	37—09	61—10
251	25—04	86—06	48—07	61—08	15—08	84—09	32—09	54—10

Table 7.4. Plexiglas (*Cont.*)

$h\nu$, eV	Temperature, °K							
	116 6	154 6	205 6	275 6	367 6	488 6	652 6	116 7
263	22—04	76—06	42—07	53—08	13—08	74—09	28—09	47—10
275	19—04	67—06	37—07	47—08	12—08	64—09	25—09	42—10
288	17—04	59—06	33—07	41—08	10—08	56—09	21—09	37—10
301	15—04	52—06	29—07	36—08	94—09	49—09	19—09	32—10
316	13—04	45—06	25—07	32—08	83—09	43—09	16—09	28—10
331	11—04	40—06	22—07	28—08	73—09	38—09	14—09	25—10
346	11—04	50—06	52—07	47—08	64—09	33—09	12—09	22—10
363	10—04	44—06	45—07	41—08	56—09	29—09	11—09	19—10
380	90—05	39—06	40—07	36—08	50—09	25—09	97—10	16—10
398	12—02	12—02	12—02	27—03	92—06	75—09	85—10	14—10
416	10—02	10—02	10—02	23—03	80—06	65—09	74—10	13—10
436	94—03	93—03	92—03	20—03	70—06	57—09	65—10	11—10
457	82—03	81—03	80—03	17—03	61—06	50—09	57—10	10—10
478	71—03	71—03	70—03	15—03	53—06	44—09	50—10	87—11
501	62—03	62—03	62—03	61—03	14—03	25—05	96—07	94—09
524	54—03	54—03	54—03	53—03	12—03	22—05	83—07	82—09
549	47—03	47—03	47—03	46—03	10—03	19—05	72—07	72—09
575	41—03	41—03	41—03	40—03	92—04	17—05	63—07	62—09
602	36—03	35—03	35—03	35—03	80—04	14—05	55—07	54—09
630	31—03	31—03	31—03	30—03	70—04	12—05	48—07	47—09
660	27—03	27—03	27—03	26—03	61—04	12—05	41—07	41—09
691	38—03	24—03	23—03	23—03	53—04	97—06	36—07	36—09
724	33—03	21—03	20—03	20—03	46—04	85—06	31—07	31—09
758	44—03	40—03	40—03	40—03	26—03	62—04	11—06	27—09
794	38—03	35—03	35—03	35—03	23—03	54—04	10—06	24—09
831	33—03	30—03	30—03	30—03	20—03	47—04	87—07	20—09
870	29—03	26—03	26—03	26—03	17—03	41—04	76—07	18—09
912	25—03	23—03	23—03	23—03	15—03	12—03	15—04	86—08
954	22—03	20—03	20—03	20—03	13—03	11—03	13—04	75—08
1000	19—03	17—03	17—03	17—03	11—03	97—04	11—04	65—08

Table 7.4. Plexiglas (*Cont.*)
Density of Plasma $\rho = 100-01$

$h\nu$, eV	Temperature, °K							
	116 5	154 5	206 5	275 5	367 5	490 5	652 5	870 5
1,00	50—02	41—01	93—01	93—01	12 00	14 00	18 00	20 00
1,10	41—02	34—01	77—01	77—01	10 00	12 00	15 00	17 00
1,15	37—02	31—01	70—01	70—01	97—01	10 00	13 00	15 00
1,20	33—02	28—01	63—01	64—01	88—01	99—01	12 00	14 00
1,26	30—02	25—01	58—01	58—01	80—01	90—01	11 00	12 00
1,32	27—02	23—01	53—01	53—01	74—01	82—01	10 00	11 00

Table 7.4. Plexiglas (*Cont.*)

$h\nu$, eV	Temperature, °K							
	116 5	154 5	206 5	275 5	367 5	490 5	652 5	870 5
1,38	25—02	21—01	49—01	49—01	67—01	75—01	94—01	10—00
1,45	23—02	20—01	45—01	44—01	61—01	69—01	85—01	97—01
1,51	25—02	19—01	42—01	41—01	56—01	63—01	78—01	88—01
1,58	29—02	20—01	41—01	39—01	52—01	57—01	71—01	80—01
1,66	28—02	19—01	38—01	36—01	47—01	52—01	65—01	73—01
1,74	25—02	17—01	34—01	32—01	43—01	48—01	59—01	67—01
1,82	22—02	15—01	31—01	29—01	39—01	43—01	54—01	61—01
1,91	19—02	14—01	29—01	27—01	35—01	39—01	49—01	55—01
2,00	17—02	12—01	26—01	24—01	32—01	36—01	45—01	50—01
2,09	16—02	11—01	24—01	22—01	29—01	33—01	41—01	46—01
2,19	14—02	10—01	22—01	20—01	27—01	30—01	37—01	42—01
2,29	13—02	98—02	20—01	19—01	25—01	28—01	34—01	38—01
2,40	12—02	91—02	18—01	18—01	23—01	25—01	31—01	35—01
2,51	11—02	85—02	17—01	16—01	21—01	23—01	29—01	32—01
2,63	10—02	79—02	16—01	15—01	19—01	21—01	26—01	29—01
2,75	10—02	74—02	15—01	13—01	17—01	19—01	24—01	26—01
2,88	95—03	70—02	14—01	12—01	16—01	17—01	22—01	24—01
3,02	88—03	66—02	13—01	11—01	14—01	16—01	20—01	22—01
3,16	82—03	62—02	12—01	10—01	13—01	14—01	18—01	20—01
3,31	77—03	59—02	11—01	10—01	12—01	13—01	16—01	18—01
3,47	11—02	65—02	11—01	97—02	11—01	12—01	15—01	17—01
3,63	12—02	62—02	10—01	10—01	12—01	12—01	14—01	15—01
3,80	16—02	67—02	10—01	94—02	11—01	11—01	13—01	14—01
3,98	17—02	66—02	94—02	85—02	10—01	10—01	11—01	13—01
4,17	16—02	60—02	85—02	77—02	96—02	92—02	10—01	11—01
4,37	15—02	55—02	77—02	72—02	90—02	84—02	96—02	10—01
4,57	14—02	52—02	71—02	65—02	81—02	75—02	89—02	10—01
4,79	14—02	49—02	65—02	59—02	74—02	70—02	83—02	97—02
5,01	13—02	46—02	60—02	54—02	67—02	66—02	78—02	88—02
5,25	13—02	44—02	56—02	49—02	61—02	62—02	75—02	80—02
5,50	13—02	43—02	52—02	45—02	56—02	57—02	68—02	73—02
5,75	13—02	42—02	51—02	55—02	69—02	56—02	61—02	65—02
6,03	13—02	41—02	48—02	52—02	66—02	51—02	57—02	65—02
6,31	13—02	41—02	47—02	54—02	69—02	50—02	54—02	66—02
6,61	13—02	40—02	46—02	65—02	85—02	54—02	49—02	60—02
6,92	13—02	40—02	45—02	72—02	94—02	52—02	44—02	54—02
7,24	24—01	26—01	12—01	88—02	92—02	48—02	40—02	49—02
7,59	25—01	26—01	13—01	86—02	90—02	46—02	36—02	44—02
7,94	25—01	26—01	13—01	86—02	91—02	47—02	35—02	40—02
8,32	25—01	27—01	13—01	94—02	10—01	54—02	38—02	37—02
8,71	42—01	38—01	16—01	10—01	10—01	55—02	40—02	41—02
9,12	42—01	38—01	16—01	99—02	10—01	53—02	38—02	41—02
9,55	43—01	40—01	17—01	98—02	10—01	50—02	35—02	38—02
10,0	43—01	40—01	17—01	98—02	99—02	48—02	32—02	34—02
10,4	40 00	20 00	55—01	15—01	10—01	44—02	28—02	30—02
10,9	40 00	20 00	56—01	23—01	17—01	56—02	26—02	27—02

Table 7.4. Plexiglas (*Cont.*)

hv, eV	\multicolumn{14}{c}{Temperature, °K}
	116	5	154	5	206	5	275	5	367	5	490	5	652	5	870	5
11,4	28	01	10	01	20	00	40—01		17—01		53—02		23—02		24—02	
12,0	28	01	10	01	22	00	43—01		17—01		51—02		21—02		22—02	
12,5	27	01	10	01	22	00	48—01		21—01		56—02		19—02		19—02	
13,1	27	01	10	01	21	00	47—01		20—01		53—02		17—02		17—02	
13,8	72	01	42	01	10	01	15	00	39—01		98—02		33—02		23—02	
14,4	67	01	39	01	91	00	13	00	36—01		93—02		37—02		29—02	
15,1	62	01	36	01	87	00	21	00	84—01		16—01		43—02		27—02	
15,8	58	01	33	01	81	00	20	00	80—01		16—01		46—02		25—02	
16,6	59	01	32	01	78	00	19	00	76—01		16—01		45—02		23—02	
17,3	56	01	30	01	73	00	18	00	72—01		15—01		40—02		21—02	
18,2	52	01	28	01	68	00	17	00	68—01		14—01		38—02		18—02	
19,0	50	01	28	01	94	00	65	00	24	00	32—01		40—02		16—02	
19,9	47	01	26	01	88	00	61	00	23	00	30—01		43—02		15—02	
20,8	44	01	25	01	83	00	58	00	23	00	32—01		42—02		14—02	
21,8	42	01	23	01	78	00	54	00	21	00	30—01		39—02		12—02	
22,9	40	01	22	01	73	00	50	00	20	00	28—01		36—02		11—02	
23,9	38	01	21	01	68	00	47	00	18	00	26—01		36—02		15—02	
25,1	39	01	29	01	17	01	13	01	36	00	37—01		40—02		21—02	
26,3	37	01	27	01	16	01	12	01	33	00	37—01		49—02		26—02	
27,5	35	01	25	01	15	01	11	01	31	00	34—01		46—02		25—02	
28,8	33	01	24	01	14	01	10	01	28	00	31—01		42—02		24—02	
30,2	31	01	22	01	13	01	10	01	37	00	73—01		14—01		28—02	
31,6	32	01	27	01	20	01	16	01	52	00	14	00	32—01		36—02	
33,1	30	01	26	01	21	01	18	01	76	00	16	00	32—01		36—02	
34,6	28	01	24	01	20	01	17	01	72	00	15	00	30—01		33—02	
36,3	27	01	26	01	25	01	22	01	99	00	19	00	33—01		32—02	
38,0	25	01	24	01	23	01	21	01	93	00	19	00	40—01		38—02	
39,8	23	01	22	01	22	01	19	01	87	00	17	00	36—01		35—02	
41,6	21	01	21	01	20	01	18	01	10	01	42	00	93—01		90—02	
43,6	20	01	20	01	20	01	18	01	10	01	39	00	85—01		82—02	
45,7	18	01	18	01	18	01	17	01	95	00	35	00	78—01		76—02	
47,8	17	01	17	01	17	00	15	01	89	00	37	00	98—01		14—01	
50,1	16	01	15	01	16	01	15	01	11	01	59	00	12	00	18—01	
52,4	14	01	14	01	14	01	14	01	11	01	63	00	15	00	18—01	
54,9	13	01	13	01	13	01	13	01	11	01	86	00	24	00	22—01	
57,5	12	01	12	01	12	01	12	01	10	01	82	00	32	00	75—01	
60,2	11	01	11	01	11	01	11	01	97	00	74	00	29	00	67—01	
63,1	10	01	10	01	10	01	10	01	89	00	67	00	28	00	83—01	
66,0	93	00	94	00	95	00	93	00	85	00	75	00	38	00	10	00
69,1	85	00	85	00	86	00	85	00	78	00	69	00	40	00	15	00
72,4	77	00	77	00	78	00	77	00	71	00	63	00	36	00	13	00
75,8	69	00	70	00	71	00	70	00	64	00	57	00	33	00	12	00
79,4	63	00	63	00	64	00	63	00	58	00	52	00	35	00	14	00
83,1	56	00	57	00	58	00	57	00	53	00	47	00	31	00	13	00
87,1	51	00	51	00	52	00	51	00	47	00	42	00	28	00	12	00
91,2	45	00	46	00	47	00	46	00	43	00	39	00	30	00	15	00
95,5	41	00	41	00	42	00	41	00	38	00	35	00	27	00	14	00
100	36	00	37	00	38	00	37	00	34	00	31	00	25	00	12	00

Table 7.4. Plexiglas (*Cont.*)

$h\nu$, eV	\multicolumn{8}{c}{Temperature, °K}							
	116	5	154	5	206	5	275	5	367	5	490	5	652	5	870	5
104	32	00	33	00	34	00	33	00	31	00	28	00	22	00	13	00
109	29	00	29	00	30	00	29	00	27	00	25	00	20	00	12	00
114	26	00	26	00	27	00	26	00	24	00	22	00	18	00	12	00
120	23	00	23	00	24	00	23	00	22	00	20	00	16	00	11	00
125	20	00	21	00	21	00	21	00	19	00	18	00	14	00	10	00
131	18	00	18	00	19	00	18	00	17	00	16	00	13	00	92	—01
138	16	00	16	00	16	00	16	00	15	00	14	00	11	—00	82	—01
144	14	00	14	00	15	00	14	00	13	00	12	00	10	—00	73	—01
151	12	00	13	00	13	00	13	00	12	00	11	00	91	—01	65	—01
158	11	00	11	00	11	00	11	00	10	00	99	—01	81	—01	58	—01
165	10	00	10	00	10	00	10	00	96	—01	88	—01	72	—01	51	—01
173	88	—01	90	—01	92	—01	91	—01	85	—01	78	—01	64	—01	46	—01
181	78	—01	79	—01	81	—01	80	—01	75	—01	69	—01	56	—01	40	—01
190	69	—01	70	—01	72	—01	71	—01	67	—01	61	—01	50	—01	36	—01
199	61	—01	62	—01	63	—01	62	—01	59	—01	54	—01	44	—01	31	—01
208	54	—01	55	—01	56	—01	55	—01	52	—01	48	—01	39	—01	28	—01
218	48	—01	48	—01	50	—01	49	—01	46	—01	42	—01	34	—01	24	—01
229	42	—01	43	—01	44	—01	43	—01	41	—01	37	—01	30	—01	22	—01
239	37	—01	38	—01	39	—01	38	—01	36	—01	36	—01	27	—01	19	—01
251	33	—01	34	—01	34	—01	34	—01	32	—01	29	—01	24	—01	17	—01
263	29	—01	30	—01	30	—01	30	—01	28	—01	26	—01	21	—01	15	—01
275	26	—01	26	—01	27	—01	27	—01	25	—01	23	—01	18	—01	13	—01
288	36	00	14	00	48	—01	27	—01	22	—01	20	—01	16	—01	11	—01
301	31	00	12	00	42	—01	24	—01	20	—01	18	—01	14	—01	10	—01
316	38	00	38	00	38	00	32	00	96	—01	23	—01	13	—01	92	—02
331	33	00	34	00	34	00	34	00	33	00	24	00	44	—01	93	—02
346	29	00	29	00	29	00	29	00	29	00	29	00	25	00	76	—01
363	25	00	25	00	25	00	25	00	25	00	25	00	22	00	67	—01
380	22	00	22	00	22	00	22	00	22	00	22	00	19	00	58	—01
398	19	00	19	00	19	00	19	00	19	00	19	00	18	00	14	00
416	17	00	17	00	17	00	17	00	17	00	17	00	16	00	12	00
436	15	00	15	00	15	00	15	00	14	00	14	00	14	00	11	00
457	13	00	13	00	13	00	13	00	13	00	13	00	12	00	95	—01
478	11	00	11	00	11	00	11	00	11	00	11	00	10	00	83	—01
501	10	00	10	00	10	00	10	00	99	—01	98	—01	93	—01	72	—01
524	87	—01	87	—01	87	—01	87	—01	87	—01	86	—01	81	—01	63	—01
549	16	00	13	00	91	—01	78	—01	76	—01	75	—01	71	—01	55	—01
575	14	00	14	00	14	00	14	00	11	00	71	—01	62	—01	48	—01
602	12	00	12	00	12	00	12	00	12	00	12	00	78	—01	43	—01
630	11	00	11	00	11	00	11	00	11	00	10	00	10	00	70	—01
660	96	—01	96	—01	96	—01	96	—01	96	—01	95	—01	92	—01	83	—01
691	84	—01	84	—01	84	—01	84	—01	84	—01	83	—01	81	—01	72	—01
724	73	—01	74	—01	74	—01	73	—01	73	—01	73	—01	70	—01	63	—01
758	64	—01	64	—01	64	—01	64	—01	64	—01	63	—01	61	—01	55	—01
794	56	—01	56	—01	56	—01	56	—01	56	—01	55	—01	54	—01	48	—01
831	49	—01	49	—01	49	—01	49	—01	49	—01	49	—01	47	—01	42	—01

Table 7.4. Plexiglas (*Cont.*)

$h\nu$, eV	Temperature, °K							
	116 5	154 5	206 5	275 5	367 5	490 5	652 5	870 5
870	43—01	43—01	43—01	43—01	43—01	42—01	41—01	36—01
912	38—01	38—01	38—01	38—01	38—01	37—01	36—01	32—01
954	34—01	34—01	34—01	33—01	33—01	33—01	31—01	28—01
1000	30—01	30—01	30—01	29—01	29—01	29—01	27—01	24—01

Table 7.4. Plexiglas (*Cont.*)

$h\nu$, eV	Temperature, °K							
	116 6	154 6	205 6	275 6	367 6	488 6	652 6	116 7
1,00	18 00	15 00	12 00	85—01	78—01	74—01	62—01	36—01
1,10	15 00	13 00	98—01	70—01	64—01	60—01	51—01	29—01
1,15	14 00	11 00	89—01	63—01	58—01	54—01	46—01	26—01
1,20	12 00	10 00	80—01	57—01	52—01	49—01	41—01	24—01
1,26	11 00	96—01	73—01	52—01	47—01	45—01	37—01	21—01
1,32	10 00	87—01	66—01	47—01	43—01	40—01	34—01	19—01
1,38	95—01	79—01	60—01	42—01	39—01	36—01	31—01	17—01
1,45	86—01	72—01	54—01	38—01	35—01	33—01	28—01	16—01
1,51	78—01	65—01	49—01	35—01	32—01	30—01	25—01	14—01
1,58	71—01	59—01	44—01	31—01	29—01	27—01	23—01	13—01
1,66	65—01	54—01	40—01	28—01	26—01	24—01	20—01	11—01
1,74	59—01	49—01	36—01	26—01	23—01	22—01	18—01	10—01
1,82	53—01	44—01	33—01	23—01	21—01	20—01	17—01	97—02
1,91	49—01	40—01	30—01	21—01	19—01	18—01	15—01	88—02
2,00	44—01	36—01	27—01	19—01	17—01	16—01	14—01	79—02
2,09	40—01	33—01	25—01	17—01	16—01	15—01	12—01	72—02
2,19	37—01	20—01	22—01	16—01	14—01	13—01	11—01	65—02
2,29	33—01	27—01	20—01	14—01	13—01	12—01	10—01	59—02
2,40	30—01	25—01	18—01	13—01	12—01	11—01	93—02	53—02
2,51	28—01	23—01	17—01	12—01	10—01	10—01	85—02	48—02
2,63	25—01	20—01	15—01	10—01	98—02	92—02	77—02	43—02
2,75	23—01	19—01	14—01	98—02	89—02	83—02	69—02	39—02
2,88	21—01	17—01	12—01	89—02	80—02	75—02	63—02	35—02
3,02	19—01	15—01	11—01	81—02	73—02	68—02	57—02	32—02
3,16	17—01	14—01	10—01	73—02	66—02	62—02	51—02	29—02
3,31	16—01	13—01	96—02	67—02	60—02	56—02	46—02	26—02
3,47	14—01	12—01	88—02	61—02	54—02	51—02	42—02	24—02
3,63	13—01	10—01	79—02	55—02	49—02	46—02	38—02	21—02
3,80	12—01	99—02	72—02	50—02	45—02	41—02	34—02	19—02
3,98	11—01	90—02	65—02	45—02	40—02	38—02	31—02	17—02
4,17	10—01	81—02	59—02	41—02	37—02	34—02	28—02	16—02
4,37	92—02	74—02	54—02	37—02	33—02	31—02	26—02	14—02
4,57	88—02	70—02	50—02	34—02	30—02	28—02	23—02	13—02
4,79	81—02	64—02	46—02	31—02	27—02	25—02	21—02	12—02
5,01	74—02	58—02	42—02	28—02	25—02	23—02	19—02	10—02
5,25	67—02	53—02	38—02	26—02	23—02	21—02	17—02	98—03
5,50	60—02	48—02	34—02	23—02	20—02	19—02	15—02	88—03
5,75	55—02	44—02	31—02	21—02	19—02	17—02	14—02	80—03
6,03	53—02	41—02	29—02	19—02	17—02	15—02	13—02	72—03

Table 7.4. Plexiglas (*Cont.*)

$h\nu$, eV	Temperature, °K							
	116 6	154 6	205 6	275 6	367 6	438 6	652 6	116 7
6,31	53—02	40—02	28—02	18—02	15—02	14—02	11—02	66—03
6,61	48—02	36—02	25—02	16—02	14—02	13—02	10—02	59—03
6,92	43—02	33—02	23—02	15—02	13—02	11—02	97—03	54—03
7,24	39—02	30—02	21—02	14—02	11—02	10—02	88—03	49—03
7,59	35—02	27—02	19—02	12—02	10—02	98—03	80—03	44—03
7,94	32—02	25—02	17—02	11—02	99—03	90—03	73—03	40—03
8,32	29—02	23—02	16—02	10—02	90—03	81—03	66—03	36—03
8,71	30—02	22—02	15—02	10—02	82—03	74—03	60—03	33—03
9,12	30—02	21—02	14—02	94—03	75—03	67—03	54—03	30—03
9,55	27—02	19—02	13—02	85—03	68—03	61—03	49—03	27—03
10,0	25—02	18—02	12—02	79—03	63—03	56—03	45—03	24—03
10,4	22—02	16—02	11—02	72—03	57—03	51—03	41—03	22—03
10,9	20—02	15—02	10—02	65—03	52—03	46—03	37—03	20—03
11,4	18—02	13—02	93—03	58—03	47—03	42—03	34—03	18—03
12,0	16—02	12—02	84—03	53—03	43—03	38—03	31—03	16—03
12,5	14—02	11—02	75—03	48—03	39—03	35—03	28—03	15—03
13,1	12—02	97—03	67—03	42—03	36—03	32—03	25—03	13—03
13,8	15—02	10—02	68—03	42—03	34—03	29—03	23—03	12—03
14,4	17—02	11—02	73—03	43—03	32—03	27—03	21—03	11—03
15,1	15—02	10—02	67—03	39—03	29—03	25—03	19—03	10—03
15,8	14—02	94—03	60—03	35—03	27—03	23—03	17—03	93—04
16,6	12—02	84—03	54—03	32—03	24—03	21—03	16—03	85—04
17,3	11—02	75—03	48—03	29—03	22—03	19—03	14—03	77—04
18,2	95—03	64—03	42—03	25—03	20—03	17—03	13—03	70—04
19,0	83—03	56—03	37—03	22—03	18—03	15—03	12—03	63—04
19,9	74—03	52—03	34—03	20—03	17—03	14—03	11—03	58—04
20,8	67—03	49—03	32—03	19—03	16—03	13—03	10—03	52—04
21,8	63—03	45—03	29—03	17—03	14—03	12—03	94—04	48—04
22,9	58—03	40—03	25—03	15—03	13—03	11—03	86—04	43—04
23,9	73—03	43—03	26—03	15—03	12—03	10—03	79—04	39—04
25,1	95—03	48—03	27—03	15—03	11—03	94—04	72—04	36—04
26,3	11—02	51—03	27—03	15—03	10—03	86—04	66—04	33—04
27,5	11—02	48—03	25—03	13—03	96—04	79—04	60—04	30—04
28,8	10—02	44—03	22—03	12—03	88—04	72—04	55—04	27—04
30,2	96—03	43—03	22—03	12—03	85—04	68—04	51—04	25—04
31,6	90—03	45—03	25—03	12—03	86—04	66—04	47—04	22—04
33,1	82—03	41—03	22—03	11—03	79—04	61—04	43—04	20—04
34,6	72—03	36—03	19—03	99—04	72—04	56—04	40—04	19—04
36,3	64—03	32—03	17—03	88—04	66—04	51—04	36—04	17—04
38,0	60—03	29—03	15—03	77—04	61—04	47—04	34—04	15—04
39,8	61—03	27—03	13—03	68—04	55—04	43—04	31—04	14—04
41,6	10—03	25—03	11—03	56—04	49—04	39—04	28—04	13—04
43,6	98—03	23—03	94—04	48—04	45—04	36—04	26—04	12—04
45,7	89—03	20—03	81—04	42—04	41—04	33—04	24—04	11—04
47,8	16—02	19—03	71—04	37—04	38—04	31—04	22—04	10—04
50,1	20—02	17—03	61—04	32—04	35—04	28—04	21—04	93—05
52,4	18—02	15—03	53—04	29—04	32—04	26—04	19—04	85—05
54,9	17—02	13—03	46—04	25—04	30—04	24—04	18—04	78—05
57,5	87—02	10—02	25—03	81—04	33—04	23—04	16—04	72—05

Table 7.4. Plexiglas (*Cont.*)

$h\nu$, eV	Temperature, °K							
	116 6	154 6	205 6	275 6	367 6	488 6	652 6	116 7
60,2	78—02	94—03	22—03	71—04	30—04	21—04	15—04	66—05
63,1	89—02	84—03	19—03	63—04	28—04	19—04	14—04	61—05
66,0	10—01	11—02	24—03	73—04	27—04	18—04	13—04	56—05
69,0	13—01	10—02	22—03	65—04	26—04	17—04	12—04	52—05
72,4	12—01	91—03	19—03	58—04	24—04	16—04	12—04	48—05
75,8	11—01	80—03	17—03	52—04	23—04	15—04	11—04	44—05
79,4	12—01	80—03	15—03	47—04	22—04	14—04	10—04	41—05
83,1	11—01	71—03	13—03	42—04	21—04	14—04	10—04	38—05
87,1	16—01	11—02	13—03	38—04	23—04	13—04	95—05	35—05
91,2	29—01	20—02	12—03	35—04	32—04	14—04	90—05	32—05
95,5	30—01	21—02	11—03	31—04	31—04	13—04	85—05	30—05
100	26—01	18—02	99—04	27—04	27—04	12—04	81—05	28—05
104	48—01	30—02	10—03	24—04	24—04	12—04	78—05	26—05
109	42—01	26—02	89—04	21—04	21—04	11—04	75—05	24—05
114	61—01	35—02	90—04	18—04	19—04	11—04	72—05	23—05
120	55—01	32—02	80—04	16—04	16—04	10—04	69—05	21—05
125	49—01	28—02	70—04	14—04	15—04	12—04	78—05	21—05
131	52—01	14—01	16—02	19—03	48—04	20—04	77—05	19—05
138	47—01	12—01	14—02	17—03	42—04	17—04	69—05	18—05
144	48—01	18—01	19—02	22—03	49—04	18—04	65—05	16—05
151	43—01	16—01	17—02	19—03	43—04	16—04	59—05	15—05
158	38—01	14—01	15—02	17—03	38—04	14—04	54—05	13—05
165	34—01	13—01	13—02	15—03	34—04	12—04	56—05	12—05
173	30—01	11—01	12—02	13—03	30—04	11—04	68—05	11—05
181	27—01	10—01	10—02	12—03	26—04	10—04	62—05	10—05
190	23—01	89—02	94—03	10—03	23—04	89—05	55—05	98—06
199	21—01	79—02	83—03	94—04	20—04	78—05	48—05	91—06
208	18—01	69—02	73—03	82—04	18—04	68—05	42—05	84—06
218	16—01	61—02	64—03	72—04	15—04	60—05	37—05	78—06
229	14—01	54—02	56—03	64—04	13—04	53—05	33—05	69—06
239	12—01	47—02	49—03	56—04	12—04	46—05	29—05	61—06
251	11—01	42—02	43—03	49—04	10—04	40—05	25—05	54—06
263	99—02	37—02	38—03	43—04	94—05	35—05	22—05	47—06
275	87—02	32—02	33—03	38—04	83—05	31—05	19—05	41—06
288	77—02	28—02	29—03	33—04	73—05	27—05	17—05	36—06
301	68—02	25—02	26—03	29—04	64—05	24—05	15—05	32—06
316	60—02	22—02	23—03	26—04	56—05	21—05	13—05	28—06
331	53—02	19—02	20—03	23—04	50—05	18—05	11—05	25—06
346	13—02	31—02	49—03	10—03	12—04	17—05	10—05	21—06
363	11—01	27—02	43—03	94—04	10—04	15—05	88—06	19—06
380	10—01	24—02	37—03	82—04	93—05	13—05	77—06	16—06
398	12 00	12 00	12 00	11 00	27—01	33—03	19—05	14—06
416	11 00	10 00	10 00	10 00	23—01	28—03	16—05	13—06
436	97—01	95—01	94—01	90—01	20—01	25—03	14—05	11—06
457	85—01	82—01	81—01	78—01	18—01	21—03	12—05	10—06
478	74—01	72—01	71—01	68—01	15—01	19—03	11—05	87—07

Table 7.4. Plexiglas (*Cont.*)

$h\nu$, eV	Temperature, °K							
	116 6	154 6	205 6	275 6	367 6	488 6	652 6	116 7
501	64—01	62—01	62—01	62—01	60—01	17—01	89—03	94—05
524	56—01	54—01	54—01	54—01	52—01	15—01	78—03	82—05
549	49—01	47—01	47—01	47—01	45—01	13—01	68—03	71—05
575	42—01	41—01	41—01	41—01	39—01	11—01	59—03	62—05
602	37—01	36—01	35—01	35—01	34—01	10—01	51—03	54—05
630	34—01	31—01	31—01	31—01	30—01	87—02	45—03	47—05
660	58—01	29—01	27—01	27—01	26—01	76—02	39—03	41—05
691	69—01	47—01	26—01	23—01	22—01	66—02	34—03	36—05
724	60—01	41—01	22—01	20—01	20—01	57—02	29—03	31—05
758	52—01	46—01	41—01	40—01	40—01	27—01	52—02	28—05
794	45—01	40—01	35—01	35—01	34—01	23—01	46—02	24—05
831	40—01	35—01	31—01	30—01	30—01	20—01	40—02	21—05
870	34—01	30—01	27—01	26—01	26—01	17—01	34—02	18—05
912	30—01	26—01	23—01	23—01	23—01	15—01	12—01	85—04
954	26—01	23—01	20—01	20—01	20—01	13—01	10—01	74—04
1000	23—01	20—01	18—01	17—01	17—01	12—01	94—02	65—04

Table 7.4. Plexiglas (*Cont.*)

Density of Plasma $\rho = 10001$

$h\nu$, eV	Temperature, °K														
	116	5	154	5	206	5	275	5	367	5	490	5	652	5	870 5
1,00	74	00	12	02	89	02	27	03	41	03	55	03	71	03	89 03
1,10	60	00	10	02	73	02	22	03	33	03	45	03	58	03	73 03
1,15	54	00	91	01	66	02	20	03	30	03	41	03	53	03	66 03
1,20	48	00	82	01	59	02	18	03	27	03	37	03	48	03	60 03
1,26	43	00	74	01	54	02	16	03	25	03	34	03	43	03	54 03
1,32	39	00	67	01	48	02	15	03	22	03	31	03	39	03	49 03
1,38	36	00	61	01	44	02	13	03	20	03	28	03	36	03	45 03
1,45	34	00	56	01	40	02	12	03	18	03	25	03	32	03	40 03
1,51	35	00	54	01	38	02	11	03	17	03	23	03	29	03	37 03
1,58	40	00	56	01	36	02	10	03	15	03	21	03	27	03	33 03
1,66	39	00	53	01	33	02	97	02	14	03	19	03	24	03	30 03
1,74	35	00	47	01	30	02	88	02	13	03	17	03	22	03	27 03
1,82	30	00	42	01	27	02	79	02	11	03	15	03	20	03	25 03
1,91	27	00	38	01	24	02	72	02	10	03	14	03	18	03	22 03
2,00	24	00	34	01	22	02	65	02	96	02	13	03	16	03	20 03
2,09	21	00	30	01	20	02	59	02	87	02	11	03	15	03	18 03
2,19	19	00	27	01	18	02	53	02	79	02	10	03	13	03	17 03
2,29	17	00	25	01	16	02	48	02	72	02	97	02	12	03	15 03
2,40	16	00	22	01	15	02	44	02	65	02	89	02	11	03	14 03
2,51	14	00	20	01	13	02	40	02	59	02	80	02	10	03	12 03
2,63	14	00	19	01	12	02	36	02	54	02	73	02	92	02	11 03

Table 7.4. Plexiglas (*Cont.*)

hv, eV	Temperature, °K											
	116	5	154	5	206	5	275	5	367	5	490	5	652	5	870	5
2,75	13	00	17	01	11	02	33	02	49	02	66	02	83	02	10	03
2,88	12	00	16	01	10	02	30	02	44	02	60	02	75	02	95	02
3,02	11	00	15	01	97	01	27	02	40	02	54	02	68	02	86	02
3,16	10	00	14	01	89	01	25	02	37	02	49	02	62	02	78	02
3,31	98—01		12	01	81	01	23	02	33	02	44	02	56	02	71	02
3,47	15	00	15	01	82	01	22	02	31	02	41	02	51	02	64	02
3,63	16	00	14	01	76	01	20	02	29	02	39	02	48	02	59	02
3,80	22	00	17	01	76	01	18	02	26	02	35	02	43	02	53	02
3,98	23	00	17	01	72	01	17	02	23	02	31	02	39	02	48	02
4,17	22	00	16	01	66	01	15	02	21	02	28	02	35	02	43	02
4,37	20	00	15	01	60	01	14	02	19	02	26	02	31	02	39	02
4,57	20	00	14	01	56	01	12	02	17	02	23	02	28	02	35	02
4,79	19	00	13	01	52	01	11	02	15	02	21	02	25	02	32	02
5,01	18	00	13	01	49	01	10	02	14	02	19	02	23	02	29	02
5,25	18	00	12	01	46	01	97	01	13	02	17	02	21	02	27	02
5,50	18	00	12	01	44	01	90	01	11	02	15	02	19	02	24	02
5,75	18	00	12	01	42	01	85	01	11	02	15	02	18	02	22	02
6,03	18	00	12	01	41	01	80	01	10	02	14	02	16	02	20	02
6,31	18	00	12	01	40	01	75	01	10	02	13	02	15	02	18	02
6,61	18	00	12	01	39	01	73	01	10	02	14	02	15	02	17	02
6,92	19	00	12	01	38	01	70	01	10	02	14	02	14	02	15	02
7,24	33	01	82	01	12	02	13	02	12	02	13	02	13	02	14	02
7,59	34	01	84	01	12	02	12	02	11	02	13	02	12	02	12	02
7,94	35	01	85	01	12	02	12	02	11	02	12	02	11	02	11	02
8,32	35	01	87	01	13	02	12	02	11	02	13	02	12	02	11	02
8,71	58	01	12	02	16	02	14	02	12	02	13	02	11	02	11	02
9,12	58	01	12	02	16	02	14	02	12	02	12	02	11	02	10	02
9,55	60	01	12	02	16	02	14	02	11	02	12	02	10	02	96	01
10,0	60	01	12	02	16	02	14	02	11	02	11	02	99	01	88	01
10,4	55	02	66	02	56	02	33	02	17	02	12	02	94	01	79	01
10,9	55	02	65	02	56	02	34	02	20	02	16	02	10	02	75	01
11,4	38	03	32	03	20	03	94	02	37	02	18	02	10	02	69	01
12,0	38	03	33	03	21	03	10	03	39	02	18	02	10	02	63	01
12,5	37	03	32	03	21	03	99	02	40	02	20	02	10	02	59	01
13,1	36	03	31	03	20	03	97	02	39	02	19	02	99	01	54	01
13,8	83	03	76	03	57	03	30	03	11	03	44	02	18	02	89	01
14,4	77	03	71	03	53	03	28	03	10	03	41	02	17	02	87	01
15,1	72	03	66	03	50	03	27	03	11	03	58	02	24	02	10	02
15,8	68	03	62	03	46	03	25	03	11	03	54	02	23	02	10	02
16,6	70	03	63	03	46	03	24	03	10	03	52	02	22	02	96	01
17,3	66	03	60	03	44	03	23	03	10	03	48	02	20	02	88	01
18,2	63	03	56	03	41	03	21	03	94	02	45	02	19	02	81	01
19,0	59	03	54	03	40	03	25	03	16	03	96	02	34	02	97	01
19,9	56	03	51	03	38	03	23	03	15	03	90	02	32	02	93	01
20,8	53	03	48	03	36	03	22	03	14	03	89	02	33	02	93	01
21,8	51	03	46	03	34	03	20	03	13	03	83	02	31	02	85	01

Table 7.4. Plexiglas (*Cont.*)

$h\nu$, eV	Temperature, °K														
	116	5	154	5	206	5	275	5	367	5	490	5	652	5	870	5
22,9	48	03	43	03	32	03	19	03	12	03	78	02	29	02	79	01
23,9	45	03	41	03	30	03	18	03	11	03	72	02	26	02	72	01
25,1	43	03	41	03	34	03	25	03	18	03	10	03	33	02	76	01
26,3	41	03	38	03	32	03	23	03	16	03	95	02	31	02	78	01
27,5	38	03	36	03	30	03	22	03	15	03	88	02	28	02	71	01
28,8	37	03	35	03	29	03	20	03	14	03	81	02	26	02	65	01
30,2	35	03	32	03	27	03	20	03	14	03	92	02	37	02	12	02
31,6	33	03	32	03	29	03	24	03	19	03	12	03	55	02	22	02
33,1	31	03	30	03	28	03	25	03	22	03	15	03	65	02	23	02
34,6	29	03	28	03	26	03	23	03	20	03	14	03	60	02	21	02
36,3	27	03	27	03	26	03	25	03	23	03	16	03	59	02	23	02
38,0	25	03	25	03	24	03	23	03	22	03	15	03	65	02	24	02
39,8	23	03	23	03	23	03	22	03	20	03	14	03	61	02	22	02
41,6	22	03	21	03	21	03	20	03	19	03	15	03	85	02	39	02
43,6	20	03	20	03	20	03	19	03	19	03	14	03	81	02	36	02
45,7	19	03	18	03	18	03	18	03	17	03	13	03	74	02	32	02
47,8	17	03	17	03	17	03	17	03	16	03	12	03	72	02	35	02
50,1	16	03	16	03	15	03	15	03	15	03	13	03	90	02	43	02
52,4	14	03	14	03	14	03	14	03	14	03	12	03	89	02	45	02
54,9	13	03	13	03	13	03	13	03	13	03	12	03	10	03	55	02
57,5	12	03	12	03	12	03	12	03	12	03	11	03	94	02	60	02
60,2	11	03	11	03	11	03	11	03	11	03	10	03	86	02	54	02
63,1	10	03	10	03	10	03	10	03	10	03	93	02	78	02	50	02
66,0	94	02	93	02	93	02	93	02	92	02	87	02	79	02	57	02
69,1	85	02	85	02	84	02	85	02	84	02	80	02	73	02	56	02
72,4	77	02	77	02	76	02	77	02	76	02	72	02	66	02	50	02
75,8	69	02	69	02	69	02	69	02	69	02	65	02	60	02	45	02
79,4	63	02	62	02	62	02	63	02	62	02	59	02	54	02	43	02
83,1	56	02	56	01	56	02	57	02	56	02	53	02	49	02	39	02
87,1	51	02	50	02	50	02	51	02	50	02	48	02	44	02	35	02
91,2	45	02	45	02	45	02	46	02	45	02	43	02	40	02	34	02
95,5	41	02	41	02	41	02	41	02	41	02	39	02	36	02	31	02
100	36	02	36	02	36	02	37	02	36	02	35	02	32	02	28	02
104	32	02	32	02	32	02	33	02	32	02	31	02	29	02	25	02
109	29	02	29	02	29	02	29	02	29	02	28	02	26	02	22	02
114	26	02	26	02	26	02	26	02	26	02	25	02	23	02	20	02
120	23	02	23	02	23	02	23	02	23	02	22	02	20	02	17	02
125	20	02	20	02	20	02	20	02	20	02	19	02	18	02	16	02
131	18	02	18	02	18	02	18	02	18	02	17	02	16	02	14	02
138	16	02	16	02	16	02	16	02	16	02	15	02	14	02	12	02
144	14	02	14	02	14	02	14	02	14	02	13	02	12	02	11	02
151	12	02	12	02	12	02	12	02	12	02	12	02	11	02	99	01
158	11	02	11	02	11	02	11	02	11	02	10	02	10	02	88	01
165	10	02	10	02	10	02	10	02	10	02	96	01	89	01	78	01
173	88	01	88	01	88	01	89	01	89	01	85	01	79	01	69	01
181	78	01	78	01	78	01	79	01	78	01	75	01	70	01	61	01

Table 7.4. Plexiglas (*Cont.*)

$h\nu$, eV	Temperature, °K													
	116	5	154	5	206	5	275	5	367	5	490	5	652	5	870	5
190	69	01	69	01	69	01	70	01	69	01	66	01	62	01	54	01
199	61	01	61	01	61	01	62	01	61	01	59	01	54	01	47	01
208	54	01	54	01	54	01	54	01	54	01	52	01	48	01	42	01
218	47	01	47	01	48	01	48	01	48	01	46	01	42	01	37	01
229	42	01	42	01	42	01	43	01	42	01	40	01	37	01	32	01
239	37	01	37	01	37	01	38	01	37	01	36	01	33	01	29	01
251	33	01	33	01	33	01	33	01	33	01	32	01	29	01	25	01
263	29	01	29	01	29	01	30	01	29	01	28	01	26	01	22	01
275	26	01	26	01	26	01	26	01	26	01	25	01	23	01	20	01
288	49	02	42	02	27	02	13	02	61	01	30	01	21	01	17	01
301	42	02	36	02	24	02	12	02	54	01	27	01	19	01	15	01
316	38	02	38	02	38	02	38	02	35	02	21	02	71	01	21	01
331	33	02	33	02	33	02	33	02	33	02	33	02	29	02	13	02
346	29	02	29	02	29	02	29	02	29	02	29	02	29	02	27	02
363	25	02	25	02	25	02	25	02	25	02	25	02	25	02	24	02
380	22	02	22	02	22	02	22	02	22	02	22	02	22	02	21	02
398	19	02	19	02	19	02	19	02	19	02	19	02	19	02	19	02
416	17	02	17	02	17	02	17	02	17	02	17	02	17	02	16	02
436	15	02	15	02	15	02	15	02	15	02	14	02	14	02	14	02
457	13	02	13	02	13	02	13	02	13	02	13	02	13	02	12	02
478	11	02	11	02	11	02	11	02	11	02	11	02	11	02	11	02
501	99	01	99	01	10	02	10	02	99	01	99	01	98	01	96	01
524	87	01	87	01	87	01	87	01	87	01	86	01	86	01	84	01
549	16	02	16	02	14	02	11	02	87	01	78	01	75	01	73	01
575	14	02	14	02	14	02	14	02	14	02	12	02	87	01	67	01
602	12	02	12	02	12	02	12	02	12	02	12	02	12	02	98	01
630	11	02	11	02	11	02	11	02	11	02	11	02	10	02	10	02
660	96	01	96	01	96	01	96	01	96	01	96	01	95	01	94	01
691	84	01	84	01	84	01	84	01	84	01	84	01	83	01	82	01
724	73	01	73	01	73	01	73	01	73	01	73	01	73	01	71	01
758	64	01	64	01	64	01	64	01	64	01	64	01	63	01	62	01
794	56	01	56	01	56	01	56	01	56	01	56	01	55	01	54	01
831	49	01	49	01	49	01	49	01	49	01	49	01	48	01	48	01
870	43	01	43	01	43	01	43	01	43	01	43	01	42	01	42	01
912	38	01	38	01	38	01	38	01	38	01	38	01	37	01	36	01
954	33	01	33	01	33	01	33	01	33	01	33	01	33	01	32	01
1000	29	01	30	01	30	01	29	01	29	01	29	01	29	01	28	01

Table 7.4. Plexiglas (*Cont.*)

$h\nu$, eV	Temperature, °K													
	116	6	154	6	205	6	275	6	367	6	488	6	652	6	116	7
1,00	10	04	10	04	96	03	78	03	58	03	51	03	47	03	34	03
1,10	86	03	88	03	78	03	64	03	48	03	41	03	38	03	28	03
1,15	78	03	80	03	71	03	58	03	43	03	37	03	35	03	25	03

Table 7.4. Plexiglas (*Cont.*)

$h\nu$, eV	\multicolumn{14}{c}{Temperature, °K}														
	116	6	154	6	205	6	275	6	367	6	488	6	652	6	116	7
1,20	71	03	72	03	64	03	52	03	39	03	34	03	31	03	22	03
1,26	64	03	66	03	58	03	47	03	35	03	31	03	28	03	20	03
1,32	58	03	59	03	53	03	43	03	32	03	28	03	26	03	18	03
1,38	53	03	54	03	48	03	39	03	29	03	25	03	23	03	16	03
1,45	48	03	49	03	43	03	35	03	26	03	23	03	21	03	15	03
1,51	43	03	44	03	39	03	32	03	24	03	20	03	19	03	13	03
1,58	39	03	40	03	35	03	29	03	21	03	18	03	17	03	12	03
1,66	35	03	36	03	32	03	26	03	19	03	17	03	15	03	11	03
1,74	32	03	33	03	29	03	23	03	17	03	15	03	14	03	10	03
1,82	29	03	30	03	26	03	21	03	16	03	14	03	12	03	92	02
1,91	26	03	27	03	24	03	19	03	14	03	12	03	11	03	83	02
2,00	24	03	24	03	21	03	17	03	13	03	11	03	10	03	75	02
2,09	22	03	22	03	19	03	16	03	12	03	10	03	95	02	68	02
2,19	20	03	20	03	18	03	14	03	10	03	93	02	86	02	62	02
2,29	18	03	18	03	16	03	13	03	98	02	85	02	78	02	56	02
2,40	16	03	16	03	14	03	12	03	89	02	77	02	71	02	50	02
2,51	15	03	15	03	13	03	10	03	80	02	69	02	64	02	46	02
2,63	13	03	13	03	12	03	98	02	73	02	63	02	58	02	41	02
2,75	12	03	12	03	11	03	89	02	66	02	57	02	52	02	37	02
2,88	11	03	11	03	10	03	81	02	60	02	51	02	47	02	34	02
3,02	10	03	10	03	91	02	73	02	54	02	46	02	43	02	30	02
3,16	92	02	94	02	82	02	66	02	49	02	42	02	39	02	27	02
3,31	83	02	85	02	75	02	60	02	44	02	38	02	35	02	25	02
3,47	76	02	78	02	68	02	55	02	40	02	34	02	32	02	22	02
3,63	69	02	70	02	62	02	49	02	36	02	31	02	29	02	20	02
3,80	62	02	64	02	56	02	45	02	33	02	28	02	26	02	18	02
3,98	56	02	57	02	50	02	40	02	30	02	26	02	23	02	16	02
4,17	51	02	52	02	46	02	37	02	27	02	23	02	21	02	15	02
4,37	46	02	47	02	41	02	33	02	24	02	21	02	19	02	13	02
4,57	42	02	44	02	38	02	31	02	22	02	19	02	17	02	12	02
4,79	39	02	40	02	35	02	28	02	20	02	17	02	16	02	11	02
5,01	35	02	36	02	32	02	25	02	18	02	15	02	14	02	10	02
5,25	32	02	33	02	29	02	23	02	17	02	14	02	13	02	93	01
5,50	29	02	29	02	26	02	21	02	15	02	13	02	12	02	84	01
5,75	26	02	27	02	23	02	19	02	14	02	11	02	10	02	76	01
6,03	24	02	25	02	22	02	17	02	12	02	10	02	98	01	69	01
6,31	23	02	23	02	20	02	16	02	11	02	98	01	89	01	62	01
6,61	20	02	21	02	18	02	14	02	10	02	89	01	81	01	56	01
6,92	18	02	19	02	17	02	13	02	97	01	81	01	73	01	51	01
7,24	16	02	17	02	15	02	12	02	88	01	73	01	66	01	46	01
7,59	15	02	15	02	13	02	11	02	80	01	66	01	60	01	42	01
7,94	14	02	14	02	12	02	10	02	73	01	61	01	55	01	38	01
8,32	13	02	13	02	11	02	91	01	66	01	55	01	49	01	34	01
8,71	12	02	12	02	11	02	86	01	62	01	50	01	45	01	31	01
9,12	12	02	12	02	10	02	80	01	57	01	46	01	41	01	28	01
9,55	11	02	11	02	93	01	73	01	52	01	42	01	37	01	25	01
10,0	99	01	99	01	85	01	67	01	47	01	38	01	34	01	23	01

Table 7.4. Plexiglas (*Cont.*)

$h\nu$, eV	Temperature, °K											
	116	6	154	6	205	6	275	6	367	6	488	6	652	6	116	7
10,4	88	01	89	01	76	01	60	01	43	01	34	01	30	01	21	01
10,9	79	01	80	01	69	01	54	01	39	01	31	01	28	01	19	01
11,4	71	01	72	01	62	01	49	01	35	01	28	01	25	01	17	01
12,0	64	01	64	01	56	01	44	01	32	01	26	01	23	01	15	01
12,5	57	01	58	01	50	01	40	01	28	01	23	01	21	01	14	01
13,1	51	01	51	01	44	01	35	01	25	01	21	01	19	01	13	01
13,8	66	01	56	01	45	01	35	01	24	01	20	01	17	01	11	01
14,4	68	01	58	01	46	01	35	01	24	01	18	01	16	01	10	01
15,1	68	01	54	01	42	01	32	01	22	01	17	01	14	01	97	00
15,8	66	01	50	01	38	01	29	01	20	01	15	01	13	01	88	00
16,6	61	01	45	01	34	01	26	01	18	01	14	01	12	01	80	00
17,3	55	01	40	01	30	01	23	01	16	01	12	01	11	01	73	00
18,2	48	01	34	01	26	01	20	01	14	01	11	01	10	01	66	00
19,0	45	01	30	01	23	01	18	01	12	01	10	01	91	00	60	00
19,9	42	01	27	01	21	01	16	01	11	01	96	00	83	00	54	00
20,8	38	01	24	01	19	01	15	01	10	01	88	00	77	00	49	00
21,8	34	01	22	01	17	01	13	01	97	00	80	00	70	00	45	00
22,9	31	01	20	01	15	01	12	01	86	00	72	00	63	00	41	00
23,9	31	01	21	01	16	01	12	01	83	00	66	00	57	00	37	00
25,1	33	01	23	01	17	01	12	01	82	00	62	00	52	00	34	00
26,3	36	01	25	01	17	01	12	01	78	00	57	00	48	00	31	00
27,5	33	01	23	01	16	01	11	01	71	00	52	00	43	00	28	00
28,8	30	01	22	01	14	01	98	00	63	00	47	00	40	00	25	00
30,2	43	01	22	01	13	01	92	00	60	00	44	00	37	00	23	00
31,6	67	01	23	01	13	01	90	00	59	00	43	00	35	00	21	00
33,1	66	01	21	01	11	01	81	00	52	00	39	00	32	00	19	00
34,6	60	01	19	01	10	01	71	00	47	00	35	00	29	00	17	00
36,3	60	01	18	01	91	00	63	00	41	00	32	00	17	00	16	00
38,0	65	01	17	01	81	00	55	00	36	00	29	00	24	00	14	00
39,8	59	01	15	01	76	00	49	00	32	00	26	00	22	00	13	00
41,6	10	02	22	01	75	00	42	00	27	00	23	00	20	00	12	00
43,6	95	01	20	01	67	00	36	00	23	00	21	00	18	00	11	00
45,7	87	01	18	01	59	00	32	00	21	00	19	00	17	00	10	00
47,8	10	02	26	01	61	00	28	00	18	00	17	00	15	00	95—01
50,1	12	02	30	01	60	00	25	00	16	00	15	00	14	00	87—01
52,4	12	02	28	01	53	00	22	00	14	00	14	00	13	00	79—01
54,9	14	02	27	01	48	00	19	00	12	00	13	00	12	00	73—01
57,5	26	02	81	01	19	01	64	00	28	00	15	00	11	00	67—01
60,2	23	02	73	01	17	01	57	00	24	00	13	00	10	00	61—01
63,1	24	02	79	01	16	01	50	00	21	00	12	00	93—01	56—01
66,0	28	02	88	01	19	01	58	00	23	00	12	00	86—01	52—01
69,1	32	02	10	02	18	01	52	00	21	00	11	00	80—01	48—01
72,4	29	02	92	01	16	01	47	00	19	00	10	00	74—01	44—01
75,8	26	02	83	01	14	01	42	00	17	00	94—01	69—01	41—01
79,4	27	02	84	01	14	01	38	00	15	00	87—01	64—01	37—01
83,1	24	02	75	01	12	01	33	00	13	00	80—01	60—01	35—01

Table 7.4. Plexiglas (*Cont.*)

hv, eV	Temperature, °K													
	116	6	154	6	205	6	275	6	367	6	488	6	652	6	116	7
87,1	22	02	77	01	16	01	35	00	12	00	81—01	58—01	32—01
91,2	24	02	10	02	24	01	41	00	12	00	95—01	61—01	30—01
95,5	22	02	95	01	24	01	38	00	10	00	89—01	57—01	28—01
100	20	02	85	01	21	01	33	00	94—01	78—01	52—01	26—01
104	18	02	10	02	27	01	37	00	88—01	69—01	48—01	24—01
109	16	02	89	01	24	01	32	00	77—01	61—01	44—01	22—01
114	16	02	10	02	29	01	35	00	72—01	54—01	40—01	21—01
120	14	02	91	01	26	01	31	00	63—01	48—01	37—01	19—01
125	12	02	81	01	23	01	28	00	56—01	43—01	38—01	19—01
131	11	02	77	01	37	01	11	01	28	00	10	00	56—01	18—01
138	10	02	68	01	32	01	99	00	25	00	92—01	49—01	16—01
144	89	01	63	01	36	01	12	01	30	00	10	00	50—01	14—01
151	79	01	56	01	32	01	10	01	27	00	91—01	44—01	13—01
158	70	01	50	01	28	01	96	00	23	00	81—01	39—01	12—01
165	62	01	44	01	25	01	85	00	21	00	71—01	25—01	11—01
173	55	01	39	01	22	01	75	00	18	00	63—01	32—01	11—01
181	48	01	34	01	19	01	66	00	16	00	55—01	28—01	10—01
190	43	01	30	01	17	01	58	00	14	00	49—01	25—01	95—02
199	38	01	27	01	15	01	51	00	12	00	43—01	22—01	86—02
208	33	01	23	01	13	01	45	00	11	00	38—01	19—01	78—02
218	29	01	21	01	12	01	40	00	98—01	33—01	17—01	71—02
229	26	01	18	01	10	01	35	00	86—01	29—01	15—01	63—02
239	23	01	16	01	92	00	31	00	76—01	26—01	13—01	56—02
251	20	01	14	01	81	00	27	00	67—01	22—01	11—01	49—02
263	18	01	12	01	71	00	24	00	59—01	20—01	10—01	43—02
275	15	01	11	01	63	00	21	00	52—01	17—01	89—02	38—02
288	14	01	98	00	55	00	18	00	45—01	15—01	78—02	33—02
301	12	01	86	00	49	00	16	00	40—01	13—01	69—02	29—02
316	11	01	76	00	43	00	14	00	35—01	12—01	60—02	26—02
331	35	01	97	00	41	00	13	00	32—01	10—01	53—02	22—02
346	18	02	72	01	24	01	82	00	29	00	62—01	66—02	20—02
363	16	02	62	01	21	01	71	00	25	00	54—01	58—02	17—02
380	14	02	54	01	18	01	62	90	22	00	47—01	51—02	15—02
398	16	02	14	02	13	02	12	02	11	02	52	01	38	00	17—02
416	14	02	12	02	11	02	11	02	10	02	45	01	33	00	15—02
436	12	02	10	02	99	01	95	01	90	01	39	01	29	00	13—02
457	11	02	94	01	86	01	83	01	78	01	34	01	25	00	11—02
478	97	01	82	01	75	01	72	01	68	01	30	01	22	00	10—02
501	95	01	71	01	65	01	63	01	62	01	60	01	34	01	87—01
524	74	01	62	01	57	01	55	01	54	01	53	01	30	01	76—01
549	64	01	54	01	49	01	48	01	47	01	46	01	26	01	66—01
575	56	01	47	01	43	01	41	01	41	01	40	01	23	01	57—01
602	59	01	42	01	37	01	36	01	35	01	35	01	20	01	50—01
630	89	01	49	01	33	01	31	01	31	01	30	01	17	01	44—01
660	88	01	73	01	41	01	28	01	27	01	26	01	15	01	38—01
691	77	01	72	01	62	01	38	01	27	01	24	01	13	01	33—01

Table 7.4. Plexiglas *(Cont.)*

$h\nu$, eV	\multicolumn{2}{c	}{Temperature, °K}														
	116	6	154	6	205	6	275	6	367	6	488	6	652	6	116	7
724	67	01	62	01	54	01	33	01	23	01	21	01	11	01	29—01	
758	59	01	54	01	51	01	44	01	41	01	40	01	31	01	60—01	
794	51	01	47	01	44	01	38	01	36	01	35	01	27	01	53—01	
831	45	01	41	01	38	01	33	01	31	01	30	01	24	01	46—01	
870	39	01	36	01	33	01	29	01	27	01	26	01	21	01	40—01	
912	34	01	31	01	29	01	25	01	23	01	23	01	18	01	51	00
954	30	01	27	01	25	01	22	01	20	01	20	01	16	01	44	00
1000	26	01	24	01	22	01	19	01	18	01	17	01	14	01	39	00

Table 7.5. Textolite

Density of Plasma $\rho = 100-03$

$h\nu$, eV	\multicolumn{8}{c|}{Temperature, °K}							
	116 5	154 5	206 5	275 5	367 5	490 5	652 5	870 5
1,00	90—05	14—04	12—04	18—04	20—04	26—04	30—04	27—04
1,10	76—05	12—04	10—04	15—04	17—04	21—04	25—04	22—04
1,15	69—05	11—04	97—05	14—04	15—04	20—04	22—04	20—04
1,20	62—05	10—04	89—05	13—04	14—04	18—04	20—04	18—04
1,26	57—05	93—05	81—05	12—04	13—04	16—04	19—04	16—04
1,32	52—05	85—05	75—05	11—04	12—04	15—04	17—04	15—04
1,38	49—05	79—05	69—05	10—04	11—04	14—04	15—04	14—04
1,45	46—05	73—05	63—05	93—05	10—04	12—04	14—04	12—04
1,51	47—05	71—05	60—05	86—05	92—05	11—04	13—04	11—04
1,58	52—05	73—05	58—05	81—05	85—05	10—04	12—04	10—04
1,66	50—05	68—05	53—05	73—05	77—05	98—05	11—04	96—05
1,74	45—05	62—05	48—05	67—05	71—05	89—05	10—04	88—05
1,82	41—05	56—05	44—05	61—05	65—05	82—05	91—05	80—05
1,91	37—05	52—05	40—05	55—05	60—05	75—05	83—05	73—05
2,00	34—05	47—05	36—05	50—05	55—05	69—05	76—05	66—05
2,09	31—05	43—05	33—05	46—05	50—05	63—05	70—05	61—05
2,19	29—05	40—05	31—05	43—05	46—05	58—05	64—05	55—05
2,29	27—05	37—05	30—05	43—05	44—05	54—05	59—05	51—05
2,40	25—05	34—05	29—05	41—05	41—05	49—05	54—05	46—05
2,51	24—05	32—05	26—05	37—05	37—05	45—05	49—05	42—05
2,63	23—05	30—05	24—05	34—05	34—05	42—05	45—05	39—05
2,75	22—05	28—05	23—05	31—05	31—05	39—05	42—05	35—05
2,88	21—05	27—05	21—05	28—05	28—05	35—05	38—05	32—05
3,02	21—05	27—05	20—05	26—05	25—05	32—05	35—05	30—05
3,16	20—05	25—05	18—05	24—05	23—05	29—05	32—05	27—05
3,31	20—05	24—05	17—05	22—05	22—05	27—05	30—05	25—05
3,47	23—05	24—05	17—05	22—05	21—05	26—05	28—05	23—05

Table 7.5. Textolite (*Cont.*)

$h\nu$, eV	Temperature, °K							
	116 5	154 5	206 5	275 5	367 5	490 5	652 5	870 5
3,63	22—05	22—05	21—05	30—05	22—05	24—05	26—05	21—05
3,80	26—05	22—05	20—05	27—05	19—05	22—05	23—05	19—05
3,98	26—05	21—05	18—05	24—05	17—05	20—05	21—05	17—05
4,17	23—05	19—05	17—05	22—05	16—05	18—05	19—05	16—05
4,37	22—05	17—05	16—05	21—05	14—05	16—05	17—05	14—05
4,57	20—05	16—05	15—05	19—05	13—05	16—05	18—05	14—05
4,79	19—05	15—05	13—05	17—05	12—05	15—05	16—05	13—05
5,01	18—05	13—05	12—05	16—05	12—05	14—05	15—05	12—05
5,25	17—05	13—05	11—05	14—05	12—05	14—05	13—05	11—05
5,50	17—05	12—05	10—05	13—05	11—05	13—05	12—05	10—05
5,75	17—05	12—05	18—05	20—05	11—05	11—05	11—05	91—06
6,03	16—05	11—05	17—05	19—05	10—05	11—05	11—05	90—06
6,31	16—05	11—05	19—05	21—05	10—05	11—05	12—05	90—06
6,61	16—05	11—05	26—05	30—05	12—05	10—05	11—05	82—06
6,92	16—05	11—05	33—05	35—05	12—05	89—06	10—05	74—06
7,24	26—04	58—05	38—05	33—05	11—05	80—06	90—06	67—06
7,59	26—04	59—05	37—05	32—05	10—05	74—06	81—06	60—06
7,94	27—04	60—05	37—05	32—05	11—05	75—06	73—06	54—06
8,32	27—04	61—05	43—05	37—05	13—05	86—06	67—06	49—06
8,71	45—04	85—05	46—05	38—05	14—05	94—06	80—06	53—06
9,12	45—04	85—05	45—05	37—05	14—05	94—06.	86—06	53—06
9,55	54—04	10—04	46—05	36—05	13—05	86—06	78—04	49—06
10,0	55—04	10—04	47—05	37—05	13—05	78—06	70—06	45—06
10,4	44—03	46—04	75—05	36—05	12—05	68—06	62—06	41—06
10,9	44—03	47—04	16—04	85—05	17—05	61—06	55—06	36—06
11,4	30—02	22—03	27—04	84—05	16—05	54—06	49—06	33—06
12,0	35—02	28—03	31—04	85—05	15—05	48—06	44—06	29—06
12,5	34—02	28—03	39—04	11—04	18—05	43—06	39—06	26—06
13,1	34—02	28—03	39—04	11—04	17—05	39—06	34—06	23—06
13,8	28—01	21—02	14—03	21—04	33—05	89—06	54—06	28—06
14,4	26—01	19—02	13—03	20—04	32—05	11—05	74—06	35—06
15,1	24—01	18—02	31—03	73—04	72—05	13—05	70—06	32—06
15,8	23—01	17—02	29—03	69—04	74—05	14—05	64—06	29—06
16,6	22—01	17—02	28—03	66—04	72—05	14—05	58—06	26—06
17,3	21—01	16—02	27—03	63—04	68—05	13—05	52—06	23—06
18,2	20—01	15—02	25—03	59—04	64—05	12—05	45—06	19—06
19,0	19—01	24—02	21—02	35—03	19—04	13—05	41—06	17—05
19,9	18—01	23—02	19—02	33—03	18—04	19—05	44—06	15—06
20,8	17—01	22—02	18—02	34—03	22—04	19—05	40—06	14—06
21,8	17—01	21—02	17—02	32—03	21—04	17—05	36—06	15—06
22,9	16—01	19—02	16—02	30—03	19—04	16—05	33—06	15—06
23,9	15—01	18—02	15—02	28—03	18—04	18—05	54—06	20—06
25,1	24—01	11—01	84—02	79—03	30—04	21—05	88—06	29—06
26,3	22—01	10—01	77—02	73—03	32—04	30—05	12—05	38—06
27,5	21—01	10—01	71—02	67—03	30—04	28—05	12—05	40—06
28,8	20—01	93—02	65—02	62—03	27—04	26—05	12—05	38—06

Table 7.5. Textolite (*Cont.*)

$h\nu$, eV	Temperature, °K							
	116 5	154 5	206 5	275 5	367 5	490 5	652 5	870 5
30,2	19—01	90—02	70—02	14—02	13—03	12—04	13—05	36—06
31,6	24—01	15—01	11—01	17—02	29—03	30—04	15—05	33—06
33,1	23—01	16—01	14—01	43—02	39—03	34—04	17—05	31—06
34,6	22—01	15—01	14—01	40—02	36—03	31—04	16—05	28—06
36,3	27—01	26—01	23—01	79—02	54—03	36—04	15—05	24—06
38,0	25—01	25—01	22—01	75—02	54—03	63—04	25—05	24—06
39,8	23—01	23—01	20—01	70—02	50—03	58—04	23—05	32—06
41,6	22—01	22—01	19—01	82—02	19—02	20—03	12—04	84—06
43,6	21—01	22—01	19—01	83—02	18—02	19—03	11—04	81—06
45,7	20—01	20—01	18—01	77—02	16—02	17—03	10—04	75—06
47,8	18—01	19—01	17—01	73—02	19—02	31—03	33—04	17—05
50,1	17—01	17—01	17—01	10—01	37—02	39—03	44—04	21—05
52,4	16—01	16—01	16—01	10—01	47—02	65—03	45—04	20—05
54,9	14—01	15—01	14—01	12—01	92—02	14—02	54—04	18—05
57,5	13—01	14—01	13—01	11—01	86—02	20—02	21—03	92—05
60,2	12—01	12—01	12—01	10—01	78—02	18—02	19—03	83—05
63,1	11—01	11—01	11—01	97—02	71—02	17—02	33—03	11—04
66,0	10—01	10—01	10—01	97—02	86—02	28—02	37—03	13—04
69,1	95—02	99—02	96—02	89—02	79—02	32—02	90—03	22—04
72,4	86—02	90—02	88—02	81—02	72—02	29—02	81—03	20—04
75,8	78—02	81—02	80—02	74—02	66—02	27—02	73—03	18—04
79,4	71—02	74—02	72—02	67—02	61—02	36—02	11—02	26—04
83,1	64—02	67—02	66—02	61—02	55—02	32—02	10—02	23—04
87,1	58—02	60—02	59—02	55—02	50—02	29—02	97—03	59—04
91,2	52—02	54—02	53—02	50—02	46—02	36—02	14—02	14—03
95,5	47—02	49—02	48—02	45—02	41—02	33—02	13—02	16—03
100	42—02	44—02	43—02	40—02	37—02	29—02	12—02	14—03
104	38—02	39—02	39—02	36—02	33—02	27—02	14—02	41—03
109	34—02	35—02	34—02	32—02	30—02	24—02	12—02	36—03
114	30—02	31—02	31—02	29—02	27—02	22—02	15—02	63—03
120	27—02	28—02	27—02	26—02	24—02	19—02	14—02	56—03
125	24—02	25—02	24—02	23—02	21—02	17—02	12—02	51—03
131	21—02	22—02	22—02	21—02	19—02	15—02	11—02	59—03
138	19—02	19—02	19—02	18—02	17—02	14—02	10—02	52—03
144	17—02	17—02	17—02	16—02	15—02	12—02	93—03	62—03
151	15—02	15—02	15—02	14—02	13—02	11—02	83—03	56—03
158	13—02	13—02	13—02	13—02	12—02	10—02	74—03	50—03
165	11—02	12—02	12—02	11—02	10—02	89—03	66—03	44—03
173	10—02	10—02	10—02	10—02	95—03	79—03	59—03	39—03
181	92—03	96—03	95—03	90—03	84—03	70—03	52—03	35—03
190	81—03	85—03	84—03	80—03	74—03	62—03	46—03	31—03
199	72—03	75—03	74—03	71—03	66—03	55—03	41—03	27—03
208	63—03	66—03	65—03	62—03	58—03	48—03	36—03	24—03
218	56—03	58—03	58—03	55—03	51—03	43—03	32—03	21—03
229	49—03	51—03	51—03	49—03	45—03	38—03	28—03	19—03
239	44—03	45—03	45—03	43—03	40—03	33—03	25—03	16—03

Table 7.5. Textolite (*Cont.*)

$h\nu$, eV	Temperature, °K							
	116 5	154 5	205 5	275 5	367 5	490 5	652 5	870 5
251	39—03	40—03	40—03	38—03	35—03	29—03	22—03	14—03
263	34—03	35—03	35—03	34—03	31—03	26—03	19—03	13—03
275	30—03	31—03	31—03	30—03	28—03	23—03	17—03	11—03
288	63—03	30—03	28—03	26—03	24—03	20—03	15—03	10—03
301	55—03	27—03	24—03	23—03	22—03	18—03	13—03	90—04
316	31—02	31—02	24—02	39—03	20—03	16—03	12—03	80—04
331	27—02	27—02	27—02	27—02	16—02	20—03	10—03	70—04
346	24—02	24—02	24—02	24—02	24—02	19—02	25—03	70—04
363	21—02	21—02	21—02	21—02	21—02	16—02	22—03	62—04
380	18—02	18—02	18—02	18—02	18—02	14—02	19—03	55—04
398	16—02	16—02	16—02	16—02	16—02	14—02	10—02	10—02
416	14—02	14—02	14—02	14—02	14—02	12—02	95—03	90—03
436	12—02	12—02	12—02	12—02	12—02	11—02	83—03	78—03
457	10—02	10—02	10—02	10—02	10—02	98—03	72—03	68—03
478	94—03	94—03	94—03	93—03	93—03	85—03	63—03	60—03
501	82—03	82—03	82—03	82—03	81—03	75—03	55—03	52—03
524	72—03	72—03	72—03	71—03	71—03	65—03	48—03	45—03
549	13—02	68—03	63—03	62—03	62—03	57—03	42—03	39—03
575	16—02	16—02	16—02	10—02	56—03	50—03	36—03	34—03
602	14—02	14—02	14—02	14—02	14—02	62—03	32—03	30—03
630	12—02	12—02	12—02	12—02	12—02	12—02	65—03	27—03
660	11—02	11—02	11—02	11—02	11—02	10—02	97—03	55—03
691	96—03	96—03	96—03	96—03	95—03	93—03	85—03	83—03
724	84—03	84—03	84—03	84—03	83—03	81—03	74—03	72—03
758	73—03	74—03	74—03	73—03	73—03	71—03	64—03	63—03
794	64—03	64—03	64—03	64—03	64—03	62—03	56—03	55—03
831	56—03	56—03	56—03	56—03	56—03	54—03	49—03	48—03
870	49—03	49—03	49—03	49—03	49—03	47—03	43—03	42—03
912	43—03	43—03	43—03	43—03	43—03	41—03	37—03	36—03
954	38—03	38—03	38—03	38—03	37—03	36—03	32—03	32—03
1000	33—03	33—03	33—03	33—03	33—03	31—03	28—03	28—03

Table 7.5. Textolite (*Cont.*)

$h\nu$, eV	Temperature, °K							
	116 6	154 6	205 6	275 6	367 6	488 6	652 6	116 7
1,00	24—04	18—04	12—04	11—04	99—05	84—05	72—05	36—05
1,10	20—04	15—04	10—04	90—05	81—05	69—05	59—05	30—05
1,15	18—04	13—04	94—05	81—05	74—05	62—05	53—05	27—05
1,20	16—04	12—04	85—05	74—05	67—05	56—05	48—05	24—05
1,26	15—04	11—04	77—05	67—05	60—05	51—05	44—05	22—05
1,32	13—04	10—04	70—05	60—05	55—05	46—05	39—05	20—05
1,38	12—04	92—05	64—05	55—05	49—05	42—05	36—05	18—05
1,45	11—04	84—05	58—05	50—05	45—05	38—05	32—05	16—05
1,51	10—04	76—05	52—05	45—05	40—05	34—05	29—05	15—05

Table 7.5. Textolite (*Cont.*)

$h\nu$, eV	Temperature, °K							
	116 6	154 6	205 6	275 6	367 6	488 6	652 6	116 7
1,58	95—05	69—05	47—05	41—05	37—05	31—05	26—05	13—05
1,66	86—05	63—05	43—05	37—05	33—05	28—05	24—05	12—05
1,74	78—05	57—05	39—05	33—05	30—05	25—05	21—05	11—05
1,82	71—05	52—05	35—05	30—05	27—05	23—05	19—05	10—05
1,91	65—05	47—05	32—05	27—05	25—05	21—05	18—05	90—06
2,00	59—05	43—05	29—05	25—05	22—05	19—05	16—05	82—06
2,09	54—05	39—05	26—05	22—05	20—05	17—05	14—05	74—06
2,19	49—05	35—05	24—05	20—05	18—05	15—05	13—05	67—06
2,29	45—05	32—05	22—05	18—05	16—05	14—05	12—05	60—06
2,40	41—05	29—05	20—05	17—05	15—05	12—05	10—05	55—06
2,51	37—05	26—05	18—05	15—05	13—05	11—05	99—06	49—06
2,63	34—05	24—05	16—05	14—05	12—05	10—05	89—06	45—06
2,75	31—05	22—05	15—05	12—05	11—05	95—06	81—06	40—06
2,88	28—05	20—05	13—05	11—05	10—05	86—06	73—06	36—06
3,02	26—05	18—05	12—05	10—05	93—06	78—06	66—06	33—06
3,16	23—05	16—05	11—05	95—06	85—06	71—06	60—06	30—06
3,31	21—05	15—05	10—05	87—06	77—06	64—06	54—06	27—06
3,47	20—05	14—05	94—06	79—06	70—06	58—06	49—06	24—06
3,63	18—05	12—05	85—06	71—06	63—06	53—06	44—06	22—06
3,80	16—05	11—05	77—06	65—06	57—06	48—06	40—06	20—06
3,98	15—05	10—05	70—06	59—06	52—06	43—06	36—06	18—06
4,17	13—05	96—06	64—06	54—06	47—06	39—06	33—06	16—06
4,37	12—05	88—06	58—06	49—06	43—06	36—06	30—06	15—06
4,57	12—05	82—06	54—06	44—06	39—06	32—06	27—06	13—06
4,79	11—05	75—06	49—06	40—06	35—06	29—06	24—06	12—06
5,01	10—05	69—06	45—06	37—06	32—06	26—06	22—06	11—06
5,25	92—06	63—06	41—06	33—06	29—06	24—06	20—06	10—06
5,50	84—06	57—06	37—06	30—06	26—06	22—06	18—06	91—07
5,75	77—06	52—06	34—06	28—06	24—06	20—06	16—06	82—07
6,03	74—06	49—06	31—06	25—06	22—06	18—06	15—06	75—07
6,31	71—06	47—06	29—06	23—06	20—06	16—06	13—06	67—07
6,61	65—06	43—06	27—06	21—06	18—06	15—06	12—06	61—07
6,92	60—06	39—06	24—06	19—06	16—06	13—06	11—06	55—07
7,24	55—06	36—06	22—06	17—06	15—06	12—06	10—06	50—07
7,59	50—06	33—06	20—06	16—06	13—06	11—06	94—07	45—07
7,94	47—06	31—06	19—06	15—06	12—06	10—06	85—07	41—07
8,32	43—06	28—06	17—06	13—06	11—06	94—07	77—07	37—07
8,71	42—06	27—06	16—06	12—06	10—06	85—07	70—07	34—07
9,12	41—06	25—06	15—06	11—06	96—07	77—07	64—07	30—07
9,55	37—06	23—06	14—06	10—06	87—07	70—07	58—07	28—07
10,0	36—06	22—06	13—06	98—07	81—07	64—07	53—07	25—07
10,4	33—06	20—06	12—06	89—07	74—07	59—07	48—07	23—07
10,9	30—06	18—06	11—06	81—07	67—07	53—07	44—07	20—07
11,4	27—06	17—06	10—06	74—07	61—07	49—07	40—07	18—07
12,0	24—06	15—06	91—07	67—07	56—07	44—07	36—07	17—07
12,5	22—06	13—06	82—07	61—07	51—07	40—07	33—07	15—07

Table 7.5. Textolite (*Cont.*)

$h\nu$, eV	Temperature, °K							
	116 6	154 6	205 6	275 6	367 6	488 6	652 6	116 7
13,1	19—06	12—06	73—07	56—07	46—07	37—07	30—07	14—07
13,8	21—06	12—06	74—07	54—07	44—07	34—07	27—07	12—07
14,4	25—06	14—06	79—07	53—07	41—07	31—07	25—07	11—07
15,1	23—06	13—06	72—07	48—07	38—07	28—07	23—07	10—07
15,8	20—06	11—06	65—07	44—07	34—07	26—07	21—07	96—08
16,6	18—06	10—06	59—07	40—07	31—07	24—07	19—07	87—08
17,3	16—06	96—07	52—07	36—07	29—07	22—07	17—07	79—08
18,2	14—06	83—07	46—07	33—07	26—07	20—07	16—07	72—08
19,0	12—06	74—07	41—07	30—07	24—07	18—07	14—07	65—08
19,9	12—06	72—07	39—07	28—07	22—07	17—07	13—07	59—08
20,8	12—06	71—07	37—07	27—07	21—07	15—07	12—07	54—08
21,8	11—06	63—07	33—07	25—07	19—07	14—07	11—07	49—08
22,9	10—06	56—07	29—07	22—07	17—07	13—07	10—07	45—08
23,9	11—06	55—07	29—07	20—07	16—07	12—07	93—08	41—08
25,1	12—06	57—07	29—07	19—07	14—07	11—07	85—08	37—08
26,3	13—06	57—07	28—07	17—07	13—07	10—07	78—08	34—08
27,5	13—06	52—07	26—07	16—07	12—07	93—08	72—08	31—08
28,8	11—06	47—07	23—07	15—07	11—07	86—08	66—08	28—08
30,2	13—06	55—07	25—07	15—07	11—07	80—08	60—08	25—08
31,6	18—06	71—07	30—07	17—07	11—07	75—08	55—08	23—08
33,1	16—06	65—07	27—07	15—07	10—07	69—08	51—08	21—08
34,6	14—06	58—07	24—07	14—07	98—08	64—08	47—08	19—08
36,3	12—06	51—07	21—07	13—07	90—08	59—08	43—08	17—08
38,0	11—06	45—07	18—07	12—07	82—08	55—08	40—08	16—08
39,8	10—06	40—07	16—07	11—07	76—08	51—08	37—08	14—08
41,6	10—06	33—07	13—07	96—08	68—08	47—08	34—08	13—08
43,6	93—07	28—07	11—07	87—08	62—08	43—08	31—08	12—08
45,7	82—07	25—07	99—08	80—08	57—08	40—08	29—08	11—08
47,8	75—07	22—07	87—08	74—08	53—08	38—08	27—08	10—08
50,1	67—07	19—07	76—08	69—08	49—08	35—08	25—08	96—09
52,4	59—07	17—07	66—08	64—08	46—08	33—08	23—08	88—09
54,9	53—07	14—07	58—08	60—08	42—08	31—08	22—08	81—09
57,5	55—06	93—07	22—07	67—08	40—08	29—08	20—08	74—09
60,2	48—06	81—07	19—07	61—08	36—08	27—08	19—08	68—09
63,1	43—06	71—07	17—07	57—08	34—08	25—08	17—08	63—09
66,0	62—06	95—07	21—07	58—08	32—08	24—08	16—08	58—09
69,1	56—06	84—07	18—07	55—08	31—08	23—08	15—08	53—09
72,4	50—06	75—07	16—07	52—08	29—08	22—08	14—08	49—09
75,8	45—06	67—07	15—07	50—08	28—08	21—08	14—08	46—09
79,4	49—06	59—07	13—07	49—08	27—08	20—08	13—08	42—09
83,1	44—06	52—07	11—07	48—08	26—08	19—08	12—08	39—09
87,1	11—05	48—07	10—07	57—08	26—08	18—08	11—08	36—09
91,2	26—05	45—07	93—08	90—08	28—08	18—08	11—08	33—09
95,5	28—05	40—07	80—08	88—08	27—08	17—08	10—08	31—09
100	24—05	35—07	69—08	76—08	26—08	17—08	10—08	29—09
104	52—05	36—07	61—08	67—08	25—08	16—08	98—09	27—09

Table 7.5. Textolite (*Cont.*)

$h\nu$, eV	Temperature, °K							
	116 6	154 6	205 6	275 6	367 6	488 6	652 6	116 7
109	46—05	31—07	54—08	59—08	25—08	16—08	95—09	25—09
114	70—05	32—07	47—08	52—08	25—08	16—08	91—09	23—09
120	63—05	28—07	42—08	45—08	25—08	16—08	89—09	22—09
125	57—05	25—07	37—08	41—08	34—08	18—08	95—09	22—09
131	10—03	39—05	24—06	32—07	83—08	20—08	88—09	20—09
138	87—04	34—05	21—06	28—07	72—08	19—08	82—09	18—09
144	15—03	53—05	30—06	36—07	82—08	19—08	77—09	17—09
151	13—03	47—05	26—06	32—07	73—08	17—08	73—09	15—09
158	12—03	42—05	23—06	28—07	64—08	16—08	69—09	14—09
165	10—03	37—05	21—06	25—07	57—08	19—08	68—09	13—09
173	95—04	33—05	18—06	22—07	50—08	28—08	69—09	12—09
181	84—04	29—05	16—06	19—07	44—08	26—08	66—09	11—09
190	75—04	25—05	14—06	17—07	39—08	22—08	64—09	11—09
199	66—04	22—05	12—06	15—07	34—08	20—08	62—09	10—09
208	58—04	20—05	11—06	13—07	30—08	17—08	61—09	97—10
218	51—04	17—05	99—07	11—07	26—08	15—08	60—09	91—10
229	45—04	15—05	87—07	10—07	23—08	13—08	53—09	80—10
239	40—04	13—05	76—07	91—08	20—08	11—08	46—09	71—10
251	35—04	12—05	67—07	80—08	18—08	10—08	40—09	62—10
263	31—04	10—05	59—07	70—08	15—08	90—09	35—09	55—10
275	27—04	93—06	52—07	61—08	13—08	79—09	31—09	48—10
288	24—04	82—06	46—07	54—08	12—08	69—09	27—09	42—10
301	21—04	72—06	40—07	47—08	10—08	60—09	23—09	37—10
316	19—04	64—06	35—07	42—08	94—09	53—09	20—09	32—10
331	16—04	56—06	31—07	37—08	83—09	46—09	18—09	28—10
346	15—04	62—06	53—07	49—08	73—09	40—09	15—09	25—10
363	13—04	54—06	46—07	43—08	64—09	35—09	13—09	22—10
380	12—04	48—06	41—07	38—08	57—09	31—09	12—09	19—10
398	10—02	99—03	98—03	21—03	68—06	66—09	10—09	17—10
416	87—03	86—03	85—03	18—03	59—06	58—09	91—10	14—10
436	76—03	75—03	74—03	16—03	51—06	51—09	80—10	13—10
457	66—03	65—03	65—03	14—03	45—06	44—09	70—10	11—10
478	57—03	57—03	56—03	12—03	39—06	39—09	61—10	10—10
501	50—03	49—03	49—03	49—03	10—03	19—05	75—07	75—09
524	43—03	43—03	43—03	42—03	94—04	17—05	65—07	65—09
549	38—03	37—03	37—03	37—03	82—04	15—05	57—07	57—09
575	33—03	32—03	32—03	32—03	71—04	13—05	50—07	49—09
602	29—03	28—03	28—03	28—03	62—04	11—05	43—07	43—09
630	25—03	25—03	25—03	24—03	54—04	99—06	37—07	37—09
660	22—03	21—03	21—03	21—03	47—04	86—06	33—07	33—09
691	39—03	19—03	19—03	18—03	41—04	75—06	28—07	28—09
724	34—03	17—03	16—03	16—03	36—04	65—06	25—07	25—09
758	51—03	46—03	46—03	46—03	35—03	85—04	14—06	21—09
794	45—03	40—03	40—03	40—03	30—03	74—04	12—06	19—09
831	39—03	35—03	35—03	35—03	26—03	65—04	10—06	16—09

Table 7.5. Textolite (*Cont.*)

$h\nu$, eV	Temperature, °K							
	116 6	154 6	205 6	275 6	367 6	488 6	652 6	116 7
870	34—03	30—03	30—03	30—03	23—03	56—04	94—07	14—09
912	29—03	26—03	26—03	26—03	20—03	18—03	22—04	12—07
954	26—03	23—03	23—03	23—03	17—03	15—03	19—04	10—07
1000	22—03	20—03	20—03	20—03	15—03	13—03	16—04	91—08

Table 7.5. Textolite (*Cont.*)

Density of Plasma $\rho = 100-01$

$h\nu$, eV	Temperature, °K							
	116 5	154 5	206 5	275 5	367 5	490 5	652 5	870 5
1,00	40—02	32—01	72—01	71—01	10 00	12 00	15 00	18 00
1,10	32—02	27—01	60—01	59—01	85—01	10 00	13 00	15 00
1,15	29—02	24—01	54—01	54—01	77—01	91—01	11 00	13 00
1,20	26—02	22—01	49—01	49—01	71—01	83—01	10 00	12 00
1,26	23—02	20—01	45—01	45—01	64—01	76—01	97—01	11 00
1,32	21—02	18—01	41—01	41—01	59—01	69—01	89—01	10 00
1,38	20—02	17—01	37—01	37—01	54—01	63—01	81—01	94—01
1,45	19—02	15—01	34—01	34—01	49—01	57—01	73—01	85—01
1,51	19—02	15—01	32—01	31—01	45—01	52—01	67—01	78—01
1,58	23—02	16—01	32—01	30—01	42—01	48—01	61—01	71—01
1,66	22—02	15—01	29—01	27—01	38—01	44—01	56—01	64—01
1,74	20—02	13—01	26—01	25—01	34—01	40—01	51—01	59—01
1,82	17—02	12—01	24—01	22—01	31—01	36—01	46—01	53—01
1,91	15—02	11—01	22—01	20—01	28—01	33—01	42—01	49—01
2,00	14—02	10—01	20—01	18—01	26—01	30—01	39—01	44—01
2,09	12—02	93—02	18—01	17—01	23—01	27—01	35—01	40—01
2,19	11—02	84—02	17—01	15—01	21—01	25—01	32—01	37—01
2,29	10—02	77—02	15—01	14—01	20—01	23—01	29—01	34—01
2,40	94—03	71—02	14—01	13—01	19—01	21—01	27—01	31—01
2,51	88—03	66—02	13—01	12—01	17—01	19—01	25—01	28—01
2,63	84—03	62—02	12—01	11—01	15—01	18—01	23—01	25—01
2,75	80—03	58—02	11—01	10—01	14—01	16—01	20—01	23—01
2,88	74—03	54—02	10—01	96—02	13—01	15—01	19—01	21—01
3,02	70—03	52—02	99—02	89—02	11—01	13—01	17—01	19—01
3,16	65—03	49—02	92—02	81—02	10—01	12—01	15—01	18—01
3,31	61—03	46—02	86—02	75—02	98—02	11—01	14—01	16—01
3,47	91—03	50—02	84—02	72—02	94—02	10—01	13—01	15—01
3,63	96—03	47—02	77—02	76—02	10—01	10—01	12—01	14—01
3,80	13—02	51—02	74—02	70—02	93—02	95—02	11—01	12—01
3,98	13—02	50—02	69—02	63—02	84—02	85—02	10—01	11—01
4,17	12—02	45—02	62—02	58—02	76—02	77—02	92—02	10—01
4,37	12—02	42—02	57—02	54—02	71—02	70—02	84—02	95—02
4,57	11—02	39—02	52—02	49—02	65—02	63—02	78—02	92—02

Table 7.5. Textolite (*Cont.*)

$h\nu$, eV	\multicolumn{8}{c}{Temperature, °K}
	116 5	154 5	206 5	275 5	367 5	490 5	652 5	870 5
4,79	11—02	37—02	48—02	44—02	59—02	58—02	72—02	85—02
5,01	10—02	35—02	44—02	40—02	53—02	55—02	68—02	77—02
5,25	10—02	33—02	41—02	37—02	48—02	52—02	65—02	70—02
5,50	10—02	32—02	38—02	33—02	44—02	47—02	59—02	64—02
5,75	10—02	31—02	37—02	41—02	54—02	46—02	53—02	57—02
6,03	10—02	31—02	35—02	39—02	51—02	42—02	49—02	56—02
6,31	10—02	30—02	34—02	41—02	53—02	41—02	46—02	56—02
6,61	10—02	30—02	34—02	50—02	66—02	44—02	42—02	51—02
6,92	10—02	30—02	33—02	55—02	73—02	43—02	38—02	46—02
7,24	19—01	19—01	93—02	66—02	70—02	39—02	34—02	41—02
7,59	19—01	19—01	93—02	65—02	69—02	37—02	31—02	37—02
7,94	19 01	19—01	94—02	65—02	69—02	37—02	30—02	34—02
8,32	20—01	20—01	95—02	71—02	77—02	43—02	32—02	31—02
8,71	32—01	28—01	11—01	75—02	79—02	43—02	33—02	34—02
9,12	33—01	28—01	11—01	74—02	78—02	42—02	32—02	34—02
9,55	34—01	31—01	13—01	75—02	76—02	39—02	29—02	31—02
10,0	34—01	31—01	13—01	75—02	76—02	38—02	27—02	28—02
10,4	31 00	15 00	40—01	11—01	76—02	35—02	23—02	25—02
10,9	31 00	15 00	41—01	17—01	12—01	43—02	21—02	22—02
11,4	21 01	75 00	14 00	29—01	13—01	41—02	19—02	20—02
12,0	22 01	84 00	17 00	33—01	13—01	39—02	17—02	18—02
12,5	21 01	83 00	17 00	37—01	16—01	43—02	16—02	16—02
13,1	21 01	82 00	17 00	37—01	15—01	41—02	14—02	14—02
13,8	63 01	36 01	81 00	11 00	29—01	72—02	26—02	19—02
14,4	59 01	34 01	76 00	11 00	27—01	70—02	29—02	23—02
15,1	56 01	32 01	73 00	17 00	63—01	12—01	35—02	22—02
15,8	53 01	30 01	69 00	16 00	60—01	12—01	37—02	21—02
16,6	54 01	30 01	67 00	15 00	57—01	12—01	36—02	19—02
17,3	51 01	28 01	64 00	14 00	54—01	11—01	33—02	17—02
18,2	49 01	27 01	60 00	14 00	51—01	10—01	31—02	15—02
19,0	47 01	26 01	81 00	51 00	18 00	23—01	33—02	13—02
19,9	45 01	25 01	77 00	48 00	17 00	22—01	38—02	14—02
20,8	43 01	24 01	73 00	46 00	17 00	26—01	39—02	12—02
21,8	41 01	23 01	70 00	43 00	16 00	24—01	36—02	11—02
22,9	39 01	22 01	66 00	41 00	15 00	23—01	34—02	10—02
23,9	37 01	21 01	62 00	38 00	14 00	21—01	34—02	13—02
25,1	38 01	27 01	14 01	10 01	27 00	29—01	36—02	17—02
26,3	36 01	26 01	13 01	95 00	25 00	29—01	43—02	22—02
27,5	34 01	24 01	12 01	88 00	23 00	27—01	41—02	22—02
28,8	34 01	23 01	12 01	81 00	21 00	25—01	38—02	21—02
30,2	32 01	22 01	12 01	91 00	34 00	66—01	11—01	25—02
31,6	32 01	26 01	17 01	13 01	45 00	12 00	25—01	31—02
33,1	30 01	25 01	20 01	18 01	80 00	15 00	28—01	33—02
34,6	29 01	24 01	18 01	17 01	76 00	14 00	26—01	30—02
36,3	27 01	27 01	26 01	24 01	11 01	19 00	28—01	29—02
38,0	26 01	25 01	25 01	22 01	10 01	19 00	39—01	39—02

Table 7.5. Textolite (*Cont.*)

$h\nu$, eV	Temperature, °K							
	116 5	154 5	206 5	275 5	367 5	490 5	652 5	870 5
39,8	24 01	23 01	23 01	21 01	10 01	17 00	36—01	35—02
41,6	22 01	22 01	22 01	20 01	11 01	39 00	92—01	10—01
43,6	21 01	21 01	21 01	20 01	11 01	36 00	85—01	94—02
45,7	19 01	19 01	20 01	19 01	10 01	33 00	78—01	87—02
47,8	18 01	18 01	18 01	17 01	10 01	37 00	10 00	18—01
50,1	17 01	17 01	17 01	17 01	12 01	54 00	13 00	22—01
52,4	15 01	15 01	16 01	15 01	11 01	63 00	17 00	23—01
54,9	14 01	14 01	15 01	14 01	13 01	98 00	29 00	27—01
57,5	13 01	13 01	13 01	13 01	11 01	92 00	35 00	77—01
60,2	12 01	12 01	12 01	12 01	11 01	84 00	32 00	70—01
63,1	11 01	11 01	11 01	11 01	10 01	76 00	31 00	94—01
66,0	10 01	10 01	10 01	10 01	98 00	87 00	41 00	10 00
69,1	92 00	94 00	97 00	96 00	90 00	80 00	45 00	17 00
72,4	84 00	85 00	88 00	87 00	82 00	73 00	41 00	16 00
75,8	76 00	78 00	80 00	79 00	74 00	67 00	37 00	14 00
79,4	69 00	70 00	73 00	72 00	67 00	61 00	42 00	18 00
83,1	62 00	63 00	66 00	65 00	61 00	55 00	37 00	16 00
87,1	56 00	57 00	59 00	59 00	55 00	50 00	34 00	15 00
91,2	50 00	52 00	53 00	53 00	50 00	46 00	38 00	20 00
95,5	45 00	46 00	48 00	48 00	45 00	41 00	34 00	18 00
100	41 00	41 00	43 00	43 00	40 00	37 00	31 00	16 00
104	36 00	37 00	39 00	38 00	36 00	33 00	28 00	17 00
109	32 00	33 00	34 00	34 00	32 00	30 00	25 00	16 00
114	29 00	30 00	31 00	30 00	29 00	27 00	22 00	17 00
120	26 00	26 00	27 00	27 00	26 00	24 00	20 00	15 00
125	23 00	23 00	24 00	24 00	23 00	21 00	18 00	14 00
131	20 00	21 00	22 00	21 00	20 00	19 00	16 00	12 00
138	18 00	18 00	19 00	19 00	18 00	17 00	14 00	11 00
144	16 00	16 00	17 00	17 00	16 00	15 00	13 00	10 00
151	14 00	14 00	15 00	15 00	14 00	13 00	11 00	89—01
158	12 00	13 00	13 00	13 00	13 00	12 00	10 00	79—01
165	11 00	11 00	12 00	12 00	11 00	10 00	91—01	70—01
173	10 00	10 00	10 00	10 00	10 00	95—01	80—01	62—01
181	89—01	91—01	94—01	94—01	89—01	84—01	71—01	55—01
190	78—01	80—01	83—01	83—01	79—01	74—01	63—01	49—01
199	69—01	71—01	74—01	73—01	70—01	65—01	56—01	43—01
208	61—01	63—01	65—01	64—01	62—01	58—01	49—01	38—01
218	54—01	55—01	57—01	57—01	54—01	51—01	43—01	33—01
229	48—01	49—01	51—01	50—01	48—01	45—01	38—01	29—01
239	42—01	43—01	45—01	44—01	42—01	40—01	34—01	26—01
251	37—01	38—01	39—01	39—01	37—01	35—01	30—01	23—01
263	33—01	34—01	35—01	35—01	33—01	31—01	26—01	20—01
275	29—01	30—01	31—01	31—01	29—01	27—01	23—01	18—01
288	29—00	11 00	45—01	29—01	26—01	24—01	20—01	16—01
301	25—00	10 00	39—01	26—01	23—01	21—01	18—01	14—01
316	31—00	31 00	31 00	26 00	78—01	24—01	16—01	12—01

Table 7.5. Textolite (*Cont.*)

hv, eV	Temperature, °K							
	116 5	154 5	206 5	275 5	367 5	490 5	652 5	870 5
331	27 00	27 00	27 00	27 00	27 00	19 00	38—01	11—01
346	24 00	24 00	24 00	24 00	24 00	24 00	20 00	62—01
363	21 00	21 00	21 00	21 00	21 00	21 00	18 00	54—01
380	18 00	18 00	18 00	18 00	18 00	18 00	15 00	47—01
398	16 00	16 00	16 00	16 00	16 00	16 00	15 00	11 00
416	14 00	14 00	14 00	14 00	14 00	14 00	13 00	10 00
436	12 00	12 00	12 00	12 00	12 00	12 00	11 00	89—01
457	10 00	10 00	10 00	10 00	10 00	10 00	10 00	78—01
478	93—01	93—01	94—01	94—01	93—01	92—01	87—01	68—01
501	82—01	82—01	82—01	82—01	81—01	81—01	76—01	59—01
524	71—01	71—01	72—01	71—01	71—01	71—01	66—01	51—01
549	18 00	14 00	81—01	65—01	62—01	62—01	58—01	45—01
575	16 00	16 00	16 00	16 00	11 00	61—01	51—01	39—01
602	14 00	14 00	14 00	14 00	14 00	13 00	77—01	36—01
630	12 00	12 00	12 00	12 00	12 00	12 00	12 00	76—01
660	11 00	11 00	11 00	11 00	11 00	11 00	10 00	99—01
691	96—01	96—01	96—01	96—01	96—01	95—01	93—01	86—01
724	84—01	84—01	84—01	84—01	84—01	83—01	81—01	75—01
758	73—01	73—01	73—01	73—01	73—01	73—01	71—01	66—01
794	64—01	64—01	64—01	64—01	64—01	64—01	62—01	57—01
831	56—01	56—01	56—01	56—01	56—01	56—01	54—01	50—01
870	49—01	49—01	49—01	49—01	49—01	49—01	47—01	43—01
912	43—01	43—01	43—01	43—01	43—01	42—01	41—01	38—01
954	38—01	38—01	38—01	38—01	38—01	37—01	36—01	33—01
1000	33—01	33—01	33—01	33—01	33—01	33—01	32—01	29—01

Table 7.5. Textolite (*Cont.*)

hv, eV	Temperature, °K							
	116 6	154 6	205 6	275 6	367 6	488 6	652 6	116 7
1,00	17 00	16 00	12 00	89—01	77—01	69—01	60—01	36—01
1,10	14 00	13 00	10 00	73—01	63—01	57—01	49—01	30—01
1,15	13 00	11 00	93—01	66—01	57—01	51—01	44—01	27—01
1,20	12 00	10 00	84—01	60—01	52—01	46—01	40—01	24—01
1,26	10 00	98—01	76—01	54—01	47—01	42—01	36—01	22—01
1,32	98—01	89—01	69—01	49—01	42—01	38—01	33—01	20—01
1,38	89—01	80—01	62—01	44—01	38—01	34—01	30—01	18—01
1,45	81—01	73—01	57—01	40—01	35—01	31—01	27—01	16—01
1,51	74—01	66—01	51—01	36—01	31—01	28—01	24—01	15—01
1,58	67—01	60—01	46—01	33—01	28—01	25—01	22—01	13—01
1,66	61—01	55—01	42—01	30—01	26—01	23—01	20—01	12—01
1,74	55—01	50—01	38—01	27—01	23—01	21—01	18—01	11—01
1,82	50—01	45—01	35—01	24—01	21—01	19—01	16—01	10—01
1,91	46—01	41—01	31—01	22—01	19—01	17—01	15—01	90—02
2,00	42—01	37—01	28—01	20—01	17—01	15—01	13—01	82—02

Table 7.5. Textolite (*Cont.*)

$h\nu$, eV	Temperature, °K							
	116 6	154 6	205 6	275 6	367 6	488 6	652 6	116 7
2,09	38—01	34—01	26—01	18—01	15—01	14—01	12—01	74—02
2,19	34—01	31—01	23—01	16—01	14—01	12—01	11—01	67—02
2,29	31—01	28—01	21—01	15—01	13—01	11—01	10—01	60—02
2,40	28—01	25—01	19—01	13—01	11—01	10—01	91—02	55—02
2,51	26—01	23—01	17—01	12—01	10—01	95—02	82—02	49—02
2,63	24—01	21—01	16—01	11—01	97—02	86—02	74—02	45—02
2,75	21—01	19—01	14—01	10—01	88—02	78—02	67—02	40—02
2,88	20—01	17—01	13—01	93—02	80—02	71—02	61—02	36—02
3,02	18—01	16—01	12—01	85—02	72—02	64—02	55—02	33—02
3,16	16—01	14—01	11—01	77—02	65—02	58—02	50—02	30—02
3,31	15—01	13—01	10—01	70—02	59—02	52—02	45—02	27—02
3,47	14—01	12—01	92—02	63—02	54—02	48—02	41—02	24—02
3,63	12—01	11—01	83—02	58—02	49—02	43—02	37—02	22—02
3,80	11—01	10—01	76—02	52—02	44—02	39—02	33—02	20—02
3,98	10—01	91—02	69—02	47—02	40—02	35—02	30—02	18—01
4,17	95—02	83—02	62—02	43—02	36—02	32—02	27—02	16—02
4,37	87—02	76—02	57—02	39—02	33—02	29—02	25—02	15—02
4,57	83—02	71—02	53—02	36—02	30—02	26—02	22—02	13—02
4,79	76—02	65—02	48—02	33—02	27—02	24—02	20—02	12—02
5,01	69—02	59—02	44—02	30—02	25—02	22—02	18—02	11—02
5,25	62—02	54—02	40—02	27—02	22—02	20—02	17—02	10—02
5,50	57—02	49—02	36—02	24—02	20—02	18—02	15—02	91—03
5,75	51—02	44—02	33—02	22—02	18—02	16—02	14—02	82—03
6,03	49—02	42—02	30—02	20—02	17—02	14—02	12—02	74—03
6,31	48—02	40—02	29—02	19—02	15—02	13—02	11—02	67—03
6,61	43—02	36—02	26—02	17—02	14—02	12—02	10—02	61—03
6,92	39—02	33—02	24—02	16—02	13—02	11—02	94—03	55—03
7,24	35—02	30—02	22—02	14—02	11—02	10—02	86—03	50—03
7,59	32—02	27—02	20—02	13—02	10—02	92—03	78—03	45—03
7,94	29—02	25—02	18—02	12—02	99—03	84—03	71—03	41—03
8,32	26—02	23—02	17—02	11—02	90—03	77—03	64—03	37—03
8,71	27—02	22—02	16—02	10—02	82—03	69—03	58—03	34—03
9,12	26—02	21—02	15—02	97—03	74—03	63—03	53—03	30—03
9,55	24—02	19—02	13—02	88—03	68—03	57—03	48—03	27—03
10,0	22—02	18—02	13—02	82—03	63—03	53—03	44—03	25—03
10,4	20—02	16—02	11—02	75—03	57—03	48—03	40—03	23—03
10,9	18—02	15—02	10—02	68—03	52—03	44—03	36—03	20—03
11,4	16—02	13—02	96—03	61—03	47—03	39—03	33—03	18—03
12,0	14—02	12—02	87—03	55—03	43—03	36—03	30—03	17—03
12,5	13—02	11—02	79—03	50—03	39—03	33—03	27—03	15—03
13,1	11—02	97—03	70—03	44—03	35—03	30—03	24—03	14—03
13,8	12—02	10—02	70—03	44—03	33—03	28—03	22—03	12—03
14,4	14—02	11—02	76—03	45—03	32—03	26—03	20—03	11—03
15,1	13—02	10—02	69—03	41—03	29—03	23—03	19—03	10—03
15,8	12—02	91—03	62—03	37—03	27—03	21—03	17—03	96—04
16,6	11—02	82—03	56—03	33—03	24—03	19—03	15—03	87—04

Table 7.5. Textolite (*Cont.*)

$h\nu$, eV	Temperature, °K							
	116 6	154 6	205 6	275 6	367 6	488 6	652 6	116 7
17,3	98—03	73—03	50—03	30—03	22—03	18—03	14—03	79—04
18,2	83—03	63—03	44—03	26—03	20—03	16—03	13—03	72—04
19,0	72—03	56—03	39—03	23—03	18—03	15—03	12—03	65—04
19,9	64—03	52—03	37—03	22—03	17—03	13—03	11—03	59—04
20,8	59—03	50—03	35—03	21—03	16—03	12—03	10—03	54—04
21,8	58—03	46—03	32—03	19—03	14—03	11—03	92—04	49—04
22,9	54—03	42—03	28—03	16—03	13—03	10—03	84—04	44—04
23,9	(5—03	43—03	27—03	16—03	12—03	96—04	76—04	40—04
25,1	84—03	46—03	27—03	15—03	11—03	88—04	70—04	37—04
26,3	10—02	48—03	27—03	15—03	10—03	80—04	64—04	33—04
27,5	10—02	46—03	24—03	13—03	94—04	73—04	58—04	30—04
28,8	97—03	42—03	22—03	12—03	86—04	67—04	54—04	28—04
30,2	91—03	43—03	23—03	12—03	85—04	64—04	49—04	25—04
31,6	86—03	48—03	28—03	13—03	88—04	64—04	46—04	23—04
33,1	79—03	44—03	25—03	12—03	81—04	59—04	42—04	21—04
34,6	70—03	39—03	22—03	11—03	74—04	54—04	39—04	19—04
36,3	63—03	35—03	19—03	98—04	68—04	49—04	35—04	17—04
38,0	60—03	32—03	17—03	87—04	62—04	45—04	33—04	16—04
39,8	65—03	31—03	15—03	77—04	56—04	41—04	30—04	14—04
41,6	12—02	29—03	12—03	63—04	49—04	37—04	28—04	13—04
43,6	11—02	26—03	10—03	54—04	44—04	33—04	25—04	12—04
45,7	10—02	24—03	94—04	48—04	40—04	30—04	23—04	11—04
47,8	21—02	22—03	82—04	42—04	37—04	28—04	22—04	10—04
50,1	25—02	20—03	72—04	37—04	34—04	26—04	20—04	96—05
52,4	23—02	18—03	63—04	33—04	31—04	24—04	18—04	88—05
54,9	22—02	16—03	55—04	29—04	29—04	22—04	17—04	81—05
57,5	84—02	89—03	21—03	72—04	30—04	20—04	16—04	74—05
60,2	76—02	79—03	19—03	62—04	27—04	18—04	15—04	68—05
63,1	94—02	71—03	16—03	55—04	25—04	17—04	14—04	63—05
66,0	10—01	92—03	20—03	62—04	24—04	16—04	13—04	58—05
69,1	14—01	85—03	18—03	56—04	22—04	15—04	12—04	53—05
72,4	13—01	75—03	16—03	50—04	21—04	14—04	11—04	49—05
75,8	12—01	67—03	14—03	44—04	20—04	13—04	10—04	45—05
79,4	14—01	71—03	13—03	40—04	19—04	12—04	10—04	42—05
83,1	12—01	62—03	11—03	35—04	18—04	11—04	96—05	39—05
87,1	20—01	13—02	11—03	32—04	19—04	11—04	91—05	36—05
91,2	38—01	25—02	11—03	29—04	26—04	11—04	86—05	33—05
95,5	39—01	26—02	10—03	25—04	25—04	11—04	82—05	31—05
100	35—01	23—02	91—04	22—04	22—04	10—04	78—05	29—05
104	65—01	39—02	98—04	19—04	19—04	97—05	75—05	27—05
109	58—01	34—02	87—04	17—04	17—04	92—05	72—05	25—05
114	84—01	47—02	92—04	15—04	15—04	88—05	69—05	23—05
120	76—01	42—02	82—04	13—04	13—04	85—05	67—05	22—05
125	68—01	38—02	73—04	12—04	12—04	10—04	73—05	22—05
131	73—01	20—01	22—02	26—03	58—04	20—04	75—05	20—05
138	65—01	18—01	19—02	23—03	51—04	18—04	69—05	18—05

Table 7.5. Textolite (*Cont.*)

$h\nu$, eV	Temperature, °K							
	116 6	154 6	205 6	275 6	367 6	488 6	652 6	116 7
144	68—01	25—01	27—02	30—03	62—04	19—04	66—05	17—05
151	61—01	23—01	24—02	27—03	54—04	17—04	61—05	15—05
158	54—01	20—01	21—02	24—03	48—04	15—04	57—05	14—05
165	48—01	18—01	19—02	21—03	42—04	14—04	61—05	13—05
173	42—01	16—01	16—02	18—03	37—04	12—04	79—05	12—05
181	37—01	14—01	14—02	16—03	33—04	11—04	73—05	11—05
190	33—01	12—01	13—02	14—03	29—04	99—05	65—05	10—05
199	29—01	11—01	11—02	12—03	25—04	87—05	57—05	10—05
208	26—01	97—02	10—02	11—03	22—04	76—05	50—05	96—06
218	23—01	86—02	89—03	10—03	20—04	67—05	45—05	90—06
229	20—01	76—02	78—03	88—04	17—04	59—05	39—05	80—06
239	18—01	67—02	69—03	77—04	15—04	51—05	34—05	70—06
251	15—01	59—02	61—03	68—04	13—04	45—05	30—05	62—06
263	14—01	51—02	53—03	59—04	11—04	40—05	26—05	54—06
275	12—01	45—02	47—03	52—04	10—04	35—05	23—05	48—06
288	10—01	40—02	41—03	46—04	92—05	30—05	20—05	42—06
301	95—02	35—02	36—03	40—04	81—05	27—05	17—05	37—06
316	84—02	31—02	32—03	35—04	71—05	23—05	15—05	32—06
331	74—02	27—02	28—03	31—04	63—05	20—05	13—05	28—06
346	13—01	35—02	49—03	96—04	11—04	18—05	11—05	25—06
363	11—01	31—02	43—03	84—04	99—05	16—05	10—05	22—06
380	10—01	27—02	38—03	74—04	87—05	14—05	91—06	19—06
398	10 00	10 00	99—01	95—01	21—01	24—03	17—05	16—06
416	91—01	88—01	86—01	83—01	18—01	21—03	15—05	14—06
436	80—01	76—01	75—01	72—01	16—01	18—03	13—05	13—06
457	69—01	67—01	65—01	63—01	14—01	16—03	11—05	11—06
478	60—01	58—01	57—01	55—01	12—01	14—03	10—05	99—07
501	53—01	50—01	49—01	49—01	48—01	13—01	69—03	74—05
524	46—01	44—01	43—01	43—01	42—01	11—01	60—03	65—05
549	40—01	38—01	37—01	37—01	36—01	10—01	52—03	56—05
575	35—01	33—01	33—01	32—01	31—01	89—02	46—03	49—05
602	30—01	29—01	28—01	28—01	27—01	77—02	40—03	43—05
630	29—01	25—01	25—01	25—01	24—01	67—02	34—03	37—05
660	65—01	24—01	21—01	21—01	21—01	58—02	30—03	32—05
691	83—01	52—01	22—01	19—01	18—01	51—02	26—03	28—05
724	72—01	45—01	19—01	16—01	16—01	44—02	23—03	24—05
758	63—01	55—01	47—01	46—01	46—01	35—01	71—02	22—05
794	55—01	48—01	41—01	40—01	40—01	30—01	62—02	19—05
831	48—01	42—01	36—01	35—01	35—01	26—01	54—02	17—05
870	42—01	36—01	31—01	30—01	30—01	23—01	47—02	14—05
912	36—01	31—01	27—01	26—01	26—01	20—01	17—01	11—03
954	32—01	27—01	23—01	23—01	23—01	18—01	15—01	10—03
1000	28—01	24—01	20—01	20—01	20—01	15—01	13—01	90—04

Table 7.5. Textolite *(Cont.)*
Density of Plasma $\rho = 10001$

$h\nu$, eV	Temperature, °K															
	116	5	154	5	206	5	275	5	367	5	490	5	652	5	870	5
1,00	59	00	99	01	72	02	21	03	32	03	44	03	59	03	76	03
1,10	48	00	81	01	59	02	17	03	26	03	36	03	49	03	63	03
1,15	43	00	77	01	53	02	16	03	24	03	33	03	44	03	57	03
1,20	39	00	65	01	48	02	14	03	21	03	30	03	40	03	51	03
1,26	35	00	59	01	43	02	13	03	19	03	27	03	36	03	47	03
1,32	31	00	53	01	39	02	12	03	17	03	25	03	33	03	42	03
1,38	29	00	49	01	36	02	10	03	16	03	22	03	30	03	38	03
1,45	27	00	45	01	32	02	99	02	14	03	20	03	27	03	35	03
1,51	28	00	44	01	30	02	91	02	13	03	18	03	24	03	31	03
1,58	32	00	45	01	29	02	85	02	12	03	17	03	22	03	29	03
1,66	31	00	42	01	27	02	78	02	11	03	15	03	20	03	26	03
1,74	28	00	38	01	24	02	70	02	10	03	14	03	18	03	23	03
1,82	24	00	34	01	22	02	63	02	92	02	12	03	16	03	21	03
1,91	22	00	30	01	20	02	57	02	83	02	11	03	15	03	19	03
2,00	19	00	27	01	18	02	52	02	75	02	10	03	13	03	17	03
2,09	17	00	24	01	16	02	47	02	68	02	94	02	12	03	16	03
2,19	15	00	22	01	14	02	42	02	62	02	85	02	11	03	14	03
2,29	14	00	20	01	13	02	38	02	56	02	78	02	10	03	13	03
2,40	13	00	18	01	12	02	35	02	51	02	71	02	94	02	12	03
2,51	12	00	16	01	11	02	32	02	46	02	64	02	85	02	11	03
2,63	11	00	15	01	10	02	29	02	42	02	58	02	77	02	10	03
2,75	10	00	14	01	91	01	26	02	38	02	57	02	70	02	90	02
2,88	99	—01	13	01	84	01	24	02	34	02	48	02	63	02	82	02
3,02	92	—01	12	01	77	01	22	02	31	02	43	02	57	02	74	02
3,16	85	—01	11	01	71	01	20	02	28	02	39	02	51	02	67	02
3,31	79	—01	10	01	65	01	18	02	26	02	35	02	47	02	61	02
3,47	12	00	12	01	65	01	17	02	24	02	32	02	43	02	56	02
3,63	13	00	11	01	60	01	15	02	22	02	31	02	40	02	51	02
3,80	18	00	13	01	60	01	14	02	20	02	28	02	36	02	46	02
3,98	19	00	13	01	57	01	13	02	18	02	25	02	32	02	41	02
4,17	17	00	12	01	52	01	12	02	16	02	23	02	29	02	37	02
4,37	16	00	11	01	47	01	11	02	15	02	21	02	26	02	34	02
4,57	16	00	14	01	44	01	99	01	13	02	18	02	24	02	30	02
4,79	15	00	10	01	41	01	90	01	12	02	17	02	21	02	28	02
5,01	15	00	10	01	38	01	82	01	11	02	15	02	19	02	25	02
5,25	14	00	99	00	36	01	75	01	10	02	13	02	18	02	23	02
5,50	14	00	98	00	34	01	70	01	91	01	12	02	16	02	21	02
5,75	14	00	97	00	33	01	66	01	89	01	12	02	15	02	19	02
6,03	14	00	96	00	32	01	62	01	82	01	11	02	13	02	17	02
6,31	15	00	96	00	31	01	58	01	78	01	10	02	12	02	16	02
6,61	15	00	96	00	30	01	56	01	79	01	11	02	12	02	14	02
6,92	15	00	95	00	29	01	54	01	77	01	11	02	12	02	13	02
7,24	26	01	65	01	97	01	99	01	92	01	11	02	11	02	12	02
7,59	27	01	66	01	98	01	97	01	89	01	10	02	10	02	11	02
7,94	28	01	67	01	99	01	96	01	87	01	10	02	97	01	10	02
8,32	28	01	68	01	10	02	97	01	89	01	10	02	98	01	10	02

Table 7.5. Textolite (*Cont.*)

$h\nu$, eV	\multicolumn{14}{c	}{Temperature, °K}
	116	5	154	5	206	5	275	5	367	5	490	5	652	5	870	5
8,71	46	01	90	01	12	02	11	02	93	01	10	02	95	01	96	01
9,12	46	01	97	01	12	02	11	02	91	01	10	02	91	01	89	01
9,55	48	01	10	02	13	02	11	02	91	01	96	01	85	01	82	01
10,0	48	01	10	02	13	02	11	02	89	01	94	01	81	01	75	01
10,4	44	02	52	02	44	02	25	02	13	02	98	01	76	01	67	01
10,9	44	02	52	02	43	02	26	02	15	02	12	02	85	01	63	01
11,4	30	03	25	03	16	03	71	02	27	02	14	02	83	01	58	01
12,0	31	03	26	03	17	03	81	02	31	02	14	02	80	01	53	01
12,5	30	03	26	03	17	03	80	02	32	02	15	02	83	01	49	01
13,1	29	03	25	03	16	03	79	02	31	02	15	02	79	01	45	01
13,8	73	03	66	03	50	03	25	03	93	02	34	02	14	02	70	01
14,4	69	03	63	03	47	03	24	03	86	02	32	02	13	02	70	01
15,1	65	03	59	03	44	03	23	03	96	02	45	02	18	02	81	01
15,8	61	03	56	03	42	03	22	03	91	02	43	02	18	02	80	01
16,6	63	03	57	03	42	03	21	03	89	02	41	02	17	02	77	01
17,3	60	03	55	03	40	03	20	03	84	02	39	02	16	02	70	01
18,2	58	03	52	03	38	03	19	03	79	02	36	02	15	02	66	01
19,0	55	03	50	03	38	03	22	03	13	03	76	02	26	02	77	01
19,9	53	03	48	03	36	03	21	03	12	03	71	02	24	02	76	01
20,8	50	03	46	03	34	03	20	03	12	03	72	02	27	02	79	01
21,8	48	03	44	03	33	03	19	03	11	03	68	02	25	02	74	01
22,9	46	03	42	03	31	03	18	03	10	03	64	02	24	02	68	01
23,9	44	03	40	03	30	03	17	03	10	03	59	02	22	02	63	01
25,1	42	03	40	03	33	03	22	03	15	03	83	02	26	02	66	01
26,3	40	03	38	03	31	03	21	03	14	03	77	02	25	02	67	01
27,5	38	03	36	03	29	03	20	03	13	03	72	02	23	02	62	01
28,8	37	03	35	03	28	03	19	03	12	03	66	02	22	02	57	01
30,2	35	03	33	03	27	03	19	03	13	03	84	02	33	02	10	02
31,6	33	03	32	03	29	03	22	03	17	03	10	03	48	02	18	02
33,1	31	03	30	03	28	03	24	03	21	03	15	03	63	02	21	02
34,6	29	03	29	03	26	03	23	03	20	03	14	03	59	02	19	02
36,3	28	03	27	03	27	03	26	03	25	03	17	03	70	02	21	02
38,0	26	03	26	03	25	03	25	03	23	03	16	03	68	02	23	02
39,8	24	03	24	03	24	03	23	03	22	03	15	03	63	02	21	02
41,6	23	03	22	03	22	03	22	03	21	03	16	03	85	02	38	02
43,6	21	03	21	03	21	03	21	03	20	03	15	03	82	02	36	02
45,7	19	03	19	03	19	03	20	03	19	03	14	03	76	02	33	02
47,8	18	03	18	03	18	03	18	03	18	03	13	03	77	02	37	02
50,1	17	03	17	03	17	03	17	03	17	03	14	03	90	02	43	02
52,4	15	03	15	03	15	03	16	03	15	03	13	03	93	02	48	02
54,9	14	03	14	03	14	03	14	03	14	03	13	03	11	03	63	02
57,5	13	03	13	03	13	03	13	03	13	03	12	03	10	03	66	02
60,2	12	03	12	03	12	03	12	03	12	03	11	03	96	02	60	02
63,1	11	03	11	03	11	03	11	03	11	03	10	03	87	02	57	02
66,0	10	03	10	03	10	03	10	03	10	03	10	03	91	02	64	02
69,1	92	02	92	02	93	02	95	02	95	02	91	02	84	02	64	02

Table 7.5. Textolite (*Cont.*)

$h\nu$, eV	Temperature, °K													
	116	5	154	5	206	5	275	5	367	5	490	5	652	5	870	5
72,4	84	02	84	02	84	02	86	02	86	02	83	02	76	02	58	02
75,8	76	02	76	02	76	02	78	02	78	02	75	02	69	02	53	02
79,4	69	02	69	02	69	02	71	02	71	02	68	02	63	02	52	02
83,1	62	02	62	02	63	02	64	02	64	02	62	02	57	02	46	02
87,1	56	02	56	02	56	02	58	02	58	02	56	02	52	02	42	02
91,2	50	02	50	02	51	02	52	02	52	02	50	02	47	02	42	02
95,5	45	02	45	02	46	02	47	02	47	02	45	02	42	02	38	02
100	41	02	40	02	41	02	42	02	42	02	41	02	38	02	34	02
104	36	02	36	02	37	02	37	02	38	02	36	02	34	02	30	02
109	32	02	32	02	33	02	33	02	34	02	32	02	31	02	27	02
114	29	02	29	02	29	02	30	02	30	02	29	02	27	02	24	02
120	26	02	26	02	26	02	27	02	27	02	26	02	24	02	22	02
125	23	02	23	02	23	02	24	02	24	02	23	02	22	02	19	02
131	20	02	20	02	20	02	21	02	21	02	20	02	19	02	17	02
138	18	02	18	02	18	02	19	02	19	02	18	02	17	02	15	02
144	16	02	16	02	16	02	16	02	17	02	16	02	15	02	13	02
151	14	02	14	02	14	02	15	02	15	02	14	02	13	02	12	02
158	12	02	12	02	12	02	13	02	13	02	12	02	12	02	10	02
165	11	02	11	02	11	02	11	02	11	02	11	02	10	02	96	01
173	10	02	10	02	10	02	10	02	10	02	10	02	95	01	85	01
181	88	01	88	01	89	01	91	01	92	01	89	01	84	01	75	01
190	78	01	78	01	79	01	81	01	81	01	79	01	74	01	67	01
199	69	01	69	01	70	01	71	01	72	01	69	01	66	01	59	01
208	61	01	61	01	61	01	63	01	63	01	61	01	58	01	52	01
218	54	01	54	01	54	01	56	01	56	01	54	01	51	01	46	01
229	47	01	47	01	48	01	49	01	49	01	48	01	45	01	40	01
239	42	01	42	01	42	01	43	01	43	01	42	01	40	01	35	01
251	37	01	37	01	37	01	38	01	38	01	37	01	35	01	31	01
263	33	01	33	01	33	01	34	01	34	01	33	01	31	01	28	01
275	29	01	29	01	29	01	30	01	30	01	29	01	27	01	24	01
288	40	02	33	02	22	02	11	02	54	01	31	01	25	01	21	01
301	34	02	29	02	19	02	98	01	48	01	28	01	22	01	19	01
316	31	02	31	02	31	02	31	02	28	02	16	02	60	01	22	01
331	27	02	27	02	27	02	27	02	27	02	27	02	23	02	11	02
346	24	02	24	02	24	02	24	02	24	02	24	02	24	02	22	02
363	21	02	21	02	21	02	21	02	21	02	21	02	21	02	19	02
380	18	02	18	02	18	02	18	02	18	02	18	02	18	02	17	02
398	16	02	16	02	16	02	16	02	16	02	16	02	16	02	15	02
416	14	02	14	02	14	02	14	02	14	02	14	02	13	02	13	02
436	12	02	12	02	12	02	12	02	12	02	12	02	12	02	11	02
457	10	02	10	02	10	02	10	02	10	02	10	02	10	02	10	02
478	93	01	93	01	93	01	93	01	93	01	93	01	92	01	90	01
501	81	01	81	01	82	01	82	01	82	01	81	01	81	01	79	01
524	71	01	71	01	71	01	71	01	71	01	71	01	70	01	69	01
549	19	02	18	02	16	02	11	02	78	01	66	01	62	01	60	01
575	16	02	16	02	16	02	16	02	16	02	13	02	83	01	57	01

Table 7.5. Textolite (*Cont.*)

$h\nu$, eV	Temperature, °K													
	116	5	154	5	206	5	275	5	367	5	490	5	652	5	870	5
602	14	02	14	02	14	02	14	02	14	02	14	02	14	02	10	02
630	12	02	12	02	12	02	12	02	12	02	12	02	12	02	12	02
660	11	02	11	02	11	02	11	02	11	02	11	02	11	02	10	02
691	96	01	96	01	96	01	96	01	96	01	96	01	95	01	94	01
724	84	01	84	01	84	01	84	01	84	01	84	01	83	01	82	01
758	73	01	73	01	73	01	73	01	73	01	73	01	73	01	72	01
794	64	01	64	01	64	01	64	01	64	01	64	01	63	01	63	01
831	56	01	56	01	56	01	56	01	56	01	56	01	55	01	55	01
870	49	01	49	01	49	01	49	01	49	01	49	01	49	01	48	01
912	43	01	43	01	43	01	43	01	43	01	43	01	42	01	42	01
954	38	01	38	01	38	01	38	01	38	01	38	01	37	01	36	01
1000	33	01	33	01	33	01	33	01	33	01	33	01	33	01	32	01

Table 7.5. Textolite (*Cont.*)

$h\nu$, eV	Temperature, °K													
	116	6	154	6	205	6	275	6	367	6	488	6	652	6	116	7
1,00	93	03	10	04	94	03	80	03	61	03	51	03	45	03	34	03
1,10	76	03	82	03	77	03	66	03	50	03	42	03	37	03	28	03
1,15	69	03	74	03	70	03	59	03	45	03	38	03	33	03	25	03
1,20	62	03	67	03	63	03	54	03	41	03	34	03	30	03	23	03
1,26	57	03	61	03	57	03	49	03	37	03	31	03	27	03	20	03
1,32	51	03	55	03	52	03	44	03	33	03	28	03	24	03	18	03
1,38	46	03	50	03	47	03	40	03	30	03	25	03	22	03	17	03
1,45	42	03	45	03	42	03	36	03	27	03	23	03	20	03	15	03
1,51	38	03	41	03	38	03	33	03	25	03	20	03	18	03	14	03
1,58	35	03	37	03	35	03	29	03	22	03	18	03	16	03	12	03
1,66	31	03	37	03	31	03	27	03	20	03	17	03	15	03	11	03
1,74	28	03	30	03	28	03	24	03	18	03	15	03	13	03	10	03
1,82	26	03	27	03	26	03	22	03	16	03	14	03	12	03	93	02
1,91	23	03	25	03	23	03	20	03	15	03	12	03	11	03	84	02
2,00	21	03	22	03	21	03	18	03	13	03	11	03	10	03	76	02
2,09	19	03	20	03	19	03	16	03	12	03	10	03	91	02	69	02
2,19	17	03	18	03	17	03	15	03	11	03	94	02	83	02	62	02
2,29	16	03	17	03	16	03	13	03	10	03	85	02	75	02	56	02
2,40	14	03	15	03	14	03	12	03	93	02	77	02	68	02	51	02
2,51	13	03	14	03	13	03	11	03	84	02	70	02	61	02	46	02
2,63	12	03	12	03	12	03	10	03	76	02	63	02	55	02	42	02
2,75	10	03	11	03	10	03	91	02	69	02	57	02	50	02	38	02
2,88	99	02	10	03	98	02	83	02	62	02	52	02	45	02	34	02
3,02	90	02	95	02	89	02	75	02	56	02	47	02	41	02	31	02
3,16	81	02	87	02	81	02	68	02	51	02	42	02	37	02	28	02
3,31	74	02	79	02	73	02	62	02	46	02	38	02	34	02	25	02

Table 7.5. Textolite (*Cont.*)

$h\nu$, eV	Temperature, °K													
	116	6	154	6	205	6	275	6	367	6	488	6	652	6	116	7
3,47	68	02	72	02	67	02	56	02	42	02	35	02	30	02	23	02
3,63	61	02	65	02	61	02	51	02	38	02	31	02	27	02	20	02
3,80	55	02	59	02	55	02	46	02	34	02	28	02	25	02	18	02
3,98	50	02	53	02	50	02	42	02	31	02	26	02	22	02	17	02
4,17	45	02	48	02	45	02	38	02	28	02	23	02	20	02	15	02
4,37	41	02	44	02	41	02	34	02	25	02	21	02	18	02	14	02
4,57	38	02	40	02	38	02	31	02	23	02	19	02	17	02	12	02
4,79	34	02	37	02	34	02	29	02	21	02	17	02	15	02	11	02
5,01	31	02	33	02	31	02	26	02	19	02	16	02	14	02	10	02
5,25	29	02	30	02	28	02	23	02	17	02	14	02	12	02	94	01
5,50	26	02	27	02	25	02	21	02	16	02	13	02	11	02	85	01
5,75	23	02	27	02	23	02	19	02	14	02	11	02	10	02	77	01
6,03	21	02	23	02	21	02	18	02	13	02	10	02	94	01	69	01
6,31	20	02	21	02	20	02	16	02	12	02	99	01	85	01	63	01
6,61	18	02	19	02	18	02	15	02	11	02	89	01	77	01	57	01
6,92	16	02	17	02	16	02	13	02	10	02	81	01	70	01	51	01
7,24	14	02	16	02	14	02	12	02	92	01	74	01	63	01	47	01
7,59	13	02	14	02	13	02	11	02	83	01	67	01	57	01	42	01
7,94	12	02	13	02	12	02	10	02	76	01	61	01	52	01	38	01
8,32	11	02	11	02	11	02	94	01	69	01	55	01	47	01	34	01
8,71	11	02	11	02	10	02	87	01	64	01	50	01	43	01	31	01
9,12	10	02	10	02	98	01	81	01	59	01	46	01	39	01	28	01
9,55	95	01	97	01	89	01	73	01	53	01	42	01	35	01	26	01
10,0	86	01	88	01	81	01	68	01	49	01	38	01	32	01	23	01
10,4	76	01	79	01	73	01	61	01	44	01	35	01	29	01	21	01
10,9	68	01	71	01	66	01	55	01	40	01	34	01	26	01	19	01
11,4	61	01	64	01	59	01	50	01	36	01	28	01	24	01	17	01
12,0	55	01	57	01	53	01	45	01	33	01	28	01	22	01	15	01
12,5	49	01	51	01	48	01	41	01	29	01	23	01	20	01	14	01
13,1	44	01	45	01	42	01	36	01	26	01	21	01	18	01	13	01
13,8	54	01	48	01	42	01	35	01	25	01	20	01	16	01	11	01
14,4	57	01	50	01	43	01	35	01	25	01	19	01	15	01	10	01
15,1	57	01	46	01	39	01	32	01	22	01	17	01	14	01	98	00
15,8	54	01	42	01	35	01	29	01	20	01	15	01	12	01	89	00
16,6	51	01	39	01	32	01	26	01	18	01	14	01	11	01	81	00
17,3	45	01	35	01	28	01	23	01	16	01	12	01	10	01	73	00
18,2	41	01	30	01	24	01	20	01	14	01	11	01	96	00	66	00
19,0	38	01	26	01	22	01	18	01	13	01	10	01	87	00	60	00
19,9	37	01	24	01	19	01	17	01	12	01	96	00	80	00	55	00
20,8	34	01	21	01	18	01	15	01	11	01	89	00	73	00	50	00
21,8	30	01	19	01	16	01	14	01	10	01	81	00	67	00	45	00
22,9	27	01	17	01	15	01	12	01	91	00	79	00	60	00	41	00
23,9	27	01	18	01	15	01	12	01	86	00	66	00	55	00	37	00
25,1	29	01	20	01	15	01	12	01	83	00	62	00	50	00	34	00
26,3	32	01	22	01	16	01	11	01	79	00	57	00	45	00	31	00
27,5	30	01	21	01	15	01	10	01	71	00	52	00	41	00	28	00

Table 7.5. Textolite (*Cont.*)

$h\nu$, eV	Temperature, °K													
	116	6	154	6	205	6	275	6	367	6	488	6	652	6	116	7
28,8	28	01	20	01	13	01	95	00	64	00	47	00	38	00	26	00
30,2	38	01	20	01	13	01	92	00	62	00	45	00	35	00	23	00
31,6	57	01	21	01	12	01	95	00	62	00	44	00	34	00	21	00
33,1	58	01	20	01	11	01	85	00	56	00	40	00	31	00	19	00
34,6	53	01	18	01	10	01	75	00	50	00	36	00	28	00	17	00
36,3	53	01	16	01	89	00	67	00	45	00	33	00	26	00	16	00
38,0	62	01	16	01	81	00	59	00	40	00	30	00	23	00	15	00
39,8	57	01	15	01	77	00	53	00	35	00	27	00	21	00	13	00
41,6	10	02	23	01	80	00	46	00	30	00	23	00	19	00	12	00
43,6	98	01	21	01	72	00	40	00	26	00	21	00	17	00	11	00
45,7	90	01	19	01	64	00	35	00	23	00	19	00	16	00	10	00
47,8	12	02	30	01	68	00	31	00	20	00	17	00	14	00	95—01
50,1	13	02	35	01	67	00	28	00	18	00	15	00	13	00	87—01
52,4	14	02	33	01	60	00	24	00	16	00	14	00	12	00	80—01
54,9	16	02	32	01	54	00	21	00	14	00	13	00	11	00	73—01
57,5	27	02	81	01	17	01	56	00	25	00	14	00	10	00	67—01
60,2	25	02	73	01	15	01	49	00	22	00	12	00	93—01	62—01
63,1	27	02	84	01	14	01	44	00	19	00	11	00	85—01	57—01
66,0	30	02	90	01	16	01	49	00	21	00	10	00	78—01	52—01
69,1	37	02	11	02	17	01	45	00	18	00	10	00	72—01	48—01
72,4	34	02	10	02	15	01	40	00	16	00	91—01	66—01	44—01
75,8	30	02	91	01	13	01	35	00	15	00	84—01	61—01	41—01
79,4	32	02	96	01	13	01	32	00	13	00	77—01	57—01	38—01
83,1	29	02	85	01	12	01	29	00	12	00	71—01	52—01	35—01
87,1	26	02	90	01	17	01	33	00	11	00	70—01	50—01	32—01
91,2	30	02	12	02	29	01	42	00	10	00	81—01	52—01	30—01
95,5	27	02	12	02	29	01	39	00	96—01	74—01	48—01	28—01
100	25	02	10	02	26	01	35	00	83—01	65—01	43—01	26—01
104	23	02	13	02	35	01	41	00	79—01	58—01	39—01	24—01
109	21	02	11	02	31	01	36	00	70—01	51—01	36—01	22—01
114	20	02	13	02	38	01	41	00	67—01	45—01	33—01	21—01
120	18	02	12	02	34	01	36	00	59—01	40—01	31—01	20—01
125	16	02	10	02	30	01	32	00	52—01	36—01	31—01	19—01
131	14	02	10	02	50	01	15	01	37	00	12	00	58—01	18—01
138	13	02	92	01	44	01	13	01	33	00	11	00	51—01	16—01
144	11	02	85	01	50	01	16	01	40	00	12	00	54—01	15—01
151	10	02	76	01	44	01	14	01	36	00	11	00	48—01	14—01
158	91	01	67	01	39	01	13	01	31	00	99—01	43—01	12—01
165	81	01	59	01	34	01	11	01	28	00	88—01	38—01	12—01
173	71	01	53	01	30	01	10	01	24	00	77—01	35—01	12—01
181	63	01	46	01	27	01	90	00	22	00	68—01	31—01	11—01
190	56	01	41	01	24	01	80	00	19	00	60—01	27—01	10—01
199	49	01	36	01	21	01	70	00	17	00	53—01	24—01	96—02
208	43	01	32	01	18	01	62	00	15	00	47—01	21—01	88—02
218	38	01	28	01	16	01	54	00	13	00	41—01	18—01	81—02
229	33	01	25	01	14	01	48	00	11	00	36—01	16—01	72—02

Table 7.5. Textolite (*Cont.*)

$h\nu$, eV	Temperature, °K													
	116	6	154	6	205	6	275	6	367	6	488	6	652	6	116	7
239	29	01	22	01	12	01	42	00	10	00	32—01	14—01	63—02
251	26	01	19	01	11	01	37	00	89—01	28—01	12—01	56—02
263	23	01	17	01	98	00	32	00	78—01	24—01	11—01	49—02
275	20	01	15	01	86	00	28	00	69—01	21—01	98—02	43—02
288	18	01	13	01	76	00	25	00	61—01	19—01	87—02	38—02
301	16	01	11	01	67	00	22	00	53—01	16—01	76—02	33—02
316	14	01	10	01	59	00	19	00	47—01	14—01	67—02	29—02
331	31	01	11	01	54	00	17	00	42—01	13—01	59—02	25—02
346	15	02	58	01	20	01	70	00	24	00	52—01	65—02	22—02
363	13	02	51	01	17	01	61	00	21	00	45—01	57—02	19—02
380	11	02	44	01	15	01	53	00	18	00	39—01	51—02	17—02
398	13	02	11	02	10	02	10	02	95	01	41	01	29	00	18—02
416	12	02	10	02	92	01	88	01	83	01	36	01	25	00	15—02
436	10	02	88	01	80	01	77	01	72	01	31	01	22	00	13—02
457	91	01	77	01	70	01	67	01	63	01	27	01	19	00	12—02
478	79	01	67	01	61	01	58	01	55	01	23	01	16	00	10—02
501	69	01	58	01	53	01	51	01	50	01	48	01	27	01	68—01
524	60	01	51	01	46	01	44	01	43	01	42	01	23	01	59—01
549	53	01	44	01	40	01	38	01	38	01	37	01	20	01	52—01
575	46	01	38	01	35	01	33	01	33	01	32	01	18	01	45—01
602	53	01	34	01	30	01	29	01	28	01	28	01	15	01	39—01
630	10	02	47	01	28	01	25	01	25	01	24	01	13	01	34—01
660	10	02	85	01	41	01	23	01	22	01	21	01	12	01	30—01
691	90	01	86	01	73	01	40	01	24	01	20	01	10	01	26—01
724	79	01	75	01	63	01	34	01	21	01	17	01	95	00	23—01
758	69	01	65	01	61	01	52	01	48	01	46	01	39	01	68—01
794	60	01	57	01	53	01	45	01	41	01	40	01	34	01	59—01
831	52	01	49	01	46	01	39	01	36	01	35	01	29	01	52—01
870	46	01	43	01	40	01	34	01	31	01	30	01	25	01	45—01
912	40	01	38	01	35	01	30	01	27	01	26	01	23	01	71	00
954	35	01	33	01	30	01	26	01	24	01	23	01	20	01	62	00
1000	30	01	29	01	26	01	22	01	21	01	20	01	17	01	54	00

CHAPTER
EIGHT

GROUP ABSORPTION COEFFICIENTS

Data on group absorption coefficients $\varkappa'_g$ of plasma dielectrics, determined from the formula

$$\varkappa'_g = \int_{v_g}^{v_{g+1}} G_1(y)\,\varkappa'_v\,dy \bigg/ \int_{v_g}^{v_{g+1}} G_1(y)\,dy,$$

where

$$G_1(y) = \frac{y^3}{\exp(y)-1},\; y = h\nu/kT,\; g = 1, 2, \ldots, 16$$

are tabulated. The tables were constructed as follows. Values of $\varkappa'_g$ for eight values of density ρ from the range of 10^{-4} to $1\ \text{kg/m}^3$ as a function of temperature T from the range 11,600 to 1,160,000 are listed for each substance and 16 groups of quanta, whose boundary frequencies $h\nu_g - h\nu_{g+1}$ are given in the table headings. The density, temperature and group absorption coefficients are given by the mantissa and order of magnitude. The boundaries of groups of quanta are written in standard decimal notation.

Table 8.1. Teflon

T, K	Density, kg/m³							
	100−3	100−2	316−2	100−1	316−1	100 0	316 0	100 1
Group with quantum energy $h\nu = 0.23$–1.22 eV								
116 5	16—05	75—04	44—03	21—02	89—02	33—01	11 00	41 00
128 5	27—05	10—03	67—03	38—02	18—01	76—01	29 00	10 01
139 5	42—05	16—03	98—03	58—02	32—01	15—00	62 00	24 01
153 5	49—05	26—03	15—02	89—02	50—01	26—00	12 01	50 01
168 5	48—05	34—03	23—02	14—01	79—01	42—00	21 01	94 01
183 5	47—05	37—03	30—02	20—01	12—00	67—00	34 01	16 02
202 5	53—05	36—03	32—02	25—01	17—00	10 01	55 01	27 02
222 5	63—05	38—03	32—02	27—01	21—00	14 01	84 01	44 02
242 5	72—05	44—03	34—02	28—01	23—00	17 01	11 02	66 02
266 5	89—05	52—03	39—02	30—01	24—00	19 01	14 02	91 02
291 5	11—04	62—03	46—02	34—01	26—00	20 01	16 02	11 03
319 5	12—04	79—03	57—02	41—01	30—00	22 01	17 02	13 03
350 5	13—04	95—03	72—02	51—01	36—00	26 01	19 02	14 03
384 5	14—04	10—02	85—02	64—01	45—00	31 01	22 02	16 03
421 5	16—04	11—02	94—02	75—01	56—00	39 01	26 02	18 03
462 5	19—04	12—02	10—01	83—01	65—00	48 01	33 02	22 03
507 5	22—04	14—02	11—01	91—01	72—00	56 01	40 02	28 03
555 5	24—04	16—02	12—01	10—00	80—00	62 01	47 02	34 03
609 5	24—04	18—02	15—01	11—00	89—00	69 01	53 02	39 03
667 5	26—04	19—02	16—01	13—00	10 01	78 01	59 02	45 03
732 5	27—04	20—02	17—01	14—00	11 01	89 01	67 02	50 03
803 5	27—04	22—02	18—01	15—00	12 01	10 02	76 02	57 03
880 5	28—04	22—02	20—01	16—00	13 01	11 02	86 02	65 03
967 5	29—04	23—02	20—01	17—00	14 01	12 02	94 02	73 03
106 6	30—04	24—02	20—01	18—00	15 01	12 02	10 03	80 03
116 6	31—04	24—02	21—01	18—00	16 01	13 02	11 03	88 03
128 6	33—04	25—02	22—01	19—00	16 01	14 02	11 03	95 03
140 6	33—04	26—02	23—01	20—00	17 01	14 02	12 03	10 04
153 6	34—04	27—02	24—01	20—00	17 01	15 02	12 03	10 04

Table 8.1. Teflon (*Cont.*)

T, K	Density, kg/m³							
	100—3	100—2	316—2	100—1	316—1	100 0	316 0	100 1
168 6	32—04	27—02	24—01	21—00	18 01	15 02	13 03	11 04
184 6	29—04	27—02	24—01	21—00	19 01	16 02	13 03	11 04
202 6	26—04	25—02	24—01	22—00	19 01	16 02	14 03	11 04
221 6	23—04	23—02	22—01	21—00	19 01	17 02	14 03	12 04
242 6	21—04	20—02	20—01	20—00	18 01	17 02	14 03	12 04
266 6	20—04	18—02	18—01	18—00	17 01	16 02	14 03	12 04
291 6	18—04	17—02	17—01	16—00	16 01	15 02	14 03	12 04
319 6	17—04	16—02	15—01	15—00	14 01	14 02	13 03	12 04
350 6	16—04	15—02	14—01	14—00	13 01	13 02	12 03	11 04
384 6	15—04	14—02	13—01	13—00	12 01	12 02	11 03	11 04
421 6	13—04	13—02	12—01	12—00	11 01	11 02	11 03	10 04
462 6	12—04	12—02	11—01	11—00	11 01	10 02	10 03	97 03
506 6	11—04	10—02	10—01	10—00	10 01	98 01	94 02	90 03
555 6	10—04	97—03	96—02	96—01	94 00	91 01	88 02	84 03
609 6	10—04	91—03	88—02	87—01	86 00	84 01	81 02	78 03
667 6	10—04	91—03	84—02	80—01	78 00	77 01	75 02	72 03
732 6	10—04	90—03	84—02	77—01	73 00	70 01	68 02	67 03
802 6	10—04	90—03	83—02	77—01	71 00	66 01	63 02	61 03
880 6	92—05	88—03	83—02	76—01	70 00	65 01	60 02	56 03
965 6	83—05	82—03	80—02	75—01	69 00	64 01	58 02	54 03
116 7	67—05	66—03	66—02	66—01	64 00	61 01	56 02	51 03

Group with quantum energy $h\nu = 1.22-1.60$ eV

116 5	48—06	22—04	13—03	65—03	27—02	10—01	37—01	13 00
128 5	79—06	30—04	19—03	11—02	54—02	22—01	85—01	31 00
139 5	11—05	46—04	28—03	16—02	92—02	43—01	17 00	68 00
153 5	13—05	73—04	43—03	25—02	14—01	73—01	33 00	13 01
168 5	13—05	95—04	65—03	39—02	21—01	11 00	57 00	25 01
183 5	13—05	10—03	82—03	56—02	33—01	18 00	93 00	44 01
202 5	15—05	10—03	88—03	70—02	47—01	27 00	14 01	72 01
222 5	19—05	10—03	89—03	75—02	58—01	38 00	22 01	11 02
242 5	22—05	12—03	96—03	77—02	63—01	47 00	30 01	17 02
266 5	27—05	15—03	11—02	84—02	66—01	52 00	38 01	23 02
291 5	35—05	18—03	13—02	99—02	72—01	55 00	42 01	29 02
319 5	39—05	24—03	17—02	12—01	85—01	61 00	46 01	34 02
350. 5	42—05	28—03	21—02	15—01	10 00	72 00	51 01	38 02
384 5	44—05	31—03	25—02	18—01	13 00	88 00	60 01	43 02
421 5	48—05	33—03	27—02	22—01	16 00	11 01	74 01	50 02
462 5	56—05	36—03	30—02	24—01	18 00	13 01	92 01	61 02
507 5	66—05	41—03	32—02	26—01	20 00	15 01	11 02	76 02
555 5	70—05	48—03	37—02	29—01	22 00	17 01	13 02	92 02
609 5	72—05	53—03	43—02	33—01	25 00	19 01	14 02	10 03
667 5	77—05	56—03	47—02	37—01	29 00	21 01	16 02	12 03
732 5	79—05	59—03	50—02	41—01	32 00	24 01	18 02	13 03
803 5	78—05	63—03	53—02	44—01	35 00	28 01	21 02	15 03

Table 8.1. Teflon (*Cont.*)

T, K	Density, kg/m^3							
	100—3	100—2	316—2	100—1	316—1	100 0	316 0	100 1
880 5	80—05	63—03	56—02	47—01	38 00	30 01	23 02	17 03
967 5	84—05	64—03	57—02	49—01	41 00	33 01	26 02	19 03
106 6	85—05	67—03	58—02	50—01	43 00	35 01	28 02	21 03
116 6	89—05	69—03	60—02	52—01	44 00	37 01	30 02	23 03
128 6	91—05	71—03	62—02	54—01	46 00	38 01	32 02	25 03
140 6	94—05	73—03	64—02	55—01	47 00	40 01	33 02	27 03
153 6	94—05	75—03	66—02	57—01	49 00	41 01	34 02	28 03
168 6	88—05	76—03	67—02	59—01	50 00	43 01	36 02	30 03
184 6	80—05	74—03	68—02	60—01	52 00	44 01	37 02	31 03
202 6	71—05	69—03	66—02	60—01	52 00	45 01	38 02	32 03
221 6	64—05	62—03	61—02	58—01	52 00	46 01	39 02	33 03
242 6	58—05	56—03	55—02	54—01	51 00	45 01	39 02	33 03
266 6	54—05	51—03	50—02	49—01	47 00	44 01	39 02	34 03
291 6	50—05	47—03	46—02	44—01	43 00	41 01	38 02	34 03
319 6	46—05	44—03	43—02	41—01	40 00	38 01	36 02	33 03
350 6	44—05	40—03	39—02	38—01	37 00	35 01	34 02	31 03
384 6	40—05	38—03	36—02	35—01	34 00	33 01	31 02	29 03
421 6	36—05	35—03	34—02	33—01	31 00	30 01	29 02	27 03
462 6	32—05	32—03	31—02	30—01	29 00	28 01	27 02	26 03
506 6	29—05	29—03	28—02	28—01	27 00	26 01	25 02	24 03
555 6	28—05	26—03	25—02	25—01	25 00	24 01	23 02	22 03
609 6	28—05	24—03	23—02	23—01	23 00	22 01	21 02	20 03
667 6	28—05	24—03	22—02	21—01	20 00	20 01	20 02	19 03
732 6	28—05	24—03	22—02	20—01	19 00	18 01	18 02	17 03
802 6	27—05	24—03	22—02	20—01	19 00	17 01	16 02	16 03
880 6	24—05	23—03	22—02	20—01	18 00	17 01	16 02	15 03
965 6	22—05	22—03	21—02	20—01	18 00	17 01	15 02	14 03
116 7	18—05	17—03	17—02	17—01	17 00	16 01	15 02	13 03

Group with quantum energy $hv = 1.60$–3.08 eV

T, K	100—3	100—2	316—2	100—1	316—1	100 0	316 0	100 1
116 5	24—06	11—04	70—04	34—03	14—02	55—02	20—01	77—01
128 5	35—06	14—04	94—04	54—03	26—02	11—01	42—01	15 00
139 5	49—06	20—04	12—03	76—03	41—02	19—01	81—01	31 00
153 5	54—06	29—04	17—03	10—02	60—02	31—01	14 00	58 00
168 5	51—06	36—04	25—03	15—02	86—02	46—01	22 00	10 01
183 5	51—06	38—04	30—03	21—02	12—01	69—01	35 00	16 01
202 5	62—06	37—04	31—03	25—02	17—01	10 00	53 00	26 01
222 5	78—06	40—04	32—03	26—02	20—01	13 00	77 00	40 01
242 5	89—06	49—04	35—03	27—02	22—01	16 00	10 01	58 01
266 5	11—05	59—04	42—03	30—02	23—01	17 00	12 01	79 01
291 5	14—05	72—04	51—03	35—02	25—01	19 00	14 01	98 01
319 5	15—05	91—04	63—03	43—02	30—01	21 00	15 01	11 02
350 5	16—05	10—03	80—03	54—02	36—01	24 00	17 01	12 02
384 5	17—05	11—03	94—03	68—02	46—01	30 00	20 01	14 12
421 5	18—05	12—03	10—02	80—02	57—01	38 00	25 01	16 02

Table 8.1. Teflon (*Cont.*)

T, K	Density, kg/m³							
	100—3	100—2	316—2	100—1	316—1	100 0	316 0	100 1
462 5	21—05	13—03	11—02	88—02	67—01	47 00	31 01	20 02
507 5	25—05	15—03	12—02	96—02	74—01	55 00	38 01	25 02
555 5	26—05	18—03	13—02	10—01	81—01	62 00	45 01	31 02
609 5	27—05	19—03	15—02	12—01	91—01	68 00	51 01	36 02
667 5	28—05	20—03	17—02	13—01	10 00	77 00	57 01	41 02
732 5	29—05	21—03	18—02	14—01	11 00	87 00	64 01	47 02
803 5	28—05	22—03	19—02	16—01	12 00	98 00	73 01	53 02
880 5	29—05	22—03	20—02	17—01	13 00	10 01	81 01	60 02
967 5	30—05	23—03	20—02	17—01	14 00	11 01	89 01	67 02
106 6	30—05	23—03	20—02	17—01	15 00	12 01	96 01	74 02
116 6	31—05	24—03	21—02	18—01	15 00	13 01	10 02	80 02
128 6	32—05	24—03	21—02	18—01	15 00	13 01	11 02	87 02
140 6	32—05	25—03	22—02	19—01	16 00	13 01	11 02	92 02
153 6	32—05	26—03	22—02	19—01	16 00	14 01	11 02	96 02
168 6	30—05	26—03	23—02	20—01	17 00	14 01	12 02	10 03
184 6	27—05	25—03	23—02	20—01	17 00	15 01	12 02	10 03
202 6	24—05	23—03	22—02	20—01	17 00	15 01	12 02	10 03
221 6	21—05	21—03	20—02	19—01	17 00	15 01	13 02	11 03
242 6	19—05	19—03	18—02	18—01	17 00	15 01	13 02	11 03
266 6	18—05	17—03	16—02	16—01	16 00	14 01	13 02	11 03
291 6	17—05	16—03	15—02	15—01	14 00	14 01	12 02	11 03
319 6	15—05	14—03	14—02	13—01	13 00	12 01	12 02	11 03
350 6	14—05	13—03	13—02	12—01	12 00	11 01	11 02	10 03
384 6	13—05	12—03	12—02	11—01	11 00	10 01	10 02	98 02
421 6	12—05	11—03	11—02	10—01	10 00	10 01	96 01	91 02
462 6	10—05	10—03	10—02	10—01	97—01	93 00	90 01	85 02
506 6	98—06	95—04	94—03	93—02	90—01	87 00	83 01	79 02
555 6	93—06	86—04	85—03	84—02	83—01	80 00	77 01	73 02
609 6	94—06	80—04	77—03	76—02	75—01	74 00	71 01	68 02
667 6	93—06	80—04	74—03	70—02	68—01	67 00	65 01	63 02
732 6	94—06	79—04	73—03	67—02	63—01	61 00	60 01	58 02
802 6	90—06	79—04	72—03	67—02	62—01	57 00	55 01	53 02
880 6	82—06	77—04	72—03	66—02	61—01	56 00	52 01	49 02
965 6	74—06	71—04	69—03	65—02	60—01	55 00	50 01	46 02
115 7	60—06	58—04	57—03	57—02	56—01	53 00	48 01	44 02

Group with quantum energy $h\nu = 3.08\text{-}4.07$ eV

116 5	51—06	33—04	24—03	15—02	95—02	55—01	32 00	18 01
128 5	47—06	29—04	22—03	16—02	10—01	62—01	36 00	21 01
139 5	42—06	27—04	20—03	15—02	10—01	67—01	40 00	24 01
153 5	36—06	26—04	19—03	14—02	10—01	70—01	44 00	26 01
168 5	31—06	24—04	19—03	14—02	10—01	71—01	46 00	28 01
183 5	32—06	21—04	18—03	14—02	10—01	73—01	48 00	30 01
202 5	43—06	20—04	17—03	14—02	10—01	76—01	51 00	32 01
222 5	55—06	23—04	17—03	13—02	10—01	80—01	54 00	35 01

Table 8.1. Teflon (*Cont.*)

T, K	Density, kg/m³							
	100—3	100—2	316—2	100—1	316—1	100 0	316 0	100 1
242 5	59—06	30—04	19—03	13—02	10—01	83—01	59 00	38 01
266 5	65—06	35—04	24—03	15—02	11—01	84—01	62 00	42 01
291 5	73—06	40—04	28—03	19—02	12—01	88—01	65 00	46 01
319 5	75—06	46—04	32—03	22—02	14—01	97—01	68 00	49 01
350 5	76—06	50—04	37—03	26—02	17—01	11 00	75 00	53 01
384 5	79—06	53—04	42—03	30—02	21—01	13 00	88 00	59 01
421 5	86—06	56—04	45—03	35—02	25—01	16 00	10 01	70 01
462 5	10—05	61—04	48—03	38—02	29—01	20 00	13 01	85 01
507 5	12—05	70—04	53—03	41—02	31—01	23 00	16 01	10 02
555 5	12—05	83—04	62—03	46—02	34—01	26 00	18 01	12 02
609 5	12—05	92—04	72—03	53—02	39—01	28 00	21 01	14 02
667 5	13—05	96—04	79—03	61—02	45—01	32 00	23 01	16 02
732 5	13—05	10—03	83—03	67—02	51—01	37 00	26 01	19 02
803 5	13—05	10—03	87—03	71—02	56—01	42 00	30 01	21 02
880 5	13—05	10—03	90—03	75—02	60—01	46 00	34 01	25 02
967 5	13—05	10—03	90—03	78—02	64—01	50 00	38 01	28 02
106 6	13—05	10—03	91—03	78—02	66—01	53 00	41 01	31 02
116 6	14—05	10—03	93—03	79—02	67—01	56 00	44 01	34 02
128 6	14—05	10—03	94—03	81—02	69—01	57 00	47 01	36 02
140 6	14—05	11—03	96—03	83—02	70—01	59 00	48 01	38 02
153 6	14—05	11—03	98—03	84—02	72—01	60 00	50 01	40 02
168 6	13—05	11—03	99—03	86—02	73—01	62 00	51 01	42 02
184 6	11—05	11—03	99—03	87—02	75—01	63 00	53 01	43 02
202 6	10—05	10—03	96—03	87—02	75—01	64 00	54 01	44 02
221 6	93—06	90—04	88—03	83—02	75—01	65 00	55 01	46 02
242 6	84—06	80—04	79—03	77—02	72—01	64 00	55 01	46 02
266 6	79—06	72—04	71—03	69—02	67—01	62 00	55 01	47 02
291 6	72—06	67—04	64—03	62—02	61—01	58 00	53 01	46 02
319 6	66—06	62—04	60—03	57—02	55—01	53 00	50 01	45 02
350 6	62—06	56—04	55—03	53—02	51—01	49 00	46 01	43 02
384 6	57—06	52—04	50—03	49—02	47—01	45 00	43 01	40 02
421 6	51—06	48—04	47—03	45—02	43—01	42 00	40 01	37 02
462 6	46—06	44—04	43—03	42—02	40—01	38 00	37 01	35 02
506 6	41—06	39—04	39—03	38—02	37—01	35 00	34 01	32 02
555 6	39—06	35—04	35—03	34—02	34—01	33 00	31 01	30 02
609 6	39—06	33—04	31—03	31—02	31—01	30 00	29 01	28 02
667 6	39—06	33—04	30—03	28—02	28—01	27 00	26 01	25 02
732 6	39—06	32—04	30—03	27—02	26—01	25 00	24 01	23 02
802 6	38—06	32—04	29—03	27—02	25—01	23 00	22 01	21 02
880 6	35—06	31—04	29—03	27—02	25—01	23 00	21 01	20 02
965 6	31—06	29—04	28—03	26—02	24—01	22 00	20 01	19 02
116 7	25—06	23—04	23—03	23—02	22—01	21 00	19 01	18 02

Table 8.1. Teflon (*Cont.*)

T, K	Density, kg/m³							
	100—3	100—2	316—2	100—1	316—1	100 0	316 0	100 1
Group with quantum energy $h\nu = 4.07$–7.05 eV								
116 5	77—06	54—04	39—03	26—02	16—01	95—01	55 00	32 01
128 5	60—06	44—04	35—03	25—02	16—01	10 00	61 00	36 01
139 5	42—06	35—04	29—03	23—02	16—01	10 00	66 00	40 01
153 5	29—06	28—04	24—03	20—02	15—01	10 00	69 00	43 01
168 5	25—06	20—04	19—03	17—02	13—01	10 00	69 00	45 01
183 5	31—06	16—04	14—03	13—02	11—01	92—01	67 00	45 01
202 5	48—06	15—04	12—03	10—02	96—02	81—01	62 00	44 01
222 5	62—06	20—04	12—03	91—03	78—02	68—01	55 00	41 01
242 5	61—06	28—04	15—03	94—03	68—02	56—01	47 00	37 01
266 5	58—06	32—04	20—03	11—02	70—02	51—01	41 00	33 01
291 5	57—06	32—04	22—03	14—02	82—02	51—01	37 00	29 01
319 5	51—06	32—04	23—03	16—02	98—02	58—01	37 00	27 01
350 5	45—06	32—04	24—03	17—02	11—01	67—01	40 00	27 01
384 5	43—06	30—04	24—03	18—02	12—01	77—01	47 00	29 01
421 5	44—06	29—04	24—03	18—02	13—01	89—01	55 00	33 01
462 5	53—06	30—04	25—03	19—02	14—01	10 00	64 00	39 01
507 5	62—06	34—04	25—03	19—02	15—01	11 00	74 00	46 01
555 5	66—06	40—04	29—03	21—02	15—01	11 00	83 00	54 01
609 5	66—06	45—04	33—03	24—02	17—01	12 00	90 00	62 01
667 5	68—06	46—04	37—03	28—02	19—01	13 00	98 00	68 01
732 5	67—06	48—04	39—03	30—02	22—01	16 00	11 01	76 01
803 5	64—06	50—04	41—03	32—02	25—01	18 00	12 01	87 01
880 5	63—06	49—04	42—03	34—02	27—01	20 00	14 01	10 02
967 5	63—06	47—04	41—03	35—02	28—01	21 00	16 01	11 02
106 6	62—06	47—04	41—03	35—02	29—01	23 00	17 01	12 02
116 6	63—06	47—04	41—03	35—02	29—01	24 00	18 01	13 02
128 6	63—06	47—04	41—03	35—02	29—01	24 00	19 01	15 02
140 6	63—06	48—04	41—03	35—02	30—01	25 00	20 01	15 02
153 6	62—06	48—04	42—03	36—02	30—01	25 00	20 01	16 02
168 6	57—06	48—04	42—03	36—02	31—01	25 00	21 01	17 02
184 6	51—06	46—04	41—03	36—02	31—01	26 00	21 01	17 02
202 6	44—06	42—04	40—03	36—02	31—01	26 00	22 01	18 02
221 6	39—06	37—04	36—03	34—02	30—01	26 00	22 01	18 02
242 6	35—06	33—04	32—03	31—02	29—01	26 00	22 01	18 02
266 6	33—06	29—04	28—03	28—02	27—01	25 00	22 01	18 02
291 6	30—06	27—04	26—03	25—02	24—01	23 00	21 01	18 02
319 6	27—06	24—04	24—03	23—02	22—01	21 00	20 01	18 02
350 6	25—06	22—04	21—03	21—02	20—01	19 00	18 01	17 02
384 9	23—06	20—04	20—03	19—02	18—01	17 00	17 01	15 02
421 6	21—06	19—04	18—03	17—02	17—01	16 00	15 01	14 02
462 6	19—06	17—04	17—03	16—02	15—01	15 00	14 01	13 02
506 6	17—06	15—04	15—03	15—02	14—01	13 00	13 01	12 02
555 6	16—06	13—04	13—03	13—02	13—01	12 00	12 01	11 02

Table 8.1. Teflon (*Cont.*)

T, K	Density, kg/m³							
	100—3	100—2	316—2	100—1	316—1	100 0	316 0	100 1
609 6	16—06	12—04	12—03	12—02	12—01	11 00	11 01	10 02
667 6	16—06	12—04	11—03	11—02	10—01	10 00	10 01	99 01
732 6	16—06	12—04	11—03	10—02	10—01	96—01	94 00	91 01
802 6	15—06	12—04	11—03	10—02	97—02	90—01	86 00	83 01
880 6	14—06	12—04	11—03	10—02	96—02	88—01	81 00	76 01
965 6	13—06	11—04	10—03	10—02	94—02	86—01	79 00	72 01
116 7	10—06	92—05	90—04	89—03	87—02	82—01	75 00	69 01

Group with quantum energy $h\nu = 7.05$–8.66 eV

T, K	Density, kg/m³							
	100—3	100—2	316—2	100—1	316—1	100 0	316 0	100 1
116 5	52—05	30—03	19—02	10—01	46—01	20 00	94 00	45 01
128 5	35—05	21—03	15—02	94—02	50—01	23 00	11 01	54 01
139 5	23—05	15—03	11—02	79—02	48—01	25 00	12 01	62 01
153 5	14—05	10—03	85—03	62—02	42—01	25 00	13 01	69 01
168 5	99—06	74—04	62—03	48—02	35—01	22 00	13 01	73 01
183 5	97—06	51—04	44—03	36—02	28—01	19 00	12 01	73 01
202 5	12—05	42—04	32—03	26—02	21—01	16 00	11 01	70 01
222 5	14—05	48—04	28—03	20—02	16—01	13 00	96 00	64 01
242 5	12—05	59—04	32—03	18—02	13—01	10 00	78 00	56 01
266 5	10—05	61—04	38—03	21—02	12—01	83—01	62 00	47 01
291 5	90—06	55—04	39—03	24—02	13—01	78—01	52 00	38 01
319 5	69—06	49—04	36—03	25—02	15—01	84—01	49 00	33 01
350 5	61—06	41—04	32—03	23—02	15—01	92—01	61 00	30 01
384 5	39—06	33—04	28—03	22—02	15—01	97—01	55 00	30 01
421 5	33—06	26—04	23—03	19—02	14—01	99—01	59 00	33 01
462 5	34—06	22—04	19—03	16—02	13—01	97—01	62 00	35 01
507 5	37—06	21—04	17—03	14—02	12—01	92—01	63 00	38 01
555 5	39—06	23—04	17—03	13—02	10—01	85—01	62 00	40 01
609 5	38—06	25—04	19—03	14—02	10—01	80—01	60 00	41 01
667 5	38—06	26—04	20—03	15—02	11—01	80—01	59 00	41 01
732 5	37—06	26—04	21—03	16—02	12—01	86—01	60 00	42 01
803 5	35—06	27—04	22—03	17—02	13—01	96—01	67 00	46 01
880 5	33—06	26—04	22—03	18—02	14—01	10 00	74 00	51 01
967 5	33—06	25—04	22—03	18—02	15—01	11 00	82 00	57 01
106 6	33—06	24—04	21—03	18—02	15—01	12 00	89 00	63 01
116 6	34—06	24—04	21—03	18—02	15—01	12 00	95 00	69 01
128 6	35—06	25—04	21—03	18—02	15—01	12 00	99 00	74 01
140 6	35—06	26—04	21—03	18—02	15—01	12 00	10 01	78 01
153 6	34—06	26—04	22—03	18—02	15—01	12 00	10 01	81 01
168 6	31—06	26—04	22—03	19—02	15—01	13 00	10 01	84 01
184 6	28—06	24—04	22—03	19—02	16—01	13 00	10 01	86 01
202 6	24—06	22—04	21—03	19—02	16—01	13 00	11 01	88 01
221 6	21—06	19—04	19—03	18—02	16—01	13 00	11 01	91 01
242 6	19—06	17—04	16—03	16—02	15—01	13 00	11 01	93 01
266 6	17—06	15—04	14—03	14—02	14—01	12 00	11 01	93 01
291 6	16—06	14—04	13—03	13—02	12—01	11 00	10 01	92 01

Table 8.1. Teflon (*Cont.*)

T, K	Density, kg/m³							
	100—3	100—2	316—2	100—1	316—1	100 0	316 0	100 1
319 6	14—06	12—04	12—03	11—02	11—01	10 00	10 01	89 01
350 6	13—06	11—04	11—03	10—02	10—01	98—01	92 00	85 01
384 6	12—06	10—04	10—03	97—03	94—02	89—01	84 00	79 01
421 6	11—06	97—05	92—04	88—03	85—02	82—01	78 00	73 01
462 6	10—06	87—05	84—04	81—03	78—02	75—01	71 00	67 01
506 6	93—07	77—05	76—04	74—03	72—02	69—01	65 00	62 01
555 6	89—07	69—05	67—04	66—03	65—02	63—01	60 00	67 01
609 6	90—07	64—05	61—04	59—03	58—02	57—01	55 00	52 01
667 6	89—07	63—05	57—04	54—03	53—02	52—01	50 00	48 01
732 6	90—07	63—05	57—04	52—03	49—02	47—01	46 00	44 01
802 6	87—07	62—05	56—04	52—03	47—02	44—01	42 00	40 01
880 6	81—07	61—05	65—04	51—03	46—02	42—01	39 00	37 01
965 6	74—07	56—05	53—04	50—03	46—02	42—01	38 00	35 01
116 7	62—07	45—05	44—04	43—03	42—02	39—01	36 00	33 01
Group with quantum energy $h\nu = 8.66\text{--}10.89$ eV								
116 5	24—04	13—02	84—02	41—01	17 00	68 00	25 01	99 01
128 5	14—04	81—03	57—02	34—01	17 00	72 00	29 01	11 02
139 5	84—05	51—03	37—02	25—01	14 00	71 00	30 01	12 02
153 5	46—05	33—03	25—02	17—01	11 00	63 00	30 01	13 02
168 5	27—05	20—03	16—02	12—01	85—01	52 00	28 01	13 02
183 5	21—05	12—03	10—02	87—02	63—01	42 00	24 01	13 02
202 5	22—05	89—04	70—03	58—02	46—01	33 00	21 01	12 02
222 5	22—05	82—04	53—03	40—02	32—01	24 00	17 01	10 02
242 5	18—05	88—04	51—03	32—02	23—01	18 00	13 01	88 01
266 5	13—05	84—04	54—03	31—02	19—01	13 00	10 01	71 01
291 5	10—05	70—04	51—03	32—02	19—01	11 00	79 00	56 01
319 5	79—06	58—04	44—03	31—02	19—01	11 00	68 00	45 01
350 5	55—06	46—04	37—03	28—02	19—01	11 00	65 00	39 01
384 5	40—06	34—04	30—03	24—02	17—01	11 00	65 00	37 01
421 5	32—06	26—04	23—03	20—02	15—01	10 00	65 00	36 01
462 5	32—06	21—04	18—03	16—02	13—01	97—01	63 00	36 01
507 5	35—06	19—04	15—03	13—02	11—01	85—01	59 00	36 01
555 5	36—06	20—04	15—03	11—02	94—02	74—01	54 00	35 01
609 5	34—06	22—04	16—03	11—02	86—02	66—01	49 00	34 01
667 5	32—06	22—04	17—03	12—02	87—02	63—01	46 00	32 01
732 5	30—06	21—04	17—03	13—02	93—02	64—01	45 00	31 01
803 5	27—06	21—04	17—03	13—02	10—01	71—01	48 00	33 01
880 5	25—06	19—04	17—03	14—02	10—01	77—01	53 00	36 01
967 5	24—06	18—04	16—03	13—02	11—01	82—01	58 00	39 01
106 6	23—06	17—04	15—03	13—02	11—01	86—01	62 00	43 01
116 6	24—06	17—04	14—03	12—02	10—01	87—01	66 00	46 01
128 6	24—06	17—04	14—03	12—02	10—01	86—01	68 00	50 01
140 6	24—06	17—04	14—03	12—02	10—01	85—01	68 00	52 01
153 6	24—06	17—04	14—03	12—02	10—01	85—01	68 00	53 · 01

Table 8.1. Teflon (*Cont.*)

T, K	Density, kg/m³							
	100—3	100—2	316—2	100—1	316—1	100 0	316 0	100 1
168 6	22—06	17—04	15—03	12—02	10—01	85—01	69 00	55 01
184 6	19—06	17—04	15—03	12—02	10—01	87—01	70 00	56 01
202 6	17—06	15—04	14—03	12—02	10—01	88—01	71 00	57 01
221 6	15—06	13—04	13—03	12—02	10—01	89—01	73 00	58 01
242 6	13—06	11—04	11—03	11—02	10—01	88—01	73 00	59 01
266 6	12—06	10—04	10—03	97—03	93—02	84—01	72 00	60 01
291 6	11—06	92—05	88—04	86—03	83—02	78—01	70 00	59 01
319 6	10—06	83—05	80—04	77—03	74—02	71—01	65 00	57 01
350 6	95—07	75—05	72—04	69—03	67—02	64—01	60 00	54 01
384 6	87—07	69—05	65—04	63—03	60—02	58—01	55 00	50 01
421 6	79—07	63—05	60—04	57—03	55—02	53—01	50 00	46 01
462 6	71—07	56—05	54—04	52—03	50—02	48—01	46 00	43 01
506 6	65—07	50—05	48—04	47—03	46—02	44—01	42 00	39 01
555 6	62—07	44—05	43—04	42—03	41—02	40—01	38 00	36 01
609 6	63—07	41—05	39—04	38—03	37—02	36—01	35 00	33 01
667 6	63—07	41—05	36—04	34—03	33—02	33—01	32 00	30 01
732 6	63—07	40—05	36—04	33—03	31—02	29—01	29 00	28 01
802 6	62—07	40—05	36—04	32—03	30—02	27—01	26 00	25 01
880 6	58—07	39—05	35—04	32—03	29—02	27—01	24 00	23 01
965 6	54—07	36—05	34—04	31—03	28—02	26—01	24 00	22 01
116 7	46—07	29—05	27—04	27—03	26—02	25—01	23 00	20 01

Group with quantum energy $h\nu = 10.89\text{-}12.38$ eV

T, K	Density, kg/m³							
	100—3	100—2	316—2	100—1	316—1	100 0	316 0	100 1
116 5	38—03	22—01	13 00	64 00	26 01	97 01	33 02	11 03
128 5	18—03	10—01	74—01	43 00	21 01	85 01	31 02	11 03
139 5	92—04	54—02	39—01	26 00	14 01	69 01	28 02	10 03
153 5	42—04	30—02	22—01	15 00	97 00	52 01	23 02	94 02
168 5	19—04	16—02	12—01	92—01	61 00	36 01	18 02	81 02
183 5	10—04	81—03	71—02	56—01	39 00	25 01	14 02	67 02
202 5	75—05	44—03	38—02	32—01	25 00	17 01	10 02	53 02
222 5	57—05	28—03	22—02	18—01	15 00	11 01	74 01	41 02
242 5	38—05	22—03	15—02	11—01	95—01	74 00	52 01	31 02
266 5	26—05	17—03	12—02	83—02	62—01	48 00	35 01	23 02
291 5	17—05	12—03	95—03	67—02	45—01	32 00	24 01	16 02
319 5	11—05	89—04	71—03	53—02	36—01	24 00	17 01	12 02
350 5	62—06	62—04	53—03	42—02	30—01	20 00	13 01	89 01
384 5	34—06	40—04	38—03	32—02	24—01	16 00	10 01	70 01
421 5	23—06	24—04	25—03	23—02	19—01	14 00	92 00	57 01
462 5	21—06	16—04	16—03	16—02	14—01	11 00	78 00	49 01
507 5	23—06	13—04	11—03	11—02	10—01	89—01	65 00	43 01
555 5	23—06	13—04	10—03	85—03	76—02	68—01	54 00	37 01
609 5	22—06	14—04	10—03	79—03	63—02	53—01	44 00	32 01
667 5	21—06	14—04	11—03	82—03	60—02	46—01	36 00	28 01
732 5	20—06	14—04	11—03	85—03	63—02	45—01	33 00	25 01
803 5	18—06	14—04	11—03	92—03	68—02	48—01	33 00	24 01

Table 8.1. Teflon (*Cont.*)

T, K	Density, kg/m³							
	100—3	100—2	316—2	100—1	316—1	100 0	316 0	100 1
880 5	17—06	13—04	11—03	93—03	71—02	51—01	36 00	24 01
967 5	16—06	12—04	10—03	92—03	73—02	55—01	38 00	26 01
106 6	16—06	12—04	10—03	88—03	74—02	57—01	41 00	28 01
116 6	16—06	11—04	10—03	85—03	72—02	58—01	44 00	31 01
128 6	17—06	11—04	98—04	83—03	70—02	58—01	45 00	33 01
140 6	17—06	11—04	98—04	82—03	69—02	57—01	46 00	35 01
153 6	17—06	12—04	10—03	84—03	69—02	57—01	46 00	36 01
168 6	16—06	12—04	10—03	86—03	70—02	57—01	46 00	37 01
184 6	14—06	12—04	10—03	88—03	72—02	59—01	47 00	37 01
202 6	12—06	11—04	10—03	88—03	73—02	60—01	48 00	38 01
221 6	11—06	95—05	91—04	85—03	74—02	61—01	49 00	39 01
242 6	99—07	83—05	80—04	77—03	71—02	61—01	50 00	40 01
266 6	91—07	73—05	70—04	68—03	65—02	59—01	50 00	40 01
291 6	83—07	66—05	62—04	60—03	58—02	54—01	48 00	40 01
319 6	76—07	59—05	56—04	54—03	52—02	49—01	45 00	39 01
350 6	71—07	53—05	51—04	49—03	47—02	44—01	42 00	37 01
384 6	66—07	49—05	46—04	44—03	42—02	40—01	38 00	35 01
421 6	60—07	44—05	42—04	40—03	38—02	37—01	35 00	32 01
462 6	54—07	40—05	38—04	36—03	35—02	33—01	32 00	30 01
506 6	50—07	35—05	34—04	33—03	32—02	30—01	29 00	27 01
555 6	48—07	31—05	30—04	29—03	29—02	28—01	26 00	25 01
609 6	49—07	29—05	27—04	26—03	26—02	25—01	24 00	23 01
667 6	49—07	29—05	25—04	24—03	23—02	22—01	22 00	21 01
732 6	50—07	29—05	25—04	23—03	21—02	20—01	20 00	19 01
802 6	49—07	28—05	25—04	23—03	20—02	19—01	18 00	17 01
880 6	46—07	27—05	24—04	22—03	20—02	18—01	17 00	16 01
965 6	43—07	25—05	23—04	22—03	20—02	18—01	16 00	15 01
116 7	38—07	20—05	19—04	19—03	18—02	17—01	15 00	14 01

Group with quantum energy $h\nu = 12.38\text{-}18.59$ eV

116 5	65—03	29—01	17 00	82 00	33 01	12 02	42 02	14 03
128 5	40—03	15—01	99—01	56 00	26 01	10 02	39 02	13 03
139 5	23—03	95—02	58—01	35 00	19 01	87 01	34 02	12 03
153 5	11—03	61—02	38—01	22 00	13 01	66 01	29 02	11 03
168 5	57—04	35—02	24—01	15 00	89 00	48 01	23 02	10 03
183 5	40—04	19—02	14—01	10 00	63 00	35 01	18 02	84 02
202 5	37—04	12—02	86—02	63—01	43 00	26 01	14 02	69 02
222 5	30—04	10—02	58—02	39—01	28 00	18 01	10 02	56 02
242 5	19—04	90—03	49—02	28—01	18 00	12 01	80 01	44 02
266 5	11—04	69—03	43—02	24—01	14 00	89 00	58 01	34 02
291 5	66—05	45—03	33—02	21—01	11 00	68 00	42 01	26 02
319 5	36—05	29—03	23—02	16—01	10 00	57 00	32 01	19 02
350 5	17—05	18—03	15—02	11—01	81—01	49 00	27 01	15 02
384 5	86—06	10—03	97—03	81—02	60—01	40 00	23 01	12 02
421 5	51—06	54—04	56—03	52—02	43—01	30 00	19 01	10 02

Table 8.1. Teflon (*Cont.*)

T, K	Density, kg/m³							
	100—3	100—2	316—2	100—1	316—1	100 0	316 0	100 1
462 5	42—06	31—04	32—03	32—02	29—01	22 00	15 01	91 01
507 5	37—06	23—04	20—03	19—02	18—01	16 00	11 01	75 01
555 5	31—06	20—04	16—03	13—02	12—01	11 00	88 00	60 01
609 5	25—06	18—04	14—03	11—02	90—02	77—01	64 00	47 01
667 5	20—06	15—04	13—03	10—02	76—02	59—01	48 00	36 01
732 5	17—06	13—04	11—03	91—03	69—02	51—01	38 00	29 01
803 5	14—06	11—04	10—03	83—03	65—02	48—01	34 00	24 01
880 5	12—06	97—05	87—04	75—03	60—02	46—01	33 00	22 01
967 5	11—06	84—05	76—04	67—03	56—02	43—01	32 00	22 01
106 6	10—06	76—05	67—04	59—03	51—02	41—01	31 00	21 01
116 6	10—06	71—05	62—04	54—03	46—02	38—01	30 00	21 01
128 6	10—06	68—05	58—04	50—03	43—02	36—01	28 00	21 01
140 6	10—06	68—05	56—04	47—03	40—02	34—01	27 00	21 01
153 6	10—06	69—05	57—04	47—03	39—02	32—01	26 00	21 01
168 6	99—07	70—05	58—04	48—03	39—02	32—01	26 00	21 01
184 6	88—07	68—05	59—04	49—03	40—02	32—01	26 00	21 01
202 6	77—07	61—05	56—04	49—03	40—02	33—01	26 00	21 01
221 6	68—07	54—05	51—04	47—03	40—02	33—01	27 00	21 01
242 6	61—07	46—05	45—04	42—03	39—02	33—01	27 00	21 01
266 6	57—07	41—05	39—04	37—03	35—02	32—01	27 00	22 01
291 6	52—07	37—05	34—04	33—03	32—02	30—01	26 00	22 01
319 6	49—07	33—05	31—04	29—03	28—02	27—01	24 00	21 01
350 6	46—07	30—05	28—04	27—03	25—02	24—01	22 00	20 01
384 6	43—07	27—05	25—04	24—03	23—02	22—01	20 00	19 01
421 6	40—07	25—05	23—04	22—03	21—02	20—01	19 00	17 01
462 6	37—07	22—05	21—04	20—03	19—02	18—01	17 00	16 01
506 6	34—07	20—05	18—04	18—03	17—02	16—01	15 00	15 01
555 6	34—07	18—05	16—04	16—03	15—02	15—01	14 00	13 01
609 6	35—07	16—05	15—04	14—03	14—02	13—01	13 00	12 01
667 6	35—07	16—05	14—04	13—03	12—02	12—01	12 00	11 01
732 6	36—07	16—05	14—04	12—03	11—02	11—01	10 00	10 01
802 6	35—07	16—05	14—04	12—03	11—02	10—01	99—01	95 00
880 6	34—07	16—05	13—04	12—03	11—02	10—01	93—01	87 00
965 6	32—07	15—05	13—04	12—03	11—02	10—01	90—01	82 00
116 7	29—07	12—05	10—04	10—03	10—02	94—02	86—01	78 00

Group with quantum energy $h\nu = 18.59$–30.00 eV

116 5	16—01	21 00	74 00	26 01	89 01	29 02	97 02	31 03
128 5	12—01	18 00	66 00	23 01	82 01	28 02	94 02	31 03
139 5	62—02	14 00	57 00	21 01	75 01	26 02	90 02	30 03
153 5	26—02	98—01	45 00	18 01	67 01	24 02	84 02	28 03
168 5	13—02	52—01	29 00	14 01	57 01	21 02	78 02	27 03
183 5	10—02	27—01	17 00	95 00	45 01	18 02	70 02	25 03
202 5	93—03	19—01	99—01	57 00	31 01	14 02	60 02	22 03
222 5	60—03	16—01	72—01	36 00	20 01	10 02	49 02	20 03
242 5	29—03	12—01	61—01	28 00	14 01	74 01	37 02	16 03

Table 8.1. Teflon (*Cont.*)

T, K	Density, kg/m³							
	100—3	100—2	316—2	100—1	316—1	100 0	316 0	100 1
266 5	13—03	79—02	47—01	23 00	10 01	53 01	27 02	13 03
291 5	58—04	41—02	30—01	18 00	89 00	41 01	20 02	10 03
319 5	24—04	20—02	16—01	11 00	69 00	34 01	16 02	78 02
350 5	86—05	10—02	88—02	69—01	47 00	26 01	13 02	62 02
384 5	26—05	44—03	44—02	38—01	29 00	19 01	10 02	50 02
421 5	10—05	16—03	20—02	20—01	17 00	12 01	76 01	40 02
462 5	67—06	65—04	83—03	97—02	94—01	77 00	52 01	30 02
507 5	55—06	35—04	36—03	43—02	48—01	45 00	34 01	22 02
555 5	44—06	26—04	21—03	21—02	23—01	24 00	21 01	15 02
609 5	33—06	21—04	16—03	13—02	12—01	13 00	12 01	10 02
667 5	26—06	17—04	13—03	10—02	84—02	77—01	74 00	64 01
732 5	19—06	14—04	11—03	89—03	67—02	53—01	46 00	40 01
803 5	14—06	11—04	93—04	74—03	56—02	41—01	32 00	27 01
880 5	10—06	85—05	75—04	62—03	48—02	35—01	25 00	19 01
967 5	79—07	63—05	58—04	51—03	41—02	31—01	22 00	15 01
106 6	67—07	48—05	45—04	41—03	35—02	27—01	19 00	13 01
116 6	63—07	39—05	35—04	32—03	28—02	23—01	17 00	12 01
128 6	62—07	35—05	29—04	26—03	23—02	20—01	15 00	11 01
140 6	62—07	34—05	27—04	22—03	19—02	17—01	14 00	10 01
153 6	62—07	34—05	27—04	21—03	17—02	15—01	12 00	97 00
168 6	57—07	34—05	27—04	21—03	17—02	14—01	11 00	92 00
184 6	50—07	33—05	27—04	22—03	17—02	13—01	11 00	88 00
202 6	44—07	29—05	26—04	22—03	17—02	14—01	11 00	85 00
221 6	39—07	25—05	23—04	21—03	18—02	14—01	11 00	85 00
242 6	36—07	22—05	20—04	19—03	17—02	14—01	11 00	86 00
266 6	34—07	19—05	17—04	16—03	15—02	13—01	11 00	87 00
291 6	31—07	17—05	15—04	14—03	13—02	12—01	10 00	88 00
319 6	30—07	15—05	13—04	12—03	12—02	11—01	10 00	86 00
350 6	29—07	13—05	12—04	11—03	10—02	10—01	94—01	82 00
384 6	27—07	12—05	11—04	10—03	98—03	92—02	85—01	77 00
421 6	26—07	11—05	10—04	92—04	88—03	83—02	77—01	70 00
462 6	24—07	10—05	90—05	84—04	79—03	75—02	70—01	65 00
506 6	23—07	92—06	80—05	75—04	71—03	68—02	64—01	59 00
555 6	23—07	82—06	71—05	66—04	64—03	61—02	58—01	54 00
609 6	24—07	78—06	64—05	59—04	57—03	55—02	53—01	49 00
667 6	25—07	79—06	61—05	53—04	51—03	49—02	47—01	45 00
732 6	25—07	79—06	61—05	52—04	47—03	44—02	43—01	41 00
802 6	25—07	78—06	60—05	52—04	46—03	41—02	39—01	37 00
880 6	25—07	76—06	59—05	51—04	45—03	40—02	36—01	34 00
965 6	24—07	71—06	56—05	49—04	44—03	40—02	35—01	32 00
116 7	23—07	60—06	46—05	42—04	40—03	37—02	34—01	30 00
Group with quantum energy $h\nu = 30.00$–55.00 eV								
116 5	24—01	26 00	85 00	27 01	86 01	27 02	87 02	27 03
128 5	19—01	25 00	82 00	26 01	85 01	27 02	87 02	27 03
139 5	14—01	21 00	77 00	25 01	84 01	27 02	86 02	27 03

Table 8.1. Teflon (*Cont.*)

T, K		Density, kg/m³							
		100—3	100—2	316—2	100—1	316—1	100 0	316 0	100 1
153	5	10—01	17 00	66 00	23 01	80 01	26 02	85 02	27 03
168	5	98—02	13 00	53 00	20 01	74 01	25 02	83 02	27 03
183	5	94—02	11 00	43 00	17 01	65 01	23 02	79 02	26 03
202	5	84—02	10 00	37 00	14 01	54 01	20 02	73 02	25 03
221	5	70—02	10 00	36 00	12 01	46 01	17 02	66 02	23 03
242	5	60—02	93—01	34 00	12 01	42 01	15 02	58 02	21 03
266	5	47—02	81—01	31 00	11 01	41 01	14 02	52 02	19 03
291	5	26—02	68—01	27 00	10 01	39 01	13 02	49 02	17 03
319	5	11—02	48—01	23 00	95 00	36 01	13 02	47 02	16 03
350	5	50—03	26—01	16 00	78 00	32 01	12 02	45 02	15 03
384	5	22—03	13—01	92—01	54 00	26 01	11 02	42 02	15 03
421	5	10—03	66—02	48—01	32 00	19 01	92 01	38 02	14 03
462	5	46—04	33—02	25—01	18 00	12 01	68 01	32 02	13 03
507	5	20—04	16—02	13—01	10 00	71 00	45 01	24 02	11 03
555	5	87—05	85—03	72—02	57—01	42 00	28 01	17 02	86 02
609	5	39—05	41—03	38—02	32—01	25 00	17 01	11 02	63 02
667	5	19—05	19—03	19—02	18—01	14 00	11 01	73 01	44 02
732	5	98—06	98—04	98—03	97—02	87—01	68 00	48 01	30 02
803	5	50—06	51—04	51—03	51—02	48—01	42 00	31 01	20 02
880	5	25—06	27—04	27—03	27—02	27—01	24 00	20 01	14 02
967	5	13—06	14—04	15—03	15—02	15—01	14 00	12 01	94 01
106	6	95—07	79—05	83—04	86—03	86—02	83—01	76 00	62 01
116	6	82—07	49—05	48—04	49—03	50—02	49—01	46 00	39 01
128	6	71—07	38—05	31—04	30—03	30—02	30—01	28 00	25 01
140	6	62—07	33—05	25—04	20—03	19—02	18—01	18 00	16 01
153	6	56—07	29—05	22—04	17—03	14—02	12—01	11 00	10 01
168	6	47—07	26—05	20—04	15—03	12—02	95—02	83—01	74 00
184	6	39—07	23—05	19—04	14—03	11—02	82—02	65—01	55 00
202	6	33—07	19—05	16—04	13—03	10—02	76—02	56—01	44 00
221	6	28—07	15—05	13—04	12—03	97—03	72—02	52—01	39 00
242	6	26—07	12—05	11—04	10—03	87—03	69—02	50—01	36 00
266	6	24—07	10—05	89—05	82—04	75—03	63—02	48—01	35 00
291	6	23—07	90—06	75—05	68—04	63—03	56—02	46—01	34 00
319	6	22—07	80—06	66—05	58—04	53—03	48—02	42—01	33 00
350	6	21—07	70—06	58—05	51—03	47—03	42—02	37—01	31 00
384	6	21—07	63—06	50—05	45—04	41—03	37—02	33—01	29 00
421	6	20—07	57—06	44—05	39—04	36—03	33—02	30—01	26 00
462	6	19—07	50—06	39—05	34—04	31—03	29—02	27—01	24 00
506	6	19—07	45—06	34—05	30—04	28—03	26—02	24—01	21 00
555	6	19—07	41—06	29—05	26—04	24—03	23—02	21—01	19 00
609	6	19—07	39—06	26—05	22—04	21—03	20—02	19—01	17 00
667	6	20—07	39—06	25—05	20—04	18—03	17—02	16—01	15 00
732	6	21—07	39—06	25—05	19—04	16—03	15—02	15—01	14 00
802	6	21—07	39—06	25—05	19—04	16—03	14—02	13—01	12 00
880	6	21—07	38—06	24—05	18—04	16—03	14—02	12—01	11 00
965	6	20—07	37—06	23—05	18—04	15—03	13—02	12—01	10 00
116	7	20—07	32—06	19—05	15—04	13—03	12—02	11—01	10 00

Table 8.1. Teflon (*Cont.*)

T, K	Density, kg/m³							
	100—3	100—2	316—2	100—1	316—1	100 0	316 0	100 1

Group with quantum energy $h\nu = 55.00$–94.00 eV

T, K	100—3	100—2	316—2	100—1	316—1	100 0	316 0	100 1
116 5	16—01	15 00	50 00	15 01	50 01	15 02	50 02	16 03
128 5	16—01	15 00	50 00	15 01	50 01	15 02	50 02	16 03
140 5	16—01	16 00	50 00	15 01	50 01	15 02	50 02	16 03
153 5	17—01	16 00	51 00	16 01	50 01	15 02	50 02	16 03
168 5	17—01	17 00	52 00	16 01	50 01	16 02	50 02	16 03
183 5	17—01	17 00	53 00	16 01	51 01	16 02	50 02	16 03
202 5	17—01	17 00	54 00	17 01	52 01	16 02	51 02	16 03
221 5	16—01	17 00	54 00	17 01	53 01	16 02	51 02	16 03
242 5	15—01	16 00	54 00	17 01	54 01	16 02	52 02	16 03
266 5	13—01	16 00	53 00	17 01	54 01	17 02	53 02	16 03
291 5	10—01	14 00	50 00	16 01	53 01	17 02	53 02	16 03
319 5	85—02	12 00	45 00	15 01	52 01	16 02	53 02	16 03
350 5	79—02	10 00	38 00	14 01	49 01	16 02	52 02	16 03
384 5	75—02	91—01	33 00	12 01	44 01	15 02	51 02	16 03
421 5	66—02	86—01	30 00	10 01	39 01	14 02	48 02	16 03
462 5	43—02	79—01	28 00	99 00	35 01	12 02	45 02	15 03
507 5	19—02	62—01	25 00	92 00	32 01	11 02	41 02	14 03
555 5	76—03	37—01	19 00	81 00	30 01	10 02	37 02	13 03
609 5	32—03	17—01	11 00	60 00	26 01	98 01	34 02	12 03
667 5	17—03	82—02	58—01	37 00	19 01	84 01	31 02	11 03
732 5	81—04	44—02	30—01	20 00	12 01	64 01	27 02	10 03
803 5	37—04	24—02	17—01	11 00	73 00	43 01	21 02	89 02
880 5	18—04	12—02	98—02	68—01	44 00	27 01	15 02	71 02
967 5	86—05	63—03	51—02	40—01	27 00	17 01	10 02	52 02
106 6	35—05	32—03	27—02	22—01	16 00	11 01	68 01	37 02
116 6	12—05	15—03	14—02	12—01	97—01	71 00	46 01	26 02
128 6	42—06	64—04	69—03	65—02	55—01	43 00	30 01	18 02
140 6	22—06	24—04	30—03	32—02	30—01	25 00	19 01	12 02
153 6	15—06	11—04	12—03	14—02	15—01	14 00	11 01	83 01
168 6	10—06	72—05	65—04	68—03	77—02	79—01	70 00	53 01
184 6	69—07	50—05	43—04	38—03	38—02	41—01	40 00	33 01
202 6	49—07	34—05	30—04	26—03	22—02	22—01	22 00	20 01
221 6	37—07	23—05	21—04	19—03	16—02	13—01	12 00	12 01
242 6	30—07	16—05	14—04	13—03	12—02	98—02	82—01	73 00
266 6	25—07	11—05	10—04	97—04	88—03	75—02	60—01	49 00
291 6	23—07	89—06	75—05	69—04	64—03	57—02	47—01	36 00
319 6	21—07	70—06	58—05	52—04	48—03	44—02	38—01	29 00
350 6	20—07	56—06	45—05	40—04	37—03	34—02	30—01	24 00
384 6	19—07	47—06	36—05	31—04	29—03	26—02	24—01	20 00
421 6	18—07	41—06	29—05	25—04	23—03	21—02	19—01	16 00
462 6	17—07	35—06	24—05	20—04	18—03	17—02	15—01	13 00
505 6	17—07	31—06	20—05	16—04	15—03	13—02	12—01	11 00
555 6	17—07	28—06	17—05	13—04	12—03	11—02	10—01	96—01
609 6	18—07	26—06	15—05	11—04	10—03	94—03	88—02	81—01
667 6	18—07	26—06	14—05	99—05	85—04	79—03	75—02	69—01

Table 8.1. Teflon (*Cont.*)

T, K	Density, kg/m³							
	100—3	100—2	316—2	100—1	316—1	100 0	316 0	100 1
732 6	19—07	26—06	13—05	92—05	74—04	67—03	63—02	60—01
802 6	19—07	26—06	13—05	89—05	70—04	60—03	55—02	51—01
880 6	19—07	26—06	13—05	85—05	66—04	56—03	49—02	45—01
965 6	19—07	25—06	12—05	81—05	62—04	53—03	46—02	41—01
116 7	19—07	24—06	11—05	68—05	53—04	46—03	41—02	36—01

Group with quantum energy $h\nu = 94.00\text{--}170.00$ eV

T, K	100—3	100—2	316—2	100—1	316—1	100 0	316 0	100 1
116 5	64—02	63—01	20 00	63 00	20 01	63 01	20 02	66 02
128 5	65—02	63—01	20 00	63 00	20 01	63 01	20 02	66 02
139 5	67—02	64—01	20 00	63 00	20 01	64 01	20 02	66 02
153 5	69—02	66—01	20 00	64 00	20 01	64 01	20 02	67 02
168 5	69—02	68—01	21 00	65 00	20 01	64 01	20 02	67 02
183 5	69—02	69—01	21 00	67 00	20 01	65 01	20 02	67 02
202 5	69—02	69—01	21 00	68 00	21 01	66 01	20 02	67 02
221 5	69—02	69—01	22 00	69 00	21 01	67 01	21 02	67 02
242 5	69—02	69—01	22 00	69 00	21 01	68 01	21 02	67 02
266 5	69—02	69—01	21 00	69 00	21 01	68 01	21 02	68 02
291 5	69—02	69—01	21 00	69 00	21 01	69 01	21 02	68 02
319 5	69—02	69—01	21 00	68 00	21 01	68 01	21 02	68 02
350 5	68—02	69—01	21 00	68 00	21 01	68 01	21 02	68 02
384 5	67—02	69—01	21 00	68 00	21 01	68 01	21 02	68 02
421 5	66—02	68—01	21 00	68 00	21 01	68 01	21 02	68 02
462 5	63—02	66—01	21 00	68 00	21 01	68 01	21 02	68 02
507 5	60—02	64—01	20 00	67 00	21 01	68 01	21 02	67 02
555 5	56—02	61—01	20 00	65 00	21 01	67 01	21 02	67 02
609 5	47—02	58—01	19 00	63 00	20 01	66 01	21 02	67 02
667 5	30—02	52—01	18 00	60 00	19 01	64 01	20 02	66 02
732 5	14—02	40—01	16 00	56 00	18 01	62 01	20 02	64 02
803 5	87—03	24—01	12 00	48 00	17 01	59 01	19 02	63 02
880 5	55—03	14—01	75—01	36 00	15 01	54 01	18 02	60 02
967 5	26—03	95—02	48—01	24 00	11 01	47 01	17 02	57 02
106 6	10—03	56—02	32—01	16 00	80 00	36 01	14 02	53 02
116 6	38—04	26—02	19—01	11 00	56 00	27 01	11 02	46 02
128 6	14—04	11—02	94—02	66—01	38 00	19 01	90 01	38 02
140 6	39—05	50—03	43—02	34—01	23 00	13 01	67 01	30 02
153 6	84—06	18—03	19—02	17—01	13 00	88 00	49 01	23 02
168 6	19—06	55—04	75—03	78—02	68—01	51 00	32 01	17 02
184 6	71—07	14—04	24—03	32—02	33—01	28 00	20 01	12 02
202 6	41—07	43—05	69—04	11—02	14—01	14 00	11 01	79 01
221 6	29—07	18—05	23—04	36—03	55—02	68—01	64 00	49 01
242 6	24—07	10—05	11—04	13—03	20—02	29—01	33 00	28 01
266 6	22—07	75—06	65—05	68—04	85—03	12—01	15 00	15 01
291 6	20—07	60—06	46—05	41—04	44—03	54—02	72—01	83 00
319 6	15—07	47—06	34—05	28—04	26—03	28—02	34—01	42 00
350 6	18—07	38—06	26—05	21—04	18—03	17—02	19—01	22 00

Table 8.1. Teflon (*Cont.*)

T, K	Density, kg/m³							
	100—3	100—2	316—2	100—1	316—1	100 0	316 0	100 1
384 6	17—07	32—06	20—05	16—04	14—03	12—02	12—01	12 00
421 6	17—07	28—06	17—05	12—04	11—03	98—03	89—02	84—01
462 6	16—07	25—06	14—05	10—04	86—04	76—03	69—02	62—01
506 6	16—07	23—06	13—05	84—05	70—04	61—03	55—02	49—01
555 6	17—07	21—06	10—05	69—05	56—04	49—03	44—02	39—01
609 6	17—07	21—06	95—06	57—05	45—04	40—03	36—02	32—01
667 6	18—07	22—06	93—06	51—05	37—04	32—03	29—02	26—01
732 6	19—07	22—06	96—06	51—05	33—04	27—03	24—02	22—01
802 6	19—07	22—06	95—06	52—05	33—04	24—03	20—02	18—01
880 6	19—07	22—06	93—06	50—05	33—04	25—03	19—02	16—01
965 6	19—07	22—06	90—06	47—05	31—04	24—03	19—02	15—01
116 7	19—07	21—06	81—06	39—05	26—04	20—03	17—02	14—01

Group with quantum energy $h\nu = 170.00$–300.00 eV

T, K	Density, kg/m³							
	100—3	100—2	316—2	100—1	316—1	100 0	316 0	100 1
116 5	16—02	16—01	53—01	16 00	54 00	17 01	58 01	19 02
128 5	17—02	16—01	53—01	16 00	54 00	17 01	58 01	20 02
139 5	18—02	17—01	53—01	16 00	54 00	17 01	58 01	20 02
153 5	18—02	17—01	54—01	17 00	54 00	17 01	58 01	20 02
168 5	18—02	18—01	56—01	17 00	54 00	17 01	58 01	20 02
183 5	18—02	18—01	57—01	17 00	55 00	17 01	58 01	20 02
202 5	18—02	18—01	58—01	18 00	56 00	17 01	58 01	20 02
221 5	18—02	18—01	58—01	18 00	57 00	18 01	58 01	20 02
242 5	18—02	18—01	58—01	18 00	57 00	18 01	58 01	19 02
266 5	18—02	18—01	58—01	18 00	58 00	18 01	58 01	19 02
291 5	18—02	18—01	58—01	18 00	58 00	18 01	57 01	18 02
319 5	18—02	18—01	58—01	18 00	58 00	18 01	57 01	18 02
350 5	18—02	18—01	58—01	18 00	58 00	18 01	57 01	18 02
384 5	18—02	18—01	59—01	18 00	58 00	18 01	57 01	18 02
421 5	18—02	18—01	59—01	18 00	58 00	18 01	57 01	18 02
462 5	17—02	18—01	58—01	18 00	58 00	18 01	58 01	18 02
507 5	17—02	18—01	57—01	18 00	58 00	18 01	58 01	18 02
555 5	17—02	17—01	56—01	18 00	58 00	18 01	58 01	18 02
609 5	16—02	17—01	56—01	18 00	57 00	18 01	58 01	18 02
667 5	15—02	16—01	54—01	17 00	56 00	18 01	57 01	18 02
732 5	15—02	16—01	52—01	17 00	54 00	17 01	56 01	18 02
803 5	14—02	15—01	50—01	16 00	53 00	17 01	55 01	17 02
880 5	13—02	14—01	47—01	15 00	51 00	16 01	54 01	17 02
967 5	12—02	13—01	45—01	15 00	49 00	16 01	52 01	17 02
106 6	99—03	12—01	42—01	14 00	47 00	15 01	51 01	16 02
116 6	67—03	11—01	38—01	13 00	44 00	14 01	48 01	16 02
128 6	39—03	85—02	33—01	12 00	41 00	13 01	46 01	15 02
140 6	22—03	56—02	25—01	10 00	37 00	12 01	43 01	14 02
153 6	97—04	35—02	17—01	78—01	31 00	11 01	40 01	13 02
168 6	33—04	19—02	11—01	54—01	24 00	98 00	36 01	12 02
184 6	10—04	86—03	61—02	35—01	17 00	78 00	31 01	11 02

Table 8.1. Teflon (*Cont.*)

T, K	Density, kg/m³							
	100—3	100—2	316—2	100—1	316—1	100 0	316 0	100 1
202 6	37—05	33—03	28—02	20—01	11 00	57 00	25 01	98 01
221 6	13—05	12—03	12—02	10—01	69—01	39 00	18 01	80 01
242 6	54—06	51—04	49—03	45—02	36—01	24 00	13 01	62 01
266 6	24—06	21—04	21—03	20—02	17—01	13 00	88 00	46 01
291 6	11—06	10—04	96—04	92—03	85—02	73—01	53 00	31 01
319 6	64—07	48—05	46—04	44—03	41—02	37—01	30 00	20 01
350 6	40—07	25—05	23—04	22—03	21—02	19—01	16 00	12 01
384 6	28—07	14—05	12—04	12—03	11—02	10—01	94—01	76 00
421 6	23—07	85—06	73—05	67—04	64—03	60—02	54—01	45 00
462 6	20—07	55—06	44—05	39—04	37—03	35—02	32—01	27 00
506 6	18—07	39—06	28—05	24—04	22—03	21—02	19—01	17 00
555 6	18—07	30—06	19—05	15—04	14—03	13—02	12—01	11 00
609 6	18—07	26—06	14—05	10—04	92—04	85—03	80—02	72—01
667 6	18—07	24—06	11—05	76—05	62—04	57—03	53—02	48—01
732 6	19—07	23—06	10—05	62—05	46—04	39—03	36—02	33—01
802 6	19—07	22—06	94—06	53—05	37—04	29—03	26—02	23—01
880 6	19—07	21—06	86—06	45—05	31—04	24—03	20—02	17—01
965 6	19—07	21—06	79—06	38—05	25—04	20—03	16—02	14—01
116 7	19—07	20—06	71—06	30—05	17—04	12—03	11—02	97—02

Group with quantum energy $h\nu = 300.00$–700.00 eV

116 5	15—02	15—01	48—01	15 00	49 00	16 01	53 01	18 02
128 5	15—02	15—01	48—01	15 00	49 00	16 01	53 01	18 02
139 5	15—02	15—01	48—01	15 00	49 00	16 01	54 01	19 02
153 5	15—02	15—01	48—01	15 00	49 00	16 01	54 01	19 02
168 5	15—02	15—01	48—01	15 00	49 00	15 01	53 01	19 02
183 5	15—02	15—01	48—01	15 00	49 00	15 01	53 01	19 02
202 5	15—02	15—01	48—01	15 00	48 00	15 01	52 01	18 02
221 5	15—02	15—01	48—01	15 00	48 00	15 01	51 01	18 02
242 5	15—02	15—01	48—01	15 00	48 00	15 01	50 01	17 02
266 5	15—02	15—01	48—01	15 00	48 00	15 01	49 01	17 02
291 5	15—02	15—01	48—01	15 00	48 00	15 01	49 01	16 02
319 5	14—02	15—01	48—01	15 00	48 00	15 01	49 01	16 02
350 5	11—02	14—01	48—01	15 00	48 00	15 01	48 01	15 02
384 5	69—03	12—01	45—01	15 00	48 00	15 01	48 01	15 02
421 5	47—03	94—02	39—01	14 00	47 00	15 01	48 01	15 02
462 5	38—03	63—02	29—01	12 00	44 00	14 01	48 01	15 02
507 5	35—03	46—02	20—01	91—01	38 00	14 01	46 01	15 02
555 5	34—03	38—02	14—01	65—01	29 00	12 01	44 01	14 02
609 5	33—03	35—02	12—01	48—01	21 00	96 00	38 01	13 02
667 5	32—03	33—02	11—01	40—01	16 00	72 00	31 01	12 02
732 5	31—03	32—02	10—01	35—01	13 00	55 00	24 01	10 02
803 5	30—03	31—02	10—01	33—01	11 00	44 00	19 01	84 01
880 5	28—03	30—02	98—02	32—01	10 00	38 00	15 01	66 01
967 5	25—03	28—02	94—02	30—01	10 00	34 00	12 01	53 01
106 6	23—03	26—02	89—02	29—01	97—01	32 00	11 01	44 01

Table 8.1. Teflon (*Cont.*)

T, K	Density, kg/m³								
	100—3	100—2	316—2	100—1	316—1	100 0	316 0	100 1	
116	6	19—03	24—02	82—02	27—01	92—01	30 00	10 01	38 01
128	6	14—03	21—02	74—02	25—01	87—01	29 00	97 00	34 01
140	6	91—04	16—02	64—02	23—01	80—01	27 00	92 00	31 01
153	6	40—04	12—02	51—02	19—01	72—01	25 00	86 00	29 01
168	6	15—04	73—03	37—02	15—01	62—01	22 00	80 00	27 01
184	6	90—05	36—03	22—02	11—01	50—01	19 00	72 00	25 01
202	6	91—05	19—03	12—02	75—02	37—01	16 00	63 00	23 01
221	6	11—04	16—03	77—03	45—02	25—01	12 00	53 00	20 01
242	6	12—04	18—03	69—03	31—02	17—01	92—01	43 00	18 01
266	6	79—05	20—03	76—03	29—02	13—01	66—01	33 00	15 01
291	6	36—05	15—03	77—03	31—02	12—01	54—01	26 00	12 01
319	6	22—05	85—04	54—03	29—02	12—01	50—01	22 00	10 01
350	6	13—05	51—04	31—03	19—02	11—01	49—01	20 00	89 00
384	6	60—06	35—04	20—03	12—02	75—02	41—01	19 00	82 00
421	6	24—06	18—04	13—03	85—03	49—02	29—01	16 00	76 00
462	6	10—06	84—05	74—04	56—03	35—02	20—01	11 00	63 00
506	6	52—07	36—05	34—04	30—03	23—02	15—01	85—01	48 00
555	6	32—07	17—05	15—04	14—03	13—02	10—01	64—01	36 00
609	6	25—07	90—06	76—05	71—04	67—03	58—02	44—01	27 00
667	6	21—07	54—06	41—05	36—04	34—03	31—02	27—01	19 00
732	6	20—07	37—06	25—05	20—04	18—03	16—02	15—01	12 00
802	6	20—07	29—06	16—05	12—04	10—03	94—03	87—02	77—01
880	6	19—07	25—06	12—05	79—05	63—04	56—03	51—02	46—01
965	6	19—07	22—06	97—06	55—05	41—04	35—03	31—02	28—01
116	7	19—07	20—06	74—06	33—05	19—04	15—03	13—02	12—01

Group with quantum energy $h\nu = 700.00$–2000.00 eV

116	5	95—03	95—02	30—01	97—01	31 00	10 01	35 01	12 02
128	5	95—03	95—02	30—01	97—01	31 00	10 01	35 01	13 02
139	5	95—03	95—02	30—01	96—01	31 00	10 01	36 01	13 02
153	5	95—03	95—02	30—01	96—01	31 00	10 01	36 01	13 02
168	5	95—03	95—02	30—01	96—01	31 00	10 01	35 01	13 02
183	5	95—03	95—02	30—01	95—01	30 00	10 01	35 01	13 02
202	5	95—03	95—02	30—01	95—01	30 00	10 01	34 01	13 02
221	5	95—03	95—02	30—01	95—01	30 00	98 00	33 01	12 02
242	5	95—03	95—02	30—01	95—01	30 00	96 00	32 01	12 02
266	5	95—03	95—02	30—01	95—01	30 00	96 00	31 01	11 02
291	5	95—03	95—02	30—01	95—01	30 00	95 00	30 01	10 02
319	5	95—03	95—02	30—01	95—01	30 00	95 00	30 01	10 02
350	5	95—03	95—02	30—01	95—01	30 00	95 00	30 01	98 01
384	5	95—03	95—02	30—01	95—01	30 00	95 00	30 01	96 01
421	5	95—03	95—02	30—01	95—01	30 00	95 00	30 01	96 01
462	5	94—03	95—02	30—01	95—01	30 00	95 00	30 01	95 01
507	5	93—03	94—02	30—01	95—01	30 00	95 00	30 01	95 01
555	5	92—03	94—02	29—01	94—01	30 00	95 00	30 01	95 01

Table 8.1. Teflon (*Cont.*)

T, K	Density, kg/m³							
	100—3	100—2	316—2	100—1	316—1	100 0	316 0	100 1
609 5	92—03	93—02	29—01	94—01	30 00	95 00	30 01	95 01
667 5	91—03	92—02	29—01	94—01	29 00	94 00	30 01	95 01
732 5	89—03	91—02	29—01	93—01	29 00	94 00	30 01	95 01
803 5	81—03	90—02	29—01	92—01	29 00	94 00	29 01	94 01
880 5	55—03	86—02	28—01	91—01	29 00	93 00	29 01	94 01
967 5	27—03	70—02	26—01	89—01	29 00	92 00	29 01	94 01
106 6	12—03	43—02	20—01	81—01	28 00	91 00	29 01	93 01
116 6	82—04	21—02	12—01	62—01	25 00	88 00	28 01	93 01
128 6	70—04	11—02	63—02	38—01	19 00	79 00	27 01	91 01
140 6	63—04	78—03	34—02	20—01	12 00	61 00	24 01	87 01
153 6	58—04	67—03	24—02	11—01	66—01	40 00	19 01	78 01
168 6	55—04	61—03	21—02	78—02	37—01	22 00	13 01	64 01
184 6	55—04	57—03	19—02	67—02	25—01	13 00	80 00	45 01
202 6	54—04	55—03	18—02	61—02	21—01	86—01	46 00	28 01
221 6	54—04	55—03	17—02	57—02	19—01	70—01	30 00	17 01
242 6	54—04	54—03	17—02	56—02	18—01	63—01	23 00	11 01
266 6	54—04	54—03	17—02	55—02	17—01	59—01	20 00	80 00
291 6	51—04	54—03	17—02	54—02	17—01	57—01	19 00	68 00
319 6	40—04	53—03	17—02	54—02	17—01	55—01	18 00	62 00
350 6	18—04	46—03	16—02	54—02	17—01	55—01	17 00	59 00
384 6	56—05	28—03	13—02	50—02	17—01	54—01	17 00	57 00
421 6	18—05	11—03	79—03	39—02	15—01	53—01	17 00	56 00
462 6	12—05	43—04	33—03	23—02	12—01	48—01	17 00	55 00
506 6	14—05	25—04	15—03	10—02	71—02	37—01	15 00	54 00
555 6	18—05	27—04	11—03	57—03	37—02	23—01	12 00	49 00
609 6	12—05	32—04	12—03	50—03	24—02	14—01	83—01	41 00
667 6	43—06	26—04	13—03	57—03	22—02	10—01	55—01	30 00
732 6	14—06	12—04	94—04	55—03	25—02	10—01	44—01	22 00
802 6	60—07	45—05	42—04	34—03	21—02	10—01	44—01	19 00
880 6	35—07	18—05	17—04	15—03	13—02	86—02	44—01	19 00
965 6	26—07	92—06	77—05	70—04	63—03	52—02	35—01	18 00
116 7	20—07	35—06	22—05	18—04	16—03	14—02	12—01	95—01

Table 8.2. Polyformaldehyde

T, K	Density, kg/m³							
	100—3	100—2	316—2	100—1	316—1	100 0	316 0	100 1
Group with quantum energy $h\nu = 0.23\text{--}1.22$ eV								
116 5	14—04	34—03	14—02	59—02	21—01	76—01	26 00	90 00
128 5	22—04	68—03	31—02	13—01	53—01	19 00	70 00	24 01
139 5	26—04	11—02	60—02	27—01	11 00	45 00	17 01	62 01
153 5	26—04	16—02	99—02	50—01	23 00	96 00	37 01	14 02
168 5	23—04	18—02	13—01	80—01	40 00	18 01	76 01	31 02

Table 8.2. Polyformaldehyde (*Cont.*)

T, K		Density, kg/m³														
		100—3		100—2		316—2		100—1		316—1		100 0		316 0		100 1
183	5	21—04		18—02		15—01		11	00	63	00	31	01	14	02	60 02
202	5	21—04		17—02		15—01		12	00	86	00	48	01	23	02	10 03
222	5	23—04		16—02		14—01		13	00	10	01	65	01	36	02	17 03
242	5	26—04		17—02		14—01		12	00	10	01	78	01	49	02	26 03
266	5	29—04		19—02		15—01		12	00	10	01	85	01	59	02	36 03
291	5	31—04		21—02		16—01		13	00	10	01	88	01	67	02	44 03
319	5	31—04		23—02		18—01		14	00	11	01	90	01	71	02	51 03
350	5	32—04		24—02		20—01		16	00	12	01	95	01	74	02	56 03
384	5	35—04		25—02		21—01		18	00	14	01	10	02	80	02	61 03
421	5	38—04		26—02		22—01		19	00	15	01	11	02	88	02	66 03
462	5	41—04		29—02		23—01		19	00	16	01	13	02	98	02	73 03
507	5	44—04		31—02		25—01		20	00	17	01	14	02	10	03	82 03
555	5	46—04		34—02		28—01		22	00	18	01	14	02	11	03	90 03
609	5	48—04		36—02		30—01		24	00	19	01	15	02	12	03	98 03
667	5	49—04		38—02		32—01		26	00	21	01	17	02	13	03	10 04
732	5	48—04		39—02		33—01		28	00	23	01	18	02	14	03	11 04
803	5	47—04		40—02		35—01		29	00	24	01	19	02	15	03	12 04
880	5	47—04		39—02		35—01		30	00	25	01	21	02	16	03	13 04
967	5	46—04		38—02		34—01		31	00	26	01	22	02	17	03	14 04
106	6	45—04		38—02		34—01		30	00	27	01	23	02	18	03	15 04
116	6	45—04		37—02		34—01		30	00	27	01	23	02	19	03	15 04
128	6	42—04		37—02		33—01		30	00	26	01	23	02	20	03	16 04
140	6	38—04		35—02		32—01		29	00	26	01	23	02	20	03	17 04
153	6	34—04		33—02		31—01		29	00	26	01	23	02	20	03	17 04
168	6	30—04		30—02		29—01		27	00	25	01	22	02	20	03	17 04
184	6	27—04		27—02		26—01		26	00	24	01	22	02	19	03	17 04
202	6	24—04		24—02		24—01		23	00	22	01	21	02	19	03	17 04
221	6	21—04		21—02		21—01		21	00	21	01	20	02	18	03	16 04
242	6	20—04		19—02		19—01		19	00	18	01	18	02	17	03	16 04
266	6	19—04		17—02		17—01		17	00	17	01	16	02	16	03	15 04
291	6	18—04		17—02		16—01		15	00	15	01	15	02	14	03	14 04
319	6	17—04		16—02		15—01		14	00	14	01	13	02	13	03	13 04
350	6	17—04		15—02		14—01		14	00	13	01	12	02	12	03	11 04
384	6	16—04		15—02		14—01		13	00	12	01	12	02	11	03	10 04
421	6	15—04		14—02		13—01		12	00	12	01	11	02	10	03	10 04
462	6	14—04		13—02		13—01		12	00	11	01	10	02	10	03	95 03
506	6	14—04		12—02		12—01		11	00	11	01	10	02	96	02	90 03
555	6	14—04		12—02		11—01		11	00	10	01	99	01	92	02	86 03
609	6	13—04		12—02		11—01		10	00	10	01	94	01	88	02	81 03
667	6	12—04		11—02		11—01		10	00	98	00	91	01	84	02	78 03
732	6	11—04		11—02		10—01		10	00	94	00	88	01	81	02	75 03
802	6	10—04		10—02		10—01		97—01		91	00	85	01	79	02	72 03
880	6	93—05		92—03		92—02		90—01		87	00	81	01	76	02	70 03
965	6	83—05		83—03		83—02		82—01		81	00	78	01	73	02	67 03
116	7	67—05		66—03		66—02		66—01		66	00	66	01	64	02	61 03

Table 8.2. Polyformaldehyde (*Cont.*)

T, K	Density, kg/m³							
	100—3	100—2	316—2	100—1	316—1	100 0	316 0	100 1

Group with quantum energy $h\nu = 1.22$–1.60 eV

T, K	100—3	100—2	316—2	100—1	316—1	100 0	316 0	100 1
116 5	49—05	11—03	48—03	18—02	69—02	25—01	88—01	32 00
128 5	75—05	22—03	10—02	42—02	16—01	61—01	22 00	79 00
139 5	87—05	38—03	19—02	86—02	35—01	13 00	51 00	18 01
153 5	83—05	52—03	31—02	15—01	69—01	28 00	11 01	41 01
168 5	74—05	58—03	42—02	24—01	12 00	53 00	21 01	86 01
183 5	66—05	56—03	47—02	32—01	18 00	90 00	39 01	16 02
202 5	65—05	52—03	46—02	37—01	25 00	13 01	66 01	29 02
222 5	73—05	49—03	44—02	38—01	29 00	18 01	99 01	48 02
242 5	82—05	51—03	42—02	36—01	30 00	22 01	13 02	71 02
266 5	91—05	57—03	44—02	36—01	30 00	24 01	16 02	96 02
291 5	96—05	64—03	49—02	38—01	30 00	24 01	18 02	12 03
319 5	95—05	71—03	55—02	42—01	32 00	25 01	19 02	13 03
350 5	97—05	74—03	61—02	47—01	35 00	26 01	20 02	15 03
384 5	10—04	74—03	64—02	52—01	40 00	29 01	22 02	16 03
421 5	11—04	78—03	65—02	55—01	44 00	33 01	24 02	17 03
462 5	12—04	84—03	68—02	56—01	46 00	36 01	27 02	19 03
507 5	13—04	92—03	74—02	60—01	48 00	39 01	30 02	22 03
555 5	13—04	98—03	81—02	65—01	51 00	41 01	32 02	24 03
609 5	14—04	10—02	86—02	70—01	56 00	43 01	34 02	26 03
667 5	14—04	10—02	91—02	75—01	60 00	47 01	36 02	28 03
732 5	13—04	11—02	95—02	79—01	64 00	51 01	39 02	30 03
803 5	13—04	11—02	99—02	83—01	68 00	54 01	43 02	33 03
880 5	13—04	11—02	99—02	86—01	71 00	58 01	46 02	36 03
967 5	13—04	10—02	97—02	86—01	74 00	60 01	48 02	38 03
106 6	12—04	10—02	95—02	85—01	75 00	63 01	51 02	40 03
116 6	12—04	10—02	94—02	84—01	74 00	64 01	53 02	43 03
128 6	11—04	10—02	92—02	83—01	74 00	64 01	54 02	44 03
140 6	10—04	98—03	90—02	81—01	73 00	64 01	55 02	46 03
153 6	94—05	91—03	87—02	79—01	71 00	63 01	55 02	46 03
168 6	83—05	82—03	80—02	76—01	69 00	62 01	54 02	46 03
184 6	74—05	73—03	72—02	71—01	66 00	60 01	53 02	46 03
202 6	66—05	65—03	65—02	64—01	62 00	58 01	52 02	45 03
221 6	59—05	58—03	58—02	57—01	56 00	54 01	50 02	44 03
242 6	55—05	52—03	52—02	51—01	51 00	49 01	47 02	43 03
266 6	53—05	48—03	46—02	46—01	45 00	45 01	43 02	40 03
291 6	51—05	46—03	43—02	42—01	41 00	40 01	39 02	37 03
319 6	48—05	44—03	42—02	39—01	37 00	36 01	36 02	34 03
350 6	47—05	41—03	40—02	38—01	35 00	33 01	32 02	31 03
384 6	44—05	40—03	37—02	36—01	34 00	32 01	30 02	29 03
421 6	41—05	38—03	36—02	34—01	32 00	30 01	28 02	26 03
462 6	40—05	36—03	34—02	32—01	30 00	29 01	27 02	25 03
506 6	39—05	34—03	32—02	31—01	29 00	27 01	25 02	24 03
555 6	37—05	33—03	31—02	29—01	28 00	26 01	24 02	22 03
609 6	36—05	32—03	30—02	28—01	26 00	25 01	23 02	21 03
667 6	34—05	31—03	29—02	27—01	26 00	24 01	22 02	20 03

Table 8.2. Polyformaldehyde (*Cont.*)

T, K		Density, kg/m³														
		100—3	100—2	316—2	100—1	316—1		100 0		316 0		100 1	
732	6	31—05	30—03	28—02	26—01	25	00	23	01	21	02	20	03
802	6	27—05	27—03	26—02	25—01	24	00	22	01	21	02	19	03
880	6	25—05	24—03	24—02	24—01	23	00	21	01	20	02	18	03
965	6	22—05	22—03	22—02	22—01	21	00	20	01	19	02	18	03
116	7	17—05	17—03	17—02	17—01	17	00	17	01	17	02	16	03

Group with quantum energy $h\nu = 1.60$–3.08 eV

T, K		100—3	100—2	316—2	100—1	316—1		100 0		316 0		100 1	
116	5	28—05	64—04	27—03	10—02	40—02		15—01		57—01		23	00
128	5	41—05	12—03	53—03	22—02	87—02		32—01		12	00	47	00
139	5	44—05	19—03	96—03	42—02	17—01		67—01		25	00	96	00
153	5	40—05	25—03	14—02	73—02	32—01		13	00	50	00	19	01
168	5	34—05	27—03	19—02	11—01	54—01		23	00	94	00	37	01
183	5	30—05	25—03	20—02	14—01	80—01		38	00	16	01	67	01
202	5	29—05	22—03	20—02	15—01	10	00	56	00	26	01	11	02
222	5	31—05	20—03	18—02	15—01	11	00	73	00	38	01	18	02
242	5	35—05	21—03	17—02	14—01	12	00	86	00	51	01	26	02
266	5	38—05	23—03	17—02	14—01	11	00	91	00	61	01	35	02
291	5	40—05	25—03	19—02	14—01	11	00	92	00	67	01	42	02
319	5	38—05	28—03	21—02	16—01	12	00	92	00	70	01	48	02
350	5	38—05	28—03	23—02	18—01	13	00	97	00	73	01	52	02
384	5	41—05	28—03	24—02	19—01	14	00	10	01	77	01	56	02
421	5	45—05	29—03	24—02	20—01	16	00	12	01	85	01	61	02
462	5	48—05	32—03	25—02	20—01	17	00	13	01	95	01	68	02
507	5	50—05	34—03	28—02	22—01	17	00	13	01	10	02	76	02
555	5	51—05	37—03	30—02	23—01	18	00	14	01	11	02	83	02
609	5	52—05	38—03	32—02	25—01	20	00	15	01	12	02	90	02
667	5	53—05	39—03	33—02	27—01	21	00	16	01	12	02	97	02
732	5	50—05	41—03	34—02	28—01	23	00	18	01	13	02	10	03
803	5	48—05	40—03	35—02	29—01	24	00	19	01	14	02	11	03
880	5	47—05	38—03	35—02	30—01	25	00	20	01	15	02	12	03
967	5	46—05	38—03	34—02	30—01	26	00	21	01	16	02	13	03
106	6	45—05	37—03	33—02	30—01	26	00	21	01	17	02	13	03
116	6	44—05	36—03	33—02	29—01	25	00	22	01	18	02	14	03
128	6	40—05	35—03	32—02	28—01	25	00	22	01	18	02	15	03
140	6	36—05	34—03	31—02	28—01	25	00	21	01	18	02	15	03
153	6	32—05	31—03	29—02	27—01	24	00	21	01	18	02	15	03
168	6	28—05	28—03	27—02	26—01	23	00	21	01	18	02	15	03
184	6	25—05	25—03	24—02	24—01	22	00	20	01	18	02	15	03
202	6	22—05	22—00	22—02	21—01	21	00	19	01	17	02	15	03
221	6	20—05	19—03	19—02	19—01	19	00	18	01	16	02	14	03
242	6	18—05	17—03	17—02	17—01	17	00	16	01	15	02	14	03
266	6	18—05	16—03	15—02	15—01	15	00	15	01	14	02	13	03
291	6	17—05	15—03	14—02	14—01	13	00	13	01	13	02	12	03
319	6	16—05	14—03	14—02	13—01	12	00	12	01	11	02	11	03
350	6	15—05	13—03	13—02	12—01	11	00	11	01	10	02	10	03
384	6	14—05	13—03	12—02	11—01	11	00	10	01	99	01	95	02

Table 8.2. Polyformaldehyde (*Cont.*)

T, K	Density, kg/m³							
	100—3	100—2	316—2	100—1	316—1	100 0	316 0	100 1
421 6	13—05	12—03	12—02	11—01	10 00	10 01	94 01	88 02
462 6	13—05	11—03	11—02	10—01	10 00	95 00	89 01	83 02
506 6	13—05	11—03	10—02	10—01	97—01	90 00	84 01	79 02
555 6	12—05	11—03	10—02	97—02	92—01	86 00	80 01	74 02
609 9	12—05	10—03	10—02	94—02	88—01	82 00	76 01	71 02
667 6	11—05	10—03	96—03	91—02	85—01	79 00	73 01	68 02
732 6	10—05	98—04	93—03	87—02	82—01	76 00	71 01	65 02
802 6	92—06	89—04	88—03	84—02	79—01	73 00	68 01	63 02
880 6	82—06	80—04	80—03	78—02	75—01	71 00	66 01	61 02
965 6	74—06	72—04	72—03	71—02	70—01	67 00	63 01	58 02
116 7	59—06	57—04	57—03	57—02	57—01	56 00	55 01	53 02

Group with quantum energy $h\nu = 3.08$–4.07 eV

116 5	23—05	55—04	24—03	96—03	37—02	14—01	56—01	24 00
128 5	29—05	89—04	41—03	17—02	70—02	27—01	10 00	42 00
139 5	29—05	13—03	65—03	29—02	12—01	49—01	19 00	74 00
153 5	25—05	15—03	93—03	46—02	20—01	84—01	33 00	13 01
168 5	20—05	15—03	11—02	64—02	31 01	13 00	56 00	22 01
183 5	17—05	14—03	11—02	78—02	43—01	20 00	89 00	36 01
202 5	17—05	12—03	10—02	82—02	54—01	29 00	13 01	57 01
222 5	20—05	11—03	94—03	79—02	58—01	36 00	18 01	85 01
242 5	22—05	11—03	89—03	73—02	58—01	40 00	23 01	11 02
266′ 5	23—05	13—03	95—03	71—02	56—01	42 00	27 01	15 02
291 5	23—05	14—03	10—02	74—02	55—01	42 00	30 01	18 02
319 5	21—05	15—03	11—02	82—02	58—01	42 00	31 01	20 02
350 5	19—05	14—03	12—02	89—02	63—01	44 00	32 01	22 02
384 5	20—05	14—03	12—02	95—02	70—01	49 00	34 01	24 02
421 5	21—05	14—03	11—02	97—02	75—01	54 00	37 01	26 02
462 5	23—05	15—03	12—02	97—02	78—01	59 00	42 01	28 02
507 5	23—05	16—03	12—02	10—01	79—01	62 00	45 01	32 02
555 5	24—05	17—03	13—02	10—01	83—01	64 00	48 01	35 02
609 5	25—05	17—03	14—02	11—01	89—01	67 00	51 01	38 02
667 5	25—05	18—03	15—02	12—01	95—01	72 00	54 01	40 02
732 5	23—05	18—03	15—02	12—01	10 00	78 00	58 01	43 02
803 5	22—05	18—03	16—02	13—01	10 00	83 00	63 01	47 02
880 5	21—05	17—03	15—02	13—01	11 00	87 00	67 01	51 02
967 5	21—05	17—03	15—02	13—01	11 00	91 00	71 01	54 02
106 6	20—05	16—03	14—02	13—01	11 00	95 00	75 01	57 02
116 6	19—05	16—03	14—02	12—01	11 00	95 00	77 01	60 02
128 6	18—05	15—03	14—02	12—01	11 00	95 00	79 01	63 02
140 6	16—05	14—03	13—02	12—01	10 00	93 00	79 01	65 02
153 6	14—05	13—03	12—02	11—01	10 00	92 00	78 01	65 02
168 6	12—05	12—03	11—02	11—01	10 00	89 00	77 01	65 02
184 6	11—05	10—03	10—02	10—01	96—01	86 00	75 01	64 02
202 6	96—06	94—04	94—03	92—02	89—01	82 00	73 01	63 02

Table 8.2. Polyformaldehyde (*Cont.*)

T, K	Density, kg/m³							
	100—3	100—2	316—2	100—1	316—1	100 0	316 0	100 1
221 6	86—06	83—04	83—03	82—02	80—01	76 00	70 01	61 02
242 6	79—06	74—04	73—03	73—02	72—01	70 00	65 01	59 02
266 6	77—06	67—04	65—03	64—02	64—01	63 00	60 01	56 02
291 6	73—06	64—04	60—03	58—02	57—01	56 00	54 01	52 02
319 6	68—06	61—04	58—03	54—02	52—01	50 00	49 01	47 02
350 6	66—06	57—04	55—03	52—02	49—01	46 00	44 01	43 02
384 6	62—06	55—04	51—03	49—02	46—01	43 00	41 01	39 02
421 6	58—06	52—04	49—03	46—02	44—01	41 00	38 01	36 02
462 6	56—06	49—04	47—03	44—02	41—01	39 00	36 01	34 02
506 6	54—06	47—04	44—03	42—02	39—01	37 00	34 01	32 02
555 6	52—06	45—04	42—03	40—02	37—01	35 00	33 01	30 02
609 6	51—06	43—04	41—03	38—02	36—01	33 00	31 01	29 02
667 6	47—06	42—04	39—03	37—02	35—01	32 00	30 01	27 02
732 6	43—06	40—04	38—03	35—02	33—01	31 00	29 01	26 02
802 6	39—06	36—04	36—03	34—02	32—01	30 00	28 01	25 02
880 6	35—06	33—04	32—03	32—02	30—01	29 00	26 01	24 02
965 6	31—06	29—04	29—03	29—02	28—01	27 00	25 01	23 02
116 7	25—06	23—04	23—03	23—02	23—01	23 00	22 01	21 02

Group with quantum energy $h\nu = 4.07$–7.05 eV

116 5	17—05	51—04	24—03	10—02	40—02	15—01	63 01	27 00
128 5	18—05	68—04	35—03	16—02	68—02	27—01	10 00	45 00
139 5	16—05	82—04	46—03	23—02	10—01	44—01	17 00	72 00
153 5	13—05	88—04	56—03	31—02	15—01	66—01	27 00	11 00
168 5	11—05	82—04	61—03	37—02	20—01	94—01	41 00	17 01
183 5	10—05	71—04	58—03	41—02	24—01	12 00	57 00	24 01
202 5	13—05	63—04	52—03	40—02	27—01	15. 00	76 00	34 01
222 5	18—05	66—04	48—03	38—02	28—01	17 00	94 00	45 01
242 5	19—05	81—04	50—03	36—02	27—01	18 00	11 01	57 01
266 5	18—05	98—04	60—03	38—02	26—01	19 00	12 01	68 01
291 5	16—05	10—03	70—03	43—02	27—01	19 00	13 01	78 01
319 5	13—05	99—04	73—03	49—02	31—01	20 00	13 01	86 01
350 5	11—05	88—04	71—03	52—02	34—01	21 00	14 01	93 01
384 5	11—05	78—04	66—03	52—02	37—01	24 00	15 01	10 02
421 5	11—05	73—04	61—03	50—02	38—01	26 00	17 01	11 02
462 5	11—05	74—04	59—03	47—02	37—01	28 00	18 01	12 02
507 5	12—05	78—04	60—03	47—02	37—01	28 00	20 01	13 02
555 5	12—05	82—04	64—03	49—02	37—01	28 00	21 01	14 02
609 5	12—05	86—04	67—03	52—02	39—01	29 00	21 01	15 02
667 5	12—05	89—04	71—03	55—02	41—01	30 00	22 01	16 02
732 5	11—05	88—04	73—03	57—02	44—01	32 00	23 01	17 02
803 5	10—05	85—04	73—03	60—02	46—01	35 00	25 01	18 02
880 5	10—05	80—04	71—03	61—02	48—01	37 00	27 01	20 02
967 5	97—06	77—04	68—03	59—02	49—01	39 00	29 01	21 02
106 6	92—06	74—04	65—03	57—02	49—01	40 00	31 01	23 02

Table 8.2. Polyformaldehyde (*Cont.*)

T, K	Density, kg/m³														
	100—3		100—2		316—2		100—1		316—1		100 0		316 0		100 1
116 6	88—06		71—04		64—03		55—02		48—01		40 00		32 01		24 02
128 6	80—06		68—04		61—03		54—02		47—01		39 00		32 01		25 02
140 6	71—06		64—04		58—03		52—02		45—01		39 00		32 01		26 02
153 6	62—06		58—04		55—03		50—02		44—01		38 00		32 01		26 02
168 6	54—06		51—04		50—03		47—02		42—01		37 00		31 01		26 02
184 6	47—06		45—04		44—03		43—02		40—01		35 00		30 01		26 02
202 6	41—06		39—04		39—03		38—02		36—01		33 00		29 01		25 02
221 6	36—06		34—04		34—03		33—02		33—01		31 00		28 01		24 02
242 6	33—06		30—04		30—03		29—02		29—01		28 00		26 01		23 02
266 6	32—06		27—04		26—03		26—02		26—01		25 00		24 01		22 02
291 6	30—06		26—04		24—03		23—02		23—01		22 00		21 01		20 02
319 6	28—06		24—04		23—03		21—02		20—01		20 00		19 01		18 02
350 6	27—06		23—04		21—03		20—02		19—01		18 00		17 01		17 02
384 6	25—06		21—04		20—03		19—02		18—01		17 00		16 01		15 02
421 6	24—06		20—04		19—03		18—02		17—01		16 00		15 01		14 02
462 6	23—06		19—04		18—03		17—02		16—01		15 00		14 01		13 02
506 6	22—06		18—04		17—03		16—02		15—01		14 00		13 01		12 02
555 6	21—06		17—04		16—03		15—02		14—01		13 00		12 01		11 02
609 6	21—06		17—04		16—03		15—02		14—01		13 00		12 01		11 02
667 6	19—06		16—04		15—03		14—02		13—01		12 00		11 01		10 02
732 6	18—06		15—04		14—03		13—02		13—01		12 00		11 01		10 02
802 6	16—06		14—04		13—03		13—02		12—01		11 00		10 01		98 01
880 6	14—06		12—04		12—03		12—02		11—01		11 00		10 01		95 01
965 6	13—06		11—04		11—03		11—02		11—01		10 00		98 00		91 01
116 7	11—06		91—05		89—04		89—03		88—02		88—01		86 00		82 01

Group with quantum energy $h\nu = 7.07$–8.66 eV

116 5	21—04		78—03		37—02		15—01		59—01		21 00		72 00		24 01
128 5	15—04		67—03		37—02		17—01		73—01		27 00		98 00		33 01
139 5	92—05		54—03		33—02		17—01		82—01		33 00		12 01		45 01
153 5	54—05		39—03		27—02		16—01		85—01		38 00		15 01		57 01
168 5	34—05		26—03		21—02		14—01		81—01		40 00		17 01		68 01
183 5	27—05		18—03		15—02		11—01		72—01		39 00		18 01		78 01
202 5	31—05		13—03		10—02		86—02		61—01		37 00		19 01		85 01
222 5	39—05		12—03		86—03		66—02		49—01		32 00		18 01		89 01
242 5	38—05		14—03		84—03		55—02		40—01		28 00		17 01		89 01
266 5	32—05		16—03		97—03		55—02		35—01		24 00		15 01		87 01
291 5	24—05		16—03		10—02		62—02		35—01		22 00		14 01		84 01
319 5	17—05		13—03		10—02		68—02		39—01		22 00		13 01		81 01
350 5	12—05		10—03		90—03		66—02		41—01		23 00		13 01		80 01
384 5	95—06		82—03		73—03		59—02		41—01		25 00		14 01		82 01
421 5	81—06		64—04		57—03		49—02		38—01		25 00		15 01		86 01
462 5	76—06		53—04		46—03		40—02		33—01		24 00		15 01		92 01
507 5	76—06		49—04		41—03		34—02		28—01		22 00		15 01		96 01
555 5	77—06		48—04		38—03		31—02		25—01		20 00		15 01		98 01

Table 8.2. Polyformaldehyde (*Cont.*)

T, K	Density, kg/m³							
	100—3	100—2	316—2	100—1	316—1	100 0	316 0	100 1
609 5	75—06	50—04	38—03	30—02	23—01	18 00	13 01	96 01
667 5	69—06	50—04	39—03	30—02	23—01	17 00	13 01	94 01
732 5	62—06	49—04	40—03	31—02	23—01	17 00	12 01	93 01
803 5	57—06	46—04	40—03	32—02	25—01	18 00	13 01	97 01
880 5	55—06	43—04	38—03	32—02	26—01	19 00	14 01	10 02
967 5	53—06	41—04	36—03	31—02	26—01	20 00	15 01	10 02
106 6	52—06	39—04	34—03	30—02	25—01	20 00	15 01	11 02
116 6	50—06	38—04	33—03	29—02	24—01	20 00	16 01	12 02
128 6	46—06	37—04	32—03	28—02	24—01	20 00	16 01	12 02
140 6	40—06	35—04	31—03	27—02	23—01	19 00	16 01	12 02
153 6	34—06	32—04	30—03	26—02	22—01	19 00	16 01	13 02
168 6	30—06	28—04	27—03	25—02	22—01	19 00	15 01	13 02
184 6	26—06	24—04	24—03	23—02	21—01	18 00	15 01	12 02
202 6	22—06	21—04	20—03	20—02	19—01	17 00	15 01	12 02
221 6	20—06	18—04	18—03	17—02	17—01	16 00	14 01	12 02
242 6	18—06	16—04	15—03	15—02	15—01	14 00	13 01	11 02
266 6	17—06	14—04	13—03	13—02	13—01	13 00	12 01	11 02
291 6	16—06	13—04	12—03	12—02	11—01	11 00	11 01	10 02
319 6	15—06	12—04	11—03	11—02	10—01	10 00	99 00	94 01
350 6	14—06	11—04	11—03	10—02	98—02	93—01	89 00	85 01
384 6	13—06	11—04	10—03	97—03	92—02	86—01	81 00	77 01
421 6	12—06	10—04	98—04	91—03	86—02	81—01	75 00	70 01
462 6	12—06	97—05	92—04	86—03	80—02	75—01	71 00	66 01
506 6	12—06	92—05	86—04	81—03	72—02	71—01	66 00	62 01
555 6	11—06	89—05	82—04	77—03	72—02	67—01	62 00	58 01
609 6	11—06	85—05	79—04	74—03	68—02	64—01	59 00	54 01
667 6	10—06	82—05	75—04	71—03	66—02	61—01	56 00	52 01
732 6	99—07	77—05	72—04	67—03	63—02	59—01	54 00	49 01
802 6	90—07	70—05	68—04	64—03	60—02	56—01	52 00	47 01
880 6	82—07	63—05	61—04	60—03	57—02	54—01	50 00	46 01
965 6	76—07	56—05	55—04	54—03	53—02	51—01	47 00	44 01
116 7	64—07	45—05	43—04	43—03	43—02	42—01	41 00	39 01
Group with quantum energy $h\nu = 8.66$–10.89 eV								
116 5	11—03	40—02	19—01	80—01	30 00	10 01	35 01	11 02
128 5	68—04	30—02	16—01	77—01	32 00	12 01	42 01	14 02
139 5	36—04	21—02	12—01	68—01	31 00	12 01	47 01	16 02
153 5	18—04	13—02	93—02	55—01	28 00	12 01	50 01	18 02
168 5	10—04	80—03	63—02	42—01	24 00	11 01	51 01	19 02
183 5	64—05	47—03	40—02	30—01	19 00	10 01	49 01	20 02
202 5	58—05	29—03	25—02	20—01	14 00	87 00	44 01	19 02
222 5	61—05	23—03	17—02	13—01	10 00	70 00	39 01	18 02
242 5	55—05	23—03	14—02	10—01	76—01	54 00	33 01	17 02
266 5	43—05	23—03	14—02	85—02	58—01	41 00	27 01	15 02
291 5	32—05	21—03	14—02	85—02	51—01	33 00	22 01	13 02
319 5	22—05	17—03	13—02	86—02	51—01	30 00	18 01	11 02

Table 8.2. Polyformaldehyde (*Cont.*)

T, K	Density, kg/m³							
	100—3	100—2	316—2	100—1	316—1	100 0	316 0	100 1
350 5	15—05	13—03	10—02	80—02	51—01	29 00	17 01	10 02
384 5	10—05	94—04	84—03	68—02	48—01	29 00	16 01	95 01
421 5	85—06	69—04	63—03	54—02	42—01	28 00	16 01	93 01
462 5	76—06	54—04	48—03	42—02	35—01	25 00	16 01	93 01
507 5	74—06	47—04	39—03	33—02	28—01	22 00	15 01	92 01
555 5	76—06	44—04	35—03	28—02	23—01	18 00	14 01	89 01
609 5	72—06	45—04	34—03	26—02	20—01	16 00	12 01	84 01
667 5	64—06	45—04	34—03	25—02	19—01	14 00	11 01	78 01
732 5	54—06	43—04	34—03	26—02	19—01	13 00	10 01	73 01
803 5	48—06	39—04	34—03	27—02	19—01	14 00	10 01	72 01
880 5	45—06	35—04	31—03	26—02	20—01	14 00	10 01	74 01
967 5	42—06	32—04	28—03	25—02	20—01	15 00	11 01	77 01
106 6	40—06	30—04	26—03	23—02	19—01	15 00	11 01	80 01
116 6	39—06	28—04	25—03	21—02	18—01	15 00	11 01	84 01
128 6	35—06	27—04	23—03	20—02	17—01	14 00	11 01	86 01
140 6	30—06	26—04	23—03	19—02	16—01	14 00	11 01	88 01
153 6	26—06	23—04	21—03	19—02	16—01	13 00	11 01	88 01
168 6	22—06	20—04	19—03	17—02	15—01	13 00	10 01	87 01
184 6	19—06	17—04	17—03	16—02	14—01	12 00	10 01	86 01
202 6	16—06	15—04	14—03	14—02	13—01	12 00	10 01	84 01
221 6	14—06	12—04	12—03	12—02	12—01	11 00	98 00	82 01
242 6	13—06	11—04	10—03	10—02	10—01	10 00	91 00	79 01
266 6	12—06	98—05	94—04	93—03	91—02	88—01	83 00	74 01
291 6	11—06	90—05	84—04	81—03	80—02	78—01	74 00	68 01
319 6	10—06	83—05	78—04	74—03	70—02	68—01	66 00	62 01
350 6	10—06	76—05	72—04	68—03	64—02	61—01	59 00	56 01
384 6	96—07	72—05	66—04	63—03	60—02	56—01	53 00	50 01
421 6	90—07	68—05	63—04	58—03	55—02	52—01	49 00	45 01
462 6	87—07	63—05	59—04	55—03	51—02	48—01	45 00	42 01
506 6	85—07	59—05	55—04	52—03	49—02	45—01	42 00	39 01
555 6	82—07	57—05	52—04	49—03	46—02	43—01	40 00	37 01
609 6	80—07	55—05	50—04	47—03	43—02	40—01	37 00	34 01
667 6	76—07	52—05	48—04	45—03	42—02	38—01	35 00	33 01
732 6	70—07	50—05	46—04	43—03	40—02	37—01	34 00	31 01
802 6	65—07	45—05	43—04	41—03	38—02	35—01	33 00	30 01
880 6	60—07	40—05	39—04	38—03	36—02	34—01	31 00	29 01
965 6	55—07	36—05	35—04	34—03	33—02	32—01	30 00	27 01
116 7	48—07	29—05	27—04	27—03	27—02	26—01	26 00	24 01

Group with quantum energy $h\nu = 10.89-12.38$ eV

116 5	20—02	67—01	32 00	13 01	50 01	17 02	58 02	19 03
128 5	99—03	42—01	22 00	10 01	43 01	16 02	56 02	19 03
139 5	45—03	25—01	15—00	78 00	35 01	14 02	53 02	18 03
153 5	19—03	13—01	94—01	54 00	27 01	12 02	48 02	17 03
168 5	85—04	70—02	54—01	36 00	20 01	98 01	41 02	15 03

Table 8.2. Polyformaldehyde (*Cont.*)

T, K	Density, kg/m³							
	100—3	100—2	316—2	100—1	316—1	100 0	316 0	100 1
183 5	41—04	34—02	29—01	22 00	14 01	75 01	34 02	14 03
202 5	24—04	17—02	15—01	13 00	92 00	54 01	27 02	12 03
222 5	17—04	10—02	86—02	74—01	57 00	38 01	21 02	99 02
242 5	12—04	69—03	52—02	43—01	35 00	25 01	15 02	79 02
266 5	84—05	53—03	37—02	27—01	22 00	16 01	11 02	62 02
291 5	54—05	39—03	29—02	20—01	14 00	11 01	78 01	46 02
319 5	32—05	27—03	22—02	16—01	11 00	78 00	55 01	35 02
350 5	18—05	18—03	16—02	12—01	89—01	60 00	40 01	26 02
384 5	10—05	11—03	11—02	95—02	72—01	49 00	31 01	20 02
421 5	65—06	72—04	73—03	67—02	55—01	40 00	26 01	16 02
462 5	51—06	45—04	47—03	46—02	41—01	32 00	21 01	13 02
507 5	49—06	33—04	31—03	31—02	29—01	24 00	18 01	11 02
555 5	49—06	29—04	25—03	22—02	21—01	18 00	15 01	99 01
609 5	47—06	29—04	22—03	18—02	16—01	14 00	11 01	84 01
667 5	42—06	30—04	23—03	17—02	13—01	11 00	93 00	71 01
732 5	37—06	29—04	23—03	17—02	13—01	10 00	79 00	61 01
803 5	33—06	26—04	22—03	18—02	13—01	97—01	73 00	55 01
880 5	31—06	23—04	21—03	17—02	13—01	99—01	72 00	52 01
967 5	30—06	22—04	19—03	16—02	13—01	10 00	73 00	52 01
106 6	29—06	21—04	18—03	15—02	13—01	10 00	76 00	54 01
116 6	28—06	20—04	17—03	14—02	12—01	10 00	77 00	56 01
128 6	25—06	19—04	16—03	14—02	12—01	98—01	77 00	57 01
140 6	22—06	18—04	16—03	13—02	11—01	95—01	76 00	58 01
153 6	19—06	16—04	15—03	13—02	11—01	93—01	75 00	59 01
168 6	16—06	14—04	13—03	12—02	11—01	91—01	74 00	59 01
184 6	14—06	12—04	12—03	11—02	10—01	88—01	73 00	58 01
202 6	12—06	10—04	10—03	10—02	95—02	84—01	71 00	57 01
221 6	10—06	91—05	89—04	88—03	84—02	78—01	68 00	56 01
242 6	97—07	79—05	77—04	76—03	74—02	70—01	63 00	54 01
266 6	92—07	70—05	67—04	65—03	64—02	62—01	58 00	51 01
291 6	86—07	64—05	60—04	57—03	56—02	54—01	52 00	47 01
319 6	80—07	60—05	55—04	52—03	49—02	48—01	46 00	43 01
350 6	78—07	55—05	51—04	48—03	45—02	43—01	41 00	39 01
384 6	74—07	51—05	47—04	44—03	42—02	39—01	37 00	35 01
421 6	69—07	49—05	45—04	41—03	39—02	37—01	34 00	32 01
462 6	67—07	45—05	42—04	39—03	36—02	34—01	32 00	29 01
506 6	65—07	42—05	39—04	36—03	34—02	32—01	29 00	27 01
555 6	63—07	41—05	37—04	34—03	32—02	30—01	28 00	25 01
609 6	62—07	39—05	35—04	33—03	30—02	28—01	26 00	24 01
667 6	59—07	37—05	34—04	31—03	29—02	27—01	25 00	23 01
732 6	55—07	35—05	32—04	30—03	28—02	26—01	24 00	21 01
802 6	51—07	32—05	30—04	28—03	26—02	24—01	23 00	21 01
880 6	48—07	29—05	27—04	26—03	25—02	23—01	21 00	20 01
965 6	45—07	26—05	24—04	23—03	23—02	22—01	20 00	19 01
116 7	40—07	20—05	19—04	19—03	18—02	18—01	18 00	17 01

Table 8.2. Polyformaldehyde (*Cont.*)

T, K		Density, kg/m³							
		100—3	100—2	316—2	100—1	316—1	100 0	316 0	100 1
	Group with quantum energy $h\nu$ = 12.38–18.59 eV

T, K		100—3	100—2	316—2	100—1	316—1	100 0	316 0	100 1
116	5	12—01	23 00	90 00	33 01	11 02	38 02	12 03	41 03
128	5	70—02	18 00	77 00	30 01	11 02	38 02	12 03	41 03
139	5	32—02	13 00	62 00	26 01	10 02	36 02	12 03	42 03
153	5	13—02	79—01	45 00	21 01	88 01	33 02	12 03	41 03
168	5	53—03	40—01	28 00	15 01	73 01	30 02	11 03	40 03
183	5	25—03	19—01	15 00	10 01	56 01	25 02	10 03	37 03
202	5	15—03	92—02	79—01	60 00	38 01	20 02	87 02	34 03
222	5	11—03	52—02	41—01	33 00	24 01	14 02	71 02	30 03
242	5	72—04	35—02	24—01	19 00	14 01	99 01	54 02	25 03
266	5	41—04	25—02	17—01	12 00	89 00	64 01	39 02	20 03
291	5	22—04	17—02	12—01	85—01	58 00	42 01	27 02	15 03
319	5	11—04	10—02	85—02	62—01	42 00	28 01	19 02	11 03
350	5	60—05	60—03	54—02	43—01	31 00	20 01	13 02	85 02
384	5	30—05	34—03	32—02	28—01	22 00	15 01	10 02	63 02
421	5	17—05	19—03	19—02	18—01	15 00	11 01	77 01	48 02
462	5	12—05	11—03	11—02	11—01	10 00	81 00	58 01	37 02
507	5	96—06	75—04	71—03	69—02	65—01	56 00	43 01	28 02
555	5	78—06	57—04	50—03	45—02	42—01	38 00	32 01	22 02
609	5	62—06	46—04	39—03	33—02	29—01	26 00	22 01	16 02
667	5	49—06	38—04	32—03	26—02	22—01	19 00	16 01	12 02
732	5	38—06	32—04	27—03	22—02	18—01	15 00	12 01	97 01
803	5	31—06	26—04	23—03	19—02	15—01	12 00	99 00	77 01
880	5	26—06	21—04	19—03	17—02	14—01	11 00	85 00	64 01
967	5	23—06	18—04	16—03	14—02	12—01	99—01	75 00	56 01
106	6	22—06	15—04	14—03	12—02	10—01	89—01	69 00	51 01
116	6	21—06	14—04	12—03	11—02	95—02	80—01	63 00	47 01
128	6	19—06	14—04	11—03	99—03	85—02	72—01	58 00	44 01
140	6	16—06	13—04	11—03	93—03	78—02	65—01	53 00	42 01
153	6	14—06	11—04	10—03	90—03	74—02	61—01	50 00	39 01
168	6	11—06	10—04	95—04	85—03	71—02	58—01	47 00	38 01
184	6	10—06	84—05	81—04	76—03	68—02	56—01	45 00	36 01
202	6	86—07	71—05	69—04	66—03	61—02	53—01	44 00	35 01
221	6	75—07	60—05	58—04	56—03	54—02	49—01	42 00	34 01
242	6	68—07	51—05	49—04	48—03	46—02	44—01	39 00	32 01
266	6	64—07	44—05	42—04	41—03	40—02	38—01	35 00	30 01
291	6	59—07	40—05	37—04	35—03	34—02	33—01	31 00	28 01
319	6	55—07	37—05	34—04	31—03	30—02	29—01	27 00	25 01
350	6	54—07	33—05	31—04	29—03	27—02	25—01	24 00	23 01
384	6	51—07	31—05	28—04	26—03	25—02	23—01	22 00	20 01
421	6	48—07	29—05	26—04	24—03	23—02	21—01	20 00	18 01
462	6	47—07	27—05	24—04	22—03	21—02	19—01	18 00	17 01
506	6	46—07	25—05	22—04	21—03	19—02	18—01	17 00	15 01
555	6	44—07	24—05	21—04	19—03	18—02	17—01	15 00	14 01
609	6	44—07	22—05	20—04	18—03	17—02	16—01	14 00	13 01
667	6	42—07	22—05	19—04	17—03	16—02	15—01	14 00	12 01

Table 8.2. Polyformaldehyde (*Cont.*)

T, K	Density, kg/m³							
	100—3	100—2	316—2	100—1	316—1	100 0	316 0	100 1
732 6	40—07	20—05	18—04	16—03	15—02	14—01	13 00	12 01
802 6	38—07	18—05	17—04	16—03	14—02	13—01	12 00	11 01
880 6	36—07	17—05	15—04	14—03	14—02	13—01	12 00	11 01
965 6	34—07	15—05	13—04	13—03	12—02	12—01	11 00	10 01
116 7	31—07	12—05	10—04	10—03	10—02	10—01	98—01	93 00

Group with quantum energy $h\nu = 18.59{-}30.00$ eV

T, K	100—3	100—2	316—2	100—1	316—1	100 0	316 0	100 1
116 5	20—01	34 00	12 01	45 01	15 02	50 02	16 03	52 03
128 5	11—01	27 00	10 01	40 01	14 02	48 02	15 03	51 03
139 5	51—02	18 00	84 00	34 01	12 02	44 02	15 03	49 03
153 5	25—02	11 00	59 00	27 01	10 02	40 02	14 03	47 03
168 5	18—02	60—01	37 00	19 01	88 01	35 02	12 03	44 03
183 5	17—02	37—01	22 00	13 01	66 01	29 02	11 03	40 03
202 5	18—02	30—01	14 00	85 00	47 01	22 02	96 02	36 03
222 5	14—02	29—01	12 00	60 00	32 01	17 02	78 02	31 03
242 5	85—03	27—01	11 00	49 00	24 01	12 02	61 02	26 03
266 5	41—03	20—01	10 00	45 00	19 01	96 01	47 02	21 03
291 5	18—03	12—01	77—01	39 00	17 01	78 01	37 02	17 03
319 5	79—04	64—02	48—01	30 00	15 01	68 01	31 02	14 03
350 5	31—04	32—02	27—01	19 00	11 01	58 01	26 02	12 03
384 5	11—04	14—02	14—01	11 00	81 00	46 01	22 02	10 03
421 5	47—05	64—03	69—02	64—01	51 00	33 01	18 02	86 02
462 5	27—05	27—03	31—02	33—01	30 00	22 01	13 02	71 02
507 5	18—05	14—03	15—02	16—01	16 00	14 01	97 01	55 02
555 5	13—05	93—04	84—03	84—02	88—01	83 00	67 01	41 02
609 5	92—06	67—04	56—03	50—02	48—01	47 00	41 01	29 02
667 5	62—06	49—04	41—03	34—02	30—01	28 00	25 01	19 02
732 5	43—06	36—04	31—03	25—02	21—01	18 00	16 01	13 02
803 5	32—06	26—04	23—03	19—02	15—01	12 00	10 01	89 01
880 5	25—06	19—04	17—03	15—02	12—01	98—01	77 00	62 01
967 5	20—06	15—04	13—03	11—02	99—02	78—01	60 00	46 01
106 6	16—06	12—04	10—03	93—03	79—02	64—01	49 00	36 01
116 6	13—06	10—04	89—04	76—03	64—02	53—01	41 00	30 01
128 6	11—06	85—05	74—04	64—03	54—02	44—01	34 00	25 01
140 6	94—07	72—05	63—04	54—03	45—02	37—01	30 00	22 01
153 6	78—07	60—05	55—04	47—03	40—02	33—01	26 00	20 01
168 6	65—07	50—05	47—04	42—03	36—02	30—01	24 00	18 01
184 6	56—07	41—05	39—04	36—03	32—02	27—01	22 00	17 01
202 6	48—07	33—05	32—04	31—03	28—02	25—01	20 00	16 01
221 6	43—07	28—05	26—04	25—03	24—02	22—01	19 00	15 01
242 6	39—07	23—05	22—04	21—03	20—02	19—01	17 00	14 01
266 6	38—07	20—05	19—04	18—03	17—02	16—01	15 00	13 01
291 6	36—07	18—05	16—04	15—03	15—02	14—01	13 00	12 01
319 6	34—07	17—05	15—04	13—03	13—02	12—01	11 00	10 01
350 6	33—07	15—05	13—04	12—03	11—02	10—01	10 00	95 00

Table 8.2. Polyformaldehyde (*Cont.*)

T, K	Density, kg/m³								
	100—3	100—2	316—2	100—1	316—1	100 0	316 0	100	1
384 6	32—07	14—05	12—04	11—03	10—02	99—02	91—01	84	00
421 6	31—07	13—05	11—04	10—03	97—03	90—02	83—01	76	00
462 6	31—07	12—05	10—04	97—04	89—03	82—02	76—01	69	00
506 6	31—07	11—05	98—05	89—04	82—03	76—02	70—01	64	00
555 6	30—07	11—05	93—05	83—04	76—03	70—02	65—01	59	00
609 6	30—07	10—05	88—05	78—04	71—03	66—02	60—01	55	00
667 6	30—07	10—05	83—05	74—04	67—03	62—02	56—01	51	00
732 6	29—07	97—06	79—05	70—04	64—03	59—02	53—01	48	00
802 6	28—07	89—06	73—05	66—04	60—03	55—02	51—01	46	00
880 6	27—07	81—06	66—05	60—04	56—03	52—02	48—01	44	00
965 6	26—07	73—06	59—05	54—04	51—03	49—02	45—01	41	00
116 7	25—07	61—06	47—05	42—04	40—03	40—02	38—01	36	00

Group with quantum energy $h\nu = 30.00–55.00$ eV

116 5	23—01	29 00	97 00	31 01	10 02	32 02	10 03	32 03
128 5	19—01	26 00	92 00	30 01	99 01	32 02	10 03	32 03
139 5	16—01	23 00	83 00	28 01	96 01	31 02	10 03	32 03
153 5	15—01	19 00	73 00	26 01	91 01	30 02	99 02	31 03
168 5	16—01	18 00	65 00	23 01	84 01	28 02	95 02	31 03
183 5	16—01	17 00	60 00	21 01	77 01	27 02	91 02	30 03
202 5	15—01	17 00	59 00	20 01	71 01	25 02	86 02	29 03
222 5	13—01	17 00	59 00	19 01	67 01	23 02	81 02	27 03
242 5	10—01	16 00	58 00	19 01	65 01	22 02	77 02	26 03
266 5	69—02	14 00	54 00	19 01	65 01	21 02	74 02	25 03
291 5	34—02	10 00	46 00	17 01	63 01	21 02	72 02	24 03
319 5	14—02	67—01	34 00	15 01	58 01	20 02	70 02	23 03
350 5	73—03	35—01	22 00	11 01	50 01	19 02	67 02	22 03
384 5	43—03	18—01	12 00	76 00	38 01	16 02	62 02	21 03
421 5	25—03	11—01	70—01	45 00	26 01	13 02	55 02	20 03
462 5	13—03	70—02	44—01	27 00	17 01	95 01	44 02	18 03
507 5	65—04	43—02	29—01	18 00	11 01	64 01	34 02	15 03
555 5	29—04	24—02	18—01	12 00	76 00	44 01	25 02	11 03
609 5	15—04	12—02	10—01	81—01	53 00	31 01	17 02	90 02
667 5	84—05	62—03	57—02	48—01	36 00	22 01	12 02	67 02
732 5	43—05	35—03	30—02	27—01	22 00	15 01	95 01	51 02
803 5	19—05	19—03	17—02	15—01	13 00	10 01	68 01	38 02
880 5	76—06	10—03	99—03	88—02	76—01	63 00	46 01	28 02
967 5	33—06	47—04	52—03	50—02	45—01	38 00	30 01	20 02
106 6	19—06	21—04	25—03	27—02	26—01	23 00	19 01	14 02
116 6	13—06	11—04	12—03	14—02	15—01	14 00	12 01	94 01
128 6	10—06	76—05	72—04	76—03	83—02	85—01	77 00	62 01
140 6	77—07	56—05	50—04	46—03	47—02	50—01	48 00	41 01
153 6	59—07	42—05	38—04	33—03	30—02	30—01	30 00	27 01
168 6	47—07	32—05	29—04	26—03	22—02	20—01	19 00	18 01

Table 8.2. Polyformaldehyde (*Cont.*)

T, K	Density, kg/m³							
	100—3	100—2	316—2	100—1	316—1	100 0	316 0	100 1
184 6	38—07	24—05	22—04	20—03	18—02	15—01	13 00	12 01
202 6	33—07	18—05	17—04	16—03	14—02	12—01	10 00	89 00
221 6	29—07	14—05	13—04	12—03	11—02	10—01	88—01	71 00
242 6	27—07	11—05	10—04	98—04	94—03	86—02	74—01	60 00
266 6	27—07	10—05	85—05	79—04	75—03	70—02	63—01	52 00
291 6	26—07	93—06	74—05	65—04	61—03	58—02	53—01	45 00
319 6	25—07	86—06	68—05	58—04	52—03	48—02	44—01	39 00
350 6	25—07	77—06	62—05	53—04	47—03	41—02	38—01	34 00
334 6	24—07	71—06	55—05	48—04	43—03	38—02	33—01	30 00
421 6	23—07	66—06	50—05	43—04	39—03	35—02	30—01	27 00
462 6	24—07	60—06	45—05	39—04	35—03	31—02	28—01	24 00
506 6	24—07	57—06	41—05	35—04	31—03	28—02	26—01	23 00
555 6	24—07	55—06	38—05	32—04	28—03	26—02	23—01	21 00
609 6	24—07	52—06	36—05	30—04	26—03	24—02	21—01	19 00
667 6	24—07	50—06	34—05	28—04	24—03	22—02	20—01	18 00
732 6	24—07	48—06	32—05	26—04	23—03	20—02	18—01	16 00
802 6	23—07	45—06	30—05	24—04	21—03	19—02	17—01	15 00
880 6	23—07	41—06	27—05	22—04	19—03	18—02	16—01	14 00
965 6	23—07	39—06	24—05	19—04	17—03	16—02	15—01	14 00
116 7	22—07	34—06	20—05	15—04	13—03	13—02	12—01	12 00

Group with quantum energy $h\nu = 55.00$–94.00 eV

116 5	13—01	13 00	41 00	13 01	41 01	13 02	41 02	13 03
128 5	13—01	13 00	41 00	13 01	41 01	13 02	41 02	13 03
140 5	14—01	13 00	42 00	13 01	41 01	13 02	41 02	13 03
153 5	14—01	13 00	43 00	13 01	41 01	13 02	41 02	13 03
168 5	14—01	14 00	43 00	13 01	42 01	13 02	41 02	13 03
184 5	14—01	14 00	44 00	13 01	42 01	13 02	41 02	13 03
202 5	13—01	14 00	44 00	13 01	43 01	13 02	42 02	13 03
221 5	13—01	13 00	44 00	13 01	43 01	13 02	42 02	13 03
242 5	12—01	13 00	43 00	13 01	43 01	13 02	42 02	13 03
266 5	12—01	13 00	42 00	13 01	43 01	13 02	42 02	13 03
291 5	10—01	12 00	41 00	13 01	42 01	13 02	42 02	13 03
319 5	10—01	11 00	39 00	12 01	42 01	13 02	42 02	13 03
350 5	94—02	10 00	36 00	12 01	40 01	13 02	42 02	13 03
384 5	80—02	99—01	33 00	11 01	38 01	12 02	41 02	13 03
421 5	58—02	89—01	31 00	10 01	35 01	12 02	39 02	12 03
462 5	32—02	73—01	28 00	98 00	33 01	11 02	37 02	12 03
506 5	16—02	51—01	22 00	87 00	31 01	10 02	35 02	11 03
555 5	88—03	30—01	15 00	71 00	27 01	98 01	33 02	11 03
609 5	53—03	17—01	98—01	51 00	22 01	87 01	31 02	10 03
667 5	29—03	11—01	61—01	33 00	16 01	73 01	27 02	97 02
732 5	12—03	70—02	41—01	22 00	11 01	56 01	23 02	88 02
802 5	45—04	38—02	26—01	15 00	81 00	40 01	18 02	76 02
880 5	15—04	17—02	14—01	10 00	58 00	29 01	14 02	62 02

Table 8.2. Polyformaldehyde (*Cont.*)

T, K	Density, kg/m³							
	100—3	100—2	316—2	100—1	316—1	100 0	316 0	100 1
965 5	50—05	67—03	67—02	57—01	39 00	22 01	10 02	49 02
106 6	17—05	25—03	28—02	28—01	23 00	15 01	82 01	39 02
116 6	64—06	96—04	11—02	12—01	12 00	95 00	59 01	30 02
128 6	27—06	38—04	46—03	53—02	58—01	53 00	39 01	22 02
140 6	14—06	16—04	19—03	23—02	26—01	27 00	23 01	15 02
153 6	87—07	79—05	88—04	10—02	12—01	13 00	13 01	10 02
168 6	57—07	44—05	45—04	50—03	59—02	66—01	69 00	60 01
184 6	41—07	27—05	26—04	27—03	30—02	34—01	36 00	34 01
202 6	32—07	17—05	16—04	16—03	17—02	18—01	19 00	19 01
221 6	26—07	12—05	11—04	10—03	10—02	11—01	11 00	11 01
242 6	24—07	89—06	77—05	73—04	71—03	71—02	71—01	70 00
266 6	22—07	69—06	56—05	52—04	50—03	48—02	47—01	46 00
291 6	21—07	58—06	44—05	38—04	36—03	35—02	33—01	32 00
319 6	21—07	50—06	36—05	30—04	27—03	26—02	24—01	23 00
350 6	21—07	44—06	30—05	25—04	22—03	20—02	18—01	17 00
384 6	20—07	39—06	26—05	21—04	18—03	16—02	15—01	13 00
421 6	20—07	37—06	23—05	18—04	15—03	14—02	12—01	11 00
462 6	21—07	34—06	20—05	15—04	13—03	12—02	10—01	96—01
506 6	21—07	34—06	19—05	14—04	11—03	10—02	95—02	84—01
555 6	22—07	35—06	19—05	13—04	10—03	94—03	83—02	74—01
609 6	22—07	34—06	19—05	13—04	10—03	86—03	75—02	66—01
667 6	22—07	33—06	18—05	12—04	10—03	83—03	70—02	61—01
732 6	22—07	32—06	17—05	12—04	96—04	81—03	68—02	57—01
802 6	22—07	30—06	16—05	11—04	89—04	77—03	66—02	55—01
880 6	22—07	29—06	14—05	99—05	81—04	71—03	62—02	54—01
965 6	21—07	28—06	13—05	88—05	72—04	64—03	57—02	51—01
116 7	21—07	26—06	11—05	69—05	54—04	49—03	46—02	43—01

Group with quantum energy $h\nu = 94.00$–170.00 eV

116 5	43—02	42—01	13 00	41 00	13 01	41 01	13 02	41 02
128 5	44—02	42—01	13 00	41 00	13 01	41 01	13 02	41 02
140 5	45—02	43—01	13 00	42 00	13 01	41 01	13 02	41 02
153 5	45—02	44—01	13 00	42 00	13 01	41 01	13 02	41 02
168 5	45—02	44—01	14 00	43 00	13 01	42 01	13 02	41 02
184 5	45—02	45—01	14 00	44 00	13 01	42 01	13 02	42 02
202 5	44—02	45—01	14 00	44 00	13 01	43 01	13 02	42 02
221 5	44—02	44—01	14 00	44 00	14 01	43 01	13 02	42 02
242 5	43—02	44—01	14 00	44 00	14 01	44 01	13 02	43 02
266 5	42—02	43—01	14 00	44 00	14 01	44 01	13 02	43 02
291 5	41—02	42—01	13 00	44 00	14 01	44 01	13 02	43 02
319 5	41—02	42—01	13 00	43 00	13 01	44 01	13 02	43 02
350 5	39—02	41—01	13 00	42 00	13 01	43 01	13 02	43 02
384 5	38—02	40—01	13 00	41 00	13 01	42 01	13 02	43 02
421 5	35—02	39—01	12 00	40 00	13 01	42 01	13 02	43 02
462 5	33—02	37—01	12 00	39 00	12 01	41 01	13 02	42 02

Table 8.2. Polyformaldehyde (*Cont.*)

T, K	Density, kg/m³							
	100—3	100—2	316—2	100—1	316—1	100 0	316 0	100 1
506 5	30—02	34—01	11 00	38 00	12 01	40 01	13 02	41 02
555 5	26—02	32—01	10 00	36 00	12 01	39 01	12 02	40 02
609 5	20—02	29—01	10 00	34 00	11 01	37 01	12 02	39 02
667 5	11—02	24—01	91—01	31 00	10 01	36 01	11 02	38 02
732 5	64—03	17—01	76—01	28 00	99 00	33 01	11 02	37 02
802 5	42—03	10—01	54—01	23 00	89 00	31 01	10 02	35 02
880 5	24—03	70—02	35—01	17 00	75 00	28 01	99 01	33 02
965 5	10—03	47—02	24—01	12 00	56 00	24 01	89 01	31 02
106 6	41—04	25—02	16—01	83—01	40 00	18 01	77 01	28 02
116 6	16—04	11—02	89—02	55—01	29 00	14 01	62 01	24 02
128 6	66—05	53—03	43—02	32—01	19 00	10 01	48 01	20 02
140 6	26—05	24—03	20—02	16—01	12 00	72 00	36 01	16 02
153 6	11—05	10—03	98—03	84—02	66—01	46 00	26 01	12 02
168 6	51—06	49—04	46—03	42—02	35—01	27 00	17 01	95 01
184 6	25—06	23—04	22—03	21—02	18—01	15 00	11 01	67 01
202 6	13—06	11—04	11—03	10—02	10—01	86—01	66 00	44 01
221 6	76—07	61—05	59—04	57—03	53—02	48—01	39 00	28 01
242 6	51—07	33—05	32—04	31—03	29—02	27—01	23 00	18 01
266 6	38—07	20—05	18—04	17—03	16—02	15—01	14 00	11 01
291 6	31—07	13—05	11—04	10—03	10—02	94—02	85—01	72 00
319 6	26—07	98—06	80—05	69—04	63—03	58—02	53—01	46 00
350 6	24—07	71—06	56—05	48—04	42—03	38—02	34—01	30 00
384 6	22—07	55—06	40—05	34—04	30—03	27—02	23—01	20 00
421 6	21—07	45—06	31—05	25—04	22—03	19—02	17—01	14 00
462 6	21—07	38—06	24—05	19—04	16—03	14—02	12—01	11 00
506 6	21—07	33—06	19—05	14—04	12—03	11—02	98—02	85—01
555 6	21—07	30—06	16—05	11—04	97—04	86—03	76—02	66—01
609 6	21—07	29—06	14—05	97—05	78—04	68—03	60—02	52—01
667 6	22—07	28—06	13—05	83—05	65—04	55—03	49—02	42—01
732 6	21—07	27—06	12—05	73—05	55—04	47—03	40—02	35—01
802 6	21—07	26—06	11—05	65—05	48—04	40—03	35—02	30—01
880 6	21—07	25—06	10—05	58—05	42—04	34—03	30—02	26—01
965 6	21—07	24—06	97—06	51—05	36—04	30—03	26—02	23—01
116 7	21—07	23—06	87—06	41—05	26—04	21—03	19—02	17—01

Group with quantum energy $h\nu = 170.00$–300.00 eV

116 5	96—03	93—02	29—01	93—01	29 00	93 00	29 01	94 0ʳ
128 5	99—03	95—02	29—01	93—01	29 00	93 00	29 01	94 01
140 5	10—02	97—02	30—01	94—01	29 00	93 00	29 01	95 01
153 5	10—02	99—02	30—01	95—01	29 00	94 00	29 01	95 01
168 5	10—02	10—01	31—01	97—01	30 00	94 00	30 01	96 01
184 5	10—02	10—01	31—01	98—01	30 00	95 00	30 01	97 01
202 5	10—02	10—01	31—01	99—01	31 00	96 00	30 01	97 01
221 5	99—03	10—01	31—01	10 00	31 00	97 00	30 01	98 01
242 5	98—03	99—02	31—01	10 00	31 00	98 00	30 01	98 01

Table 8.2. Polyformaldehyde (*Cont.*)

T, K	Density, kg/m³							
	100—3	100—2	316—2	100—1	316—1	100 0	316 0	100 1
266 5	97—03	98—02	31—01	99—01	31 00	99 00	31 01	98 01
291 5	95—03	97—02	31—01	98—01	31 00	99 00	31 01	98 01
319 5	94—03	96—02	30—01	97—01	31 00	98 00	31 01	98 01
350 5	92—03	94—02	30—01	96—01	30 00	97 00	31 01	98 01
384 5	88—03	93—02	29—01	95—01	30 00	96 00	30 01	97 01
421 5	84—03	90—02	29—01	93—01	29 00	95 00	30 01	96 01
462 5	80—03	86—02	28—01	91—01	29 00	94 00	30 01	95 01
506 5	75—03	82—02	27—01	89—01	28 00	92 00	29 01	94 01
555 5	70—03	78—02	25—01	85—01	28 00	90 00	29 01	93 01
609 5	64—03	73—02	24—01	81—01	26 00	88 00	28 01	91 01
667 5	58—03	68—02	23—01	77—01	25 00	84 00	27 01	89 01
732 5	53—03	62—02	21—01	72—01	24 00	81 00	26 01	87 01
802 5	47—03	56—02	19—01	67—01	22 00	77 00	25 01	84 01
880 5	38—03	51—02	17—01	61—01	21 00	72 00	24 01	80 01
965 5	30—03	43—02	15—01	55—01	19 00	67 00	23 01	77 01
106 6	20—03	35—02	13—01	49—01	17 00	61 00	21 01	72 01
116 6	94—04	26—02	10—01	42—01	15 00	55 00	19 01	67 01
128 6	33—04	16—02	81—02	33—01	13 00	49 00	17 01	62 01
140 6	10—04	80—03	51—02	25—01	10 00	41 00	15 01	56 01
153 6	36—05	32—03	25—02	16—01	80—01	34 00	13 01	50 01
168 6	13—05	12—03	11—02	86—02	53—01	26 00	11 01	43 01
184 6	51—06	48—04	46—03	40—02	30—01	18 00	86 00	36 01
202 6	22—06	20—04	19—03	18—02	15—01	11 00	62 00	28 01
221 6	10—06	91—05	88—04	84—03	76—02	62—01	41 00	21 01
242 6	59—07	43—05	41—04	40—03	37—02	32—01	24 00	15 01
266 6	39—07	22—05	20—04	20—03	19—02	17—01	14 00	99 00
291 6	29—07	13—05	11—04	10—03	10—02	93—02	81—01	62 00
319 6	24—07	81—06	66—05	59—04	55—03	52—02	46—01	38 00
350 6	22—07	55—06	41—05	36—04	33—03	30—02	27—01	23 00
384 6	21—07	42—06	28—05	23—04	20—03	18—02	16—01	14 00
421 6	20—07	34—06	20—05	15—04	13—03	12—02	10—01	94—01
462 6	21—07	30—06	16—05	11—04	92—04	81—03	73—02	63—01
506 6	21—07	29—06	14—05	88—05	68—04	57—03	50—02	44—01
555 6	21—07	29—06	13—05	78—05	54—04	43—03	37—02	32—01
609 6	21—07	27—06	12—05	74—05	48—04	35—03	28—02	24—01
667 6	21—07	25—06	11—05	65—05	44—04	31—03	24—02	19—01
732 6	21—07	24—06	10—05	54—05	38—04	29—03	21—02	16—01
802 6	21—07	23—06	91—06	45—05	30—04	24—03	19—02	15—01
880 6	21—07	23—06	85—06	39—05	24—04	19—03	16—02	13—01
965 6	21—07	22—06	80—06	34—05	20—04	15—03	13—02	11—01
116 7	21—07	22—06	75—06	29—05	14—04	10—03	84—03	76—02
Group with quantum energy $h\nu = 300.00$–700.00 eV								
116 5	21—02	21—01	68—01	21 00	68 00	21 01	68 01	21 02
128 5	21—02	21—01	68—01	21 00	68 00	21 01	68 01	21 02
140 5	21—02	21—01	68—01	21 00	68 00	21 01	68 01	21 02

Table 8.2. Polyformaldehyde (*Cont.*)

T, K	Density, kg/m³							
	100—3	100—2	316—2	100—1	316—1	100 0	316 0	100 1
153 5	21—02	21—01	68—01	21 00	68 00	21 01	69 01	22 02
168 5	21—02	21—01	68—01	21 00	68 00	21 01	69 01	22 02
184 5	21—02	21—01	68—01	21 00	68 00	21 01	69 01	22 02
202 5	21—02	21—01	68—01	21 00	68 00	21 01	69 01	22 02
221 5	21—02	21—01	68—01	21 00	68 00	21 01	69 01	22 02
242 5	21—02	21—01	68—01	21 00	68 00	21 01	69 01	22 02
266 5	21—02	21—01	68—01	21 00	68 00	21 01	69 01	22 02
291 5	21—02	21—01	68—01	21 00	68 00	21 01	68 01	21 02
319 5	20—02	21—01	68—01	21 00	68 00	21 01	68 01	21 02
350 5	16—02	20—01	67—01	21 00	68 00	21 01	68 01	21 02
384 5	95—03	18—01	65—01	21 00	68 00	21 01	68 01	21 02
421 5	46—03	14—01	57—01	20 00	67 00	21 01	68 01	21 02
462 5	25—03	82—02	42—01	17 00	63 00	21 01	68 01	21 02
506 5	17—03	44—02	26—01	13 00	55 00	20 01	66 01	21 02
555 5	14—03	25—02	14—01	85—01	43 00	17 01	63 01	20 02
609 5	12—03	17—02	85—02	49—01	28 00	14 01	56 01	19 02
667 5	11—03	13—02	56—02	29—01	17 00	99 00	46 01	18 02
732 5	10—03	12—02	44—02	19—01	10 00	64 00	34 01	15 02
802 5	91—04	10—02	38—02	14—01	69—01	40 00	23 01	11 02
880 5	74—04	97—03	33—02	12—01	49—01	25 00	15 01	85 01
965 5	58—04	84—03	30—02	10—01	40—01	18 00	10 01	59 01
106 6	39—04	68—03	26—02	95—02	34—01	13 00	68 00	40 01
116 6	18—04	52—03	21—02	81—02	30—01	11 00	50 00	27 01
128 6	73—05	33—03	16—02	66—02	25—01	98—01	39 00	19 01
140 6	38—05	17—03	10—02	51—02	21—01	84—01	33 00	14 01
153 6	37—05	93—04	60—03	35—02	16—01	70—01	28 00	12 01
168 6	54—05	76—04	38—03	22—02	12—01	57—01	24 00	10 01
184 6	85—05	94—04	36—03	16—02	88—02	45—01	20 00	86 00
202 6	13—04	13—03	45—03	16—02	73—02	36—01	17 00	75 00
221 6	18—04	19—03	63—03	21—02	78—02	32—01	14 00	66 00
242 6	21—04	27—03	89—03	29—02	97—02	35—01	14 00	61 00
266 6	14—04	32—03	11—02	38—02	12—01	42—01	15 00	61 00
291 6	66—05	27—03	12—02	48—02	16—01	54—01	18 00	67 00
319 6	40—05	15—03	95—03	48—02	19—01	66—01	22 00	77 00
350 6	25—05	90—04	55—03	34—02	18—01	74—01	26 00	91 00
384 6	11—05	62—04	36—03	21—02	12—01	67—01	28 00	10 01
421 6	45—06	35—04	25—03	14—02	85—02	49—01	25 00	11 01
462 6	19—06	16—04	13—03	10—02	61—02	34—01	19 00	99 00
506 6	93—07	71—05	65—04	56—03	42—02	25—01	14 00	78 00
555 6	52—07	33—05	30—04	28—03	24—02	18—01	11 00	60 00
609 6	36—07	16—05	14—04	13—03	12—02	10—01	78—01	46 00
667 6	28—07	93—06	77—05	70—04	65—03	59—02	49—01	34 00
732 6	25—07	58—06	43—05	37—04	34—03	32—02	28—01	22 00
802 6	23—07	40—06	26—05	21—04	19—03	17—02	16—01	14 00
880 6	22—07	32—06	17—05	12—04	11—03	10—02	95—02	85—01
965 6	21—07	27—06	12—05	81—05	66—04	60—03	56—02	51—01
116 7	21—07	23—06	89—06	43—05	28—04	23—03	21—02	20—01

Table 8.2. Polyformaldehyde (*Cont.*)

T, K	Density, kg/m³							
	100—3	100—2	316—2	100—1	316—1	100 0	316 0	100 1

Group with quantum energy $h\nu = 700.00$–2000.00 eV

T, K	100—3	100—2	316—2	100—1	316—1	100 0	316 0	100 1
116 5	60—03	60—02	19—01	60—01	19 00	60 00	19 01	61 01
128 5	60—03	60—02	19—01	60—01	19 00	60 00	19 01	62 01
140 5	60—03	60—02	19—01	60—01	19 00	60 00	19 01	62 01
153 5	60—03	60—02	19—01	60—01	19 00	60 00	19 01	63 01
168 5	60—03	60—02	19—01	60—01	19 00	61 00	19 01	64 01
184 5	60—03	60—02	19—01	60—01	19 00	60 00	19 01	64 01
202 5	60—03	60—02	19—01	60—01	19 00	60 00	19 01	64 01
221 5	60—03	60—02	19—01	60—01	19 00	60 00	19 01	64 01
242 5	60—03	60—02	19—01	60—01	19 00	60 00	19 01	63 01
266 5	60—03	60—02	19—01	60—01	19 00	60 00	19 01	62 01
291 5	60—03	60—02	19—01	60—01	19 00	60 00	19 01	62 01
319 5	60—03	60—02	19—01	60—01	19 00	60 00	19 01	61 01
350 5	59—03	60—02	19—01	60—01	19 00	60 00	19 01	60 01
384 5	59—03	60—02	19—01	60—01	19 00	60 00	19 01	60 01
421 5	59—03	59—02	18—01	60—01	19 00	60 00	19 01	60 01
462 5	58—03	59—02	18—01	59—01	19 00	60 00	19 01	60 01
506 5	57—03	59—02	18—01	59—01	18 00	59 00	19 01	60 01
555 5	55—03	58—02	18—01	59—01	18 00	59 00	18 01	59 01
609 5	54—03	57—02	18—01	59—01	18 00	59 00	18 01	59 01
667 5	54—03	55—02	18—01	58—01	18 00	59 00	18 01	59 01
732 5	53—03	54—02	17—01	57—01	18 00	59 00	18 01	59 01
802 5	53—03	54—02	17—01	55—01	18 00	58 00	18 01	59 01
880 5	53—03	53—02	17—01	54—01	17 00	57 00	18 01	59 01
965 5	51—03	53—02	17—01	54—01	17 00	56 00	18 01	58 01
106 6	47—03	52—02	16—01	53—01	17 00	55 00	17 01	57 01
116 6	42—03	50—02	16—01	53—01	17 00	54 00	17 01	56 01
128 6	39—03	46—02	15—01	52—01	16 00	54 00	17 01	56 01
140 6	38—03	42—02	14—01	50—01	16 00	53 00	17 01	55 01
153 6	38—03	39—02	13—01	46—01	15 00	52 00	17 01	54 01
168 6	37—03	38—02	12—01	42—01	14 00	50 00	16 01	53 01
184 6	37—03	38—02	12—01	40—01	13 00	47 00	16 01	52 01
202 6	37—03	38—02	12—01	38—01	12 00	44 00	15 01	51 01
221 6	37—03	37—02	12—01	38—01	12 00	41 00	14 01	49 01
242 6	37—03	37—02	12—01	38—01	12 00	39 00	13 01	46 01
266 6	37—03	37—02	12—01	38—01	12 00	38 00	12 01	43 01
291 6	37—03	37—02	12—01	37—01	12 00	38 00	12 01	41 01
319 6	35—03	37—02	12—01	37—01	12 00	38 00	12 01	40 01
350 6	32—03	36—02	11—01	37—01	12 00	38 00	12 01	39 01
384 6	29—03	33—02	11—01	37—01	11 00	37 00	12 01	38 01
421 6	25—03	30—02	10—01	35—01	11 00	37 00	12 01	38 01
462 6	15—03	26—02	94—02	32—01	11 00	36 00	11 01	38 01
506 6	45—04	18—02	79—02	28—01	10 00	34 00	11 01	37 01
555 6	86—05	77—03	49—02	23—01	88—01	31 00	11 01	36 01
609 6	14—05	20—03	18—02	13—01	66—01	27 00	99 00	34 01
667 6	34—06	45—04	51—03	48—02	36—01	19 00	83 00	31 01

Table 8.2. Polyformaldehyde (*Cont.*)

T, K	Density, kg/m³							
	100—3	100—2	316—2	100—1	316—1	100 0	316 0	100 1
732 6	12—06	11—04	13—03	14—02	13—01	10 00	59 00	26 01
802 6	58—07	40—05	40—04	43—03	45—02	43—01	33 00	18 01
880 6	36—07	17—05	15—04	15—03	15—02	16—01	14 00	10 01
965 6	27—07	84—06	70—05	65—04	64—03	63—02	61—01	53 00
116 7	22—07	35—06	20—05	15—04	14—03	13—02	13—01	12 00

Table 8.3. Caprolactum

T, K	Density, kg/m³							
	100—3	100—2	316—2	100—1	316—1	100 0	316 0	100 1
	Group with quantum energy $h\nu = 0.23-1.22$ eV							
116 5	10—04	39—03	18—02	78—02	34—01	12 00	41 00	14 01
128 5	11—04	59—03	33—02	16—01	84—01	30 00	11 01	38 01
139 5	11—04	76—03	50—02	27—01	18 00	71 00	26 01	98 01
153 5	10—04	83—03	63—02	40—01	35 00	14 01	58 01	22 02
168 5	90—05	80—03	69—02	51—01	62 00	28 01	11 02	48 02
183 5	91—05	74—03	67—02	59—01	95 00	47 01	21 02	93 02
202 5	11—04	70—03	63—02	59—01	13 01	72 01	35 02	16 03
222 5	16—04	78—03	62—02	54—01	15 01	98 01	53 02	26 03
242 5	21—04	10—02	70—02	55—01	16 01	11 02	72 02	39 03
266 5	22—04	13—02	92—02	62—01	16 01	13 02	89 02	53 03
291 5	22—04	16—02	12—01	80—01	16 01	13 02	10 03	66 03
319 5	22—04	17—02	14—01	10 00	17 01	14 02	10 03	77 03
350 5	25—04	17—02	15—01	12 00	19 01	15 02	11 03	85 03
384 5	31—04	18—02	15—01	13 00	21 01	16 02	12 03	93 03
421 5	35—04	22—02	17—01	14 00	23 01	18 02	13 03	10 04
462 5	37—04	25—02	19—01	15 00	23 01	19 02	15 03	11 04
507 5	40—04	28—02	23—01	17 00	24 01	20 02	16 03	12 04
555 5	45—04	30—02	25—01	20 00	25 01	20 02	16 03	13 04
609 5	47—04	33—02	27—01	22 00	28 01	22 02	17 03	14 04
667 5	46—04	36—02	29—01	24 00	29 01	23 02	18 03	14 04
732 5	44—04	37—02	32—01	26 00	31 01	25 02	20 03	15 04
803 5	41—04	36—02	33—01	28 00	32 01	26 02	21 03	17 04
880 5	38—04	34—02	32—01	28 00	34 01	28 02	22 03	18 04
967 5	35—04	32—02	30—01	28 00	34 01	29 02	23 03	19 04
106 6	33—04	30—02	29—01	27 00	34 01	29 02	24 03	19 04
116 6	30—04	28—02	27—01	25 00	33 01	29 02	25 03	20 04
128 6	27—04	26—02	25—01	24 00	31 01	28 02	25 03	21 04
140 6	24—04	24—02	23—01	22 00	29 01	27 02	24 03	21 04
153 6	21—04	21—02	21—01	20 00	27 01	25 02	23 03	20 04
168 6	19—04	19—02	19—01	18 00	25 01	23 02	22 03	20 04
184 6	17—04	17—02	17—01	17 00	22 01	22 02	20 03	19 04
202 6	15—04	15—02	15—01	15 00	20 01	20 02	19 03	18 04
221 6	14—04	13—02	13—01	13 00	18 01	18 02	17 03	16 04

Table 8.3. Caprolactum (*Cont.*)

T, K		Density, kg/m³							
		100—3	100—2	316—2	100—1	316—1	100 0	316 0	100 1
242	6	14—04	12—02	12—01	12 00	16 01	16 02	16 03	15 04
266	6	14—04	12—02	11—01	11 00	15 01	14 02	14 03	14 04
291	6	14—04	12—02	11—01	10 00	13 01	13 02	13 03	12 04
319	6	14—04	12—02	11—01	10 00	12 01	13 02	11 03	11 04
350	6	15—04	12—02	11—01	10 00	12 01	11 02	10 03	10 04
384	6	15—04	13—02	11—01	10 00	12 01	11 02	10 03	97 03
421	6	14—04	13—02	12—01	10 00	12 01	11 02	10 03	91 03
462	6	13—04	12—02	12—01	11 00	12 01	11 02	10 03	89 03
506	6	12—04	12—02	11—01	10 00	12 01	11 02	98 02	88 03
555	6	11—04	11—02	10—01	10 00	12 01	11 02	98 02	87 03
609	6	10—04	10—02	10—01	98—01	11 01	10 02	98 02	87 03
667	6	98—05	96—03	94—02	91—01	10 01	10 02	96 02	86 03
732	6	88—05	87—03	86—02	84—01	10 01	97 01	91 02	84 03
802	6	79—05	79—03	78—02	77—01	93 00	90 01	86 02	84 03
880	6	71—05	70—03	70—02	70—01	85 00	83 01	80 02	76 03
965	6	63—05	63—03	63—02	63—01	77 00	76 01	74 02	71 03
116	7	51—05	51—03	50—02	50—01	62 00	62 01	61 02	60 03

Group with quantum energy $h\nu = 1.22$–1.60 eV

116	5	32—05	12—03	59—03	25—02	10—01	36—01	12 00	41 00
128	5	35—05	18—03	10—02	49—02	25—01	91—01	32 00	11 01
139	5	33—05	22—03	14—02	82—02	54—01	21 00	76 00	27 01
153	5	29—05	24—03	18—02	11—01	10 00	43 00	16 01	62 01
168	5	26—05	23—03	19—02	14—01	18 00	80 00	33 01	13 02
183	5	27—05	21—03	19—02	16—01	28 00	13 01	59 01	25 02
202	5	36—05	20—03	18—02	15—01	37 00	20 01	98 01	44 02
222	5	52—05	22—03	17—02	15—01	44 00	27 01	14 02	71 02
242	5	66—05	30—03	20—02	15—01	47 00	33 01	20 02	10 03
266	5	72—05	42—03	27—02	18—01	47 00	36 01	24 02	14 03
291	5	70—05	50—03	36—02	23—01	48 00	38 01	27 02	17 03
319	5	69—05	53—03	43—02	30—01	51 00	39 01	29 02	20 03
350	5	78—05	53—03	46—02	36—01	56 00	42 01	31 02	22 03
384	5	94—05	56—03	47—02	39—01	62 00	46 01	34 02	25 03
421	5	10—04	65—03	50—02	40—01	65 00	51 01	37 02	27 03
462	5	11—04	76—03	58—02	44—01	67 00	54 01	41 02	30 03
507	5	12—04	83—03	66—02	50—01	68 00	56 01	44 02	33 03
555	5	13—04	88—03	73—02	57—01	73 00	58 01	46 02	35 03
609	5	13—04	97—03	78—02	63—01	78 00	61 01	48 02	38 03
667	5	13—04	10—02	85—02	68—01	83 00	66 01	51 02	40 03
732	5	12—04	10—02	91—02	73—01	87 00	70 01	55 02	42 03
803	5	11—04	10—02	93—02	79—01	91 00	73 01	58 02	45 03
880	5	11—04	98—03	91—02	81—01	95 00	77 01	61 02	48 03
967	5	10—04	92—03	86—02	79—01	96 00	80 01	64 02	51 03
106	6	92—05	86—03	81—02	75—01	95 00	81 01	67 02	53 03
116	6	84—05	79—03	75—02	71—01	90 00	81 01	68 02	55 03
128	6	76—05	72—03	70—02	66—01	85 00	78 01	68 02	57 03

Table 8.3. Caprolactum (*Cont.*)

T, K	Density, kg/m³								
	100—3	100—2	316—2	100—1	316—1	100 0	316 0	100 1
140 6	67—05	66—03	64—02	61—01	80 00	74 01	66 02	57 03
153 6	60—05	59—03	58—02	56—01	74 00	69 01	63 02	56 03
168 6	53—05	53—03	52—02	51—01	68 00	64 01	60 02	54 03
184 6	47—05	47—03	47—02	46—01	62 00	59 01	56 02	51 03
202 6	42—05	41—03	41—02	41—01	56 00	54 01	52 02	48 03
221 6	38—05	37—03	37—02	37—01	50 00	49 01	47 02	45 03
242 6	38—05	33—03	33—02	33—01	45 00	44 01	43 02	41 03
266 6	40—05	32—03	30—02	29—01	40 00	39 01	39 02	38 03
291 6	40—05	33—03	30—02	27—01	36 00	35 01	35 02	34 03
319 6	40—05	34—03	31—02	27—01	33 00	32 01	31 02	31 03
350 6	42—05	33—03	31—02	28—01	33 00	30 01	29 02	28 03
384 6	42—05	35—03	31—02	28—01	33 00	29 01	27 02	25 03
421 6	39—05	35—03	32—02	28—01	32 00	29 01	26 02	24 03
462 6	36—05	34—03	32—02	29—01	32 00	29 01	26 02	23 03
506 6	34—05	32—03	30—02	29—01	33 00	29 01	26 02	23 03
555 6	31—05	30—03	29—02	27—01	32 00	29 01	26 02	23 03
609 6	29—05	27—03	27—02	26—01	30 00	28 01	26 02	23 03
667 6	26—05	25—03	25—02	24—01	28 00	27 01	25 02	23 03
732 6	23—05	23—03	23—02	22—01	26 00	25 01	24 02	22 03
802 6	21—05	23—03	23—02	22—01	26 00	24 01	23 02	21 03
880 6	19—05	18—03	18—02	18—01	22 00	22 01	21 02	20 03
965 6	17—05	16—03	16—02	16—01	20 00	20 01	19 02	19 03
116 7	13—05	13—03	13—02	13—01	16 00	16 01	16 02	16 03

Group with quantum energy $h\nu = 1.60$–3.08 eV

116 5	17—05	67—04	33—03	14—02	57—02	19—01	64—01	21 00
128 5	17—05	91—04	52—03	25—02	13—01	46—01	15 00	53 00
139 5	16—05	10—03	70—03	39—02	26—01	99—01	35 00	12 01
153 5	13—05	11—03	83—03	53—02	49—01	19 00	73 00	26 01
168 5	11—05	10—03	85—03	62—02	82—01	35 00	14 01	53 01
183 5	11—05	88—04	79—03	65—02	12 00	58 00	24 01	99 01
202 5	15—05	82—04	72—03	63—02	16 00	85 00	39 01	17 02
222 5	23—05	93—04	70—03	59—02	18 00	11 01	57 01	26 02
242 5	28—05	12—03	81—03	59—02	19 00	13 01	76 01	39 02
266 5	30—05	17—03	10—02	69—02	18 00	14 01	92 01	51 02
291 5	28—05	20—03	14—02	90—02	18 00	14 01	10 02	63 02
319 5	27—05	21—03	16—02	11—01	19 00	14 01	11 02	73 02
350 5	30—05	20—03	17—02	13—01	21 00	15 01	11 02	80 02
384 5	37—05	21—03	17—02	14—01	22 00	16 01	12 02	87 02
421 5	41—05	24—03	18—02	14—01	23 00	18 01	13 02	95 02
462 5	43—05	29—03	21—02	16—01	24 00	19 01	14 02	10 03
507 5	46—05	31—03	26—02	18—01	24 00	19 01	15 02	11 03
555 5	50—05	33—03	27—02	21—01	26 00	20 01	16 02	12 03
609 5	52—05	36—03	28—02	23—01	28 00	21 01	16 02	12 03
667 5	50—05	38—03	31—02	24—01	29 00	23 01	17 02	13 03
732 5	46—05	39—03	33—02	26—01	31 0$_0$	24 01	19 02	14 03
803 5	42—05	37—03	33—02	28—01	32 0$_0$	25 01	20 02	15 03

Table 8.3. Caprolactum (*Cont.*)

T, K	Density, kg/m³							
	100—3	100—2	316—2	100—1	316—1	100 0	316 0	100 1
880 5	39—05	35—03	32—02	28—01	33 00	26 01	21 02	16 03
967 5	36—05	32—03	30—02	27—01	33 00	27 01	22 02	17 03
106 6	32—05	30—03	28—02	26—01	33 00	28 01	22 02	18 03
116 6	29—05	27—03	26—02	24—01	31 00	27 01	23 02	18 03
128 6	26—05	25—03	24—02	23—01	29 00	26 01	23 02	19 03
140 6	23—05	22—03	22—02	21—01	27 00	25 01	22 02	19 03
153 6	20—05	20—03	20—02	19—01	25 00	23 01	21 02	18 03
168 6	18—05	18—03	17—02	17—01	23 00	21 01	20 02	18 03
184 6	16—05	16—03	15—02	15—01	21 00	20 01	18 02	17 03
202 6	14—05	14—03	14—02	14—01	18 00	18 01	17 02	16 03
221 6	13—05	12—03	12—02	12—01	16 00	16 01	15 02	15 03
242 6	12—04	11—03	11—02	11—01	15 00	14 01	14 02	13 03
266 6	13—05	10—03	10—02	99—02	13 00	13 01	13 02	12 03
291 6	13—05	11—03	99—03	92—02	12 00	11 01	11 02	11 03
319 6	13—05	11—03	10—02	91—02	11 00	10 01	10 02	10 03
350 6	14—05	11—03	10—02	94—02	10 00	10 01	95 01	93 02
384 6	14—05	11—03	10—02	93—02	11 00	98 00	89 01	85 02
421 6	13—05	11—03	10—02	94—02	10 00	98 00	88 01	80 02
462 6	12—05	11—03	10—02	97—02	10 00	96 00	87 01	78 02
506 6	11—05	10—03	10—02	95—02	10 00	96 00	86 01	77 02
555 6	10—05	99—04	95—03	91—02	10 00	96 00	85 01	76 02
609 6	96—06	91—04	88—03	85—02	10 00	94 00	85 01	75 02
667 6	87—06	84—04	82—03	79—02	94—01	89 00	83 01	75 02
732 6	78—06	76—04	75—03	73—02	87—01	84 00	79 01	73 02
802 6	70—06	68—04	68—03	67—02	80—01	78 00	74 01	70 02
880 6	63—06	61—04	60—03	61—02	73—01	72 00	69 01	66 02
965 6	56—06	55—04	54—03	54—02	66—01	65 00	64 01	61 02
116 7	45—06	44—04	43—03	43—02	53—01	53 00	53 01	52 02

Group with quantum energy $h\nu = 3.08 = 4.07$ eV

116 5	15—05	62—04	31—03	13—02	51—02	17—01	57—01	18 00
128 5	13—05	74—04	43—03	21—02	10—01	36—01	12 00	41 00
139 5	11—05	77—04	51—03	29—02	19—01	70—01	24 00	84 00
153 5	87—06	70—04	54—03	35—02	32—01	12 00	46 00	16 01
168 5	73—06	59—04	51—03	37—02	49—01	21 00	82 00	30 01
183 5	79—06	50—04	44—03	36—02	69—01	32 00	13 01	52 01
202 5	11—05	48—04	39—03	33—02	86—01	45 00	20 01	84 01
222 5	17—05	58—04	39—03	30—02	96—01	57 00	28 01	12 02
242 5	21—05	84—04	48—03	31—02	96—01	65 00	36 01	17 02
266 5	20—05	11—03	67—03	38—02	93—01	68 00	43 01	23 02
291 5	18—05	12—03	86—03	51—02	92—01	69 00	47 01	28 02
319 5	16—05	12—03	95—03	64—02	96—01	69 00	49 01	32 02
350 5	16—05	11—03	92—03	70—02	10 00	72 00	51 01	34 02
384 5	18—05	10—03	88—03	71—02	11 00	78 00	54 01	37 02
421 5	20—05	12—03	91—03	71—02	11 00	84 00	59 01	40 02
462 5	20—05	13—03	10—02	75—02	11 00	87 00	63 01	44 02

Table 8.3. Caprolactum (*Cont.*)

T, K	Density, kg/m³							
	100—3	100—2	316—2	100—1	316—1	100 0	316 0	100 1
507 5	22—05	14—03	11—02	85—02	11 00	88 00	67 01	48 02
555 5	24—05	15—03	12—02	95—02	11 00	89 00	69 01	51 02
609 5	24—05	16—03	13—02	10—01	12 00	93 00	71 01	54 02
667 5	23—05	17—03	14—02	11—01	13 00	99 00	75 01	56 02
732 5	21—05	18—03	15—02	11—01	13 00	10 01	79 01	59 02
803 5	19—05	17—03	15—02	12—01	14 00	11 01	85 01	64 02
880 5	18—05	15—03	14—02	12—01	14 00	11 01	89 01	68 02
967 5	16—05	14—03	13—02	12—01	14 00	12 01	93 01	72 02
106 6	14—05	13—03	12—02	11—01	14 00	12 01	97 01	75 02
116 6	13—05	12—03	11—02	10—01	13 00	12 01	99 01	78 02
128 6	11—05	11—03	10—02	10—01	12 00	11 01	98 01	80 02
140 6	10—05	99—04	96—03	91—02	11 00	10 01	95 01	80 02
153 6	90—06	88—04	86—03	83—02	10 01	10 01	90 01	78 02
168 6	79—06	77—04	76—03	75—02	98—01	92 00	85 01	75 02
184 6	69—06	68—04	68—03	67—02	89—01	85 00	79 01	71 02
202 6	61—06	60—04	60—03	59—02	79—01	77 00	73 01	67 02
221 6	55—06	53—04	52—03	52—02	71—01	69 00	66 01	62 02
242 6	54—06	47—04	46—03	46—02	63—01	62 00	60 01	57 02
266 6	57—06	45—04	42—03	41—02	56—01	55 00	54 01	52 02
291 6	57—06	46—04	41—03	38—02	50—01	49 00	48 01	47 02
319 6	56—06	47—04	43—03	38—02	46—01	44 00	43 01	42 02
350 6	60—06	46—04	42—03	39—02	45—01	41 00	39 01	38 02
384 6	59—06	48—04	42—03	38—02	45—01	40 00	37 01	35 02
421 6	55—06	49—04	44—03	38—02	44—01	40 00	36 01	32 02
462 6	51—06	46—04	44—03	40—02	44—01	39 00	35 01	32 02
506 6	48—06	43—04	41—03	39—02	44—01	39 00	35 01	31 02
555 6	44—06	40—04	39—03	37—02	43—01	39 00	35 01	31 02
609 6	40—06	37—04	36—03	35—02	41—01	38 00	35 01	30 02
667 6	37—06	34—04	33—03	32—02	38—01	36 00	34 01	30 02
732 6	33—06	31—04	30—03	30—02	35—01	34 00	32 01	29 02
802 6	29—06	28—04	27—03	27—02	33—01	32 00	30 01	28 02
880 6	26—06	25—04	25—03	24—02	30—01	29 00	28 01	27 02
965 6	24—06	22—04	22—03	22—02	27—01	26 00	26 01	25 02
116 7	19—06	18—04	17—03	17—02	21—01	21 00	21 01	21 02

Group with quantum energy $h\nu = 4.07\text{--}7.05$ eV

116 5	17—05	75—04	37—03	16—02	56—02	19—01	64—01	20 00
128 5	14—05	83—04	49—03	24—02	10—01	36—01	12 00	41 00
139 5	11—05	78—04	54—03	31—02	16—01	64—01	22 00	77 00
153 5	82—06	66—04	52—03	35—02	24—01	10 00	38 00	13 01
168 5	71—06	53—04	45—03	34—02	33—01	15 00	60 00	22 01
183 5	89—06	44—04	38—03	31—02	42—01	20 00	88 00	34 01
202 5	14—05	44—04	32—03	26—02	47—01	25 00	12 01	50 01
222 5	21—05	58—04	34—03	24—02	48—01	29 00	15 01	68 01
242 5	23—05	86—04	44—03	25—02	47—01	31 00	18 01	88 01

Table 8.3. Caprolactum (*Cont.*)

T, K	Density, kg/m³							
	100—3	100—2	316—2	100—1	316—1	100 0	316 0	100 1
266 5	20—05	11—03	62—03	32—02	46—01	32 00	20 01	10 02
291 5	16—05	11—03	75—03	42—02	48—01	32 00	21 01	12 02
319 5	12—05	98—04	76—03	50—02	52—01	34 00	22 01	13 02
350 5	10—05	80—04	68—03	51—02	57—01	36 00	23 01	14 02
384 5	11—05	69—04	58—03	47—02	60—01	39 00	25 01	16 02
421 5	11—05	68—04	53—03	43—02	59—01	42 00	27 01	17 02
462 5	11—05	72—04	54—03	41—02	55—01	42 00	29 01	19 02
507 5	12—05	74—04	57—03	42—02	53—01	41 00	30 01	20 02
555 5	13—05	77—04	60—03	45—02	52—01	40 00	30 01	21 02
609 5	13—05	85—04	63—03	48—02	54—01	40 00	30 01	22 02
667 5	12—05	92—04	69—03	51—02	56—01	42 00	30 01	22 02
732 5	11—05	91—04	74—03	56—02	58—01	43 00	32 01	23 02
803 5	99—06	85—04	75—03	60—02	62—01	46 00	34 01	25 02
880 5	89—06	77—04	70—03	61—02	65—01	49 00	36 01	26 02
967 5	79—06	70—04	65—03	58—02	66—01	51 00	38 01	28 02
106 6	70—06	63—04	59—03	54—02	64—01	52 00	40 01	30 02
116 6	61—06	56—04	53—03	49—02	60—01	51 00	41 01	31 02
128 6	54—06	50—04	48—03	45—02	55—01	49 00	41 01	32 02
140 6	46—06	44—04	42—03	40—02	51—01	46 00	39 01	32 02
153 6	40—06	38—04	37—03	36—02	46—01	42 00	37 01	31 02
168 6	35—06	33—04	33—03	32—02	41—01	39 00	35 01	30 02
184 6	30—06	29—04	29—03	28—02	37—01	35 00	32 01	29 02
202 6	26—06	25—04	25—03	25—02	33—01	32 00	30 01	27 02
221 6	24—06	22—04	22—03	22—02	29—01	28 00	27 01	25 02
242 6	23—06	19—04	19—03	19—02	25—01	25 00	24 01	23 02
266 6	24—06	18—04	17—03	17—02	22—01	22 00	21 01	20 02
291 6	23—06	18—04	16—03	15—02	20—01	19 00	19 01	18 02
319 6	23—06	18—04	17—03	15—02	18—01	17 00	17 01	16 02
350 6	24—06	18—04	17—03	15—02	18—01	16 00	15 01	15 02
384 6	24—06	19—04	16—03	15—02	17—01	16 00	14 01	13 02
421 6	22—06	19—04	17—03	15—02	17—01	15 00	14 01	12 02
462 6	21—06	18—04	17—03	15—02	17—01	15 00	14 01	12 02
506 6	19—06	17—04	16—03	15—02	17—01	15 00	13 01	12 02
555 6	18—06	15—04	15—03	14—02	16—01	15 00	13 01	12 02
609 6	16—06	14—04	14—03	13—02	16—01	14 00	13 01	11 02
667 6	15—06	13—04	13—03	12—02	14—01	14 00	13 01	11 02
732 6	13—06	12—04	11—03	11—02	13—01	13 00	12 01	11 02
802 6	12—06	10—04	10—03	10—02	12—01	12 00	11 01	11 02
880 6	11—06	97—05	96—04	95—03	11—01	11 00	10 01	10 02
965 6	10—06	87—05	85—04	85—03	10—01	10 00	99 00	95 01
116 7	86—07	69—05	68—04	67—03	83—02	82—01	82 00	80 01

Group with quantum energy $h\nu = 7.05$–8.66 eV

| 116 5 | 29—04 | 13—02 | 63—02 | 26—01 | 99—01 | 34 00 | 11 01 | 36 01 |
| 128 5 | 17—04 | 10—02 | 60—02 | 29—01 | 12 00 | 45 00 | 15 01 | 51 01 |

Table 8.3. Caprolactum (*Cont.*)

T, K	Density, kg/m³							
	100−3	100−2	316−2	100−1	316−1	100 0	316 0	100 1
139 5	95—05	70—03	49—02	28—01	14 00	56 00	20 01	69 01
153 5	53—05	44—03	35—02	24—01	15 00	65 00	25 01	88 01
168 5	34—05	27—03	24—02	18—01	14 00	69 00	28 01	10 02
183 5	31—05	17—03	15—02	13—01	13 00	70 00	31 01	12 02
202 5	40—05	14—03	10—02	91—02	11 00	66 00	32 01	13 02
222 5	51—05	15—03	92—03	67—02	93—01	59 00	31 01	14 02
242 5	50—05	19—03	10—02	59—02	75—01	51 00	30 01	14 02
266 5	39—05	22—03	12—02	66—02	65—01	44 00	27 01	14 02
291 5	28—05	20—03	13—02	78—02	63—01	40 00	25 01	14 02
319 5	19—05	16—03	12—02	85—02	68—01	39 00	23 01	13 02
350 5	13—05	11—03	10—02	79—02	73—01	41 00	23 01	13 02
384 5	10—05	87—04	78—03	66—02	72—01	43 00	24 01	13 02
421 5	88—06	68—04	60—03	52—02	64—01	43 00	25 01	14 02
462 5	80—06	58—04	49—03	41—02	54—01	35 00	25 01	15 02
507 5	82—06	52—04	43—03	35—02	45—01	35 00	25 01	15 02
555 5	88—06	50—04	40—03	32—02	38—01	30 00	22 01	15 02
609 5	87—06	53—04	39—03	30—02	34—01	27 00	20 01	14 02
667 5	78—06	57—04	42—03	30—02	32—01	25 00	19 01	13 02
732 5	68—06	55—04	45—03	33—02	32—01	24 00	18 01	13 02
803 5	60—06	51—04	44—03	35—02	34—01	25 00	18 01	13 02
880 5	54—06	45—04	41—03	35—02	36—01	26 00	19 01	14 02
967 5	47—06	41—04	37—03	33—02	36—01	28 00	20 01	14 02
106 6	41—06	36—04	34—03	30—02	35—01	28 00	21 01	15 02
116 6	36—06	32—04	30—03	28—02	33—01	27 00	21 01	16 02
128 6	31—06	28—04	27—03	25—02	30—01	27 00	21 01	16 02
140 6	27—06	25—04	23—03	22—02	27—01	24 00	20 01	16 02
153 6	23—06	21—04	21—03	20—02	25—01	22 00	19 01	16 02
168 6	19—06	18—04	18—03	17—02	22—01	20 00	18 01	15 02
184 6	17—06	16—04	15—03	15—02	20—01	18 00	17 01	14 02
202 6	15—06	13—04	13—03	13—02	17—01	16 00	15 01	13 02
221 6	13—06	12—04	11—03	11—02	15—01	15 00	17 01	12 02
242 6	12—06	10—04	10—03	10—02	13—01	13 00	12 01	11 02
266 6	13—06	97—05	91—04	89—03	11—01	11 00	11 01	10 02
291 6	12—06	97—05	87—04	80—03	10—01	10 00	99 00	95 01
319 6	12—06	96—05	87—04	78—03	94—02	91—01	88 00	85 01
350 6	13—06	94—05	85—04	78—03	90—02	83—01	79 00	76 01
384 6	13—06	96—05	84—04	76—03	89—02	80—01	73 00	69 01
421 6	12—06	97—05	86—04	76—03	86—02	79—01	70 00	64 01
462 6	11—06	92—05	86—04	77—03	85—02	76—01	69 00	61 01
506 6	10—06	85—05	80—04	76—03	85—02	75—01	67 00	60 01
555 6	99—07	79—05	75—04	71—03	83—02	75—01	66 00	59 01
609 6	92—07	73—05	69—04	66—03	78—02	73—01	66 00	58 01
667 6	84—07	66—05	63—04	61—03	73—02	69—01	64 00	57 01
732 6	77—07	60—05	58—04	56—03	67—02	64—01	60 00	55 01
802 6	70—07	54—05	52—04	51—03	61—02	59—01	57 00	53 01
880 6	64—07	48—05	47—04	46—03	56—02	54—01	52 00	50 01

Table 8.3. Caprolactum (*Cont.*)

T, K		Density, kg/m³														
		100—3		100—2		316—2		100—1		316—1		100 0		316 0		100 1
965	6	59—07		43—05		41—04		41—03		50—02		49 01		48 00		46 01
116	7	51—07		34—05		33—04		32—03		40—02		40 01		39 00		38 01
116	6	30—06		26—04		24—03		22—02		26—01		21 00		16 01		11 02
128	6	25—06		22—04		21—03		19—02		23—01		20 00		16 01		11 02
140	6	21—06		19—04		18—03		17—02		21—01		18 00		15 01		11 02
153	6	18—06		16—04		16—03		15—02		18—01		16 00		14 01		11 02
168	6	15—06		14—04		13—03		13—02		16—01		15 00		13 01		11 02
184	6	13—06		11—04		11—03		11—02		14—01		13 00		12 01		10 02
202	6	11—06		10—04		10—03		98—03		12—01		12 00		11 01		96 01
221	6	10—06		86—05		85—04		84—03		11—01		10 00		98 00		88 01
242	6	93—07		75—05		73—04		72—03		95—02		92—01		88 00		80 01
266	6	93—07		68—05		64—04		62—03		82—02		80—01		77 00		72 01
291	6	89—07		66—05		59—04		55—03		71—02		70—01		68 00		64 01
319	6	88—07		64—05		58—04		52—03		64—02		62—01		60 00		57 01
350	6	92—07		61—05		56—04		51—03		60—02		56—01		53 00		51 01
384	6	90—07		63—05		54—04		49—03		58—02		53—01		48 00		45 01
421	6	84—07		63—05		56—04		49—03		56—02		51—01		46 00		42 01
462	6	80—07		59—05		55—04		49—03		54—02		49—01		44 00		40 01
506	6	75—07		55—05		51—04		48—03		54—02		48—01		43 00		38 01
555	6	70—07		51—05		48—04		45—03		53—02		48—01		42 00		37 01
609	6	65—07		47—05		44—04		42—03		49—02		46—01		42 00		36 01
667	6	60—07		42—05		40—04		39—03		46—02		43—01		40 00		36 01
732	6	55—07		38—05		37—04		35—03		42—02		40—01		38 00		35 01
802	6	51—07		34—05		33—04		32—03		38—02		37—01		35 00		33 01
880	6	47—07		31—05		29—04		29—03		35—02		34—01		33 00		31 01
965	6	44—07		27—05		26—04		26—03		31—02		31—01		30 00		29 01
116	7	38—07		22—05		21—04		20—03		25—02		25—01		24 00		24 01

Group with quantum energy $h\nu$ = 8.66–10.89 eV

T, K		100—3	100—2	316—2	100—1	316—1	100 0	316 0	100 1
116	5	15—03	65—02	32—01	13 00	50 00	17 01	57 01	18 02
128	5	75—04	44—02	26—01	12 00	54 00	19 01	67 01	22 02
139	5	36—04	26—02	18—01	10 00	54 00	21 01	76 01	26 02
153	5	17—04	15—02	11—01	80—01	50 00	21 01	82 01	29 02
168	5	96—05	81—03	71—02	54—01	43 00	20 01	85 01	31 02
183	5	70—05	46—03	41—02	34—01	34 00	18 01	82 01	33 02
202	5	73—05	30—03	25—02	21—01	26 00	15 01	76 01	32 02
222	5	81—05	27—03	18—02	14—01	19 00	12 01	67 01	31 02
242	5	72—05	29—03	16—02	10—01	13 00	96 00	57 01	28 02
266	5	54—05	30—03	18—02	10—01	10 00	73 00	47 01	25 02
291	5	36—05	27—03	18—02	10—01	85—01	58 00	38 01	22 02
319	5	24—05	20—03	16—02	11—01	81—01	50 00	31 01	19 02
350	5	17—05	14—03	12—02	99—02	80—01	47 00	28 01	17 02
384	5	12—05	10—03	94—03	80—02	76—01	47 00	27 01	15 02
421	5	10—05	78—04	69—03	60—02	65—01	44 00	26 01	14 02
462	5	86—06	62—04	53—03	46—02	53—01	39 00	25 01	14 02
507	5	87—06	53—04	44—03	37—02	43—01	33 00	23 01	14 02
555	5	93—06	50—04	39—03	31—02	35—01	28 00	20 01	13 02

Table 8.3. Caprolactum (Cont.)

T, K	Density, kg/m³							
	100—3	100—2	316—2	100—1	316—1	100 0	316 0	100 1
609 5	88—06	52—04	38—03	28—02	30—01	24 00	18 01	12 02
667 5	76—06	54—04	40—03	28—02	28—01	21 00	16 01	11 02
732 5	64—06	51—04	41—03	29—02	27—01	19 00	14 01	10 02
803 5	55—06	46—04	40—03	31—02	28—01	20 00	14 01	10 02
880 5	47—06	40—04	36—03	30—02	30—01	21 00	14 01	10 02
967 5	40—06	35—04	32—03	28—02	30—01	21 00	15 01	10 02
106 6	34—06	30—04	28—03	25—02	28—01	22 00	16 01	11 02

Group with quantum energy $h\nu = 10.89$–12.38 eV

T, K	100—3	100—2	316—2	100—1	316—1	100 0	316 0	100 1
116 5	26—02	11 00	53 00	22 01	82 01	28 02	94 02	30 03
128 5	11—02	62—01	36 00	17 01	74 01	26 02	92 02	30 03
139 5	43—03	31—01	21 00	12 01	62 01	24 02	87 02	29 03
153 5	17—03	15—01	12 00	79 00	48 01	20 02	79 02	28 03
168 5	78—04	70—02	61—01	46 00	36 01	17 02	70 02	26 03
183 5	40—04	33—02	30—01	25 00	25 01	13 02	58 02	23 03
202 5	27—04	17—02	15—00	13 00	16 01	96 01	47 02	20 03
222 5	22—04	10—02	86—02	74—01	10 01	67 01	36 02	16 03
242 5	16—04	82—03	57—02	44—01	64 00	45 01	27 02	13 03
266 5	10—04	66—03	44—02	30—01	40 00	30 01	19 02	10 03
291 5	64—05	49—03	36—02	24—01	27 00	20 01	13 02	80 02
319 5	37—05	33—03	27—02	20—01	20 00	14 01	98 01	60 02
350 5	21—05	21—03	19—02	15—01	16 00	10 01	72 01	45 02
384 5	11—05	13—03	13—02	11—01	13 00	87 00	56 01	35 02
421 5	73—06	81—04	82—03	78—02	98—01	70 00	46 01	28 02
462 5	57—06	51—04	52—03	51—02	71—01	55 00	37 01	23 02
507 5	56—06	37—04	35—03	34—02	49—01	42 00	30 01	19 02
555 5	59—06	32—04	27—03	24—02	34—01	30 01	24 01	16 02
609 5	57—06	34—04	25—03	19—02	25—01	22 00	18 01	13 02
667 5	50—06	36—04	26—03	18—02	20—01	17 00	14 01	11 02
732 5	43—06	34—04	27—03	19—02	18—01	14 00	11 01	92 01
803 5	37—06	30—04	26—03	20—02	19 01	13 00	10 01	80 01
880 5	33—06	27—04	24—03	20—02	19—01	14 00	10 01	74 01
967 5	28—06	24—04	21—03	18—02	19—01	14 00	10 01	72 01
106 6	24—06	21—04	19—03	17—02	19—01	14 00	10 01	73 01
116 6	21—06	18—04	16—03	15—02	17—01	14 00	10 01	76 01
128 6	18—06	15—04	14—03	13—02	16—01	13 00	10 01	78 01
140 6	15—06	13—04	12—03	12—02	14—01	12 00	10 01	78 01
153 6	13—06	11—04	11—03	10—02	12—01	11 00	97 00	77 01
168 6	11—06	98—05	96—04	92—03	11—01	10 00	90 00	74 01
184 6	95—07	83—05	82—04	80—03	10—01	93—01	83 00	70 01
202 6	83—07	71—05	69—04	68—03	88—02	83—01	75 00	65 01
221 6	73—07	60—05	59—04	58—03	76—02	73—01	68 00	60 01
242 6	70—07	52—05	51—04	50—03	66—02	64—01	60 00	55 01
266 6	70—07	48—05	44—04	43—03	57—02	55—01	53 00	49 01
291 6	68—07	47—05	42—04	38—03	49—02	48—01	47 00	44 01

Table 8.3. Caprolactum (*Cont.*)

T, K		Density, kg/m³													
		100—3		100—2		316—2		100—1		316—1		100 0		316 0		100 1
319	6	67—07	46—05	41—04	37—03	44—02	21—01	41 00	39 01
350	6	70—07	44—05	40—04	36—03	42—02	39—01	36 00	35 01
384	6	69—07	45—05	39—04	35—03	41—02	37—01	33 00	31 01
421	6	65—07	45—05	39—04	34—03	39—02	36—01	32 00	29 01
462	6	61—07	42—05	39—04	35—03	38—02	34—01	31 00	27 01
506	6	58—07	39—05	36—04	34—03	38—02	34—01	30 00	27 01
555	6	54—07	36—05	34—04	32—03	37—02	33—01	29 00	26 01
609	6	51—07	33—05	31—04	29—03	34—02	32—01	29 00	25 01
667	6	47—07	30—05	28—04	27—03	32—02	30—01	28 00	25 01
732	6	44—07	27—05	26—04	25—03	29—02	28—01	26 00	24 01
802	6	41—07	24—05	23—04	22—03	27—02	26—01	25 00	23 01
880	6	38—07	22—05	20—04	20—03	24—02	23—01	23 00	21 01
965	6	36—07	19—05	18—04	18—03	22—02	21—01	21 00	20 01
116	7	32—07	16—05	14—04	14—03	17—02	17—01	17 00	16 01

Group with quantum energy $h\nu = 12.38$–18.59 eV

116	5	57—02	18—00	81 00	32 01	15 02	52 02	17 03	55 03
128	5	25—02	11—00	59 00	26 01	14 02	51 02	17 03	56 03
139	5	10—02	63—01	38 00	19 01	13 02	48 02	16 03	55 03
153	5	40—03	31—01	22 00	13 01	11 02	44 02	15 03	54 03
168	5	18—03	14—01	11 00	82 00	93 01	38 02	14 03	52 03
183	5	12—03	69—02	58—01	46 00	71 01	32 02	13 03	48 03
202	5	12—03	40—02	30—01	25 00	50 01	25 02	11 03	43 03
222	5	10—03	32—02	19—01	14 00	32 01	18 02	91 02	38 03
242	5	77—04	30—02	16—01	96—01	20 01	13 02	70 02	32 03
266	5	44—04	25—02	14—01	79—01	12 01	88 01	52 02	25 03
291	5	23—04	17—02	12—01	71—01	87 00	59 01	37 02	20 03
319	5	12—04	10—02	87—02	59—01	65 00	42 01	27 02	15 03
350	5	61—05	62—03	55—02	43—01	50 00	32 01	20 02	11 03
384	5	29—05	34—03	33—02	28—01	38 00	25 01	15 02	91 02
421	5	16—05	18—03	19—02	17—01	26 00	19 01	12 02	72 02
462	5	10—05	10—03	10—02	10—01	17 00	13 01	94 01	57 02
507	5	85—06	66—04	64—03	64—02	11 00	96 00	70 01	45 02
555	5	74—06	49—04	43—03	41—02	73—01	65 00	51 01	35 02
609	5	61—06	42—04	34—03	29—02	49—01	44 00	37 01	27 02
667	5	49—06	37—04	29—03	23—02	35—01	31 00	26 01	20 02
732	5	38—06	32—04	26—03	20—02	27—01	23 00	19 01	15 02
803	5	31—06	26—04	23—03	19—02	23—01	18 00	15 01	11 02
880	5	25—06	21—04	19—03	17—02	20—01	16 00	12 01	96 01
967	5	21—06	18—04	16—03	14—02	18—01	14 00	11 01	82 01
106	6	18—06	15—04	13—03	12—02	16—01	13 00	99 00	73 01
116	6	15—06	12—04	11—03	10—02	13—01	11 00	91 00	67 01
128	6	12—06	10—04	10—03	92—03	11—01	10 00	83 00	62 01
140	6	10—06	92—05	86—04	79—03	10—01	89—01	75 00	58 01
153	6	90—07	77—05	73—04	68—03	88—02	79—01	67 00	54 01
168	6	76—07	64—05	62—04	59—03	76—02	69—01	60 00	50 01

Table 8.3. Caprolactum (*Cont.*)

T, K		Density, kg/m³							
		100—3	100—2	316—2	100—1	316—1	100 0	316 0	100 1
184	6	65—07	53—05	52—04	50—03	66—02	61—01	54 00	45 01
202	6	57—07	45—05	43—04	42—03	57—02	53—01	48 00	41 01
221	6	50—07	38—05	37—04	36—03	48—02	46—01	42 00	37 01
242	6	48—07	32—05	31—04	30—03	41—02	40—01	37 00	34 01
266	6	48—07	29—05	27—04	26—03	35—02	34—01	33 00	30 01
291	6	46—07	28—05	25—04	23—03	30—02	29—01	28 00	26 01
319	6	46—07	27—05	24—04	21—03	27—02	25—01	24 00	23 01
350	6	48—07	26—05	23—04	21—03	25—02	23—01	21 00	20 01
384	6	47—07	26—05	22—04	20—03	24—02	21—01	19 00	18 01
421	6	45—07	26—05	23—04	20—03	23—02	20—01	18 00	17 01
462	6	42—07	25—05	22—04	20—03	22—02	20—01	18 00	16 01
500	6	40—07	23—05	21—04	19—03	22—02	19—01	17 00	15 01
555	6	38—07	21—05	19—04	18—03	21—02	19—01	16 00	14 01
609	6	36—07	19—05	17—04	16—03	19—02	18—01	16 00	14 01
667	6	34—07	17—05	16—04	15—03	18—02	17—01	15 00	14 01
732	6	32—07	16—05	14—04	13—03	16—02	15—01	14 00	13 01
802	6	31—07	14—05	13—04	12—03	15—02	14—01	13 00	12 01
880	6	29—07	13—05	11—04	11—03	13—02	13—01	12 00	12 01
965	6	28—07	11—05	10—04	99—04	12—02	11—01	11 00	11 01
116	7	26—07	95—06	82—05	78—04	95—03	94—02	93—01	91 00

Group with quantum energy $h\nu = 18.59 - 30.00$ eV

116	5	93—02	23 00	97 00	36 01	17 02	57 02	18 03	59 03
128	5	44—02	15 00	72 00	30 01	15 02	53 02	17 03	58 03
139	5	23—02	91—01	49 00	23 01	13 02	49 02	17 03	56 03
153	5	18—02	51—01	31 00	16 01	11 02	44 02	15 03	53 03
168	5	20—02	35—01	19 00	11 01	94 01	38 02	14 03	49 03
183	5	25—02	33—01	14 00	75 00	71 01	31 02	12 03	45 03
202	5	26—02	36—01	13 00	59 00	53 01	25 02	10 03	40 03
222	5	20—02	40—01	14 00	56 00	39 01	19 02	86 02	34 03
242	5	11—02	38—01	15 00	59 00	32 01	15 02	70 02	29 03
266	5	53—03	27—01	14 00	60 00	28 01	12 02	58 02	25 03
291	5	22—03	16—01	10 00	53 00	27 01	11 02	49 02	21 03
319	5	94—04	82—02	64—01	40 00	24 01	10 02	43 02	18 03
350	5	37—04	38—02	34—01	25 00	20 01	94 01	39 02	16 03
384	5	14—04	17—02	16—01	14 00	14 01	78 01	35 02	14 03
421	5	65—05	75—03	80—02	76—01	91 00	58 01	29 02	13 02
462	5	36—05	34—03	37—02	38—01	53 00	39 01	23 02	11 03
507	5	23—05	18—03	17—02	18—01	29 00	24 01	16 02	88 02
555	5	15—05	11—03	99—03	97—02	15 00	14 01	10 02	66 02
609	5	99—06	76—14	63—03	56—02	84—01	82 00	69 01	47 02
667	5	63—06	54—04	45—03	37—02	49—01	47 00	42 01	32 02
732	5	42—06	37—04	33—03	27—02	32—01	29 00	26 01	21 02
803	5	30—06	26—04	23—03	20—02	23—01	19 00	16 01	13 02
880	5	22—06	18—04	17—03	15—02	17—01	14 00	11 01	93 01
967	5	17—06	14—04	13—03	11—02	13—01	11 00	85 00	66 01

Table 8.3. Caprolactum (*Cont.*)

T, K	Density, kg/m³							
	100—3	100—2	316—2	100—1	316—1	100 0	316 0	100 1
106 6	13—06	10—04	10—03	90—03	10—01	88—01	67 00	50 01
116 6	10—06	84—05	78—04	71—03	86—02	72—01	56 00	41 01
128 6	81—07	65—05	61—04	56—03	69—02	59—01	47 00	35 01
140 6	65—07	51—05	48—04	45—03	56—02	48—01	40 00	30 01
153 6	53—07	41—05	39—04	36—03	46—02	41—01	34 00	26 01
168 6	45—07	33—05	31—04	30—03	38—02	34—01	29 00	23 01
184 6	38—07	27—05	26—04	25—03	32—02	29—01	25 00	21 01
202 6	34—07	22—05	21—04	20—03	26—02	25—01	22 00	19 01
221 6	30—07	18—05	17—04	17—03	22—02	21—01	19 00	16 01
242 6	29—07	15—05	14—04	14—03	18—02	18—01	16 00	14 01
266 6	30—07	14—05	12—04	11—03	15—02	15—01	14 00	13 01
291 6	29—07	13—05	11—04	10—03	13—02	12—01	12 00	11 01
319 6	29—07	13—05	11—04	97—04	11—02	11—01	10 00	99 00
350 6	30—07	12—05	10—04	94—04	10—02	99—02	92—01	87 00
384 6	30—07	12—05	10—04	90—04	10—02	92—02	83—01	77 00
421 6	29—07	12—05	10—04	87—04	98—03	88—02	78—01	70 00
462 6	28—07	11—05	10—04	87—04	95—03	84—02	75—01	66 00
506 6	27—07	10—05	92—05	83—04	93—03	81—02	71—01	63 00
555 6	26—07	10—05	84—05	77—04	88—03	79—02	69—01	60 00
609 6	26—07	92—06	77—05	70—04	82—03	76—02	67—01	58 00
667 6	25—07	84—06	70—05	64—04	75—03	70—02	64—01	57 00
732 6	24—07	76—06	63—05	57—04	68—03	64—02	60—01	55 00
802 6	23—07	69—06	56—05	52—04	61—03	58—02	55—01	51 00
880 6	22—07	63—06	50—05	46—04	55—03	53—02	50—01	47 00
965 6	22—07	57—06	45—05	40—04	48—03	47—02	46—01	43 00
116 7	21—07	48—06	35—05	31—04	38—03	37—02	36—01	36 00

Group with quantum energy $h\nu = 30.00$–55.00 eV

116 5	24—01	26 00	87 00	28 01	99 01	31 02	10 03	32 03
128 5	22—01	25 00	84 00	27 01	98 01	31 02	10 03	31 03
139 5	22—01	24 00	80 00	26 01	95 01	30 02	99 02	31 03
153 5	21—01	22 00	76 00	25 01	92 01	30 02	97 02	31 03
168 5	21—01	22 00	73 00	24 01	88 01	29 02	95 02	30 03
183 5	20—01	22 00	71 00	23 01	84 01	28 02	92 02	30 03
202 5	17—01	21 00	70 00	22 01	80 01	26 02	89 02	29 03
222 5	12—01	20 00	68 00	22 01	77 01	25 02	85 02	28 03
242 5	68—02	16 00	62 00	21 01	74 01	24 02	82 02	27 03
266 5	33—02	11 00	50 00	19 01	72 01	23 02	79 02	26 03
291 5	15—02	66—01	35 00	16 01	67 01	23 02	76 02	25 03
319 5	86—03	35—01	21 00	11 01	59 01	21 02	73 02	24 03
350 5	65—03	20—01	12 00	75 00	47 01	19 02	68 02	23 03
384 5	46—03	13—01	77—01	46 00	34 01	15 02	60 02	21 03
421 5	26—03	10—01	56—01	30 00	23 01	11 02	51 02	19 03
462 5	12—03	73—02	43—01	22 00	15 01	84 01	40 02	16 03
507 5	49—04	41—02	29—01	17 00	11 01	60 01	30 02	13 03
555 5	17—04	20—02	17—01	12 00	86 00	45 01	23 02	10 03

Table 8.3. Caprolactum (*Cont.*)

T, K	Density, kg/m³							
	100—3	100—2	316—2	100—1	316—1	100 0	316 0	100 1
609 5	65—05	87—03	87—02	73—01	63 00	35 01	17 02	85 02
667 5	29—05	35—03	39—02	39—01	41 00	25 01	13 02	67 02
732 5	14—05	15—03	17—02	18—01	24 00	17 01	10 02	53 02
803 5	67—06	72—04	77—03	87—02	12 00	10 01	74 01	41 02
880 5	31—06	36—04	38—03	41—02	63—01	62 00	49 01	30 02
967 5	16—06	18—04	20—03	21—02	31—01	33 00	30 01	21 02
106 6	10—06	10—04	10—03	11—02	16—01	17 00	17 01	14 02
116 6	78—07	63—05	63—04	66—03	92—02	97—01	99 00	88 01
128 6	58—07	43—05	41—04	41—03	55—02	57—01	58 00	54 01
140 6	44—07	32—05	29—04	28—03	36—02	36—01	35 00	34 01
153 6	35—07	23—05	22—04	20—03	25—02	24—01	23 00	22 01
168 6	29—07	17—05	16—04	15—03	18—02	17—01	16 00	15 01
184 6	24—07	13—05	12—04	11—03	14—02	13—01	11 00	10 01
202 6	22—07	10—05	93—05	88—04	11—02	10—01	91—01	81 00
221 6	20—07	82—06	72—05	68—04	87—03	81—02	73—01	64 00
242 6	20—07	68—06	58—05	54—04	69—03	65—02	60—01	53 00
266 6	21—07	64—06	49—05	44—04	55—03	53—02	49—01	44 00
291 6	22—07	68—06	48—05	38—04	46—03	43—02	41—01	37 00
319 6	22—07	68—06	50—05	38—04	41—03	37—02	34—01	32 00
350 6	22—07	64—06	49—05	40—04	40—03	34—02	30—01	27 00
384 6	23—07	64—06	46—05	38—04	41—03	33—02	28—01	24 00
421 6	22—07	62—06	45—05	36—04	39—03	33—02	27—01	22 00
462 6	22—07	57—06	43—05	35—04	37—03	32—02	27—01	22 00
506 6	21—07	53—06	39—05	33—04	36—03	30—02	26—01	22 00
555 6	21—07	49—06	35—05	30—04	33—03	29—02	25—01	21 00
609 6	21—07	45—06	32—05	27—04	30—03	27—02	24—01	20 00
667 6	20—07	42—06	29—05	24—04	27—03	25—02	23—01	20 00
732 6	20—07	39—06	26—05	21—04	24—03	22—02	21—01	19 00
802 6	20—07	36—06	23—05	19—04	21—03	20—02	19—01	17 00
880 6	20—07	33—06	21—05	17—04	19—03	18—02	17—01	16 00
965 6	19—07	31—06	19—05	15—04	16—03	16—02	15—01	14 00
116 7	19—07	28—06	15—05	11—04	13—03	12—02	12—01	11 00

Group with quantum energy $h\nu = 55.00$–94.00 eV

116 5	10—01	10 00	33 00	10 01	35 01	11 02	35 02	11 03
128 5	10—01	10 00	33 00	10 01	35 01	11 02	35 02	11 03
139 5	10—01	10 00	33 00	10 01	34 01	11 02	35 02	11 03
153 5	10—01	10 00	33 00	10 01	34 01	11 02	35 02	11 03
168 5	10—01	10 00	33 00	10 01	34 01	11 02	34 02	11 03
183 5	10—01	10 00	33 00	10 01	34 01	10 02	34 02	11 03
202 5	10—01	10 00	33 00	10 01	34 01	10 02	34 02	10 03
222 5	98—02	10 00	33 00	10 01	33 01	10 02	34 02	10 03
242 5	93—02	10 00	32 00	10 01	33 01	10 02	33 02	10 03

Table 8.3. Caprolactum (*Cont.*)

T,K		Density, kg/m³								
		100—3	100—2	316—2	100—1	316—1	100 0	316 0	100 1	
266	5	88—02	96—01	31 00	10 01	33 01	10 02	33 02	10 03	
291	5	84—02	91—01	30 00	99 00	32 01	10 02	33 02	10 03	
319	5	79—02	86—01	28 00	94 00	31 01	10 02	32 02	10 03	
350	5	67—02	81—01	27 00	89 00	30 01	99 01	32 02	10 03	
384	5	49—02	74—01	25 00	85 00	28 01	95 01	31 02	99 02	
421	5	32—02	61—01	23 00	79 00	27 01	90 01	29 02	96 02	
462	5	20—02	45—01	19 00	71 00	25 01	85 01	28 02	93 02	
507	5	12—02	30—01	14 00	59 00	23 01	80 01	27 02	89 02	
555	5	70—03	20—01	99—01	45 00	20 01	73 01	25 02	84 02	
609	5	35—03	13—01	68—01	32 00	16 01	64 01	23 02	79 02	
667	5	15—03	80—02	45—01	23 00	12 01	53 01	20 02	72 02	
732	5	62—04	43—02	28—01	16 00	91 00	41 01	17 02	64 02	
303	5	23—04	20—02	16—01	10 00	65 00	31 01	14 02	55 02	
880	5	84—05	89—03	80—02	61—01	45 00	23 01	10 02	46 02	
967	5	33—05	37—03	37—02	32—01	29 00	17 01	84 01	37 02	
106	6	14—05	15—03	16—02	15—01	16 00	11 01	62 01	29 02	
116	6	65—06	70—04	73—03	75—02	90—01	70 00	44 01	22 02	
128	6	33—06	33—04	35—03	36—02	46—01	40 00	29 01	16 02	
140	6	18—06	17—04	17—03	18—02	23—01	22 00	18 01	11 02	
153	6	10—06	95—05	95—04	96—03	12—01	12 00	10 01	79 01	
168	6	67—07	55—05	54—04	54—03	69—02	68—01	63 00	50 01	
184	6	45—07	33—05	32—04	32—03	40—02	40—01	37 00	32 01	
202	6	33—07	21—05	20—04	20—03	25—02	24—01	23 00	20 01	
221	6	26—07	14—05	13—04	12—03	16—02	15—01	14 00	13 01	
242	6	23—07	10—05	90—05	86—04	10—02	10—01	97—01	88 00	
266	6	21—07	76—06	63—05	59—04	73—03	70—02	66—01	60 00	
291	6	20—07	64—06	49—05	43—04	51—03	49—02	47—01	43 00	
319	6	20—07	54—06	41—05	34—04	38—03	36—02	34—01	31 00	
350	6	20—07	47—06	34—05	28—04	30—03	27—02	25—01	23 00	
384	6	20—07	43—06	29—05	24—04	25—03	22—02	20—01	18 00	
421	6	20—07	40—06	26—05	20—04	21—03	19—02	16—01	14 00	
462	6	19—07	37—06	24—05	18—04	19—03	16—02	14—01	12 00	
506	6	19—07	34—06	21—05	16—04	17—03	14—02	12—01	10 00	
555	6	19—07	32—06	19—05	14—04	15—03	13—02	11—01	97—01	
609	6	19—07	30—06	17—05	13—04	13—03	11—02	10—01	88—01	
667	6	19—07	28—06	15—05	11—04	11—03	10—02	93—02	81—01	
732	6	19—07	27—06	14—05	10—04	10—03	93—03	84—02	81—01	
802	6	19—07	25—06	13—05	89—05	90—04	82—03	75—02	67—01	
880	6	19—07	24—06	11—05	78—05	78—04	71—03	66—02	61—01	
965	6	18—07	23—06	10—05	68—05	68—04	62—03	58—02	54—01	
116	7	18—07	22—06	94—06	54—05	51—04	46—03	44—02	42—01	

Group with quantum energy $h\nu = 94.00$–170.00 eV

116	5	31—02	31—01	97—01	30 00	10 01	31 01	10 02	31 02
128	5	32—02	31—01	98—01	30 00	10 01	31 01	10 02	31 02
139	5	32—02	31—01	98—01	30 00	10 01	31 01	10 02	31 02

Table 8.3. Caprolactum (*Cont.*)

T, K	Density, kg/m³							
	100—3	100—2	316—2	100—1	316—1	100 0	316 0	100 1
153 5	32—02	31—01	99—01	31 00	10 01	31 01	10 02	31 02
168 5	32—02	32—01	10 00	31 00	10 01	31 01	10 02	31 02
183 5	31—02	32—01	10 00	31 00	10 01	31 01	10 02	31 02
202 5	31—02	31—01	10 00	31 00	10 01	31 01	10 02	31 02
222 5	30—02	31—01	10 00	31 00	10 01	31 01	99 01	31 02
242 5	29—02	30—01	98—01	31 00	99 00	31 01	99 01	31 02
266 5	28—02	29—01	96—01	31 00	98 00	31 01	99 01	31 02
291 5	28—02	28—01	93—01	30 00	97 00	31 01	98 01	31 02
319 5	27—02	28—01	90—01	29 00	95 00	30 01	97 01	30 02
350 5	25—02	27—01	88—01	28 00	93 00	30 01	96 01	30 02
384 5	23—02	26—01	85—01	27 00	90 00	29 01	94 01	30 02
421 5	20—02	24—01	81—01	26 00	87 00	28 01	91 01	29 02
462 5	18—02	22—01	75—01	25 00	84 00	27 01	89 01	28 02
507 5	16—02	20—01	68—01	23 00	80 00	26 01	86 01	28 02
555 5	12—02	17—01	62—01	21 00	75 00	25 01	83 01	27 02
609 5	89—03	15—01	55—01	19 00	69 00	23 01	79 01	26 02
667 5	55—03	11—01	46—01	17 00	63 00	21 01	74 01	24 02
732 5	34—03	80—02	35—01	14 00	56 00	19 01	69 01	23 02
803 5	20—03	52—02	25—01	11 00	48 00	17 01	63 01	21 02
880 5	98—04	34—02	16—01	86—01	38 00	15 01	56 01	19 02
967 5	37—04	20—02	11—01	55—01	29 00	12 01	49 01	18 02
106 6	13—04	98—03	67—02	37—01	20 00	97 00	41 01	15 02
116 6	52—05	42—03	34—02	23—01	14 00	71 00	32 01	13 02
128 6	20—05	18—03	15—02	12—01	95—01	51 00	24 01	10 02
140 6	84—06	78—04	71—03	61—02	56—01	34 00	18 01	85 01
153 6	37—06	34—04	33—03	29—02	30—01	21 00	12 01	65 01
168 6	17—06	16—04	15—03	14—02	16—01	12 00	85 00	47 01
184 6	91—07	79—05	76—04	73—03	84—02	71—01	53 00	33 01
202 6	53—07	40—05	39—04	38—03	45—02	40—01	32 00	22 01
221 6	35—07	22—05	21—04	20—03	24—02	22—01	19 00	14 01
242 6	28—07	13—05	12—04	11—03	14—02	13—01	11 00	92 00
266 6	26—07	94—06	76—05	69—04	82—03	78—02	70—01	59 00
291 6	23—07	77—06	56—05	45—04	51—03	48—02	44—01	38 00
319 6	21—07	63—06	46—05	35—04	35—03	31—02	28—01	25 00
350 6	21—07	51—06	37—05	29—04	27—03	22—02	19—01	17 00
384 6	20—07	45—06	29—05	23—04	23—03	18—02	14—01	12 00
421 6	20—07	40—06	25—05	19—04	18—03	15—02	12—01	96—01
462 6	19—07	34—06	21—05	16—04	15—03	12—02	10—01	81—01
506 6	19—07	30—06	17—05	13—04	12—03	10—02	87—02	70—01
555 6	19—07	27—06	15—05	10—04	10—03	89—03	74—02	60—01
609 6	19—07	25—06	13—05	87—05	85—04	74—03	63—02	52—01
667 6	19—07	24—06	11—05	73—05	69—04	61—03	53—02	45—01
732 6	18—07	23—06	10—05	62—05	57—04	50—03	44—02	39—01
802 6	18—07	22—06	93—06	53—05	47—04	41—03	37—02	33—01
880 6	18—07	21—06	86—06	46—05	40—04	34—03	31—02	28—01
965 6	18—07	20—06	80—06	41—05	33—04	28—03	26—02	24—01
116 7	18—07	19—06	73—06	33—05	25—04	20—03	18—02	17—01

Table 8.3. Caprolactum (*Cont.*)

T, K	Density, kg/m^3							
	100—3	100—2	316—2	100—1	316—1	100 0	316 0	100 1

Group with quantum energy $h\nu = 170.00$–300.00 eV

T, K	100—3	100—2	316—2	100—1	316—1	100 0	316 0	100 1
116 5	68—03	66—02	20—01	63—01	21 00	68 00	21 01	68 01
128 5	69—03	67—02	20—01	62—01	21 00	68 00	21 01	68 01
140 5	69—03	68—02	21—01	63—01	21 00	68 00	21 01	68 01
153 5	69—03	69—02	21—01	65—01	21 00	68 00	21 01	67 01
168 5	69—03	69—02	21—01	66—01	21 00	68 00	21 01	67 01
184 5	69—03	69—02	21—01	68—01	21 00	68 00	21 01	67 01
202 5	68—03	69—02	21—01	68—01	21 00	68 00	21 01	67 01
221 5	66—03	68—02	21—01	68—01	21 00	68 00	21 01	67 01
242 5	64—03	67—02	21—01	68—01	21 00	68 00	21 01	67 01
266 5	63—03	65—02	21—01	67—01	21 00	67 00	21 01	67 01
291 5	62—03	63—02	20—01	65—01	21 00	67 00	21 01	67 01
319 5	60—03	62—02	19—01	64—01	20 00	66 00	21 01	66 01
350 5	57—03	60—02	19—01	62—01	20 00	65 00	20 01	66 01
384 5	52—03	58—02	19—01	61—01	19 00	63 00	20 01	65 01
421 5	47—03	54—02	18—01	59—01	19 00	62 00	20 01	64 01
462 5	43—03	49—02	16—01	56—01	18 00	60 00	19 01	62 01
506 5	38—03	45—02	15—01	52—01	17 00	58 00	18 01	61 01
555 5	31—03	41—02	14—01	48—01	16 00	56 00	18 01	59 01
609 5	25—03	35—02	12—01	44—01	15 00	53 00	17 01	57 01
667 5	21—03	29—02	11—01	40—01	14 00	49 00	16 01	55 01
732 5	18—03	24—02	92—02	34—01	13 00	45 00	15 01	52 01
802 5	14—03	20—02	76—02	29—01	11 00	41 00	14 01	49 01
880 5	11—03	17—02	64—02	24—01	98—01	36 00	13 01	45 01
965 5	81—04	13—02	53—02	20—01	81—01	31 00	11 01	41 01
106 6	51—04	10—02	41—02	16—01	68—01	26 00	10 01	37 01
116 6	22—04	71—03	31—02	13—01	56—01	22 00	87 00	33 01
128 6	74—05	42—03	22—02	98—02	44—01	18 00	73 00	28 01
140 6	24—05	18—03	13—02	69—02	34—01	14 00	61 00	24 01
153 6	81—06	73—04	61—03	42—02	24—01	11 00	49 00	20 01
168 6	30—06	28—04	25—03	21—02	16—01	83—01	38 00	16 01
184 6	12—06	11—04	10—03	97—03	91—02	56—01	29 00	13 01
202 6	60—07	48—05	46—04	43—03	47—02	34—01	20 00	10 01
221 6	34—07	22—05	21—04	20—03	23—02	19—01	13 00	75 00
242 6	24—07	11—05	10—04	99—04	11—02	10—01	80—01	52 00
266 6	21—07	68—06	56—05	51—04	61—03	55—02	47—01	34 00
291 6	18—07	47—06	34—05	29—04	33—03	31—02	27—01	21 00
319 6	18—07	36—06	24—05	18—05	19—03	18—02	16—01	13 00
350 6	18—07	30—06	18—05	13—04	13—03	11—02	10—01	85—01
384 6	18—07	28—06	14—05	99—05	95—04	78—03	66—02	56—01
421 6	18—07	26—06	13—05	81—05	71—04	58—03	48—02	39—01
462 6	18—07	24—06	11—05	70—05	58—04	45—03	36—02	29—01
506 6	18—07	23—06	10—05	60—05	49—04	37—03	29—02	23—01
555 6	18—07	22—06	97—06	52—05	42—04	31—03	24—02	19—01
609 6	18—07	21—06	89—06	47—05	36—04	27—03	21—02	16—01
667 6	18—07	20—06	81—06	41—05	31—04	23—03	18—02	14—01

Table 8.3. Caprolactum (*Cont.*)

T, K		Density, kg/m³							
		100—3	100—2	316—2	100—1	316—1	100 0	316 0	100 1
732	6	18—07	20—06	75—06	35—05	26—04	20—03	15—02	12—01
802	6	18—07	19—06	71—06	31—05	22—04	16—03	13—02	11—01
880	6	18—07	19—06	68—06	28—05	18—04	13—03	11—02	97—02
965	6	18—07	19—06	65—06	26—05	16—04	11—03	93—03	82—02
116	7	18—07	18—06	63—06	23—05	12—04	78—04	62—03	56—02

Group with quantum energy $h\nu = 300.00\text{--}700.00$ eV

T, K		100—3	100—2	316—2	100—1	316—1	100 0	316 0	100 1
116	5	33—02	32—01	10 00	32 00	10 01	33 01	10 02	33 02
128	5	33—02	33—01	10 00	32 00	10 01	33 01	10 02	33 02
140	5	33—02	33—01	10 00	32 00	10 01	33 01	10 02	33 02
153	5	33—02	33—01	10 00	32 00	10 01	33 01	10 02	33 02
168	5	33—02	33—01	10 00	32 00	10 01	33 01	10 02	33 02
184	5	33—02	33—01	10 00	33 00	10 01	33 01	10 02	33 02
202	5	33—02	33—01	10 00	33 00	10 01	33 01	10 02	33 02
221	5	33—02	33—01	10 00	33 00	10 01	33 01	10 02	33 02
242	5	33—02	33—01	10 00	33 00	10 01	33 01	10 02	33 02
266	5	32—02	33—01	10 00	33 00	10 01	33 01	10 02	33 02
291	5	32—02	32—01	10 00	33 00	10 01	33 01	10 02	33 02
319	5	30—02	32—01	10 00	33 00	10 01	33 01	10 02	33 02
350	5	22—02	31—01	10 00	32 00	10 01	33 01	10 02	33 02
384	5	12—02	27—01	97—01	32 00	10 01	32 01	10 02	33 02
421	5	52—03	19—01	82—01	30 00	10 01	32 01	10 02	33 02
462	5	22—03	10—01	58—01	25 00	97 00	32 01	10 02	32 02
506	5	11—03	48—02	32—01	18 00	86 00	30 01	10 02	32 02
555	5	70—04	22—02	16—01	10 00	67 00	27 01	96 01	31 02
609	5	51—04	11—02	77—02	56—01	45 00	22 01	87 01	30 02
667	5	42—04	69—03	39—02	28—01	26 00	15 01	72 01	27 02
732	5	35—04	49—03	23—02	14—01	14 00	97 00	53 01	23 02
802	5	28—04	40—03	16—02	81—02	72—01	55 00	36 01	18 02
880	5	21—04	33—03	12—02	54—02	38—01	30 00	22 01	13 02
965	5	15—04	26—03	10—02	41—02	22—01	16 00	13 01	88 01
106	6	10—04	19—03	81—03	33—02	15—01	93—01	73 00	55 01
116	6	50—05	14—03	62—03	26—02	12—01	60—01	42 00	33 01
128	6	28—05	96—04	47—03	20—02	95—02	43—01	25 00	19 01
140	6	32—05	64—04	34—03	16—02	76—02	34—01	17 00	12 01
153	6	50—05	63—04	27—03	13—02	65—02	28—01	13 00	81 00
168	6	83—05	88—04	31—03	12—02	58—02	25—01	11 00	60 00
184	6	13—04	13—03	44—03	15—02	61—02	25—01	10 00	50 00
202	6	20—04	21—03	67—03	21—02	76—02	28—01	11 00	47 00
221	6	29—04	31—03	99—03	31—02	10—01	35—01	12 00	50 00
242	6	32—04	43—03	14—02	45—02	14—01	47—01	16 00	58 00
266	6	20—04	50—03	18—02	61—02	19—01	63—01	20 00	71 00
291	6	95—05	39—03	19—02	74—02	25—01	84—01	27 00	90 00
319	6	61—05	22—03	13—02	72—02	30—01	10 00	34 00	11 01
350	6	38—05	13—03	81—03	50—02	28—01	11 00	42 00	14 01
384	6	17—05	96—04	55—03	31—02	21—01	10 00	45 00	16 01

Table 8.3. Caprolactum (*Cont.*)

T, K	Density, kg/m³							
	100—3	100—2	316—2	100—1	316—1	100 0	316 0	100 1
421 6	68—06	53—04	38—03	22—02	14—01	81—01	41 00	17 01
462 6	27—06	24—04	21—03	15—02	10—01	58—01	32 00	16 01
506 6	12—06	10—04	99—04	87—03	73—02	44—01	24 00	12 01
555 6	64—07	47—05	45—04	42—03	43—02	31—01	18 00	10 01
609 6	39—07	22—05	21—04	20—03	22—02	19—01	13 00	79 00
667 6	28—07	12—05	10—04	10—03	11—02	10—01	87—01	59 00
732 6	23—07	69—06	56—05	52—04	59—03	56—02	50—01	40 00
802 6	21—07	45—06	32—05	28—04	31—03	30—02	28—01	24 00
880 6	19—07	33—06	20—05	16—04	17—03	16—02	16—01	14 00
965 6	19—07	26—06	14—05	99—05	10—03	96—03	92—02	86—01
116 7	18—07	21—06	87—06	47—05	40—04	35—03	33—02	32—01

Group with quantum energy $h\nu = 700.00$–2000.00 eV

T, K	100—3	100—2	316—2	100—1	316—1	100 0	316 0	100 1
116 5	43—03	40—02	11—01	25—01	13 00	43 00	13 01	43 01
128 5	43—03	41—02	11—01	23—01	13 00	43 00	13 01	43 01
140 5	44—03	42—02	12—01	25—01	13 00	43 00	13 01	43 01
153 5	44—03	43—02	13—01	31—01	13 00	43 00	13 01	43 01
168 5	44—03	43—02	13—01	36—01	13 00	43 00	13 01	43 01
184 5	44—03	43—02	13—01	40—01	13 00	43 00	13 01	43 01
202 5	43—03	43—02	13—01	42—01	13 00	43 00	13 01	43 01
221 5	43—03	43—02	13—01	43—01	13 00	43 00	13 01	43 01
242 5	43—03	43—02	13—01	43—01	13 00	43 00	13 01	43 01
266 5	43—03	43—02	13—01	43—01	13 00	43 00	13 01	43 01
291 5	43—03	43—02	13—01	43—01	13 00	43 00	13 01	43 01
319 5	43—03	43—02	13—01	43—01	13 00	43 00	13 01	43 01
350 5	43—03	43—02	13—01	43—01	13 00	43 00	13 01	43 01
384 5	43—03	43—02	13—01	43—01	13 00	43 00	13 01	43 01
421 5	42—03	42—02	13—01	43—01	13 00	43 00	13 01	43 01
462 5	41—03	42—02	13—01	43—01	13 00	43 00	13 01	43 01
506 5	39—03	41—02	13—01	42—01	13 00	43 00	13 01	43 01
555 5	36—03	40—02	13—01	42—01	13 00	42 00	13 01	43 01
609 5	34—03	38—02	12—01	41—01	13 00	42 00	13 01	42 01
667 5	33—03	36—02	12—01	40—01	13 00	42 00	13 01	42 01
732 5	33—03	34—02	11—01	38—01	12 00	41 00	13 01	42 01
802 5	32—03	33—02	11—01	36—01	12 00	40 00	13 01	42 01
880 5	31—03	32—02	10—01	35—01	11 00	39 00	12 01	41 01
965 .5	30—03	31—02	10—01	33—01	11 00	37 00	12 01	41 01
106 6	29—03	31—02	10—01	32—01	10 00	36 00	12 01	40 01
116 6	27—03	30—02	98—02	32—01	10 00	34 00	11 01	38 01
128 6	27—03	28—02	95—02	31—01	10 00	33 00	11 01	37 01
140 6	26—03	27—02	91—02	30—01	99—01	32 00	10 01	36 01
153 6	26—03	27—02	87—02	28—01	96—01	31 00	10 01	34 01
168 6	26—03	26—02	85—02	27—01	92—01	30 00	10 01	33 01
184 6	26—03	26—02	85—02	27—01	89—01	29 00	98 00	32 01
202 6	26—03	26—02	84—02	27—01	86—01	28 00	95 00	31 01
221 6	26—03	26—02	84—02	26—01	85—01	27 00	90 00	30 01

Table 8.3. Caprolactum (*Cont.*)

T, K	Density, kg/m³							
	100−3	100−2	316−2	100−1	316−1	100 0	316 0	100 1
242 6	26—03	26—02	84—02	26—01	84—01	27 00	88 00	29 01
266 6	26—03	26—02	84—02	26—01	84—01	27 00	87 00	28 01
291 6	26—03	26—02	84—02	26—01	84—01	26 00	85 00	28 01
319 6	23—03	26—02	84—02	26—01	84—01	26 00	85 00	27 01
350 6	17—03	24—02	82—02	26—01	84—01	26 00	84 00	27 01
384 6	13—03	19—02	74—02	25—01	83—01	26 00	84 00	27 01
421 6	11—03	15—02	59—02	22—01	80—01	26 00	84 00	26 01
462 6	62—04	12—01	46—02	18—01	71—01	25 00	82 00	26 01
506 6	18—04	81—03	35—02	14—01	58—01	22 00	79 00	26 01
555 6	41—05	34—03	21—02	10—01	45—01	18 00	70 00	25 01
609 6	90—06	99—04	87—03	60—02	33—01	14 00	58 00	22 01
667 6	25—06	26—04	26—03	24—02	19—01	10 00	45 00	18 01
732 6	94—07	80—05	81—04	81—03	84—02	59—01	32 00	14 01
802 6	45—07	29—05	27—04	27—03	31—02	27—01	19 00	10 01
880 6	28—07	12—05	11—04	10—03	12—02	11—01	97—01	66 00
965 6	22—07	61—06	49—05	45—04	51—03	49—02	45—01	36 00
116 7	19—07	27—06	14—05	10—04	11—03	10—02	10—01	93—01

Table 8.4. Plexiglas

T, K	Density, kg/m³							
	100−3	100−2	316−2	100−1	316−1	100 0	316 0	100 1

Group with quantum energy $h\nu = 0.23 = 1.22$ eV

116 5	19—04	49—03	21—02	85—02	31—01	11 00	37 00	12 01
128 5	28—04	93—03	44—02	19—01	75—01	27 00	99 00	35 01
139 5	33—04	15—02	80—02	38—01	16 00	63 00	23 01	88 01
153 5	32—04	21—02	12—01	66—01	31 00	13 01	52 01	20 02
168 5	29—04	23—02	17—01	10 00	53 00	24 01	10 02	42 02
183 5	27—04	23—02	19—01	13 00	80 00	40 01	18 02	81 02
202 5	27—04	22—02	19—01	15 00	10 01	61 01	30 02	14 03
222 5	32—04	21—02	18—01	16 00	12 01	81 01	45 02	22 03
242 5	36—04	22—02	18—01	16 00	13 01	98 01	61 02	33 03
266 5	38—04	25—02	19—01	16 00	13 01	10 02	74 02	45 03
291 5	39—04	28—02	22—01	17 00	13 01	11 02	83 02	55 03
319 5	38—04	30—02	24—01	19 00	14 01	11 02	89 02	64 03
350 5	39—04	30—02	26—01	21 00	16 01	12 02	95 02	70 03
384 5	44—04	30—02	26—01	22 00	18 01	13 02	10 03	77 03
421 5	48—04	33—02	27—01	23 00	19 01	15 02	11 03	83 03
462 5	51—04	36—02	29—01	24 00	20 01	16 02	12 03	93 03
507 5	54—04	39—02	32—01	26 00	21 01	17 02	13 03	10 04
555 5	58—04	41—02	34—01	28 00	22 01	18 02	14 03	11 04

Table 8.4. Plexiglas (*Cont.*)

T, K		Density, kg/m³							
		100—3	100—2	316—2	100—1	316—1	100 0	316 0	100 1
609	5	59—04	43—02	36—01	30 00	24 01	19 02	15 03	12 04
667	5	59—04	46—02	38—01	32 00	26 01	21 02	16 03	12 04
732	5	55—04	47—02	40—01	34 00	27 01	22 02	17 03	13 04
803	5	52—04	46—02	41—01	35 00	29 01	23 02	19 03	15 04
880	5	49—04	44—02	41—01	36 00	30 01	25 02	20 03	16 04
967	5	46—04	41—02	38—01	35 00	31 01	26 02	21 03	17 04
106	6	44—04	39—02	37—01	34 00	31 01	26 02	22 03	17 04
116	6	41—04	37—02	35—01	32 00	30 01	26 02	22 03	18 04
128	6	38—04	35—02	33—01	31 00	28 01	26 02	22 03	19 04
140	6	34—04	33—02	31—01	29 00	27 01	25 02	22 03	19 04
153	6	31—04	30—02	29—01	27 00	26 01	24 02	21 03	19 04
168	6	27—04	27—02	27—01	26 00	24 01	22 02	20 03	18 04
184	6	24—04	24—02	24—01	23 00	23 01	21 02	19 03	18 04
202	6	22—04	21—02	21—01	21 00	21 01	20 02	18 03	17 04
221	6	19—04	19—02	19—01	19 00	19 01	18 02	17 03	16 04
242	6	19—04	17—02	17—01	17 00	17 01	17 02	16 03	15 04
266	6	19—04	16—02	15—01	15 00	15 01	15 02	15 03	14 04
291	6	19—04	16—02	15—01	14 00	14 01	13 02	13 03	13 04
319	6	18—04	16—02	15—01	13 00	13 01	12 02	12 03	12 04
350	6	18—04	16—02	15—01	13 00	12 01	11 02	11 03	10 04
384	6	18—04	16—02	14—01	13 00	12 01	11 02	10 03	10 04
421	6	17—04	15—02	14—01	13 00	12 01	11 02	10 03	94 03
462	6	16—04	15—02	14—01	13 00	12 01	11 02	10 03	91 03
506	6	15—04	14—02	13—01	12 00	11 01	10 02	98 02	89 03
555	6	14—04	13—02	12—01	12 00	11 01	10 02	96 02	87 03
609	6	13—04	12—02	12—01	11 00	11 01	10 02	94 02	85 03
667	6	12—04	11—02	11—01	10 00	10 01	98 01	91 02	83 03
732	6	11—04	10—02	10—01	10—00	97 00	93 01	87 02	81 03
802	6	99—05	98—03	97—02	95—01	91 00	87 01	83 02	77 03
880	6	89—05	88—03	88—02	87—01	85 00	82 01	78 02	74 03
965	6	79—05	79—03	79—02	79—01	78 00	76 01	73 02	69 03
116	7	64—05	63—03	63—02	63—01	63 00	63 01	62 02	60 03

Group with quantum energy $h\nu = 1.22$–1.60 eV

116	5	64—05	15—03	68—03	26—02	95—02	33—01	11 00	37 00
128	5	95—05	29—03	13—02	59—02	22—01	83—01	29 00	10 01
139	5	11—04	48—03	25—02	11—01	48—01	18 00	68 00	24 01
153	5	10—04	66—03	39—02	20—01	92—01	38 00	14 01	55 01
168	5	94—05	74—03	53—02	21—01	15 00	70 00	28 01	11 02
183	5	85—05	72—03	59—02	41—01	23 00	11 01	51 01	21 02
202	5	86—05	66—03	59—02	47—01	31 00	17 01	84 01	38 02
222	5	10—04	63—03	56—02	48—01	36 00	23 01	12 02	61 02
242	5	11—04	67—03	54—02	46—01	38 00	27 01	16 02	89 02

Table 8.4. Plexiglas (*Cont.*)

T, K		Density, kg/m³															
		100—3		100—2		316—2		100—1		316—1		100 0		316 0		100 1	
266	5	12—04		77—03		58—02		46—01		38	00	30	01	20	02	12	03
291	5	12—04		86—03		66—02		49—01		39	00	31	01	22	02	14	03
319	5	11—04		91—03		74—02		56—01		41	00	32	01	24	02	17	03
350	5	12—04		91—03		78—02		62—01		46	00	34	01	26	02	18	03
384	5	13—04		91—03		79—02		66—01		52	00	38	01	28	02	20	03
421	5	14—04		97—03		80—02		67—01		55	00	42	01	31	02	22	03
462	5	15—04		10—02		85—02		69—01		57	00	46	01	34	02	25	03
507	5	15—04		11—02		93—02		74—01		59	00	48	01	37	02	28	03
555	5	16—04		12—02		10—01		81—01		63	00	50	01	39	02	30	03
609	5	17—04		12—02		10—01		86—01		69	00	54	01	42	02	32	03
667	5	17—04		13—02		11—01		91—01		74	00	58	01	45	02	35	03
732	5	15—04		13—02		11—01		95—01		77	00	62	01	48	02	37	03
803	5	14—04		13—02		11—01		10	00	81	00	65	01	52	02	40	03
880	5	14—04		12—02		11—01		10	00	85	00	69	01	55	02	43	03
967	5	13—04		11—02		10—01		99—01		87	00	72	01	58	02	46	03
106	6	12—04		11—02		10—01		95—01		86	00	74	01	60	02	48	03
116	6	11—04		10—02		97—02		90—01		83	00	73	01	72	02	50	03
128	6	10—04		97—03		91—02		85—01		79	00	71	01	63	02	51	03
140	6	95—05		91—03		86—02		81—01		75	00	68	01	61	02	52	03
153	6	85—05		83—03		80—02		76—01		71	00	65	01	59	02	51	03
168	6	75—05		74—03		73—02		71—01		67	00	62	01	56	02	50	03
184	6	67—05		66—03		66—02		65—01		62	00	58	01	53	02	48	03
202	6	59—05		59—03		59—02		58—01		57	00	54	01	50	02	46	03
221	6	53—05		52—03		52—02		52—01		51	00	50	01	47	02	43	03
242	6	51—05		47—03		47—02		46—01		46	00	45	01	44	02	41	03
266	6	53—05		44—03		42—02		42—01		41	00	41	01	40	02	38	03
291	6	51—05		44—03		40—02		38—01		37	00	37	01	36	02	35	03
319	6	50—05		44—03		41—02		37—01		34	00	33	01	32	02	32	03
350	6	51—05		43—03		40—02		37—01		33	00	31	01	30	02	29	03
384	6	49—05		42—03		39—02		36—01		33	00	30	01	28	02	26	03
421	6	46—05		42—03		39—02		35—01		32	00	30	01	27	02	25	03
462	6	43—05		40—03		38—02		35—01		32	00	29	01	27	02	24	03
506	6	40—05		37—03		36—02		34—01		31	00	28	01	26	02	23	03
555	6	38—05		35—03		34—02		32—01		30	00	28	01	25	02	23	03
609	6	35—05		33—03		32—02		30—01		29	00	27	01	25	02	22	03
667	6	32—05		31—03		30—02		28—01		27	00	26	01	24	02	22	03
732	6	29—05		29—03		28—02		27—01		26	00	24	01	23	02	21	01
802	6	26—05		26—03		26—02		25—01		24	00	23	01	22	02	20	03
880	6	23—05		23—03		23—02		23—01		22	00	21	01	20	02	19	03
965	6	21—05		21—03		21—02		21—01		20	00	20	01	19	02	18	03
116	7	17—05		16—03		16—02		16—01		16.	00	16	01	16	02	16	03
Group with quantum energy $hv = 1.60$–3.08 eV																	
116	5	37—05		88—04		37—03		14—02		51—02		17—01		59—01		19	00
128	5	53—05		16—03		73—03		30—02		11—01		41—01		14	00	48	00
139	5	57—05		25—03		12—02		57—02		23—01		88—01		31	00	11	01

Table 8.4. Plexiglas (*Cont.*)

T, K	Density, kg/m³								
	100—3	100—2	316—2	100—1	316—1	100 0	316 0	100 1
153 5	52—05	32—03	19—02	96—02	42—01	17 00	65 00	23 01
168 5	44—05	34—03	24—02	14—01	70—01	30 00	12 01	47 01
183 5	39—05	32—03	26—02	18—01	10 00	49 00	21 01	86 01
202 5	38—05	29—03	25—02	20—01	13 00	71 00	33 01	14 02
222 5	44—05	27—03	23—02	20—01	15 00	92 00	48 01	22 02
242 5	49—05	28—03	22—02	19—01	15 00	10 01	63 01	32 02
266 5	50—05	31—03	23—02	18—01	15 00	11 01	76 01	43 02
291 5	49—05	34—03	26—02	19—01	15 00	11 01	84 01	53 02
319 5	46—05	35—03	28—02	21—01	15 00	12 01	89 01	60 02
350 5	47—05	35—03	29—02	23—01	17 00	12 01	93 01	66 02
384 5	52—05	34—03	29—02	24—01	19 00	13 01	10 02	71 02
421 5	56—05	37—03	29—02	24—01	20 00	15 01	11 02	78 02
462 5	58—05	40—03	32—02	25—01	20 00	16 01	12 02	86 02
507 5	60—05	43—03	34—02	27—01	21 00	17 01	13 02	95 02
555 5	64—05	44—03	37—02	29—01	22 00	17 01	13 02	10 03
609 5	65—05	46—03	38—02	31—01	24 00	19 01	14 02	11 03
667 5	62—05	48—03	40—02	32—01	26 00	20 01	15 02	11 03
732 5	58—05	49—03	42—02	34—01	27 00	21 01	16 02	12 03
803 5	53—05	47—03	42—02	35—01	29 00	23 01	18 02	13 03
880 5	50—05	44—03	41—02	36—01	30 00	24 01	19 02	14 03
967 5	46—05	41—03	38—02	35—01	30 00	25 01	19 02	15 03
106 6	43—05	38—03	36—02	33—01	30 00	25 01	20 02	16 03
116 6	40—05	36—03	34—02	31—01	28 00	25 01	21 02	17 03
128 6	37—05	34—03	31—02	29—01	27 00	24 01	21 02	17 03
140 6	33—05	31—03	29—02	27—01	25 00	23 01	20 02	17 03
153 6	29—05	28—03	27—02	26—01	24 00	22 01	20 02	17 03
168 6	25—05	25—03	25—02	24—01	22 00	21 01	19 02	16 03
184 6	22—05	22—03	22—02	22—01	21 00	19 01	18 02	16 03
202 6	20—05	20—03	20—02	19—01	19 00	18 01	17 02	15 03
221 6	18—05	17—03	17—02	17—01	17 00	16 01	15 02	14 03
242 6	17—05	16—03	15—02	15—01	15 00	15 01	14 02	13 03
266 6	17—05	14—03	14—02	14—01	13 00	13 01	13 02	12 03
291 6	17—05	14—03	13—02	12—01	12 00	12 01	12 02	11 03
319 6	16—05	14—03	13—02	12—01	11 00	11 01	10 02	10 03
350 6	17—05	14—03	13—02	12—01	11 00	10 01	99 01	95 02
384 6	16—05	14—03	13—02	12—01	11 00	10 01	92 01	87 02
421 6	15—05	14—03	12—02	11—01	10 00	99 00	90 01	82 02
462 6	14—05	13—03	12—02	11—01	10 00	96 00	88 01	79 02
506 6	13—05	12—03	11—02	11—01	10 00	94 00	86 01	78 02
555 6	12—05	11—03	11—02	10—01	10 00	93 00	84 01	76 02
609 6	11—05	10—03	10—02	10—01	95—01	90 00	82 01	74 02
667 6	10—05	10—03	98—03	94—02	90—01	85 00	79 01	72 02
732 6	98—06	94—04	91—03	88—02	84—01	81 00	76 01	70 02
802 6	88—06	85—04	84—03	82—02	79—01	75 00	72 01	67 02
880 6	79—06	77—04	76—03	75—02	73—01	70 00	67 01	63 02
965 6	70—06	68—04	68—03	68—02	67—01	65 00	63 01	60 02
116 7	57—06	55—04	54—03	54—02	54—01	54 00	53 01	52 02

Table 8.4. Plexiglas (*Cont.*)

T, K	Density, kg/m³							
	100—3	100—2	316—2	100—1	316—1	100 0	316 0	100 1
Group with quantum energy $h\nu = 3.08$–4.07 eV								
116 5	32—05	78—04	33—03	13—02	46—02	15—01	52—01	17 00
128 5	40—05	12—03	57—03	24—02	92—02	32—01	11 00	37 00
139 5	40—05	17—03	89—03	40—02	16—01	62—01	22 00	75 00
153 5	33—05	21—03	12—02	62—02	27—01	11 00	41 01	14 01
168 5	27—05	21—03	14—02	85—02	41—01	18 00	70 00	26 01
183 5	23—05	18—03	15—02	10—01	57—01	27 00	11 01	45 01
202 5	24—05	16—03	14—02	10—01	70—01	37 00	17 01	71 01
222 5	29—05	15—03	12—02	10—01	76—01	46 00	23 01	10 02
242 5	33—05	16—03	12—02	97—02	76—01	52 00	30 01	14 02
266 5	32—05	19—03	13—02	95—02	74—01	54 00	35 01	19 02
291 5	29—05	20—03	14—02	10—01	73—01	55 00	38 01	23 02
319 5	26—05	19—03	15—02	11—01	78—01	56 00	40 01	26 02
350 5	24—05	18—03	15—02	11—01	84—01	59 00	41 01	28 22
384 5	26—05	17—03	14—02	12—01	91—01	64 00	44 01	30 02
421 5	27—05	17—03	14—02	11—01	95—01	70 00	48 01	33 02
462 5	27—05	19—03	15—02	11—01	95—01	74 00	53 01	36 02
507 5	28—05	20—03	16—02	12—01	97—01	76 00	57 01	40 02
555 5	30—05	20—03	16—02	13—01	10 00	78 00	59 01	43 02
609 5	30—05	21—03	17—02	14—01	10 00	82 00	62 01	46 02
667 5	29—05	22—03	18—03	14—01	11 00	88 00	65 01	49 02
732 5	27—05	22—03	19—02	15—01	12 00	93 00	70 01	52 02
803 5	24—05	21—03	19—02	15—01	12 00	99 00	75 01	56 02
880 5	22—05	20—03	18—02	16—01	13 00	10 01	80 01	60 02
967 5	21—05	18—03	17—02	15—01	13 00	10 01	84 01	64 02
106 6	19—05	17—03	16—02	14—01	13 00	11 01	87 01	68 02
116 6	18—05	16—03	14—02	13—01	12 00	10 01	90 01	71 02
128 6	16—05	14—03	13—02	12—01	11 00	10 01	89 01	72 02
140 6	14—05	13—03	12—02	12—01	11 00	10 01	87 01	73 02
153 6	12—05	12—03	11—02	11—01	10 00	94 00	84 01	74 02
168 6	11—05	11—03	10—02	10—01	97—01	89 00	80 01	70 02
184 6	98—06	96—04	96—03	94—02	89—01	83 00	76 01	67 02
202 6	87—06	85—04	84—03	83—02	81—01	77 00	71 01	64 02
221 6	78—06	75—04	75—03	74—02	73—01	70 00	66 01	60 02
242 6	74—06	67—04	66—03	66—02	65—01	64 00	61 01	56 02
266 6	75—06	62—04	59—03	58—02	58—01	57 00	55 01	52 02
291 6	74—06	62—04	56—03	53—02	52—01	51 00	50 01	48 02
319 6	71—06	61—04	56—03	51—02	48—01	46 00	45 01	43 02
350 6	72—06	59—04	55—03	51—02	46—01	42 00	40 01	39 02
384 6	69—06	58—04	53—03	50—02	46—01	41 00	38 01	36 02
421 6	64—06	58—04	53—03	48—02	44—01	41 00	37 01	33 02
462 6	60—06	54—04	52—03	48—02	43—01	39 00	36 01	32 02
506 6	56—06	51—04	49—03	46—02	43—01	38 00	35 01	32 02
555 6	53—06	48—04	46—03	43—02	41—01	38 00	34 01	31 02

Table 8.4. Plexiglas (*Cont.*)

T, K	Density, kg/m³							
	100—3	100—2	316—2	100—1	316—1	100 0	316 0	100 1
609 6	50—06	44—04	43—03	41—02	39—01	36 00	33 01	30 02
667 6	46—06	42—04	40—03	38—02	37—01	35 00	32 01	29 02
732 6	41—06	38—04	37—03	36—02	34—01	33 00	31 01	28 02
802 6	37—06	35—04	34—03	33—02	32—01	31 00	29 01	27 02
880 6	33—06	31—04	31—03	30—02	30—01	28 00	27 01	26 02
965 6	30—06	28—04	28—03	27—02	27—01	26 00	25 01	24 02
116 7	24—06	22—04	22—03	22—02	22—01	22 00	21 01	21 02

Group with quantum energy $h\nu = 4.07$–7.05 eV

116 5	25—05	78—04	35—03	14—02	52—02	17—01	59—01	19 00
128 5	27—05	10—03	52—03	23—02	92—02	33—01	11 00	38 00
139 5	24—05	12—03	69—03	34—02	14—01	57—01	20 00	70 00
153 5	19—05	12—03	82—03	45—02	21—01	90—01	34 00	12 01
168 5	16—05	12—03	88—03	54—02	28—01	13 00	53 00	19 01
183 5	15—05	10—03	84—03	59—02	34—01	17 00	76 00	30 01
202 5	20—05	91—04	74—03	58—02	38—01	21 00	10 01	43 01
222 5	27—05	96—04	69—03	53—02	39—01	24 00	12 01	58 01
242 5	31—04	12—03	73—03	51—02	38—01	25 00	15 01	74 01
266 5	28—05	14—03	88—03	54—02	37—01	26 00	16 01	89 01
291 5	23—05	15—03	10—02	63—02	39—01	26 00	17 01	10 02
319 5	18—05	14—03	10—02	71—02	44—01	27 00	18 01	11 02
350 5	15—05	11—03	98—03	73—02	48—01	30 00	19 01	12 02
384 5	14—05	10—03	86—03	70—02	51—01	33 00	20 01	13 02
421 5	14—05	95—04	78—03	64—02	50—01	35 00	23 01	14 02
462 5	14—05	95—04	75—03	60—02	48—01	36 00	24 01	16 02
507 5	15—05	96—04	76—03	59—02	46—01	35 00	25 01	17 02
555 5	16—05	99—04	78—03	61—02	46—01	35 00	26 01	18 02
609 5	16—05	10—03	81—03	63—02	48—01	35 00	26 01	19 02
667 5	15—05	11—03	86—03	66—02	50—01	37 00	27 01	19 02
732 5	13—05	11—03	90—03	70—02	52—01	39 00	28 01	20 02
803 5	11—05	10—03	90—03	73—02	56—01	42 00	30 01	22 02
880 5	11—05	93—04	85—03	74—02	59—01	44 00	33 01	24 02
967 5	99—06	85—04	78—03	71—02	59—01	46 00	35 01	25 02
106 6	91—06	79—04	72—03	66—02	58—01	47 00	36 01	27 02
116 6	83—06	72—04	67—03	61—02	54—01	47 00	37 01	28 02
128 6	74—06	66—04	61—03	56—02	51—01	45 00	37 01	29 02
140 6	64—06	60—04	56—03	52—02	47—01	42 00	36 01	29 02
153 6	56—06	53—04	51—03	48—02	44—01	40 00	35 01	29 02
168 6	49—06	47—04	46—03	44—02	41—01	37 00	33 01	28 02
184 6	42—06	41—04	40—03	39—02	37—01	34 00	31 01	27 02
202 6	37—06	35—04	35—03	35—02	34—01	32 00	29 01	26 02
221 6	33—06	31—04	31—03	30—02	30—01	29 00	27 01	24 02
242 6	31—06	27—04	27—03	27—02	26—01	26 00	24 01	22 02
266 6	31—06	25—04	24—03	24—02	23—01	23 00	22 01	21 02
291 6	30—06	25—04	22—03	21—02	21—01	20 00	20 01	19 02

Table 8.4. Plexiglas (*Cont.*)

T, K		Density, kg/m³														
		100—3		100—2		316—2		100—1		316—1		100 0		316 0		100 1
319	6	29—06		24—04		22—03		20—02		19—01		18 00		18 01		17 02
350	6	29—06		23—04		22—03		20—02		18—01		17 00		16 01		15 02
384	6	28—06		23—04		21—03		19—02		18—01		16 00		15 01		14 02
421	6	26—06		22—04		20—03		19—02		17—01		16 00		14 01		13 02
462	6	24—06		21—04		20—03		18—02		17—01		15 00		14 01		12 02
506	6	23—06		20—04		19—03		18—02		16—01		15 00		13 01		12 02
555	6	21—06		18—04		17—03		17—02		16—01		14 00		13 01		12 02
609	6	20—06		17—04		16—03		16—02		15—01		14 00		13 01		11 02
667	6	19—06		16—04		15—03		14—02		14—01		13 00		12 01		11 02
732	6	17—06		15—04		14—03		13—02		13—01		12 00		11 01		11 02
802	6	15—06		13—04		13—03		12—02		12—01		11 00		11 01		10 02
880	6	14—06		12—04		12—03		11—02		11—01		11 00		10 01		99 01
965	6	12—06		10—04		10—03		10—02		10—01		10 00		98 00		93 01
116	7	10—06		87—05		85—04		85—03		84—02		84—01		83 00		80 01

Group with quantum energy $h\nu = 7.05$–8.66 eV

116	5	37—04		13—02		61—02		25—01		91—01		31 00		10 01		34 01
128	5	25—04		11—02		61—02		28—01		11 00		42 00		14 01		48 01
139	5	15—04		90—03		55—02		29—01		13 00		52 00		18 01		64 01
153	5	90—05		65—03		45—02		27—01		13 00		59 00		23 01		82 01
168	5	56—05		44—03		34—02		23—01		13 00		63 00		26 01		99 01
183	5	43—05		29—03		24—02		18—01		11 00		62 00		28 01		11 02
202	5	49—05		21—03		17—02		14—01		98—01		58 00		29 01		12 02
222	5	62—05		19—03		13—02		10—01		79—01		51 00		28 01		13 02
242	5	63—05		23—03		13—02		88—02		64—01		44 00		26 01		13 02
266	5	51—05		27—03		15—02		86—02		55—01		37 00		23 01		12 02
291	5	38—05		26—03		17—02		96—02		55—01		34 00		21 01		12 02
319	5	26—05		21—03		16—02		10—01		59—01		34 00		20 01		12 02
350	5	18—05		16—03		13—02		10—01		63—01		36 00		20 01		11 02
384	5	13—05		11—03		10—02		88—02		62—01		38 00		21 01		11 02
421	5	11—05		90—04		82—03		71—02		56—01		38 00		22 01		12 02
462	5	98—06		74—04		65—03		56—02		47—01		35 00		22 01		13 02
507	5	98—06		65—04		55—03		47—02		39—01		31 00		21 01		13 02
555	5	10—05		62—04		50—03		41—02		33—01		26 00		20 01		13 02
609	5	10—05		64—04		49—03		38—02		30—01		24 00		18 01		12 02
667	5	91—06		67—04		51—03		38—02		29—01		22 00		16 01		12 02
732	5	79—06		65—04		53—03		39—02		29—01		21 00		16 01		11 02
803	5	69—06		60—04		52—03		42—02		31—01		22 00		16 01		12 02
880	5	63—06		53—04		48—03		41—02		32—01		24 00		17 01		12 02
967	5	57—06		48—04		44—03		39—02		33—01		25 00		18 01		13 02
106	6	52—06		43—04		40—03		36—02		31—01		25 00		19 01		13 02
116	6	48—06		39—04		36—03		33—02		29—01		25 00		19 01		14 02
128	6	42—06		36—04		33—03		30—02		27—01		23 00		19 01		15 02
140	6	37—06		33—04		31—03		28—02		25—01		22 00		18 01		15 02
153	6	31—06		29—04		28—03		26—02		23—01		21 00		18 01		14 02

Table 8.4. Plexiglas (*Cont.*)

T, K		Density, kg/m³							
		100—3	100—2	316—2	100—1	316—1	100 0	316 0	100 1
168	6	27—06	25—04	25—03	23—02	21—01	19 00	17 01	14 02
184	6	23—06	22—04	21—03	21—02	20—01	18 00	16 01	13 02
202	6	20—06	19—04	19—03	18—02	18—01	16 00	15 01	13 02
221	6	18—06	16—04	16—03	16—02	15—01	15 00	14 01	12 02
242	6	17—06	14—04	14—03	14—02	14—01	13 00	12 01	11 02
266	6	17—06	13—04	12—03	12—02	12—01	12 00	11 01	10 02
291	6	16—06	13—04	11—03	11—02	10—01	10 00	10 01	97 01
319	6	15—06	12—04	11—03	10—02	98—02	94—01	91 00	87 01
350	6	15—06	12—04	11—03	10—02	93—02	86—01	82 00	78 01
384	6	15—06	11—04	10—03	98—03	91—02	82—01	75 00	71 01
421	6	14—06	11—04	10—03	94—03	87—02	80—01	72 00	66 01
462	6	13—06	10—04	10—03	93—03	84—02	77—01	70 00	63 01
506	6	12—06	10—04	94—04	89—03	82—02	74—01	67 00	61 01
555	6	11—06	93—05	88—04	84—03	79—02	72—01	65 00	59 01
609	6	11—06	86—05	82—04	78—03	74—02	69—01	63 00	57 01
667	6	10—06	81—05	76—04	73—03	70—02	66—01	61 00	55 01
732	6	95—07	75—05	71—04	68—03	65—02	62—01	58 00	53 01
802	6	87—07	67—05	65—04	63—03	60—02	57—01	54 00	51 01
880	6	80—07	60—05	58—04	57—03	56—02	53—01	51 00	48 01
965	6	73—07	54—05	52—02	51—03	51—02	49—01	47 00	45 01
116	7	62—07	43—05	41—04	41—03	41—02	40—01	40 00	38 01

Group with quantum energy $h\nu = 8.66 – 10.89$ eV

116	5	19—03	66—02	31—01	12 00	46—00	16—01	53—01	17—02
128	5	11—03	50—02	27—01	12 00	50—00	18—01	63—01	21—02
139	5	58—04	34—02	21—01	11 00	49—00	19—01	71—01	24—02
153	5	30—04	21—02	15—01	90—01	45—00	19—01	77—01	27—02
168	5	16—04	13—02	10—01	68—01	38—00	18—01	78—01	29—02
183	5	10—04	76—03	64—02	48—01	30—00	16—01	75—01	30—02
202	5	92—05	47—03	40—02	32—01	23—00	13—01	69—01	30—02
222	5	99—05	36—03	27—02	22—01	16—00	11—01	60—01	28—02
242	5	91—05	36—03	22—02	15—01	12—00	84—00	51—01	25—02
266	5	70—05	37—03	22—02	13—01	92—01	65—00	41—01	22—02
291	5	49—05	34—03	22—02	13—01	80—01	52—00	34—01	19—02
319	5	33—05	26—03	20—02	13—01	79—01	46—00	29—01	17—02
350	5	22—05	19—03	16—02	12—01	79—01	45—00	26—01	15—02
384	5	15—05	14—03	12—02	10—01	74—01	45—00	25—01	14—02
421	5	12—05	10—03	92—03	80—02	63—01	42—00	25—01	13—02
462	5	10—05	77—04	69—03	60—02	50—01	37—00	24—01	13—02
507	5	10—05	64—04	55—03	47—02	40—01	31—00	22—01	13—02
555	5	10—05	59—04	47—03	39—02	32—01	26—00	19—01	12—02
609	5	10—05	61—04	45—03	35—02	27—01	22—00	16—01	11—02
667	5	88—06	62—04	46—03	33—02	25—01	19—00	14—01	10—02
732	5	73—06	59—04	47—03	34—02	24—01	17—00	13—01	95—01
803	5	62—06	53—04	46—03	36—02	25—01	18—00	13—01	92—01

Table 8.4. Plexiglas (*Cont.*)

T, K	Density, kg/m³							
	100—3	100—2	316—2	100—1	316—1	100 0	316 0	100 1
880 5	54—06	46—04	41—03	35—02	27—01	19—00	13—01	93—01
967 5	47—06	40—04	36—03	32—02	26—01	19—00	13—01	96—01
106 6	42—06	35—04	32—03	29—02	25—01	20—00	14—01	10—02
116 6	38—06	31—04	28—03	26—02	23—01	19 00	14 01	10 02
128 6	33—06	28—04	25—03	23—02	20—01	18 00	14 01	10 02
140 6	28—06	25—04	23—03	21—02	19—01	16 00	13 01	10 02
153 6	24—06	22—04	21—03	19—02	17—01	15 00	13 01	10 02
168 6	20—06	19—04	18—03	17—02	15—01	14 00	12 01	10 02
184 6	17—06	16—04	15—03	15—02	14—01	13 00	11 01	95 01
202 6	15—06	13—04	13—03	13—02	12—01	11 00	10 01	90 01
221 6	13—06	11—04	11—03	11—02	11—01	10 00	97 00	84 01
242 6	12—06	10—04	10—03	99—03	97—02	94—01	88 00	78 01
266 6	12—06	92—05	88—04	86—03	84—02	82—01	78 00	72 01
291 6	11—06	87—05	80—04	76—03	74—02	72—01	69 00	65 01
319 6	11—06	83—05	76—04	70—03	66—02	63—01	61 00	58 01
350 6	11—06	78—05	72—04	67—03	62—02	57—01	54 00	52 01
384 6	10—06	76—05	69—04	64—03	59—02	54—01	50 00	47 01
421 6	98—07	75—05	67—04	61—03	56—02	52—01	47 00	43 01
462 6	93—07	70—05	65—04	59—03	54—02	49—01	45 00	41 01
506 6	88—07	64—05	60—04	57—03	52—02	47—01	43 00	39 01
555 6	83—07	60—05	56—04	53—03	50—02	46—01	41 00	37 01
609 6	79—07	56—05	52—04	50—03	47—02	44—01	40 00	36 01
667 6	74—07	52—05	48—04	46—03	44—02	41—01	38 00	35 01
732 6	68—07	48—05	45—04	43—03	41—02	39—01	36 00	33 01
802 6	63—07	43—05	41—04	40—03	38—02	36—01	34 00	32 01
880 6	58—07	39—05	37—04	36—03	35—02	33—01	32 00	30 01
965 6	54—07	34—05	33—04	32—03	32—02	31—01	29 00	28 01
116 7	47—07	27—05	26—04	25—03	25—02	25—01	25 00	24 01

Group with quantum energy $h\nu = 10.89{-}12.38$ eV

T, K	100—3	100—2	316—2	100—1	316—1	100 0	316 0	100 1
116 5	31—02	11 00	51 00	20 01	76 01	26 02	88 02	28 03
128 5	15—02	68—01	36 00	16 01	67 01	24 02	85 02	28 03
139 5	68—03	39—01	24 00	12 01	56 01	22 02	80 02	27 03
153 5	29—03	21—01	14 00	86 00	43 01	18 02	73 02	26 03
168 5	12—03	10—01	83—01	55 00	31 01	15 02	63 02	23 03
183 5	63—04	53—02	45—01	34 00	21 01	11 02	52 02	21 03
202 5	38—04	27—02	24—01	19 00	14 01	83 01	41 02	18 03
222 5	28—04	15—02	13—01	11 00	88 00	58 01	32 02	14 03
242 5	20—04	10—02	81—02	66—01	53 00	38 01	23 02	11 03
266 5	13—04	84—03	58—02	43—01	33 00	25 01	16 02	92 02
291 5	84—05	63—03	46—02	31—01	22 00	17 01	11 02	69 02
319 5	50—05	43—03	35—02	25—01	17 00	12 01	83 01	52 02
350 5	28—05	28—03	25—02	20—01	14 00	92 00	61 01	39 02
384 5	15—05	18—03	17—02	14—01	11 00	75 00	48 01	30 02
421 5	92—06	10—03	11—02	10—01	84—01	61 00	39 01	24 02

Table 8.4. Plexiglas (*Cont.*)

T, K	Density, kg/m³							
	100—3	100—2	316—2	100—1	316—1	100 0	316 0	100 1
462 5	68—06	65—04	69—03	68—02	61—01	48 00	32 01	20 02
507 5	65—06	46—04	45—03	45—02	43—01	36 00	26 01	17 02
555 5	68—06	39—04	33—03	31—02	30—01	26 00	21 01	14 02
609 5	66—06	39—04	29—03	24—02	22—01	19 00	16 01	11 02
667 5	58—06	41—04	30—03	22—02	18—01	15 00	12 01	97 01
732 5	49—06	39—04	31—03	23—02	16—01	13 00	10 01	81 01
803 5	42—06	35—04	30—03	24—02	17—01	12 00	94 00	71 01
880 5	37—06	30—04	27—03	23—02	18—01	12 00	91 00	67 01
967 5	32—06	27—04	24—03	21—02	17—01	13 00	92 00	65 01
106 6	29—06	24—04	21—03	19—02	16—01	13 00	96 00	67 01
116 6	27—06	21—04	19—03	17—02	15—01	12 00	97 00	69 01
128 6	24—06	19—04	17—03	16—02	14—01	12 00	96 00	71 01
140 6	20—06	17—04	16—03	14—02	13—01	11 00	92 00	71 01
153 6	17—06	15—04	14—03	13—02	11—01	10 00	87 00	70 01
168 6	15—06	13—04	13—03	12—02	11—01	96—01	82 00	67 01
184 6	13—06	11—04	11—03	10—02	10—01	89—01	77 00	64 01
202 6	11—06	97—05	95—04	93—03	89—02	82—01	72 00	61 01
221 6	99—07	83—05	82—04	80—03	78—02	74—01	66 00	57 01
242 6	92—07	72—05	70—04	69—03	68—02	65—01	60 00	53 01
266 6	91—07	65—05	61—04	60—03	59—02	57—01	54 00	49 01
291 6	87—07	62—05	56—04	53—03	51—02	50—01	48 00	45 01
319 6	83—07	59—05	54—04	49—03	46—02	44—01	42 00	40 01
350 6	84—07	56—05	51—04	47—03	43—02	40—01	38 00	36 01
384 6	81—07	55—05	49—04	45—03	41—02	38—01	34 00	32 01
421 6	75—07	53—05	48—04	43—03	39—02	36—01	33 00	30 01
462 6	71—07	50—05	46—04	42—03	38—02	34—01	31 00	28 01
506 6	68—07	46—05	43—04	40—03	37—02	33—01	30 00	27 01
555 6	64—07	43—05	40—04	37—03	35—02	32—01	29 00	26 01
609 6	62—07	39—05	37—04	35—03	33—02	31—01	28 00	25 01
667 6	58—07	37—05	34—04	32—03	31—02	29—01	27 00	24 01
732 6	54—07	34—05	31—04	30—03	28—02	27—01	25 00	23 01
802 6	50—07	31—05	29—04	27—03	26—02	25—01	24 00	22 01
880 6	47—07	27—05	26—04	25—03	24—02	23—01	22 00	21 01
965 6	44—07	24—05	23—04	22—03	22—02	21—01	20 00	19 01
116 7	39—07	20—05	18—04	18—03	17—02	17—01	17 00	16 01

Group with quantum energy $h\nu = 12.38$–18.59 eV

116 5	13—01	27 00	11 01	41 01	14 02	48 02	16 03	51 03
128 5	75—02	21 00	91 00	36 01	13 02	47 02	15 03	51 03
139 5	35—02	14 00	71 00	30 01	12 02	44 02	15 03	51 03
153 5	14—02	87—01	50 00	24 01	10 02	40 02	14 03	50 03
168 5	60—03	45—01	31 00	17 01	84 01	35 02	13 03	47 03
183 5	29—03	21—01	17 00	11 01	63 01	29 02	11 03	44 03
202 5	19—03	10—01	90—01	69 00	43 01	22 02	10 03	39 03
222 5	15—03	64—02	49—01	39 00	28 01	16 02	81 02	34 03

Table 8.4. Plexiglas (*Cont.*)

T, K	Density, kg/m³							
	100—3	100—2	316—2	100—1	316—1	100 0	316 0	100 1
242 5	11—03	47—02	31—01	23 00	17 01	11 02	62 02	28 03
266 5	64—04	37—02	23—01	15 00	10 01	75 01	45 02	23 03
291 5	34—04	25—02	18—01	11 00	74 00	50 01	32 02	17 03
319 5	18—04	15—02	12—01	88—01	56 00	36 01	23 02	13 03
350 5	92—05	92—03	81—02	64—01	43 00	27 01	17 02	10 03
384 5	45—05	51—03	49—02	42—01	32 00	21 01	13 02	78 02
421 5	25—05	28—03	28—02	26—01	22 00	16 01	10 02	62 02
462 5	16—05	6—03	16—02	16—01	14 00	11 01	80 01	49 02
507 5	12—05	10—03	10—02	10—01	95—01	81 00	60 01	38 02
555 5	10—05	73—04	67—03	64—02	61—01	55 00	44 01	30 02
609 5	83—06	59—04	50—03	44—02	41—01	37 00	31 01	23 02
667 5	65—06	50—04	41—03	34—02	29—01	26 00	22 01	17 02
732 5	50—06	42—04	36—03	29—02	23—01	19 00	16 01	13 02
803 5	39—06	34—04	30—03	25—02	20—01	16 00	13 01	10 02
880 5	32—06	27—04	25—03	22—02	18—01	14 00	10 01	83 01
967 5	26—06	22—04	21—03	19—02	16—01	12 00	96 00	71 01
106 6	23—06	18—04	17—03	15—02	14—01	11 00	87 00	64 01
116 6	21—06	16—04	14—03	13—02	12—01	10 00	80 00	59 01
128 6	18—06	14—04	12—03	11—02	10—01	90—01	73 00	55 01
140 6	15—06	12—04	11—03	10—02	90—02	79—01	66 00	52 01
153 6	12—06	11—04	10—03	91—03	80—02	70—01	60 00	48 01
168 6	10—06	92—05	88—04	82—03	73—02	63—01	54 00	44 01
184 6	92—07	77—05	75—04	71—03	66—02	58—01	49 00	41 01
202 6	80—07	65—05	63—04	61—03	58—02	52—01	45 00	38 01
221 6	70—07	54—05	53—04	52—03	50—02	47—01	41 00	35 01
242 6	64—07	46—05	45—04	44—03	43—02	41—01	37 00	32 01
266 6	63—07	41—05	38—04	37—03	36—02	35—01	33 00	30 01
291 6	60—07	39—05	34—04	32—03	31—02	30—01	29 00	27 01
319 6	57—07	36—05	33—04	30—03	28—02	26—01	25 00	24 01
350 6	57—07	34—05	31—04	28—03	26—02	24—01	22 00	21 01
384 6	56—07	33—05	29—04	26—03	24—02	22—01	20 00	19 01
421 6	52—07	32—05	28—04	25—03	23—02	21—01	19 00	17 01
462 6	50—07	29—05	27—04	24—03	22—02	20—01	18 00	16 01
506 6	47—07	27—05	24—04	23—03	21—02	19—01	17 00	15 01
555 6	45—07	25—05	23—04	21—03	20—02	18—01	16 00	14 01
609 6	44—07	23—05	21—04	19—03	18—02	17—01	15 00	14 01
667 6	42—07	21—05	19—04	18—03	17—02	16—01	15 00	13 01
732 6	39—07	20—05	18—04	16—03	16—02	15—01	14 00	13 01
802 6	37—07	18—05	16—04	15—03	14—02	14—01	13 00	12 01
880 6	35—07	16—05	14—04	14—03	13—02	13—01	12 00	11 01
965 6	34—07	14—05	13—04	12—03	12—02	11—01	11 00	10 01
116 7	31—07	11—05	10—04	99—04	97—03	96—02	94—01	91 00

Table 8.4. Plexiglas (*Cont.*)

T, K	Density, kg/m³							
	100—3	100—2	316—2	100—1	316—1	100 0	316 0	100 1
Group with quantum energy $h\nu = 18.59$–30.00 eV								
116 5	18—01	34 00	13 01	47 01	16 02	53 02	17 03	56 03
128 5	10—01	25 00	10 01	41 01	14 02	50 02	16 03	55 03
139 5	50—02	17 00	82 00	34 01	13 02	46 02	16 03	53 03
153 5	28—02	10 00	58 00	26 01	11 02	41 02	14 03	50 03
168 5	23—02	64—01	37 00	19 01	88 01	35 02	13 03	46 03
183 5	25—02	45—01	24 00	13 01	67 01	29 02	11 03	42 03
202 5	27—02	40—01	18 00	94 00	49 01	23 02	99 02	38 03
222 5	23—02	42—01	16 00	73 00	36 01	18 02	81 02	33 03
242 5	14—02	40—01	16 00	66 00	29 01	14 02	66 02	28 03
266 5	66—03	31—01	15 00	64 00	26 01	11 02	53 02	23 03
291 5	29—03	19—01	12 00	58 00	24 01	10 02	45 02	19 03
319 5	12—03	10—01	76—01	46 00	22 01	94 01	39 02	17 03
350 5	46—04	49—02	42—01	30 00	17 01	83 01	35 02	15 03
384 5	16—04	22—02	21—01	17 00	12 01	68 01	31 02	13 03
421 5	57—05	93—03	10—01	95—01	76 00	49 01	26 02	11 03
462 5	29—05	37—03	45—02	48—01	43 00	32 01	19 02	97 02
507 5	19—05	16—03	19—02	23—01	23 00	20 01	13 02	76 02
555 5	15—05	10—03	98—03	11—01	12 00	11 01	92 01	56 02
609 5	11—05	73—04	61—03	58—02	62—01	64 00	56 01	39 02
667 5	75—06	57—04	46—03	38—02	35—01	36 00	34 01	26 02
732 5	51—06	43—04	36—03	28—02	23—01	21 00	20 01	17 02
803 5	37—06	31—04	28—03	23—02	18—01	14 00	13 01	11 02
880 5	28—06	23—04	21—03	18—02	14—01	11 00	90 00	75 01
967 5	21—06	17—04	16—02	14—02	11—01	91—01	69 00	54 01
106 6	16—06	13—04	12—03	11—02	95—02	76—01	57 00	42 01
116 6	13—06	10—04	98—04	88—03	76—02	63—01	48 00	35 01
128 6	11—06	85—05	78—04	70—03	62—02	52—01	41 00	30 01
140 6	89—07	70—05	63—04	57—03	51—02	43—01	35 00	26 01
153 6	73—07	57—05	53—04	48—03	42—02	37—01	30 00	23 01
168 6	61—07	46—05	44—04	41—03	36—02	32—01	27 00	21 01
184 6	52—07	38—05	36—04	34—03	31—02	28—01	23 00	19 01
202 6	46—07	31—05	29—04	28—03	27—02	24—01	21 00	17 01
221 6	41—07	26—05	24—04	23—03	23—02	21—01	18 00	15 01
242 6	38—07	22—05	20—04	20—03	19—02	18—01	16 00	14 01
266 6	38—07	19—05	17—04	16—03	16—02	15—01	14 00	12 01
291 6	37—07	18—05	15—04	14—03	13—02	13—01	12 00	11 01
319 6	36—07	17—05	15—04	13—03	12—02	11—01	11 00	10 01
350 6	36—07	16—05	14—04	12—03	11—02	10—01	95—01	89 00
384 6	35—07	15—05	13—04	11—03	10—02	95—02	86—01	79 00
421 6	34—07	15—05	12—04	11—03	99—03	90—02	80—01	72 00
462 6	33—07	13—05	11—04	10—03	93—03	84—02	76—01	67 00
506 6	32—07	12—05	10—04	99—04	89—03	80—02	71—01	64 00
655 6	31—07	11—05	10—04	90—04	84—03	76—02	68—01	60 00
509 6	30—07	10—05	92—05	83—04	77—03	72—02	65—01	57 00

Table 8.4. Plexiglas (Cont.)

T, K	Density, kg/m³							
	100—3	100—2	316—2	100—1	316—1	100 0	316 0	-100 1
667 6	30—07	10—05	84—05	76—04	71—03	67—02	61—01	55 00
732 6	29—07	94—06	77—05	70—04	65—03	62—02	57—01	52 00
802 6	28—07	86—06	70—05	64—04	60—03	56—02	53—01	49 00
880 6	27—07	78—06	63—05	58—04	55—03	52—02	49—01	46 00
965 6	26—07	71—06	56—05	51—04	49—03	47—02	45—01	42 00
116 7	25—07	59—06	45—05	40—04	38—03	38—02	37—01	36 00

Group with quantum energy $h\nu = 30.00$–55.00 eV

T, K	Density, kg/m³							
	100—3	100—2	316—2	100—1	316—1	100 0	316 0	-100 1
116 5	25—01	29 00	96 00	31 01	99 01	31 02	10 03	32 03
128 5	22—01	27 00	92 00	30 01	98 01	31 02	10 03	31 03
139 5	20—01	24 00	86 00	29 01	95 01	30 02	99 02	31 03
153 5	19—01	22 00	79 00	27 01	91 01	30 02	97 02	31 03
168 5	19—01	21 00	72 00	25 01	86 01	29 02	94 02	30 03
183 5	19—01	20 00	68 00	23 01	81 01	27 02	91 02	29 03
202 5	17—01	20 00	66 00	22 01	76 01	26 02	87 02	29 03
222 5	13—01	19 00	65 00	21 01	72 01	24 02	83 02	27 03
242 5	90—02	17 00	63 00	21 01	70 01	23 02	80 02	26 03
266 5	54—02	13 00	55 00	20 01	68 01	23 02	76 02	25 03
291 ·5	27—02	92—01	43 00	17 01	65 01	22 02	74 02	24 03
319 5	12—02	55—01	30 00	14 01	58 01	21 02	71 02	23 03
350 5	77—03	30—01	19 00	10 01	47 01	18 02	67 02	22 03
384 5	50—03	17—01	11 00	66 00	35 01	15 02	60 02	21 03
421 5	28—03	12—01	70—01	41 00	24 01	12 02	51 02	19 03
462 5	14—03	80—02	48—01	27 00	16 01	87 01	41 02	16 03
507 5	61—04	47—02	32—01	19 00	11 01	61 01	31 02	14 03
555 5	24—04	24—01	19—01	13 00	80 00	44 01	23 02	11 03
609 5	11—04	11—02	10—01	85—01	57 00	32 01	17 02	86 02
667 5	59—05	52—02	52—02	48—01	27 00	23 01	13 02	66 02
732 5	30—05	26—03	25—02	25—01	22 00	16 01	98 01	51 02
803 5	13—05	14—03	13—02	13—01	12 00	10 01	69 01	39 02
880 5	56—06	73—04	73—03	69—02	66—01	60 00	46 01	29 02
967 5	25—06	35—04	38—03	38—02	37—01	34 00	29 01	20 02
106 6	15—06	16—04	19—03	21—02	21—01	20 00	17 01	13 02
116 6	11—06	91—05	98—04	11—02	11—01	11 00	10 01	89 01
128 6	82—07	61—05	58—04	61—03	67—02	69—01	66 00	57 01
140 6	63—07	45—05	41—04	38—03	39—02	41—01	41 00	37 01
153 6	49—07	34—05	31—04	28—03	26—02	26—01	26 00	24 01
168 6	40—07	25—05	23—04	21—03	19—02	17—01	17 00	16 01
184 6	33—07	19—05	17—04	16—03	15—02	13—01	12—00	11 01
202 6	29—07	15—05	13—04	12—03	12—02	10—01	93—01	82 00
221 6	26—07	11—05	10—04	10—03	95—03	87—02	76—01	65 00
242 6	26—07	98—06	85—05	79—04	76—03	71—02	63—01	53 00
266 6	27—07	88—06	70—05	64—04	61—03	58—02	53—01	46 00
291 6	27—07	88—06	65—05	55—04	50—03	47—02	44—01	39 00
319 6	26—07	87—06	65—05	52—04	44—03	40—02	37—01	34 00

Table 8.4. Plexiglas (*Cont.*)

T, K	Density, kg/m³							
	100—3	100—2	316—2	100—1	316—1	100 0	316 0	100 1
350 6	26—07	80—06	62—05	52—04	42—03	36—02	32—01	29 00
384 6	26—07	76—06	57—05	49—04	42—03	35—02	29—01	26 00
421 6	25—07	72—06	54—05	45—04	39—03	34—02	28—01	24 00
462 6	25—07	66—06	50—05	42—04	36—03	32—02	28—01	23 00
506 6	25—07	61—06	45—05	39—04	34—03	30—02	26—01	22 00
555 6	24—07	57—06	41—05	35—04	31—03	28—02	24—01	21 00
609 6	24—07	53—06	38—05	32—04	28—03	26—02	23—01	20 00
667 6	24—07	50—06	34—05	29—04	26—03	24—02	21—01	19 00
732 6	24—07	47—06	31—05	26—04	23—03	22—02	20—01	18 00
802 6	23—07	44—06	29—05	23—04	21—03	19—02	18—01	16 00
880 6	23—07	41—06	26—05	21—04	19—03	18—02	16—01	15 00
965 6	23—07	38—06	23—05	18—04	17—03	16—02	15—01	14 00
116 7	22—07	34—06	19—05	14—04	13—03	12—02	12—01	11 00

Group with quantum energy $h\nu = 55.00\text{-}94.00$ eV

T, K	Density, kg/m³							
	100—3	100—2	316—2	100—1	316—1	100 0	316 0	100 1
116 5	11—01	11 00	37 00	11 01	37 01	11 02	37 02	11 03
128 5	11—01	11 00	37 00	11 01	37 01	11 02	37 02	11 03
139 5	12—01	11 00	37 00	11 01	37 01	11 02	37 02	11 03
153 5	12—01	11 00	37 00	11 01	37 01	11 02	37 02	11 03
168 5	12—01	12 00	37 00	11 01	37 01	11 02	37 02	11 03
183 5	11—01	12 00	37 00	11 01	37 01	11 02	37 02	11 03
202 5	11—01	11 00	37 00	11 01	37 01	11 02	37 02	11 03
222 5	11—01	11 00	37 00	11 01	37 01	11 02	37 02	11 03
242 5	10—01	11 00	37 00	11 01	37 01	11 02	37 02	11 03
266 5	10—01	11 00	36 00	11 01	36 01	11 02	36 02	11 03
291 5	93—02	10 00	34 00	11 01	36 01	11 02	36 02	11 03
319 5	87—02	97—01	32 00	10 01	35 01	11 02	36 02	11 03
350 5	78—02	91—01	30 00	10 01	34 01	11 02	35 02	11 03
384 5	63—02	84—01	28 00	96 00	32 01	10 02	34 02	11 03
421 5	45—02	73—01	26 00	89 00	30 01	10 02	33 02	10 03
462 5	27—02	58—01	22 00	82 00	28 01	95 01	31 02	10 03
507 5	15—02	41—01	18 00	71 00	25 01	89 01	30 02	99 02
555 5	87—03	26—01	13 00	58 00	22 01	81 01	28 02	94 02
609 5	47—03	16—01	87—01	42 00	18 01	72 01	25 02	88 02
667 5	23—03	10—01	57—01	29 00	14 01	60 01	23 02	81 02
732 5	10—03	60—02	37—01	20 00	10 01	47 01	19 02	73 02
803 5	37—04	31—02	22—01	13 00	72 00	35 01	15 02	63 02
880 5	12—04	14—02	12—01	86—01	50 00	26 01	12 02	52 02
967 5	47—05	57—03	56—02	48—01	33 00	19 01	94 01	42 02
106 6	18—05	22—03	24—02	24—01	19 00	13 01	70 01	33 02
116 6	75—06	94—04	10—02	11—01	10 00	81 00	50 01	25 02
128 6	35—06	41—04	46—03	50—02	51—01	46 00	33 01	19 02
140 6	19—06	19—04	21—03	23—02	25—01	24 00	20 01	13 02
153 6	11—06	10—04	10—03	11—02	12—01	12 00	11 01	89 01
168 6	74—07	60—05	60—04	62—03	65—02	68—01	66 00	55 01

Table 8.4. Plexiglas (*Cont.*)

T, K	Density, kg/m³							
	100—3	100—2	316—2	100—1	316—1	100 0	316 0	100 1
184 6	51—07	36—05	35—04	35—03	36—02	37—01	37 00	33 01
202 6	38—07	23—05	22—04	22—03	22—02	22—01	22 00	20 01
221 6	30—07	15—05	14—04	14—03	14—02	13—01	13 00	12 01
242 6	26—07	11—05	10—04	95—04	92—03	90—02	87—01	81 00
266 6	25—07	85—06	71—05	66—04	64—03	61—02	59—01	55 00
291 6	24—07	71—06	55—05	48—04	45—03	43—02	41—01	38 00
319 6	23—07	61—06	45—05	38—04	34—03	32—02	30—01	28 00
350 6	23—07	53—06	38—05	32—04	27—03	24—02	22—01	21 00
384 6	23—07	47—06	32—05	26—04	23—03	20—02	18—01	16 00
421 6	22—07	44—06	28—05	22—04	19—03	17—02	15—01	13 00
462 6	22—07	40—06	25—05	20—04	17—03	15—02	13—01	11 00
506 6	22—07	38—06	23—05	17—04	15—03	13—02	11—01	10 00
555 6	22—04	37—06	21—05	15—04	13—03	11—02	10—01	89—01
609 6	22—07	35—06	20—05	14—04	12—03	10—02	92—02	80—01
667 6	22—07	33—06	18—05	13—04	11—03	95—03	84—02	73—01
732 6	22—07	32—06	17—05	12—04	99—04	87—03	77—02	67—01
802 6	22—07	30—06	15—05	10—04	89—04	79—03	71—02	62—01
860 6	22—07	29—06	14—05	95—05	78—04	70—03	64—02	58—01
965 6	22—07	27—06	13—05	84—05	69—04	62—03	57—02	52—01
116 7	21—07	26—06	11—05	67—05	52—04	47—03	44—02	42—01

Group with quantum energy $h\nu = 94.00$–170.00 eV

116 5	36—02	35—01	11 00	35 00	11 01	35 01	11 02	35 02
128 5	36—02	35—01	11 00	35 00	11 01	35 01	11 02	35 02
139 5	36—02	36—01	11 00	35 00	11 01	35 01	11 02	35 02
153 5	37—02	36—01	11 00	35 00	11 01	35 01	11 02	35 02
168 5	37—02	36—01	11 00	36 00	11 01	35 01	11 02	35 02
183 5	36—02	36—01	11 00	36 00	11 01	35 01	11 02	35 02
202 5	36—02	36—01	11 00	36 00	11 01	35 01	11 02	35 02
222 5	35—02	36—01	11 00	36 00	11 01	35 01	11 02	35 02
242 5	34—02	35—01	11 00	36 00	11 01	36 01	11 02	35 02
266 5	33—02	35—01	11 00	36 00	11 01	36 01	11 02	35 02
291 5	33—02	34—01	11 00	35 00	11 01	35 01	11 02	35 02
319 5	32—02	33—01	10 00	34 00	11 01	35 01	11 02	35 02
350 5	30—02	32—01	10 00	33 00	10 01	35 01	11 02	35 02
384 5	28—02	31—01	10 00	32 00	10 01	34 01	11 02	35 02
421 5	26—02	29—01	98—01	32 00	10 01	33 01	10 02	34 02
462 5	24—02	27—01	93—01	30 00	10 01	32 01	10 02	33 02
507 5	21—02	25—01	86—01	29 00	96 00	31 01	10 02	32 02
555 5	18—02	23—01	79—01	27 00	91 00	30 01	99 01	32 02
609 5	13—02	20—01	72—01	25 00	85 00	28 01	95 01	31 02
667 5	75—03	16—01	63—01	22 00	79 00	27 01	90 01	29 02
732 5	41—03	11—01	51—01	19 00	71 00	25 01	85 01	28 02
803 5	26—03	70—02	36—01	16 00	63 00	22 01	78 01	26 02

Table 8.4. Plexiglas (*Cont.*)

T, K	Density, kg/m³							
	100—3	100—2	316—2	100—1	316—1	100 0	316 0	100—1
880 5	15—03	44—02	23—01	11 00	51 00	20 01	72 01	24 02
967 5	65—04	29—02	15—01	78—01	38 00	16 01	63 01	22 02
106 6	25—04	16—02	10—01	53—01	27 00	12 01	54 01	20 02
116 6	10—04	74—03	56—02	35—01	19 00	93 00	43 01	17 02
128 6	40—05	33—03	27—02	20—01	12 00	67 00	32 01	14 02
140 6	16—05	14—03	13—02	10—01	77—01	46 00	24 01	11 02
153 6	71—06	66—04	61—03	53—02	42—01	29 00	17 01	86 01
168 6	32—06	30—04	29—03	26—02	22—01	17 00	11 01	64 01
184 6	16—06	14—04	14—03	13—02	12—01	99—01	72 00	45 01
202 6	89—07	74—05	71—04	63—03	64—02	55—01	44 00	30 01
221 6	55—07	39—05	37—04	36—03	34—02	31—01	26 00	19 01
242 6	40—07	22—05	21—04	20—03	19—02	17—01	15 00	12 01
266 6	34—07	14—05	12—04	11—03	11—02	10—01	94—01	77 00
291 6	29—07	11—05	85—05	73—04	68—03	63—02	58—01	49 00
319 6	26—07	85—06	65—05	52—04	44—03	40—02	36—01	32 00
350 6	25—07	66—06	49—05	40—04	33—03	28—02	24—01	21 00
384 6	24—07	55—06	38—05	31—04	26—03	21—02	17—01	15 00
421 6	22—07	46—06	30—05	23—04	20—03	17—02	14—01	11 00
462 6	22—07	40—06	25—05	19—04	15—03	13—02	11—01	91—01
506 6	22—07	35—06	20—05	15—04	12—03	10—02	92—02	75—01
555 6	22—07	31—06	17—05	12—04	10—03	88—03	75—02	63—01
609 6	22—07	29—06	15—05	10—04	82—04	71—03	62—02	52—01
667 6	22—07	28—06	13—05	85—05	67—04	58—03	51—02	44—01
732 6	22—07	27—06	12—05	73—05	55—04	48—03	42—02	37—01
802 6	21—07	25—06	11—05	64—05	47—04	40—03	36—02	32—01
880 6	21—07	25—06	10—05	56—05	40—04	34—03	30—02	27—01
965 6	21—07	24—06	96—06	49—05	34—04	28—03	25—02	23—01
116 7	21—07	23—06	86—06	40—05	25—04	20—03	18—02	17—01

Group with quantum energy $h\nu = 170.00$–300.00 eV

116 5	79—03	77—02	24—01	77—01	24 00	77 00	24 01	77 01
128 5	80—03	78—02	24—01	77—01	24 00	77 00	24 01	77 01
139 5	81—03	79—02	24—01	77—01	24 00	77 00	24 01	76 01
153 5	81—03	80—02	25—01	78—01	24 00	77 00	24 01	76 01
168 5	81—03	80—02	25—01	79—01	24 00	77 00	24 01	76 01
183 5	81—03	81—02	25—01	79—01	24 00	78 00	24 01	77 01
202 5	80—03	80—02	25—01	80—01	25 00	78 00	24 01	77 01
222 5	79—03	80—02	25—01	80—01	25 00	79 00	24 01	77 01
242 5	77—03	79—02	25—01	80—01	25 00	79 00	24 01	77 01
266 5	76—03	77—02	24—01	79—01	25 00	79 00	24 01	78 01
291 5	74—03	76—02	24—01	78—01	25 00	79 00	24 01	78 01
319 5	73—03	74—02	23—01	76—01	24 00	78 00	24 01	78 01
350 5	70—03	73—02	23—01	75—01	24 00	77 00	24 01	77 01
384 5	66—03	71—02	23—01	73—01	23 00	76 00	24 01	77 01
421 5	61—03	68—02	22—01	72—01	23 00	74 00	23 01	76 01

Table 8.4. Plexiglas (*Cont.*)

T, K	Density, kg/m³							
	100−3	100−2	316−2	100−1	316−1	100 0	316 0	100 1
462 5	57−03	63−02	21−01	70−01	22 00	72 00	23 01	74 01
507 5	52−03	59−02	20−01	66−01	21 00	71 00	22 01	73 01
555 5	45−03	55−02	18−01	62−01	21 00	68 00	22 01	72 01
609 5	40−03	50−02	17−01	58−01	19 00	66 00	21 01	70 01
667 5	35−03	44−02	15−01	54−01	18 00	62 00	20 01	68 01
732 5	32−03	39−02	13−01	49−01	17 00	58 00	19 01	65 01
803 5	28 03	34−02	12−01	44−01	15 00	54 00	18 01	62 01
880 5	23 03	31−02	10−01	38−01	14 00	49 00	17 01	58 01
967 5	18 03	26−02	96−02	34−01	12 00	45 00	15 01	54 01
106 6	12 03	21−02	82−02	30−01	10 00	39 00	14 01	50 01
116 6	57 04	16−02	65−02	25−01	95−01	35 00	12 01	46 01
128 6	19 04	10−02	49−02	20−01	80−01	30 00	11 01	41 01
140 6	64−05	48−03	31−02	15−01	65−01	25 00	98 00	36 01
153 6	21−05	19−03	15−02	99−02	49−01	21 00	84 00	32 01
168 6	79−06	74−04	66−03	52−02	32−01	16 00	68 00	27 01
184 6	31−06	29−04	27−03	24−02	18−01	11 00	53 00	22 01
202 6	14−06	12−04	11−03	11−02	95−02	68−01	38 00	18 01
221 6	71−07	55−05	53−04	51−03	46−02	38−01	25 00	13 01
242 6	43−07	27−05	25−04	24−03	23−02	20−01	15 00	95 00
266 6	31−07	14−05	13−04	12−03	11−02	10−01	88−01	62 00
291 6	26−07	90−06	73−05	66−04	62−03	57−02	50−01	39 00
319 6	23−07	61−06	46−05	39−04	35−03	32−02	29−01	24 00
350 6	22−07	45−06	31−05	25−04	21−03	19−02	17−01	14 00
384 6	22−07	37−06	22−05	17−04	14−03	12−02	11−01	94−01
421 6	21−07	32−06	18−05	12−04	10−03	86−03	74−02	62−01
462 6	21−07	29−06	15−05	97−05	73−04	61−03	53−02	44−01
506 6	21−07	28−06	13−05	79−05	58−04	46−03	39−02	32−01
555 6	21−07	27−06	12−05	69−05	47−04	37−03	30−02	25−01
609 6	21−07	26−06	11−05	63−05	41−04	30−03	24−02	20−01
667 6	21−07	24−06	10−05	56−65	37−04	27−03	20−02	16−01
732 6	21−07	24−06	93−06	47−05	31−04	23−03	18−02	14−01
802 6	21−07	23−06	87−06	40−05	25−04	19−03	16−02	12−01
880 6	21−07	22−06	82−06	35−05	21−04	16−03	13−02	11−01
965 6	21−07	22−06	78−06	32−05	17−04	12−03	10−02	96−02
116 7	21−07	22−06	74−06	28−05	13−04	86−04	71−03	64−02

Group with quantum energy $h\nu = 300.00$–700.00 eV

116 5	31−02	31−01	99−01	31 00	99 00	31 01	99 01	31 02
128 5	31−02	31−01	99−01	31 00	99 00	31 01	99 01	31 02
139 5	31−02	31−01	99−01	31 00	99 00	31 01	99 01	31 02
153 5	31−02	31−01	99−01	31 00	99 00	31 01	99 01	31 02
168 5	31−02	31−01	99−01	31 00	99 00	31 01	99 01	31 02
183 5	31−02	31−01	99−01	31 00	99 00	31 01	99 01	31 02
202 5	31−02	31−01	99−01	31 00	99 00	31 01	99 01	31 02
222 5	31−02	31−01	99−01	31 00	99 00	31 01	99 01	31 02

Table 8.4. Plexiglas (*Cont.*)

T, K		Density, kg/m^3													
		100—3		100—2		316—2		100—1		316—1		100 0		316 0		100 1

T, K		100—3	100—2	316—2	100—1	316—1	100 0	316 0	100 1
242	5	31—02	31—01	99—01	31 00	99 00	31 01	99 01	31 02
266	5	31—02	31—01	99—01	31 00	99 00	31 01	99 01	31 02
291	5	30—02	31—01	99—01	31 00	99 00	31 01	99 01	31 02
319	5	29—02	31—01	98—01	31 00	99 00	31 01	99 01	31 02
350	5	23—02	30—01	97—01	31 00	98 00	31 01	99 01	31 02
384	5	13—02	27—01	94—01	30 00	98 00	31 01	99 01	31 02
421	5	62—03	20—01	83—01	29 00	96 00	31 01	98 01	31 02
462	5	27—03	11—01	62—01	25 00	92 00	30 01	98 01	31 02
507	5	14—03	58—02	37—01	19 00	81 00	29 01	96 01	30 02
555	5	99—04	28—02	19—01	12 00	62 00	25 01	91 01	30 02
609	5	79—04	15—02	97—02	67—01	41 00	20 01	82 01	28 02
667	5	68—04	99—03	52—02	35—01	24 00	14 01	67 01	26 02
732	5	62—04	77—03	33—02	19—01	13 00	90 00	49 01	21 02
803	5	55—04	66—03	25—02	11—01	73—01	52 00	33 01	17 02
880	5	45—04	59—03	21—02	83—02	43—01	29 00	20 01	12 02
967	5	35—04	51—03	18—02	68—02	29—01	17 00	12 01	81 01
106	6	24—04	41—03	15—02	59—02	23—01	11 00	74 00	52 01
116	6	11—04	31—03	12—02	50—02	19—01	81—01	46 00	32 01
128	6	52—05	21—03	10—02	41—02	16—01	45—01	31 00	20 01
140	6	38—05	12—03	68—03	32—02	13—01	55—01	24 00	13 01
153	6	50—05	83—04	45—03	24—02	11—01	47—01	19 00	98 00
168	6	79—05	92—04	38—03	18—02	90—02	40—01	17 00	77 00
184	6	12—04	13—03	45—03	17—02	78—02	35—01	15 00	66 00
202	6	19—04	20—03	64—03	22—02	82—02	33—01	14 00	61 00
221	6	28—04	29—03	94—03	30—02	10—01	37—01	14 00	60 00
242	6	32—04	41—03	13—02	42—02	13—01	46—01	16 00	64 00
266	6	21—04	49—03	17—02	57—02	18—01	61—01	20 00	73 00
291	6	10—04	41—03	19—02	71—02	24—01	79—01	26 00	88 00
319	6	61—05	23—03	14—02	72—02	28—01	99—01	32 00	10 01
350	6	39—05	13—03	84—03	52—02	27—01	11 00	39 00	13 01
384	6	18—05	96—04	55—03	32—02	19—01	10 00	42 00	15 01
421	6	71—06	55—04	38—03	22—02	13—01	75—01	38 00	16 01
462	6	29—06	25—04	21—03	15—02	94—02	53—01	29 00	14 01
506	6	13—06	11—04	10—03	89—02	65—02	39—01	21 00	11 01
555	6	71—07	50—05	47—04	44—03	38—02	27—01	16 00	91 00
609	6	44—07	24—05	22—04	21—03	20—02	16—01	12 00	71 00
667	6	32—07	13—05	11—04	10—03	10—02	93—02	76—01	52—00
732	6	27—07	77—06	62—05	56—04	53—03	50—02	44—01	35—00
802	6	24—07	50—06	36—05	31—04	28—03	27—02	25—01	21—00
880	6	23—07	37—06	22—05	18—04	16—03	15—02	14—01	13—00
965	6	22—07	30—06	15—05	11—04	95—04	89—03	84—02	78—01
116	7	21—07	24—06	99—06	53—05	38—04	33—03	31—02	29—01

Group with quantum energy $h\nu = 700.00{-}2000.00$ eV

T, K		100—3	100—2	316—2	100—1	316—1	100 0	316 0	100 1
116	5	50—03	50—02	15—01	50—01	15 00	50 00	15 01	50 01
128	5	50—03	50—02	15—01	50—01	15 00	50 00	15 01	50 01
139	5	50—03	50—02	15—01	50—01	15 00	50 00	15 01	50 01

Table 8.4. Plexiglas (*Cont.*)

T, K	Density, kg/m³							
	100—3	100—2	316—2	100—1	316—1	100 0	316 0	100 1
153 5	50—03	50—02	15—01	50—01	15 00	50 00	15 01	50 01
168 5	50—03	50—02	15—01	50—01	15 00	50 00	15 01	50 01
183 5	50—03	50—02	15—01	50—01	15 00	50 00	15 01	50 01
202 5	50—03	50—02	15—01	50—01	15 00	50 00	15 01	50 01
222 5	50—03	50—02	15—01	50—01	15 00	50 00	15 01	50 01
242 5	50—03	50—02	15—01	50—01	15 00	50 00	15 01	50 01
266 5	49—03	49—02	15—01	50—01	15 00	50 00	15 01	50 01
291 5	49—03	49—02	15—01	49—01	15 00	50 00	15 01	49 01
319 5	49—03	49—02	15—01	49—01	15 00	49 00	15 01	49 01
350 5	49—03	49—02	15—01	49—01	15 00	49 00	15 01	49 01
384 5	49—03	49—02	15—01	49—01	15 00	49 00	15 01	49 01
421 5	48—03	49—02	15—01	49—01	15 00	49 00	15 01	49 01
462 5	48—03	48—02	15—01	49—01	15 00	49 00	15 01	49 01
507 5	46—03	48—02	15—01	49—01	15 00	49 00	15 01	49 01
555 5	43—03	47—02	15—01	48—01	15 00	49 00	15 01	49 01
609 5	41—03	45—02	14—01	48—01	15 00	49 00	15 01	49 01
667 5	40—03	43—02	14—01	47—01	15 00	48 00	15 01	49 01
732 5	40—03	41—02	13—01	45—01	14 00	48 00	15 01	48 01
803 5	40—03	40—02	13—01	43—01	14 00	47 00	15 01	48 01
880 5	40—03	40—02	13—01	42—01	13 00	46 00	15 01	48 01
967 5	39—03	40—02	12—01	41—01	13 00	44 00	14 01	47 01
106 6	36—03	39—02	12—01	40—01	13 00	43 00	14 01	46 01
116 6	33—03	38—02	12—01	40—01	12 00	41 00	13 01	45 01
128 6	31—03	36—02	12—01	39—01	12 00	41 00	13 01	44 01
140 6	31—02	33—02	11—01	38—01	12 00	40 00	13 01	43 01
153 6	31—02	31—02	10—01	35—01	12 00	39 00	12 01	42 01
168 6	30—03	31—02	10—01	33—01	11 00	38 00	12 01	41 01
184 6	30—03	31—02	99—02	32—01	10 00	36 00	12 01	40 01
202 6	30—03	30—02	98—02	31—01	10 00	34 00	11 01	39 01
221 6	30—03	30—02	97—02	31—01	10 00	33 00	11 01	37 01
242 6	30—03	30—02	97—02	31—01	99—01	32 00	10 01	36 01
266 6	30—03	30—02	97—02	30—01	98—01	31 00	10 01	34 01
291 6	30—03	30—02	97—02	30—01	98—01	31 00	10 01	33 01
319 6	27—03	30—02	97—02	30—01	97—01	31 00	99 00	32 01
350 6	22—03	29—02	95—02	30—01	97—01	31 00	98 00	31 01
384 6	18—03	25—02	89—02	29—01	96—01	30 00	98 00	31 01
421 6	15—03	20—02	75—02	27—01	93—01	30 00	97 00	31 01
462 6	93—04	16—02	62—02	23—01	85—01	29 00	96 00	31 01
506 6	28—04	11—02	49—02	19—01	72—01	26 00	92 00	30 01
555 6	54—05	48—03	30—02	14—01	58—01	22 00	84 00	29 01
609 6	92—06	12—03	11—02	82—02	42—01	18 00	71 00	26 01
667 6	22—06	28—04	32—03	31—02	23—01	12 00	57 00	23 01
732 6	87—07	75—05	84—04	93—03	89—02	69—01	39 00	18 01
802 6	46—07	27—05	26—04	28—03	30—02	28—01	21 00	12 01
880 6	31—07	12—05	10—04	10—03	10—02	10—01	98—01	74 00
965 6	25—07	64—06	49—05	44—04	43—03	42—02	41—01	36 00
116 7	22—07	30—06	16—05	11—04	10—03	94—03	90—02	84—01

Table 8.5. Textolite

T, K	Density, kg/m³							
	100—3	100—2	316—2	100—1	316—1	100 0	316 0	100 1
Group with quantum energy $h\nu = 0.23$–1.22 eV								
116 5	15—04	38—03	17—02	67—02	25—01	88—01	30 00	10 01
128 5	22—04	73—03	35—02	15—01	60—01	22 00	80 00	28 01
139 5	26—04	12—02	64—02	30—01	12 00	51 00	19 01	71 01
153 5	25—04	16—02	10—01	53—01	24 00	10 01	42 01	16 02
168 5	22—04	18—02	13—01	82—01	42 00	19 01	83 01	34 02
183 5	21—04	18—02	15—01	10 00	64 00	32 01	15 02	65 02
202 5	21—04	16—02	15—01	12 00	85 00	49 01	24 02	11 03
222 5	24—04	16—02	14—01	12 00	99 00	65 01	36 02	18 03
242 5	28—04	17—02	14—01	12 00	10 01	77 01	49 02	27 03
266 5	30—04	19—02	15—01	12 00	10 01	84 01	59 02	36 03
291 5	32—04	22—02	17—01	13 00	10 01	86 01	66 02	44 03
319 5	32—04	24—02	19—01	15 00	11 01	89 01	70 02	51 03
350 5	33—04	25—02	21—01	17 00	12 01	96 01	74 02	56 03
384 5	37—04	25—02	22—01	18 00	14 01	10 02	80 02	60 03
421 5	40—04	27—02	23—01	19 00	15 01	12 02	90 02	66 03
462 5	43—04	30—02	24—01	20 00	16 01	13 02	10 03	74 03
507 5	46—04	33—02	27—01	21 00	17 01	14 02	11 03	83 03
555 5	49—04	35—02	29—01	24 00	19 01	15 02	12 03	92 03
609 5	51—04	38—02	31—01	26 00	20 01	16 02	12 03	10 04
667 5	52—04	40—02	33—01	27 00	22 01	17 02	13 03	10 04
732 5	50—04	41—02	35—01	29 00	24 01	19 02	15 03	11 04
803 5	48—04	41—02	36—01	31 00	25 01	20 02	16 03	12 04
880 5	47—04	40—02	36—01	32 00	27 01	22 02	17 03	13 04
967 5	45—04	39—02	35—01	32 00	28 01	23 02	18 03	14 04
106 6	44—04	38—02	34—01	31 00	28 01	24 02	19 03	15 04
116 6	43—04	37—02	34—01	30 00	27 01	24 02	20 03	16 04
128 6	40—04	35—02	33—01	30 00	27 01	24 02	20 03	17 04
140 6	36—04	34—02	32—01	29 00	26 01	23 02	20 03	17 04
153 6	32—04	31—02	30—01	28 00	25 01	23 02	20 03	17 04
168 6	29—04	28—02	28—01	26 00	24 01	22 02	20 03	17 04
184 6	25—04	25—02	25—01	24 00	23 01	21 02	19 03	17 04
202 6	23—04	23—02	22—01	22 00	22 01	20 02	18 03	16 04
221 6	20—04	20—02	20—01	20 00	20 01	19 02	18 03	16 04
242 6	19—04	18—02	18—01	18 00	18 01	17 02	16 03	15 04
266 6	19—04	17—02	16—01	16 00	16 01	16 02	15 03	14 04
291 6	18—04	16—02	15—01	15 00	14 01	14 02	14 03	13 04
319 6	18—04	16—02	15—01	14 00	13 01	13 02	12 03	12 04
350 6	17—04	15—02	14—01	14 00	12 01	12 02	11 03	11 04
384 6	17—04	15—02	14—01	13 00	12 01	11 02	10 03	10 04
421 6	16—04	14—02	13—01	12 00	12 01	11 02	10 03	97 03
462 6	15—04	14—02	13—01	12 00	11 01	10 02	10 03	93 03
506 6	14—04	13—02	12—01	12 00	11 01	10 02	96 02	89 03
555 6	14—04	12—02	12—01	11 00	10 01	10 02	93 02	86 03
609 6	13—04	12—02	11—01	11 00	10 01	97 01	90 02	82 03

Table 8.5. Textolite (*Cont.*)

T, K		Density, kg/m³							
		100−3	100−2	316−2	100−1	316−1	100 0	316 0	100 1
667	6	12—04	11—02	11—01	10 00	10 01	93 01	87 02	80 03
732	6	11—04	11—02	10—01	10 00	95 00	90 01	83 02	77 03
802	6	10—04	10—02	99—02	96—01	91 00	86 01	80 02	74 03
880	6	91—05	91—03	90—02	89—01	86 00	81 01	76 02	71 03
965	6	82—05	81—03	81—02	81—01	80 00	77 01	73 02	68 03
116	7	65—05	65—03	65—02	65—01	65 00	64 01	63 02	61 03

Group with quantum energy $h\nu = 1.22$–1.60 eV

T, K		100−3	100−2	316−2	100−1	316−1	100 0	316 0	100 1
116	5	50—05	12—03	54—03	21—02	79—02	28—01	10 00	37 00
128	5	74—04	23—03	11—02	47—02	18—01	69—01	24 00	89 00
139	5	84—05	38—03	20—02	92—02	39—01	15 00	57 00	20 01
153	5	80—05	51—03	31—02	16—01	73—01	30 00	12 01	45 01
168	5	71—05	57—03	41—02	24—01	12 00	56 00	23 01	93 01
183	5	64—05	55—03	46—02	32—01	18 00	93 00	42 01	17 02
202	5	65—05	50—03	45—02	36—01	24 00	14 01	68 01	31 02
222	5	76—05	48—03	42—02	37—01	28 00	18 01	10 02	49 02
242	5	87—05	51—03	41—02	35—01	29 00	21 01	13 02	72 02
262	5	95—05	59—03	44—02	35—01	29 00	23 01	16 02	96 02
291	5	99—05	67—03	51—02	38—01	30 00	24 01	18 02	11 03
319	5	97—05	73—03	58—02	43—01	32 00	25 01	19 02	13 03
350	5	10—04	75—03	63—02	49—01	36 00	27 01	20 02	15 03
384	5	11—04	76—03	65—02	54—01	41 00	30 01	22 02	16 03
421	5	12—04	81—03	67—02	56—01	45 00	34 01	24 02	18 03
462	5	13—04	89—03	71—02	58—01	47 00	37 01	27 02	20 03
507	5	13—04	97—03	78—02	62—01	50 00	40 01	30 02	22 03
555	5	14—04	10—02	85—02	68—01	53 00	42 01	33 02	25 03
609	5	15—04	10—02	90—02	74—01	58 00	45 01	35 02	27 03
667	5	15—04	11—02	96—02	78—01	63 00	49 01	38 02	29 03
732	5	14—04	11—02	10—01	83—01	67 00	53 01	41 02	31 03
803	5	13—04	11—02	10—01	87—01	71 00	57 01	45 02	34 03
880	5	13—04	11—02	10—01	90—01	75 00	60 01	48 02	37 03
967	5	12—04	10—02	99—02	90—01	77 00	63 01	50 02	40 03
106	6	12—04	10—02	97—02	87—01	77 00	66 01	53 02	42 03
116	6	12—04	10—02	94—02	85—01	76 00	66 01	55 02	44 03
128	6	11—04	99—03	91—02	83—01	74 00	66 01	56 02	46 03
140	6	10—04	94—03	88—02	80—01	72 00	64 01	56 02	47 03
153	6	89—05	87—03	83—02	77—01	70 00	63 01	55 02	47 03
168	6	79—05	78—03	77—02	73—01	67 00	61 01	54 02	47 03
184	6	70—05	70—03	69—02	67—01	64 00	59 01	52 02	46 03
202	6	62—05	62—03	62—02	61—01	59 00	56 01	51 02	45 03
221	6	56—05	55—03	55—02	55—01	54 00	52 01	48 02	43 03
242	6	53—05	50—03	49—02	49—01	48 00	47 01	45 02	41 03
266	6	53—05	46—03	44—02	44—01	43 00	43 01	41 02	39 03

Table 8.5. Textolite (*Cont.*)

T, K	Density, kg/m³							
	100—3	100—2	316—2	100—1	316—1	100 0	316 0	100 1
291 6	51—05	45—03	42—02	40—01	39 00	38 01	38 02	36 03
319 6	48—05	44—03	41—02	38—01	36 00	35 01	34 02	33 03
350 6	48—05	42—03	39—02	37—01	34 00	32 01	31 02	30 03
384 6	46—05	41—03	38—02	36—01	33 00	31 01	29 02	27 03
421 6	43—05	39—03	37—02	34—01	32 00	30 01	27 02	26 03
462 6	41—05	37—03	36—02	33—01	31 00	29 01	27 02	24 03
506 6	39—05	35—03	34—02	32—01	30 00	27 01	25 02	23 03
555 6	37—05	34—03	32—02	30—01	29 00	27 01	24 02	22 03
609 6	36—05	32—03	31—02	29—01	27 00	26 01	24 02	22 03
667 6	33—05	31—03	29—02	28—01	26 00	24 01	23 02	21 03
732 6	30—05	29—03	28—02	26—01	25 00	24 01	22 02	20 03
802 6	27—05	27—03	26—02	25—01	24 00	22 01	21 02	19 03
880 6	24—05	24—03	24—02	23—01	23 00	21 01	20 02	19 03
965 6	22—05	21—03	21—02	21—01	21 00	20 01	19 02	18 03
116 7	17—05	17—03	17—02	17—01	17 00	17 01	16 02	16 03

Group with quantum energy $h\nu = 1.60$–3.08 eV

116 5	29—05	70—04	30—03	12—02	45—02	17—01	64—01	26 00
128 5	40—05	12—03	58—03	24—02	97—02	36—01	13 00	52 00
139 5	43—05	19—03	10—02	45—02	19—01	74—01	28 00	10 01
153 5	39—05	25—03	15—02	76—02	34—01	14 00	55 00	21 01
168 5	33—05	26—03	19—02	11—01	55—01	24 00	10 01	40 01
183 5	29—05	24—03	20—02	14—01	81—01	39 00	17 01	71 01
203 5	29—05	21—03	19—02	15—01	10 00	57 00	27 01	12 02
222 5	33—05	20—03	17—02	15—01	11 00	73 00	39 01	18 02
242 5	37—05	21—03	17—02	14—01	11 00	84 00	50 01	26 02
266 5	40—05	24—03	18—02	14—01	11 00	89 00	60 01	34 02
291 5	41—05	27—03	20—02	14—01	11 00	90 00	66 01	42 02
319 5	39—05	29—03	22—02	16—01	12 00	92 00	69 01	47 02
350 5	39—05	29—03	24—02	18—01	13 00	98 00	72 01	52 02
384 5	44—05	29—03	24—02	20—01	15 00	10 01	78 01	56 02
421 5	47—05	31—03	25—02	20—01	16 00	12 01	87 01	61 02
462 5	50—05	34—03	27—02	21—01	17 00	13 01	97 01	69 02
507 5	52—05	36—03	29—02	23—03	18 00	14 01	10 02	77 02
555 5	55—05	38—03	31—02	25—01	19 00	15 01	11 02	85 02
609 5	56—05	40—03	33—02	27—01	21 00	16 01	12 02	92 02
667 5	55—05	42—03	35—02	28—01	22 00	17 01	13 02	10 03
732 5	52—05	43—03	36—02	30—01	24 00	18 01	14 02	10 03
803 5	49—05	42—03	37—02	31—01	25 00	20 01	15 02	11 03
880 5	48—05	40—03	36—02	32—01	26 00	21 01	16 02	12 03
967 5	46—05	38—03	35—02	31—01	27 00	22 01	17 02	13 03
106 6	44—05	37—03	34—02	30—01	27 00	22 01	18 02	14 03

Table 8.5. Textolite (*Cont.*)

T, K		Density, kg/m³							
		100—3	100—2	316—2	100—1	316—1	100 0	316 0	100 1
116	6	42—05	35—03	33—02	29—01	26 00	23 01	19 02	15 03
128	6	39—05	34—03	31—02	28—01	25 00	22 01	19 02	15 03
140	6	35—05	32—03	30—02	27—01	25 00	22 01	19 02	16 03
153	6	31—05	30—03	28—02	26—01	24 00	21 01	18 02	16 03
168	6	27—05	26—03	26—02	25—01	23 00	20 01	18 02	15 03
184	6	24—05	23—03	23—02	23—01	21 00	19 01	17 02	15 03
202	6	21—05	21—03	21—02	20—01	20 00	18 01	17 02	15 03
221	6	19—05	18—03	18—02	18—01	18 00	17 01	16 02	14 03
242	6	18—05	16—03	16—02	16—01	16 00	16 01	15 02	13 03
266	6	17—05	15—03	15—02	14—01	14 00	14 01	13 02	13 03
291	6	17—05	15—03	14—02	13—01	13 00	12 01	12 02	12 03
319	6	16—05	14—03	13—02	12—01	12 00	11 01	11 02	11 03
350	6	16—05	13—03	13—02	12—01	11 00	10 01	10 02	10 03
384	6	15—05	13—03	12—02	11—01	11 00	10 01	96 01	91 02
421	6	14—05	13—03	12—02	11—01	10 00	99 00	91 01	85 02
462	6	13—05	12—03	11—02	11—01	10 00	95 00	88 01	81 02
506	6	13—05	11—03	11—02	10—01	99—01	91 00	84 01	78 02
555	6	12—05	11—03	10—02	10—01	95—01	88 00	81 01	74 02
609	6	12—05	10—03	10—02	96—02	90—01	85 00	78 01	71 02
667	6	11—05	10—03	97—03	92—02	87—01	81 00	75 01	69 02
732	6	10—05	96—04	92—03	87—02	83—01	78 00	72 01	66 02
802	6	90—06	88—04	86—03	83—02	79—01	74 00	69 01	64 02
880	6	81—06	79—04	78—03	77—02	74—01	70 00	66 01	62 02
965	6	72—06	71—04	70—03	70—02	69—01	66 00	63 01	59 02
116	7	58—06	56—04	56—03	56—02	56—01	56 00	54 01	52 02

Group with quantum energy $h\nu = 3.08$–4.07 eV

116	5	24—05	61—04	27—03	11—02	42—02	16—01	63—01	26 00
128	5	29—05	95—04	45—03	19—02	78—02	30—01	11 00	47 00
139	5	29—05	13—03	69—03	32—02	13—01	54—01	21 00	82 00
153	5	24—05	15—03	95—03	48—02	22—01	92—01	36 00	14 01
168	5	19—05	15—03	11—02	66—02	32—01	14 00	60 00	23 01
183	5	17—05	13—03	11—02	78—02	44—01	21 00	94 00	38 01
202	5	18—05	11—03	10—02	81—02	53—01	29 00	13 01	60 01
222	5	22—05	11—03	92—03	77—02	58—01	36 00	18 01	88 01
242	5	24—05	12—03	90—03	72—02	57—01	40 00	23 01	12 02
266	5	25—05	14—03	98—03	71—02	55—01	41 00	27 01	15 02
291	5	24—05	15—03	11—02	77—02	55—01	41 00	29 01	18 02
319	5	21—05	16—03	12—02	86—02	59—01	42 00	30 01	20 02
350	5	20—05	15—03	12—02	93—02	65—01	45 00	32 01	22 02
384	5	21—05	14—03	12—02	98—02	72—01	50 00	34 01	23 02
421	5	23—05	15—03	12—02	99—02	77—01	56 00	38 01	26 02
462	5	24—05	16—03	12—02	10—01	80—01	60 00	43 01	29 02
507	5	25—05	17—03	13—02	10—01	82—01	63 00	46 01	32 02
555	5	26—05	17—03	14—02	11—01	86—01	66 00	49 01	36 02
609	5	26—05	18—03	15—02	12—01	93—01	70 00	52 01	38 02

Table 8.5. Textolite (*Cont.*)

T, K	Density, kg/m³							
	100—3	100—2	316—2	100—1	316—1	100 0	316 0	100 1
667 5	26—05	19—03	15—02	12—01	10 00	75 00	56 01	41 02
732 5	24—05	19—03	16—02	13—01	10 00	81 00	60 01	44 02
803 5	22—05	19—03	16—02	14—01	11 00	86 00	65 01	48 02
880 5	21—05	18—03	16—02	14—01	11 00	91 00	70 01	52 02
967 5	20—05	17—03	15—02	14—01	12 00	95 00	74 01	56 02
106 6	19—05	16—03	15—02	13—01	11 00	98 00	78 01	60 02
116 6	18—05	15—03	14—02	13—01	11 00	99 00	80 01	63 02
128 6	17—05	15—03	13—02	12—01	11 00	97 00	81 01	65 02
140 6	15—05	14—03	13—02	12—01	10 00	94 00	81 01	66 02
153 6	13—05	13—03	12—02	11—01	10 00	91 00	79 01	67 02
168 6	11—05	11—03	11—02	10—01	98—01	88 00	77 01	66 02
184 6	10—05	10—03	10—02	98—02	92—01	84 00	74 01	65 02
202 6	92—06	90—04	89—03	88—02	85—01	79 00	71 01	63 02
221 6	82—06	79—04	79—03	78—02	77—01	73 00	68 01	60 02
242 6	77—06	70—04	70—03	69—02	68—01	67 00	63 01	57 02
266 6	76—06	65—04	62—03	61—02	61—01	60 00	58 01	54 02
291 6	72—06	63—04	58—03	56—02	54—01	53 00	52 01	50 02
319 6	69—06	61—04	57—03	53—02	50—01	48 00	47 01	45 02
350 6	68—06	58—04	55—03	51—02	47—01	44 00	42 01	41 02
384 6	65—06	56—04	52—03	49—02	46—01	42 00	39 01	37 02
421 6	60—06	54—04	50—03	47—02	44—01	41 00	37 01	35 02
462 6	57—06	51—04	49—03	45—02	42—01	39 00	36 01	33 02
506 6	55—06	48—04	46—03	43—02	40—01	37 00	34 01	32 02
555 6	52—06	46—04	43—03	41—02	39—01	36 00	33 01	30 02
609 6	50—06	44—04	42—03	39—02	37—01	34 00	32 01	29 02
667 6	47—06	42—04	39—03	37—02	35—01	33 00	30 01	28 02
732 6	42—06	39—04	38—03	36—02	34—01	32 00	29 01	27 02
802 6	38—06	36—04	38—03	34—02	32—01	30 00	28 01	26 02
880 6	34—06	32—04	32—03	31—02	30—01	28 00	27 01	25 02
965 6	31—06	29—04	28—03	28—02	28—01	27 00	25 01	24 02
116 7	25—06	23—04	23—03	23—02	22—01	22 00	22 01	21 02

Group with quantum energy $h\nu = 4.07$–7.05 eV

116 5	19—05	60—04	28—03	12—02	47—02	18—01	72—01	30 00
128 5	20—05	78—04	41—03	19—02	80—02	31—01	12 00	50 00
139 5	17—05	92—04	53—03	27—02	12—01	51—01	20 00	82 00
153 5	14—05	95—04	62—03	35—02	17—01	76—01	31 00	12 01
168 5	11—05	87—04	65—03	41—02	22—01	10 00	46 00	19 01
183 5	11—05	74—04	61—03	44—02	26—01	13 00	64 00	27 01
202 5	15—05	67—04	54—03	42—02	29—01	16 00	83 00	37 01
222 5	20—05	72—04	50—03	39—02	29—01	18 00	10 01	49 01
242 5	23—05	91—04	55—03	38—02	28—01	19 00	11 01	60 01
266 5	21—05	11—03	67—03	40—02	28—01	19 00	12 01	72 01
291 5	18—05	11—03	78—03	48—02	29—01	20 00	13 01	81 01
319 5	14—05	11—03	82—03	54—02	33—01	21 00	14 01	89 01
350 5	12—05	95—04	78—03	57—02	37—01	23 00	14 01	95 01

Table 8.5. Textolite (*Cont.*)

T, K	Density, kg/m³							
	100—3	100—2	316—2	100—1	316—1	100 0	316 0	100 1
384 5	11—05	83—04	70—03	56—02	40—01	26 00	16 01	10 02
421 5	12—05	78—04	64—03	53—02	41—01	28 00	18 01	11 02
462 5	12—05	79—04	63—03	50—02	39—01	29 00	19 01	12 02
507 5	13—05	82—04	64—03	50—02	38—01	29 00	21 01	14 02
555 5	13—05	86—04	67—03	52—02	39—01	29 00	21 01	15 02
609 5	13—05	91—04	71—03	54—02	41—01	30 00	22 01	16 02
667 5	13—05	95—04	75—03	57—02	43—01	32 00	23 01	16 02
732 5	11—05	95—04	78—03	61—02	46—01	34 00	24 01	17 02
803 5	10—05	90—04	78—03	64—02	49—01	36 00	26 01	19 02
880 5	10—05	84—04	75—03	64—02	51—01	39 00	29 01	21 02
967 5	97—06	79—04	71—03	62—02	52—01	41 00	30 01	22 02
106 6	91—06	75—04	67—03	59—02	51—01	42 00	32 01	24 02
116 6	85—06	71—04	64—03	57—02	49—01	42 00	33 01	25 02
128 6	77—06	67—04	60—03	54—02	47—01	41 00	33 01	26 02
140 6	68—06	62—04	57—03	51—02	46—01	39 00	33 01	27 02
153 6	59—06	56—04	53—03	48—02	43—01	38 00	32 01	27 02
168 6	51—06	49—04	48—03	45—02	41—01	36 00	31 01	26 02
184 6	45—06	43—04	42—03	41—02	38—01	35 00	30 01	26 02
202 6	39—06	37—04	37—03	36—02	35—01	32 00	29 01	25 02
221 6	34—06	33—04	32—03	32—02	31—01	30 00	27 01	24 02
242 6	32—06	29—04	28—03	28—02	28—01	27 00	25 01	23 02
266 6	31—06	26—04	25—03	25—02	24—01	24 00	23 01	21 02
291 6	30—06	25—04	23—03	22—02	22—01	21 00	21 01	19 02
319 6	28—06	24—04	22—03	21—02	20—01	19 00	18 01	18 02
350 6	28—06	23—04	21—03	20—02	18—01	17 00	17 01	16 02
384 6	26—06	22—04	20—03	19—02	18—01	16 00	15 01	14 02
421 6	24—06	21—04	20—03	18—02	17—01	16 00	14 01	13 02
462 6	23—06	20—04	19—03	17—02	16—01	15 00	14 01	13 02
506 6	22—06	19—04	17—03	17—02	15—01	14 00	13 01	12 02
555 6	21—06	18—04	17—03	16—02	15—01	14 00	12 01	11 02
609 6	20—06	17—04	16—03	15—02	14—01	13 00	12 01	11 02
667 6	19—06	16—04	15—03	14—02	13—01	12 00	11 01	10 02
732 6	17—06	15—04	14—03	13—02	13—01	12 00	11 01	10 02
802 6	16—06	14—04	13—03	13—02	12—01	11 00	10 01	10 02
880 6	14—06	12—04	12—03	12—02	11—01	11 00	10 01	96 01
965 6	13—06	11—04	11—03	11—02	10—01	10 00	98 00	91 01
116 7	10—06	89—05	88—04	87—03	87—02	86—01	84 00	81 01

Group with quantum energy $h\nu = 7.05$–8.66 eV

116 5	26—04	97—03	46—02	19—01	73—01	25 00	87 00	29 01
128 5	18—04	83—03	46—02	21—01	90—01	33 00	11 01	40 01
139 5	10—04	65—03	41—02	22—01	10 00	41 00	15 01	54 01
153 5	64—05	47—03	33—02	20—01	10 00	46 00	18 01	68 01
168 5	40—05	31—03	25—02	17—01	98—01	48 00	21 01	82 01
183 5	32—05	21—03	17—02	13—01	87—01	47 00	22 01	94 01
202 5	37—05	15—03	12—02	10—01	72—01	44 00	22 01	10 02

Table 8.5. Textolite (*Cont.*)

T, K	Density, kg/m³							
	100—3	100—2	316—2	100—1	316—1	100 0	316 0	100 1
222 5	46—05	14—03	10—02	77—02	58—01	38 00	21 01	10 02
242 5	46—05	17—03	99—03	64—02	46—01	32 00	20 01	10 02
266 5	38—05	20—03	11—02	65—02	41—01	28 00	18 01	10 02
291 5	28—05	19—03	12—02	73—02	41—01	25 00	16 01	96 01
319 5	20—05	16—03	12—02	79—02	45—01	25 00	15 01	92 01
350 5	14—05	12—03	10—02	77—02	48—01	27 00	15 01	90 01
384 5	10—05	92—04	83—03	67—02	47—01	29 00	16 01	91 01
421 5	89—06	71—04	64—03	55—02	43—01	29 00	17 01	96 01
462 5	82—06	59—04	52—03	45—02	37—01	27 00	17 01	10 02
507 5	83—06	54—04	45—03	37—02	31—01	24 00	17 01	10 02
555 5	86—06	52—04	42—03	34—02	27—01	21 00	16 01	10 02
609 5	84—06	54—04	41—03	32—02	25—01	19 00	14 01	10 02
667 5	76—06	56—04	43—03	32—02	24—01	18 00	14 01	10 02
732 5	68—06	54—04	44—03	34—02	25—01	18 00	13 01	98 01
803 5	61—06	51—04	44—03	35—02	26—01	19 00	14 01	10 02
880 5	57—06	46—04	41—03	35—02	28—01	20 00	15 01	10 02
967 5	54—06	43—04	38—03	34—02	28—01	21 00	15 01	11 02
106 6	51—06	41—04	36—03	32—02	27—01	22 00	16 01	12 02
116 6	49—06	38—04	34—03	30—02	26—01	22 00	17 01	12 02
128 6	44—06	36—04	32—03	28—02	25—01	21 00	17 01	13 02
140 6	38—06	34—04	31—03	27—02	24—01	20 00	17 01	13 02
153 6	33—06	30—04	29—03	26—02	22—01	19 00	16 01	13 02
168 6	28—06	27—04	26—03	24—02	21—01	19 00	16 01	13 02
184 6	25—06	23—04	23—03	22—02	20—01	18 00	15 01	13 02
202 6	21—06	20—04	20—03	19—02	18—01	17 00	15 01	12 02
221 6	19—06	17—04	17—03	17—02	16—01	15 00	14 01	12 02
242 6	17—06	15—04	15—03	14—02	14—01	14 00	13 01	11 02
266 6	17—06	13—04	13—03	13—02	12—01	12 00	11 01	10 02
291 6	16—06	13—04	12—03	11—02	11—01	11 00	10 01	10 02
319 6	15—06	12—04	11—03	10—02	10—01	98—01	95 00	90 01
350 6	15—06	11—04	11—03	10—02	95—02	89—01	85 00	81 01
384 6	14—06	11—04	10—03	97—03	91—02	84—01	78 00	74 01
421 6	13—06	10—04	10—03	92—03	86—02	80—01	73 00	68 01
462 6	12—06	10—04	95—04	88—03	81—02	75—01	70 00	64 01
506 6	12—06	95—05	89—04	84—03	78—02	72—01	66 00	61 01
555 6	11—06	90—05	84—04	79—03	74—02	69—01	63 00	58 01
609 6	11—06	85—05	80—04	75—03	70—02	66—01	60 00	55 01
667 6	10—06	81—05	76—04	71—03	67—02	62—01	58 00	53 01
732 6	97—07	76—05	72—04	67—03	64—02	60—01	55 00	51 01
802 6	89—07	69—05	67—04	64—03	60—02	56—01	53 00	49 01
880 6	81—07	62—05	60—04	59—03	57—02	53—01	50 00	46 01
965 6	74—07	55—05	54—04	53—03	52—02	50—01	47 00	44 01
116 7	63—07	44—05	43—04	42—03	42—02	41—01	41 00	39 01

Group with quantum energy $h\nu = 8.66\text{-}10.89$ eV

| 116 5 | 13—03 | 49—02 | 23—01 | 99—01 | 36 00 | 12 01 | 43 01 | 14 02 |
| 128 5 | 80—04 | 37—02 | 20—01 | 95—01 | 39 00 | 14 01 | 50 01 | 17 02 |

Table 8.5. Textolite (*Cont.*)

T, K		Density, kg/m³							
		100—3	100—2	316—2	100—1	316—1	100 0	316 0	100 1
139	5	42—04	25—02	15—01	84—01	38 00	15 01	57 01	19 02
153	5	21—04	16—02	11—01	67—01	34 00	15 01	61 01	22 02
168	5	11—04	94—03	75—02	51—01	29 00	14 01	61 01	23 02
183	5	75—05	55—03	47—02	35—01	23 00	12 01	59 01	24 02
202	5	69—05	34—03	29—02	24—01	17 00	10 01	53 01	23 02
222	5	74—05	27—03	20—02	16—01	12 00	83 00	46 01	22 02
242	5	67—05	27—03	16—02	11—01	88—01	63 00	39 01	20 02
266	5	51—05	28—03	16—02	10—01	68—01	48 00	31 01	17 02
291	5	37—05	25—03	17—02	10—01	60—01	39 00	25 01	15 02
319	5	25—05	20—03	15—02	10—01	60—01	35 00	21 01	13 02
350	5	17—05	15—03	12—02	94—02	60—01	34 00	20 01	11 02
384	5	12—05	10—03	96—03	79—02	56—01	34 00	19 01	11 02
421	5	96—06	78—04	71—03	62—02	48—01	33 00	19 01	10 02
462	5	84—06	61—04	54—03	47—02	39—01	29 00	18 01	10 02
507	5	83—06	52—04	44—03	37—02	31—01	25 00	17 01	10 02
555	5	86—06	49—04	39—03	31—02	26—01	20 00	15 01	99 01
609	5	82—06	50—04	37—03	29—02	22—01	17 00	13 01	92 01
667	5	72—06	51—04	38—03	28—02	21—01	16 00	12 01	85 01
732	5	60—06	48—04	39—03	28—02	20—01	15 00	11 01	78 01
803	5	53—06	44—04	38—03	30—02	21—01	15 00	11 01	77 01
880	5	48—06	38—04	35—03	29—02	22—01	16 00	11 01	79 01
967	5	43—06	35—04	31—03	27—02	22—01	16 00	11 01	82 01
106	6	40—06	32—04	28—03	25—02	21—01	17 00	12 01	86 01
116	6	38—06	29—04	26—03	23—02	20—01	16 00	12 01	90 01
128	6	34—06	27—04	24—03	21—02	18—01	15 00	12 01	92 01
140	6	29—06	25—04	23—03	20—02	17—01	14 00	12 01	93 01
153	6	25—06	22—04	21—03	18—02	16—01	14 00	11 01	92 01
168	6	21—06	19—04	19—03	17—02	15—01	13 00	11 01	91 01
184	6	18—06	16—04	16—03	15—02	14—01	12 00	10 01	88 01
202	6	16—06	14—04	14—03	13—02	13—01	11 00	10 01	85 01
221	6	14—06	12—04	12—03	12—02	11—01	10 00	96 00	82 01
242	6	12—06	10—04	10—03	10—02	10—01	97—01	89 00	78 01
266	6	12—06	95—05	91—04	89—03	88—02	85—01	80 00	72 01
291	6	11—06	88—05	82—04	79—03	77—02	75—01	72 00	66 01
319	6	10—06	82—05	77—04	72—03	68—02	66—01	63 00	60 01
350	6	10—06	77—05	72—04	63—03	63—02	59—01	56 00	54 01
384	6	99—07	73—05	67—04	63—03	59—02	55—01	51 00	48 01
421	6	93—07	70—05	64—04	59—03	55—02	52—01	48 00	44 01
462	6	89—07	65—05	61—04	57—03	52—02	48—01	45 00	41 01
506	6	85—07	61—05	57—04	54—03	50—02	46—01	42 00	39 01
555	6	82—07	58—05	54—04	50—03	47—02	44—01	40 00	37 01
609	6	79—07	55—05	51—04	48—03	45—02	42—01	38 00	35 01
667	6	75—07	52—05	48—04	45—03	42—02	39—01	36 00	33 01
732	6	69—07	49—05	45—04	43—03	40—02	38—01	35 00	32 01
802	6	64—07	44—05	42—04	40—03	38—02	35—01	33 00	30 01
880	6	59—07	40—05	38—04	37—03	35—02	33—01	31 00	29 01
965	6	54—07	35—05	34—04	33—03	33—02	31—01	30 00	27 01
116	7	47—07	28—05	27—04	26—03	26—02	26—01	25 00	24 01

Table 8.5. Textolite (*Cont.*)

T, K	Density, kg/m³							
	100—3	100—2	316—2	100—1	316—1	100 0	316 0	100 1

Group with quantum energy $h\nu = 10.89$–12.38 eV

T, K	100—3	100—2	316—2	100—1	316—1	100 0	316 0	100 1
116 5	23—02	83—01	39 00	16 01	60 01	21 02	70 02	23 03
128 5	11—02	51—01	27 00	13 01	53 01	19 02	68 02	22 03
139 5	51—03	29—01	18 00	95 00	43 01	17 02	64 02	22 03
153 5	21—03	16—01	11 00	65 00	33 01	14 02	57 02	20 03
168 5	96—04	80—02	63—01	42 00	24 01	11 02	50 02	19 03
183 5	47—04	39—02	34—01	25 00	16 01	89 01	41 02	16 03
202 5	28—04	20—02	18—01	15 00	10 01	64 01	32 02	14 03
222 5	21—04	11—02	98—02	84—01	66 00	44 01	25 02	11 03
242 5	15—04	81—03	60—02	49—01	40 00	29 01	18 02	94 02
266 5	10—04	62—03	44—02	32—01	25 00	19 01	12 02	72 02
291 5	63—05	46—03	34—02	24—01	17 00	12 01	90 01	54 02
319 5	38—05	32—03	26—02	19—01	13 00	90 00	63 01	40 02
350 5	21—05	21—03	19—02	15—01	10 00	70 00	47 01	30 02
384 5	11—05	13—03	13—02	11—01	84—01	57 00	37 01	23 02
421 5	73—06	82—04	84—03	78—02	64—01	46 00	30 01	18 02
462 5	57—06	51—04	53—03	52—02	47—01	36 00	25 01	15 02
507 5	54—06	37—04	35—03	35—02	33—01	28 00	20 01	13 02
555 5	56—06	32—04	27—03	25—02	23—01	21 00	16 01	11 02
609 5	53—06	33—04	25—03	20—02	17—01	15 00	13 01	94 01
667 5	48—06	33—04	25—03	19—02	15—01	12 00	10 01	78 01
732 5	41—06	32—04	26—03	19—02	14—01	10 00	86 00	66 01
803 5	36—06	29—04	25—03	20—02	14—01	10 00	79 00	59 01
880 5	33—06	26—04	23—03	19—02	15—01	10 00	77 00	56 01
967 5	30—06	23—04	21—03	18—02	15—01	11 00	79 00	56 01
106 6	29—06	22—04	19—03	16—02	14—01	11 00	82 00	57 01
116 6	27—06	20—04	18—03	15—02	13—01	11 00	84 00	60 01
128 6	25—06	19—04	17—03	14—02	12—01	10 00	83 00	61 01
140 6	21—06	18—04	16—03	13—02	12—01	10 00	81 00	62 01
153 6	18—06	16—04	15—03	13—02	11—01	96—01	79 00	62 01
168 6	15—06	14—04	13—03	12—02	10—01	92—01	76 00	61 01
184 6	13—06	12—04	11—03	11—02	10—01	88—01	73 00	60 01
202 6	11—06	10—04	10—03	97—03	92—02	83—01	70 00	58 01
221 6	10—06	87—05	86—04	84—03	81—02	76—01	67 00	56 01
242 6	94—07	75—05	74—04	72—03	71—02	68—01	62 00	53 01
266 6	91—07	67—05	64—04	63—03	61—02	59—01	56 00	50 01
291 6	85—07	63—05	58—04	55—03	53—02	52—01	50 00	46 01
319 6	81—07	59—05	55—04	50—03	48—02	46—01	44 00	41 01
350 6	80—07	55—05	51—04	48—03	44—02	41—01	39 00	37 01
384 6	76—07	52—05	47—04	44—03	42—02	38—01	36 00	33 01
421 6	71—07	50—05	46—04	42—03	39—02	36—01	33 00	31 01
462 6	68—07	46—05	43—04	40—03	37—02	34—01	31 00	29 01
506 6	66—07	43—05	40—04	38—03	35—02	32—01	29 00	27 01

Table 8.5. Textolite (*Cont.*)

T, K		Density, kg/m³							
		100—3	100—2	316—2	100—1	316—1	100 0	316 0	100 1
555	6	63—07	41—05	38—04	35—03	33—02	31—01	28 00	25 01
609	6	62—07	39—05	36—04	33—03	31—02	29—01	27 00	24 01
667	6	59—07	37—05	34—04	31—03	29—02	27—01	25 00	23 01
732	6	55—07	35—05	32—04	30—03	28—02	26—01	24 00	22 01
802	6	51—07	31—05	29—04	28—03	26—02	25—01	23 00	21 01
880	6	47—07	28—05	26—04	26—03	25—02	23—01	22 00	20 01
965	6	44—07	25—05	24—04	23—03	22—02	22—01	20 00	19 01
116	7	39—07	20—05	19—04	18—03	18—02	18—01	17 00	17 01

Group with quantum energy $h\nu = 12.38$–18.59 eV

116	5	11—01	23 00	94 00	35 01	12 02	41 02	13 03	44 03
128	5	65—02	18 00	79 00	31 01	11 02	40 02	13 03	44 03
139	5	29—02	12 00	61 00	26 01	10 02	38 02	13 03	44 03
153	5	12—02	74—01	43 00	21 01	90 01	35 02	12 03	43 03
168	5	50—03	38—01	26 00	15 01	73 01	30 02	11 03	41 03
183	5	24—03	18—01	14 00	99 00	54 01	25 02	10 03	38 03
202	5	15—03	89—02	75—01	58 00	37 01	19 02	88 02	34 03
222	5	12—03	52—02	40—01	32 00	23 01	14 02	70 02	30 03
242	5	81—04	37—02	25—01	18 00	14 01	96 01	53 02	25 03
266	5	47—04	28—02	18—01	12 00	88 00	63 01	38 02	19 03
291	5	25—04	19—02	13—01	90—01	59 00	41 01	27 02	15 03
319	5	13—04	11—02	96—02	68—01	44 00	29 01	19 02	11 03
350	5	68—05	68—03	61—02	48—01	33 00	21 01	14 02	85 02
384	5	34—05	38—03	37—02	32—01	24 00	16 01	10 02	64 02
421	5	19—05	21—03	21—02	20—01	17 00	12 01	82 01	50 02
462	5	13—05	12—03	12—02	12—01	11 00	89 00	62 01	39 02
507	5	10—05	80—04	77—03	76—02	72—01	62 00	46 01	30 02
555	5	83—06	60—04	53—03	49—02	46—01	42 00	33 01	23 02
609	5	68—06	49—04	41—03	35—02	32—01	28 00	24 01	17 02
667	5	53—06	41—04	34—03	28—02	24—01	20 00	17 01	13 02
732	5	42—06	34—04	29—03	24—02	19—01	15 00	13 01	10 02
803	5	33—06	28—04	25—03	21—02	16—01	13 00	10 01	81 01
880	5	27—06	23—04	21—03	18—02	15—01	11 00	89 00	67 01
967	5	24—06	19—04	17—03	15—02	13—01	10 00	80 00	59 01
106	6	22—06	16—04	15—03	13—02	11—01	96—01	73 00	53 01
116	6	21—06	14—04	13—03	11—02	10—01	86—01	68 00	50 01
128	6	18—06	14—04	11—03	10—02	90—02	77—01	62 00	47 01
140	6	16—06	13—04	11—03	94—03	81—02	69—01	57 00	44 01
153	6	13—06	11—04	10—03	89—03	75—02	63—01	52 00	41 01
168	6	11—06	96—05	91—04	83—03	71—02	59—01	49 00	39 01
184	6	96—07	81—05	78—04	74—03	66—02	56—01	46 00	37 01
202	6	82—07	68—05	66—04	63—03	59—02	52—01	44 00	35 01
221	6	72—07	57—05	55—04	54—03	52—02	48—01	41 00	34 01
242	6	66—07	48—05	47—04	46—03	44—02	42—01	38 00	32 01
266	6	63—07	42—05	40—04	39—03	38—02	37—01	34 00	30 01
291	6	59—07	39—05	36—04	34—03	33—02	32—01	30 00	27 01

Table 8.5. Textolite (*Cont.*)

T, K		Density, kg/m³							
		100—3	100—2	316—2	100—1	316—1	100 0	316 0	100 1
319	6	56—07	36—05	33—04	30—03	29—02	28—01	26 00	24 01
350	6	55—07	33—05	30—04	28—03	26—02	24—01	23 00	22 01
384	6	52—07	31—05	28—04	26—03	24—02	22—01	21 00	19 01
421	6	49—07	30—05	27—04	24—03	22—02	21—01	19 00	17 01
462	6	47—07	27—05	25—03	23—03	21—02	19—01	18 00	16 01
506	6	46—07	25—05	23—03	21—03	20—02	18—01	17 00	15 01
555	6	45—07	24—05	21—04	20—03	19—02	17—01	16 00	14 01
609	6	44—07	23—05	20—04	19—03	17—02	16—01	15 00	13 01
667	6	42—07	21—05	19—04	17—03	16—02	15—01	14 00	13 01
732	6	40—07	20—05	18—04	16—03	15—02	14—01	13 00	12 01
802	6	37—07	18—05	16—04	15—03	14—02	13—01	12 00	11 01
880	6	35—07	16—05	15—04	14—03	13—02	13—01	12 00	11 01
965	6	34—07	15—05	13—04	13—03	12—02	12—01	11 00	10 01
116	7	31—07	12—05	10—04	10—03	10—02	99—02	97—01	92 00

Group with quantum energy $h\nu = 18.59\text{--}30.00$ eV

116	5	18—01	33 00	12 01	44 01	15 02	50 02	16 03	53 03
128	5	10—01	25 00	10 01	39 01	14 02	48 02	15 03	51 03
139	5	47—02	17 00	80 00	33 01	12 02	44 02	15 03	50 03
153	5	25—02	10 00	56 00	26 01	10 02	39 02	14 03	47 03
168	5	19—02	58—01	35 00	18 01	85 01	34 02	12 03	44 03
183	5	20—02	38—01	22 00	12 01	64 01	28 02	11 03	40 03
202	5	21—02	33—01	15 00	84 00	46 01	22 02	94 02	36 03
222	5	17—02	34—01	13 00	63 00	32 01	16 02	76 02	31 03
242	5	10—02	32—01	13 00	54 00	25 01	12 02	61 02	26 03
266	5	48—03	24—01	12 00	51 00	21 01	10 02	48 02	21 03
291	5	21—03	14—01	92—01	46 00	20 01	86 01	39 02	17 03
319	5	91—04	76—02	57—01	35 00	17 01	77 01	33 02	15 03
350	5	35—04	37—02	31—01	23 00	13 01	67 01	29 02	12 03
384	5	12—04	17—02	16—01	13 00	94 00	53 01	25 02	11 03
421	5	49—05	72—03	78—02	73—01	58 00	38 01	20 02	96 02
462	5	27—05	30—03	35—02	37—01	34 00	25 01	15 02	79 02
507	5	18—05	14—03	16—02	18—01	18 00	15 01	11 02	62 02
555	5	13—05	93—04	86—03	90—02	97—01	92 00	72 01	46 02
609	5	97—06	68—04	56—03	51—02	52—01	52 00	45 01	32 02
667	5	66—06	51—04	42—03	35—02	31—01	30 00	27 01	21 02
732	5	45—06	38—04	32—03	26—02	21—01	19 00	17 01	14 02
803	5	33—06	27—04	24—03	20—02	16—01	13 00	11 01	94 01
880	5	26—06	20—04	18—03	16—02	13—01	10 00	80 00	64 01
967	5	20—06	16—04	14—03	12—02	10—01	81—01	61 00	47 01
106	6	16—04	12—04	11—03	98—03	84—02	67—01	50 00	37 01
116	6	13—06	10—04	91—04	79—03	68—02	56—01	43 00	31 01
128	6	11—06	84—05	74—04	65—03	56—02	46—01	36 00	26 01

Table 8.5. Textolite (*Cont.*)

T, K	Density, kg/m³							
	100−3	100−2	316−2	100−1	316−1	100 0	316 0	100 1
140 6	91—07	70—05	62—04	54—03	47—02	39—01	31 00	23 01
153 6	75—07	58—05	53—04	47—03	40—02	34—01	27 00	21 01
168 6	63—07	48—05	45—04	41—03	36—02	30—01	24 00	19 01
184 6	54—07	39—05	37—04	35—03	32—02	27—01	22 00	17 01
202 6	47—07	32—05	31—04	29—03	27—02	24—01	20 00	16 01
221 6	41—07	27—05	25—04	24—03	23—02	21—01	18 00	15 01
242 6	38—07	22—05	21—04	20—03	20—02	18—01	16 00	14 01
266 6	37—07	20—05	18—04	17—03	17—02	16—01	14 00	12 01
291 6	36—07	18—05	16—04	15—03	14—02	13—01	13 00	11 01
319 6	34—07	17—05	15—04	13—03	12—02	12—01	11 00	10 01
350 6	34—07	15—05	13—04	12—03	11—02	10—01	99—01	92 00
384 6	33—07	14—05	12—04	11—03	10—02	96—02	88—01	81 00
421 6	32—07	14—05	11—04	10—03	97—03	89—02	81—01	73 00
462 6	31—07	12—05	11—04	99—04	90—03	82—02	75—01	68 00
506 6	31—07	12—05	10—04	92—04	85—03	77—02	70—01	63 00
555 6	30—07	11—05	95—05	85—04	79—03	72—02	65—01	59 00
609 6	30—07	10—05	89—05	80—04	73—03	68—02	62—01	55 00
667 6	29—07	10—05	83—05	75—04	69—03	63—02	58—01	52 00
732 6	28—07	96—06	78—05	69—04	64—03	59—02	55—01	49 00
802 6	27—07	87—06	72—05	65—04	60—03	55—02	51—01	47 00
880 6	27—07	79—06	64—05	59—04	55—03	52—02	48—01	44 00
965 6	26—07	72—06	57—05	53—04	50—03	48—02	45—01	42 00
116 7	25—07	60—06	46—05	41—04	40—03	39—02	38—01	36 00

Group with quantum energy $h\nu = 30.00{-}55.00$ eV

116 5	24—01	29 00	97 00	31 01	10 02	32 02	10 03	32 03
128 5	20—01	26 00	92 00	30 01	99 01	31 02	10 03	32 03
139 5	18—01	23 00	84 00	29 01	96 01	31 02	10 03	32 03
153 5	17—01	20 00	75 00	26 01	91 01	30 02	98 02	31 03
168 5	17—01	19 00	68 00	24 01	85 01	29 02	95 02	31 03
183 5	17—01	19 00	63 00	22 01	78 01	27 02	91 02	30 03
202 5	16—01	19 00	62 00	21 01	73 01	25 02	87 02	29 03
222 5	13—01	18 00	62 00	20 01	69 01	24 02	82 02	27 03
242 5	97—02	17 00	60 00	20 01	68 01	23 02	78 02	26 03
266 5	63—02	13 00	55 00	19 01	67 01	22 02	75 02	25 03
291 5	31—02	10 00	44 00	17 01	64 01	21 02	73 02	24 03
319 5	13—02	62—01	32 00	14 01	58 01	20 02	71 02	23 03
350 5	74—03	33—01	20 00	11 01	49 01	19 02	67 02	23 03
384 5	45—03	18—01	11 00	72 00	37 01	16 02	62 02	21 03
421 5	26—03	11—01	69—01	43 00	25 01	12 02	53 02	20 03
462 5	13—03	73—02	45—01	27 00	16 01	91 01	43 02	17 03
507 5	62—04	44—02	30—01	18 00	11 01	63 01	32 02	14 03
555 5	27—04	24—02	19—01	12 00	77 00	44 01	23 02	11 03
609 5	13—04	11—02	10—01	82—01	54 00	31 01	17 02	88 02
667 5	75—05	58—03	54—02	48—01	36 00	23 01	12 02	67 02
732 5	38—05	31—03	28—02	26—01	22 00	15 01	95 01	51 02

Table 8.5. Textolite (*Cont.*)

T, К		Density, kg/m³							
		100—3	100—2	316—2	100—1	316—1	100 0	316 0	100 1
803	5	17—05	17—03	15—02	14—01	12 00	10 01	68 01	38 02
880	5	68—06	91—04	88—03	80—02	72—01	61 00	46 01	28 02
967	5	30—06	42—04	46—03	46—02	41—01	36 00	29 01	20 02
106	6	17—06	19—04	23—03	25—02	24—01	22 00	18 01	13 02
116	6	12—06	10—04	11—03	13—02	13—01	13 00	11 01	91 01
128	6	93—07	70—05	66—04	70—03	77—02	78—01	72 00	59 01
140	6	71—07	52—05	46—04	43—03	44—02	46—01	45 00	39 01
153	6	55—07	39—05	35—04	31—03	28—02	28—01	28 00	25 01
168	6	44—07	29—05	27—04	24—03	21—02	19—01	18 00	17 01
184	6	36—07	22—05	20—04	19—03	17—02	14—01	12 00	11 01
202	6	31—07	17—05	15—04	14—03	13—02	11—01	10 00	86 00
221	6	28—07	13—05	12—04	11—03	10—02	97—02	82—01	68 00
242	6	26—07	10—05	96—05	90—04	86—03	80—02	69—01	57 00
266	6	26—07	95—06	79—05	72—04	69—03	65—02	58—01	49 00
291	6	26—07	91—06	70—05	61—04	56—03	53—02	49—01	42 00
319	6	25—07	86—06	67—05	55—04	48—03	45—02	41—01	37 00
350	6	25—07	78—06	62—05	52—04	45—03	39—02	35—01	32 00
384	6	25—07	73—06	56—05	48—04	42—03	36—02	32—01	28 00
421	6	24—07	68—06	51—05	43—04	39—03	34—02	29—01	25 00
462	6	24—07	62—06	47—05	40—04	35—03	31—02	28—01	24 00
506	6	24—07	58—06	42—05	36—04	32—03	29—02	26—01	22 00
555	6	24—07	55—06	39—05	33—04	29—03	26—02	24—01	21 00
609	6	24—07	52—06	37—05	30—04	27—03	24—02	22—01	19 00
667	6	24—07	50—06	34—05	28—04	25—03	22—02	20—01	18 00
732	6	23—07	47—06	32—05	26—04	23—03	21—02	19—01	17 00
802	6	23—07	44—06	29—05	24—04	21—03	19—02	17—01	16 00
880	6	23—07	41—06	26—05	21—04	19—03	18—02	16—01	15 00
965	6	22—07	38—06	24—05	19—04	17—03	16—02	15—01	14 00
116	7	22—07	34—06	19—05	15—04	13—03	13—02	12—01	11 00

Group with quantum energy $h\nu = 55.00\text{--}94.00$ eV

116	5	13—01	12 00	40 00	12 01	40 01	12 02	40 02	12 03
128	5	13—01	12 00	40 00	12 01	40 01	12 02	40 02	12 03
139	5	13—01	13 00	40 00	12 01	40 01	12 02	40 02	12 03
153	5	13—01	13 00	41 00	12 01	40 01	12 02	40 02	12 03
168	5	13—01	13 00	41 00	13 01	40 01	12 02	40 02	12 03
183	5	13—01	13 00	42 00	13 01	41 01	12 02	40 02	12 03
202	5	13—01	13 00	42 00	13 01	41 01	12 02	40 02	12 03
222	5	12—01	13 00	42 00	13 01	41 01	13 02	40 02	12 03
242	5	12—01	12 00	41 00	13 01	41 01	13 02	40 02	12 03
266	5	11—01	12 00	40 00	13 01	41 01	13 02	41 02	12 03
291	5	10—01	11 00	39 00	12 01	40 01	13 02	40 02	12 03
319	5	97—02	11 00	36 00	12 01	39 01	12 02	40 02	12 03
350	5	88—02	10 00	34 00	11 01	38 01	12 02	40 02	12 03
384	5	74—02	94—01	32 00	10 01	36 01	12 02	39 02	12 03
421	5	53—02	84—01	29 00	10 01	34 01	11 02	37 02	12 03

Table 8.5. Textolite (*Cont.*)

T, K		Density, kg/m³							
		100—3	100—2	316—2	100—1	316—1	100 0	316 0	300 1
462	5	30—02	68—01	26 00	92 00	31 01	10 02	35 02	11 03
507	5	16—02	47—01	21 00	82 00	29 01	10 02	33 02	11 03
555	5	87—03	28—01	14 00	66 00	25 01	92 01	31 02	10 03
609	5	50—03	17—01	94—01	48 00	21 01	82 01	29 02	99 02
667	5	27—03	10—01	60—01	32 00	15 01	68 01	26 02	92 02
732	5	11—03	66—02	39—01	21 00	11 01	52 01	22 02	83 02
803	5	42—04	35—02	25—01	14 00	78 00	38 01	17 02	71 02
880	5	14—04	15—02	13—01	95—01	55 00	28 01	13 02	58 02
967	5	49—05	63—03	63—02	53—01	37 00	20 01	10 02	47 02
106	6	17—05	24—03	26—02	26—01	21 00	14 01	78 01	37 02
116	6	68—06	95—04	10—02	11—01	11 00	90 00	56 01	28 02
128	6	30—06	39—04	43—03	51—02	55—01	50 00	37 01	21 02
140	6	16—06	17—04	20—03	23—02	25—01	26 00	22 01	14 02
153	6	97—07	88—05	95—04	10—02	12—01	13 00	12 01	96 01
168	6	63—07	50—05	51—04	54—03	61—02	66—01	67 00	58 01
184	6	45—07	30—05	30—04	30—03	32—02	35—01	36 00	34 01
202	6	34—07	20—05	18—04	18—03	18—02	19—01	20 00	19 01
221	6	28—07	13—05	12—04	12—03	11—02	12—01	12 00	11 01
242	6	24—07	97—06	85—05	81—04	79—03	78—02	76—01	74 00
266	6	23—07	75—06	62—05	57—04	55—03	53—02	51—01	49 00
291	6	22—07	63—06	48—05	42—04	39—03	38—02	36—01	34 00
319	6	21—07	54—06	40—05	33—04	29—03	28—02	26—01	24 00
350	6	21—07	47—06	33—05	27—04	24—03	21—02	20—01	18 00
384	6	21—07	42—06	28—05	23—04	20—03	18—02	16—01	14 00
421	6	21—07	39—06	25—05	19—04	17—03	15—02	13—01	12 00
462	6	21—07	36—06	22—05	17—04	14—03	13—02	11—01	10 00
506	6	22—07	35—06	20—05	15—04	13—03	11—02	10—01	90—01
555	6	22—07	35—06	20—05	14—04	11—03	10—02	90—02	80—01
609	6	22—07	34—06	19—05	13—04	10—03	93—03	81—02	71—01
667	6	22—07	33—06	18—05	13—04	10—03	87—03	75—02	65—01
732	6	22—07	32—06	17—05	12—04	97—04	83—03	71—02	60—01
802	6	22—07	30—06	15—05	10—04	89—04	77—03	68—02	58—01
880	6	22—07	29—06	14—05	97—05	80—04	70—03	63—02	55—01
965	6	21—07	27—06	13—05	86—05	70—04	63—03	57—02	51—01
116	7	21—07	25—06	11—05	68—05	53—04	48—03	45—02	42—01

Group with quantum energy $h\nu = 94.00$–170.00 eV

116	5	40—02	39—01	12 00	39 00	12 01	39 01	12 02	39 02
128	5	41—02	40—01	12 00	39 00	12 01	39 01	12 02	39 02
139	5	42—02	41—01	12 00	39 00	12 01	39 01	12 02	39 02
153	5	42—02	41—01	13 00	40 00	12 01	39 01	12 02	39 02
168	5	42—02	42—01	13 00	40 00	12 01	39 01	12 02	39 02
183	5	42—02	42—01	13 00	41 00	12 01	40 01	12 02	40 02
202	5	42—02	42—01	13 00	41 00	13 01	40 01	12 02	40 02
222	5	41—02	42—01	13 00	42 00	13 01	41 01	12 02	40 02
242	5	40—02	41—01	13 00	42 00	13 01	41 01	12 02	40 02

Table 8.5. Textolite (*Cont.*)

T, K		Density, kg/m³							
		100—3	100—2	316—2	100—1	316—1	100 0	316 0	100 1
266	5	39—02	40—01	13 00	41 00	13 01	41 01	13 02	40 02
291	5	38—02	40—01	12 00	41 00	13 01	41 01	13 02	41 02
319	5	38—02	39—01	12 00	40 00	13 01	41 01	13 02	41 02
350	5	36—02	38—01	12 00	39 00	12 01	40 01	12 02	40 02
384	5	34—02	37—01	12 00	38 00	12 01	40 01	12 02	40 02
421	5	32—02	35—01	11 00	37 00	12 01	39 01	12 02	40 02
462	5	30—02	33—01	11 00	36 00	11 01	38 01	12 02	39 02
507	5	27—02	31—01	10 00	35 00	11 01	37 01	12 02	38 02
555	5	23—02	29—01	98—01	33 00	11 01	36 01	11 02	37 02
609	5	17—02	26—01	91—01	31 00	10 01	34 01	11 02	36 02
667	5	10—02	21—01	81—01	28 00	97 00	32 01	10 02	35 02
732	5	56—03	15—01	67—01	25 00	89 00	30 01	10 02	34 02
803	5	36—03	94—02	47—01	21 00	80 00	28 01	97 01	32 02
880	5	21—03	61—02	31—01	15 00	66 00	25 01	89 01	30 02
967	5	89—04	40—02	20—01	10 00	50 00	21 01	80 01	28 02
106	6	35—04	22—02	13—01	72—01	35 00	16 01	68 01	25 02
116	6	14—04	10—02	76—02	48—01	25 00	12 01	55 01	22 02
128	6	56—05	45—03	37—02	27—01	17 00	90 00	42 01	18 02
140	6	22—05	20—03	17—02	14—01	10 00	62 00	32 01	14 02
153	6	97—06	91—04	84—03	72—02	57—01	39 00	23 01	11 02
168	6	44—06	41—04	39—03	36—02	30—01	23 00	15 01	83 01
184	6	21—06	19—04	19—03	18—02	16—01	13 00	96 00	58 01
202	6	11—06	99—05	96—04	93—03	86—02	74—01	58 00	39 01
221	6	68—07	52—05	50—04	49—03	46—02	41—01	34 00	25 01
242	6	46—07	29—05	27—04	26—03	25—02	23—01	20 00	15 01
266	6	36—07	18—05	16—04	15—03	14—02	13—01	12 00	10 01
291	6	30—07	12—05	10—04	93—04	87—03	82—02	74—01	63 00
319	6	26—07	93—06	74—05	63—04	56—03	51—02	47—01	40 00
350	6	24—07	69—06	53—05	45—04	39—03	34—02	30—01	26 00
384	6	23—07	55—06	39—05	33—04	29—03	24—02	21—01	18 00
421	6	21—07	45—06	31—05	24—04	21—03	18—02	16—01	13 00
462	6	21—07	38—06	24—05	19—04	16—03	14—02	12—01	10 00
506	6	21—07	33—06	19—05	15—04	12—03	11—02	96—02	81—01
555	6	21—07	31—06	16—05	11—04	99—04	87—03	75—02	65—01
609	6	21—07	29—06	14—05	98—05	79—04	69—03	61—02	52—01
667	6	21—07	27—06	13—05	84—05	66—04	56—03	50—02	43—01
732	6	21—07	26—06	12—05	73—05	55—04	47—03	41—02	36—01
802	6	21—07	25—06	11—05	65—05	47—04	40—03	35—02	31—01
880	6	21—07	24—06	10—05	57—05	41—04	34—03	30—02	26—01
965	6	21—07	24—06	96—06	50—05	35—04	29—03	26—02	23—01
116	7	21—07	23—06	86—06	40—05	26—04	21—03	19—02	17—01

Group with quantum energy $h\nu = 170.00–300.00$ eV

116	5	90—03	88—02	27—01	87—01	27 00	87 00	27 01	89 01
128	5	92—03	89—02	28—01	88—01	27 00	88 00	28 01	89 01
139	5	94—03	91—01	28—01	88—01	27 00	88 00	28 01	90 01

Table 8.5. Textolite (*Cont.*)

T, K	Density, kg/m³							
	100—3	100—2	316—2	100—1	316—1	100 0	316 0	100 1
153 5	94—03	92—02	28—01	89—01	28 00	88 00	28 01	90 01
168 5	94—03	93—02	29—01	91—01	28 00	89 00	28 01	91 01
183 5	94—03	94—02	29—01	92—01	28 00	90 00	28 01	91 01
202 5	93—03	94—02	29—01	93—01	29 00	90 00	28 01	92 01
222 5	92—03	93—02	29—01	93—01	29 00	91 00	28 01	92 01
242 5	91—03	92—02	29—01	93—01	29 00	92 00	29 01	92 01
266 5	89—03	91—02	29—01	92—01	29 00	92 00	29 01	92 01
291 5	88—03	90—02	28—01	92—01	29 00	92 00	29 01	92 01
319 5	87—03	88—02	28—01	90—01	28 00	91 00	29 01	92 01
350 5	84—03	87—02	27—01	89—01	28 00	91 00	28 01	91 01
384 5	80—03	85—02	27—01	87—01	28 00	89 00	28 01	90 01
421 5	76—03	82—02	26—01	86—01	27 00	88 00	28 01	90 01
462 5	72—03	78—02	25—01	84—01	27 00	87 00	27 01	88 01
507 5	67—03	74—02	24—01	81—01	26 00	85 00	27 01	87 01
555 5	61—03	70—02	23—01	77—01	25 00	83 00	26 01	86 01
609 5	55—03	65—02	22—01	73—01	24 00	80 00	26 01	84 01
667 5	50—03	59—02	20—01	69—01	23 00	77 00	25 01	82 01
732 5	45—03	53—02	18—01	64—01	21 00	73 00	24 01	79 01
803 5	40—03	48—02	16—01	59—01	20 00	69 00	23 01	76 01
880 5	33—03	43—02	15—01	53—01	18 00	64 00	21 01	73 01
967 5	25—03	37—02	13—01	47—01	16 00	59 00	20 01	69 01
106 6	17—03	30—02	11—01	42—01	15 00	53 00	18 01	64 01
116 6	80—04	22—02	93—02	36—01	13 00	48 00	17 01	60 01
128 6	28—04	14—02	69—02	29—01	11 00	42 00	15 01	54 01
140 6	90—05	67—03	43—02	21—01	91—01	36 00	13 01	49 01
153 6	30—05	27—03	21—02	13—01	69—01	29 00	11 01	43 01
168 6	11—05	10—03	93—03	73—02	46—01	22 00	95 00	37 01
184 6	43—06	41—04	39—03	34—02	26—01	15 00	74 00	31 01
202 6	19—06	17—04	16—03	15—02	13—01	95—01	53 00	24 01
221 6	92—07	77—05	74—04	71—03	65—02	52—01	35 00	18 01
242 6	53—07	37—05	35—04	34—03	32—02	28—01	21 00	13 01
266 6	36—07	19—05	17—04	17—03	16—02	14—01	12 00	85 00
291 6	27—07	11—05	97—05	90—04	85—03	79—02	69—01	53 00
319 6	23—07	73—06	58—05	51—04	47—03	44—02	39—01	32 00
350 6	22—07	51—06	37—05	32—04	28—03	26—02	23—01	20 00
384 6	21—07	40—06	25—05	20—04	18—03	16—02	14—01	12 00
421 6	20—07	33—06	19—05	14—04	12—03	10—02	95—02	82—01
462 6	21—07	30—06	15—05	10—04	85—04	74—03	65—02	56—01
506 6	21—07	29—06	13—05	85—05	64—04	53—03	46—02	40—01
555 6	21—07	28—06	13—05	74—05	51—04	41—03	34—02	29—01
609 6	21—07	26—06	12—05	70—05	45—04	33—03	27—02	22—01
667 6	21—07	25—06	10—05	62—05	42—04	30—03	22—02	18—01
732 6	21—07	24—06	97—06	51—05	35—04	27—03	20—02	15—01
802 6	21—07	23—06	89—06	43—05	28—04	22—03	18—02	14—01
880 6	21—07	22—06	83—06	37—05	23—04	18—03	15—02	12—01
965 6	21—07	21 06	77 06	32 05	19—04	14—03	12—02	10—01
116 7	21—07	20 06	71 06	28 05	14—04	95—04	79—03	72—02

Table 8.5. Textolite (*Cont.*)

T, K	Density, kg/m³							
	100—3	100—2	316—2	100—1	316—1	100 0	316 0	100 1
Group with quantum energy $h\nu = 300.00$–700.00 eV								
116 5	25—02	25—01	81—01	25 00	81 00	25 01	81 01	25 02
128 5	25—02	25—01	81—01	25 00	81 00	25 01	81 01	25 02
139 5	25—02	25—01	81—01	25 00	81 00	25 01	81 01	25 02
153 5	25—02	25—01	81—01	25 00	81 00	25 01	81 01	26 02
168 5	25—02	25—01	81—01	25 00	81 00	25 01	81 01	26 02
183 5	25—02	25—01	81—01	25 00	81 00	25 01	81 01	26 02
202 5	25—02	25—01	81—01	25 00	81 00	25 01	81 01	26 02
222 5	25—02	25—01	81—01	25 00	81 00	25 01	81 01	26 02
242 5	25—02	25—01	81—01	25 00	81 00	25 01	81 01	26 02
266 5	25—02	25—01	81—01	25 00	81 00	25 01	81 01	25 02
291 5	25—02	25—01	81—01	25 00	81 00	25 01	81 01	25 02
319 5	23—02	25—01	81—01	25 00	81 00	25 01	81 01	25 02
350 5	19—02	24—01	80—01	25 00	81 00	25 01	81 01	25 02
384 5	11—02	22—01	77—01	25 00	80 00	25 01	81 01	25 02
421 5	51—03	16—01	67—01	24 00	79 00	25 01	81 01	25 02
462 5	26—03	95—02	49—01	21 00	75 00	25 01	80 01	25 02
507 5	16—03	48—02	30—01	15 00	65 00	23 01	78 01	25 02
555 5	12—03	26—02	16—01	98—01	50 00	20 01	74 01	24 02
609 5	10—03	16—02	88—02	55—01	33 00	16 01	66 01	23 02
667 5	96—04	12—02	55—02	31—01	20 00	11 01	54 01	21 02
732 5	88—04	10—02	40—02	19—01	11 00	73 00	40 01	17 02
803 5	78—04	93—03	33—02	13—01	70—01	44 00	27 01	13 02
880 5	64—04	84—03	29—02	10—01	47—01	27 00	17 01	98 01
967 5	50—04	72—03	26—02	93—02	36—01	17 00	10 01	67 01
106 6	33—04	58—03	22—02	82—02	30—01	12 00	70 00	44 01
116 6	16—04	44—03	18—02	70—02	26—01	10 00	48 00	29 01
128 6	65—05	28—03	13—02	57—02	22—01	86—01	36 00	19 01
140 6	38—05	15—03	91—03	44—02	18—01	73—01	30 00	14 01
153 6	43—05	90—04	54—03	31—02	14—01	62—01	25 00	11 01
168 6	65—05	83—04	38—03	21—02	11—01	51—01	21 00	92 00
184 6	10—04	11—03	40—03	17—02	85—02	41—01	18 00	79 00
202 6	15—04	16—03	53—03	19—02	77—02	35—01	16 00	70 00
221 6	22—04	23—03	76—03	25—02	88—02	34—01	15 00	64 00
242 6	25—04	33—03	10—02	34—02	11—01	40—01	15 00	63 00
266 6	17—04	39—03	14—02	46—02	15—01	50—01	17 00	66 00
291 6	79—05	32—03	15—02	57—02	19—01	64—01	21 00	76 00
319 6	48—05	18—03	11—02	57—02	23—01	80—01	26 00	90 00
350 6	30—05	11—03	66—03	41—02	21—01	89—01	32 00	10 01
384 6	13—05	76—04	44—03	25—02	15—01	81—01	34 00	12 01
421 6	55—06	42—04	30—03	18—02	10—01	59—01	30 00	13 01
462 6	23—06	19—04	16—03	12—02	74—02	42—01	23 00	11 01
506 6	10—06	86—05	79—04	69—03	51—02	31—01	17 00	94 00
555 6	59—07	39—05	37—04	34—03	29—02	21—01	13 00	72 00
609 6	39—07	19—05	17—04	16—03	15—02	13—01	94—01	56 00
667 6	30—07	10—05	91—05	84—04	79—03	72—02	59—01	41 00

Table 8.5. Textolite (*Cont.*)

T, K	Density, kg/m³							
	100—3	100—2	316—2	100—1	316—1	100 0	316 0	100 1
732 6	25—07	65—06	50—05	44—04	41—03	39—02	34—01	27 00
802 6	23—07	44—06	29—05	25—04	22—03	21—02	19—01	17 00
880 6	22—07	34—06	19—05	14—04	13—03	12—02	11—01	10 00
965 6	21—07	28—06	13—05	93—05	77—04	71—03	67—02	62—01
116 7	21—07	23—06	92—06	46—05	32—04	27—03	25—02	23—01
Group with quantum energy $hv = 700.00$–2000.00 eV								
116 5	57—03	57—02	18—01	57—01	18 00	57 00	18 01	58 01
128 5	57—03	57—02	18—01	57—01	18 00	57 00	18 01	59 01
139 5	57—03	57—02	18—01	57—01	18 00	57 00	18 01	59 01
153 5	57—03	57—02	18—01	57—01	18 00	57 00	18 01	60 01
168 5	57—03	57—02	18—01	57—01	18 00	57 00	18 01	60 01
183 5	57—03	57—02	18—01	57—01	18 00	57 00	18 01	61 01
202 5	57—03	57—02	18—01	57—01	18 00	57 00	18 01	61 01
222 5	57—03	57—02	18—01	57—01	18 00	57 00	18 01	60 01
242 5	57—03	57—02	18—01	57—01	18 00	57 00	18 01	60 01
266 5	56—03	57—02	18—01	57—01	18 00	57 00	18 01	59 01
291 5	56—03	56—02	18—01	56—01	18 00	57 00	18 01	58 01
319 5	56—03	56—02	18—01	56—01	18 00	56 00	18 01	58 01
350 5	56—03	56—02	17—01	56—01	18 00	56 00	18 01	57 01
384 5	56—03	56—02	17—01	56—01	17 00	56 00	18 01	57 01
421 5	55—03	56—02	17—01	56—01	17 00	56 00	17 01	57 01
462 5	55—03	56—02	17—01	56—01	17 00	56 00	17 01	56 01
507 5	53—03	55—02	17—01	56—01	17 00	56 00	17 01	56 01
555 5	51—03	54—02	17—01	55—01	17 00	56 00	17 01	56 01
609 5	50—03	53—02	17—01	55—01	17 00	56 00	17 01	56 01
667 5	49—03	51—02	16—01	54—01	17 00	55 00	17 01	56 01
732 5	49—03	50—02	16—01	53—01	17 00	55 00	17 01	56 01
803 5	48—03	49—02	15—01	51—01	16 00	54 00	17 01	55 01
880 5	48—03	49—02	15—01	50—01	16 00	53 00	17 01	55 01
967 5	47—03	48—02	15—01	49—01	16 00	52 00	17 01	54 01
106 6	44—03	48—02	15—01	49—01	15 00	51 00	16 01	54 01
116 6	39—03	46—02	15—01	48—01	15 00	50 00	16 01	53 01
128 6	37—03	42—02	14—01	47—01	15 00	49 00	16 01	52 01
140 6	36—03	39—02	13—01	46—01	15 00	49 00	15 01	51 01
153 6	35—03	37—02	12—01	42—01	14 00	48 00	15 01	50 01
168 6	35—03	36—02	11—01	39—01	13 00	46 00	15 01	49 01
184 6	35—03	35—02	11—01	37—01	12 00	43 00	14 01	48 01
202 6	35—03	35—02	11—01	36—01	12 00	40 00	14 01	47 01
221 6	35—03	35—02	11—01	36—01	11 01	38 00	13 01	45 01
242 6	35—03	35—02	11—01	35—01	11 00	37 00	12 01	42 01
266 6	35—03	35—02	11—01	35—01	11 00	36 00	12 01	40 01
291 6	35—03	35—02	11—01	35—01	11 00	36 00	11 01	38 01
319 6	33—03	35—02	11—01	35—01	11 00	35 00	11 01	37 01
350 6	28—03	34—02	11—01	35—01	11 00	35 00	11 01	36 01

Table 8.5. Textolite (*Cont.*)

T, K	Density, kg/m³							
	100—3	100—2	316—2	100—1	316—1	100 0	316 0	100 1
384 6	25—03	30—02	10—01	34—01	11 00	35 00	11 01	36 01
421 6	22—03	26—02	94—02	32—01	10 00	35 00	11 01	36 01
462 6	13—03	23—02	82—02	29—01	10 00	34 00	11 01	35 01
506 6	38—04	16—02	68—02	25—01	91—01	32 00	10 01	35 01
555 6	74—05	66—03	42—02	20—01	77—01	28 00	10 01	34 01
609 6	12—05	17—03	16—02	11—01	58—01	23 00	89 00	32 01
667 6	30—06	39—04	44—03	42—02	31—01	17 00	74 00	28 01
732 6	11—06	10—04	11—03	12—02	12—01	92—01	52 00	23 01
802 6	53—07	35—05	35—04	37—03	40—02	38—01	29 00	16 01
880 6	34—07	15—05	13—04	13—03	13—02	14—01	13 00	96 00
965 6	26—07	77—06	62—05	57—04	56—03	56—02	54—01	47 00
116 7	22—07	33—06	18—05	14—04	12—03	12—02	11—01	10 00

25*

CHAPTER
NINE

PLANCK-AVERAGED ABSORPTION COEFFICIENTS

Data on Planck-averaged continuous absorption coefficients $\varkappa_1$ of plasma of dielectrics determined from the expression

$$\varkappa_1 = \int_0^\infty \varkappa'_\nu\, G_1(y)\, dy$$

where

$$y = h\nu/kT,\ \ G_1(y) = 15\pi^{-4}\, y^3/[\exp(y) - 1]$$

are tabulated. The tables of $\varkappa_1(\rho, T)$ were constructed as follows. Values of $\varkappa_1$ in cm^{-1} as a function of temperature T, K (left column) from the range of 11,600 to 1,160,000 K are listed for each substance given in the table heading and eight values of density ρ, kg/m^3. All the quantities are given by the mantissa and order of magnitude.

Table 9.1. Teflon

T, K	Density, kg/m³							
	100—3	100—2	316—2	100—1	316—1	100—0	316 0	100 1
116 5	37—05	19—03	12—02	61—02	27—01	12 00	53 00	24 01
128 5	42—05	20—03	13—02	81—02	41—01	18 00	82 00	37 01
139 5	46—05	21—03	14—02	92—02	53—01	26 00	12 01	54 01

Table 9.1. Teflon (*Cont.*)

T, K	Density, kg/m³							
	100—3	100—2	316—2	100—1	316—1	100—0	316 0	100 1
153 5	43—05	24—03	15—02	10—01	60—01	33 00	16 01	74 01
168 5	41—05	24—03	17—02	-11—01	67—01	38 00	20 01	96 01
183 5	55—05	22—03	16—02	11—01	73—01	43 00	23 01	11 02
202 5	89—05	24—03	15—02	11—01	76—01	46 00	26 01	13 02
222 5	11—04	33—03	17—02	10—01	74—01	48 00	28 01	15 02
242 5	11—04	45—03	23—02	12—01	72—01	46 00	28 01	16 02
266 5	11—04	50—03	29—02	15—01	79—01	46 00	28 01	16 02
291 5	10—04	50—03	32—02	18—01	95—01	49 00	27 01	16 02
319 5	88—05	50—03	32—02	20—01	11 00	56 00	29 01	15 02
350 5	68—05	45—03	32—02	20—01	12 00	64 00	31 01	16 02
384 5	53—05	36—03	28—02	19—01	12 00	68 00	35 01	17 02
421 5	47—05	28—03	22—02	17—01	11 00	69 00	37 01	18 02
462 5	49—05	24—03	18—02	14—01	10 00	66 00	37 01	19 02
507 5	45—05	23—03	16—02	11—01	85—01	59 00	36 01	19 02
555 5	36—05	23—03	15—02	10—01	72—01	50 00	32 01	18 02
609 5	31—05	20—03	15—02	10—01	66—01	43 00	28 01	16 02
667 5	29—05	16—03	12—02	95—02	63—01	39 00	24 01	14 02
732 5	26—05	14—03	10—02	82—02	58—01	37 00	22 01	13 02
803 5	22—05	13—03	99—03	70—02	50—01	34 00	21 01	12 02
880 5	21—05	11—03	88—03	63—02	43—01	30 00	19 01	11 02
967 5	18—05	10—03	75—03	55—02	39—01	26 00	17 01	10 02
106 6	12—05	90—04	66—03	47—02	34—01	23 00	14 01	90 01
116 6	85—06	70—04	56—03	41—02	29—01	20 00	13 01	79 01
128 6	56—06	49—04	43—03	34—02	25—01	17 00	11 01	69 01
140 6	36—06	33—04	30—03	26—02	20—01	14 00	96 00	60 01
153 6	24—06	22—04	21—03	18—02	15—01	11 00	81 00	51 01
168 6	17—06	15—04	14—03	13—02	11—01	91—01	66 00	43 01
184 6	12—06	10—04	97—04	90—03	80—02	66—01	51 00	35 01
202 6	86—07	71—05	67—04	63—03	56—02	48—01	38 00	27 01
221 6	63—07	49—05	46—04	44—03	40—02	34—01	28 00	21 01
242 6	51—07	34—05	32—04	30—03	28—02	24—01	20 00	15 01
266 6	44—07	24—05	22—04	21—03	19—02	17—01	15 00	11 01
291 6	38—07	19—05	16—04	15—03	13—02	12—01	10 00	87 00
319 6	36—07	15—05	13—04	11—03	99—03	90—02	79—01	64 00
350 6	35—07	13—05	10—04	88—04	76—03	65—02	57—01	47 00
384 6	31—07	12—05	90—05	70—04	59—03	50—02	42—01	35 00
421 6	26—07	10—05	81—05	60—04	47—03	39—02	32—01	26 00
462 6	22—07	82—06	66—05	53—04	40—03	31—02	25—01	20 00
506 6	20—07	60—06	48—05	41—04	34—03	26—02	20—01	16 00
555 6	19—07	45—06	33—05	29—04	26—03	22—02	17—01	12 00
609 6	19—07	37—06	24—05	20—04	18—03	16—02	13—01	10 00
667 6	19—07	34—06	20—05	15—04	12—03	11—02	10—01	85—01
732 6	20—07	31—06	18—05	12—04	96—04	83—03	75—02	65—01
802 6	20—07	28—06	15—05	10—04	80—04	64—03	54—02	47—01
880 6	19—07	26—06	13—05	86—05	67—04	53—03	42—02	35—01
965 6	19—07	24—06	11—05	68—05	53—04	44—03	35—02	28—01
116 7	19—07	21—06	87—06	45—05	32—04	26—03	22—02	19—01

Table 9.2. Polyformaldehyde

T, K	Density, kg/m³							
	100—3	100—2	316—2	100—1	316—1	100 0	316 0	100 1
116 5	31—04	76—03	33—02	13—01	48—01	16 00	56 00	18 01
128 5	38—04	11—02	55—02	23—01	91—01	33 00	11 01	38 01
139 5	35—04	15—02	80—02	36—01	15 00	58 00	21 01	72 01
153 5	27—04	17—02	10—01	51—01	23 00	93 00	35 01	12 02
168 5	20—04	15—02	10—01	63—01	31 00	13 01	53 01	19 02
183 5	19—04	12—02	97—02	66—01	37 00	17 01	74 01	28 02
202 5	24—04	99—03	79—02	60—01	38 00	20 01	94 01	38 02
222 5	31—04	10—02	67—02	50—01	36 00	21 01	10 02	47 02
255 5	33—04	12—02	68—02	44—01	31 00	20 01	11 02	54 02
266 5	29—04	14—02	79—02	44—01	27 00	18 01	11 02	56 02
291 5	23—04	13—02	88—02	49—01	27 00	16 01	10 02	55 02
319 5	17—04	12—02	85—02	52—01	29 00	16 01	93 01	52 02
350 5	13—04	95—03	74—02	50—01	30 00	16 01	89 01	49 02
384 5	11—04	72—03	59—02	44—01	29 00	16 01	89 01	47 02
421 5	11—04	58—03	45—02	35—01	25 00	16 01	88 01	45 02
462 5	10—04	53—03	38—02	28—01	21 00	14 01	84 01	44 02
507 5	83—05	50—03	34—02	24—01	17 00	12 01	75 01	41 02
555 5	69—05	43—03	32—02	21—01	14 00	99 00	66 01	37 02
609 5	65—05	36—03	27—02	19—01	13 00	84 00	54 01	32 02
667 5	60—05	31—03	23—02	17—01	11 00	75 00	46 01	28 02
732 5	45—05	28—03	20—02	14—01	10 00	67 00	41 01	24 02
803 5	28—05	23—03	18—02	12—01	85—01	58 00	36 01	21 02
880 5	17—05	16—03	14—02	10—01	74—01	49 00	31 01	18 02
967 5	11—05	10—03	10—02	86—02	63—01	42 00	26 01	16 02
106 6	73—06	69—04	66—03	60—02	50—01	35 00	22 01	13 02
116 6	49—06	45—04	43—03	40—02	35—01	28 00	19 01	11 02
128 6	34—06	30—04	28—03	27—02	24—01	20 00	15 01	98 01
140 6	23—06	21—04	19—03	18—02	16—01	14 00	11 01	79 01
153 6	16—06	14—04	13—03	12—02	11—01	10 00	82 00	60 01
168 6	11—06	97—05	93—04	88—03	79—02	69—01	58 00	44 01
184 6	81—07	66—05	63—04	60—03	56—02	49—01	41 00	32 01
202 6	59—07	44—05	43—04	41—03	38—02	34—01	29 00	23 01
221 6	46—07	30—05	29—04	28—03	26—02	24—01	21 00	17 01
242 6	42—07	21—05	19—04	19—03	18—02	17—01	15 00	12 01
266 6	41—07	17—05	14—04	13—03	12—02	11—01	10 00	90 00
291 6	40—07	16—05	12—04	97—04	87—03	81—02	74—01	64 00
319 6	42—07	15—05	11—04	84—04	66—03	58—02	52—01	46 00
350 6	45—07	14—05	10—04	77—04	58—03	45—02	38—01	33 00
384 6	41—07	16—05	10—04	71—04	53—03	39—02	30—01	24 00
421 6	35—07	15—05	10—04	70—04	48—03	35—02	26—01	19 00
462 6	31—07	12—05	94—05	70—04	48—03	32—02	23—01	17 00
506 6	29—07	95—06	73—05	60—04	46—03	31—02	21—01	15 00
555 6	26—07	78—06	58—05	47—04	38—03	29—02	20—01	13 00
609 6	25—07	61—06	45—05	37—04	30—03	24—02	18—01	12 00
667 6	23—07	48—06	34—05	28—04	24—03	19—02	15—01	11 00

Table 9.2. Polyformaldehyde (*Cont.*)

T, K		Density, kg/m^3							
		100—3	100—2	316—2	100—1	316—1	100 0	316 0	100 1
732	6	23—07	39—06	25—05	20—04	18—03	15—02	12—01	97—01
802	6	22—07	33—06	19—05	14—04	12—03	11—02	10—01	80—01
880	6	22—07	29—06	15—05	10—04	90—04	83—03	76—02	64—01
965	6	21—07	27—06	12—05	79—05	64—04	58—03	54—02	48—01
116	7	21—07	24—06	95—06	49—05	34—04	29—03	27—02	25—01

Table 9.3. Caprolactum

T, K		Density, kg/m^3							
		100—3	100—2	316—2	100—1	316—1	100 0	316 0	100 1
116	5	24—04	92—03	44—02	18—01	73—01	25 00	82 00	26 01
128	5	21—04	11—02	62—02	29—01	13 00	49 00	16 01	55 01
139	5	16—04	11—02	73—02	40—01	23 00	87 00	30 01	10 02
153	5	12—04	96—03	73—02	46—01	34 00	13 01	51 01	18 02
168	5	11—04	75—03	63—02	45—01	45 00	19 01	77 01	28 02
183	5	15—04	62—03	50—02	40—01	52 00	25 01	10 02	40 02
202	5	26—04	65—03	43—02	33—01	54 00	29 01	13 02	53 02
222	5	38—04	92—03	47—02	29—01	51 00	30 01	15 02	65 02
242	5	39—04	13—02	65—02	32—01	45 00	28 01	15 02	73 02
266	5	32—04	16—02	89—02	42—01	41 00	26 01	15 02	77 02
291	5	22—04	15—02	10—01	54—01	42 00	24 01	14 02	76 02
319	5	16—04	12—02	93—02	59—01	45 00	24 01	13 02	73 02
350	5	13—04	89—03	73—02	54—01	47 00	25 01	13 02	70 02
384	5	12—04	68—03	54—02	43—01	44 00	25 01	13 02	67 02
421	5	11—04	59—03	43—02	33—01	37 00	23 01	13 02	65 02
462	5	89—05	54—03	38—02	26—01	29 00	20 01	12 02	62 02
507	5	67—05	46—03	34—02	23—01	23 00	16 01	10 02	57 02
555	5	51—05	36—03	28—02	20—01	19 00	13 01	85 01	50 02
609	5	40—05	27—03	22—02	17—01	16 00	10 01	69 01	42 02
667	5	31—05	21—03	17—02	13—01	13 00	91 00	58 01	35 02
732	5	22—05	17—03	13—02	10—01	10 00	76 00	48 01	29 02
803	5	14—05	12—03	10—02	85—02	83—01	61 00	40 01	24 02
880	5	96—06	89—04	80—03	67—02	65—01	48 00	33 01	20 02
967	5	63—06	60—04	56—03	49—02	51—01	37 00	26 01	16 02
106	6	42—06	39—04	38—03	34—02	38—01	29 00	20 01	13 02
116	6	28—06	26—04	25—03	23—02	27—01	22 00	16 01	10 02
128	6	19—06	17—04	17—03	16—02	19—01	16 00	12 01	86 01
140	6	13—06	12—04	11—03	11—02	13—01	11 00	93 00	67 01
153	6	94—07	81—05	78—04	74—03	90—02	80—01	67 00	50 01
168	6	66—07	54—05	52—04	50—03	61—02	56—01	48 00	37 01
184	6	48—07	36—05	35—04	34—03	42—02	38—01	34 00	27 01
202	6	37—07	25—05	23—04	23—03	28—02	26—01	23 00	19 01
221	6	31—07	17—05	16—04	15—03	19—02	18—01	16 00	14 01

Table 9.3. Caprolactum (Cont.)

T, K	Density, kg/m³							
	100—3	100—2	316—2	100—1	316—1	100 0	316 0	100 1
242 6	33—07	13—05	11—04	10—03	13—02	12—01	11 00	10 01
266 6	38—07	12—05	90—05	76—04	91—03	86—02	80—01	71 00
291 6	39—07	14—05	94—05	64—04	66—03	60—02	55—01	50 00
319 6	46—07	15—05	10—04	70—04	56—03	45—02	39—01	35 00
350 6	54—07	17—05	11—04	76—04	59—03	40—02	30—01	25 00
384 6	50—07	20—05	12—04	79—04	63—03	41—02	27—01	20 00
421 6	40—07	20—05	14—04	89—04	64—03	42—02	29—01	18 00
462 6	33—07	15—05	12—04	95—04	69—03	43—02	28—01	18 00
506 6	28—07	11—05	96—05	81—04	71—03	45—02	28—01	18 00
555 6	25—07	84—06	69—05	60—04	60—03	45—02	29—01	17 00
609 6	22—07	63—06	49—05	43—04	45—03	38—02	27—01	17 00
667 6	21—07	47—06	35—05	30—04	32—03	28—02	23—01	16 00
732 6	20—07	38—06	25—05	21—04	22—03	20—02	18—01	14 00
802 6	19—07	31—06	18—05	14—04	15—03	14—02	13—01	11 00
880 6	19—07	27—06	14—05	10—04	10—03	10—02	93—02	82—01
965 6	19—07	24—06	11—05	76—05	75—04	69—03	65—02	59—01
116 7	18—07	21—06	84—06	44—05	38—04	33—03	31—02	29—01

Table 9.4. Plexiglas

T, К	Density, kg/m³							
	100—3	100—2	316—2	100—1	316—1	100 0	316 0	100 1
116 5	40—04	10—02	47—02	18—01	67—01	23 00	77 00	25 01
128 5	46—04	15—02	76—02	32—01	12 00	45 00	15 01	51 01
139 5	42—04	19—02	10—01	49—01	21 00	80 00	28 01	96 01
153 5	33—04	20—02	12—01	66—01	30 00	12 01	46 01	16 02
168 5	25—04	18—02	13—01	78—01	39 00	17 01	70 01	25 02
183 5	24—04	14—02	11—01	81—01	46 00	22 01	95 01	36 02
202 5	33—04	12—02	98—02	73—01	47 00	25 01	11 02	48 02
222 5	47—04	13—02	86—02	62—01	44 00	26 01	13 02	58 02
242 5	50—04	17—02	92—02	56—01	38 00	25 01	13 02	65 02
266 5	42—04	20—02	11—01	59—01	35 00	22 01	13 02	68 02
291 5	31—04	20—02	12—01	69—01	36 00	21 01	12 02	67 02
319 5	22—04	16—02	12—01	74—01	40 00	21 01	11 02	64 02
350 5	16—04	12—02	99—02	70—01	42 00	22 01	11 02	61 02
384 5	14—04	90—03	74—02	58—01	39 00	22 01	11 02	59 02
421 5	12—04	72—03	56—02	44—01	32 00	21 01	11 02	58 02
462 5	10—04	62—03	45—02	34—01	26 00	17 01	10 02	55 02
507 5	82—05	53—03	39—02	28—01	20 00	14 01	92 01	51 02
555 5	65—05	43—03	33—02	24—01	16 00	11 01	78 01	45 02
609 5	57—05	35—03	27—02	20—01	14 00	96 00	63 01	38 02
667 5	49—05	29—03	22—02	17—01	12 00	82 00	52 01	32 02
732 5	36—05	24—03	18—02	13—01	10 00	70 00	44 01	27 02

Table 9.4. Plexiglas (Cont.)

T, K	Density, kg/m³							
	100—3	100—2	316—2	100—1	316—1	100 0	316 0	100 1
803 5	23—05	19—03	15—02	11—01	82—01	57 00	37 01	22 02
880 5	14—05	13—03	12—02	95—02	68—01	47 00	31 01	19 02
967 5	92—06	90—04	85—03	73—02	56—01	39 00	26 01	16 02
106 6	60—06	57—04	56—03	51—02	43—01	32 00	21 01	13 02
116 6	41—06	37—04	36—03	34—02	31—01	24 00	17 01	11 02
128 6	28—06	25—04	24—03	23—02	21—01	18 00	13 01	90 01
140 6	19—06	17—04	16—03	15—02	14—01	12 00	10 01	71 01
153 6	13—06	11—04	11—03	10—02	97—02	87—01	73 00	54 01
168 6	95—07	79—05	76—04	72—03	67—02	60—01	51 00	40 01
184 6	68—07	53—05	51—04	49—03	46—02	42—01	36 00	29 01
202 6	51—07	36—05	35—04	33—03	32—02	29—01	25 00	21 01
221 6	42—07	25—05	23—04	22—03	21—02	20—01	18 00	15 01
242 6	41—07	18—05	16—04	15—03	14—02	14—01	12 00	10 01
266 6	45—07	16—05	12—04	10—03	10—02	96—02	88—01	77 00
291 6	46—07	17—05	11—04	86—04	73—03	67—02	62—01	54 00
319 6	51—07	18—05	12—04	85—04	61—03	49—02	44—01	38 00
350 6	59—07	19—05	12—04	89—04	61—03	42—02	33—01	28 00
384 6	54—07	22—05	13—04	88—04	62—03	42—02	29—01	21 00
421 6	44—07	21—05	14—04	94—04	61—03	42—02	28—01	19 00
462 6	37—07	16—05	13—04	99—04	64—03	41—02	27—01	18 00
506 6	32—07	12—05	10—04	86—04	64—03	42—02	27—01	17 00
555 6	28—07	95—06	75—05	65—04	54—03	40—02	26—01	16 00
609 6	26—07	71—06	55—05	47—04	41—03	34—02	25—01	16 00
667 6	24—07	54—06	39—05	34—04	30—03	26—02	21—01	15 00
732 6	23—07	43—06	28—05	23—04	21—03	19—02	16—01	13 00
802 6	22—07	35—06	21—05	16—04	14—03	13—02	12—01	10 00
880 6	22—07	31—06	16—05	11—04	10—03	95—03	88—02	77—01
965 6	22—07	28—06	13—05	86—05	71—04	65—03	61—02	56—01
116 7	21—07	24—06	97—06	51—05	36—04	31—03	29—02	27—01

Table 9.5. Textolite

T, K	Density, kg/m³							
	100—3	100—2	316—2	100—1	316—1	100 0	316 0	100 1
116 5	32—04	86—03	38—02	15—01	55—01	19 00	65 00	21 01
128 5	38—04	12—02	61—02	26—01	10 00	37 00	13 01	44 01
139 5	34—04	16—02	86—02	40—01	17 00	66 00	23 01	82 01
153 5	26—04	17—02	10—01	54—01	25 00	10 01	39 01	14 02
168 5	20—04	15—02	10—01	65—01	33 00	14 01	58 01	21 02
183 5	19—04	12—02	96—02	66—01	38 00	18 01	80 01	31 02
202 5	26—04	10—02	78—02	60—01	39 00	21 01	99 01	41 02
222 5	36—04	10—02	69—02	50—01	36 00	22 01	11 02	49 02
242 5	38—04	13—02	73—02	35—01	31 00	20 01	11 02	55 02
266 5	33—04	16—02	89—02	48—01	28 00	18 01	11 02	58 02

Table 9.5. Textolite (*Cont.*)

T, K	Density, kg/m³							
	100—3	100—2	316—2	100—1	316—1	100 0	316 0	100 1
291 5	25—04	15—02	99—02	55—01	29 00	17 01	10 02	57 02
319 5	18—04	13—02	95—02	59—01	32 00	17 01	97 01	54 02
350 5	14—04	10—02	81—02	56—01	33 00	18 01	95 01	51 02
384 5	12—04	76—03	63—02	48—01	32 00	18 01	96 01	49 02
421 5	11—04	62—03	48—02	38—01	27 00	17 01	95 01	48 02
462 5	10—04	55—03	40—02	30—01	22 00	15 01	90 01	47 02
507 5	82—05	50—03	35—02	25—01	17 00	12 01	79 01	44 02
555 5	67—05	43—03	32—02	22—01	15 00	10 01	67 01	39 02
609 5	61—05	35—03	27—02	19—01	13 00	87 00	56 01	34 02
667 5	56—05	30—03	22—02	16—01	11 00	77 00	48 01	29 02
732 5	41—05	27—03	19—02	14—01	10 00	67 00	42 01	24 02
803 5	26—05	22—03	17—02	12—01	83—01	57 00	36 01	21 02
880 5	16—05	15—03	13—02	10—06	71—01	48 00	31 01	18 02
967 5	10—05	10—03	94—03	80—02	60—01	40 00	26 01	16 02
106 5	67—06	64—04	62—03	57—02	47—01	34 00	22 01	13 02
116 6	46—06	42—04	40—03	38—02	33—01	26 00	18 01	11 02
128 6	31—06	28—04	27—03	25—02	23—01	19 00	14 01	94 01
140 6	21—06	19—04	18—03	17—02	15—01	13 00	10 01	75 01
153 6	15—06	13—04	12—03	11—02	10—01	94—01	78 00	58 01
168 6	10—06	90—05	86—04	81—03	74—02	65—01	55 00	42 01
184 6	76—07	61—05	58—04	56—03	52—02	46—01	39 00	31 01
202 6	56—07	41—05	39—04	38—03	36—02	32—01	27 00	22 01
221 6	44—07	28—05	26—04	25—03	24—02	22—01	19 00	16 01
242 6	41—07	20—05	18—04	17—03	16—02	15—01	14 00	11 01
266 6	43—07	16—05	13—04	12—03	11—02	10—01	99—01	84 00
291 6	42—07	16—05	11—04	93—04	81—03	75—02	69—01	60 00
319 6	45—07	16—05	11—04	84—04	64—03	54—02	48—01	43 00
350 6	50—07	16—05	11—04	82—04	59—03	44—02	36—01	31 00
384 6	46—07	18—05	11—04	78—04	56—03	40—02	29—01	23 00
421 6	38—07	17—05	12—04	80—04	53—03	38—02	27—01	19 00
462 6	33—07	13—05	11—04	81—04	54—03	36—02	25—01	17 00
506 6	30—07	10—05	84—05	70—04	53—03	35—02	23—01	16 00
555 6	27—07	84—06	64—05	53—04	44—03	33—02	22—01	14 00
609 6	25—07	65—06	49—05	41—04	34—03	28—02	21—01	14 00
667 6	24—07	50—06	36—05	30—04	26—03	22—02	17—01	12 00
732 6	23—07	40—06	26—05	21—04	19—03	17—02	14—01	11 00
802 6	22—07	34—06	19—05	15—04	13—03	12—02	11—01	89—01
880 6	22—07	30—06	15—05	11—04	94—04	87—03	80—02	69—01
965 6	21—07	27—06	12—05	82—05	67—04	61—03	57—02	51—01
116 7	21—07	24—06	95—06	50—05	37—04	42—03	39—02	25—01

CHAPTER
TEN

ROSSELAND-AVERAGED MEAN FREE QUANTUM PATHS

Data on Rosseland-averaged mean free paths of light quanta determined from the expression

$$l = \int_0^\infty (\chi_\nu')^{-1} G(y) \, dy$$

where

$$y = h\nu/kT, \quad G(y) = \frac{15}{4\pi^4} \frac{y^4 \exp(-y)}{(1 - \exp(-y))^2}$$

are tabulated. The tables of $l(\tau, T)$ were constructed as follows. Values of l in cm as a function of temperature T, K (left column) from the range of 11,600 to 1,160,000 K are listed for each substance and eight values of density of the plasma, given in the table heading. All the quantities are given by the mantissa and order of magnitude.

Table 10.1. Teflon

T, K	Density, kg/m³							
	100—3	100—2	316—2	100—1	316—1	100 0	316 0	100 1
116 5	22 07	42 05	68 04	13 04	30 03	73 02	18 02	47 01
139 5	17 07	27 05	39 04	59 03	98 02	19 02	41 01	98 00
168 5	22 07	28 05	32 04	41 03	59 02	92 01	16 01	30 00
202 5	11 07	30 05	39 04	46 03	54 02	70 01	10 01	16 00
242 5	79 06	16 05	27 04	44 03	61 02	76 01	97 00	13 00
291 5	76 06	12 05	17 04	26 03	45 02	73 01	10 01	14 00
340 5	11 07	12 05	16 04	21 03	31 02	51 01	88 00	14 00
421 5	20 07	20 05	21 04	23 03	30 02	43 01	68 00	11 00
507 5	21 07	34 05	38 04	38 03	41 02	49 01	67 00	10 00
609 5	26 07	36 05	46 04	59 03	69 02	76 01	89 00	12 00
732 5	39 07	46 05	53 04	64 03	84 02	10 02	13 01	17 00
880 5	64 07	73 05	76 04	83 03	97 02	12 02	16 01	23 00
106 6	94 07	12 06	12 05	13 04	14 03	15 02	19 01	26 00
128 6	94 07	16 06	20 05	22 04	23 03	24 02	27 01	33 00
153 6	11 08	18 06	22 05	28 04	34 03	38 02	42 01	48 00
184 6	18 08	25 06	29 05	33 04	39 03	47 02	58 01	70 00
221 6	30 08	50 06	51 05	53 04	59 03	66 02	75 01	93 00
266 6	37 08	10 07	12 06	11 05	10 04	11 03	12 02	14 01
319 6	42 08	15 07	22 06	26 05	26 04	23 03	22 02	25 01
384 6	47 08	20 07	32 06	42 05	48 04	51 03	49 02	48 01
462 6	54 08	28 07	45 06	61 05	74 04	83 03	91 02	96 01
555 6	55 08	38 07	73 06	10 05	12 05	13 04	15 03	16 02

Table 10.1. Teflon (*Cont.*)

T, K	Density, kg/m³							
	100—3	100—2	316—2	100—1	316—1	100 0	316 0	100 1
667 6	51 08	40 07	94 06	17 06	24 05	27 04	28 03	30 02
803 6	50 08	41 07	10 07	20 06	33 05	48 04	58 03	59 02
967 6	51 08	44 07	11 07	24 06	43 05	62 04	81 03	10 03
116 7	51 08	48 07	13 07	32 06	61 05	93 04	11 04	14 03

Table 10.2. Polyformaldehyde

T, K	Density, kg/m³							
	100—3	100—2	316—2	100—1	316—1	100 0	316 0	100 1
116 5	42 06	15 05	34 04	84 03	21 03	56 02	14 02	33 01
139 5	37 06	75 04	13 04	27 03	63 02	15 02	39 01	97 00
168 5	50 06	67 04	90 03	14 03	27 02	53 01	13 01	32 00
202 5	38 06	78 04	96 03	12 03	18 02	31 01	63 00	14 00
242 5	23 06	54 04	86 03	12 03	16 02	24 01	40 00	78—01
291 5	25 06	38 04	55 03	89 02	14 02	21 01	33 00	56—01
340 5	37 06	43 04	51 03	69 02	10 02	17 01	28 00	46—01
421 5	65 06	67 04	70 03	79 02	99 01	14 01	23 00	39—01
507 5	83 06	11 05	11 04	12 03	13 02	16 01	22 00	36—01
609 5	10 07	13 05	16 04	19 03	21 02	24 01	29 00	42—01
732 5	17 07	18 05	20 04	24 03	30 02	36 01	44 00	58—01
880 5	26 07	31 05	32 04	34 03	39 02	47 01	61 00	82—01
106 6	41 07	48 05	51 04	54 03	58 02	65 01	81 00	11 00
128 6	76 07	89 05	90 04	91 03	94 02	10 02	11 01	15 00
153 6	14 08	17 06	17 05	18 04	17 03	17 02	19 01	23 00
184 6	25 08	44 06	42 05	38 04	36 03	36 02	36 01	40 00
221 6	33 08	93 06	10 06	10 05	88 03	77 02	75 01	80 00
266 6	34 08	12 07	18 06	21 05	22 04	19 03	17 02	16 01
319 6	41 08	15 07	21 06	29 05	36 04	41 03	40 02	39 01
384 6	45 08	23 07	36 06	47 05	56 04	66 03	78 02	89 01
462 6	46 08	30 07	58 06	90 05	11 05	13 04	15 03	18 02
555 6	45 08	34 07	75 06	13 06	20 05	27 04	32 03	37 02
667 6	43 08	36 07	90 06	18 06	28 05	39 04	51 03	63 02
803 6	44 08	36 07	97 06	22 06	42 05	60 04	71 03	83 02
967 6	45 08	39 07	10 07	24 06	50 05	85 04	11 04	12 03
116 7	46 08	42 07	11 07	28 06	59 05	10 05	14 04	17 03

Table 10.3. Caprolactum

T, K	Density, kg/m³							
	100—3	100—2	316—2	100—1	316—1	100 0	316 0	100 1
116 5	51 06	12 05	25 04	56 03	15 03	46 02	13 02	42 01
139 5	63 06	90 04	13 04	23 03	40 02	10 02	29 01	87 00
168 5	82 06	10 05	12 04	16 03	16 02	36 01	91 00	24 00
202 5	39 06	11 04	14 04	17 03	10 02	18 01	39 00	93—01
242 5	20 06	52 04	95 03	15 03	93 01	13 01	24 00	49—01
291 5	24 06	34 04	50 03	85 02	83 01	12 01	19 00	34—01
340 5	36 06	43 04	49 03	63 02	61 01	10 01	16 00	28—01
421 5	63 06	65 04	69 03	78 02	60 01	86 00	14 00	24—01
507 5	80 06	10 05	11 04	12 03	82 01	10 01	14 00	23—01
609 5	10 07	13 05	16 04	19 03	13 02	15 01	19 00	28—01
732 5	19 07	20 05	21 04	25 03	20 02	24 01	29 00	40—01
880 5	34 07	38 05	38 04	39 03	29 02	35 01	45 00	61—01
106 6	65 07	72 05	72 04	73 03	54 02	57 01	67 00	91—01
128 6	10 08	13 06	14 05	14 04	10 03	10 02	11 01	14 00
153 6	16 08	23 06	25 05	25 04	20 03	20 02	22 01	26 00
184 6	25 08	42 06	45 05	46 04	36 03	38 02	42 01	49 00
221 6	37 08	77 06	85 05	89 04	71 03	74 02	80 01	95 00
266 6	42 08	13 07	16 06	19 05	15 04	16 03	17 02	20 01
319 6	49 08	19 07	29 06	38 05	37 04	42 03	46 02	52 01
384 6	49 08	28 07	50 06	76 05	81 04	10 04	12 03	14 02
462 6	51 08	35 07	71 06	12 06	15 05	21 04	26 03	32 02
555 6	51 08	41 07	93 06	17 06	24 05	34 04	45 03	58 02
667 6	49 08	43 07	11 07	24 06	34 05	48 04	63 03	81 02
803 6	50 08	42 07	11 07	30 06	50 05	75 04	87 03	11 03
967 6	52 08	43 07	11 07	29 06	57 05	10 05	14 04	14 03
116 7	53 08	46 07	12 07	30 06	58 05	11 05	18 04	21 03

Table 10.4. Plexiglas

T, K	Density, kg/m³							
	100—3	100—2	316—2	100—1	316—1	100 0	316 0	100 1
116 5	28 06	10 05	24 04	62 03	17 03	50 02	15 02	46 01
139 5	25 06	51 04	93 03	19 03	45 02	11 02	33 01	90 00
168 5	34 06	46 04	62 03	10 03	19 02	42 01	10 01	27 00
202 5	25 06	52 04	65 03	83 02	12 02	22 01	45 00	10 00
242 5	15 06	36 04	58 03	83 02	11 02	16 01	28 00	57—01
291 5	17 06	25 04	36 03	60 02	97 01	14 01	23 00	40—01
340 5	26 06	30 04	35 03	46 02	70 01	11 01	19 00	33—01
421 5	48 06	46 04	49 03	55 02	68 01	98 00	16 00	28—01
507 5	67 06	85 04	85 03	87 02	95 01	11 01	16 00	26—01
609 5	86 06	11 05	13 04	15 03	16 02	18 01	22 00	32—01

Table 10.4. Plexiglas (*Cont.*)

T, K		Density, kg/m³														
		100—3		100—2		316—2		100—1		316—1		100 0		316 0		100 1
732	5	15	07	15	05	17	04	20	03	25	02	29	01	35	00	46—01
880	5	25	07	28	05	28	04	29	03	33	02	41	01	53	00	71—01
106	6	47	07	50	05	51	04	52	03	54	02	60	01	73	00	10 00
128	6	85	07	10	06	10	05	98	03	98	02	10	02	11	01	14 00
153	6	14	08	19	06	19	05	19	04	19	03	19	02	20	01	24 00
184	6	24	08	41	06	42	05	40	04	38	03	38	02	39	01	44 00
221	6	31	08	80	06	92	05	93	04	87	03	80	02	79	01	87 00
266	6	34	08	11	07	15	06	18	05	19	04	19	03	18	02	18 01
319	6	40	08	14	07	21	06	27	05	34	04	39	03	42	02	44 01
384	6	43	08	22	07	37	06	51	05	62	04	76	03	91	02	10 02
462	6	44	08	29	07	58	06	94	05	13	05	16	04	19	03	23 02
555	6	44	08	34	07	76	06	14	06	22	05	30	04	38	03	46 02
667	6	42	08	36	07	93	06	19	06	31	05	43	04	57	03	72 02
803	6	43	08	36	07	99	06	23	06	46	05	67	04	77	03	91 02
967	6	44	08	37	07	10	07	25	06	54	05	95	04	12	04	13 03
116	7	45	08	40	07	11	07	27	06	59	05	11	05	17	04	19 03

Table 10.5. Textolite

T, K		Density, kg/m³														
		100—3		100—2		316—2		100—1		316—1		100 0		316 0		100 1
116	5	38	06	13	05	30	04	73	03	18	03	49	02	12	02	30 01
128	5	33	06	89	04	17	04	39	03	97	02	25	92	64	01	16 01
139	5	35	06	68	04	12	04	24	03	55	02	13	02	34	01	87 00
153	5	41	06	61	04	94	03	17	03	35	02	80	01	19	01	49 00
168	5	47	06	63	04	83	03	13	03	24	02	51	01	12	01	29 00
183	5	45	06	69	04	83	03	11	03	19	02	36	01	78	00	18 00
202	5	34	06	72	04	89	03	11	03	16	02	28	01	56	00	12 00
222	5	24	06	64	04	89	03	11	03	15	02	24	01	43	00	91—01
242	5	20	06	48	04	78	03	11	03	15	02	22	01	36	00	70—01
266	5	20	06	37	04	60	03	98	02	14	02	21	01	32	00	58—01
291	5	22	06	33	04	48	03	79	02	14	02	19	01	30	00	51—01
319	5	26	06	34	04	44	03	65	02	10	02	17	01	28	00	46—01
350	5	33	06	38	04	45	03	61	02	92	01	15	01	25	00	42—01
384	5	44	06	47	04	51	03	62	02	86	01	13	01	22	00	39—01
421	5	59	06	60	04	63	03	70	02	88	01	12	01	20	00	35—01
462	5	72	06	80	04	81	03	86	02	10	02	13	01	19	00	33—01
507	5	78	06	10	05	10	04	11	03	12	02	14	01	20	00	33—01
555	5	84	06	12	05	13	04	14	03	15	02	17	01	23	00	35—01
609	5	99	06	13	05	15	04	18	03	20	02	22	01	27	00	39—01
667	5	12	06	14	05	17	04	21	03	24	02	28	01	33	00	45—01
732	5	16	06	18	05	19	04	23	03	28	02	34	01	41	00	55—01

Table 10.5. Textolite (*Cont.*)

T, K	Density, kg/m³															
	100—3		100—2		316—2		100—1		316—1		100 0		316 0		100 1	
803 5	21	07	23	05	24	04	27	03	32	02	40	01	50	00	66	—01
880 5	26	07	30	05	31	04	33	03	37	02	46	01	59	00	80	—01
967 5	33	07	38	05	40	04	42	03	45	02	53	01	68	00	94	—01
106 6	44	07	49	05	51	04	54	03	57	02	64	01	79	00	10	—00
116 6	59	07	67	05	68	04	70	03	74	02	80	01	95	00	12	00
128 6	79	07	94	05	94	04	94	03	96	02	10	02	11	01	15	00
140 6	10	08	13	06	13	05	13	04	13	03	13	02	15	01	18	00
153 6	14	08	18	06	18	05	18	04	18	03	18	02	19	01	23	00
168 6	20	08	27	06	26	05	26	04	26	03	26	02	26	01	30	00
184 6	25	08	43	06	42	05	38	04	37	03	37	02	37	01	42	00
202 6	29	08	64	06	66	05	61	94	55	03	52	02	53	01	58	00
221 6	33	08	87	06	10	06	98	04	87	03	78	02	76	01	82	00
242 6	34	08	10	07	13	06	14	05	14	04	12	03	11 ·	02	11	01
266 6	34	08	12	07	17	06	20	05	20	04	19	03	17	02	17	01
291 6	37	08	12	07	18	06	24	05	28	04	28	03	27	02	26	01
319 6	41	08	14	07	21	06	27	05	35	04	39	03	41	02	41	01
350 6	43	08	18	07	27	06	34	05	42	04	51	03	58	02	62	01
384 6	44	08	22	07	36	06	47	05	57	04	68	03	81	02	93	01
421 6	46	08	26	07	47	06	67	05	83	04	97	03	11	03	13	02
462 6	46	08	30	07	58	06	91	05	12	05	14	04	16 ·	03	19	02
506 6	46	08	33	07	68	06	11	06	16	05	20	04	24	03	28	02
555 6	45	08	34	07	76	06	13	06	21	05	28	04	34	03	40	02
609 6	44	08	36	07	84	06	15	06	24	05	34	04	44	03	53	02
667 6	43	08	37	07	92	06	18	06	29	05	40	04	53	03	66	02
732 6	43	08	37	07	96	06	21	06	36	05	48	04	60	03	76	02
802 6	44	08	37	07	98	06	22	06	43	05	62	04	72	03	85	02
880 6	45	08	37	07	10	07	24	06	48	05	77	04	93	03	10	03
965 6	45	08	39	07	10	07	25	06	52	05	88	04	11	04	12	03
116 7	46	08	41	07	11	07	27	06	59	05	10	05	15	04	18	03

REFERENCES

1. Paton, B. E. ed. Plazmennye protsessy v metallurgii i tekhnologii neorganicheskikh materialov (Plasma Processes in Metallurgy and Technology of Inorganic Materials). Nauka Press, Moscow, 1973.
2. Grishin, S. D. and Kozlov, N. P. Engineering Applications of Plasma Accelerators. In: Plazmennyye uskoriteli (Plasma Accelerators), pp. 15–25. Mashinostroyeniye Press, Moscow, 1972.
3. Tsvetkov, Yu. V. and Panfilov, S. A. Nizkotemperaturnaya plazma v protsessakh vosstanovleniya (Low-Temperature Plasma in Reduction Processes). Metallurgiya Press, Moscow, 1980.
4. Rykalin, N. N., Uglov, A. A. and Kokora, A. M. Lazernaya obrabotka metallov (Laser Machining of Metals). Mashinostroyeniye Press, Moscow, 1975.
5. Avilova, I. V., Biberman, L. M., Vorob'yev, V. S. et al. Opticheskiye svoystva goryachego vozdukha (Optical Properties of Hot Air). Nauka Press, Moscow, 1970.
6. Kobzev, G. A. Optical Properties of High-Temperature Air Plasma. Preprint No. 1-112 of the Institute of High Temperatures, USSR Academy of Sciences, Moscow, 1983.
7. Kuznetsov, V. M. Termodinamicheskiye funktsii i udarnyye adiabaty vozdukha pri vysokikh temperaturakh (Thermodynamic Functions and Shock Adiabatics of High-Temperature Air). Mashinostroyeniye Press, Moscow, 1965.
8. Katsnel'son, S. S. and Koval'skaya, G. A. Teplofizicheskiye i opticheskiye svoystva argonovoy plazmy (Thermophysical and Optical Properties of Argon Plasma). Nauka Press, Novosibirsk, 1985.

9. Kozlov, G. I. and Stupitskiy, Ye. L. Tables of Thermodynamic Parameters of Argon and Xenon Past an Incident and a Reflected Wave. Preprint No. 1 of the Institute of Applied Mechanics, USSR Academy of Sciences, Moscow, 1969.
10. Romanov, G. S. Stanchits, L. K. and Stepanov, K. L. Calculation of the Thermodynamic Parameters and Averaged Mean Free Paths of Radiation for Textolite Plasma. Zhurn. prikl. spektroskopii, vol. 37, No. 5, pp. 733–737, 1982.
11. Kamrukov, A. S., Kozlov, N. P. Protasov, Yu. S., et al. Optical and Thermodynamic Properties of Fluorocarbon Plasma. Teplofiz. vys. temp., vol. 24, No. 1, pp. 1–8, 1986.
12. Kamrukov, A. S., Kozlov, N. P., Protasov, Yu. S., et al. Optical and Thermodynamic Properties of Polyformaldehyde Plasma. Zhurn. prikl. spektroskopii, vol. 43, No. 6, pp. 897–901, 1985.
13. Buzdin, V. P., Dobkin, A. V. and Kosarev, I. B. Absorption Coefficients, Spectral and Integral Characteristics of Radiation of Plasma at Temperatures between 8 and 240 K. VINITI Archives Deposition No. 370-79. Moscow, 1979.
14. Kalitkin, N. N., Kuz'mina, L. V. and Rogov, V. S. Tablitsy termodinamicheskikh funktsiy i transportnykh koeffitsientov plazmy (Tables of Thermodynamic Functions and Transport Coefficients of Plasma). Applied Mechanics Institute, USSR Academy of Sciences, Moscow, 1972.
15. Zamyshlyayev, B. V., et al. Sostav i termodinamicheskiyie funktsii plazmy (Composition and Thermodynamic Functions of Plasma). Energoatomizdat Press, Moscow, 1984.
16. Kamrukov, A. S., Kozlov, N. P. and Protasov, Yu. S. Physical Principles of High-Current Plasmadynamic Radiating Systems. In: Plazmennyye uskoriteli i ionnyye inzhektory (Plasma Accelerators and Ionic Injectors), pp. 5–49. Nauka Press, Moscow, 1984.
17. Myesyats, G. A. Impul'snyy razryad v dielektrikakh (Pulsed Discharge in Dielectrics). Nauka Press, Novosibirsk, 1985.
18. Ogurtsova, N. N., Podmoshenskiy, I. V. and Demidov, M. I. Pulsed Light Source with Ideal-Blackbody Emission at 40,000 K. Zhurn., optiko-mekh. prom, No. 1, pp. 1–5, 1960.
19. Hooper, C. F. Low-Frequency Component Electric Microfield Distributions on Plasma. Phys. Rev., vol. 165, No. 1, pp. 215–222, 1968.
20. Moore, C. E. Atomic Energy Levels, Nat. Bur. Stand. Circular 467. Washington: U.S. Government Printing Office: vol. 1, 1949; vol. 2, 1952.
21. Carlson, Thomas A., Nestor, C. W. and McDowell, J. D. Calculated ionisation potentials for multiply charged ions. Atomic Data, vol. 2, pp. 63–99, 1970.
22. Corliss, C. and Sugar, J. Energy Levels of Nickel, through XXVIII. J. Phys Ref. Data, vol. 10, No. 1, pp. 197–288, 1981.

23. Sugar, J. and Corliss, C. Energy Levels of Chromium, through XXIV. J. Phys. Chem. Ref. Data, vol. 6, No. 2, pp. 317–383, 1977.
24. Reder, J. and Sugar, J. Energy Levels of Iron (I–XXVI). J. Phys. Chem. Ref. Data, vol. 4, No. 2, pp. 353–424, 1975.
25. Zel'dovich, Ya. B. and Raizer, Yu. P. Fizika udarnykh voln i vysokotemperaturnykh gidrodinamicheskikh yavleniy (Physics of Shock Waves and High-Temperature Hydrodynamic Phenomena). Nauka Press, Moscow, 1966 [English translation, Academic Press, 1966].
26. Moskvin, Yu. V. Analytic Wave Functions and Ionization Cross Sections for Negative Ions with External 2p Shell. Optika i spektroskopiya, vol. 17, No. 4, pp. 499–503, 1964.
27. Sobel'man, I. I. Vvedeniye v teoriyu atomnykh spektrov (Introduction to the Theory of Atomic Spectra). Fizmatgiz Press, Moscow, 1963.
28. Stallcop, J. R. and Bilman, K. W. Analytical formula for the inverse bremsstrahlung absorption coefficient. Plasma Phys., vol. 16, pp. 1187–1189, 1974.
29. Burgess, A. and Seaton, M. J. A general formula for the calculation of atomic photoionisation cross sections. M.N.R.A.S., vol. 120, pp. 121–151, 1960.
30. Kas'kova, S. I., Romanov, G. S., Stepanov, K. L., et al. Coefficients of Continuous Absorption of Carbon Plasma at Temperatures to 100 eV. Optika i spektroskopiya, vol. 46, No. 4, pp. 655–662, 1979.
31. Biberman, L. M. and Norman, G. E. Recombinatorial and Bremsstrahlung Radiation of Plasma. JQSRT, vol. 3, pp. 221–245 [sic], 1963.
32. Kamrukov, A. S., Kozlov, N. P., Protasov, Yu. S., et al. Concerning the Calculation of Spectra of Photoionization Cross Sections of Nonhydrogen-Like Atoms and Ions. Optika i spektroskopiya, vol. 55, No. 1, pp. 17–21, 1983.